惯性约束聚变理论与数值计算

王尚武　杨晓虎　编著

科学出版社
北　京

内 容 简 介

惯性约束聚变理论与数值计算对聚变能开发和核武器物理研究非常重要。本书从基本物理原理和数学描述出发，全面介绍与激光惯性约束核聚变相关的基础理论和数值计算方法。全书共11章，内容包括引论，聚变反应与惯性约束聚变物理，球壳靶的内爆动力学，热斑点火，α 粒子加热和能量增益，激光等离子体相互作用，物态方程，带电粒子在靶中的能量沉积，流体力学自相似理论及应用，辐射流体力学数值模拟，中子输运和核素燃耗等。

本书在编写过程中考虑了高年级本科生的知识背景和认知水平，所选择的内容难度适中，知识覆盖面广，结构体系完整，涵盖了惯性约束核聚变理论与数值模拟的方方面面，具有一定学术水准，可以引导相关专业的高年级本科生和研究生迅速进入科研工作的前沿领域。本书写作叙述清晰明了，知识连贯呼应，深入浅出，可读性强，可作为物理类专业高年级本科生和研究生课程教学用书，也可供相关专业的科技人员参考。

图书在版编目（CIP）数据

惯性约束聚变理论与数值计算 / 王尚武，杨晓虎编著. —北京：科学出版社，2024.3

ISBN 978-7-03-076990-9

Ⅰ. ①惯…　Ⅱ. ①王…　②杨　Ⅲ. ①聚变反应　Ⅳ. ①O571.44

中国国家版本馆 CIP 数据核字（2023）第219541号

责任编辑：李　欣　郭学雯 / 责任校对：彭珍珍

责任印制：赵　博 / 封面设计：无极书装

科学出版社 出版

北京东黄城根北街 16 号

邮政编码：100717

http://www.sciencep.com

北京中石油彩色印刷有限责任公司印刷

科学出版社发行　各地新华书店经销

*

2024年3月第　一　版　开本：720×1000　1/16

2025年1月第二次印刷　印张：26 3/4

字数：540 000

定价：188.00元

（如有印装质量问题，我社负责调换）

前　言

随着人类社会发展和人们生活水平的提升，对能源的需求量越来越大。当前，人类依赖的主要能源来自于化石燃料，核能、风能、太阳能等清洁能源所占比例还不高。化石燃料不可再生，对环境的污染大，严重影响生态和气候。况且化石能源的储量是有限的，终有一天会枯竭，因此寻找新的非化石替代能源就迫在眉睫。核能就是一种较理想的清洁能源，它通常指重核裂变和轻核聚变时放出的能量。

裂变能早已被人们应用于商业发电。聚变能是比裂变能更干净、更安全的潜在能源。鉴于聚变燃料储量丰富，最终解决人类的能源问题还得依赖聚变能的开发。虽然人类早已成功地获得了氢弹爆炸所释放出来的聚变能，但遗憾的是，氢弹聚变能量的释放过程是不可控制的，因而聚变能还不能有效地被商业利用。

目前，国际上对可控的聚变能的开发研究取得了巨大的进展，主要采用两种途径：一是磁约束热核聚变（简称MCF），二是惯性约束聚变（简称ICF）。要使聚变能量有所增益，达到能量得失平衡，必须创造高温高密度条件，使处于等离子体状态的轻核聚变放能的功率密度达到一定阈值，并使等离子体的温度密度状态保持一定时间，即等离子体温度、密度和约束时间要达到所谓的劳森（Lawson）判据。要达到劳森判据，MCF聚焦于提高等离子体的温度和约束时间，而密度基本固定，ICF则聚焦于提高等离子体温度和密度，而约束时间基本固定。

MCF研究和ICF研究齐头并进，都取得了极大的进展。当前人们之所以对ICF研究倾注巨大的热情，一方面在于它是聚变能开发应用的一种新技术途径；另一方面在于它具有重要的军事和科学意义。国际上许多资深的核科学家和核武器实验室都在进行激光驱动的ICF研究。激光驱动的ICF有两种方式：一是激光直接驱动微小靶丸的核聚变，它通过把多路激光束直接照射在内含聚变燃料的微小靶丸外围的烧蚀层，使靶丸内爆压缩加热，产生核聚变；二是激光间接驱动微小靶丸的核聚变，它先把多束激光束注入黑腔壁的重金属Au上，产生X射线辐射，再用X射线辐射照射在位于黑腔内部的微小靶丸外围的烧蚀层，产生靶丸的内爆压缩和核聚变。激光间接驱动ICF研究可以推动核武器技术的进步，因为氢弹次级的聚变能释放过程非常类似于激光间接驱动微小靶丸的ICF过程。联合国《全面禁止核试验条约》签订后，对核武器物理的研究就可以通过激光ICF实验来进行。另外，进行激光驱动ICF实验的大型科研装置（如美国的国家点火装置（NIF））可以在实验室提供难得的极端高温高压条件下极大地推动众多学科的发展，同时衍生出许多新的学科，包括X射线激光物理、强场物理、极强X光源和微观粒子源，新型粒子加速器可进行极端条件下的核反应和新物质特性研究。

2021年8月8日，美国利用NIF成功进行了一次激光间接驱动ICF实验，用1.92MJ的注入激光能量产生了约1.37MJ的聚变放能，能量增益达到0.72，大大超过了设计的预期。2022年12月5日又在NIF装置上进行了新一轮聚变点火实验，在输入激光总能量2.05MJ的条件下，获得了3.15MJ的聚变能量输出，能量增益首次超过1，历史性地实现了净能量增益。这是在实验室首次实现聚变能量增益目标，的确振奋人心，是激光ICF实验的一座里程碑。美国核安全管理局局长吉尔·赫鲁比说："2022年12月5日是科学界历史性的一天。这一历史性的科学突破，开启了国家核安全库存管理计划的新篇章。"美国劳伦斯·利弗莫尔国家实验室（LLNL）NIF激光ICF聚变项目负责人Mark Herrmann说："NIF的主要任务仍然是确保美国的核武器库存是安全可靠的，开发核聚变能只是一个副业。实现激光聚变点火并研究和模拟这个过程将为核武器库存管理打开一扇新的窗户。"可见，激光ICF研究对美国核武器研究的重要性。

激光惯性约束核聚变研究向来采用理论模拟和实验验证两条腿走路的方式，实验验证理论模拟结果为理论研究开辟新思路，理论模拟为实验指引方向。虽然NIF的ICF实验历史性地实现了净能量增益和里程碑式的突破，在人类追求核聚变能源利用的漫漫征途上，已曙光初露，但离聚变能的商用目标还很遥远，还有大量技术难关需要继续攻克。我国的激光ICF研究事业处于世界的前沿方阵，正与核大国同台竞技。在聚变点火试验取得成功的大时代中，中国的科技工作者必将为聚变能源的开发利用贡献出中国力量。

惯性约束核聚变的数值模拟对聚变能开发和核武器物理研究是一项非常重要的工作，也是在《全面禁止核试验条约》约束下研究核爆炸物理过程的一种重要手段。为适应大学生的知识背景和认知水平，编写一本知识体系结构相对完整、内容难度适中、具有一定学术水准的高年级本科生和研究生教学用书，引导相关专业的高年级学员和研究生迅速进入相关科研工作的前沿领域，具有重要的意义。

本书从基本物理原理和数学描述出发，全面介绍了与激光惯性约束核聚变相关的基础理论和数值计算方法。全书共11章，内容包括引论，聚变反应与惯性约束聚变物理，球壳靶的内爆动力学，热斑点火，α粒子加热和能量增益，激光等离子体相互作用，物态方程，带电粒子在靶中的能量沉积，流体力学自相似理论及应用，辐射流体力学数值模拟，中子输运和核素燃耗等。本书涉及的知识覆盖面广，结构体系完整，涵盖了惯性约束核聚变理论与数值模拟的方方面面，写作叙述清晰明了，知识连贯呼应，内容难度适中，可读性强，反映了激光ICF学术前沿的进展，适合选作物理类专业高年级本科生和研究生教学用书，也可供相关专业科技人员参考。

本书在编写过程中，得到了业内专家的大力帮助，也得益于国家惯性约束聚变科研项目的支持。在准备本书初稿时，研究生陈泽豪、李灵瑞、李择、赵鑫参与了整理、数学公式编辑和作图工作。在此，对所有为书稿形成提供帮助、使用并审读教学用书预印本的师生一并表示衷心的感谢。同时对本书写作过程中所引用的文献作者表示崇高敬意，挂一漏万，祈求谅解。

由于作者知识水平和学术实践的局限性，书中一定存在疏漏之处，恳求读者和同行专家不吝赐教。

王尚武　杨晓虎

2023年2月于长沙

目　　录

引　论

0.1　核能源

随着人类社会的发展和人们生活水平的提升，对能源的需求越来越大。当前人类依赖的主要是煤、石油、天然气这些化石能源，核能所占比例还不高。然而，地球上不可再生的化石能源的储量有限，更何况煤和石油还是一种重要的化工原料。随着各行各业对能源消耗量的需求不断增加，寻找新的非化石替代能源已引起了人们的极大关注。

20世纪80年代初，有人就对当时人类需消耗的能源量和能源的存储量做了粗略估计，如表0.1和表0.2所示。当然，表中对化石能源的储量估计值可能偏低，没有考虑不断被发现的新矿藏。但是，即使储量再提高一倍，也是很有限的。因此寻找新的非化石替代能源就迫在眉睫。

表 0.1　能量消耗量

时间阶段	能量消耗量/J
在1850年以前消耗总量	$(6\sim9)\times10^{21}$
1850～1950年消耗总量	4×10^{21}
目前每年消耗量	0.2×10^{21}

表 0.2　能源存储量的估计

能源种类	现有能源储量估计/J	可用年数/年
煤	32×10^{21}	160
石油	8×10^{21}	40
裂变能	575×10^{21}（含U^{238}和Th^{232}）	2875

核能是一种较理想的新能源。核能通常指重核裂变和轻核聚变时放出的能量。裂变能早已被人们应用于商业发电，但聚变能的商用尚待时日。与火力发电站相比，核电站的优点表现在以下几个方面：①污染排放物较少。核电站大大减少了二氧化碳、氮化物和硫化物的排放，其中二氧化碳的排放量只有火力发电的1/10。②比较安全，对人和社会造成的危险较小。美国一份评估报告指出：核反应堆发生事故导致堆芯熔化泄漏放射性物质造成人类死亡的概率约为$1/(3\times10^8)$，而

交通事故、火灾、飞机失事等造成人类死亡的概率则分别为1/4000、1/25000和$1/10^5$。③电价便宜。虽然建设一座核电厂一次性投资是火电厂的1.5～2倍，但核电的总成本却低于火电。例如，美国核电电价为2.08美分/（千瓦·时），而煤电和油电电价则分别为3.74美分/（千瓦·时）和8.13美分/（千瓦·时）。④综合经济效益好。一个功率100万kW的火力电厂，每年要烧煤300万t，而核电厂每年只需30t核燃料。

当然，裂变核电站的缺点是核废料处理比较麻烦。若核电站发生事故，消除核辐射污染恢复运行就相当困难，泄漏的放射性污染对人和环境的危害将持续较长一段时间。这必然会对人们的心理产生较大的影响。日本福岛核电事故后，世界掀起一股反核电的浪潮，一些国家也改变了核电发展的计划，总体上是趋于"弃核复化"的状态，正在走一条依赖化石能源的回头路。

最终解决能源问题，还是要依赖聚变能的开发。开发一种能够为我们提供安全、清洁和丰富的聚变能技术，是人们孜孜以求的目标。我们知道，核聚变是轻原子核融合成更重的原子核并释放出大量能量的过程，聚变能也是恒星的能量之源。然而，在地球上很难实现核聚变。开发应用聚变能的困难在于，原子核融合需要极高的温度和压力，点燃和控制聚变反应的进行很不容易。但是，聚变能开发一直以来持续地吸引着科学界和商界的兴趣，因为可控核聚变放能一旦实现，它能在几乎不影响地球环境的情况下产生出取之不竭的能源。

聚变能是比裂变能更干净更安全的潜在能源。20世纪50年代初，人类已成功地获得了聚变能，即氢弹爆炸所释放出的能量。遗憾的是，由于氢弹爆炸能量释放过程是不可控制的，因而聚变能还不能有效地商业利用。近年来，各科技大国不断加大对聚变能开发的投入和支持力度，核聚变创业公司也相继出现。

人们之所以对聚变能寄予厚望，是因为它有以下突出优点。

（1）单位质量的氘核（D）聚变释放的能量比单位质量的U^{235}核裂变释放的能量高。经简单计算可知，每克D材料全部聚变可放出的能量为3.47×10^{11}J，而每克U^{236}全部裂变可放能8.17×10^{10}J，相同质量的D核聚变放能约是U核裂变放能的4.25倍。与化学燃料的比放能相比，聚变能优点更突出。

以上数据如何算出来的呢？我们知道，地球上存在的聚变燃料是氢的同位素氘（D），可通过以下四个聚变反应放能

$$\mathrm{T+d \longrightarrow {}_2^4He+n+}Q_{23\mathrm{n}} \quad 或 \quad \mathrm{T(d,n){}_2^4He} \tag{0.1.1}$$

$$\mathrm{D+d \longrightarrow T+p+}Q_{22\mathrm{p}} \quad 或 \quad \mathrm{D(d,p)T} \tag{0.1.2}$$

$$\mathrm{D+d \longrightarrow {}_2^3He+n+}Q_{22\mathrm{n}} \quad 或 \quad \mathrm{D(d,n){}_2^3He} \tag{0.1.3}$$

$$\mathrm{{}_2^3He+d \longrightarrow {}_2^4He+p+}Q_{23\mathrm{p}} \quad 或 \quad \mathrm{{}_2^3He(d,p){}_2^4He} \tag{0.1.4}$$

每个聚变反应放能分别为（$1\text{MeV}=1.6\times10^{-13}\text{J}$）

$$Q_{23n}=17.59\text{MeV}\approx3.52\text{MeV}(^4\text{He})+14.08\text{MeV(n)}$$

$$Q_{22p}=4.03\text{MeV}\approx1.01\text{MeV(T)}+3.02\text{MeV(p)}$$

$$Q_{22n}=3.27\text{MeV}\approx0.82\text{MeV}(^3\text{He})+2.45\text{MeV(n)}$$

$$Q_{23p}=18.36\text{MeV}\approx3.69\text{MeV}(^4\text{He})+14.66\text{MeV(p)}$$

以上四个聚变反应的总效果是

$$6\text{D}\longrightarrow2\,{}_2^4\text{He}+2\text{p}+2\text{n}+43.25\text{MeV} \tag{0.1.5}$$

即每消耗6个D核可获43.25MeV的聚变能。考虑到每克D材料含D核数为$n_\text{D}=3.01\times10^{23}$，故每克D材料的聚变放能为$3.47\times10^{11}\text{J}$。注意到每个$\text{U}^{235}$核吸收一个中子后裂变放能约200MeV，而每克$\text{U}^{236}$含$\text{U}^{236}$核数为$N_\text{U}=(6.023/236)\times10^{23}$，可裂变放能为$8.17\times10^{10}\text{J}$。

（2）海水中含有大量的氘（D）核。1L海水中的氘核发生聚变反应放出的能量相当于324L汽油燃烧放出的能量，可见海水贵于石油不是天方夜谭。由氘和氧结合成的重水D_2O的质量大约是海水总量的1/6700，1L海水质量大约1kg，内含重水D_2O的质量大约$(1/6.7)\,\text{g}$，其中D的质量约有$(1/5)\times(1/6.7)\text{g}=(1/33.5)\text{g}$，按每克氘聚变放能$3.47\times10^{11}\text{J}$计算，则1L海水含的D核聚变就可放能$1.04\times10^{10}\text{J}$。注意到汽油的燃烧热值为$4.6\times10^4\text{J/g}$，故1L海水所含聚变能相当于230kg汽油燃烧的放能，按每升汽油0.71kg计算，1L海水相当于324L汽油。

（3）氘（D）在地球上的储量极为丰富，聚变能源一旦实现就会“取之不尽，用之不竭”。按每克氘聚变放能$3.47\times10^{11}\text{J}$计算，若按每年世界能源消耗量$0.2\times10^{21}\text{J}$计，则全世界一年只需消耗580t氘就够了。地球表面海水储量的数量级是10^{18}t，其中含氘约10^{14}t，足够用一千亿年。

（4）聚变反应产物的放射性对环境污染不严重。聚变反应产物基本没有放射性，即使剩余的氚（T）有一定的放射性，但它仅是反应的中间产物，半衰期短，比较容易处理。而聚变反应中子经过适当屏蔽处理或利用后对环境也没有严重的污染。

由此可见，聚变反应能是一种非常理想的潜在新能源，它引起了科学界的极大兴趣，受到了世界各国的广泛重视。目前的问题是人们只能对聚变能“望梅止渴”，离商业应用目标还很远。如何制造一种能够可控地获取聚变能的“燃烧炉”，是人们正在努力探寻的目标。

目前核能的商业应用主要是裂变能。到20世纪末，世界上30多个国家已建成400多座核电站（常称为原子能电站），总装机容量为3.7亿kW，年发电量占全世界总发电量的17%，其中法国核电装机占总装机的78%，韩国为42%，日本为36%，美国为20%，中国（不含台湾地区）仅为1.6%。

在石油价格居高不下、环境污染严重的情况下，我国重新考虑一度被忽视的核能产业发展。2005年3月，国务院通过了《核电中长期发展规划（2005－2020年）》，规划提出，到2020年运行的核电总装机容量要达到4000万kW，核电装机容量占我国电力总装机容量的4%。

2020年6月，国际能源署（IEA）发布了最新版的《全球核能发展报告》，报告回顾了世界核能发展的最新进展，总结了核能发展的特点和趋势，分析了当前存在的问题并提出了相关的建议举措。截止到2019年，全球核电总装机容量达443GW（即4.43亿kW），在建核电项目累计60.5GW。由于日本福岛核电厂事故发生，世界出现一股“去核电”浪潮，影响了核电发展的速度，据预测，2040年核电装机容量将达到455GW，远低于可持续发展情景（SDS）的目标值601GW。当前，由于各国政府需兼顾政治承诺、公众意见、气候目标和电力供应安全等层面，许多国家的核能政策不确定性依然较高。

在新核电并网和开工建设方面，中国和俄罗斯处于领先地位，全球在建核反应堆中有20%在中国。近年来，为应对全球气候变化，早日实现“碳达峰”目标，中国加快了核电发展步伐。2010～2020年的10年间，我国接入电网的核电装机容量超过30GW。据《中国核能发展报告2022》蓝皮书显示，2021年以来，我国又有5台核电机组新投入商运，新开工的核电机组有9台，其中有自主知识产权的三代核电“华龙一号”进入了批量化建设阶段。

我国自1991年12月建成秦山核电站以来，先后建设了大亚湾、岭澳、田湾、红沿河、宁德、福清、阳江、方家山、三门、海阳、台山、昌江、防城港、石岛湾等17个核电厂。截至2022年12月31日，17个核电厂运行的核电机组一共55台（不含台湾地区），装机容量为56985.74MWe（额定装机容量）。如图0.1所示，2022年1～12月全国累计发电量83886.3亿kW・h，其中55台核电机组累计发电量4177.86亿kW・h，占全国累计发电量的4.98%，火力、水力、风力、太阳能发电量分别占全国累计发电量的69.77%、14.33%、8.19%、2.73%。

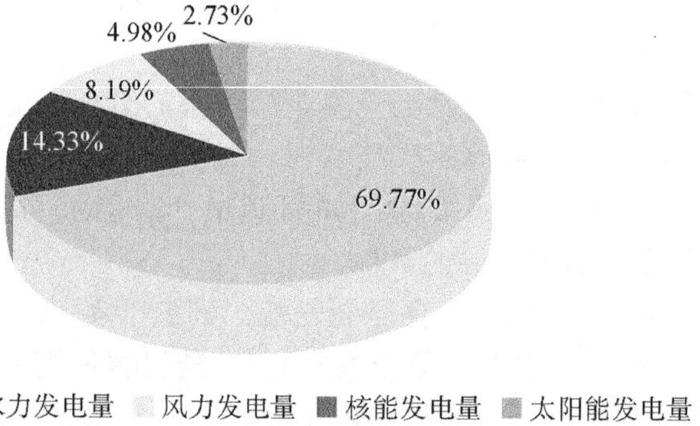

图0.1　2022年1～12月全国发电量统计分布

我国在建核电机组装机容量连续保持全球第一，计划到2030年实现核电装机容量150GW的目标，是2022年的三倍。核电的发展除了资金投入、思想认识、体制政策以外，还需要大量核科技人才。近年来，一些高校恢复了核工程与核技术专业的招生，为我国核工业系统的科研、生产和核电发展提供了智力支撑。

0.2 恒星中的核聚变

早在20世纪30年代，人们就认识到炽热的太阳和天空中大部分恒星的能量来源主要是其中发生的轻核聚变放能。太阳和恒星中存在的主要元素是氢（H），人们认为其中发生的轻核聚变过程实际上是四个H原子核（质子p）结合成一个氦（^4He）核的聚变过程。当然，四个质子不会直接结合成一个^4He核，而要通过一定的核反应链来实现。理论和实验分析表明，在太阳和其他恒星中主要存在两种聚变反应的过程链：p-p反应链和C-N反应链。

（1）p-p反应链。由以下三个反应构成

反应方程	反应寿命τ
$p+p \longrightarrow D+\beta^+ +v$	7×10^9年
$D+p \longrightarrow {}_2^3He+\gamma$	4s(10s)
${}_2^3He+{}_2^3He \longrightarrow {}_2^4He+2p$	$4(5)\times10^5$年

此反应链的总效果是四个质子结合成一个氦核的聚变过程，即

$$4p \longrightarrow {}_2^4He+2\beta^+ +2v+2\gamma+26.2MeV \tag{0.2.1}$$

某反应道的反应寿命τ的定义为

$$\tau=\frac{n}{\omega R} \tag{0.2.2}$$

这里，n是单位体积的核数目（比如H原子核），R为单位时间单位体积发生的核反应数目，ω是每次核反应消耗的核数目。反应寿命τ与温度密切相关，上面所给的反应寿命τ的数值是对温度为1.5×10^7 K的太阳中心而言的。

p-p反应链中的第一个反应$p+p \longrightarrow D+\beta^+ +v$的核反应截面很小，实验没法测量，理论估算为$10^{-23}$b（$1b=10^{-28}m^2$）。截面小的原因在于，两个质子要形成一个D必须要在相碰的一瞬间，其中一个质子发生β^+衰变变成中子。β^+衰变是一个弱相互作用过程，概率很小，因而反应截面很小，单位时间单位体积中的核反应数目R就小，故反应寿命τ就很长，达70亿年。p-p反应链中第三个反应${}_2^3He+{}_2^3He \longrightarrow {}_2^4He+2p$的截面也很小，这是由于太阳中${}_2^3He$核的热运动动能不高，因库仑势垒的排斥作用，${}_2^3He$和${}_2^3He$之间的聚变反应截面也小，反应寿命$\tau$也比较长，达50万年，但比

第一个反应寿命要短4个数量级。因此，恒星的寿命主要由第一个反应 $p+p\longrightarrow D+\beta^{+}+\nu$ 所决定，由此估算出太阳的寿命大约为10亿年。太阳中心温度是 1.5×10^{7}K，太阳中聚变反应以p-p链为主，其产生的能量约占总能量的96%。

（2）C-N反应链。该反应链由以下六个反应构成

反应方程式	反应寿命或衰变半衰期
${}_{6}^{12}C+p\longrightarrow{}_{7}^{13}N+\gamma$	10^{6}年
${}_{7}^{13}N\longrightarrow{}_{6}^{13}C+\beta^{+}+\nu$	10 min（半衰期）
${}_{6}^{13}C+p\longrightarrow{}_{7}^{14}N+\gamma$	2×10^{5}年
${}_{7}^{13}N+p\longrightarrow{}_{8}^{15}O+\gamma$	2×10^{7}年
${}_{8}^{15}O\longrightarrow{}_{7}^{15}N+\beta^{+}+\nu$	2 min（半衰期）
${}_{7}^{15}N+p\longrightarrow{}_{6}^{12}C+{}_{2}^{4}He+\gamma$	10^{4}年

反应链的总效果也是四个质子结合成一个氦核的聚变过程，即

$$4p\longrightarrow{}_{2}^{4}He+2\beta^{+}+2\nu+4\gamma+26.2\text{MeV} \quad (0.2.3)$$

反应链中C、N、O等元素是不损失的，只起催化剂的作用。当恒星开始形成时，${}^{12}C$、${}^{13}N$、${}^{13}C$、${}^{14}N$ 等核素的量是变化的，但经过几百万年就形成一个稳定的丰度，各核素的丰度与其反应寿命成正比。

以上两个反应链究竟哪个起主要作用，取决于恒星的成分和它的中心温度。图0.2给出两个反应链的能量产生率（单位时间单位质量中产生的能量）随温度的变化。

从图0.2可看出，当恒星中心温度高于 1.8×10^{7}K时，产生的能量主要来源是C-N反应链；当温度低于 1.8×10^{7}K时，产生的能量主要来源是p-p反应链；当

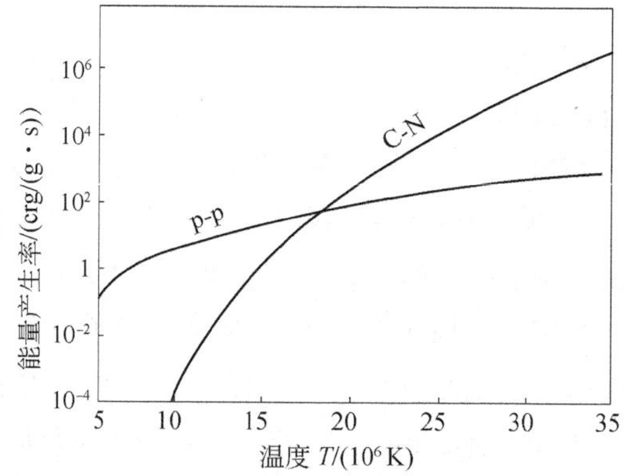

图0.2　两个反应链单位质量中的能量产生率随温度的变化

T=1.8×10^7K时，两个反应链的能量产生率相等。由于太阳的中心温度是1.5×10^7K，因此太阳中聚变反应以p–p链为主，其产生的能量约占总能量的96%，少部分能量来源于C-N反应链。

0.3 聚变能研究的历史

Asto最早从实验中发现轻核聚变反应可以释放能量。1919年他测量了$^4_2$He和H原子的质量，认为$^4_2$He是由4个H原子组成的，但发现$^4_2$He原子的质量要比4个H原子的质量之和少1%左右。现在我们根据爱因斯坦的质能关系知道，这个质量差正好转化成了4个H原子聚合成$^4_2$He的过程中释放的能量（聚变能）。在同一时期，卢瑟福也证明了轻元素原子核以足够的能量相互碰撞有可能发生核反应。在这些思想的启发下，天体物理学家便提出设想，像太阳这样的恒星的能量来源可能就是某种核聚变反应，并预言这种核反应可以用来造福人类。1929年，Atkinson和Houtermans理论计算了氢原子在几千万开尔文高温下聚变成氘的可能性，并推测太阳上进行的可能就是这种聚变反应。1934年，Oliphant发现了DD（氘）聚变反应。1942年Schreiber和King在美国普渡大学第一次实现了DT（氚）聚变反应。

第二次世界大战期间，美国实施“Manhattan工程”，集中了一批来自各国的优秀科学家在洛斯阿拉莫斯国家实验室研制原子弹。在该过程中，Teller、Fermi和Tuck等注意到利用核聚变能制造核武器的可能性，发展了热核聚变反应的理论基础。1945年第二次世界大战即将结束时，他们开展了有关核聚变研究的学术活动，做了一系列不可控聚变，即氢弹物理原理的讲座。随后，Teller举办了几次关于聚变反应堆设想的学术报告。

第二次世界大战结束后，美国和苏联就分别着手秘密开展受控核聚变研究工作。那时，受控热核聚变研究工作主要集中在磁约束装置上进行。磁约束热核聚变研究经历了相当艰苦曲折的历程，大体可以划分为四个阶段。第一阶段，从开始到20世纪50年代初，发明了各种类型的聚变装置，如仿星器、箍缩装置以及磁镜装置等；第二阶段，主要是20世纪50年代中期，由于当时对磁约束聚变遇到的困难估计不足，人们曾乐观地认为在短期内便可能建成聚变反应堆，并具有潜在的军事用途了，因此，各国都在极其保密的情况下进行激烈的研究竞争；第三阶段，从1958年到1968年，各国科学家认识到工程实现受控核聚变的困难很大，必须开展国际的交流和合作，从此各国的研究工作逐渐开始解密，并将重点转移到高温等离子体的基本性质研究上来；第四阶段，从1969年起到现在，在世界范围内继续进行聚变途径探索的同时，出现了托卡马克（Tokamak）的研究热潮，并不断取得令人鼓舞的重要进展。

1992年11月以来，在最大一代托卡马克装置——欧洲联合环（JET）和美国的热核聚变实验堆（TFTR）上都成功地进行了DT聚变反应，聚变功率为10MW，接近劳森判据所需的温度密度和约束时间。2022年初，据英国原子能研究所发布，JET在5s内产生了59MJ的持续能量，创造了可控核聚变能量输出新的纪录。目前，在磁约束聚变研究上有一个大型国际合作项目——ITER（国际热核聚变实验堆），设计的聚变输出功率为1500MW。中国科学院等离子体物理研究所研制的全超导托卡马克核聚变实验装置（EAST），也称“人造太阳”也于2006年底完成调试并成功放电。2021年5月，EAST成功实现可重复的1.2亿K101s、1.6亿K20s的高温等离子体运行，创造了新的世界纪录。

目前，核聚变能开发主要有两种方式，一是磁约束聚变（magnetic confinement fusion，MCF），二是惯性约束聚变（inertial confinement fusion，ICF）。ICF是完全不同于MCF的一种聚变研究路线，它靠燃料本身的惯性来约束高温高密度等离子体，维持热核聚变反应所需的温度密度条件，能够在一定时间内使大量聚变反应顺利进行。20世纪60年代初激光被发现之后，可控惯性约束聚变的研究工作全面展开。激光ICF用激光来进行微小靶丸内聚变燃料压缩，利用压缩过程中聚变燃料自身的惯性让高温高密度状态维持一段时间，在聚变燃料膨胀解体之前，完成大量的聚变反应放能。如图0.3所示为内装DT聚变燃料的微小靶丸被激光压缩的原理。靶丸外壳在激光能量的烧蚀下产生向外膨胀喷射的等离子体，类似火箭原理，使靶丸内部的聚变燃料向心爆聚，实现高密度压缩。图0.4给出了激光直接驱动薄壳靶时靶壳消融的示意图。

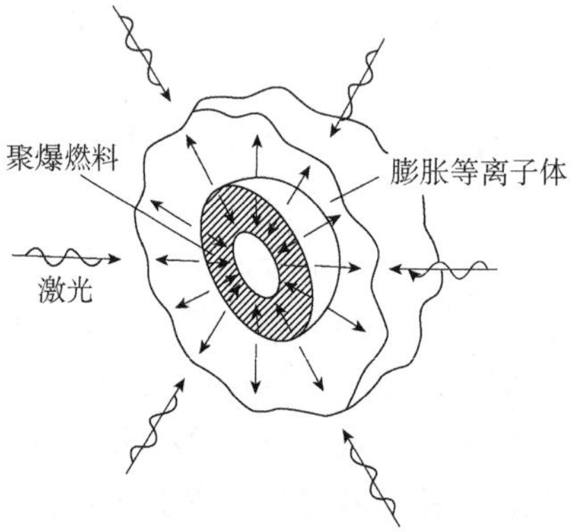

图0.3 靶丸聚变燃料压缩原理

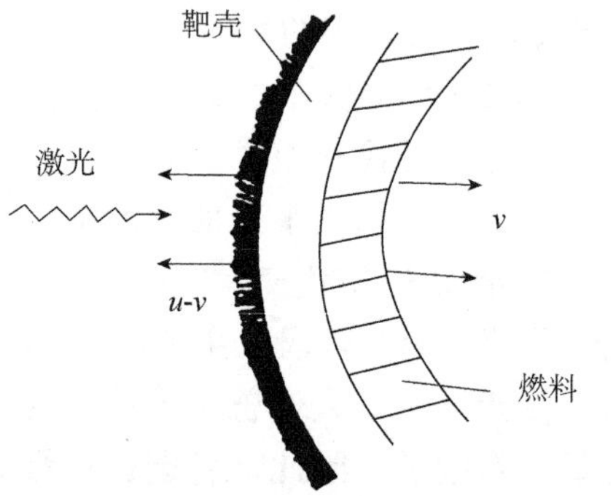

图0.4 激光直接驱动薄壳靶时靶壳消融示意图

在能源技术开发上，ICF是有别于MCF方式获得聚变能的手段之一。人们之所以对ICF研究倾注了巨大的热情，一方面是对聚变能应用技术开发的热情；另一方面在于该研究具有重要的军事和科学意义。开展激光ICF研究，不仅可极大推进新能源的开发和科学研究，而且可以推动核武器技术的进步。目前，国际上许多资深的核科学家和核武器实验室都在参与激光驱动的ICF的研究。因为氢弹次级的聚变能释放过程就是ICF过程，《全面禁止核试验条约》签订后，对核武器物理的深入研究就要借助激光（或粒子束）作为驱动能源进行ICF实验研究。另外，ICF在科学研究上具有重要推动作用。进行激光驱动ICF实验的大型科研装置可以提供难得的极端高温高压条件，这种极端物理条件将极大地推动众多学科的发展，衍生出许多新的学科，包括X射线激光、强场物理、极强光源和粒子源、新型粒子加速器、极端条件下的核反应、新物质特性等。

回首历史我们会发现，伟大的事业往往起源于一些“疯狂”的想法。在可控热核聚变研究的征途上，人类已经走过了60余年。美国氢弹爆炸试验成功后，1955年刚到劳伦斯・利弗莫尔国家实验室（LLNL）工作不久的John Nuckolls（时年24岁）奉热核设计部负责人Harold Brown（时年26岁）之令，评估在一座山上挖掘直径约300m、充满蒸汽的空腔中，周期性地爆炸50万t TNT当量的氢弹来产生商业发电的可行性。这是一个大胆到疯狂的想法。在评估过程中，Nuckolls发现，由于大尺寸空腔的寿命不确定，所以经济优势不明显，于是他转而追寻用辐射内爆引发微小DT靶丸聚变爆炸的可行性。这也许是Nuckolls提出ICF靶丸设计思想的由来。

1961年，Nuckolls意识到，高功率脉冲激光光束有极高的能量密度，可以满足引起含有DT聚变燃料的靶丸极高压缩度的要求。在当时LLNL专业武器设计师看来，这个小型的高增益ICF微靶丸设计像是科幻小说，被人戏称为“Nuckolls的五分钱小说”。尽管如此不被人看好，Nuckolls也没有放弃继续探索。在Ray Kidder和Sterling Colgate发展的“激光靶丸耦合物理”的基础上，Nuckolls所做的一些理论计算结果表明，经过仔细整形的激光脉冲能够引起DT靶丸烧蚀驱动的内爆压缩，可将DT燃料密度压缩至液体密度的一万倍。20世纪60年代中期，Kidder等在Nuckolls理论计算结果的基础上也完成了类似的计算。如今，得益于高功率激光技术，这个“科幻”想法正在实验室逐步得以实现，并终将改变我们的世界。2022年8月8日，《物理评论快报》刊发了关于美国国家点火装置（NIF）1.37MJ聚变放能实验进展的文章，介绍了一年前NIF上进行的一次成功实验，用1.92MJ的注入激光能量产生了1.37MJ的聚变放能，能量增益高达0.72，这是人类迈向可控聚变能源时代的一个里程碑。

图0.5给出了激光核聚变及向心爆聚过程的原理图，图中显示了激光引起靶丸内爆过程的四个阶段。它们分别是：图0.5（a）靶丸的表面燃烧层吸收激光束能量，形成向外喷射的等离子体；图0.5（b）烧蚀层等离子体向外喷射产生的反作用力，使内部燃料向心爆聚；图0.5（c）爆聚过程在中心位置被阻滞时结束，形成中心热斑。热核反应放能形成的燃烧波从中心开始向外传播；图0.5（d）燃

烧波向外传播时使外围燃料层加热，产生更多的热核聚变反应放能，系统向外膨胀解体。

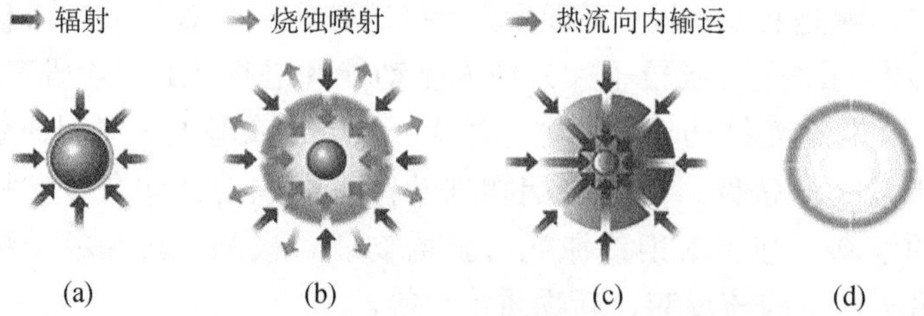

图0.5 激光核聚变及向心爆聚原理图

（a）燃烧层吸收激光束能量，在靶丸表面形成等离子体；（b）烧蚀层等离子体向外喷射产生的反作用力，使燃料向心爆聚；（c）爆聚结束，热斑形成，热核燃烧波从中心开始；（d）热核燃烧波向外传播，使燃料层加热产生热核聚变

Nuckolls和Kidder的理论计算最终导致美国劳伦斯·利弗莫尔国家实验室一个秘密的激光聚变实验计划的启动。20世纪60年代中期，Kidder和Mead领导建造了12路红宝石激光系统，以检验激光内爆压缩理论计算结果的正确性。20世纪60年代后期，法国发展的高功率钕玻璃激光器和美国国防部在CO_2激光器开发方面取得的快速进展，加速了人们对激光聚变研究的进程。随后，激光驱动聚变的实验和理论分析也不断地在保密的武器计划和公开文献中出现。美国、苏联、意大利、德国、日本都相继开展了这方面的研究。1968年，苏联学者首先报告了激光驱动聚变的温度和产生的核聚变数。与此同时，Nuckolls和他的同事继续秘密发展激光驱动内聚压缩理论，他们的计算表明，吸收1kJ的激光能量，靶丸绝热内爆压缩聚变获得能量可以做到盈亏相抵。

1972年，激光驱动靶丸内爆方案第一次揭秘。第一个重大实验成果是苏联Lebedev研究所的Basov小组完成的，他们用几百焦耳的九路激光系统照射直径为100μm的CD_2微球，产生了约3×10^6个聚变中子。激光驱动靶丸内爆聚变的第二个里程碑是1974年由KMS聚变公司的科学家树立的。他们用两路激光系统（激光脉宽100ps，能量为200J）照射内充DT气体的玻璃微球靶，将DT气体压缩100倍，得到了10^4个DT聚变中子产额和1keV的DT燃料温度（1keV相当于1.16×10^7K），不久又获得10^6～10^7个DT聚变中子产额；1974年12月，美国劳伦斯·利弗莫尔国家实验室采用功率为0.2TW（$1TW=10^{12}W$）的名为JANUS的单路激光系统进行了同样的DT微球靶爆聚实验。1975年用0.2TW的两路JANUS激光系统、1976年用4TW的两路ARGUS激光系统进行了激光驱动靶丸内爆实验，在ARGUS装置上获得10^9～10^{10}个聚变中子产额和10keV的离子温度。

这些早期实验都是采用激光驱动内充DT气体的玻璃微球靶以爆炸推进的方式进行的。其物理过程是，围绕靶丸的激光将玻璃微球的外壳加热，变成高温等离子体并使之膨胀爆炸，类似火箭推进原理，向外喷射的等离子体产生的反作用力将玻壳内部包含的聚变燃料压缩成高的质量密度，并同时将聚变燃料加热，产生很高的离子温度和热核聚变反应放能。遗憾的是，实验表明这种方式对聚变燃料的密度的压缩度不是很高，很难获得所期望的聚变能量增益，不能达到能量得失相当所需的聚变点火条件。但是，这些实验为今后的实验指明了改进的方向，那就是要在激光脉冲形状和靶丸的设计上加以改进。比如，要采用等熵压缩来提高燃料压缩度，在燃料压缩的同时控制燃料的温升。

1978年，美国劳伦斯·利弗莫尔国家实验室的ARGUS激光装置以2kJ的能量运行，获得了10倍液体密度的聚变燃料压缩度，1979年应用10kJ的SHIVA激光装置又获得了100倍液体密度的燃料压缩度，而燃料温度却保持在约0.5keV的低温状态。美国洛斯·阿拉莫斯国家实验室的CO_2激光器项目也接着取得了同样的成功，1977年用0.2TW的两路GEMINI激光系统，1978年用10kJ的HELIOS激光系统做实验，获得了压缩比为30的实验结果。

ICF研究有三种主流驱动方式，即激光驱动ICF、重离子驱动ICF和脉冲功率*Z*箍缩驱动ICF。激光驱动ICF的方式有直接驱动和间接驱动两种方式。如图0.6所示为激光间接驱动靶丸惯性约束聚变的示意图。利用多路激光辐照黑腔靶壁的重材料，实现激光能量-X射线能量转换，再利用X射线来烧蚀球形靶丸表面的烧蚀层，产生向外的等离子体喷射，驱动靶丸内爆，压缩靶丸，以实现中心点火。

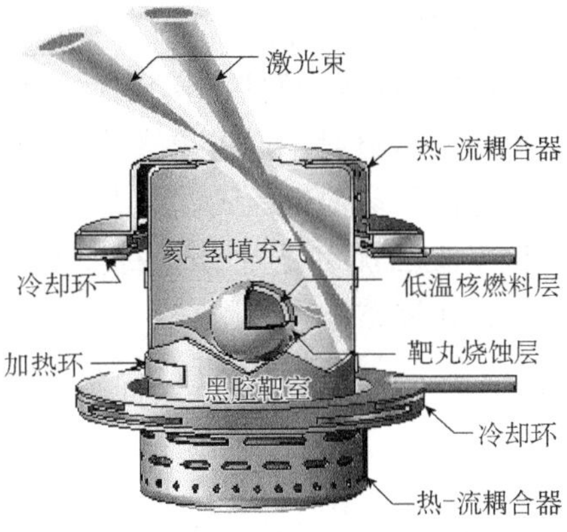

图0.6　激光间接驱动靶丸惯性约束聚变示意图

利用多路激光辐照黑腔靶壁的重材料，进行激光-X射线转换，再利用 X 射线来烧蚀球形靶丸表面的烧蚀层，产生向外的等离子体喷射，压缩靶丸，以实现中心点火

虽然演示惯性约束聚变的最初尝试主要采用高功率激光来驱动靶丸内爆，但在20世纪70年代曾探讨过采用电子束和离子束作为驱动器来进行ICF的研究。1976年，苏联采用电子束驱动方式产生了热核聚变反应中子。20世纪70年代后期，美国桑迪亚国家实验室在脉冲二极管带电粒子加速器Proto-Ⅰ、Proto-Ⅱ上做了许多电子束和离子束驱动的聚变实验，都探测到了聚变反应中子。美国桑迪亚国家实验室的另一个粒子束聚变加速器（PBFA-1）的功率水平达30TW。在此期间，美国海军研究实验室（NRL）利用激光和轻离子束进行ICF探索也一直在进行之中。他们主要的工作是用两束Nd激光器进行激光等离子体耦合问题的探索，用长激光脉冲来加速薄膜，发现加速的机理属于烧蚀加速。该实验室还产生了强流轻离子束，并将

离子束聚焦到等离子体通道中，使离子束传输了1m多长的距离。20世纪70年代后期，许多实验室在重离子束聚变研究方面也进行了许多重要的理论工作，包括美国的劳伦斯伯克利国家实验室、阿贡国家实验室和布鲁克海文国家实验室，主要的实验工作着重于将现存的高能物理加速器技术拓展到如何产生ICF所需的高束流强度上。

无论是用激光还是用离子束来间接驱动ICF，DT靶丸都是由X射线辐射来驱动的，这两种方式导致的靶丸内爆原理和靶丸燃烧物理都是相同的，故激光间接驱动物理的研究方法和计算手段都可以直接移植到离子束间接驱动上来，唯一的区别是驱动源能量沉积的方式不同。离子束能量转化为X射线辐射能量的过程为，低Z材料吸收离子束能量后被加热至极高的温度，然后高温吸收体像黑体一样辐射出X射线。离子束间接驱动的关键技术是离子束在热物质中的阻滞和对物质加热的物理以及X射线如何从一个体加热的辐射体中产生这类物理问题的研究，人们对这些问题已有许多研究，物理机理也已被很好地了解，理论预测和实验结果的符合程度也很好。

图0.7为重离子间接驱动惯性约束聚变示意图。用重离子束取代激光束，辐照黑腔靶壁的重材料，通过重离子束动能-辐射能的转换产生X射线辐射场，再利用X辐射场辐照球形靶丸的烧蚀层产生等离子体喷射，驱动压缩靶丸，实现中心点火。该方案的优点是重离子束动能向X辐射能转换的效率高，难点是高能重离子束的加速和聚焦等比较困难。

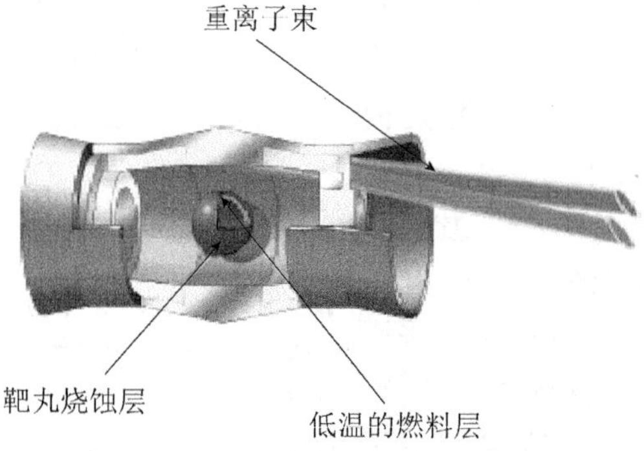

图0.7　重离子间接驱动惯性约束聚变示意图

用重离子束取代激光束，用重离子束辐照黑腔靶壁的重材料，进行重离子束动能-X射线辐射能转换，再利用X射线辐照球形靶丸的烧蚀层，产生等离子体喷射，驱动压缩靶丸，实现中心点火

与离子束产生X射线辐射来间接驱动进行ICF研究的方法不同，美国桑迪亚国家实验室利用Z装置来产生X射线辐射，进行Z箍缩间接驱动ICF研究。

图0.8为Z箍缩驱动惯性约束聚变的示意图。脉冲功率装置产生的大电流流过环状排列的金属丝阵列，产生的巨大磁场与大电流会发生相互作用，一方面电流

的焦耳热会使金属丝阵列汽化为等离子体；另一方面洛伦兹力会使导电等离子体朝向中心Z轴爆聚，将电能转化为等离子体的动能；在中心轴Z处等离子体运动受到阻滞，通过冲击加热使等离子体的动能变成等离子体的内能，使其温度密度均大幅升高，高温高密度等离子体将产生X射线辐射。利用X射线辐射场烧蚀球形靶丸的烧蚀层，产生等离子体喷射，类似火箭发射原理，等离子体喷射产生的反向推力将压缩靶丸产生内爆，聚变燃料产生高温高密度，实现中心点火。

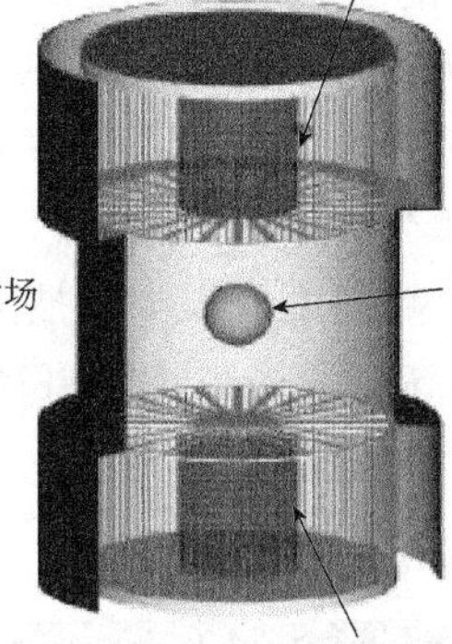

图0.8　Z箍缩驱动惯性约束聚变示意图

大电流通过环状排列的金属丝阵列，产生的磁场与大电流相互作用使金属丝阵列（汽化为等离子体）向 Z 轴爆聚。电能转化为动能；在阻滞阶段，通过冲击加热，等离子体的动能变成内能，温度密度均大幅升高，高温高密度的等离子体将发射 X 辐射。利用 X 辐射来产生球形靶丸烧蚀层等离子体喷射，压缩靶丸，实现中心点火

自20世纪60年代激光在工程上实现以来，美苏两国的科学家早在1963～1964年就发表了利用激光进行核聚变研究的理论文章。1988年美国劳伦斯·利弗莫尔国家实验室通过地下核试验证实，要用激光实现ICF点火，要求激光的能量达到5～10MJ。激光ICF研究除了军事上的应用外，从人类的长远发展和生存考虑，主要目的是探索一种聚变能开发的新途径，以供人类和平利用。

目前ICF研究的主流驱动源是脉冲激光束。激光是一种电磁波，实际上是电磁场，其能量密度ε_L（单位体积内的激光能量）与激光电场强度E_L有以下关系

$$\varepsilon_L = \frac{1}{2}\varepsilon_0 E_L^2 \tag{0.3.1}$$

其中，ε_0为真空中的介电常量。激光的功率密度I_L（单位时间通过单位面积的激光能量，也称为激光光强）与激光的能量密度ε_L的关系为

$$I_L = c\varepsilon_L = \frac{1}{2}c\varepsilon_0 E_L^2 \tag{0.3.2}$$

其中，c为真空中的光速，由此可得激光电场强度E_L与激光光强（功率密度）I_L的关系是

$$E_{\mathrm{L}}(\mathrm{V/m}) = 2.75\times10^{3}\left[I_{\mathrm{L}}(\mathrm{W/cm^{2}})\right]^{1/2} \tag{0.3.3}$$

目前实验室的激光器功率密度 I_{L} 可达 $10^{21}\,\mathrm{W/cm^2}$ 以上，对应的电场强度最低为 $E_{\mathrm{L}} = 8.7\times10^{13}(\mathrm{V/m})$，这么高的电场强度比氢原子内部第一玻尔半径处的核电场 $E_{\mathrm{H}}(r = a_0) = 5\times10^{11}\,\mathrm{V/m}$ 要高两个数量级。我们知道，物质的性质和行为是由其原子内部的电场决定的，因此处在强激光场中的物质性质和行为可能完全由激光光场来决定。

国际上开展激光驱动ICF的实验研究涉及很多大型激光装置，代表性的装置是美国劳伦斯·利弗莫尔国家实验室的国家点火装置NIF，NIF中有一个体积巨大的激光装置，占地有数个美式足球场大小，可产生192束高能激光束，携带约2MJ的激光能量，功率达500TW，激光波长为0.35μm。

可控核聚变的每一点进步都在挑战人类科技的极限，而NIF也完美地体现了极大与极小的对立统一。192路高能激光束注入直径达10m的球形靶室，靶室中心装配有一个铅笔上的橡皮头大小的金圆柱形空腔，空腔高1cm、直径0.6cm左右，也称为黑腔，如图0.9所示。

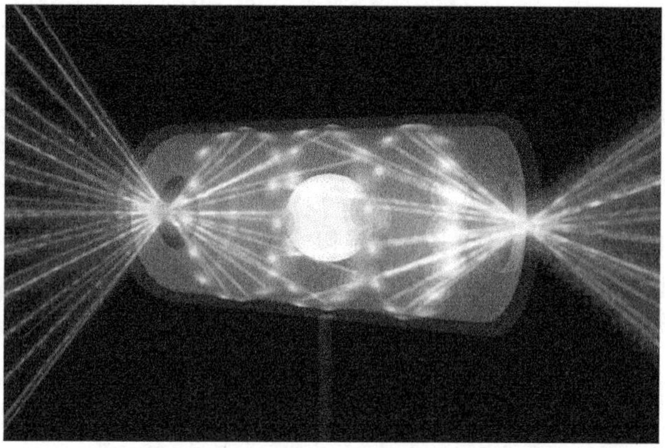

图0.9 NIF的192路激光注入黑腔产生X射线辐照靶球的示意图

NIF产生的192路激光在10～20ns的极短时间内聚焦到小黑腔内，其目标是将尽可能多的能量注入黑腔中心的微小聚变靶丸上。聚变靶丸是一个半径约1mm的小球，内部充满氢的同位素氘和氚。激光先照射到黑腔壁上的金属金（Au）材料上，将其加热成等离子体时，产生X射线脉冲，再用X射线来间接驱动黑腔中心的靶丸，使靶丸产生内爆，并将靶丸内部的聚变燃料压缩成一个足够高温和高密度的微球，以点燃氘和氚的聚变反应，产生微型核爆炸。从理论上讲，如果这种微小的核聚变爆炸能够以每秒10次左右的频率引发，那么发电厂就可以通过收集聚变产生的高能粒子能量来发电。

除了NIF外，进行激光ICF实验的大型装置还有美国罗切斯特大学的OMEGA

（能量45kJ，功率75TW，激光波长0.35μm，60束激光）；美国Nova激光装置（能量30～40kJ，功率30～40TW，激光波长0.35μm）；日本大阪大学的GEKKO XII激光装置（能量40kJ，功率40TW，激光波长0.35μm，60束激光）；中国工程物理研究院的“星光”和“神光”激光装置等。

0.4　惯性约束聚变研究现状及遇到的挑战

目前激光驱动的惯性约束聚变实验采用三种驱动方案。一是激光直接驱动核聚变，把多路激光束直接照射在靶丸的烧蚀层，产生靶丸内爆压缩，如图0.10所示。如图0.11所示为美国罗切斯特大学的OMEGA激光装置，它属于典型的激光直接驱动实验装置，其激光能量为30kJ，激光功率为30TW。

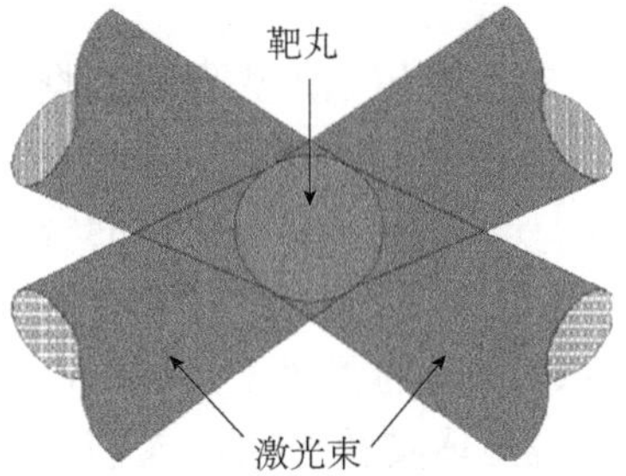

图0.10　多路激光束直接驱动靶丸

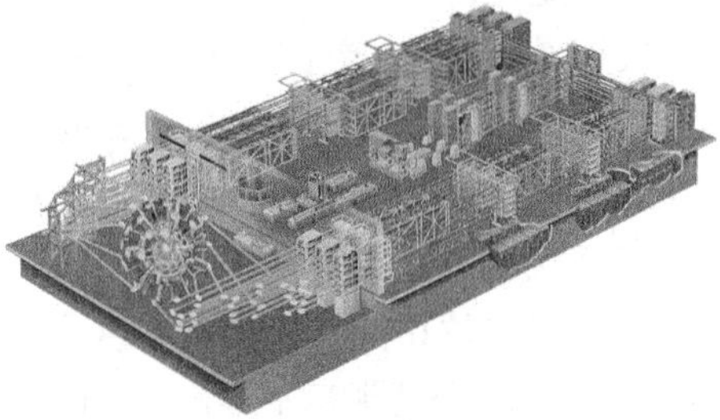

图0.11　罗切斯特大学的OMEGA激光装置

二是激光间接驱动核聚变，如图0.12所示，先把多束激光束注入黑腔壁的重金属Au上，产生X射线辐射，再用X射线辐射照射在靶丸的烧蚀层，产生靶丸的内爆压缩。如图0.13所示是典型的间接驱动实验装置——美国国家点火激光装置NIF，其激光能量为2MJ，激光功率为500TW。

图0.12　间接驱动靶丸

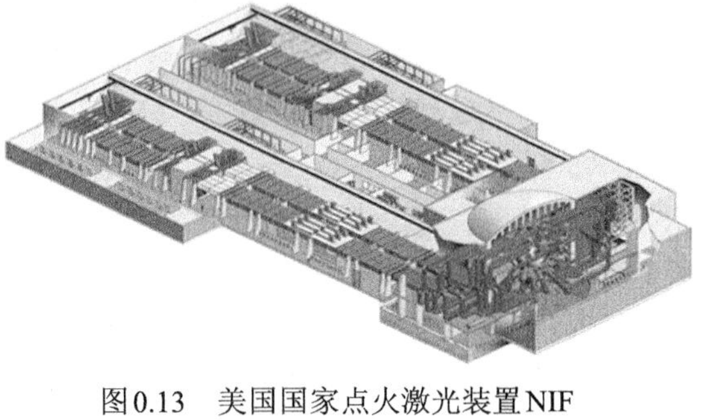

图0.13　美国国家点火激光装置NIF

三是极向直接驱动（polar drive）核聚变，如图0.14所示，右图为相应的靶室，先把多路激光束按不同的极向角注入，照射在靶丸的烧蚀层，产生内爆压缩。

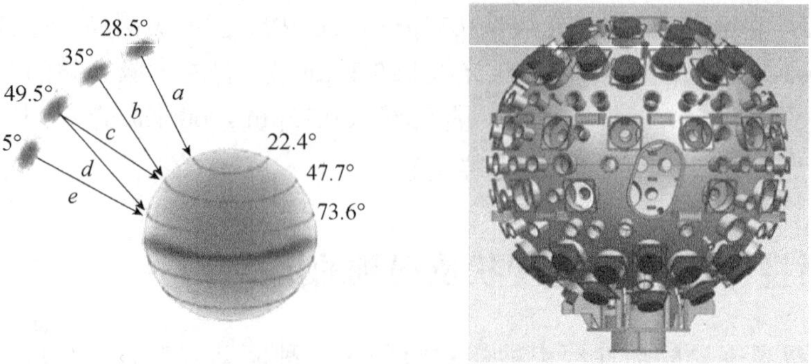

图0.14　极向直接驱动核聚变

极向直接驱动可以更有效地利用激光能量，更方便地开展内爆过程诊断，美国罗切斯特大学的激光能量实验室已经在该方面开展了很多研究，但离真正应用还有很远的距离。

2022年8月8日，美国《物理评论快报》刊发了题为“超越点火劳森判据的惯性聚变实验”（“Lawson criterion for ignition exceeded in an inertial fusion experiment”）的实验进展文章，介绍了前一年（2021年）在NIF上进行的一次成功的激光间接驱动ICF实验。实验用1.92MJ的注入激光能量产生了1.37MJ的聚变放能，能量增益达0.72。虽然此次实验未实现能量增益为1的“科学突破”，却是人类迈向可控聚变能源时代的一个里程碑。为了取得上述实验进展，人们进行了60余年的不懈努力，殊为不易。文章从9个不同的劳森判据公式论证了NIF这次实验“达到了点火”。所谓“点火”是指等离子体聚变燃料开始产生了自持燃烧，燃烧波进入周围的冷燃料中，使之可能产生高能量增益的状态。该文阐述了以下几个观点：①点火阈值是真实存在的，并且在实验室或反应堆尺度的等离子体中可实现点火；②在聚变能应用方面，利用X射线驱动内爆目前还不够实用（仍无点火裕量）；③今后将继续提高黑腔的性能、NIF的输出能量，以提高燃料面密度来实现更多的聚变放能；④今后将调整激光脉冲整形和靶丸掺杂，使用更厚的烧蚀层或CH烧蚀层来提高最大靶丸压缩密度和聚变放能。

探索ICF之路是坎坷的。被誉为“美国ICF点火之父”的Edward Teller曾乐观地预言“ICF将解决第三次全球能源危机”，并对设计用于探索火星的“激光聚变火箭”非常感兴趣，他也最早意识到点火难度极大。2009年NIF刚建成时，计算机理论模拟预测点火过程将会很成功，这使大家都信心满满。然而，2011～2012年进行的第一次美国国家点火攻关计划（NIC）的实验结果却令人意外，让所有人大跌眼镜，因为实验仅产生了约1kJ的聚变放能，与注入的兆焦耳激光能量相比，微不足道。失败的原因早被Edward Teller所预测到，就是激光-等离子体相互作用问题很严重，消耗了大量的激光能量。另外，靶丸的内爆过程也非常不稳定、压缩不对称，最后导致了内爆过程失控。第一次美国国家点火攻关计划失败后，LLNL的ICF团队受到了人们大量的质疑，导致项目首席科学家John Lindl黯然离任。2013年John Lindl发表综述性论文时，甚至有团队成员拒绝署名。此后十年，在一波强似一波的质疑声中，LLNL开展了数次攻关演练，没有多少进展。

自NIC失败后，人们认识到要实现激光ICF点火，还要解决许多基本物理问题，包括流体动力学、激光等离子体不稳定性（包括束间能量转移（CBET）、受激拉曼散射（SRS）、受激布里渊散射（SBS）、双等离子体衰变（TPD）等），以及X射线非均匀辐照、激光印迹不均匀、DT气充气管和靶丸支撑膜、靶丸制备缺陷等工程问题影响，如图0.15和图0.16所示。

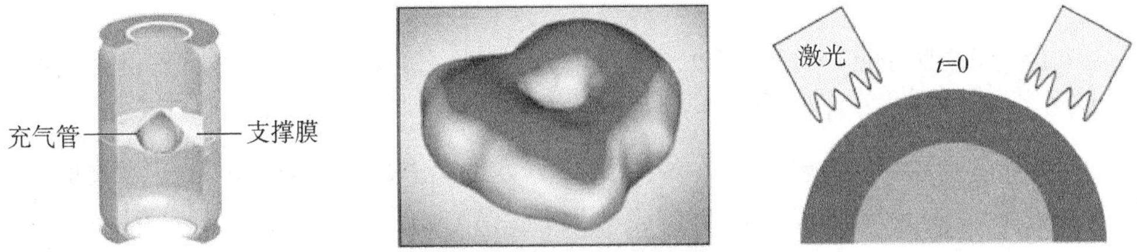

图0.15　靶丸支撑膜和DT充气管（左）以及激光辐照的印迹不均匀（右）会引起内爆压缩非对称性（中）

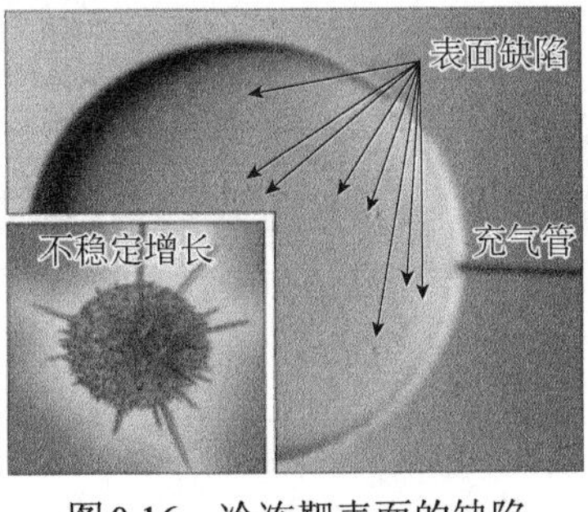

图0.16　冷冻靶表面的缺陷

2013～2015年，在NIF首席科学家Hurricane的领导下，开始尝试采用“高脚”脉冲设计，通过提高烧蚀层的熵，以提高内爆稳定性、降低烧蚀材料和DT燃料的混合。激光脉冲形状变化导致性能的较大改进，高脚脉冲通过引入短而强的预脉冲冲击波，使靶丸外表面的熵变高，但由于短脉冲冲击波在靶内的衰减，内壳层的熵比较低，因此可以获得较高的烧蚀速度，抑制瑞利-泰勒不稳定性发展，同时又能保证燃料有效压缩。高脚脉冲设计提高了聚变反应率，聚变放能也提高了一个量级，达25kJ。图0.17给出了间接驱动靶（NIF）高脚和低脚压缩脉冲波形与不同烧蚀层材料的靶丸，直接驱动靶（OMEGA）的三尖峰高熵压缩脉冲波形。

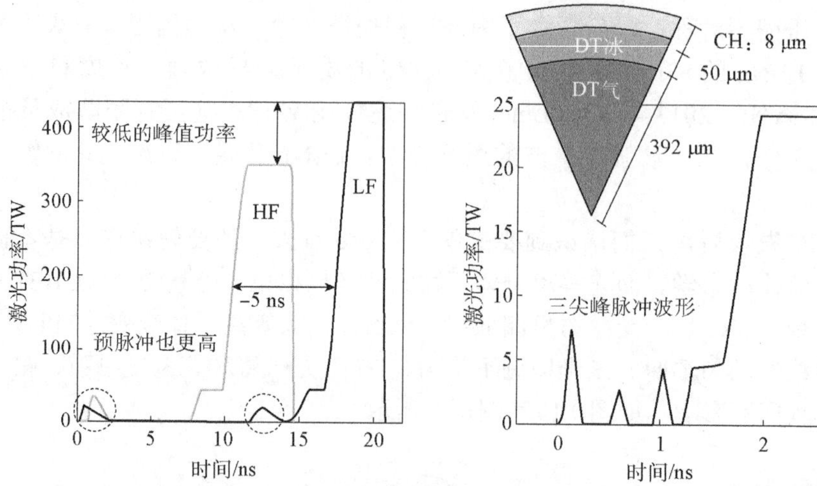

图0.17　间接驱动靶（NIF）高脚（HF）和低脚（LF）压缩脉冲波形（左），直接驱动靶（OMEGA）的三尖峰高熵压缩脉冲波形（右）

图0.18中给出了低脚（左）和高脚（右）激光脉冲压缩中影响压缩效果的各种不利因素，如非球形辐照、支撑膜等对最终靶丸压缩效果的影响。但高脚脉冲设计是以牺牲靶丸内爆收缩比为代价的。此外，它也没有解决严重的激光等离子体不稳定性问题。

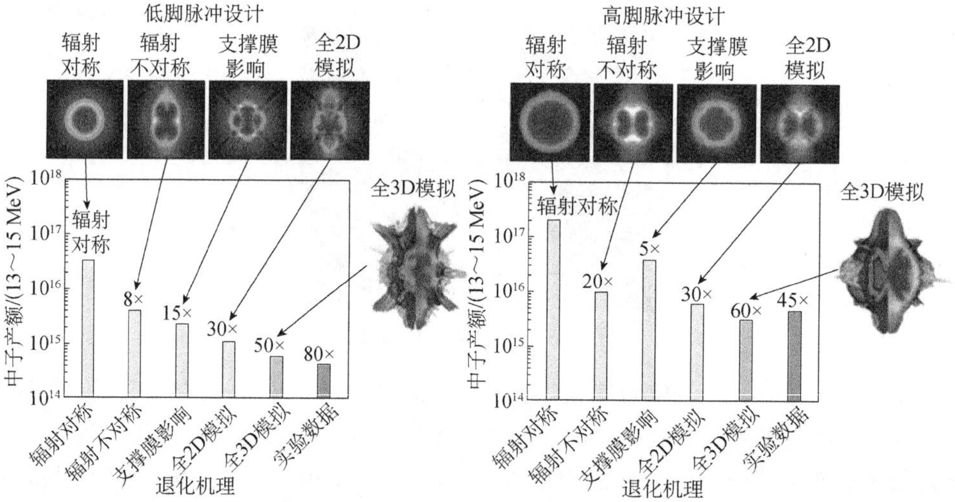

图0.18　低脚（左）和高脚（右）激光脉冲压缩中影响压缩效果的各种因素比较

图0.19给出了高脚和低脚脉冲波形驱动中瑞利-泰勒不稳定性增长因子随模数的变化和相应的二维内爆物质密度分布，可以看出，低脚脉冲波形对应的DT燃料等熵因子为1.45，在内爆过程中发生了严重的流体不稳定性，而高脚脉冲波形（等熵因子为2.8）的内爆过程中流体不稳定性得到了较好的抑制。高脚脉冲的增长因

子的计算和模拟与低的不稳定性预期一致。在内爆过程中，烧蚀层的等熵因子和靶球的飞行形状因子（IFAR）对靶丸压缩有重要的影响。当烧蚀层的等熵因子较低或者IFAR超过35后，会有明显的流体不稳定性发展，如图0.20所示，IFAR为17时，靶丸最终内爆后还具有较好的完整性，而当IFAR达到44时，靶丸在后期的内爆过程中将会发生破裂。

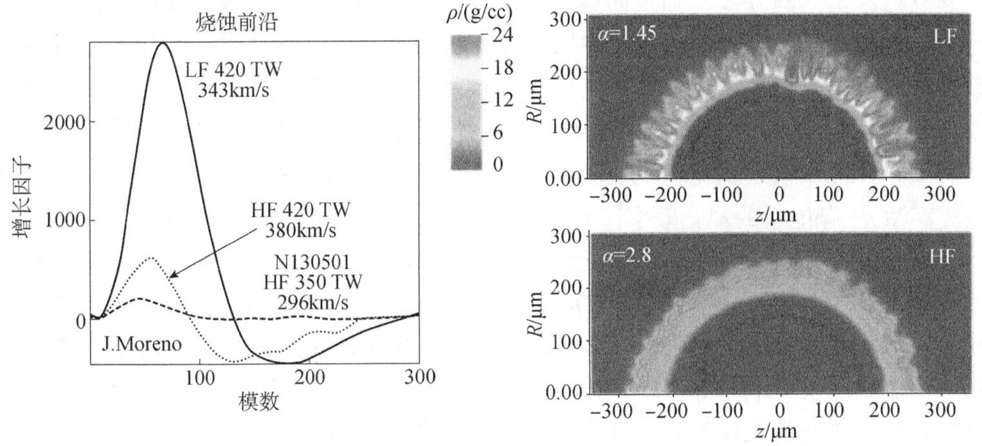

图0.19 高脚和低脚波形驱动中瑞利-泰勒不稳定性增长因子随模数的变化（左）和相应的二维内爆物质密度分布（右）（彩图请扫二维码）

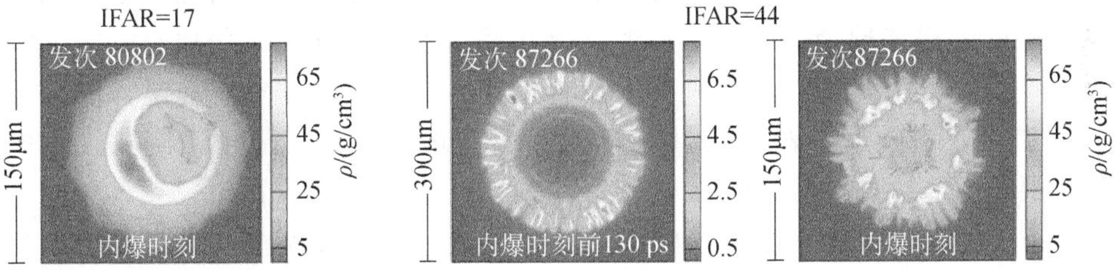

图0.20 不同IFAR对最终内爆压缩的影响（彩图请扫二维码）

当两束激光发生交叉传输时，CBET也会降低直接驱动靶丸的性能。CBET涉及电磁种子、低增益受激布里渊散射。电磁种子是由边缘光束提供的。中心光束把它的一些能量传输到出射光，转移的光绕过了临界表面附近的最高吸收区域，导致CBET降低了激光能量吸收和流体动力学的效率。其他激光等离子体不稳定性，包括受激拉曼散射、受激布里渊散射和双等离子衰变也会影响最终产额，但影响的程度相对较小。单色激光通过参量不稳定性可以激发出等离子体的两种波——电子等离子体波和离子声波。三种主要不稳定性满足以下共振条件，即 $\boldsymbol{k}_L = \boldsymbol{k}_1 + \boldsymbol{k}_2$，$\omega_L = \omega_1 + \omega_2$，下标L表示入射激光，下标1和2表示电磁波或电子等离子体波或离子声波。发生受激拉曼散射时，激光衰减为散射光波和电子等离子体波，增长率最大的是反向散射光波，会反射激光，降低激光能量吸收；发生受激布里渊散射时，激光衰减为散射光波和离子声波，最大的增长率是反向散射光波，也会反射激光；发生双等离子衰变时，激光衰变为两个电子等离子体波。

双等离子衰变发生在四分之一临界密度附近，满足如下条件 $\omega_{pe}=\omega_L/2$ 。受激拉曼散射发生在四分之一临界面以下区域，而受激布里渊散射发生在临界面以下区域，两者均发生在冕区的较低密度区，这与TPD发生在局域不同。受激拉曼散射会激发出电子等离子体波，可以加速电子。被加热的电子射程长，可能会预热靶丸，提高靶的熵α，导致后期靶丸难以被高效压缩。受激拉曼散射和受激布里渊散射都会反射激光并减少耦合到靶球上的能量。抑制这些激光等离子体不稳定性，一方面可以提高激光-靶能量的耦合效率，另一方面也会提升靶丸的压缩对称性。

2016～2018年，劳伦斯·利弗莫尔国家实验室把研究重点转向“大脚”激光脉冲设计，并采用高密度碳（HDC）烧蚀层靶丸结构，由于HDC靶烧蚀性能更好，可以采用更短的激光脉冲，且降低了黑腔内填充气体的密度，从而降低了激光等离子体不稳定性发展的风险，这些改进不仅改善了内爆对称性，而且提高了内爆速度。这些措施使NIF实验的聚变放能达到了55kJ。与此同时，研究团队启动了一系列混合腔（hybrid）实验攻关，主要是将之前成功的实验设计经验、新的物理理解和新的靶设计集成起来。

2019～2020年开始了Hybrid-E腔构型实验攻关阶段，这一阶段通过增大靶丸和腔半径比，提高耦合效率和对称性，减小靶丸滑行时间，采用更小的激光注入孔，在提高靶丸吸能和热斑压力方面取得了巨大进步。这得益于先进诊断技术的进步，加深了科学家们对内爆性能退化因素的理解；也得益于靶制备技术的进步，使聚变放能达到了约100kJ，再上新台阶。

但是，由于多年来NIF实验的进展缓慢，人们开始质疑激光聚变是否现实可行，甚至在2020年劳伦斯·利弗莫尔国家实验室和洛斯·阿拉莫斯国家实验室（LANL）联合向美国能源部国家核安全管理局（NNSA）提交的报告中，LANL的同行们公开质疑NIF的点火能力，认为NIF不太可能实现点火，即使装置升级后也不行。他们认为，如果没有尚未预见的重大技术突破，需要5～10倍的现有NIF的激光能量才可能实现点火。劳伦斯·利弗莫尔国家实验室团队自己也坦承，至少需要5MJ的激光能量才可能实现点火，但这超出了NIF的能力。

黎明前的黑暗最为难熬，但也只有经历过这些才能迎来曙光。令人欣慰的是，劳伦斯·利弗莫尔国家实验室的ICF团队不但从黑暗中熬过来了，见到了黎明的曙光，而且不断地创造了新的历史。2021年2月7日NIF进行的实验中聚变放能达到了170kJ，实现了“燃烧等离子体”。2021年8月8日又实现了1.37MJ创纪录的聚变放能，产生的中子束为4.8×10^{17}个。实验通过采用恰当的内外环波长差，利用交叉束能量转移（CBET）有效调控了对称性，并采取了大幅减少靶丸缺陷、延长激光脉冲、降低燃料充气管直径、缩小黑腔的激光注入孔大小等措施。实验的成功出乎人们的意料，因为设计的聚变放能仅为0.7MJ，但最终实验得到的聚变放能有1.37MJ，大大超过了预期。这导致部分诊断设备因超过设定的量程而饱和，甚至一些诊断电信号因为中子屏蔽带来的损伤而丢失了。劳伦斯・利弗莫尔国家实验室副主任、激光聚变项目负责人Mark Herrmann坦承，当他收到同事的短信，获悉他们从最新的实验中得到了一个“有趣的”结果时，他首先担心的是装置可能出问题了。当事实证明不是装置出了问题时，“我的确开了一瓶香槟”，Herrmann自豪地说。劳伦斯・利弗莫尔国家实验室主任Kim Budil发表感慨，并阐述了国家实验室的使命：“这个结果是ICF研究迈出的历史性一步，为推进关键国家安全任务开辟了全新领域。这也是该团队创新、智慧、担当和坚毅的证明。几十年来，该领域的研究人员坚定不移地追求着点火目标。在我看来，这展示了国家实验室最重要的作用之一——我们坚持不懈地致力于解决最大、最重要的科学挑战，并且在其他人面对困难望而却步之处找到解决方案”。LANL主任Thomas Mason也转而认可了NIF的成就：“这将使我们能够通过实验更为严格地检验高能量密度条件下的理论和数值模拟，这是史无前例的，同时也将促成应用科学和工程领域的基础成就。”

NIF的下一步计划是：①最大化内爆尺寸；②最大化耦合能量；③最大化激光能量；④NIF总输出能量达到2.1MJ。

总之，过去十年，人们通过在NIF上采取各种方法，试图增强激光-靶的能量耦合，降低内爆过程中的流体力学不稳定性，以提高压缩对称性，确实提高了NIF间接驱动内爆的性能。具体发展过程如下：针对低脚脉冲波形，为降低流体力学不稳定性，提出了高脚脉冲压缩波形，提升了压缩的对称性；为提升能量耦合和压缩的对称性，提出了高密度碳靶（HDC）和大脚脉冲波形（BF），同时降低了黑腔内填充气体的密度，减小了激光等离子体不稳定性（LPI），实现了更好的压缩对称性。大脚波形设计主要是为了产生热斑，具有相对较小的面密度和较高的熵因子；采用金刚石（diamond）靶，提高了对支撑膜扰动的抗干扰能力，减小了充气管的直径，即从10～2μm，减少了与燃料的混合，减少了辐射损失；通过采用Hybrid-E腔型，增大靶丸和腔半径的比值，提高激光-靶能量耦合效率和对称性，减少激光结束后靶的滑行时间，并且采用更小的激光注入孔，减少辐射损失。图0.21给出了十年来在NIF上开展的171发DT聚变反应实验，从图中可以看出，每一次针对激光波形、靶型的改进，都带来了聚变放能的增加，但之前的实验放能量的提升幅度都较小，直到2021年8月8日，NIF实验才取得了里程碑式的进展，聚变放能达到1.35MJ。当然，对于这次实验成功背后的原因还在进一步分析中。

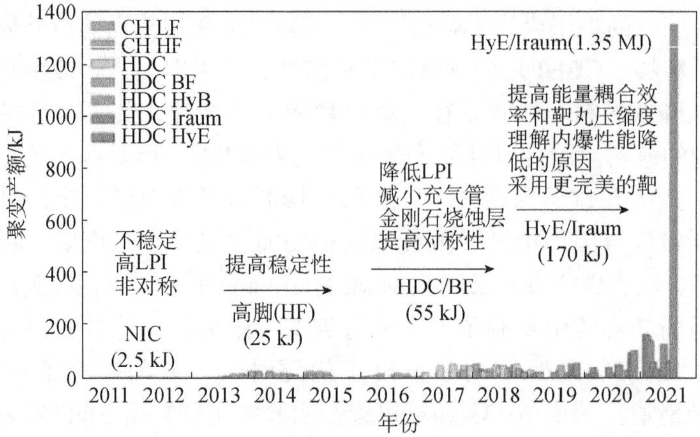

图0.21 2011～2021年十年间在NIF上开展的实验（彩图请扫二维码）

美国NIF点火经历了一波三折的艰难探索，历时10年耗费35亿美元建成的国家点火装置，尽管已达到工程极限，但由于激光聚变过程复杂的内禀物理困难，聚变点火至今未能如期实现。ICF研究团队的工作离人们畅想的聚变电站还有一大段距离。时任罗切斯特大学激光能量学实验室（LLE）主任Mike Campbell教授说："在实验室实现核聚变是非常困难的，而获得经济的聚变能源就更难了。"美国劳伦斯·利弗莫尔国家实验室的NIF激光ICF聚变项目负责人Mark Herrmann说："我们都要有耐心。NIF的主要任务仍然是确保美国的核武器库存是安全可靠的，开发核聚变能只是一个副业。实现激光聚变点火并研究和模拟这个过程将为核武器库存管理打开一扇新的窗户。"因此，各核大国仍在持续发力，努力攻克一个一个的困难，力争早日实现激光ICF聚变点火。

总之，激光核聚变是目前人类最庞大、最复杂、超精密的超大型科学工程，也是人类对工程极限的挑战，它利用多路巨型高能激光烧蚀、向心聚爆压缩靶丸形成高温、高密度等离子体，实现受控核聚变，产生类似核爆炸的极端条件。ICF研究事关国家战略安全需要和人类所未知的高能量密度物理最前沿的探索。探索聚变中的未知科学问题，解决遇到的重大难题，服务国家重大需求，虽任重而道远，但机遇与挑战并存，当下是一个年轻人大有作为的时代。

在本书完稿时，美国能源部及其下属的国家核安全管理局2022年12月13日宣布，劳伦斯·利弗莫尔国家实验室取得了几十年来重大的科学突破。2022年12月5日在NIF上进行的新一轮聚变点火实验中，在输入激光总能量为2.05MJ的条件下，获得了3.15MJ的氘氚聚变能量输出，在实验室首次实现了聚变能量增益的目标，创造了新的历史。实验成功的原因在于对激光调控和靶丸设计进行了特别改进，对多束激光能量的调控实现了近乎完美的靶丸球对称压缩，在聚变靶设计上使用了更厚的DT壳层。美国核安全管理局局长吉尔·赫鲁比说："2022年12月5

日星期一是科学界历史性的一天。这一历史性的科学突破，开启了国家核安全库存管理计划的新篇章。”美国劳伦斯·利弗莫尔国家实验室主任金·巴蒂尔（Kim Budil）博士说：“在实验室中所追求的聚变点火，是人类有史以来所应对的最主要的科学挑战之一，实现它是科学的胜利、工程的胜利，但最重要的是人类的胜利。”

虽然2022年12月5日的NIF聚变点火实验在输入激光总能量为2.05MJ的条件下，获得了3.15MJ的氘氚聚变能量输出，能量增益达到了1.5，但运行整个NIF所耗的能量为322MJ，远远高于3.15MJ的氘氚聚变能量输出。2023年7月30日，NIF上再次进行了一次成功的聚变点火实验，氘氚聚变放能高达3.5MJ，超过上一次实验3.15MJ的聚变放能。因此，人类离聚变能商用的目标还有一段很长的路要走，但不得不说，在人类追求核聚变能源利用的漫漫征途上，已曙光初露。

参 考 文 献

王淦昌. 1964. 利用大能量大功率光激射器产生中子的建议. 中国激光，14: 641.

Abu-Shawareb H, Acree R, Adams P, et al. 2022. Lawson criterion for ignition exceeded in an inertial fusion experiment. Physical Review Letters, 129: 075001.

Basov N G, Krokhin O N. 1963. Conditions for heating up of a plasma by the radiation from an optical generator. In Proceeding of the Conference on Quantum Electronics.

Basov N G, Krokhin O N. 1964. Conditions for heating up of a plasma by the radiation from an optical generator. Soviet Physics JETP, 19: 123.

Basov N G, Ivanov Y S, Krokhin O N, et al. 1972. Neutron generation in spherical irradiation of a target by high-power laser radiation. JETP Letters, 15: 417.

Basov N G, Zakharov S D, Kryukov P G, et al. 1968. Experiments of neutron observation by focusing power laser emission on the surface of lithium deuteride. JETP Letters, 8: 14.

Betti R, Christopherson A R, Spears B K, et al. 2015. Alpha heating and burning plasmas in inertial confinement fusion. Physical Review Letters, 114: 255003.

Betti R, Hurricane O A. 2016. Inertial-confinement fusion with lasers. Nature Physics, 12: 435.

Bishop B. 2021. National ignition facility experiment puts researchers at threshold of fusion ignition. NIF News.

Christopherson A R, Betti R, Bose A, et al. 2018. A comprehensive alpha-heating model for inertial confinement fusion. Physics of Plasmas, 25: 012703.

Clark D S, Weber C R, Milovich J L, et al. 2016. Three-dimensional simulations of low foot and high foot implosion experiments on the National Ignition Facility. Physics of Plasmas, 23: 056302.

Clery D. 2021. With explosive new result, laser-powered fusion effort nears ‘ignition’, Science, doi: 10.1126/science.abl9769.

Craxton R S, Anderson K S, Boehly T R, et al. 2015. Direct-drive inertial confinement fusion a review.

Physics of Plasmas, 22: 110501.

Dawson J M. 1964. On the production of plasma by giant pulse lasers. Physics of Fluids, 7: 981.

Dittrich T R, Hurricane O A, Callahan D A, et al. 2014. Design of a high-foot high-adiabat ICF capsule for the National Ignition Facility. Physical Review Letters, 112: 055002.

Kidder R. 1968. Application of lasers to the production of high-temperature and high pressure plasma. Nuclear Fusion, 8: 3.

Kidder R E. 2006. Laser fusion: The first ten years 1962-1972. United States, UCRL-BOOK-222681.

Kritcher A L, Young C V, Robey H F, et al. 2022. Design of inertial fusion implosions reaching the burning plasma regime. Nature Physics, 18: 251-258.

Lindl J. 1995. Development of the indirect-drive approach to inertial confinement fusion and the target physics basis for ignition and gain. Physics of Plasmas, 2: 3933.

Lindl J, Landen O, Edwards J, et al. 2014. Review of the national ignition campaign 2009-2012. Physics of Plasmas, 21: 020501.

Nuckolls J, Wood L, Thiessen A , et al. 1972. Laser compression matter to super-high densities: thermonuclear (CTR) applications. Nature, 239: 139.

Town R. 2020. Laser Indirect Drive input to NNSA 2020 Report.

Velarde G, Carpintero-Santamaria N. 2021. 惯性约束聚变：先驱们的历史回忆. 程功，张可，张惠鸽，等译. 北京：中国原子能出版社.

https://www.llnl.gov/news/national-ignition-facility-achieves-fusion-ignition. [2021-01-01].

https://www.llnl.gov/news/national-ignition-facility-experiment-puts-researchers-threshold-fusion-ignition. [2022-01-01].

第1章　聚变反应与惯性约束聚变物理

1.1　核反应

典型的化石燃料在1000K燃烧温度时，每个原子化学反应释放的能量为eV量级，该能量远低于原子中电子的电离能（如基态H原子的电离能为13.6eV）。例如，如下化学反应

$$C_8H_{18} + 12.5O_2 \longrightarrow 8CO_2 + 9H_2O + 47\text{eV} \tag{1.1.1}$$

涉及51个原子，而放出的能量仅为47eV，故每个原子平均放能0.9eV，相当于1kg汽油放出40MJ的能量。以上化学反应中，反应前后C、H、O的原子数目守恒，每个原子核的内部结构未变，只是将碳氢化合物氧化。化学反应改变了分子结构，将原子重新排列形成了新分子，核外电子也进行了重新排列。最终产物的化学势小于初始产物的化学势，反应前后产物化学能的差异转化为产物的动能和辐射能（可见光），反应产物的动能通过碰撞又会转换为热能。

典型的核反应方程式可写为

$$A_1 + A_2 \longrightarrow A_3 + A_4 + \cdots + A_K + Q \tag{1.1.2}$$

其中，Q为核反应过程放出的能量，典型的$Q = 1\sim100\text{MeV}$。A_i为核的质量数（$A = N+Z$为整数，N为中子数，Z为质子数），质量数A_i无量纲，数值接近以u（原子质量单位，碳单位）为单位的核的相对质量，原子质量单位u的实际质量是^{12}C原子质量的1/12，$1\text{u}=1.66054\times10^{-27}\text{kg}$。质量数为$A_i$的核的实际质量近似为$m_i = A_i\text{u}$。发生核反应时，原子核的内部结构发生改变，从一种核素变成另一种核素，但反应前后的核素中的核子数目守恒。一般来讲，核反应后系统总静止质量要减小，即$\Delta m<0$，核反应释放的能量Q等于静止质量减小所对应的能量，即$Q = -\Delta mc^2$，Q也等于反应后产物核素结合能的增加量。随着结合能的增加，最终形成的核素比反应前的核素更稳定。核反应释放的能量Q表现为产物核的动能或γ射线的能量。

核反应具体可分为以下几类。

（1）中子诱发的重核裂变反应。室温下的中子（动能0.025eV）诱发重核^{235}U发生裂变的反应为

$$n+{}^{235}_{92}U \longrightarrow {}^{140}_{54}Xe+{}^{94}_{38}Sr+2n+Q \longrightarrow {}^{140}_{58}Ce+{}^{94}_{40}Zr+6e^{-}+2n+Q \tag{1.1.3}$$

上述反应过程发生了多次β^{-}衰变。裂变反应前的质量为236.053u，裂变反应后的质量为235.832u，质量差值为$\Delta m=-0.221$u（负值表示质量有亏损，核反应有能量释放），因为1u=931.5MeV/c^2，一个^{235}U核裂变放出的能量为$Q=-\Delta mc^2$=206MeV，平均每个核子释放的能量约为0.88MeV。每公斤^{235}U全部裂变放能为84×10^6 MJ，与每公斤汽油放出的能量40MJ相比，差100万倍。

重核裂变反应有三个特点：①裂变反应由中子引发，中子不带电，可轻松穿透原子周围的电子云到达原子核。②每个裂变反应平均产生2.5个次级中子。中子的倍增是建立链式裂变反应的前提和物质基础，要把这些裂变中子留在核材料内并继续诱发重核裂变，就需要足够质量的裂变材料来减少中子的漏失，因此链式裂变反应持续进行就需要裂变燃料有一定大小的"临界质量"。③低能（热）中子引发易裂变重核（如^{235}U）裂变的截面比快中子更大，获取裂变能量更容易。

中子的倍增是建立链式裂变反应的前提，重核裂变放能才有能量输出，这两条要同时具备才能作为能源利用。例如，用中子轰击氢同位素可以发生以下反应

$$n+{}^{2}H \longrightarrow {}^{1}H+2n+Q \qquad (Q=-2.23\text{MeV}) \tag{1.1.4}$$

$$n+{}^{1}H \longrightarrow {}^{2}H+Q \qquad (Q=2.32\text{MeV}) \tag{1.1.5}$$

第一个反应（1.1.4）虽然发生了中子增殖，但反应是吸热的，需要外界提供能量，没有净能量输出。第二个反应（1.1.5）是放热反应，但无中子增殖，不可能发生链式反应。

（2）轻核聚变反应。轻核裂变需要外界提供能量（吸热）才有可能发生，而轻核聚变会产生能量（放热），是获取核能的另一个途径。聚变反应需要两个核距离靠得很近（距离在核的直径范围），一般要通过高速轻核间的碰撞才能引发。然而，同号电荷间的库仑排斥会在两个带正电的核之间产生强大的排斥力，距离越近排斥力也越大。只有两个核具有足够大的相对运动动能，才可能克服两核间的库仑排斥势，进入核力作用的范围发生聚变反应。

实验室中的主要的轻核聚变反应有以下四个

$$\begin{cases} \left.\begin{array}{ll} D+D \longrightarrow {}^{3}He+n+3.27\text{MeV} & 50\% \\ D+D \longrightarrow T+p+4.03\text{MeV} & 50\% \end{array}\right\} \\ D+{}^{3}He \longrightarrow {}^{4}He+p+18.3\text{MeV} \\ D+T \longrightarrow {}^{4}He+n+17.6\text{MeV} \end{cases} \tag{1.1.6}$$

其中，D+D反应有两个反应道，概率各占一半，反应产物T（氚）具有β^{-}放射

性，$T \longrightarrow {}^3He + \beta^-$，衰变半衰期为12.3年，故T在自然界的含量极少，要得到氚需要人工生产。人工生产氚通常有两种方案，一是用中子轰击重水（D_2O），核反应式为

$$D + n \longrightarrow T \tag{1.1.7}$$

二是中子轰击Li核，核反应式为

$$^7Li + n(快) \longrightarrow T + n(慢) - 2.87MeV \tag{1.1.8}$$

$$^6Li + n(慢) \longrightarrow T + 4.8MeV \tag{1.1.9}$$

自然界的Li有两个同位素，其中^7Li的富集度（丰度）为92.5%，其余为^6Li。如果用Li材料包裹D–T等离子体，让D–T反应产生的中子造氚，则以上两种产氚的方案都能实现产氚。聚变反应堆在Li层中的T产生率大于1，即1个D–T聚变中子可产生大于1个的T核。

图1.1给出了一些常见中子核反应的截面，其中包括两个产氚反应（1.1.8）和（1.1.9）。由于（1.1.8）是吸能反应，只有中子能量超过一定阈值时，才有可观的反应截面。

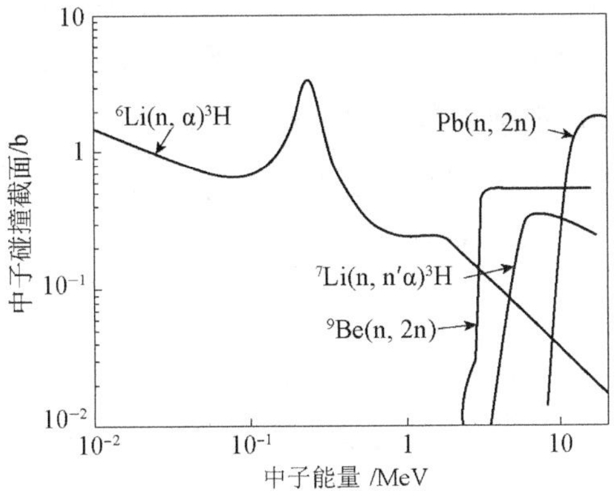

图1.1　一些常见中子核反应的反应截面

聚变产物中的能量分配是根据能量守恒和动量守恒计算出来的。例如，对以下聚变反应

$$A + B \longrightarrow C_1 + C_2 + Q \tag{1.1.10}$$

聚变放能Q在反应产物中是如何分配的呢？为简单计，假设反应前的两个核静止，根据能量守恒和动量守恒有以下方程

$$\begin{cases} Q = \dfrac{1}{2}m_1 v_1^2 + \dfrac{1}{2}m_2 v_2^2 \\ 0 = m_1 \boldsymbol{v}_1 + m_2 \boldsymbol{v}_2 \end{cases} \tag{1.1.11}$$

解方程可以得到聚变产物的能量分别为

$$\begin{cases} E_1 = \dfrac{m_2}{m_1 + m_2} Q \\ E_2 = \dfrac{m_1}{m_1 + m_2} Q \end{cases} \tag{1.1.12}$$

可见聚变产物的能量分配与其质量成反比，即

$$m_1 E_1 = m_2 E_2 \tag{1.1.13}$$

对聚变反应D+T⟶α+n+17.6MeV，通过式（1.1.12）可以算出

$$\begin{cases} E_{\rm n} = \dfrac{m_\alpha}{m_\alpha + m_{\rm n}} Q = 14.1\text{MeV} \\ E_\alpha = \dfrac{m_{\rm n}}{m_\alpha + m_{\rm n}} Q = 3.5\text{MeV} \end{cases} \tag{1.1.14}$$

必须指出，如果反应前入射D核有动能，则式（1.1.14）不再成立。图1.2 给出了入射D核有动能时聚变反应D + T⟶α + n + Q 示意图，在实验室系观察，反应前入射D核的动能为$E_{\rm d}$，动量为 $\boldsymbol{p}_{\rm d}$，而靶核T静止。设中子出射方向与D核入射方向之间的夹角为θ，根据动量和能量守恒，有

$$\begin{cases} E_{\rm d} + Q = E_{\rm n} + E_\alpha \\ \boldsymbol{p}_{\rm d} = \boldsymbol{p}_{\rm n} + \boldsymbol{p}_\alpha \end{cases} \tag{1.1.15}$$

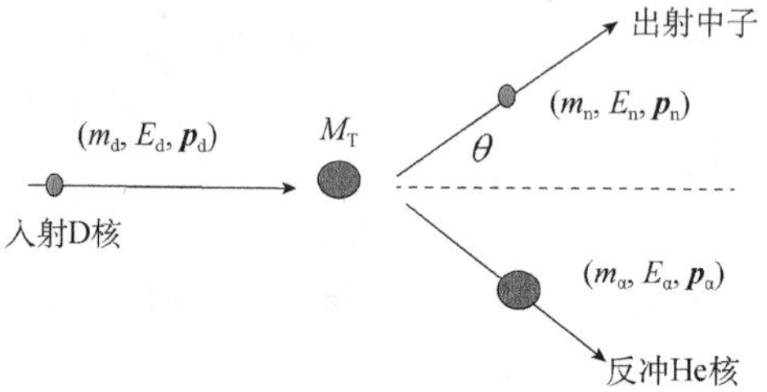

图1.2　入射D核有动能时聚变反应D+T⟶α+n+Q 示意图

注意到 $\boldsymbol{p}_{\rm d}, \boldsymbol{p}_{\rm n}$ 间的夹角为θ，动量动能关系 $p^2 = 2mE$，可求出中子和^{4}He核动能$(E_{\rm n}, E_\alpha)$与入射D核动能$E_{\rm d}$和聚变反应放能Q的关系如下

$$\begin{cases} E_{\rm n} = \dfrac{m_\alpha - m_{\rm d}}{m_{\rm n} + m_\alpha} E_{\rm d} + \dfrac{m_\alpha Q}{m_{\rm n} + m_\alpha} + \dfrac{2\sqrt{m_{\rm d} E_{\rm d} m_{\rm n} E_{\rm n}}}{m_{\rm n} + m_\alpha} \cos\theta \\ E_\alpha = E_{\rm d} + Q - E_{\rm n} \end{cases} \tag{1.1.16}$$

如果反应前入射D核的动能为零，则式（1.1.16）就过渡到式（1.1.14）。

聚变能的优点主要有以下四点：①聚变反应产能大。1kg 氘和氚（50:50）聚变放能相当于 8.1 万 t TNT 爆炸放出的能量，相当于 1 万 t 的优质煤燃烧放出的能量。0.14t 氘发生聚变反应放出的能量等于 0.8t ^{235}U 裂变放出的能量，等于 10^6t 化石燃料（石油）燃烧放出的能量。1km^3 氘产生的聚变能相当于世界上所有石油储量燃烧的能量。②聚变燃料储量丰富。1L 海水中含 30mg 氘，通过氘的聚变产生的能量相当于 300L 汽油放出的能量。③聚变产物对环境的污染小，无长寿命的放射性废料。④聚变堆安全性高。聚变堆没有裂变堆临界事故的潜在危险，更加安全。

1.2　原子核的结合能

实验发现，原子核的质量总是小于组成它的核子（质子和中子）的质量之和，所减少的质量称为原子核的质量亏损。例如，核素 ${}_Z^A\mathrm{X}$（A 为质量数）由 Z 个质子和 $(A-Z)$ 个中子组成，其质量亏损定义为

$$\Delta M({}_Z^A\mathrm{X}) = ZM(\mathrm{H}) + (A-Z)m_\mathrm{n} - M({}_Z^A\mathrm{X}) \tag{1.2.1}$$

式中，M(H) =1.007825u 为氢原子质量（包括电子质量 m_e =5.4858026×10^{-4}u，质子质量 m_p=1.007276470u），m_n=1.008665012u 为中子质量，$M({}_Z^A\mathrm{X})$ 是核素 ${}_Z^A\mathrm{X}$ 的原子质量。在质量亏损计算中，总是略去核外电子的结合能。

因质量亏损 $\Delta M({}_Z^A\mathrm{X})>0$，故自由核子结合成原子核时有能量释放，称为原子核的结合能。根据 Einstein 的质能关系，原子核结合能大小为

$$B({}_Z^A\mathrm{X}) = \Delta M({}_Z^A\mathrm{X}) \cdot c^2 \tag{1.2.2}$$

式中，c 为真空中的光速。一般地说，核内核子数多（A 大）的原子核，其结合能 B 也大。一个核素中平均每个核子的结合能称为该核素的比结合能 ε

$$\varepsilon = B({}_Z^A\mathrm{X}) / A \tag{1.2.3}$$

比结合能 ε 越大的原子核，结合得越紧。表 1.1 中列出了一些核素的原子质量、结合能和比结合能。

表 1.1　一些核素的原子质量和比结合能 (1u = 1.66053886×10^{-24}g)

核素	质量/ u	结合能 B/MeV	比结合能 ε/(MeV/Nu)
${}_1^2\mathrm{H}$	2.014102	2.224	1.112
${}_1^3\mathrm{H}$	3.016049	7.699	2.566
${}_2^3\mathrm{He}$	3.016030	8.481	2.827

续表

核素	质量/ u	结合能 B/MeV	比结合能 ε/(MeV/Nu)
${}_{2}^{4}He$	4.002603	28.30	7.07
${}_{3}^{6}Li$	6.015123	31.99	5.33
${}_{3}^{7}Li$	7.016004	39.24	5.61

对所有稳定的核素 ${}_{Z}^{A}X$，以质量数A为横坐标，比结合能ε为纵坐标作图，可以连成一条曲线，称为比结合能曲线，如图1.3所示（为清楚起见，对于$A\leqslant 30$放大了横轴的单位）。

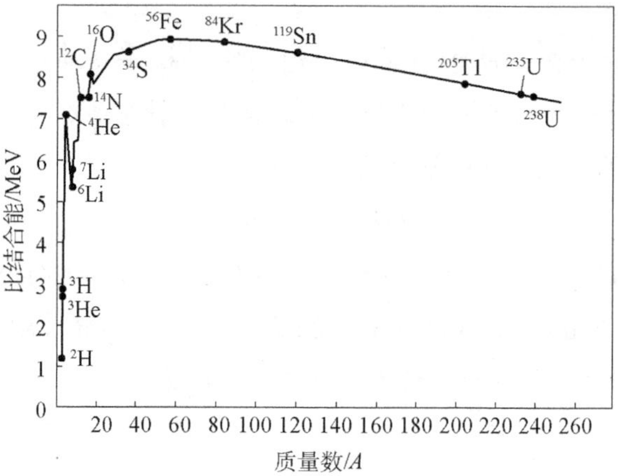

图1.3　比结合能曲线

由图1.3可见，当核素的质量数$A<30$时，比结合能曲线整体随A上升，在上升过程中会出现一些尖峰，峰位置都在质量数A为4的整数倍处，如${}^{4}He$、${}^{12}C$、${}^{16}O$等。整条比结合能曲线的形状是中间高，两端低，这说明质量数A为50~150的中等质量核结合得比较紧，核子结合成原子核时放出的能量多，这些原子核比较稳定。很轻的核和很重的核则结合得比较松，核子结合成原子核时放出的能量少，这些原子核没有中等核稳定。根据比结合能曲线的这种“中间高，两端低”的特征，物理学家预言核能的开发利用存在两种途径：一种是重核裂变，另一种是轻核聚变。这两种途径都能放出大量能量，问题是在工程上如何实现。

需要说明的是，比结合能曲线这种“中间高，两端低”的形状的成因，实际上是核内质子间库仑排斥力和核子间吸引核力竞争的结果。两个质子间的长程库仑力属于电磁相互作用排斥力，与距离平方成反比，即

$$F^{\mathrm{C}}=\frac{e^2}{4\pi\varepsilon_0 r^2} \tag{1.2.4}$$

而两个核子间的短程核力属于强相互作用吸引力，与距离的4次方成反比，即

$$F^{\mathrm{N}}=-\frac{k_{\mathrm{N}}}{r^4} \tag{1.2.5}$$

图1.4 给出了第i个核子对核表面带电粒子的库仑力的示意图。

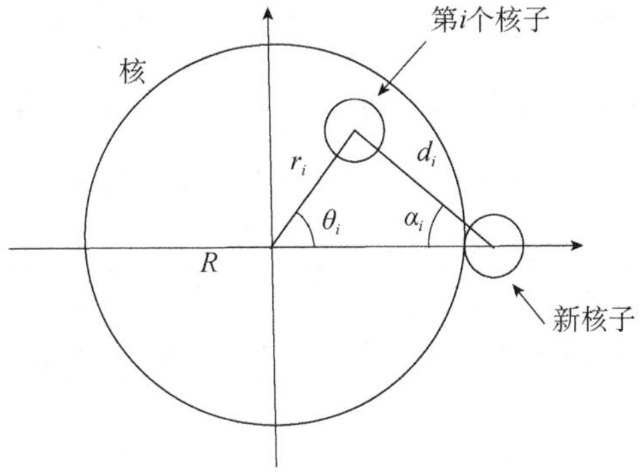

图1.4 第i个核子的库仑力示意图

（1）核表面带电粒子受到的库仑力。假设核是由质子和中子组成的球，核子的半径为r_0，且$N+Z=A$。第i个核子与核表面带电粒子相互作用，产生的库仑力沿着R方向的分量为

$$F_{Ri}^{\mathrm{C}}=\frac{e^2}{4\pi\varepsilon_0}\frac{\cos\alpha_i}{d_i^2} \tag{1.2.6}$$

R方向的总库仑力分量由核内所有质子（$A/2$个）提供

$$F_R^{\mathrm{C}}=\sum_i^A\frac{1}{2}\frac{e^2}{4\pi\varepsilon_0}\frac{\cos\alpha_i}{d_i^2} \tag{1.2.7}$$

将求和化为积分形式，令微分体积等于每个核子的体积$\mathrm{d}V_i=\frac{4\pi}{3}r_0^3$，故核子的半径$r_0$满足

$$(N+Z)\mathrm{d}V_i=A\mathrm{d}V_i=A\frac{4\pi}{3}r_0^3\approx\frac{4\pi}{3}R^3 \tag{1.2.8}$$

其中，$R\approx A^{1/3}r_0$为原子核半径，于是式（1.2.7）可化为

$$F_R^{\mathrm{C}}=\sum_i\frac{1}{2}\frac{e^2}{4\pi\varepsilon_0\mathrm{d}V_i}\frac{\cos\alpha_i}{d_i^2}\mathrm{d}V_i=\frac{3e^2}{32\pi^2\varepsilon_0 r_0^3}\int\frac{\cos\alpha}{d^2}\mathrm{d}V \tag{1.2.9}$$

其中，$\mathrm{d}V=r^2\sin\theta\mathrm{d}r\mathrm{d}\theta\mathrm{d}\phi$是原子核内的微分体积，$d$是从核表面上的点到原子核

内任意点的距离。完成积分可得沿着R方向的库仑相互作用排斥力大小

$$F_R^{\mathrm{C}}=\frac{1}{2}\frac{e^2}{4\pi\varepsilon_0}\frac{A}{(A^{1/3}+1)^2} \tag{1.2.10}$$

（2）核表面带电粒子受到的强相互作用力。核子间的强相互作用力为$F^{\mathrm{N}}\sim\frac{k_{\mathrm{N}}}{r^4}$，设当核子间距离$r=r_{\mathrm{c}}=\beta r_0$时，斥力与引力大小相等，$F^{\mathrm{N}}=F^{\mathrm{C}}$，（其中$\beta>1$，通常$\beta\approx3.4$），即$\frac{k_{\mathrm{N}}}{\beta^4 r_0^4}=\frac{e^2}{4\pi\varepsilon_0\beta^2 r_0^2}$，则参量$k_{\mathrm{N}}=\frac{e^2\beta^2 r_0^2}{4\pi\varepsilon_0}$。所以，当核子间距离$r<r_{\mathrm{c}}$时，核力起决定作用，而当$r>r_{\mathrm{c}}$时，库仑力起决定作用。

同理，可求出沿着R方向的总强相互作用吸引力大小

$$F_R^{\mathrm{N}}\approx\frac{3e^2}{16\pi^2 r_0^3\varepsilon_0}\int\frac{\beta^2 r_0^2\cos\alpha}{d^4}\mathrm{d}V=\frac{e^2}{4\pi\varepsilon_0}\frac{\beta^2 A}{(A^{1/3}+1)^2(2A^{1/3}+1)} \tag{1.2.11}$$

图1.5给出了表面核子所受来自核的库仑力、核力和总吸引力随核子数目A变化的曲线，总引力的定义为$F_{\mathrm{tot}}=\left|F^{\mathrm{N}}\right|-\left|F^{\mathrm{C}}\right|$。

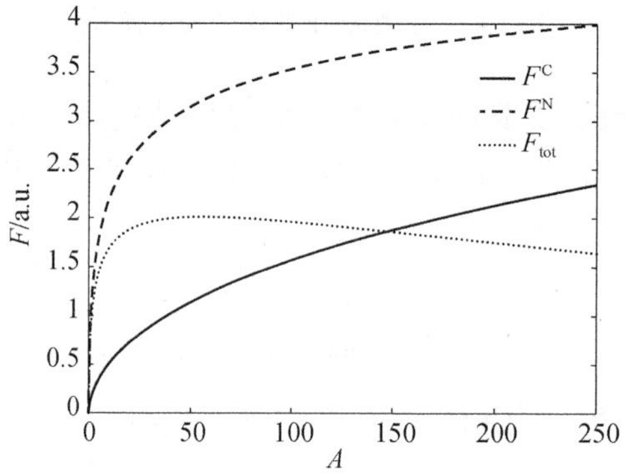

图1.5　库仑力、核力和总引力随A变化曲线

由图1.5可见，当核子数A增加时，原子核变得足够大，但仍能感受到库仑斥力。由于核力的范围较短，强相互作用吸引力达到饱和值，新核子不会受到远处核子的引力，因此总引力$F_{\mathrm{tot}}=\left|F^{\mathrm{N}}\right|-\left|F^{\mathrm{C}}\right|$就会出现“中间高，两端低”的形状。

事实上，当核子数A很大时，库仑力和核力的渐近值分别为

$$F_R^{\mathrm{C}}=\frac{1}{2}\frac{e^2}{4\pi\varepsilon_0}\frac{A}{(A^{1/3}+1)^2}\longrightarrow\frac{e^2}{8\pi\varepsilon_0}A^{1/3} \tag{1.2.12}$$

$$F_R^{\mathrm{N}}\approx\frac{e^2}{4\pi\varepsilon_0}\frac{\beta^2 A}{(A^{1/3}+1)^2(2A^{1/3}+1)}\longrightarrow\frac{e^2}{8\pi\varepsilon_0}\beta^2 \tag{1.2.13}$$

当核子数A很大时，强相互作用吸引力达到饱和，而库仑排斥力仍然随A增加。

总结一下，结合能曲线的形状是由强相互作用力决定的，小原子核的强相互作用随着核增大也增大，大原子核的强相互作用会饱和，不能与不断增大的库仑排斥力竞争。因此，对于轻核和重核元素，每个核子的结合能很弱。中等核中每个核子的结合能则相对较强。

1.3 可资利用的聚变反应及其反应截面

恒星上发生的两组聚变反应链（如p–p链）在地球上是不可能实现的。一方面是因为聚变反应链中一些核反应截面太小，反应时间（寿命）太长；另一方面是恒星有巨大的质量可提供极强万有引力来约束聚变燃料，使聚变反应能够长时间地持续进行。地球上可资利用的轻核聚变反应，要求其在温度不太高时就具有较大的反应截面，主要有以下几种

$$\mathrm{T}+\mathrm{d}\longrightarrow {}_2^4\mathrm{He}+\mathrm{n}+Q_{23\mathrm{n}} \quad 或 \quad \mathrm{T(d,n)}{}_2^4\mathrm{He} \tag{1.3.1}$$

$$\mathrm{D}+\mathrm{d}\longrightarrow \mathrm{T}+\mathrm{p}+Q_{22\mathrm{p}} \quad 或 \quad \mathrm{D(d,p)T} \tag{1.3.2}$$

$$\mathrm{D}+\mathrm{d}\longrightarrow {}_2^3\mathrm{He}+\mathrm{n}+Q_{22\mathrm{n}} \quad 或 \quad \mathrm{D(d,n)}{}_2^3\mathrm{He} \tag{1.3.3}$$

$${}_2^3\mathrm{He}+\mathrm{d}\longrightarrow {}_2^4\mathrm{He}+\mathrm{p}+Q_{23\mathrm{p}} \quad 或 \quad {}_2^3\mathrm{He(d,p)}{}_2^4\mathrm{He} \tag{1.3.4}$$

以上聚变反应式中，大写字母表示靶核或剩余核，小写字母表示入射核或出射粒子，Q表示聚变反应能。因聚变反应产物处于基态，Q等于反应前后核素的静止能量之差，如果反应前体系的动能为0，则反应能Q表现为聚变产物的动能之和。反应能Q在产物间的分配比例可由式（1.1.12）算出

$$Q_{23\mathrm{n}}=17.59\mathrm{MeV}\approx 3.52\mathrm{MeV}({}^4\mathrm{He})+14.08\mathrm{MeV(n)}$$

$$Q_{22\mathrm{p}}=4.03\mathrm{MeV}\approx 1.01\mathrm{MeV(T)}+3.02\mathrm{MeV(p)}$$

$$Q_{22\mathrm{n}}=3.27\mathrm{MeV}\approx 0.82\mathrm{MeV}({}^3\mathrm{He})+2.45\mathrm{MeV(n)}$$

$$Q_{23\mathrm{p}}=18.36\mathrm{MeV}\approx 3.69\mathrm{MeV}({}^4\mathrm{He})+14.66\mathrm{MeV(p)}$$

轻核聚变反应需要满足一定的温度密度条件，而实现热核聚变点火（聚变点火指体系聚变放能大于加热和辐射所需外界提供的输入能量），则需要极高的T（温度）和ρ（密度）。原因有两个：一是D和T两个核的热运动动能要足够高，才可以提高量子力学隧道穿透的概率，使D核穿过D和T两个核的库仑势垒进入核力的作用范围，因此需要将D和T加热到极高的温度。二是D和T核的碰撞频率要足够高，才可以提高聚变放能的功率密度，因此需要将D和T材料压缩来提高它们的数密度。一般来说，保持高温高密度所需的压强要达到P（压强）$\sim\rho$（密度）$\times T$（温度）$> 10^{12}$个大气压强。

D-T聚变所需的高温可以根据D和T两个核的库仑势垒估算出来。图1.6给出了核势阱和库仑势垒曲线形状。

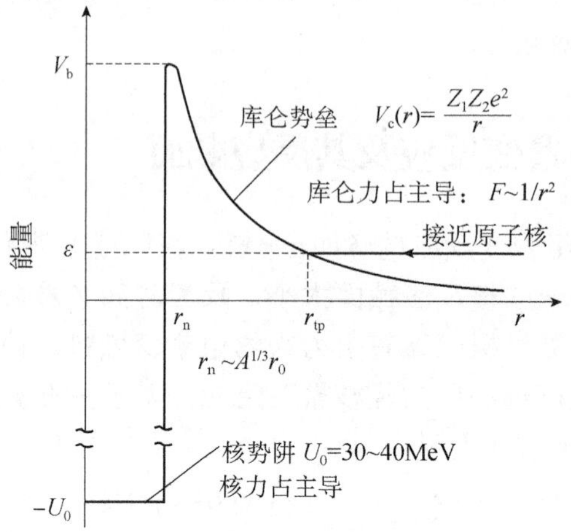

图1.6 核势阱和库仑势垒

经典物理认为，带电粒子D（氘）和T（氚）核发生聚变的必要条件是，两核在质心系的动能之和K_{CM}≥两核间的库仑势垒U_b，即

$$K_{CM} \geqslant U_b \tag{1.3.5}$$

两核在质心系的动能之和为

$$K_{CM}=\frac{1}{2}m_D v_{rD}^2+\frac{1}{2}m_T v_{rT}^2=\frac{1}{2}\mu v^2 \tag{1.3.6}$$

其中，m_D, m_T分别为D和T核的质量，$v_{rD}\equiv\frac{m_T}{m_D+m_T}v$，$v_{rT}\equiv\frac{m_D}{m_D+m_T}v$分别为D和T核在质心系的速率，而$v=|\boldsymbol{v}_D-\boldsymbol{v}_T|$为D相对T运动的速率，$\mu\equiv\frac{m_D m_T}{m_D+m_T}$为折合质量。高斯单位制下两核间的库仑势垒为

$$U_b=e^2/r_n \tag{1.3.7}$$

其中，$r_n=R_D+R_T=\left(3^{1/3}+2^{1/3}\right)r_0$为两核的质心距离，$R_D$、$R_T$分别为D和T核的半径，$r_0=1.44\text{fm}$为常数。

将$e^2\approx1.44\text{MeV}\cdot\text{fm}$、$r_n\approx5\text{fm}$代入式（1.3.7），可计算出库仑势垒为$U_b=0.288\text{MeV}$，也就是说，D和T核在质心的动能之和$K_{CM}$至少得达到288keV，才能克服两个核之间的库仑排斥力，到达核力发挥作用的距离范围。核的动能来源于热运动，温度越高热运动动能越大。这么高的热运动动能在实验室一般很难实现。

实验发现，经典物理学不完全适用于原子核这种微观体系，需要考虑量子效应，也就是说，即使两核在质心系的动能K_{CM}低于288keV，也可以发生D+T聚变反应。原因有三个：一是微观粒子具有波粒二象性。原子核具有隧道效应，当K_{CM}低于288keV时，也有一定的概率穿透库仑势垒，进入核力作用范围发生聚变反应。当然，K_{CM}越小，隧穿势垒的概率越低，核反应截面就降低。二是反应概率取决于高能粒子相互作用时间。当动能增加时，两粒子相对速度很大，相互作用时间会减少。当$K_{CM} \gg 288$keV时，反应时间反而很短，两核相互作用的概率降低，反应截面就降低。三是共振效应，在一定的几何和速度条件下，波粒二象性行为可以导致共振，使得聚变反应截面增加。这些量子力学效应表明，即使动能K_{CM}比库仑势垒288keV低很多，聚变反应仍有一定的发生概率。

数学上，聚变反应概率由聚变反应截面σ来描述，它是实验室坐标系下入射粒子能量E的函数。例如，DT聚变反应截面$\sigma_{DT}(E_d)$中，E_d为D核在实验室系的动能。

一般情况下，两个带电粒子聚变反应的截面σ是两个粒子相对速率$v=|\boldsymbol{v}_1-\boldsymbol{v}_2|$的函数，即$\sigma(v)$，也是两个粒子在质心系动能$\varepsilon=\frac{1}{2}\mu v^2$的函数，即$\sigma(\varepsilon)$，其中$\mu\equiv\frac{m_1 m_2}{m_1+m_2}$为折合质量。对DT聚变反应，如果靶核T在实验室静止，则两个粒子相对速率$v=|\boldsymbol{v}_1-\boldsymbol{v}_2|$就是D核在实验室的速率，此时两个粒子在质心系动能$\varepsilon=\frac{1}{2}\mu v^2$与实验室系的动能$E_d$的关系为

$$\varepsilon=\frac{m_T}{m_D+m_T}E_d \tag{1.3.8}$$

带电粒子聚变反应的截面$\sigma(\varepsilon)$一般写成三项乘积的形式，即

$$\sigma(\varepsilon)=\sigma_{geom}\times T\times R \tag{1.3.9}$$

其中，$\sigma_{geom}\propto 1/\varepsilon$为几何截面（与粒子系统的德布罗意波长平方成正比），$T\propto\exp(-\sqrt{\varepsilon_G/\varepsilon})$为库仑势垒透明度（也叫Gamow因子，它与量子力学隧道效应有关），R为核力支配的核反应概率（核力的类型不同，R的数值有巨大差异）。Gamow因子中的Gamow能量为

$$\varepsilon_G=(\pi\alpha Z_1 Z_2)^2 2\mu c^2 \tag{1.3.10}$$

其中，$\alpha=1/137$为精细结构常数，Z_1、Z_2分别为两个核的原子序数，$\mu\equiv\frac{m_1 m_2}{m_1+m_2}$为折合质量。因此，聚变反应的截面$\sigma(\varepsilon)$公式（1.3.9）最终可写成

$$\sigma(\varepsilon)=\frac{S(\varepsilon)}{\varepsilon}\exp(-\sqrt{\varepsilon_{\rm G}/\varepsilon}) \tag{1.3.11}$$

其中，$S(\varepsilon)$ 称为天体物理 S 因子，对大多数核反应，$S(\varepsilon)$ 是质心系动能 $\varepsilon=\frac{1}{2}\mu v^2$ 的弱变化函数。

对DT和DD聚变反应，利用 $\varepsilon\sim E_{\rm d}$ 之间的能量变换关系（1.3.8），聚变反应的截面（1.3.11）可以表示为入射氘核动能 $E_{\rm d}$ 的函数。DT和DD聚变反应的截面 σ（b）随入射氘核动能 $E_{\rm d}$（keV）的变化可由实验截面数据拟合用以下半经验公式

$$\sigma_{\rm DT}=\frac{2.19\times10^4}{E_{\rm d}}\exp\left[-\frac{44.24}{\sqrt{E_{\rm d}}}\right]\quad({\rm b}) \tag{1.3.12}$$

$$\sigma_{\rm DD}=\frac{2.88\times10^2}{E_{\rm d}}\exp\left[-\frac{45.8}{\sqrt{E_{\rm d}}}\right]\quad({\rm b}) \tag{1.3.13}$$

表1.2列出了入射氘的三种聚变反应的微观截面 σ 与入射氘核能量 $E_{\rm d}$ 的关系。可以看出，d + D聚变反应有两个反应道，一个生成T + p，另一个生成 ${}_2^3{\rm He}+{\rm n}$，两个反应道的截面近似相等。

表1.2　三种聚变反应的微观截面 σ 与入射氘核能量 $E_{\rm d}$ 的关系

$E_{\rm d}$/keV	D(d,p)T/mb	D(d,n)${}_2^3$He / mb	T(d,n)${}_2^4$He / mb
13.0	0.0352	0.0329	7.8
19.0	0.213	0.200	44.8
22.0	0.391	0.367	85.9
25.0	0.629	0.592	144
30.0	1.14	1.08	278
36.0	1.98	1.88	519
40.0	2.56	2.43	0.723×10^3
53.0	4.98	4.78	1.62×10^3
60.0	6.50	6.25	2.18×10^3
67.0	8.14	7.86	2.82×10^3
73.0	9.59	9.30	3.36×10^3
80.0	11.2	10.9	3.93×10^3
93.0	13.9	13.6	4.74×10^3
100.0	15.4	15.2	4.90×10^3
107.0	16.5	16.6	4.95×10^3
110.0	17.1	17.0	4.95×10^3
113.0	17.5	17.4	4.94×10^3

引自 W. R. Arnold, et al., *Phys. Rev.*, 93, 483 (1954)。

图1.7所示为入射氘的四种聚变反应截面 σ 随入射氘核动能 $E_{\rm d}$ 的变化曲线，可见d＋D聚变反应两个反应道的截面（激发曲线）基本重合，图1.8把这两个道

的反应截面曲线用一条曲线表示了。

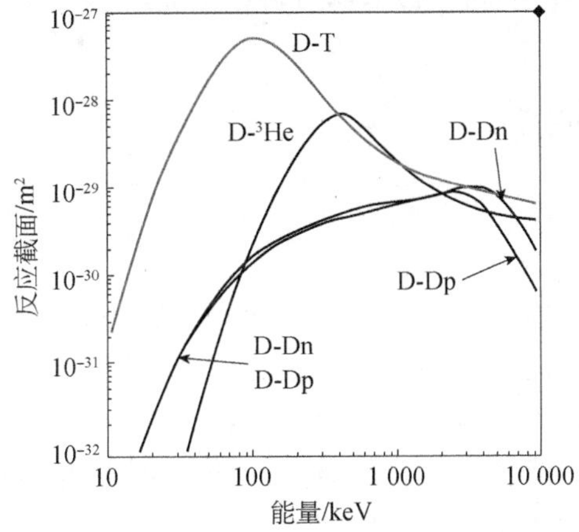

图 1.7　入射氘的四种聚变反应截面随入射氘核动能的变化曲线

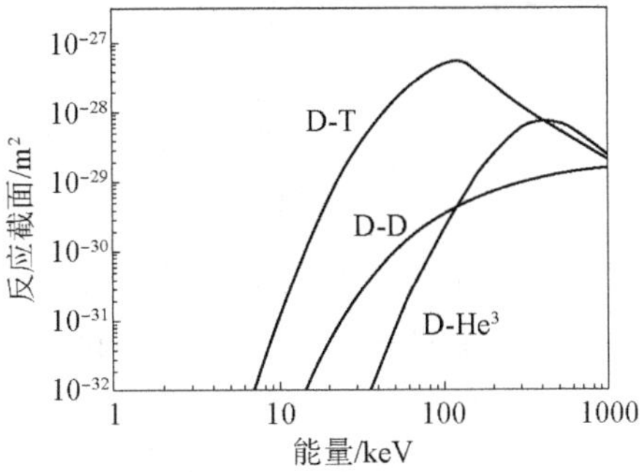

图 1.8　入射氘的聚变反应截面随入射氘核动能的变化

从图 1.7 中可见，当入射 d 核动能 E_d=120keV 时，d + T 聚变反应截面有最大值，约为 5b，聚变反应出现共振。共振能量 E_d=120keV 处，d + T 反应截面 $\sigma_{DT}(E_d) \sim 100\sigma_{DD}(E_d)$。一般来讲，与量子力学隧穿效应有关，带电粒子聚变截面比中子核反应截面要小很多。做个对比，中子能量为 120keV 时，中子与 ^{235}U 核的裂变反应截面为 600b，比聚变反应截面大 100 多倍。

从图 1.7 中还可见，聚变截面与参与聚变反应的带电粒子类型有关。当氘核能量 E_d 低于 100keV 时，d + T 聚变截面比 d + D 聚变截面要大两个数量级。因此 d + T 聚变反应对开发聚变能是最有价值的，问题是天然存在的 T（氚）材料极少，需要人工生产。生产氚的核反应除了 D(d, p)T 聚变反应外，主要还有 $^6Li(n,\alpha)T$ 反应和 $^7Li + n \longrightarrow {}^4He + T + n'$ 反应。而氘是天然存在的，容易从海水中提取出来。${}^3_2He(d,p){}^4_2He$ 反应的优点是反应能 Q 值高，并且反应产物是质子和 α 粒子，没有中子产生，防护简单，能量转换容易；缺点是温度较低时的聚变反应截面小。另外，地球上没有${}_2^3\mathrm{He}$，要人工生产（月球上则有丰富的${}_2^3\mathrm{He}$）。因此，在聚变反应堆问题中，${}_2^3\mathrm{He}$只是作为中间产物加以考虑。

1.4 热核聚变反应率

1.4.1 热核反应

聚变反应有时称为热核反应，即参与聚变反应的原子核的温度要很高。为什么温度要很高呢？我们知道，实验室利用加速器加速氘核打靶来产生上面列出的一些聚变反应是很容易的。但是，利用加速器加速入射粒子打固定靶产生聚变反应，不可能产生多余的能量，从获取聚变能的角度是得不偿失的。也就是说，试图通过加速器来产生聚变反应以获取聚变能量增益是不可能的，简单地计算一下就会发现这一点。下面以D+d反应为例来说明。

设用加速器加速d核使其能量达到$E_\mathrm{d}=50\mathrm{keV}$，再用它去轰击固体的氘靶，产生以下聚变反应

$$\mathrm{d+D}\longrightarrow\begin{cases}\mathrm{T+p}\\ {}^3\mathrm{He+n}\end{cases} \tag{1.4.1}$$

当高速带电粒子d核打入冷靶物质时，必与其中的冷电子发生库仑作用。d核与一个电子的碰撞截面可简单地用库仑散射微观截面来估算

$$\sigma_\mathrm{c}\approx(e^2/m_\mathrm{e}v^2)^2 \tag{1.4.2}$$

其中，v为入射d核的速率，m_e为电子质量，e为电子电量绝对值。与电子的一次碰撞d核的能量损失近似为$\Delta E=(m_\mathrm{e}/M)E_\mathrm{d}$，其中$E_\mathrm{d}$是入射d核的动能，$M$是d核的质量。因此，当d核进入物质靶后，与电子的库仑碰撞产生的能量损失率为

$$\frac{\mathrm{d}E_\mathrm{d}}{\mathrm{d}t}=n_\mathrm{e}\sigma_\mathrm{c}v\frac{m_\mathrm{e}}{M}=n_\mathrm{e}\left[\left(\frac{e^2}{2E_\mathrm{d}}\right)^2\frac{M}{m_\mathrm{e}}\right]vE_\mathrm{d} \tag{1.4.3}$$

其中，n_e是电子数密度，方括号中的量相当于d核损失掉全部入射能量的有效截面，以σ_e表示。当$E_\mathrm{d}=50\mathrm{keV}$时，可以算出有效截面为

$$\sigma_\mathrm{e}=\left(\frac{e^2}{2E_\mathrm{d}}\right)^2\frac{M}{m_\mathrm{e}}\approx\left(\frac{1.44\mathrm{MeV\cdot fm}}{2\times0.05\mathrm{MeV}}\right)^2\times3600=7.5\times10^{-21}\mathrm{cm}^2 \tag{1.4.4}$$

在相同的d核入射能量$E_\mathrm{d}=50\mathrm{keV}$下，d + D聚变反应的总截面为$\sigma_\mathrm{F}\approx8.7\times10^{-27}\mathrm{cm}^2$，两种截面之比为$R=\sigma_\mathrm{F}/\sigma_\mathrm{e}\approx10^{-6}$，这表示100万个氘核进入靶内，大约只有一个d核引起d+D聚变反应，其他的d核都因和电子的库仑散射而损失掉

了。可见，即使每次d+D聚变反应放出4MeV能量，但产生这样一个聚变反应，加速器需提供的平均能量为$5\times10^4\,\text{MeV}$，它是$E_\text{d}=50\text{keV}$的100万倍。也就是说，$5\times10^4\,\text{MeV}$的能量输入只有4MeV的聚变能量输出。因此，从能量增益的角度来看，通过加速器来产生聚变反应的方法是得不偿失的。

有人设想，能否用两束加速的d核对撞的方法实现核聚变反应。两束d核对撞，由于多次库仑散射，累积的偏转角有达到90°的可能性。可以计算出，50keV的d核在上述情况中偏转90°的截面$\sigma_{90^\circ}\approx5\times10^{-22}\text{cm}^2$，而聚变反应总截面是$\sigma_\text{F}\approx10^{-26}\text{cm}^2$，截面比为$R=\sigma_\text{F}/\sigma_{90^\circ}=2\times10^{-5}$。氘核一旦偏离原方向90°，就离开了d离子束，以后就不会有机会碰到对撞的氘核发生聚变反应。所以，试图用两束氘核加速后对撞的方法产生聚变来获取能量增益也是行不通的。

要实现核聚变反应作为潜在能源的目的，必须消除电子对d核库仑散射所造成的动能损失，那只有提高电子的温度T_e，使电子的平均动能$3k_\text{B}T_\text{e}/2$与d核的平均动能$3k_\text{B}T_i/2$（keV量级）相等。这要求电子的温度T_e很高，达到千万开尔文量级，这时物质已不是一般的固体，而是等离子体了。

在高温等离子体中，d核和电子处于几乎相同的高温状态，它们之间的碰撞平均说来不会使d核损失能量；并且d核和电子做无规则热运动，互相不断地碰撞着，不像两束带电粒子对撞时，如果粒子间没有碰撞到，偏离后就不再有机会碰到了。将接近一亿开尔文温度的等离子体约束在一定区域内，维持一段时间，使其中的轻核发生聚变反应，就称为热核反应。氢弹爆炸就是一种人工实现的不可控的热核反应。据一般猜测，氢弹中的燃料主要是氘、氚、锂的某种凝聚态物质，例如氘化锂和氚化锂的混合物，锂的作用是与中子反应产生氚，以在氢弹爆炸过程中补充氚的供应。氘化锂材料中的主要反应式为

$$^6_3\text{Li}+\text{n}\longrightarrow{}^4_2\text{He}+\text{T}+4.8\text{MeV} \tag{1.4.5}$$

$$\text{D}+\text{T}\longrightarrow{}^4_2\text{He}+\text{n}+17.6\text{MeV} \tag{1.4.6}$$

以上两种反应的总效果为

$$^6_3\text{Li}+\text{D}\longrightarrow2\,^4_2\text{He}+22.4\text{MeV} \tag{1.4.7}$$

氢弹中的主要放能反应是聚变反应（1.4.6），聚变反应需要高温高压状态。氢弹爆炸所需的初始高温是由裂变原子弹提供的。装在氢弹初级的裂变物质爆炸产生高温高压，压缩氢弹次级的聚变燃料，使轻核发生剧烈的聚变反应，放出更大的能量。一般原子弹爆炸威力为万吨级TNT当量，而氢弹爆炸威力为百万吨级，是原子弹威力的至少100倍。一刹那间在局部产生百万吨TNT炸药的爆炸力，除了进行杀伤和爆破外，是不能作为一般能源来加以利用的。受控热核反应就是要根据人们的需要，有控制地源源不断地产生聚变，以提供能源。

1.4.2 热核反应率

处于温度T_i的热平衡下的第i种轻原子核，速度分布服从麦克斯韦（Maxwell）速度分布律

$$f_i(\boldsymbol{r},\boldsymbol{v}_i,t)=n_i(\boldsymbol{r},t)(\beta_i/\pi)^{3/2}\mathrm{e}^{-\beta_i v_i^2} \tag{1.4.8}$$

式中

$$\beta_i\equiv\frac{m_i}{2T_i} \tag{1.4.9}$$

m_i为轻核的质量，T_i为温度，$v_i^2=v_{ix}^2+v_{iy}^2+v_{iz}^2$为速度大小的平方，$n_i(\boldsymbol{r},t)$为$t$时刻$\boldsymbol{r}$处单位体积中的第$i$种轻核的数密度，其定义为

$$n_i(\boldsymbol{r},t)=\int\mathrm{d}\boldsymbol{v}_i f_i(\boldsymbol{r},\boldsymbol{v}_i,t) \tag{1.4.10}$$

为书写简便，略去时空宗量$(\boldsymbol{r},t)$，用$\mathrm{d}n_i$表示t时刻$\boldsymbol{r}$处单位体积中处于速度元$\mathrm{d}\boldsymbol{v}_i$内的第$i$种轻核数

$$\mathrm{d}n_i=f_i(\boldsymbol{r},\boldsymbol{v}_i,t)\mathrm{d}\boldsymbol{v}_i=n_i(\boldsymbol{r},t)(\beta_i/\pi)^{3/2}\mathrm{e}^{-\beta_i v_i^2}\mathrm{d}\boldsymbol{v}_i \tag{1.4.11}$$

其中，$\mathrm{d}\boldsymbol{v}_i=\mathrm{d}v_{ix}\mathrm{d}v_{iy}\mathrm{d}v_{iz}$为速度空间的体积元，$v_i^2=v_{ix}^2+v_{iy}^2+v_{iz}^2$。对第$j$种核也有相同的表达式。于是单位体积内第$i$种核和第$j$种核的热核反应率，即$t$时刻单位时间$\boldsymbol{r}$处单位体积发生的聚变反应数为

$$R_{ij}=\frac{1}{1+\delta_{ij}}\iint\mathrm{d}n_i\mathrm{d}n_j\sigma(v)v=\frac{n_in_j}{1+\delta_{ij}}\left(\frac{\beta_i\beta_j}{\pi^2}\right)^{3/2}\int\mathrm{d}\boldsymbol{v}_i\int\mathrm{d}\boldsymbol{v}_j v\sigma(v)\mathrm{e}^{-\beta_iv_i^2-\beta_jv_j^2} \tag{1.4.12}$$

式中,$\boldsymbol{v}=\boldsymbol{v}_i-\boldsymbol{v}_j$为两核的相对速度，$v=|\boldsymbol{v}_i-\boldsymbol{v}_j|$为两核的相对速率，两核聚变反应的截面$\sigma(v)$只与它们的相对速率$v$有关；当$i=j$时，$\delta_{ij}=1$；当$i\neq j$时，则$\delta_{ij}=0$。这是因为，当入射粒子与靶粒子种类相同时，将一半粒子作为靶核，另一半相同种类的粒子作为入射粒子，故单位时间单位体积内发生的聚变反应数应除以2。

将式（1.4.12）写为

$$R_{ij}=\frac{n_in_j}{1+\delta_{ij}}\langle\sigma v\rangle_{ij} \tag{1.4.13}$$

式中

$$\langle\sigma v\rangle_{ij}=\left(\frac{\beta_i\beta_j}{\pi^2}\right)^{3/2}\int\mathrm{d}\boldsymbol{v}_i\int\mathrm{d}\boldsymbol{v}_j v\sigma(v)\mathrm{e}^{-\beta_iv_i^2-\beta_jv_j^2} \tag{1.4.14}$$

称为反应率参数，其单位是cm^3/s，它是相对速率v与聚变反应截面$\sigma(v)$的乘积

$v\sigma(v)$ 对两种带电粒子速度的麦克斯韦分布概率密度的统计平均值。

式（1.4.14）中对两粒子速度 $\boldsymbol{v}_i$、$\boldsymbol{v}_j$ 的双重积分可以化为对相对速度 $\boldsymbol{v}$ 的积分，为此定义两个带电粒子的加权平均速度 $\boldsymbol{u}$（类似质心速度）和相对速度 $\boldsymbol{v}$

$$\boldsymbol{u} \equiv \frac{\beta_i \boldsymbol{v}_i + \beta_j \boldsymbol{v}_j}{\beta_i + \beta_j}, \qquad \boldsymbol{v} = \boldsymbol{v}_i - \boldsymbol{v}_j \tag{1.4.15}$$

则两个核在实验室的速度 $\boldsymbol{v}_i$、$\boldsymbol{v}_j$ 可用 $\boldsymbol{u}$ 和 $\boldsymbol{v}$ 表示为

$$\begin{cases} \boldsymbol{v}_i = \boldsymbol{u} + \dfrac{\beta_j}{\beta_i + \beta_j}\boldsymbol{v} \\ \boldsymbol{v}_j = \boldsymbol{u} - \dfrac{\beta_i}{\beta_i + \beta_j}\boldsymbol{v} \end{cases} \tag{1.4.16}$$

式（1.4.14）的指数因子可表示为 $\beta_i v_i^2 + \beta_j v_j^2 = \beta v^2 + (\beta_i + \beta_j)u^2$，其中

$$\beta = \frac{\beta_i \beta_j}{\beta_i + \beta_j} \tag{1.4.17}$$

注意到速度空间体积元有以下变换关系

$$\mathrm{d}\boldsymbol{v}_i \mathrm{d}\boldsymbol{v}_j = \left|\frac{\partial(\boldsymbol{v}_i, \boldsymbol{v}_j)}{\partial(\boldsymbol{u}, \boldsymbol{v})}\right| \mathrm{d}\boldsymbol{u}\mathrm{d}\boldsymbol{v} = |J|\mathrm{d}\boldsymbol{u}d\boldsymbol{v} = \mathrm{d}\boldsymbol{u}\mathrm{d}\boldsymbol{v} \tag{1.4.18}$$

从而式（1.4.14）变为

$$\langle \sigma v \rangle_{ij} = \left(\frac{\beta_i \beta_j}{\pi^2}\right)^{3/2} \int \mathrm{d}\boldsymbol{u} \int \mathrm{d}\boldsymbol{v} v\sigma(v) \mathrm{e}^{-\beta v^2 - (\beta_i + \beta_j)u^2} \tag{1.4.19}$$

式（1.4.19）中对加权平均速度 $\boldsymbol{u}$ 的积分可以解析求出

$$\int \mathrm{d}\boldsymbol{u}\, \mathrm{e}^{-(\beta_i + \beta_j)u^2} = \left(\frac{\pi}{\beta_i + \beta_j}\right)^{3/2}$$

注意到速度空间体积元 $\mathrm{d}\boldsymbol{v} = 4\pi v^2 \mathrm{d}v$，则式（1.4.19）变为

$$\langle \sigma v \rangle_{ij} \equiv \left(\frac{\beta}{\pi}\right)^{3/2} \int_0^\infty \sigma(v) v\, \mathrm{e}^{-\beta v^2}\, 4\pi v^2 \mathrm{d}v \tag{1.4.20}$$

当聚变反应截面 $\sigma(v)$ 随相对速率 v 的变化关系已知时，通过数值积分方法可算出反应率参数 $\langle \sigma v \rangle$，它只是参数 β 的函数，只与参加聚变反应的粒子质量和温度有关。

当参与聚变反应的粒子处于相同温度状态时，有 $T_i = T_j = T$，且

$$\beta = \frac{\beta_i \beta_j}{\beta_i + \beta_j} = \frac{\mu}{2T} \tag{1.4.21}$$

其中，

$$\mu = \frac{m_i m_j}{m_i + m_j}$$

为入射带电粒子的约化质量。对具体聚变反应类型，参与聚变反应的粒子已知，约化质量就已知，因此，确定的聚变反应率参数 $\langle \sigma v \rangle_{ij}$ 仅仅是温度 T（单位 keV）的函数。将式（1.4.21）代入式（1.4.19），得

$$\langle \sigma v \rangle_{ij} \equiv 4\pi \left(\frac{\mu}{2\pi T} \right)^{3/2} \int_0^\infty \sigma(v) v \mathrm{e}^{-\frac{\mu}{2T} v^2} v^2 \mathrm{d}v$$

将两粒子相对速率 v 用两粒子质心系动能 $\varepsilon = \frac{1}{2}\mu v^2$ 代替，得

$$\langle \sigma v \rangle_{ij} \equiv \frac{4}{\sqrt{2\pi\mu}} \frac{1}{T^{3/2}} \int_0^\infty \sigma(\varepsilon) \mathrm{e}^{-\frac{\varepsilon}{T}} \varepsilon \mathrm{d}\varepsilon \tag{1.4.22}$$

利用聚变反应截面 $\sigma(\varepsilon)$ 的三因子公式（1.3.11），式（1.4.22）的被积函数为

$$y(\varepsilon) = S(\varepsilon) \mathrm{e}^{-\sqrt{\frac{\varepsilon_G}{\varepsilon}} - \frac{\varepsilon}{T}} \equiv S(\varepsilon) g(\varepsilon, T)$$

其中，函数 $g(\varepsilon,T)$ 是两个指数函数的乘积，一个指数函数来自势垒穿透概率，质心系动能 ε 越大，函数值越大；另一个指数函数来自麦克斯韦分布，质心系动能 ε 越大，函数值越小。函数 $g(\varepsilon,T)$ 的极大值点位于

$$\varepsilon_{\mathrm{Gp}} = \left(\frac{\varepsilon_{\mathrm{G}}}{4T} \right)^{1/3} T$$

处，称为Gamow峰值能量。对 $\langle \sigma v \rangle_{ij}$ 贡献最大的能量位于Gamow峰值能量附近一个窄区域内。

对 d+T 聚变反应，d 核的约化质量为 $\mu = \frac{m_{\mathrm{d}} m_{\mathrm{T}}}{m_{\mathrm{d}} + m_{\mathrm{T}}}$，利用式（1.3.8）把两粒子质心系动能 $\varepsilon = \frac{1}{2}\mu v^2$ 换成实验室坐标系 d 核的动能 $\varepsilon_{\mathrm{d}} = m_{\mathrm{d}} v^2 / 2$（实验室坐标系 d 核相对于 T 核运动的动能），即

$$\varepsilon = \frac{m_{\mathrm{T}}}{m_{\mathrm{d}} + m_{\mathrm{T}}} \varepsilon_{\mathrm{d}} = \frac{\mu}{m_{\mathrm{d}}} \varepsilon_{\mathrm{d}}$$

则由式（1.4.22）可得d+T聚变反应率参数为

$$\langle \sigma v \rangle_{\mathrm{DT}} = \left(\frac{8}{\pi} \right)^{1/2} \left(\frac{\mu}{T} \right)^{3/2} \frac{1}{m_{\mathrm{d}}^2} \int_0^\infty \sigma(\varepsilon_{\mathrm{d}}) \varepsilon_{\mathrm{d}} \mathrm{e}^{-\frac{\mu \varepsilon_{\mathrm{d}}}{m_{\mathrm{d}} T}} \mathrm{d}\varepsilon_{\mathrm{d}} \tag{1.4.23}$$

$\sigma(\varepsilon_d)$是d核轰击T靶时d + T聚变反应的截面（实验室测量的反应截面），它是实验室坐标系d核的动能ε_d的函数。

图 1.9（a）给出了温度 T=10 keV 时 dT 聚变反应的三个函数 $\sigma(\varepsilon_d)$、$\varepsilon_d \exp\left(-\frac{\mu\varepsilon_d}{m_d T}\right)$和$\sigma(\varepsilon_d)\varepsilon_d \exp\left(-\frac{\mu\varepsilon_d}{m_d T}\right)$随d核在实验室的无量纲能量$\varepsilon_d / T$的变化曲线。聚变截面$\sigma(\varepsilon_d)$与势垒穿透概率有关，在一定能量范围内，d核的动能$\varepsilon_d$越大，截面值越大；另一个函数$\varepsilon_d \exp\left(-\frac{\mu\varepsilon_d}{m_d T}\right)$来自麦克斯韦速率分布，在一定能量范围内，d核的动能ε_d越大，函数值越小。在一定能量范围内，被积函数$\sigma(\varepsilon_d)\varepsilon \exp\left(-\frac{\mu\varepsilon_d}{m_d T}\right)$有极大值。图1.9（b）则给出了三种聚变反应的反应率参数$\langle\sigma v\rangle_{DT}$随温度$T$的变化曲线。

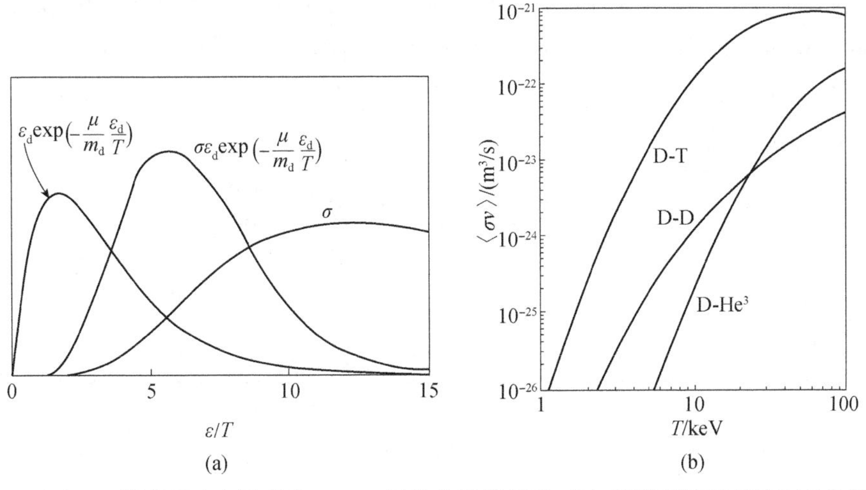

图1.9　（a）DT聚变反应在温度为10 keV时的曲线图以及（b）聚变反应的反应率参数随温度的变化

表1.3列出了四种热核反应的反应率参数在特定温度下的数值。

表 1.3　不同温度下四种热核反应的反应率　　（单位：cm^3/s）

T/keV	$T(d,n)^4He$	$D(d,n)^3He$	$D(d,p)T$	$^3He(d,p)^4He$
1	0.548×10^{-20}	0.692×10^{-22}	0.830×10^{-22}	0.302×10^{-25}
5	0.129×10^{-16}	0.894×10^{-19}	0.877×10^{-19}	0.666×10^{-20}
10	0.109×10^{-15}	0.626×10^{-18}	0.582×10^{-18}	0.227×10^{-18}
50	0.871×10^{-15}	0.111×10^{-16}	0.966×10^{-17}	0.544×10^{-16}
100	0.849×10^{-15}	0.243×10^{-16}	0.212×10^{-16}	0.161×10^{-15}

无论是反应率参数曲线还是表格数据，在实际计算中都不方便，这是因为计算时需要反应率参数随温度T连续变化的公式。实际计算中，常采用离散数据来得到拟合公式。常用的拟合公式有以下几种。

1. Gamow公式

$$\langle \sigma v \rangle_{ij} = a_1 T^{-2/3} \exp(-a_2 / T^{1/3}) \tag{1.4.24}$$

式中，a_1、a_2为拟合常数，对不同聚变反应有不同数值。在温度范围$1 \leqslant T \leqslant 80\text{keV}$内，对四种聚变反应 T+d、^{3}He+d、D(d,n)^{3}He 和 D(d,p)T，式（1.4.24）的最大拟合误差分别为57.2%、25.3%、10%和12.1%，该公式的误差较大。

2. 修正Gamow公式

$$\langle \sigma v \rangle_{ij} = a_1 T^{-2/3} \exp(-a_2 / T^{1/3})(1+a_3 T^{1/3})^{5/12} \tag{1.4.25}$$

该公式在$1 \leqslant T \leqslant 80\text{keV}$温度范围内，对上述四个反应的最大拟合误差分别为26.7%、14.8%、3.7%和5.7%，与Gamow公式相比，虽误差有较大的改善，但实际应用不多。实际使用得多的有以下两个公式。

3. Kozlov公式

$$\langle \sigma v \rangle_{ij} = a_1 T^{-2/3} \exp(-a_2 / T^{1/3}) \frac{(1 + a_3 T^{0.75})}{\sqrt{1 + a_4 T^{3.25}}} \tag{1.4.26}$$

$\langle \sigma v \rangle_{ij}$以cm^3/s为单位，温度$T$以keV为单位。系数由表1.4给出。

表 1.4 公式（1.4.26）中的拟合参数

	T(d,n)^{4}He	D(d,p)T	D(d,n)^{3}He	^{3}He(d,p)^{4}He
a_1	2.628952×10^{-12}	1.349928×10^{-14}	1.251391×10^{-14}	1.855463×10^{-12}
a_2	19.9800	18.8060	18.8060	31.7154
a_3	0.228494	0.0331816	0.0497721	0.0995443
a_4	9.42675×10^{-5}	0	0	1.55814×10^{-6}

4. Hively公式

$$\langle \sigma v \rangle_{ij} = \exp\left(\frac{a_1}{T^r} + a_2 + a_3 T + a_4 T^2 + a_5 T^3 + a_6 T^4 \right) \tag{1.4.27}$$

在$1 \leqslant T \leqslant 80\text{keV}$范围内，与Miley的计算值相比较，拟合公式（1.4.27）的精度高于1%（Miley的计算依据为Duane拟合的截面曲线，截面测量数据的不确定性可达5%）。$\langle \sigma v \rangle_{ij}$的单位为cm^3/s，温度$T$的单位为keV，系数由表1.5给出。

表 1.5　式（1.4.27）中的拟合参数

	$T(d,n)^4He$	$D(d,p)T$	$D(d,n)^3He$	$^3He(d,p)^4He$
a_1	−21.377692	−15.5118891	−15.993842	−27.764468
a_2	−25.204054	−35.318711	−35.017640	−31.023898
a_3	-7.1013427×10^{-2}	-1.2904737×10^{-2}	-1.3689787×10^{-2}	2.7889999×10^{-2}
a_4	1.9375451×10^{-4}	2.6797766×10^{-4}	2.7089621×10^{-4}	-5.5321633×10^{-4}
a_5	4.9246592×10^{-6}	-2.9198685×10^{-6}	-2.9441547×10^{-6}	3.0293927×10^{-6}
a_6	-3.9836572×10^{-8}	1.2748415×10^{-8}	1.2841202×10^{-8}	-2.5233325×10^{-8}
r	0.2935	0.3735	0.3725	0.3597

1.4.3　热核反应放能的功率密度

由式（1.4.13）可知，通过i, j两种核聚变反应的反应率参数$\langle\sigma v\rangle_{ij}$可得单位时间单位体积发生的聚变反应数$R_{ij}$。再由单次聚变反应释放的能量$Q_{ij}$，就可计算出聚变反应放能的功率密度-单位时间单位体积中的聚变反应放能，也称热核反应功率密度P_{ij}

$$P_{ij}=Q_{ij}R_{ij}=\frac{n_i n_j}{1+\delta_{ij}}\langle\sigma v\rangle_{ij}Q_{ij} \tag{1.4.28}$$

如果系统中发生多种不同类型的聚变反应，把各种聚变反应的功率密度累加起来即可。例如，若系统中发生式（1.3.1）～式（1.3.4）所示的四种聚变反应，则单位时间单位体积的热核等离子体中总聚变反应放能为

$$P=\left[Q_{23\mathrm{n}}n_{\mathrm{T}}\langle\sigma v\rangle_{23\mathrm{n}}+\frac{1}{2}Q_{22\mathrm{p}}n_{\mathrm{D}}\langle\sigma v\rangle_{22\mathrm{p}}+\frac{1}{2}Q_{22\mathrm{n}}n_{\mathrm{D}}\langle\sigma v\rangle_{22\mathrm{n}}+Q_{23\mathrm{p}}n_{\mathrm{e}3}\langle\sigma v\rangle_{23\mathrm{p}}\right]n_{\mathrm{D}} \tag{1.4.29}$$

聚变放能表现为反应产物的动能，而产物动能不一定会沉积在产物出生地。聚变反应产生的中子可从等离子体中逃逸，中子动能对等离子体的加热无贡献，扣除聚变中子带走的动能，设带电粒子动能沉积在当地，则沉积在等离子体内的热核反应功率密度为

$$P=\left[\frac{1}{5}Q_{23\mathrm{n}}n_{\mathrm{T}}\langle\sigma v\rangle_{23\mathrm{n}}+\frac{1}{2}Q_{22\mathrm{p}}n_{\mathrm{D}}\langle\sigma v\rangle_{22\mathrm{p}}+\frac{1}{2}\cdot\frac{1}{4}Q_{22\mathrm{n}}n_{\mathrm{D}}\langle\sigma v\rangle_{22\mathrm{n}}+Q_{23\mathrm{p}}n_{\mathrm{e}3}\langle\sigma v\rangle_{23\mathrm{p}}\right]n_{\mathrm{D}} \tag{1.4.30}$$

其中，$(1/5)Q_{23\mathrm{n}}$是聚变反应$\mathrm{T}+\mathrm{d}\longrightarrow{}_2^4\mathrm{He}+\mathrm{n}+Q_{23\mathrm{n}}$中α粒子所携带的能量，$(1/4)Q_{22\mathrm{n}}$是聚变反应$\mathrm{D}+\mathrm{d}\longrightarrow{}_2^3\mathrm{He}+\mathrm{n}+Q_{22\mathrm{n}}$中${}_2^3\mathrm{He}$核所携带的能量。

根据式（1.4.30）计算沉积在等离子体内的热核反应功率密度时，必须知道随时空变化的等离子体的温度T和质量密度ρ，这些流体力学量的获得，需要求解辐

射流体力学方程组。同时，单位质量中所含的轻核数目，需要求解核素的燃耗方程才能得到。

以氘（D）为原料的热平衡等离子体中进行的聚变反应（包括初级和次级反应）总功率密度可以近似计算。以氘为原料的聚变反应有4种，其中初级反应有2种，次级反应也有2种。初级反应为

$$\mathrm{D}+\mathrm{d}\longrightarrow \mathrm{T}+\mathrm{p}+Q_{22\mathrm{p}} \quad 或 \quad \mathrm{D(d,p)T} \tag{1.4.31}$$

$$\mathrm{D}+\mathrm{d}\longrightarrow {}_2^3\mathrm{He}+\mathrm{n}+Q_{22\mathrm{n}} \quad 或 \quad \mathrm{D(d,n)}{}_2^3\mathrm{He} \tag{1.4.32}$$

2种次级反应燃料来源于初级反应，即

$$\mathrm{T}+\mathrm{d}\longrightarrow {}_2^4\mathrm{He}+\mathrm{n}+Q_{23\mathrm{n}} \quad 或 \quad \mathrm{T(d,n)}{}_2^4\mathrm{He} \tag{1.4.33}$$

$${}_2^3\mathrm{He}+\mathrm{d}\longrightarrow {}_2^4\mathrm{He}+\mathrm{p}+Q_{23\mathrm{p}} \quad 或 \quad {}_2^3\mathrm{He(d,p)}{}_2^4\mathrm{He} \tag{1.4.34}$$

以上四种聚变反应在单位体积的总聚变放能功率原则上可由式（1.4.29）计算，但计算时要注意以下3点。

（1）初级d-D反应的2个反应道，反应率参数基本相同，即$\langle\sigma v\rangle_{22\mathrm{p}}\approx\langle\sigma v\rangle_{22\mathrm{n}}$。

（2）虽然d-T反应率参数$\langle\sigma v\rangle_{23\mathrm{n}}$比d-D反应率参数$\langle\sigma v\rangle_{\mathrm{DD}}$大很多，但由于次级反应（1.4.33）中的氚（T）是由初级聚变反应d-D产生的，所以T+d聚变反应（1.4.33）的速率基本上取决于d-D聚变反应（1.4.31）产氚的速率，即

$$n_{\mathrm{D}}n_{\mathrm{T}}\langle\sigma v\rangle_{23\mathrm{n}}=\frac{n_{\mathrm{D}}n_{\mathrm{D}}}{2}\langle\sigma v\rangle_{22\mathrm{p}}$$

（3）次级反应（1.4.34）的概率小，并且${}_2^3\mathrm{He}$核又是初级聚变反应（1.4.32）的产物，可略去。

考虑上述因素后，以氘为燃料的热核反应放能并沉积在当地的功率密度（1.4.30）变为

$$P_{\mathrm{DD}}\approx\frac{1}{2}n_{\mathrm{D}}^2\left[\frac{1}{5}Q_{23\mathrm{n}}+Q_{22\mathrm{p}}+\frac{1}{4}Q_{22\mathrm{n}}\right]\langle\sigma v\rangle_{22\mathrm{p}}\approx 4.18n_{\mathrm{D}}^2\langle\sigma v\rangle_{22\mathrm{p}}\left(\frac{\mathrm{MeV}}{\mathrm{cm}^3\cdot\mathrm{s}}\right) \tag{1.4.35}$$

同理，同时含有氘和氚时，要考虑DT聚变的贡献，等离子体中核聚变反应的功率密度（1.4.29）变为

$$P_{\mathrm{DT}}\approx\left[3.52n_{\mathrm{D}}n_{\mathrm{T}}\langle\sigma v\rangle_{23\mathrm{n}}+4.18n_{\mathrm{D}}^2\langle\sigma v\rangle_{22\mathrm{p}}\right]\ \left(\frac{\mathrm{MeV}}{\mathrm{cm}^3\cdot\mathrm{s}}\right) \tag{1.4.36}$$

$\langle\sigma v\rangle_{ij}$的单位为$\mathrm{cm}^3/\mathrm{s}$，核的数密度$n$的单位为$1/\mathrm{cm}^3$，聚变反应放能$Q$的单位为MeV。式（1.4.36）中右边第一项是DT聚变的贡献，它最重要，远大于第二项。

1.5 惯性约束聚变的一般物理要求

1.5.1 劳森判据的一般形式

通过 1.4 节讨论我们认识到，要实现受控热核反应放能并实现能量增益，必须建立一个热绝缘的稳定高温等离子体环境，使其中轻核聚变放能超过加热等离子体所需的能量、等离子体辐射能量损失和其他能量损失三者的和，即

$$E_{\text{fusion}} \geqslant E_{\text{thermal}} + E_{\text{radiation}} + E_{\text{other}} \tag{1.5.1}$$

这一条件称为聚变点火条件。聚变点火条件对等离子体温度、密度和约束时间会提出一定要求，这个要求称为劳森判据或劳森条件。

热核等离子体系统输出的能量来源于热核聚变放能，设 P_f为聚变功率密度，用 τ 表示等离子体约束时间（聚变反应持续时间），则系统聚变反应输出的能量为

$$E_{\text{out}}=E_{\text{fusion}}=P_f\tau \tag{1.5.2}$$

输入到系统中的功率，包括加热等离子体到给定高温所需的能量、各种热力学过程引起的能量损失（包括对流、热传导）和高温等离子体轫致辐射损失的能量。考虑到高温等离子体是用磁场或通过惯性约束在局部小区域中，并不与器壁接触，可不考虑对流和热传导能量损失。用 P_b表示等离子体轫致辐射的功率密度，则需要外界输入到温度为 T 的等离子体系统的能量为

$$E_{\text{in}} = E_{\text{thermal}} + E_{\text{radiation}} = \frac{3}{2}n_i k_B T + \frac{3}{2}n_e k_B T + P_b\tau = 3nk_B T + P_b\tau \tag{1.5.3}$$

式中，$n=n_e=n_i$ 为电子（或离子）数密度，并取 $T=T_e=T_i$。这里假定了等离子体中的电子和离子具有同样的数密度 n 和温度 T，$3nk_BT$ 是电子和离子无规热运动动能密度之和，即等离子体内能密度。

劳森判据的最简单形式为聚变反应输出能量不小于输入到系统的能量，即

$$P_f\tau \geqslant 3nk_B T + P_b\tau \tag{1.5.4}$$

在一定温度条件下，由此式可给出粒子数密度与等离子体约束时间的乘积 $n\tau$ 所满足的最低条件——劳森判据。

式（1.5.4）给出的劳森判据没有考虑等离子体内能、轫致辐射能、聚变放能这些能量的再利用，因此条件是比较苛刻的。实际上，对一个具体的聚变装置，其能量（等离子体的内能＋轫致辐射能＋聚变放能）的一部分可以用来作为输入能量，使聚变装置继续运行。假定能量的利用效率为$\in$，则聚变反应能持续进行并获得能量增益的条件应为

$$(3nk_B T + P_b\tau + P_f\tau)\in \geqslant 3nk_B T + P_b\tau \tag{1.5.5}$$

即热核聚变的功率密度应满足以下条件

$$P_f\tau \geqslant \frac{1-\in}{\in}(3nk_{\mathrm{B}}T + P_{\mathrm{b}}\tau) \tag{1.5.6}$$

这就是劳森判据的一般形式，它是一个实际的可控热核装置能自持运行所必须满足的根本条件。取能量的利用效率$\in=1/2$，则式（1.5.6）就过渡到式（1.5.4）。

为得到劳森判据的具体形式，需计算韧致辐射功率密度P_{b}和聚变功率密度P_f。

1. 韧致辐射功率密度

温度为T的高温等离子体的韧致辐射功率密度的量子力学计算结果为

$$P_{\mathrm{b}} = \frac{32}{3}\sqrt{\frac{2}{\pi}}\frac{Z^2e^4n_{\mathrm{i}}n_{\mathrm{e}}}{m_{\mathrm{e}}c^2}c\alpha\sqrt{\frac{k_{\mathrm{B}}T}{m_{\mathrm{e}}c^2}} \tag{1.5.7}$$

式中，Z是离子的电荷数（称为离子的平均电离度），n_{i}和n_{e}分别是离子和电子的数密度$(n_{\mathrm{e}}=Zn_{\mathrm{i}})$，$m_{\mathrm{e}}$是电子的质量，$c$为真空中的光速，$m_{\mathrm{e}}c^2\approx 511\mathrm{keV}$为电子的静止能量，$\alpha=e^2/\hbar c=1/137$为精细结构常数，$k_{\mathrm{B}}$为玻尔兹曼常量。

对DD反应系统，Z=1，$n_{\mathrm{e}}=n_{\mathrm{i}}=n_{\mathrm{D}}$，$e^2=1.44\mathrm{MeV\cdot fm}=1.44\times10^{-13}\mathrm{MeV\cdot cm}$，韧致辐射功率密度为

$$P_{\mathrm{b}}(\mathrm{DD}) = 3.34\times10^{-18}n_{\mathrm{D}}^2\sqrt{T}\left(\frac{\mathrm{MeV}}{\mathrm{cm^3\cdot s}}\right) = 5.35\times10^{-24}n_{\mathrm{D}}^2\sqrt{T}\left(\frac{\mathrm{erg}}{\mathrm{cm^3\cdot s}}\right) \tag{1.5.8}$$

其中，温度T以keV为单位，数密度n_{D}以$\mathrm{cm^{-3}}$为单位，$1\mathrm{MeV}=1.6\times10^{-6}\mathrm{erg}$。

对于核素数目比D:T=50%:50%的DT混合系统，考虑到Z=1，离子密度$n_{\mathrm{D}}=n_{\mathrm{T}}$，电子密度$n_{\mathrm{e}}=n_{\mathrm{i}}=n_{\mathrm{D}}+n_{\mathrm{T}}=2n_{\mathrm{D}}=2n_{\mathrm{T}}$，韧致辐射功率密度为

$$P_{\mathrm{b}}(\mathrm{DT}) = 1.34\times10^{-17}n_{\mathrm{D}}n_{\mathrm{T}}\sqrt{T}\left(\frac{\mathrm{MeV}}{\mathrm{cm^3\cdot s}}\right) \tag{1.5.9}$$

温度T以keV为单位，数密度$n_{\mathrm{D}}=n_{\mathrm{T}}$以$\mathrm{cm^{-3}}$为单位。

2. 热核反应功率密度

取总的DD热核反应率参数为

$$\langle\sigma v\rangle_{\mathrm{DD}} = \frac{2.33\times10^{-14}}{T^{2/3}}\mathrm{e}^{-\frac{18.76}{T^{1/3}}}\left(\mathrm{cm^3/s}\right) \tag{1.5.10}$$

DT热核反应率参数为

$$\langle\sigma v\rangle_{\mathrm{DT}} = \frac{3.68\times10^{-12}}{T^{2/3}}\mathrm{e}^{-\frac{19.94}{T^{1/3}}}\left(\mathrm{cm^3/s}\right) \tag{1.5.11}$$

其中，温度T单位为keV，则由式（1.4.35）、式（1.4.36）可得热核聚变反应功率密度分别为

$$P_{\mathrm{DD}} \approx \frac{4.87\times 10^{-14} n_{\mathrm{D}}^{2}}{T^{2/3}} \mathrm{e}^{-\frac{18.76}{T^{1/3}}} \left(\frac{\mathrm{MeV}}{\mathrm{cm}^{3}\cdot \mathrm{s}}\right) \tag{1.5.12}$$

$$P_{\mathrm{DT}} \approx \frac{1.30\times 10^{-11} n_{\mathrm{D}} n_{\mathrm{T}}}{T^{2/3}} \mathrm{e}^{-\frac{19.94}{T^{1/3}}} \left(\frac{\mathrm{MeV}}{\mathrm{cm}^{3}\cdot \mathrm{s}}\right) \tag{1.5.13}$$

由式（1.5.9）和式（1.5.13）可知，$P_{\mathrm{DT}} \geqslant P_{\mathrm{b}}(\mathrm{D-T})$ 的条件为

$$\mathrm{e}^{-\frac{19.94}{T^{1/3}}} \geqslant 10^{-6} T^{7/6} \tag{1.5.14}$$

对 DD 聚变反应系统，当温度 $T = 10\mathrm{keV}$ 时，由式（1.5.8）和式（1.5.12）给出

$$\begin{cases} P_{\mathrm{DD}} \approx 1.73\times 10^{-18} n_{\mathrm{D}}^{2} \left(\dfrac{\mathrm{MeV}}{\mathrm{cm}^{3}\cdot \mathrm{s}}\right) \\ P_{\mathrm{b}}(\mathrm{DD}) \approx 1.06\times 10^{-17} n_{\mathrm{D}}^{2} \left(\dfrac{\mathrm{MeV}}{\mathrm{cm}^{3}\cdot \mathrm{s}}\right) \end{cases} \tag{1.5.15}$$

可见 DD 聚变放能功率密度比轫致辐射功率密度小一个量级，很难达到聚变点火条件。对 $n_{\mathrm{D}} = n_{\mathrm{T}}$ 的 DT 混合聚变系统，当温度 $T = 10\mathrm{keV}$ 时，由式（1.5.9）和式（1.5.13）给出

$$\begin{cases} P_{\mathrm{DT}} \approx 2.68\times 10^{-16} n_{\mathrm{D}} n_{\mathrm{T}} \left(\dfrac{\mathrm{MeV}}{\mathrm{cm}^{3}\cdot \mathrm{s}}\right) \\ P_{\mathrm{b}}(\mathrm{DT}) = 4.24\times 10^{-17} n_{\mathrm{D}} n_{\mathrm{T}} \left(\dfrac{\mathrm{MeV}}{\mathrm{cm}^{3}\cdot \mathrm{s}}\right) \end{cases} \tag{1.5.16}$$

可见 DT 聚变放能功率密度比轫致辐射功率密度大一个量级，容易达到聚变点火条件。

3. **聚变点火条件**

式（1.5.4）称为聚变点火条件。点火条件对离子数密度与约束时间乘积的要求是

$$n\tau \geqslant \frac{3k_{\mathrm{B}}T}{(P_f - P_{\mathrm{b}})/n^2} \tag{1.5.17}$$

式中，n 为离子数密度。这是在一定等离子体温度下聚变点火对乘积 $n\tau$ 提出的最低条件。对 DT 混合系统，$n = n_{\mathrm{D}} + n_{\mathrm{T}} = 2n_{\mathrm{D}} = 2n_{\mathrm{T}}$，点火条件为

$$n\tau \geqslant \frac{12 n_{\mathrm{D}} n_{\mathrm{T}} T}{(P_{\mathrm{DT}} - P_{\mathrm{b}})} \tag{1.5.18}$$

当温度 $T = 10\mathrm{keV}$ 时，利用式（1.5.16）得聚变点火条件为

$$n\tau \geqslant 5.32\times 10^{14} \left(\mathrm{s}/\mathrm{cm}^{3}\right) \tag{1.5.19}$$

不考虑轫致辐射能量损失时，聚变点火条件为

$$n\tau \geqslant 4.48\times10^{14}\left(\mathrm{s}/\mathrm{cm}^3\right) \tag{1.5.20}$$

对DD系统，$n=n_{\mathrm{D}}$，当温度$T=10\mathrm{keV}$时，不考虑韧致辐射损失时的聚变点火条件为

$$n\tau \geqslant 1.73\times10^{16}\left(\mathrm{s/cm}^3\right) \tag{1.5.21}$$

它比DT混合系统的乘积$n\tau$至少要高2个量级，这是聚变靶丸内充DT混合气体的原因。

1.5.2 惯性约束聚变的点火条件

惯性约束聚变装置在一个很短的时间内同时将多路激光（或相对论电子束）射向一个微小的靶丸，使其压缩加热并产生热核聚变，放出聚变反应能量。

由于聚变反应功率密度正比于燃料质量密度ρ的平方，故提高燃料的密度是提高聚变功率密度的有效手段。激光惯性约束核聚变（简称激光ICF）采用压缩手段提高燃料的质量密度，在极短时间内达到聚变点火条件，这与磁约束聚变（MCF）方案有根本区别。ICF中聚变反应的时间尺度完全取决于燃料燃烧的动力学行为，不能通过外部手段来控制。

激光ICF的聚变点火条件仍可采用聚变输出能量大于输入能量而得到。粗略估算时，由于约束时间短，辐射屏蔽好，可不考虑高温等离子体的韧致辐射能量损失。对DT聚变，在数密度$n_{\mathrm{D}}=n_{\mathrm{T}}=n/2$和温度$T=10\mathrm{keV}$条件下，点火条件（劳森判据）由式（1.5.20）给出，即

$$n\tau \geqslant 4.48\times10^{14}\left(\mathrm{s}/\mathrm{cm}^3\right)$$

劳森判据是能量得失相当时，聚变燃料中离子的数密度n与约束时间τ的乘积应满足的最低条件，不管是ICF还是MCF，这一条件普适成立。根据ICF的特点，劳森判据可以写成其他的形式。

在ICF中，聚变放能自加热燃料使温度升高，有利于维持热核反应持续进行，另外，高温高密度的燃料系统的压力极高，高压作用下系统将向外膨胀，膨胀过程中系统对外做功损失能量。当热核反应放能大于（或等于）燃料系统对外做功的能耗时，才能形成自持的热核聚变反应。假定热核燃料系统为球形，半径为R，u是燃料向外膨胀的速度，p是燃料的压强，则DT靶的点火条件可简单写成

$$\frac{4\pi}{3}R^3 n_{\mathrm{D}} n_{\mathrm{T}}\langle\sigma v\rangle_{\mathrm{DT}} Q \geqslant 4\pi R^2 pu \approx 4\pi R^2 pC_{\mathrm{s}} \tag{1.5.22}$$

这里C_{s}是声速，$Q=3.52\mathrm{MeV}$是DT聚变产物α粒子的动能（产物中子的射程长，能量不能被系统利用）。采用理想气体模型，燃料的压强为

$$p = (n_e + n_i)k_B T = (n_e + n_D + n_T)k_B T = 2nk_B T \tag{1.5.23}$$

其中，$n = n_D + n_T = n_e$ 为离子（电子）数密度。取核数比 D：T=1：1，则有 $n_D = n_T = n/2$。离子数密度为 $n = 2(\rho/5)N_A$，这里 ρ 是DT燃料质量密度，N_A 是阿伏伽德罗常量，故燃料系统的压强为

$$p = \frac{4}{5}\rho R_0 T$$

这里 $R_0 = k_B N_A$ 是普通气体常数，或

$$p = \Gamma \rho T \tag{1.5.24}$$

这里 $\Gamma = R_0 / \bar{\mu}$，$\bar{\mu}$=5/4 为有效摩尔质量。

热核燃烧时间 τ（惯性约束时间）与稀疏波传到中心的时间密切相关，粗略地可取 $\tau = R / C_s$，这里 C_s 为声速，注意到 $n_D = n_T = n/2$，$p = 2nk_B T$，点火条件（1.5.22）（劳森判据）变为

$$n\tau \geqslant \frac{24k_B T}{\langle \sigma v \rangle_{DT} Q} \tag{1.5.25}$$

在感兴趣的温度范围 $20 \leqslant T \leqslant 100(10^6\,\mathrm{K})$ 内，DT 热核反应率参数有如下近似表达式

$$\langle \sigma v \rangle_{DT} = 0.143 \times 10^{-18} (T/20)^{3.9} \quad (\mathrm{cm^3/s}) \tag{1.5.26}$$

若取 $T = 100(10^6\,\mathrm{K})$，注意到 $10^6\,\mathrm{K} = 0.861 \times 10^{-4}\,\mathrm{MeV}$，代入式（1.5.25）得 D-T 聚变ICF的点火条件（劳森判据）为

$$n\tau \geqslant 7.7 \times 10^{14} \left(\mathrm{s/cm^3}\right) \tag{1.5.27}$$

1.5.3　惯性约束聚变的点火条件对密度的要求

1. ICF聚变点火时燃料面密度条件

为突出ICF的物理特点，我们把劳森判据（1.5.25）变成燃料质量密度和燃料半径乘积 ρR（一般称为燃料的面密度）应满足的条件。

注意到离子数密度 $n = 2(\rho/5)N_A$，约束时间 $\tau = R / C_s$，由压强式（1.5.24）给出等温声速

$$C_s = \left(\frac{\partial p}{\partial \rho}\right)^{1/2} = (\Gamma T)^{1/2} \tag{1.5.28}$$

所以式（1.5.25）变为

$$\rho R \geqslant \frac{12(\Gamma T)^{3/2}}{\langle \sigma v \rangle_{DT} (2N_A/5)^2 Q} \tag{1.5.29}$$

即

$$\rho R \geqslant \frac{3(\Gamma T)^{3/2}}{n'^2 \langle \sigma v \rangle_{DT} Q} \tag{1.5.30}$$

其中，$\Gamma = R_0 / \bar{\mu} = 4k_B N_A / 5$，而 $n' = N_A / 5$ (1/g) 为单位质量的DT燃料所包含的轻核（氘核或氚核）数目，利用 $10^6\text{K} = 0.861 \times 10^{-4}\text{MeV}$，$1\text{MeV} = 1.6 \times 10^{-6}\text{erg}$，将聚变反应率式（1.5.26）代入，温度 T 的单位取keV，可得

$$\rho R \geqslant \frac{1.66 \times 10^4}{(T(\text{MK}))^{2.4}}(\text{g/cm}^2) = \frac{46.3}{(T(\text{keV}))^{2.4}}(\text{g/cm}^2) \tag{1.5.31}$$

表1.6给出了在不同点火温度下 ρR 的下限值，可以看出，达到自持聚变条件的面密度 ρR 随着点火温度 T 升高而迅速降低。

表 1.6　在不同点火温度下 ρR 的下限值

T/（10^6K）	T/keV	ρR/(g/cm^2)
10	0.86	66.1
20	1.72	12.6
30	2.59	4.76
50	4.31	1.40
60	5.17	0.90
70	6.03	0.623
100	8.62	0.265

2. 聚变点火时燃料密度 ρ 与燃料装药量 M 的关系

固定点火温度，利用表1.6中的 ρR 值，可找到达到自持聚变时下限密度 ρ 与DT燃料装药量 M（DT燃料的质量）的关系。例如，取点火温度为 50×10^6K 时，面密度 $\rho R \geqslant 1.40$，则所需DT燃料质量满足

$$M = \frac{4\pi}{3}\rho R^3 = \frac{4\pi}{3}\frac{(\rho R)^3}{\rho^2} \geqslant \frac{4\pi}{3}\frac{(1.40)^3}{\rho^2} \tag{1.5.32}$$

可见DT燃料质量密度 ρ 越大，聚变点火条件要求的DT燃料质量 M 就越少。燃料质量（装药量）M 越少的好处是可以减小对驱动器能量的要求。反之，在固定的点火温度下，DT装药量 M 越少，聚变点火条件对燃料密度的要求就越高，因为由式（1.5.32）可得

$$\rho \geqslant \left(\frac{11.5}{M(g)}\right)^{1/2} (\text{g/cm}^3) \tag{1.5.33}$$

可见当点火温度为 50×10^6K 时，DT的装药量 M 越少，聚变点火条件对燃料质量密度的要求就越高。燃料质量取 $M = 1\text{mg}$，则密度要达到 $\rho \geqslant 107(\text{g/cm}^3)$ 才能实现聚变点

火。点火温度固定时，DT装药量M越大，聚变点火条件对燃料密度ρ的要求就越低。

同样，根据式（1.5.32），如果DT燃料的装料量M一定，点火温度越高，则聚变点火所需的ρR下限值越低，要求的点火密度ρ越低，反之亦然。所以点火所需的面密度值ρR在靶设计中是一个很重要的参量。

1.5.4 聚变点火条件对燃料温度的要求

我们从韧致辐射能耗的角度来讨论这个问题。高温等离子体韧致辐射功率密度为

$$P_{\mathrm{b}} = 1.57\times10^{-31}\rho^2 n_{\mathrm{e}}\sum_i (Z_i^2 n_i)\sqrt{T}\ (\mathrm{W/cm^3}) \tag{1.5.34}$$

这里n_{e}、n_i分别是单位质量物质中所含的电子数目和第i种离子的数目，温度T以$10^6\mathrm{K}$为单位。韧致辐射的能耗随温度升高而增大，要维持自持的热核聚变反应，要求热核聚变放能速率大于韧致辐射能耗损失速率。当DT热核反应率参数取式（1.5.11）时，氘氚聚变放能速率（1.4.36）可写为

$$P_{\mathrm{DT}} \approx 0.503\times1.6\times10^{-31}\left(\frac{T}{20}\right)^{3.9}\rho^2 n_{\mathrm{D}} n_{\mathrm{T}}\ \ (\mathrm{W/cm^3}) \tag{1.5.35}$$

这里，温度T以$10^6\mathrm{K}$为单位，$1\mathrm{MeV}=1.6\times10^{-13}\mathrm{J}$。考虑到DT燃料中单位质量物质中电子数$n_{\mathrm{e}}=n_i=n_{\mathrm{D}}+n_{\mathrm{T}}$，$n_{\mathrm{D}}=n_{\mathrm{T}}=(1/2)n_i$，根据聚变放能速率大于韧致辐射能耗速率的要求，DT聚变点火温度满足

$$T \geqslant 20\times35.0^{1/3.4} = 57(10^6\mathrm{K}) \approx 5\mathrm{keV} \tag{1.5.36}$$

这里已用$10^6\mathrm{K}=0.0861\mathrm{keV}$。也就是说，只有燃料温度在5keV以上，聚变放能才能抵消韧致辐射的能量损失。

由式（1.5.34）可知，混入DT燃料的高Z元素越多，就会大大增加燃料的韧致辐射能耗，进一步提高对点火温度的要求。在内爆过程中，由于界面不稳定性等因素，可能有少量高Z元素原子混入DT燃料中。假设DT燃料中只混有一种完全电离的高Z元素，设单位质量内的轻核数（$Z=1$）为n_i，高Z原子核数为n_z，$f=n_z/n_i$是混入的高Z元素原子的份额，根据式（1.5.34），可得

$$\frac{\text{有混杂时的韧致功率密度}}{\text{无混杂时的韧致功率密度}} = \frac{(n_i+Zn_z)(n_i+Z^2n_z)}{n_i^2} = 1+Z(Z+1)f+Z^3f^2 > 1 \tag{1.5.37}$$

可见，高Z杂质的混入会提高韧致辐射功率，且杂质的原子序数越高、混入的原子比例越大，韧致辐射功率的提高就越大。在燃料中混入杂质的条件下，要继续维持聚变点火条件，就必须提高聚变点火温度来提升氘氚聚变放能速率。

例如，若燃料中混入1%的氧原子(Z=8)，即$f=0.01$，则式（1.5.37）给出的比值为1.77，则要求聚变点火温度为

$$T \geqslant 20\times(1.77\times35.0)^{1/3.4} = 67.4(10^6\,\mathrm{K}) \approx 5.9\mathrm{keV} \tag{1.5.38}$$

即聚变点火温度提高了18.3%。

1.5.5 α粒子射程对面密度 ρR 的要求

要维持自持的DT热核聚变反应，必须充分利用α粒子的动能，让靶丸球心聚变反应产生的α粒子动能全部沉积在DT燃料内，实现热核燃料的自加热。这就要求压缩后的DT燃料半径R大于α粒子的射程。α粒子在DT介质中的质量射程近似为

$$\rho l_\alpha = 5\times10^{19} T_\mathrm{e}^{3/2} / n_\mathrm{e}\ (\mathrm{g/cm^2}) \tag{1.5.39}$$

这里电子温度T_e以10^6K为单位，n_e是单位质量（1g）物质中的电子数。可见DT燃料中电子温度越低，电子数密度越高，α粒子质量射程越短。要求压缩后的DT燃料半径R大于α粒子的射程，就相当于要求燃料面密度大于α粒子的质量射程，即

$$\rho R > \rho l_\alpha = 5\times10^{19} T_\mathrm{e}^{3/2} / n_\mathrm{e} \tag{1.5.40}$$

对于1∶1的DT燃料，单位质量（1g）物质中的氘核（或氚核）数目为

$$n_\mathrm{D} = n_\mathrm{T} = \frac{N_\mathrm{A}}{\mu_\mathrm{D}+\mu_\mathrm{T}} = \frac{6\times10^{23}}{5} = 1.2\times10^{23}(\mathrm{g}^{-1})$$

单位质量（1g）物质中的电子数为

$$n_\mathrm{e} = n_\mathrm{D} + n_\mathrm{T} = 2.4\times10^{23}(\mathrm{g}^{-1})$$

所以式（1.5.40）给出的对DT面密度的要求为

$$\rho R > \rho l_\alpha = 2.08\times10^{-4} T_\mathrm{e}^{3/2}(\mathrm{g/cm^2}) \tag{1.5.41}$$

这里电子温度T_e以10^6K为单位。表1.7给出了不同聚变点火温度下面密度ρR下限值和该温度下α粒子的质量射程。可见，当温度在10keV以下时，条件$\rho R \geqslant \rho l_\alpha$能很好地满足，温度越低，α粒子射程越短，该条件越容易满足，即α粒子跑不出系统。当温度进一步升高时（比如20keV以上），α粒子射程迅速增大，甚至从高温燃料中逃逸。因此，对于缩小型靶丸，尤其要考虑α粒子射程对点火的影响，燃料温度不能太高。

表1.7 在不同点火温度下要求 ρR 的下限值和该温度下α粒子的质量射程

T/（10^6K）	T/keV	ρR/(g/cm²)	ρl_α/(g/cm²)
10	0.86	66.1	6.6×10^{-3}
20	1.72	12.5	1.9×10^{-2}
30	2.59	4.7	3.4×10^{-2}
50	4.31	1.4	7.4×10^{-2}
60	5.17	0.90	0.097
70	6.03	0.62	0.122
100	8.62	0.26	0.208

1.5.6　靶丸球形内爆和中心点火

前面讨论告诉我们，DT 装料质量 M 一定时，聚变点火温度 T 越高，聚变点火要求的密度就越低。反之亦然，当 DT 装料质量 M 一定时，燃料密度越高，聚变点火要求的温度 T 就越低。聚变点火温度越低可以有效地降低驱动器能量。

激光 ICF 的基本物理思想就是用球形内爆手段压缩热核燃料,使之达到高温高密度，以充分发生热核反应。为了达到预期的高密度压缩，在球形内爆压缩过程中要求冲击波强度不能太强，最好使燃料近似保持在等熵状态，即等熵压缩。所谓等熵压缩过程是指对压缩对象无明显加热效应的压缩过程。如图 1.10 所示为等熵压缩过程和多次冲击压缩过程的压强-比容曲线，即 p-v 图，这里 $v=1/\rho$ 称为比容（单位质量的物质所占的体积）。图中最低位置的 p-v 曲线就是等熵压缩过程的 p-v 曲线，沿此曲线压缩，使物质达到高的压缩比（v_1 小 ρ_1 大）所需的压力 p_1 最低，压力对燃料做功最少（p-v 曲线下的面积就是压力对单位质量物质做的功），压缩后物质内能增加最小。若达到同样压缩比，等熵压缩方式对驱动器能量要求也最低。

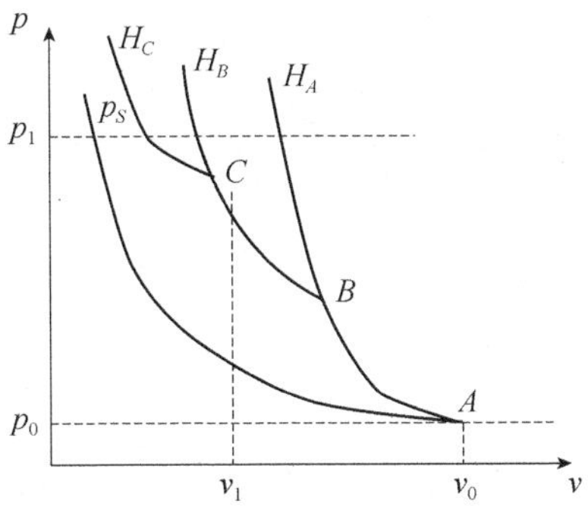

图 1.10　等熵压缩和多次冲击压缩的 p-v 图

利用理想气体的等熵状态方程（绝热过程方程）$p\rho^{-\gamma}$=常数（对单原子气体，绝热指数 $\gamma=5/3$），可以估计出系统从初态 (ρ_0,p_0) 到末态 (ρ_1,p_1) 外界对单位质量燃料等熵压缩所做的功

$$W_{0\to1}=-\int_{v_0}^{v_1}p\mathrm{d}v=-C\int_{\rho_0}^{\rho_1}\rho^{\gamma}\mathrm{d}(1/\rho)=\frac{p_0}{\rho_0(\gamma-1)}\left[\left(\frac{\rho_1}{\rho_0}\right)^{\gamma-1}-1\right]\ (\mathrm{J/g}) \tag{1.5.42}$$

压缩前的状态方程可取理想气体的状态方程 $p_0/\rho_0=N_\mathrm{A}T_0/\bar{\mu}$，对质量 m=1mg 的 DT 燃料，$\bar{\mu}=(5/2)$g/mol，假设初始温度为 T_0=1eV, 则密度等熵压缩 1000 倍外界所做的最小功为

$$W=mW_{0\to1}=5.7(\mathrm{kJ}) \tag{1.5.43}$$

已用 $1\text{eV}=1.6\times10^{-22}\text{kJ}$，这就是说，将质量 m=1mg 的 DT 燃料密度等熵压缩 1000 倍，外界大约只需要做功 6kJ 。当然，实际所需的压缩功比估计值要大，因为我们不仅难以做到等熵压缩，而且驱动器能量大部分都消耗在通过烧蚀靶丸的外层产生驱动压力上了。因此，要达到有效热核燃烧所需的高质量密度，就应使驱动器的脉冲幅度逐渐上升并均匀沉积在靶丸表面，这样才能产生很强的会聚冲击波。

等熵压缩后燃料温度的变化 $\Delta T = T_1 - T_0$ 估计如下。按热力学第一定律，单位质量物质的熵增量 ds、内能增量 dε 与比容增量 dv 的关系为

$$T\mathrm{d}s = \mathrm{d}\varepsilon + p\mathrm{d}v \tag{1.5.44}$$

考虑到单位质量物质内能与压强关系为 $\varepsilon = p/(\gamma-1)\rho$ ，比内能 $\varepsilon = c_v T$ ，故 $p = (\gamma-1)\rho c_v T$ ，其中 c_v 为比热容，γ 为绝热指数。则式（1.5.44）变为

$$\mathrm{d}s = c_v \mathrm{d}\ln T + (\gamma-1)c_v \mathrm{d}\ln v \tag{1.5.45}$$

积分得系统从初态 (ρ_0, T_0) 到末态 (ρ_1, T_1) 的熵增为

$$\Delta s = s_1 - s_0 = c_v \ln\frac{T_1}{T_0} + (\gamma-1)c_v \ln\frac{v_1}{v_0} \tag{1.5.46}$$

两边除以比热容 c_v，得

$$\frac{\Delta s}{c_v} = \ln\left[\frac{T_1}{T_0}\left(\frac{v_1}{v_0}\right)^{\gamma-1}\right]$$

由此可得压缩前后的温度比与压缩比 ρ_1/ρ_0 的关系

$$\frac{T_1}{T_0} = \left(\frac{\rho_1}{\rho_0}\right)^{\gamma-1} \exp\left[\frac{\Delta s}{c_v}\right] \tag{1.5.47}$$

根据 $p = (\gamma-1)\rho c_v T$ 可得，压缩前后的压强比与压缩比的关系为

$$\frac{p_1}{p_0} = \frac{\rho_1 T_1}{\rho_0 T_0} = \left(\frac{\rho_1}{\rho_0}\right)^{\gamma} \exp\left[\frac{\Delta s}{c_v}\right] \tag{1.5.48}$$

可见，对给定的压缩比 ρ/ρ_0，压缩后燃料压强 p_1 和温度 T_1 随熵增量 Δs 的增加呈指数增加。只有在等熵压缩情况下，$\Delta s = 0$，达到给定的压缩比 ρ/ρ_0 时，压缩后燃料压强 p_1 和温度 T_1 都是最小的，最小值分别满足

$$\frac{p_1}{p_0} = \left(\frac{\rho_1}{\rho_0}\right)^{\gamma}, \qquad \frac{T_1}{T_0} = \left(\frac{\rho_1}{\rho_0}\right)^{\gamma-1} \tag{1.5.49}$$

可见，在等熵压缩情况下，要达到高的压缩比 ρ/ρ_0，燃料的初始温度要小，即压缩前要避免燃料预热。利用式（1.5.49）可得，等熵压缩单位质量燃料所需的最小功式（1.5.42）为

$$W_{0\to1} = \frac{p_0}{\rho_0(\gamma-1)}\left[\left(\frac{\rho_1}{\rho_0}\right)^{\gamma-1} - 1\right] = \frac{p_0}{\rho_0(\gamma-1)}\left[\frac{T_1 - T_0}{T_0}\right] \tag{1.5.50}$$

由此可以算出等熵压缩后燃料温升的最小值

$$\Delta T = T_1 - T_0 = \frac{W_{0\to1}}{p_0/[\rho_0 T_0(\gamma-1)]} = \frac{W_{0\to1}}{R_0/[\bar{\mu}(\gamma-1)]} \tag{1.5.51}$$

其中用到初始压强

$$\frac{p_0}{\rho_0 T_0} = \frac{k_B N_A}{\bar{\mu}} = \frac{R_0}{\bar{\mu}} \tag{1.5.52}$$

需要指出，强冲击波压缩过程是不等熵的，不能有效地对燃料进行高密度压缩。控制压缩时燃料熵增的办法就是控制冲击波的强度，通过适当控制驱动器脉冲的时间波形可控制冲击波强度。然而，采用很强冲击波压缩却能大大地提高燃料温度，故燃料压缩后期常常采用强冲击波压缩，以使燃料达到热核燃烧所需的温度。

另外，为了降低聚变点火对驱动器能量的要求，必须采用靶丸中心点火方式，即先将靶丸芯部少量DT燃料点燃，然后利用释放的热核聚变能沉积加热来将其余聚变燃料点燃。下面我们作一个简单的分析。

接前面的例子，如果DT燃料质量为1mg，点火温度为5000万K，则要求燃料密度$\rho > 107\text{g/cm}^3$才能满足劳森判据。也就是说，初始密度$\rho_0 = 0.2\text{g/cm}^3$的氘氚要达到聚变点火要求，压缩比$\rho/\rho_0$要达到500以上。如此高的温度和密度下，燃料的压强为

$$p = \frac{4}{5}\rho R_0 T = 3.56\times10^{17}\left(\frac{\text{erg}}{\text{cm}^3}\right) = 3.51\times10^{11}(\text{atm}) \tag{1.5.53}$$

其中，1 atm＝1.013bar, 1bar＝$10^6\,\text{erg/cm}^3 = 10^5\text{Pa} = 10^5\,\text{N/m}^2$。如此大的压力用通常化学炸药爆轰的方法是绝对达不到的，因为炸药爆轰只能产生上万大气压左右。

假定激光强度为$3\times10^{14}\,\text{W/cm}^2$，则激光直接照到物质表面的有质动力产生的光压为

$$p_L = \frac{I}{c} = \frac{3\times10^{14}}{3\times10^{10}}\left(\frac{\text{J}}{\text{cm}^3}\right) = 10^{10}\left(\frac{\text{N}}{\text{m}^2}\right) \approx 10^5(\text{atm}) \tag{1.5.54}$$

与10^{11}atm 相比还差6个量级。因此，采用激光压缩也需要增压手段，实验中采用球形内爆技术，利用激光的烧蚀压力。

激光的烧蚀压力产生的大致过程是，激光（或带电粒子束）加热靶丸的表面材料，产生等离子体喷射。激光与靶表面的等离子体层相互作用，将其能量沉积在靶丸表面稀薄等离子体层中，将电子温度加热到千万开尔文，再通过电子热传导将绝大部分沉积能量输运到烧蚀阵面附近。烧蚀驱动烧蚀阵面附近的物质，一

方面将一部分物质向低密度区喷射，另一方面将其余物质向中心加速（像火箭推进器一样），产生反向的烧蚀压P_a，压缩DT燃料，这是一个增压过程，它可把激光压力提高2～3个量级，因为在临界面附近物质向外飞散的速度为$v\sim 10^8\,\text{cm/s}$量级，根据能量守恒近似有

$$p_{\mathrm{L}}c\sim p_a v\Rightarrow p_a\sim\frac{c}{v}p_{\mathrm{L}}\approx 3\times 10^2\,p_{\mathrm{L}} \tag{1.5.55}$$

这样可得烧蚀压为$P_a=3\times 10^7$ atm。

在此基础上，通过球形内爆的聚心效应，可使压力再增加10^4倍，对应的燃料密度提高250倍，但这要求开始的冲击压缩过程为等熵压缩。等熵压缩的好处是可将燃料压缩至费米（Fermi）简并态（电子服从费米-狄拉克（Fermi-Dirac）统计而不是麦克斯韦-玻尔兹曼（Maxwell-Boltzman）统计），这样，将材料压缩到给定密度所需的压力最小，压缩过程中也不会将压缩材料的温度升至很高。若等熵压缩前压强为P_0，等熵压缩后压强为P_1，则按等熵方程（1.5.49），有

$$p_1=p_0\left(\rho_1/\rho_0\right)^{\gamma}=p_0(250)^{5/3}\approx 10^4\,p_0 \tag{1.5.56}$$

因而内爆的聚心效应是非常有效的增压手段。

总结：中心点火的原始想法由Nuckolls提出（Nuckolls et al.，1972）。如何产生量级为10^{12}atm的压强呢？可联合采取三种方式。①光压：光强为$10^{15}\,\text{W/cm}^2$激光光压仅能产生10^6atm的压强。②烧蚀：同样光强的激光烧蚀物质产生的火箭效应能产生10^8～10^{10}atm的压强。③球对称乘数因子：球对称向心聚爆可以产生10^3的几何乘数因子。因此，激光聚变点火必须使用球对称向心聚爆才能产生10^{12}atm的压强。通过等熵压缩产生燃料高密度，压缩动能变热能点燃中心热斑。

参考文献

常铁强. 1991. 激光等离子体相互作用与激光聚变. 长沙：湖南科学技术出版社.

王淦昌. 1987. 利用大能量大功率的光激射器产生中子的建议. 中国激光, 14: 641.

张钧，常铁强. 2004. 激光核聚变靶物理基础.北京：国防工业出版社.

Arnold W R, Phillips J A, Sawyer G A, et al. 1954. Cross sections for the reactions D(d, p)T, D(d, n)He^3, T(d, n)He^4, and He^3(d, p)He^4 below 120 keV. Physics Review, 93: 483.

Atzeni S, Meyer-ter-Vehn J. 2024a. The Physics of Inertial Fusion. Oxford: Oxford University Press.

Atzeni S, Meyer-ter-Vehn J. 2004b. 惯性聚变物理. 沈百飞，译. 北京：科学出版社.

Basov N G, Krokhin O N. 1963. Conditions for heating up of a plasma by the radiation from an optical generator. In Proceeding of the Conference on Quantum Electronics.

Basov N G, Krokhin O N. 1964. Conditions for heating up of a plasma by the radiation from an optical generator. Soviet Physics JETP, 19: 123.

Bosch H S, Hale G M. 1992. Improved formulas for fusion cross-sections and thermal reactivities. Nuclear Fusion, 32: 611.

Dawson J M. 1964. On the production of plasma by giant pulse lasers. Physics of Fluids, 7: 981.

Nuckolls J, Wood L, Thiessen A, et al. 1972. Laser compression of matter to super-high densities: Thermonuclear applications. Nature, 239: 139-142.

第2章　球壳靶的内爆动力学

2.1　实现惯性约束聚变的方式

一个惯性约束聚变反应堆，就是使一个内装有聚变燃料的直径很小的靶丸，通过快速对其加热和压缩，引起间续性的热核聚变反应放能，产生一个类似于内燃机的燃料间断燃烧不断做功的装置，如图2.1所示。

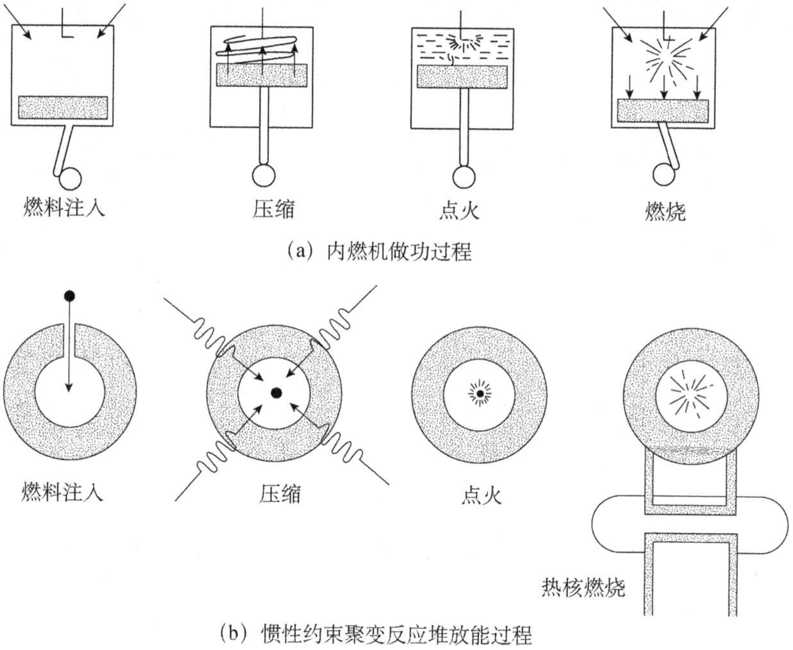

图2.1　惯性约束聚变反应堆类似内燃机燃料间断燃烧不断做功

实现聚变燃料靶丸微爆炸的关键是，要在一个很短的时间向一个小空间范围提供大量的能量。例如，对质量密度 ρ_0=0.2g/cm^3 的固体氘氚靶，单位体积的离子密度为

$$N = 2\times\frac{\rho_0 N_{\rm A}}{5} \approx 5\times10^{22}\,{\rm cm}^{-3} \tag{2.1.1}$$

取靶球的半径 $R=10^{-1}{\rm cm}$，要使氘氚等离子体（包括离子和电子）达到温度

$k_B T = 10\text{keV}$，所需的能量为

$$E_{\text{in}} = \frac{4\pi}{3}R^3 \times \frac{3}{2}(N+N_e)k_B T \approx 6.28\times10^{21}\text{keV} \approx 1\times10^6\text{J} \tag{2.1.2}$$

设能量的注入时间约 1ns，则所需驱动器功率为10^{15}W。由于受压缩后靶丸的密度增高，在同样的$N\tau$值要求下，所需的总输入能量减小，只要将式（2.1.2）改写一下即可看出这一点

$$E_{\text{in}} = \frac{4\pi}{3}R^3 \times 3Nk_B T = 4\pi R^3 N k_B T = 4\pi(N\tau)^3 C_S^2 \frac{k_B T}{\rho^2 n^2} \tag{2.1.3}$$

式中，$C_S = R/\tau$为声速，$n = N/\rho$为单位质量中的离子数，它与质量密度ρ无关。由此可见，当劳森判据所要求的$N\tau$值一定时，总输入能量E_{in}与ρ^2成反比。一般认为，用能量为$10\sim100$kJ 的激光来实现微小靶丸聚变点火是有希望的。

目前看来，实现靶丸微爆炸的途径可能有三条，即利用激光束、相对论电子束和高能重离子束。每一种驱动途径又可分为两种方式，即直接驱动和间接驱动。对相对论电子束直接驱动内爆的情况，由于电子束中电子间的库仑排斥作用引起的电子束聚焦困难，所得的压缩效应比激光差，所以需要的聚变点火能量可能更大一些。

2.1.1　激光核聚变

1. 直接驱动方式

用经过适当整形的多路脉冲激光直接加热和压缩DT球形靶丸引起聚变的方式称为直接驱动方式，其过程大致可分为以下7个阶段，如图2.2所示。

（1）激光的预脉冲均匀照射球形靶丸的外表面（靶丸半径1mm，内充液态DT燃料）。

（2）靶丸外表面被预脉冲激光加热、电离、烧蚀，向外围喷射等离子体，产生一个围绕靶丸的等离子体冕区，此区电子密度低，数密度n_e为$10^{19}\sim10^{22}\text{cm}^{-3}$。

（3）主脉冲激光与冕区等离子体相互作用，冕区电子继续吸收更多的激光能量。对一定频率的激光，最深只能深入到电子的临界密度处，此处激光的圆频率ω等于电子朗缪尔（Langmuir）波圆频率ω_{pe}。

（4）激光在临界面附近沉积的能量交给电子，再通过电子热传导进一步向靶内部输运能量，这个能量继续加热靶球表面，驱动烧蚀过程，产生高压。

（5）随着靶球表面烧蚀过程的继续，会在靶球内部形成一个向心收聚的内爆冲击波，压缩它前面的冷DT燃料到越来越高的密度（沿费米简并绝热过程），这个等熵压缩过程可以将靶丸压缩到极高质量密度的同时，使靶球内部仍然保持相对冷的状态。

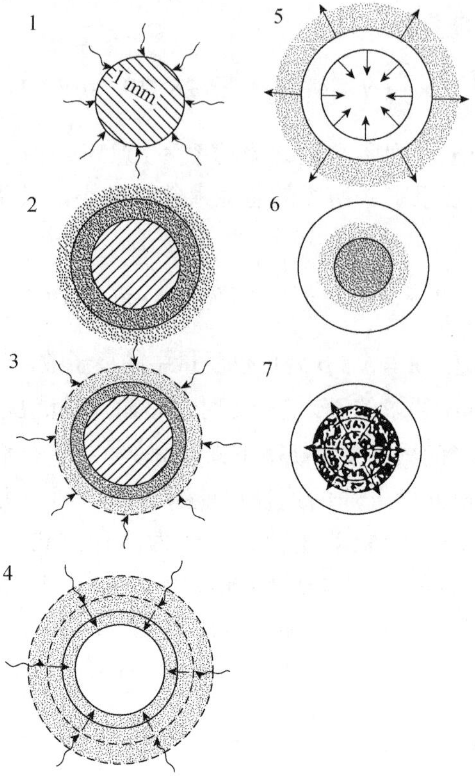

图2.2 多路脉冲激光直接加热和压缩DT球形靶丸聚变过程

（6）当冲击波前锋到达高度压缩的靶丸中心时，通过冲击加热将球心部分的一个小区域加热到热核点火温度（2～5keV），如果面密度满足要求，球心的热核反应产物α粒子将被用来进行燃料自加热，产生中心火花。

（7）随着中心火花的燃烧，α粒子的动能将沉积在周围冷等离子体中，使之继续加热到点火温度，产生聚变燃烧，此时将产生一个朝外传播的热核燃烧波。

激光能透入稀薄的等离子体，自身能量被等离子体吸收，能量吸收概率和电子密度 N_e 的平方成正比。电子密度为 N_e 的等离子体内存在一个电子Langmuir波，其圆频率为

$$\omega_{pe}=\sqrt{4\pi N_e e^2/m_e}=5.64\times10^4\sqrt{N_e(\mathrm{cm}^{-3})}\ \ (\mathrm{Hz}) \tag{2.1.4}$$

可见，电子Langmuir波频率随电子密度 N_e 增加而增加。根据电磁波（激光波）在等离子体中传播时的色散关系

$$k^2c^2=\omega^2-\omega_{pe}^2 \tag{2.1.5}$$

只有圆频率 $\omega\geqslant\omega_{pe}$ 的激光波才能在等离子体中传播。换句话说，当激光圆频率 $\omega<\omega_{pe}$ 时，激光的波矢量的大小 k 变为负数，此时激光将会被等离子体反射。激

光反射处等离子体Langmuir波的圆频率 ω_{pe} 等于激光的圆频率 ω，激光波发生反射处等离子体的电子密度称为临界密度 N_{cr}，满足以下条件

$$\omega=\sqrt{4\pi N_{cr}e^2/m_e}=5.64\times10^4\sqrt{N_{cr}(cm^{-3})}\ (Hz) \tag{2.1.6}$$

或激光频率 ν 满足

$$\nu=\omega/2\pi=8.96\times10^3\sqrt{N_{cr}(cm^{-3})}\ (Hz) \tag{2.1.7}$$

由此可算出频率为 ν 的激光对应的电子临界密度

$$N_{cr}=\left[\frac{\nu}{8.96\times10^3}\right]^2(cm^{-3}) \tag{2.1.8}$$

例如，对钕玻璃激光器，激光波长 $\lambda=1.06\mu m$，$\nu=c/\lambda=2.83\times10^{14}\,Hz$，对应的电子临界密度为

$$N_{cr}\approx1.0\times10^{21}(cm^{-3})$$

也就是说，波长 $\lambda=1.06\mu m$ 的钕玻璃激光只能在电子数密度 $N_e<N_{cr}$ 的等离子体中传播，在电子数密度 $N_e>N_{cr}$ 的等离子体区域，激光将被反射。

如图2.3所示，激光能量沉积在靶丸表面形成的等离子体中，电子数密度分布随半径 r 的增加而指数下降，存在一个临界面，临界面处电子密度（临界密度）正好是 $10^{21}cm^{-3}$。临界面之外的低密度区称为等离子体冕区，它是激光能透射深入的区域。激光在等离子体冕区中通过逆轫致吸收过程和共振吸收过程将激光光能传给等离子体中的电子，使等离子体温度不断上升。在临界面之内的高密度区，电

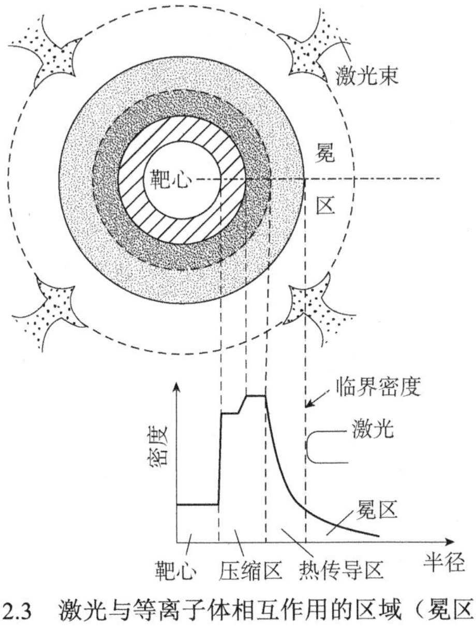

图2.3　激光与等离子体相互作用的区域（冕区）

子的密度高于临界密度，激光能量不能深入进去，激光能量只能通过电子的热传导过程向内传输，此区称为电子热传导区。通过电子热传导把从冕区得到的激光能量输送到电子热传导区，使此区温度升高，继续向外喷射，产生的反作用力使得靶丸向靶心压缩。

从靶丸的结构来说，直接驱动靶丸有烧蚀靶丸和爆炸推进靶（exploding pusher target，简称爆推靶），两者的主要区别是推进层的厚度不同。烧蚀靶丸的靶壳厚度较大，在内爆过程中激光不易把靶壳烧穿，其最大的优点是具有较大的内爆效率，因为推进层的总动能与吸收激光总能量之比很大，可使DT材料质量密度压缩度达到很高。爆推靶结构则简单，由一个内部充满高压DT气体的玻璃微球壳组成。当高强度激光辐照玻璃微球壳时，产生的超热电子可使整个靶预热（超热电子的自由程大于壁厚），由于选择的激光脉冲时间足够短，以致在玻璃壳显著膨胀之前，激光的大部分能量就已经沉积，使玻璃壳内的压力高达几百万大气压，引起玻璃壳爆炸。爆炸基本上是对称的，大约有一半的壳壁质量向外飞散，另一半则朝内部运动，压缩DT气体。DT气体被冲击压缩和随后的等熵压缩，使DT气体达到高温（~1keV）和高密度（每立方厘米几克）状态，从而产生一定数量的热核反应，释放大量的热核反应中子。直到DT燃料向外膨胀，稀疏波到达中心区，热核反应停止。爆推靶不能使DT材料达到很高的压缩比，对超热电子和流体力学不稳定性不是很敏感，自然对激光波长也不敏感。但不幸的是，由于超热电子预热DT燃料，爆推靶不能达到很高的压缩比，故不能取得很高的能量增益。虽然用足够大的爆推靶可以达到热核点火条件，但所需激光器的能量很大，工程上难以做到。于是，人们的研究就自然转向了烧蚀靶。采用这种靶，聚变燃料可以在相对低温的情况下压缩到很高的质量密度（绝热压缩），这就要求对激光脉冲进行适当整形，降低燃料预热，进行高对称性的内爆。

2. 间接驱动方式

间接驱动方式就是先通过激光与腔靶壁上的重材料（一般用金）作用，产生环绕靶丸的X辐射环境，再由X辐射驱动靶丸内爆。间接驱动方式又称为辐射驱动。由辐射流体力学的能量守恒方程

$$\rho^0 \frac{\mathrm{d}}{\mathrm{d}t}\left(\frac{1}{2}u^2 + \frac{E_{\mathrm{m}}^0 + E_R^0}{\rho^0}\right) + \nabla\cdot(p^0\boldsymbol{u} + \boldsymbol{F}_R^0) = W = 0 \tag{2.1.9}$$

其中，ρ^0 为靶丸物质的质量密度，$\boldsymbol{u}$ 为靶丸物质的运动速度，E_{m}^0、E_R^0 分别为靶丸物质和辐射场的内能密度，$p^0 = p_{\mathrm{m}}^0 + p_R^0 + q$ 为靶丸物质和辐射场的总压强，$\boldsymbol{F}_R^0$ 为辐射能流。两边对靶丸体积 $V(t)$ 积分，得

$$\frac{\partial}{\partial t}\int_{V(t)} \mathrm{d}\boldsymbol{R}(\rho^0 u^2/2+E_{\mathrm{m}}^0+E_R^0)+\oint_{S(t)} \mathrm{d}\boldsymbol{S}\cdot(p^0\boldsymbol{u}+\boldsymbol{F}_R^0)=0 \tag{2.1.10}$$

其中，$S(t)$为t时刻靶丸的外边界总面积，令t时刻靶丸具有的总能量为

$$E_T(t)=\int_{V(t)} \mathrm{d}\boldsymbol{R}(\rho^0 u^2/2+E_{\mathrm{m}}^0+E_R^0) \tag{2.1.11}$$

它满足的守恒方程为

$$\frac{\partial}{\partial t}E_T(t)=-\oint_{S(t)} \mathrm{d}\boldsymbol{S}\cdot(p^0\boldsymbol{u})-\oint_{S(t)} \mathrm{d}\boldsymbol{S}\cdot\boldsymbol{F}_R^0 \tag{2.1.12}$$

两边对时间积分，得到靶丸总能量增量为

$$E_T(t)-E_T(0)=-\int_0^t \mathrm{d}t\oint_{S(t)} \mathrm{d}\boldsymbol{S}\cdot(p^0\boldsymbol{u})-\int_0^t \mathrm{d}t\oint_{S(t)} \mathrm{d}\boldsymbol{S}\cdot\boldsymbol{F}_R^0=w(t)+E_R(t) \tag{2.1.13}$$

由此可见，靶丸总能量的变化来源于两个部分，一是周围压强对靶丸所做的功$w(t)$，二是从外部进入靶丸的X辐射能$E_R(t)$。$w(t)$包括实物粒子压强和辐射压强对靶丸的做功。

辐射驱动的优越性在于辐射的传输速度很快（接近光速），从而大大减小辐射场相关的物理量的空间梯度，对实现聚变靶丸的球对称内爆压缩有利。

处于X辐射环境中的聚变靶丸，由于辐射热传导，在靶丸外壳存在向里传播的辐射波。被X射线辐射波加热的靶丸表面物质向近似真空的外部环境膨胀喷射，由于动量守恒，会向靶丸内部方向传播一个压缩冲击波，这就是X辐射的烧蚀过程。

为提高激光能量的吸收效率和激光能量转换为X辐射能量的转换效率，与激光直接作用的材料应选择高Z重物质。例如Au，对于波长为0.35μm、强度为$10^{14}\,\mathrm{W/cm^2}$的激光的能量吸收效率可达到约90%，转换为X辐射能量的效率约70%。另外，处在相同的X辐射环境辐照下的不同物质，吸收X辐射能量的本领差别很大。一般说来，同一时间内低Z轻物质吸收的X辐射能量比高Z重物质要多一些，并且随着辐射温度的增加，这种差别也会越来越显著。例如，温度$T=3\times10^6\,\mathrm{K}$时，Al和Au对X辐射能量的吸收比值为$(E_R)_{\mathrm{Al}}/(E_R)_{\mathrm{Au}}\sim 8$，而Be和Au对X辐射能量的吸收比值达$(E_R)_{\mathrm{Be}}/(E_R)_{\mathrm{Au}}\sim 25$，多了3倍，这一特点在激光间接驱动靶设计中很重要。要提高聚变靶丸对X辐射能量的吸收比例，靶丸外壳物质应该选择低Z的轻材料，如Al、玻璃或原子序数更低的元素。靶壳材料吸收更多的X辐射能量，可以提高驱动内爆的辐射压力，使聚变燃料得到更多的能量。

2.1.2　相对论电子束引起的热核聚变

大电流相对论电子束加速器技术的发展速度很快，单个电子能量10MeV和总

电流MA级的相对论电子束加速器的功率可达10^{13}W，每个电子束脉冲的总能量可达到MJ量级，已满足DT靶丸点火所需要的总能量要求。相对于激光来说，采用电子束驱动时，能量转换效率较高，比激光能量转换效率高几十倍，并且由于它自身产生的巨大磁场对等离子体具有约束作用，可延长靶丸高温维持的时间，降低点火能量要求。但相对论电子束也有它的短处。首先，它的脉冲宽度较大，脉冲功率增加比较困难；其次，由于电子间的静电排斥，电子束的聚焦比较困难，这对靶丸压缩不利。这启发我们采取电子束间接驱动方式可能更有利。

2.1.3 重离子束对热核聚变的应用

随着现代高能加速器技术的进步，建造总能量达1~10MJ、功率达$10^{14} \sim 10^{15}$ W的高能重离子束加速器没有困难。与激光驱动相比，利用高能重离子束来驱动点燃聚变靶丸，有可能使靶丸产生更高的温度，以至于可能不必用DT靶直接用氘靶就能实现热核聚变点火。这对于今后工业性聚变反应堆建造是有利的。

前面我们估算过，将半径$R = 0.1\text{cm}$、密度$\rho_0 = 0.2\text{g/cm}^3$的固体氘氚靶加热到温度$k_B T = 10\text{keV}$状态，所需的输入能量为$E_{in} \approx 1\text{MJ}$。如果重离子束脉冲的持续时间是10ns，则所需重离子束的功率为10^{14}W。如果重离子加速器提供给每个离子的能量为$200\text{GeV} = 2\times1.6\times10^{-8}\text{J}$，则1MJ能量相当于$10^{14}$/（2×1.6）个离子所携带的能量。这些离子所带的电量为$0.5\times10^{-5}\text{C}$，按脉冲持续时间10ns计算，则重离子加速器的电流强度（设为一阶离子）是$I = 500\text{A}$。这个电流强度不大，问题是如何变成强流的脉冲源。人们提出了两种方案，一是利用离子束存储环，存储环由弯曲和聚焦磁铁阵列构成，离子束经过上百次注入堆积，最终流强将大大提高，并进行纵向空间压缩，进一步可将一个长脉冲束分成多个短脉冲束，然后让这些脉冲束同时打靶，以达到聚变所需的总功率要求；二是利用重离子直线加速器，这种加速器可产生几千安培的脉冲重离子束。

利用重离子束实现热核聚变的另一个问题是如何把几百到几千安培的重离子束聚焦在微小靶丸上，使焦斑直径在约几个毫米的量级。带电粒子束一般要用聚焦磁铁来聚焦，因此对磁铁的要求极高。目前，人们对重离子束聚变的研究主要在理论的层面，实验上的探索集中在轻离子束驱动器。如果用激光或轻离子束驱动聚变研究取得了重大进展，验证了聚变点火的可行性，今后商用聚变堆的驱动器可能会用到重离子束驱动器。但取得商用核聚变能，为人们的生活服务，不是一件轻而易举的事，还有很长的路。

2.1.4 靶丸内爆对称性要求

为了实现球面聚心内爆，在聚变靶丸设计中对靶的对称性有严格要求。影响对称性的因素很多，如靶丸的半径、靶壳厚度、密度不均匀以及表面驱动器照射的不均匀性等。作为一个例子，分析一下不均匀照射对压缩对称性的影响。

定义球形靶的半径收缩比为

$$\eta_c = r_i / r_f \tag{2.1.14}$$

这里，r_i 是推进层的初始半径（推进层是指烧蚀层向球心方向运动的那部分材料层），r_f 是燃料压缩后的推进层半径。因推进层动能与激光能量沉积 E 成正比

$$u^2 / 2 \propto E \tag{2.1.15}$$

假定不均匀性照射引起的能量沉积差为 δE，能量沉积差 δE 会引起推进层的速度差 δV

$$u\delta u \propto \delta E \tag{2.1.16}$$

相除得

$$\frac{\delta u}{u} = \frac{1}{2}\frac{\delta E}{E} \tag{2.1.17}$$

在聚变燃料达到最大压缩比时，推进层移动的距离大致是其初始半径 $r_i \propto u\Delta t$，因而速度扰动引起的半径扰动 δr 满足

$$\frac{\delta r}{r_i} = \frac{\delta u}{u} = \frac{1}{2}\frac{\delta E}{E} \tag{2.1.18}$$

当径向扰动 δr 与燃料压缩后的半径 r_f 可比拟时，内爆压缩的效果将受到严重影响，甚至导致靶壳破裂。于是我们可给激光（或X辐射）照射的均匀性提出以下限制：径向扰动不能超过燃料压缩后的推进层半径的1/5，即 $\delta r \sim r_f / 5$（这是径向扰动 δr 可以忍受的大小），即

$$\frac{\delta r}{r_i} = \frac{1}{2}\frac{\delta E}{E} \leqslant \frac{r_f}{5r_i} \tag{2.1.19}$$

即要求靶面上激光功率差 $\delta E / E$ 满足

$$\frac{\delta E}{E} \leqslant \frac{2r_f}{5r_i} = \frac{2}{5\eta_c} \tag{2.1.20}$$

可见收缩比 $\eta_c = r_i / r_f$ 越大，对激光（或X辐射）照射的均匀性要求也越高。对高增益靶，通常收缩比 $\eta_c = 30 \sim 40$ 范围，要求靶面上激光功率差 $\delta E / E$ 为 $1\% \sim 2\%$。

2.1.5　聚变燃料的预热问题

为使靶丸内爆时在等熵压缩条件下聚变燃料达到高的压缩度 ρ / ρ_0，要求压缩前燃料的温度 T_0 不能太高，因此要控制等离子体对激光能量吸收过程中产生的超热电子对内部聚变燃料的预热。利用激光激发的等离子体波、拉曼散射等多种激

光能量反常吸收机理都可以产生超热电子，其能量分布在5～100keV范围。这些高能电子射程长，有很强的穿透能力，可以穿过推进层到达聚变燃料区预热处于稀疏状态的DT燃料，这种预热效应增熵特别严重，必须使预热温度控制在几万开尔文以下。很多实验采用倍频激光使激光波长变短，短波长激光与等离子体相互作用，会使超热电子的产生率显著减小。

2.2 几种特殊的靶设计

早期人们进行激光聚变研究用过DT固体球形靶，虽然这种靶丸容易制造，但要得到高的聚变能量增益，需要超过100TW的激光功率水平。后来出现含有高压DT气体的玻璃壳层靶。近年来，人们在聚变微靶的结构设计、尺寸优化、材料选择等方面做了大量的研究。靶的设计越来越复杂，目的是取得聚变能量高增益，尽快实现实验室聚变点火的目标。

2.2.1 玻璃微球靶

此类靶由单个薄壁玻璃球壳组成，壳内充有压强为30atm的DT气体，以爆推模式工作。其基本过程是，入射激光快速地将能量沉积在玻璃壳中，玻璃壳爆炸，一半向外飞散，一半向内推进。向内推进的部分像一个冲塞，驱动它前面的冲击波压缩和加热聚变燃料。

要取得高的中子产额，需要用高功率和极短的激光脉冲来照射玻璃微球靶。靶的动力学行为与理想的等熵压缩情况差别极大，聚变燃料被冲击波加热到高熵状态，只能压缩到较低的密度状态。

聚变燃料的温度高而压缩度低是因为，高功率和极短脉冲的激光与等离子体相互作用时，产生的等离子体电子温度T_e高而密度梯度的标高L短（$L \sim 1\mu m$），此时等离子体对激光能量的共振吸收份额比逆轫致吸收份额大。共振吸收的能量多将导致超热电子形成。这些超热电子能量高，碰撞平均自由程比靶尺度要长，将在包围燃料的玻璃壳中损失能量，非常快地将玻璃壳加热到几乎等温状态，引起玻璃壳爆炸（爆推靶），一半质量向外飞散，另一半质量向内推进，在玻璃壳和聚变燃料的交界面上产生极大的加速度，在会聚的交界面前面驱动一个进入聚变燃料的强冲击波，这个过程使燃料达到高熵状态。初始的强冲击波和随后的压力做功$p\mathrm{d}V$将偏重于加热离子。由于燃料预热，压缩比就低，加上可能存在的流体力学不稳定性，这种靶不适合做高增益靶。

这种玻璃微球靶属于爆推靶，其优点是制造容易，适合用理论模型分析，便于实验与理论分析对比。可以通过对产生的X射线、离子和中子的诊断对其内爆特性进行全方位仔细研究。这对了解激光与等离子体相互作用、热电子输运、快离子产生和输运等物理过程非常重要。这种简单结构的靶能够用相对直接的理论准确地预测中子产额，但这种靶结构的缺点是不满足高增益靶的设计要求。

2.2.2 高增益的激光聚变靶

高增益靶必须设计成通过绝热烧蚀过程来内爆的结构形式。如图2.4所示为高增益的多层结构激光聚变靶，它具有多个聚变燃料区。靶的最外层有一个含低Z材料（LiH或Be）的烧蚀层外壳。紧贴外壳的第二层是外推进层，它由高Z低密度的饱和塑料TaCOH构成，其密度小，与烧蚀层匹配，目的是避免压缩过程中可能出现的流体力学的不稳定性。其不透明度高，电子阻止本领强，也是避免其内部燃料预热的一个屏蔽层。往里第三层是DT燃料层，第四层是低密度的泡沫（或气体或真空）。往里第五层是一个Au壳，内含DT燃料。芯部的DT燃料聚变将作为中央点火器或火花塞。Au壳作为内部推进层，也是夯体反射层，它可以阻挡芯部的高温聚变燃料产生的X射线逃逸，可以降低聚变点火温度。

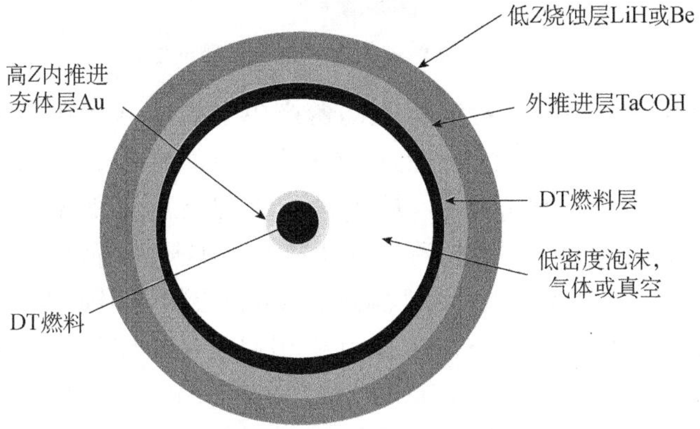

图2.4 高增益的多层结构激光聚变靶

这种高增益靶的内爆动力学过程为：激光被低Z烧蚀层材料LiH或Be吸收，将外推进层TaCOH和DT燃料层聚心内爆，芯部中央DT燃料内爆到聚变点火条件，由于外围的Au层俘获了高温DT燃料产生的X射线，聚变点火温度可降低到3～4keV。中央点火器爆炸将点燃DT燃料层的内表面（DT燃料层由于内爆已围绕在中央点火器的周围）。中央点火器的存在，使靶的这种双层设计允许最终的冲击波速度小一些。另外，由于壳与壳之间的碰撞使速度倍增，允许外壳的冲击波速度降低到$v \sim 1.4\times10^{7}$ cm/s。

这种靶设计高效地利用了输入的激光能量，必将取得高的聚变能量增益。但这种靶设计也可能有两个问题，一是外部DT燃料层将与中央点火器的Au壳混合，使外部DT燃料层聚变点火发生困难；二是靶的制造工艺要求高，如何来支撑中央点火器是要认真考虑的问题。

2.2.3 高增益的离子束聚变靶

图2.5给出了高增益的离子束聚变靶的结构。最外层为Pb材料做的高Z夯体层；第二层是高Z低密度的TaCOH烧蚀/推进层；往里第三层是冰冻DT燃料层；最内部为空腔。

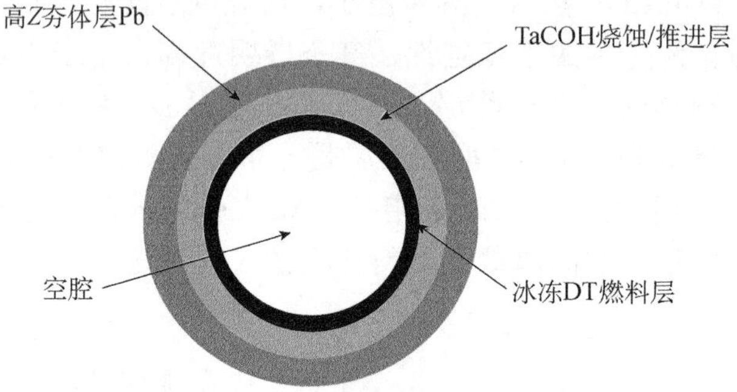

图2.5 高增益的离子束聚变靶的结构

这种靶的内爆动力学过程为：驱动器产生的高能离子在高Z的夯体Pb层和TaCOH烧蚀/推进层中被阻止，动能变成热能。对能量为6.5MeV的质子来说，由于阻止本领公式中存在Bragg峰，质子倾向于把能量沉积在射程尾端的低密度TaCOH烧蚀/推进层内。为避免将冷聚变燃料冲击加热到高熵，离子束的初始功率要低一点，随后再把功率提高到最大功率。Pb壳层的作用是作为一个惯性夯体以改进内爆的效率。这种情况下的内爆过程相似于从枪中发射的子弹，而不是火箭。理论模拟表明，Pb夯实体与TaCOH烧蚀/推进层的界面位置随时间变化很小，并不加速内聚，而TaCOH烧蚀/推进层与DT燃料的界面则随时间变小，加速内聚到一个很高的速度。此时DT燃料将压缩到一个很高的密度（$68g/cm^3$），其面密度达到$1g/cm^2$，足以引起高效率的热核燃烧。

这种靶将整块DT燃料沿接近费米简并线压缩，但是聚变燃料的内边沿起初往中央空的区域运动，前面无阻挡，在到达靶中心前并没有被压缩，直到内边沿与固体燃料碰撞时向靶中心方向反射，多次反射将使燃料加热到高熵状态。随后，占整个燃料一小部分的燃料内侧部分（处于高温低密度状态）则被等熵压缩，所有燃料随后被压缩直到中心部分点火。

这种类型的靶设计具有几个重要的优点，一是单壳靶比多壳靶好制造；二是低密度推进层改善了由于流体不稳定性产生的推进层物质与DT燃料的混合问题。对高效率（25%）的离子束驱动器，几MJ的输入能量取得大致100倍的高增益是完全可以接受的。

在靶设计时如何选择离子的能量呢？一般来说，离子的能量大小要根据希望的离子射程来定。对同样大小的射程，离子越重，对离子能量的要求越高。例如，对同样的质量射程100mg/cm^2，质子能量6MeV就够了，而U离子能量必须达到8GeV，是质子能量的1000多倍。对离子束驱动靶，还有一个问题必须注意，就是离子束辐照靶的均匀性问题。这个问题之所以存在，是因为与激光驱动器相比，离子在靶中沉积能量很深，横向热传导使能量沉积区和烧蚀阵面之间的能量转移平滑化的机会很小。

2.3　熵和冲击波

常见的压缩过程有三种。①等熵压缩，压缩过程中温度上升，压力也上升，但熵不增加。②等温压缩，压缩过程中温度不变，但压力上升。③冲击压缩，压缩过程中温度上升，压力也上升，熵也增加。

热力学第二定律 $\mathrm{d}E = T\mathrm{d}S - P\mathrm{d}V$ 告诉我们，物质内能增量来源于吸热和外部做功。同等条件的外部做功，等熵压缩时物质的内能增量最小，是最容易实现高密度压缩的压缩方式。理论上，通过等熵压缩可以实现任意高密度的压缩。实现等熵压缩条件的有绝热和可逆过程。准静态过程不一定是等熵过程，准静态过程的时间长了会变成等温压缩；时间短了会变成冲击压缩。

图2.6给出了理想气体（γ=5/3）的等熵压缩线和冲击压缩线。对冲击压缩，无论压力多大，压缩比都存在着饱和值，或者说，高密度的压缩只能通过等熵压缩来实现。

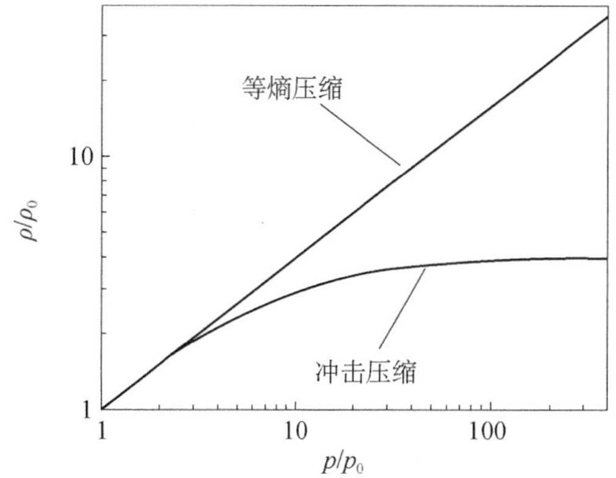

图2.6　理想气体（γ =5/3）的等熵压缩线和冲击压缩线

我们知道，冲击压缩线和等熵压缩线在初态点满足二阶相切。冲击压缩下，熵是增加的，故$\left(\partial p/\partial S\right)_v>0$，可以证明，物质比容的改变量相同时（即d$v$相同），冲击压缩所需的压力比等熵压缩所需的压力大（图2.7），即

$$-\frac{\mathrm{d}p_H}{\mathrm{d}v}>-\frac{\mathrm{d}p_S}{\mathrm{d}v} \tag{2.3.1}$$

等熵压缩可以通过多次不太强的冲击压缩来逼近，如图1.10所示。

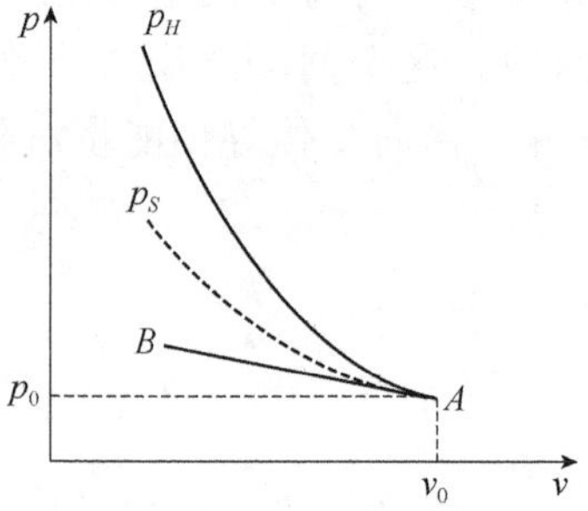

图2.7 相同压缩比情况下等熵压缩所需压力最小

熵是气体的热力学状态函数，类似于压强p、温度T和密度ρ。单位质量的理想气体（或等离子体）的熵为

$$S=c_v\ln\left(\frac{p}{\rho^{5/3}}\text{ const}\right)=c_v\ln[\alpha] \tag{2.3.2}$$

其中，$\alpha\propto p/\rho^{5/3}$，$c_v$是气体的定容比热容，对理想气体，有

$$c_v=\frac{3(1+Z)}{2m_i} \tag{2.3.3}$$

理想气体的质量、动量、能量守恒方程为

$$\frac{\partial\rho}{\partial t}+\nabla\cdot\rho\boldsymbol{u}=0 \tag{2.3.4}$$

$$\rho\left(\frac{\partial\boldsymbol{u}}{\partial t}+\boldsymbol{u}\cdot\nabla\boldsymbol{u}\right)=-\nabla p+\mu\nabla^2\boldsymbol{u} \tag{2.3.5}$$

$$\frac{\partial\varepsilon}{\partial t}+\nabla\cdot[\boldsymbol{u}(\varepsilon+p)]=\nabla\cdot(\kappa\nabla T)+\dot{w}_\alpha-\dot{w}_{\text{rad}} \tag{2.3.6}$$

其中，μ为黏性项，$\nabla\cdot(\kappa\nabla T)$为热传导项，$\dot{w}_\alpha$为源（漏）项，$\varepsilon=\frac{3}{2}p+\frac{1}{2}\rho u^2$为流体的内能密度和动能密度之和。联合以上式子可得到熵的演化方程

$$\rho\left(\frac{\partial S}{\partial t}+\boldsymbol{u}\cdot\nabla S\right)=\rho\frac{DS}{Dt}=\mu\frac{|\nabla\boldsymbol{u}|^2}{T}+\frac{\nabla\cdot(\kappa\nabla T)}{T}+\text{源/壑} \tag{2.3.7}$$

对理想气体，没有耗散（即无黏性和热传导）且没有源（或壑），故熵S（或α）

为常数

$$\frac{DS}{Dt}=0 \quad \Rightarrow S,\alpha=\text{const} \quad \Rightarrow p\sim\alpha\rho^{5/3} \tag{2.3.8}$$

低熵（即低α）的气体容易被压缩。因为把质量为M的物质从低密度ρ_1压缩到高密度ρ_2所需的功为

$$W_{1\to2}=-\int_{\rho_1}^{\rho_2}p\mathrm{d}V\sim-\int_{\rho_1}^{\rho_2}\alpha\rho^{5/3}\mathrm{d}\frac{M}{\rho}\sim\alpha M\left(\rho_2^{2/3}-\rho_1^{2/3}\right) \tag{2.3.9}$$

可见把低熵（即低α）物质从低密度压缩到高密度所需的功最小。另外，相同的压强可以把低熵（即低α）物质压缩到更高密度，因为

$$\alpha\sim\frac{p}{\rho^{5/3}} \quad \Rightarrow \quad \rho\sim\left(\frac{p}{\alpha}\right)^{3/5} \tag{2.3.10}$$

在高能量密度物理中，α定义为物质压强与费米简并压的比值

$$\alpha\equiv p\,/\,p_{\mathrm{F}} \tag{2.3.11}$$

对DT等离子体，容易算出其费米简并压，其α为

$$\alpha_{\mathrm{DT}}\equiv\frac{p(\mathrm{Mb})}{2.2\rho(\mathrm{g/cc})^{5/3}} \tag{2.3.12}$$

什么是冲击波呢？当气体/等离子体被活塞快速压缩时，压缩气体/等离子体的声速总是增加的，因为声速为

$$C_{\mathrm{s}}\sim\sqrt{\frac{p}{\rho}}\sim\sqrt{\frac{\alpha\rho^{5/3}}{\rho}}\sim\sqrt{\alpha}\rho^{1/3} \tag{2.3.13}$$

其中用到理想气体的熵为常数时的压强估算公式（2.3.8），即$p\sim\alpha\rho^{5/3}$。由上式可知，当气体/等离子体被活塞快速压缩时，密度增加，声速随密度增加而增加。图2.8给出了冲击波形成的示意图，靠活塞近的地方密度大，声波速度快，远离活塞的前方密度小，声波速度慢，于是产生的声波/压缩波的叠加，会引起流体力学性质在界面变陡的现象，即流体物理量会形成间断面，这个间断面就是冲击波的波阵面，波阵面的速度就是冲击波速度。冲击波速度一般比当地的声速大。

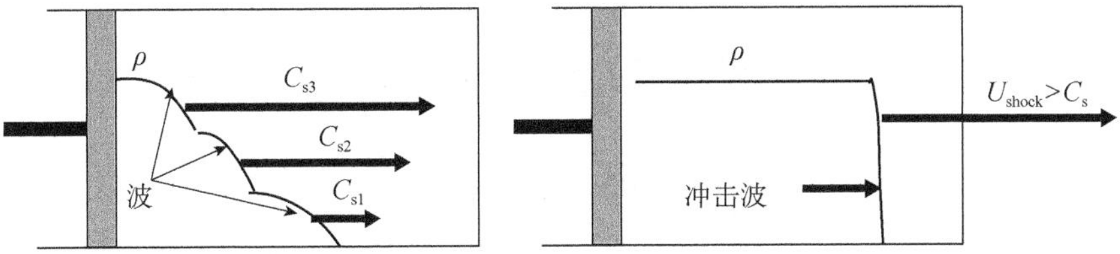

图2.8　冲击波形成的示意图

冲击波是物理量的间断面，那么间断面两侧的物理量有什么关系呢？忽略热传导、源、耗散等因素，有一维欧拉（Euler）观点下的流体力学方程组

$$\frac{\partial \rho}{\partial t}+\frac{\partial}{\partial x}(\rho u)=0 \tag{2.3.14}$$

$$\rho\left(\frac{\partial u}{\partial t}+u\frac{\partial u}{\partial x}\right)=-\frac{\partial p}{\partial x}\Rightarrow\frac{\partial \rho u}{\partial t}+\frac{\partial}{\partial x}\left(p+\rho u^2\right)=0 \tag{2.3.15}$$

$$\frac{\partial \varepsilon}{\partial t}+\frac{\partial}{\partial x}\left[u\left(\varepsilon+p\right)\right]=0 \tag{2.3.16}$$

$\varepsilon=\frac{3}{2}p+\frac{1}{2}\rho u^2$ 为流体元的能量密度，注意压强p和（ρ, T）不是分别独立的，由状态方程联系，如$p=\rho RT$。

如图2.9所示，设实验室坐标系下间断面/冲击波的传输速度为U_s，冲击波波前物理量下标为1，波后物理量下标为2。

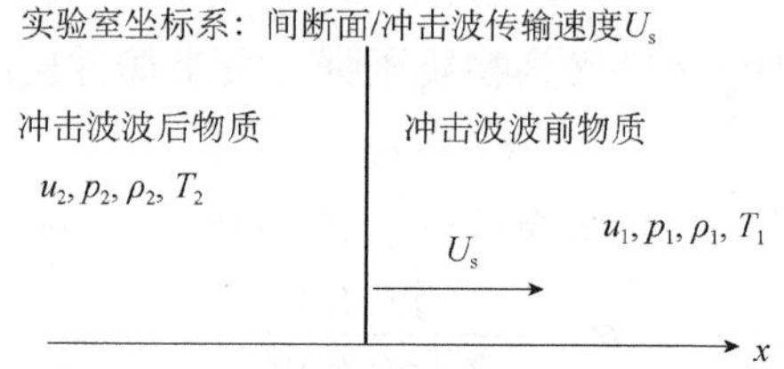

图2.9 冲击波以速度U_s运动，波前物理量的下标为1，波后物理量的下标为2

切换到随冲击波一起运动的坐标系（简称冲击波静止系）中来讨论。两个坐标系下，流体元坐标和流速的变换关系为

$$z\equiv x-U_s t\,,\qquad w\equiv u-U_s\,,\qquad L(x,t)\Rightarrow L(z,t) \tag{2.3.17}$$

w是冲击波静止系下流体元的运动速度。注意到

$$\begin{cases}\dfrac{\partial f(x,t)}{\partial t}\Rightarrow\left(\dfrac{\partial}{\partial t}-U_s\dfrac{\partial}{\partial z}\right)f(z,t)\\[2ex]\dfrac{\partial f(x,t)}{\partial x}\Rightarrow\dfrac{\partial f(z,t)}{\partial z}\end{cases} \tag{2.3.18}$$

则流体力学方程组（2.3.14）～（2.3.16）变成冲击波静止系下的方程组

$$\frac{\partial \rho}{\partial t}+\frac{\partial}{\partial z}(\rho w)=0 \tag{2.3.19}$$

$$\frac{\partial \rho w}{\partial t}+\frac{\partial}{\partial z}\left(p+\rho w^2\right)=0 \tag{2.3.20}$$

$$\frac{\partial \varepsilon}{\partial t}+\frac{\partial}{\partial z}\left[w\left(\varepsilon+p\right)\right]=0 \tag{2.3.21}$$

其中，以上方程中物理量的自变量均为(z,t)，流体元的能量密度为

$$\varepsilon=\frac{3}{2}p+\frac{1}{2}\rho w^2 \tag{2.3.22}$$

如图2.10所示，取激波面在z=0，它在冲击波系中是静止的，将式（2.3.19）～式（2.3.21）在激波面两侧积分，则有

$$[\rho w]_{0-}^{0+}=0\,,\qquad [p+\rho w^2]_{0-}^{0+}=0\,,\qquad [w(\varepsilon+p)]_{0-}^{0+}=0$$

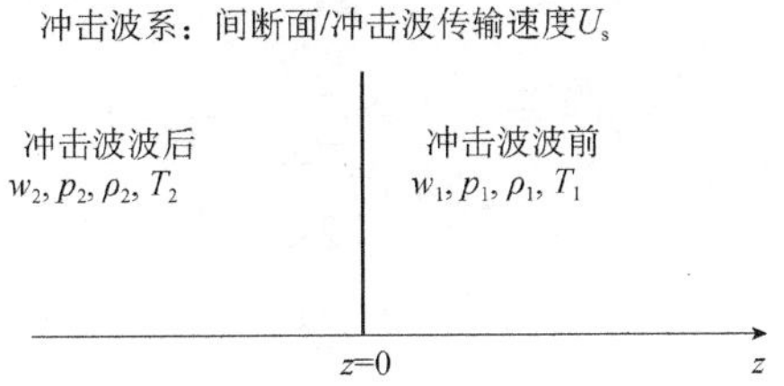

图2.10　冲击波静止系，波前物理量的下标为1，波后物理量的下标为2

也就是说，穿过激波面的质量流、动量流和能量流是守恒的，它们满足冲击波静止系下的Rankine-Hugoniot关系

$$\rho_1 w_1=\rho_2 w_2 \tag{2.3.23}$$

$$p_1+\rho_1 w_1^2=p_2+\rho_2 w_2^2 \tag{2.3.24}$$

$$w_1(\varepsilon_1+p_1)=w_2(\varepsilon_2+p_2) \tag{2.3.25}$$

其中，$w=u-U_s$是冲击波静止系下流体元的运动速度。三个方程有p_2、ρ_2、w_2三个未知量（能量密度$\varepsilon(p,\rho,w)$由式（2.3.22）给出），在波前的三个未知量p_1、ρ_1、w_1已知时，可解出p_2、ρ_2、w_2（图2.11）。例如，假如冲击波前流体1静止（u_1=0），给定ρ_1、p_1、p_2，利用上述Rankine-Hugoniot关系可求得波后ρ_2、w_2和$w_1=-U_s$（冲击波速度）。

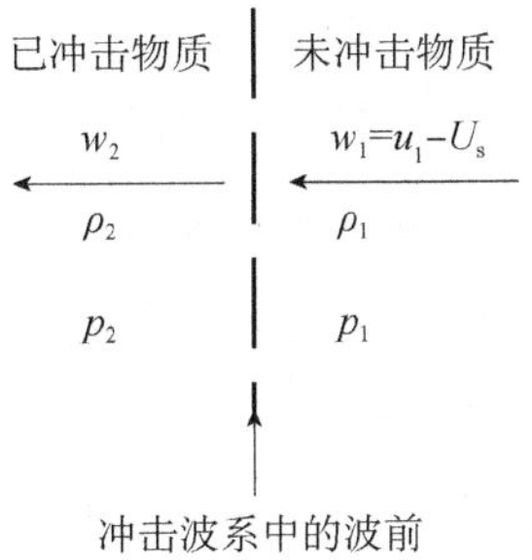

图2.11　冲击波静止系下的三个待求物理量p_2、ρ_2、w_2

引入无量纲的冲击波强度

$$z\equiv\frac{p_2-p_1}{p_1} \tag{2.3.26}$$

利用绝热指数$\Gamma=c_p/c_v=5/3$，理想气体的状态方程$p=\rho RT$（其中$R=c_p-c_v$）和等熵声速定义$C_s=\sqrt{\Gamma p/\rho}$，可由上述Rankine-Hugoniot关系式（2.3.23）～

(2.3.25) 导出冲击波速度U_s、波后流体元流速u_2和质量密度ρ_2与冲击波强度z的关系

$$\frac{U_s-u_1}{C_{s1}}=\left(1+\frac{\Gamma+1}{2\Gamma}z\right)^{1/2} \tag{2.3.27}$$

$$\frac{u_2-u_1}{C_{s1}}=\frac{z}{\Gamma\left(1+\frac{\Gamma+1}{2\Gamma}z\right)^{1/2}} \tag{2.3.28}$$

$$\frac{\rho_2}{\rho_1}=\frac{1+\frac{\Gamma+1}{2\Gamma}z}{1+\frac{\Gamma-1}{2\Gamma}z} \tag{2.3.29}$$

以及波后介质中等熵声速C_{s2}与冲击波强度z的关系

$$\frac{C_{s2}}{C_{s1}}=\left[\frac{(1+z)\left(1+\frac{\Gamma-1}{2\Gamma}z\right)}{1+\frac{\Gamma+1}{2\Gamma}z}\right]^{1/2} \tag{2.3.30}$$

对强冲击波（$z\gg1$），利用绝热指数$\Gamma=c_p/c_v=5/3$，可得

$$\frac{\rho_2}{\rho_1}=\frac{\Gamma+1}{\Gamma-1}=4,\qquad U_s=\sqrt{\frac{\Gamma+1}{2}\frac{p_2}{\rho_1}}=\sqrt{\frac{4}{3}\frac{p_2}{\rho_1}},\qquad u_2=\frac{2}{\Gamma+1}U_s=\frac{3}{4}U_s=\sqrt{\frac{3}{4}\frac{p_2}{\rho_1}}$$

对于弱冲击波（$z\ll1$），可得

$$\frac{U_s-u_1}{C_{s1}}\approx1+\frac{\Gamma+1}{4\Gamma}z,\qquad \frac{u_2-u_1}{C_{s1}}\approx\frac{z}{\Gamma},\qquad \frac{\rho_2}{\rho_1}\approx1+\frac{z}{\Gamma},\qquad \frac{C_{s2}-C_{s1}}{C_{s1}}\approx\frac{\Gamma-1}{2\Gamma}z$$

可见对于强冲击波压缩，压缩比为4，冲击波速度大于波后流体速度。对于弱冲击波压缩，压缩比基本为1，冲击波速度近似为波前未扰动介质中等熵声速C_{s1}。

冲击波过后熵（或绝热因子α）的变化为

$$\frac{\alpha_2}{\alpha_1}=\frac{p_2/\rho_2^\Gamma}{p_1/\rho_1^\Gamma}=\frac{p_2}{p_1}\left(\frac{\rho_1}{\rho_2}\right)^\Gamma=\frac{p_2-p_1+p_1}{p_1}\left(\frac{\rho_1}{\rho_2}\right)^\Gamma=(1+z)\left(\frac{\rho_1}{\rho_2}\right)^\Gamma \tag{2.3.31}$$

对于强冲击波，冲击波过后熵的增加很大

$$\frac{\alpha_2}{\alpha_1}\Rightarrow z\left(\frac{\Gamma-1}{\Gamma+1}\right)^\Gamma=\frac{z}{4^{5/3}}\gg1 \tag{2.3.32}$$

对于弱冲击波，冲击波过后熵的变化不大

$$\frac{\alpha_2}{\alpha_1} \Rightarrow 1+\frac{\Gamma^2-1}{12\Gamma^2}z^3=1+O\left(z^3\right) \tag{2.3.33}$$

因此可以得出结论，强冲击波压缩会引起强烈的熵增，弱冲击波压缩只引起很小的熵增。总之，冲击波过后，熵（或是绝热因子α）将增加，如图2.12所示。

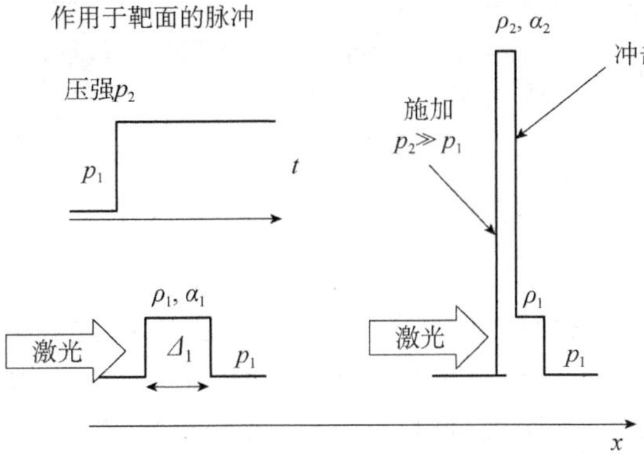

图2.12　有冲击波施加在靶表面时，熵因子α增大

对理想气体或等离子体，绝热因子α_1是常数，但有冲击波p_2施加在靶表面时，熵因子α_1增到α_2。根据式（2.3.12），对DT等离子体，强冲击波过后，密度压缩4倍，熵因子变为

$$\alpha_2 \approx \frac{p_2(\mathrm{Mb})}{2.2\left(4\rho_1(\mathrm{g/cc})\right)^{5/3}} \tag{2.3.34}$$

因为$p_2 \gg p_1$，所以$\alpha_2 \gg \alpha_1$。

冲击波到达靶背所需的时间（即shock breakout time, t_{sb}）为

$$t_{\mathrm{sb}}=\frac{\Delta_1}{U_{\mathrm{s}}}=\Delta_1\sqrt{\frac{3\rho_1}{4p_2}}=\Delta_1\sqrt{\frac{3\rho_1}{4\alpha_2\rho_2^{5/3}}}=\Delta_1\sqrt{\frac{3}{4^{8/3}\alpha_2\rho_1^{2/3}}} \tag{2.3.35}$$

Δ_1为靶壳层的厚度。可见熵因子α越大，t_{sb}越小。

2.4　薄球壳的一维内爆动力学

实现靶丸微球内爆依据的是火箭运动的力学原理。通过激光加热靶丸外表面物质，使高温物质变成等离子体向外高速膨胀喷射，根据动量守恒，喷射的同时产生向内的反作用力，推动靶丸内部的剩余物质内爆，其中等离子体温度约3keV。一维内爆流体力学理论可得到内爆停滞时刻流体的相关参数。

图2.13给出了薄球壳的一维内爆过程示意图。设t=0时，壳层的内半径为R_0，外半径为R_1，壳层的初始厚度为Δ_1=R_1-R_0，DT壳层密度$\rho_1=0.25\mathrm{g/cm^3}$。需

要研究以下几个关键问题，一是冲击波通过后的绝热因子/熵；二是辐照到靶上的激光能量；三是通过激光光强的时间波形$I(t)$，给出烧蚀压$p(t)$随时间的变化。

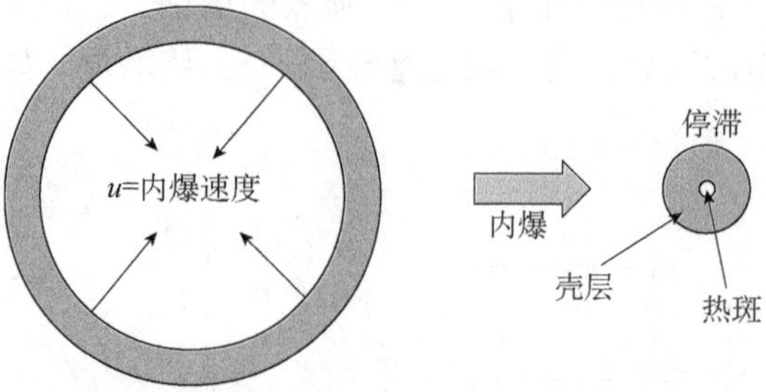

图2.13　薄球壳的一维内爆过程示意图

图2.14给出了直接驱动ICF激光波形的组成：足部（foot），上升沿（ramp），平顶（flat top）以及靶丸压缩的四个阶段：压缩、加速、滑行和停滞。首先我们研究第一个阶段--压缩阶段。压缩阶段的绝热因子α由激光脉冲足部引起的激波决定，由式（2.3.34），有

$$\alpha_0 \approx \frac{p_{\text{foot}}}{2.2(4\rho_1)^{5/3}} \tag{2.4.1}$$

其中，ρ_1是初始质量密度，冲击波引起了4倍的密度压缩度。

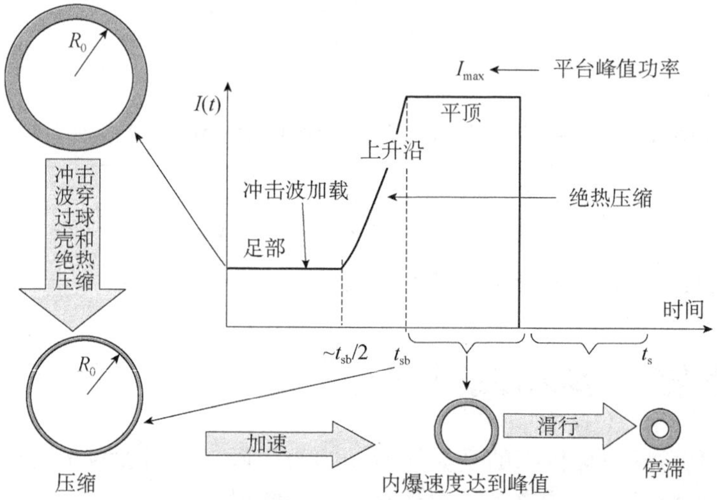

图2.14　直接驱动ICF激光波形的组成：足部、上升沿、平顶以及靶丸压缩的四个阶段：压缩、加速、滑行和停滞

利用压强p和激光功率I的关系$p \sim I^{2/3}$（在第5章中将推导），参见图2.14，冲击波突破球壳内表面时刻t_{sb}的壳层密度和厚度可用两个时段的激光功率表示为

$$\rho_{sb} \approx 4\rho_1\left(\frac{p_{max}}{p_{foot}}\right)^{3/5} \approx 4\rho_1\left(\frac{I_{max}}{I_{foot}}\right)^{2/5} \tag{2.4.2}$$

$$\Delta_{sb} \approx \frac{\Delta_1}{4}\left(\frac{p_{foot}}{p_{max}}\right)^{3/5} \approx \frac{\Delta_1}{4}\left(\frac{I_{foot}}{I_{max}}\right)^{2/5} \tag{2.4.3}$$

其中，ρ_{sb}是冲击波过后的壳层质量密度，Δ_{sb}是冲击波过后的壳层厚度，壳层半径$R \approx R_0$。

图2.15给出了冲击波压缩前后薄壳靶的壳层质量密度和厚度。Δ_1是壳层初始厚度。

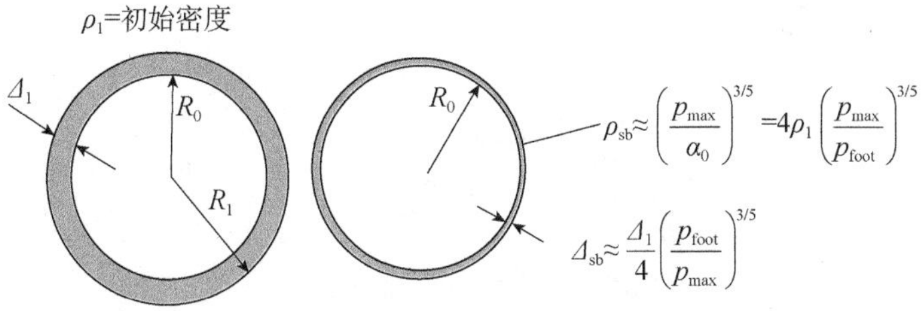

图2.15　初始时刻和冲击波突破球壳内界面时壳层质量密度和厚度示意图

冲击波突破壳层内界面时刻t_{sb}的飞行形状因子（in-flight-aspect-ratio, IFAR）的最大值为

$$A_{sb} = \text{IFAR}_{max} = \frac{R_0}{\Delta_{sb}} = 4A_1\left(\frac{I_{max}}{I_{foot}}\right)^{2/5} \tag{2.4.4}$$

其中初始飞行形状因子为

$$A_1 = \frac{0.5(R_0 + R_1)}{\Delta_1} \tag{2.4.5}$$

因此有$A_{sb}=A_{max}$。方便起见，后面推导时把冲击波突破壳层内界面时刻t_{sb}的参数作为新的初始时刻t=0时的初始条件，且所有变量的下标标为0，以取代下标sb，如图2.16所示。

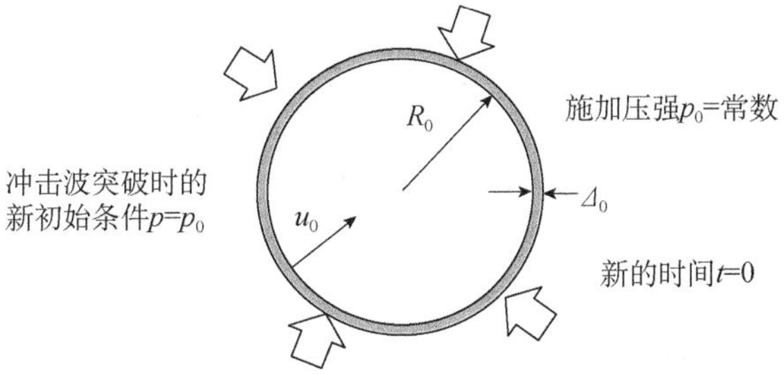

图2.16　冲击波突破壳层内界面时刻t_{sb}作为新的初始时刻t=0

根据强冲击波过后流体质点速度公式

$$u_2 = \frac{2}{\Gamma+1}U_s = \frac{3}{4}U_s = \sqrt{\frac{3}{4}\frac{p_2}{\rho_1}}$$

可得激光足部过后引起的波后质点速度为

$$u_0 = U_{\text{postshock}} = \sqrt{\frac{3}{4}\frac{p_{\text{foot}}}{\rho_1}} \tag{2.4.6}$$

第二个阶段是壳层的加速阶段。主要研究冲击波爆发时刻以后（$t>0$）壳层的密度、厚度$\varDelta$、速度V_{sh}、飞行形状因子A以及马赫数的演化。图2.17给出冲击波爆发时刻以后壳层半径$R(t)$和厚度$\varDelta(t)$（$t>0$）。因为壳层厚度$\varDelta(t)$小，壳层半径$R(t)$近似于内外半径。

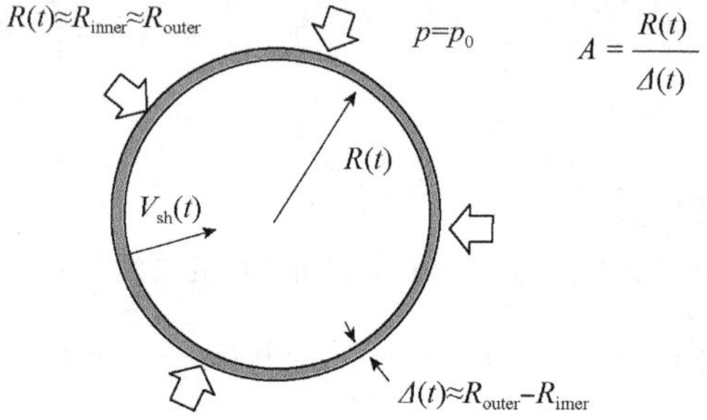

图2.17　冲击波爆发时刻以后壳层密度、厚度$\varDelta$、速度V_{sh}等物理量的演化

当靶球外表面施加均匀压强p_0时，由牛顿第二定律可得壳层半径$R(t)$的运动方程

$$M_{\text{sh}}\frac{\mathrm{d}^2R}{\mathrm{d}t^2} = -4\pi R^2 p_0 \tag{2.4.7}$$

负号代表向内压缩。上式两边乘以$\mathrm{d}R/\mathrm{d}t$得

$$\frac{M_{\text{sh}}}{2}\frac{\mathrm{d}}{\mathrm{d}t}\left(\frac{\mathrm{d}R}{\mathrm{d}t}\right)^2 = -\frac{4\pi p_0}{3}\frac{\mathrm{d}R^3}{\mathrm{d}t} \tag{2.4.8}$$

因为$-\mathrm{d}R/\mathrm{d}t = V_{\text{sh}}$为壳层速度，将上式对时间从0时刻到$t$时刻积分，可得任意$t$时刻的壳层速度

$$\frac{M_{\text{sh}}}{2}\left[V_{\text{sh}}^2 - V_{\text{sh}}(0)^2\right] = \frac{4\pi p_0}{3}\left(R_0^3 - R^3\right) \tag{2.4.9}$$

t=0是冲击波突破壳层内表面时刻，此时激波刚好穿过壳层的内界面，壳层开始发生运动，壳层获得的速度=冲击波波后速度，强冲击波波后速度由式（2.4.6）给出。因此t=0时刻壳层获得的速度为

$$V_{\mathrm{sh}}(0)=U_{\mathrm{postshock}}=\sqrt{\frac{3}{4}\frac{p_{\mathrm{foot}}}{\rho_1}} \tag{2.4.10}$$

在加速最终阶段，球壳半径达到 R_*，球壳被压强 p_0 加速到最终内爆速度 V_i。假设 $V_{\mathrm{sh}}(0)\ll V_i$ 且 $R_*^3\ll R_0^3$，则式（2.4.9）可简化为

$$\frac{M_{\mathrm{sh}}}{2}V_i^2\approx\frac{4\pi p_0}{3}R_0^3 \tag{2.4.11}$$

上式左侧为壳层的最终动能，右侧实际为压力做的功 $p\mathrm{d}V$，因为

$$\mathrm{Work}=-\int_{R_0}^{R_*}p_0S\mathrm{d}r=-\int_{R_0}^{R_*}p_0 4\pi r^2\mathrm{d}r=\frac{4\pi p_0}{3}\left(R_0^3-R_*^3\right)\approx\frac{4\pi p_0}{3}R_0^3$$

利用薄壳层来近似壳层的质量（参见式（2.4.33）），即

$$M_{\mathrm{sh}}\approx\frac{2}{5}4\pi\rho_0R_0^2\varDelta_0$$

将壳层质量代入式（2.4.11）中，得

$$\frac{2}{5}\frac{4\pi\rho_0R_0^2\varDelta_0}{2}V_i^2\approx\frac{4\pi p_0}{3}R_0^3 \tag{2.4.12}$$

即

$$\frac{3}{5}\frac{V_i^2}{p_0/\rho_0}\approx\frac{R_0}{\varDelta_0} \tag{2.4.13}$$

定义冲击波爆发时刻的等熵声速（绝热声速）为 $C_{\mathrm{s}}^2\equiv\frac{5}{3}\frac{p_0}{\rho_0}$，因为冲击波爆发时刻的飞行形状因子由式（2.4.5）给出，即

$$\frac{R_0}{\varDelta_0}\equiv A_0\equiv\mathrm{IFAR}_{\max}$$

所以我们可以用声速描述飞行形状因子，即

$$\frac{V_i^2}{C_{\mathrm{s}0}^2}\approx\frac{R_0}{\varDelta_0}=A_0=\mathrm{IFAR}_{\max} \tag{2.4.14}$$

定义最大马赫数

$$Ma_{\max}\equiv\frac{V_i}{C_{\mathrm{s}0}} \tag{2.4.15}$$

故飞行形状因子和最大马赫数的关系为

$$Ma_{\max}^2\approx A_0=\mathrm{IFAR}_{\max} \tag{2.4.16}$$

利用式（2.4.9）和式（2.4.10）可得强冲击波下的最终内爆速度为

$$V_i^2=\frac{3}{4}\frac{p_{\mathrm{foot}}}{\rho_1}+\frac{8\pi p_0R_0^3}{3M_{\mathrm{sh}}}\left(1-\frac{R_*^3}{R_0^3}\right) \tag{2.4.17}$$

由激光的足部给出等熵参数 $p_{\text{foot}}=\alpha_0\rho_2^{5/3}=\alpha_0(4\rho_1)^{5/3}$，则式（2.4.17）变为

$$V_i^2=3\alpha_0(4\rho_1)^{2/3}+\frac{8\pi p_0R_0^3}{3M_{\text{sh}}}\left(1-\frac{R_*^3}{R_0^3}\right) \tag{2.4.18}$$

对于直接驱动，压强与激光功率的关系为 $p_0=C_PI_{\max}^{2/3}$，最终内爆速度

$$V_i\approx\sqrt{\frac{8\pi p_0R_0^3}{3M_{\text{sh}}}}=\sqrt{\frac{8\pi C_PI_{\max}^{2/3}R_0^3}{3M_{\text{sh}}}} \tag{2.4.19}$$

其他形式的最终内爆速度

$$V_i^2\approx\frac{8\pi p_0R_0^3}{3M_{\text{sh}}}=\frac{5p_0}{3\rho_0}\frac{R_0}{\varDelta_0}=C_{s0}^2\text{IFAR}_{\max} \tag{2.4.20}$$

$$V_i\approx C_{s0}\sqrt{\text{IFAR}_{\max}}\gg C_{s0}\quad(\text{IFAR}_{\max}\gg1) \tag{2.4.21}$$

可见，壳层加速阶段的最终内爆速度要远大于其声速。最大飞行形状因子有另一种表述，利用

$$C_s^2\equiv\frac{5}{3}\frac{p_0}{\rho_0},\qquad p_0=\alpha\rho_0^{5/3} \tag{2.4.22}$$

将这两个式子与式（2.4.20）联立得到飞行形状因子

$$\text{IFAR}_{\max}\approx\frac{3}{5}\frac{V_i^2}{p_0^{2/5}\alpha_0^{3/5}} \tag{2.4.23}$$

可见内爆速度越大，飞行形状因子越大；熵因子α_0越小，飞行形状因子越大。

在冲击波爆发时刻过后的内爆过程属于加速相，熵因子α_0由激光的足部引起的冲击波决定，如果没有其他冲击波产生，加速过程中α_0将保持不变，而由于激光功率保持不变，烧蚀压不变。因此在加速阶段，$p_{\text{applied}}=p_0=$常数，$\alpha=\alpha_0=$常数。

内爆过程特征时间为 $t_{\text{imp}}\sim R_0/V_i$。声波穿越壳层的特征时间为 $t_{\text{sound}}\sim\varDelta/C_s$，其中壳层厚度$\varDelta(t)$是时间的函数，加速阶段壳层中的声速$C_{s0}$保持不变，因此两个特征时间的比值为

$$\frac{t_{\text{imp}}}{t_{\text{sound}}}\sim\frac{R_0}{\varDelta(t)}\frac{C_{s0}}{V_i}\sim\frac{R_0}{\varDelta_0}\frac{C_{s0}}{V_i}\sim\frac{A_0}{Ma_{\max}}\sim\frac{\text{IFAR}_{\max}}{Ma_{\max}} \tag{2.4.24}$$

又因为$Ma_{\max}^2\approx A_0=\text{IFAR}_{\max}$，从而有

$$\frac{t_{\text{imp}}}{t_{\text{sound}}}\sim\frac{\text{IFAR}_{\max}}{Ma_{\max}}\sim Ma_{\max}\sim\sqrt{\text{IFAR}_{\max}}\gg1 \tag{2.4.25}$$

这表明，在加速阶段，声速会在壳层中来回反射多次，引起壳层密度发生稀疏，外表面上施加的压力决定壳内的密度分布松弛形状。

下面研究壳层的质量密度分布。以壳层为坐标参考系（坐标原点取在壳层内

壁），由动量守恒得

$$\rho\left(\frac{\partial w}{\partial t}+w\frac{\partial w}{\partial z}\right)=-\frac{\partial p}{\partial z}+\rho g \tag{2.4.26}$$

其中，$z=r-R_{\text{inner}}(t)$ 为壳层坐标系下质点坐标，同时有

$$R_{\text{outer}}(t)-R_{\text{inner}}(t)=\varDelta(t)\,,\qquad w=u-U_{\text{shell}}=u-\dot{R}_{\text{inner}}\,,\qquad g=-\ddot{R}_{\text{inner}}$$

对于薄壳层/高飞行形状因子模型，飞行中的壳层厚度远小于其半径，故 $R_{\text{outer}}\approx R_{\text{inner}}$，而在壳层参考系中质点的速度 w 会引起壳层的压缩或膨胀，从而改变其厚度，即 $w\sim\dot{\varDelta}$。所以，对动量方程量纲分析可得

$$\rho\frac{\dot{\varDelta}}{t_{\text{imp}}}+\frac{\rho\dot{\varDelta}^2}{\varDelta}=-\frac{p}{\varDelta}+\rho g \tag{2.4.27}$$

关于左边项的分析后面再介绍。下面假设左边项相比右边是小量，即

$$0\approx-\frac{\partial p}{\partial z}+\rho g \tag{2.4.28}$$

将压强 $p=\alpha_0\rho^{5/3}$ 代入上式，得质量密度的微分方程

$$\alpha_0\frac{\partial\rho^{5/3}}{\partial z}=\rho g \tag{2.4.29}$$

利用边界条件 $z=\varDelta$ 时，$\rho=\rho_0$，积分上式得

$$\rho=\rho_0\left(\frac{z}{\varDelta(t)}\right)^{3/2} \tag{2.4.30}$$

其中，$z=r-R_{\text{inner}}(t)$，靶壳厚度为

$$\varDelta(t)=\frac{5}{2}\frac{\alpha_0\rho_0^{2/3}}{g(t)}=-\frac{5}{2}\frac{\alpha_0\rho_0^{2/3}}{\ddot{R}(t)} \tag{2.4.31}$$

图2.18给出了加速阶段的密度分布。

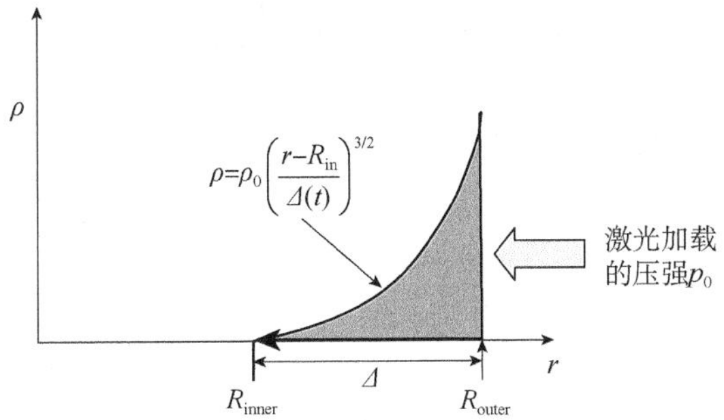

图2.18　加速阶段的密度分布

飞行中靶厚度的其他形式有

$$\Delta(t) = -\frac{5}{2}\frac{\alpha_0 \rho_0^{2/3}}{\ddot{R}(t)} = -\frac{5}{2}\frac{p_0 / \rho_0}{\ddot{R}(t)} = -\frac{3}{2}\frac{C_{s0}^2}{\ddot{R}(t)} \tag{2.4.32}$$

由密度分布式（2.4.30），可得壳层质量为

$$M_{sh} = \int_0^{\Delta} 4\pi\rho(z)R^2 dz = 4\pi\rho_0 R^2 \int_0^{\Delta}\left(\frac{z}{\Delta}\right)^{3/2} dz = \frac{2}{5}4\pi\rho_0 R^2 \Delta \tag{2.4.33}$$

所以

$$\Delta(t)R(t)^2 = \frac{5}{2}\frac{M_{sh}}{4\pi\rho_0} \tag{2.4.34}$$

其中，$R(t)$为t时刻的壳层半径。可见，内爆过程中靶壳厚度$\Delta(t)$按$1/R^2$形式增长，即

$$\Delta(t) = \Delta(0)\left(\frac{R_0}{R(t)}\right)^2 \tag{2.4.35}$$

而壳层的飞行形状因子A则按R^3递减，因为

$$A = \frac{R}{\Delta} = \frac{R}{\Delta_0\left(\frac{R_0}{R}\right)^2} = \frac{R_0}{\Delta_0}\left(\frac{R}{R_0}\right)^3 = A_0\left(\frac{R}{R_0}\right)^3 \tag{2.4.36}$$

即

$$A(t) = A_0\left(\frac{R(t)}{R_0}\right)^3 = \mathrm{IFAR}_{\max}\left(\frac{R(t)}{R_0}\right)^3 \tag{2.4.37}$$

上式推导中已假设靶壳的质量不变，实际上，考虑激光烧蚀后靶壳质量是在减小的。

不考虑烧蚀，加速阶段的壳层演化过程中的特性总结如下：

（1）壳层的厚度按$1/R^2$递增$\Delta(t) = \Delta(0)\left(\frac{R_0}{R(t)}\right)^2$；

（2）飞行形状因子按R^3递减$A(t) = A_0\left(\frac{R}{R_0}\right)^3$；

（3）密度膨胀的形式为$\rho = \rho_0\left(\frac{r - R_{in}}{\Delta(t)}\right)^{3/2}$；

（4）最大密度保持不变（p_0和α_0保持不变）$\rho_0 = \left(\frac{p_0}{\alpha_0}\right)^{3/5}$。

前面推导壳层演化时，忽略了等式（2.4.27）的左边项，现在将之前推导出的厚度分布公式（2.4.35）代回式（2.4.27）中。因为

$$\dot{\Delta}=-2\frac{\Delta}{R}\dot{R}=-2\frac{\dot{R}}{A}=-2\frac{V_{\text{sh}}}{A} \tag{2.4.38}$$

且 $t_{\text{imp}}\sim R_0/V_i$，所以式（2.4.27）变为

$$\rho\frac{V_iV_{\text{sh}}}{R_0A}+\rho\frac{V_{\text{sh}}^2}{\Delta A^2}=-\frac{p}{\Delta}+\rho g \tag{2.4.39}$$

注意到飞行形状因子

$$A(t)=A_0\left(\frac{R}{R_0}\right)^3=\text{IFAR}_{\max}\left(\frac{R}{R_0}\right)^3\sim Ma_{\max}^2\left(\frac{R}{R_0}\right)^3\sim\frac{V_i^2}{P/\rho}\left(\frac{R}{R_0}\right)^3 \tag{2.4.40}$$

所以式（2.4.39）变为

$$\left(\frac{R_0}{R}\right)^6\left(\frac{V_iV_{\text{sh}}}{Ma_{\max}^4}+\frac{V_{\text{sh}}^2}{Ma_{\max}^4}\right)=-\frac{p}{\rho}+g\Delta \tag{2.4.41}$$

上式中用 $V_i^2/(p/\rho)$ 替换 $Ma_{\max}^2$，其余的 $Ma_{\max}^2$ 保留，则有

$$\frac{1}{Ma_{\max}^2}\left(\frac{R_0}{R}\right)^6\frac{p}{\rho}\left(\frac{V_{\text{sh}}}{V_i}+\frac{V_{\text{sh}}^2}{V_i^2}\right)=-\frac{p}{\rho}+g\Delta \tag{2.4.42}$$

考虑到起初的壳层速度远小于内爆速度（即 $V_{\text{sh}}\ll V_i$），所以上式左侧为0。球壳被烧蚀压加速后，壳层速度 V_{sh} 会赶上内爆速度 V_i，即 $V_{\text{sh}}\leqslant V_i$，加速结束时，壳层速度等于内爆速度，即 $V_{\text{sh}}=V_i$。

加速后期，令壳层速度近似内爆速度 $V_{\text{sh}}\sim V_i$，则式（2.4.42）变为

$$\frac{2}{Ma_{\max}^2}\left(\frac{R_0}{R}\right)^6\frac{p}{\rho}\sim-\frac{p}{\rho}+g\Delta \tag{2.4.43}$$

当 $Ma_{\max}^2\sim A_0=\text{IFAR}_{\max}\gg 1$ 时，上式左边项可忽略，即

$$\frac{1}{Ma_{\max}^2}\left(\frac{R_0}{R}\right)^6\ll 1 \tag{2.4.44}$$

故前面的假设是成立的，忽略等式（2.4.27）的左边项是没有问题的。直到 $\frac{1}{Ma_{\max}^2}\left(\frac{R_0}{R}\right)^6\sim 1$ 时，有

$$\left(\frac{R}{R_0}\right)\sim\frac{1}{Ma_{\max}^{1/3}}\sim\frac{1}{\text{IFAR}_{\max}^{1/6}}=\frac{1}{A_0^{1/6}} \tag{2.4.45}$$

其中，$R(t)$为t时刻的壳层半径。令 R_* 为上述假设失效时的壳层半径，上述理论只在 $R_*<R\leqslant R_0$ 时才有效，即加速相（acceleration phase）的假设才有效。如图2.19 所示为 $\Delta(t)$、$A(t)$、$Ma(t)$ 随壳层半径 R 的变化曲线。当 $0<R<R_*$ 时，施加的烧蚀压很小，壳层的速度为常数，此时为滑行相（coasting phase）。

在加速阶段，强冲击波下的内爆速度由式（2.4.17）给出，即

$$V_{\rm sh}^2=\frac{3}{4}\frac{p_{\rm foot}}{\rho}+\frac{8\pi p_0R_0^3}{3M_{\rm sh}}\left(1-\frac{R^3}{R_0^3}\right)\approx\frac{8\pi p_0R_0^3}{3M_{\rm sh}}\left(1-\frac{R^3}{R_0^3}\right)\approx V_i^2\left(1-\frac{R^3}{R_0^3}\right) \tag{2.4.46}$$

加速阶段，内爆速度的马赫数的演化为

$$Ma^2=\frac{V_{\rm sh}^2}{C_{\rm s0}^2}\approx\frac{V_i^2}{C_{\rm s0}^2}\left(1-\frac{R^3}{R_0^3}\right)=Ma_{\max}^2\left(1-\frac{R^3}{R_0^3}\right) \tag{2.4.47}$$

即

$$Ma=Ma_{\max}\sqrt{\left(1-\frac{R^3}{R_0^3}\right)} \tag{2.4.48}$$

即随内爆过程越来越大。上述讨论在 $R_*<R\leqslant R_0$ 时有效，如图2.19所示。

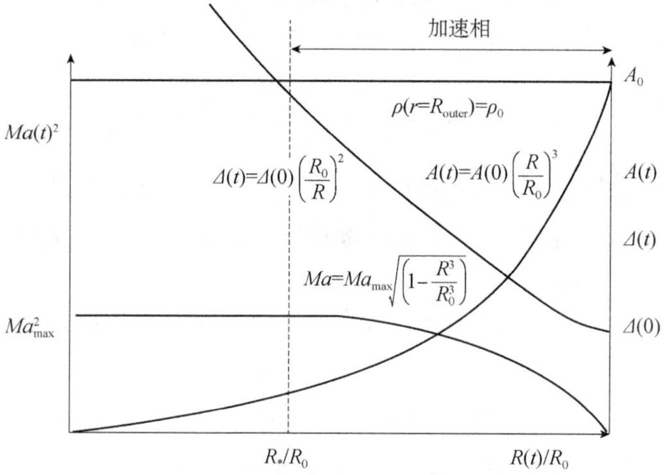

图2.19 $\Delta(t)$、$A(t)$、$Ma(t)$ 随壳层半径 R 的变化曲线

第三个阶段为滑行阶段。当壳层半径 $R=R_*$ 时（R_* 为上述假设失效时的壳层半径），上述理论失效，滑行阶段将发生什么现象？首先，飞行形状因子 A 将比例于 Ma 而不是 Ma^2，因为由式（2.4.36）和式（2.4.45），式（2.4.16）可得

$$A_*=A_0\left(\frac{R_*}{R_0}\right)^3\sim A_0\left(\frac{1}{A_0^{1/6}}\right)^3\sim\sqrt{A_0}\sim Ma_{\max} \tag{2.4.49}$$

其次，内爆剩余时间与声波穿过壳层的时间相当，即

$$\frac{t_{\rm imp}}{t_{\rm sound}}\sim\frac{R_*}{\Delta_*}\frac{C_{\rm s0}}{V_i}\sim Ma_{\max}\frac{1}{Ma_{\max}}\sim 1 \tag{2.4.50}$$

当 $R<R_*$ 时，在内爆结束之前（R=0），已经没有足够时间让声波穿过壳层。当声波没有足够时间穿过壳层时，在收缩过程中壳层的厚度将保持不变。对于式

（2.4.42），当 $R < R_*$ 时，$\dfrac{1}{Ma_{\max}^2}\left(\dfrac{R_0}{R}\right)^6 > 1$；且 $V_{\rm sh} = V_i$，所以 $\left(\dfrac{V_{\rm sh}}{V_i} + \dfrac{V_{\rm sh}^2}{V_i^2}\right) \sim 1$；同时由于壳层在滑行，$g\varDelta$ 可忽略（$g = -\ddot{R} \approx 0$），故可以猜测，当 $R < R_*$ 时，式（2.4.42）左边大于右边。

当 $R < R_*$ 时，用之前的量纲分析方式，忽略式（2.4.27）右边项，有

$$\rho\frac{\dot{\varDelta}}{t_{\rm imp}} + \frac{\rho\dot{\varDelta}^2}{\varDelta} = 0 \tag{2.4.51}$$

因为壳层厚度在滑行过程中将保持不变，所以 $\dot{\varDelta}=0$，故 $\varDelta=\varDelta_*$。因为壳层质量

$$M_{\rm sh} = \frac{2}{5}4\pi R^2 \varDelta_* \rho_{\rm peak} \tag{2.4.52}$$

得壳层密度

$$\rho_{\rm peak} = \frac{5M_{\rm sh}}{8\pi\varDelta_*}\frac{1}{R^2} \sim \frac{1}{R^2} \tag{2.4.53}$$

从而有

$$\rho_{\rm peak} = \rho_0\left(\frac{R_*}{R}\right)^2 \tag{2.4.54}$$

滑行（coasting）中，壳层密度按 $1/R^2$ 分布，由于加速度 $g=0$，此时密度分布将不再由 g 和压强梯度的平衡来控制。

在滑行中，壳层的声速在增加

$$C_{\rm s} = \sqrt{\frac{5}{3}\frac{p}{\rho}} = \sqrt{\frac{5}{3}\alpha\rho^{2/3}} \sim \sqrt{\frac{5}{3}\alpha\rho_0^{2/3}\left(\frac{R_*}{R}\right)^{4/3}} \sim C_{\rm s0}\left(\frac{R_*}{R}\right)^{2/3} \tag{2.4.55}$$

而马赫数在减小

$$Ma = \frac{V_i}{C_{\rm s}} = \frac{V_i}{C_{\rm s0}}\left(\frac{R}{R_*}\right)^{2/3} = Ma_{\max}\left(\frac{R}{R_*}\right)^{2/3} \tag{2.4.56}$$

由于壳层的厚度保持不变，所以飞行形状因子随着 R 线性减小（不再是 R^3）

$$A = \frac{R}{\varDelta} = \frac{R}{\varDelta_*} = A_*\left(\frac{R}{R_*}\right) \tag{2.4.57}$$

壳层的压强逐渐增大将超过外部施加的压强：

$$p = \alpha\rho^{5/3} = \alpha\left[\rho_0\left(\frac{R_*}{R}\right)^2\right]^{5/3} = \alpha\rho_0^{5/3}\left(\frac{R_*}{R}\right)^{10/3} = p_{\rm applied}\left(\frac{R_*}{R}\right)^{10/3} \tag{2.4.58}$$

图 2.20 给出了加速阶段和滑行阶段的物理量演化，曲线物理规律完全不同。

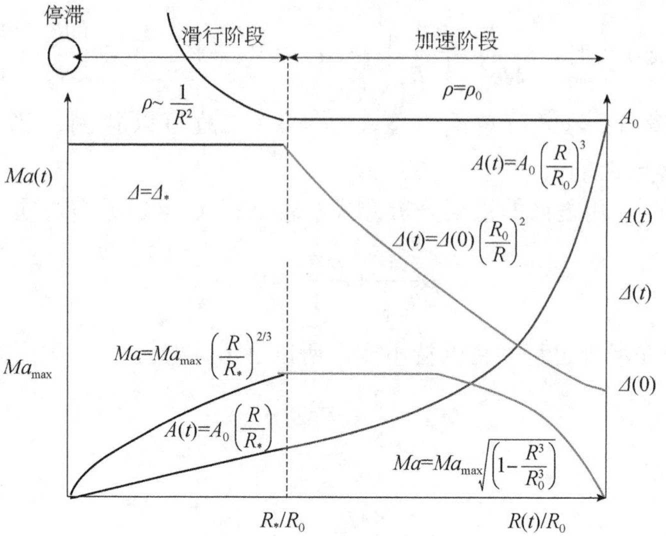

图2.20 加速阶段和滑行阶段的物理量演化

第四个阶段为停滞阶段。当球壳闭合时（$R\approx 0$），将会发生什么呢？球壳闭合时，$R_{\text{outer}}=\varDelta_*$，物质将发生碰撞，产生向外传输的反弹冲击波（return/rebound shock），如图2.21所示。

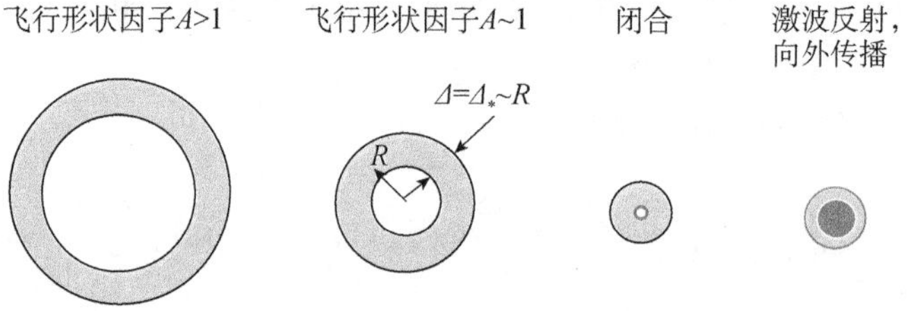

图2.21 球壳闭合时，物质将发生碰撞，产生向外传输的反弹冲击波

假设反弹冲击波是强冲击波，等离子体密度将被压缩至4倍初始密度

$$\rho_{\text{s}}\approx 4\rho_{\text{before-stag}} \tag{2.4.59}$$

其中停滞前的密度为

$$\rho_{\text{before-stag}}=\rho_0\left(\frac{R_*}{R}\right)^2\sim\rho_0\left(\frac{R_*}{\varDelta_*}\right)=\rho_0 A_*^2 \tag{2.4.60}$$

ρ_0是冲击波突破壳层内界面时刻的密度，所以停滞时的密度为

$$\rho_{\text{s}}=4\rho_0 A_*^2\sim 4\rho_0 Ma_{\max}^2\sim 4\rho_0\text{IFAR}_{\max} \tag{2.4.61}$$

停滞时的压强可由能量守恒给出（V_{s}为停滞时体积）

$$\frac{3}{2}p_{\text{s}}V_{\text{s}}\approx\frac{1}{2}M_{\text{sh}}V_i^2 \tag{2.4.62}$$

将 $M_{sh}=\rho_s V_s$ 代入上式，得

$$\frac{3}{2}p_s V_s \approx \frac{1}{2}\rho_s V_s V_i^2 \tag{2.4.63}$$

将式（2.4.61）代入上式，停滞时的压强

$$p_s \approx \frac{1}{3}\rho_s V_i^2 \sim \frac{4}{3}\rho_0 Ma_{\max}^2 V_i^2 \sim \frac{5}{3}\frac{p_0}{\rho_0}\frac{4}{3}\rho_0 Ma_{\max}^2 \frac{V_i^2}{C_{s0}^2} \tag{2.4.64}$$

又因为 $p_0 \sim \mathrm{IFAR}_{\max}^2$，所以有

$$p_s \sim \frac{20}{9}p_0 Ma_{\max}^4 \sim \frac{20}{9}p_0 \mathrm{IFAR}_{\max}^2 \tag{2.4.65}$$

注意，上式只是标度关系，系数意义不大。

停滞时壳层的面密度 $\rho_s R_s$，由于式（2.4.61）给出了停滞时壳层质量密度 $\rho_s \sim 4\rho_0 Ma_{\max}^2$，所以面密度

$$\rho_s R_s \sim \rho_s^{2/3}\left(\rho_s R_s^3\right)^{1/3} \sim 4^{2/3}\rho_0^{2/3} Ma_{\max}^{4/3}\left(\frac{3M_{sh}}{4\pi}\right)^{1/3} \tag{2.4.66}$$

不考虑质量烧蚀时，壳层质量恒定

$$M_{sh} \approx 4\pi\rho_1 \varDelta_1 R_1^2 = 4\pi\rho_1 \varDelta_1^3 A_1^2 \tag{2.4.67}$$

下标 1 指激光到来之前的参量，代入式（2.4.66），停滞时壳层的面密度为

$$\rho_s R_s \sim 4^{2/3}3^{1/3}\rho_1 \varDelta_1 Ma_{\max}^{4/3} A_1^{2/3}\left(\frac{\rho_0}{\rho_1}\right)^{2/3} \tag{2.4.68}$$

其中，ρ_0/ρ_1 是冲击波突破壳层内界面时刻与初始时刻的壳层质量密度之比。在冲击波突破壳层内界面时壳层的密度由式（2.4.2）给出，即

$$\rho_0 \approx 4\rho_1\left(\frac{p_{\max}}{p_{\mathrm{foot}}}\right)^{3/5}$$

所以停滞时壳层的面密度式（2.4.68）变为

$$\rho_s R_s \sim 4^{4/3}3^{1/3}\rho_1 \varDelta_1 Ma_{\max}^{4/3} A_1^{2/3}\left(\frac{P_{\max}}{P_{\mathrm{foot}}}\right)^{2/5} \sim 4^{4/3}3^{1/3}\rho_1 \varDelta_1 \mathrm{IFAR}_{\max}^{2/3} A_1^{2/3}\left(\frac{p_{\max}}{p_{\mathrm{foot}}}\right)^{2/5} \tag{2.4.69}$$

对于直接驱动，压强与激光光强的关系为 $p_{\mathrm{applied}} \sim I^{2/3}$，则有

$$\rho_s R_s \sim 4^{4/3}3^{1/3}\rho_1 \varDelta_1 \mathrm{IFAR}_{\max}^{2/3} A_1^{2/3}\left(\frac{I_{\max}}{I_{\mathrm{foot}}}\right)^{4/15} \tag{2.4.70}$$

若反弹冲击波是弱冲击波，此时反弹前后冲击波强度相当

$$p_s \sim \beta p_{\text{before-shock}} = \beta p_{\mathrm{applied}}\left(\frac{R_*}{\varDelta_*}\right)^{10/3} \tag{2.4.71}$$

其中 $\beta>1$，即

$$p_{\mathrm{s}} \sim \beta p_{\text{applied}} A_{*}^{10/3} \sim \beta p_0 Ma_{\max}^{10/3} \sim \beta p_0 \mathrm{IFAR}_{\max}^{5/3} \tag{2.4.72}$$

说明反弹冲击波是弱冲击波时，停滞时刻压强增大了 $\mathrm{IFAR}_{\max}^{5/3}$ 倍，而不是强冲击波时的 $\mathrm{IFAR}_{\max}^{2}$ 倍。利用能量守恒

$$\frac{3}{2} p_{\mathrm{s}} \frac{4\pi}{3} R_{\mathrm{s}}^3 \approx \frac{1}{2} M_{\mathrm{sh}} V_i^2 \approx \frac{1}{2}\frac{4\pi}{3} \rho_{\mathrm{s}} R_{\mathrm{s}}^3 V_i^2 \tag{2.4.73}$$

所以有停滞时的质量密度

$$\rho_{\mathrm{s}} \approx \frac{3 p_{\mathrm{s}}}{V_i^2} \tag{2.4.74}$$

利用式（2.4.72），进一步推导得

$$\rho_{\mathrm{s}} \approx \frac{3 p_{\mathrm{s}}}{V_i^2} \approx \frac{3\beta p_0}{V_i^2} Ma_{\max}^{10/3} \approx \frac{3}{5}\rho_0 \frac{3\beta \frac{5}{3}\frac{p_0}{\rho_0}}{V_i^2} Ma_{\max}^{10/3} \tag{2.4.75}$$

即

$$\rho_{\mathrm{s}} \approx \frac{9}{5}\beta \rho_0 Ma_{\max}^{4/3} \approx \frac{9}{5}\beta\rho_0 \mathrm{IFAR}_{\max}^{2/3} \tag{2.4.76}$$

可见停滞时的质量密度相比冲击波突破壳层内界面时增大了 $\mathrm{IFAR}_{\max}^{2/3}$ 倍。

停滞时的面密度为

$$\begin{aligned} \rho_{\mathrm{s}} R_{\mathrm{s}} &\sim \rho_{\mathrm{s}}^{2/3}\left(\rho_{\mathrm{s}} R_{\mathrm{s}}^3\right)^{1/3} \sim \left(\frac{9\beta}{5}\right)^{2/3} \rho_0^{2/3} Ma_{\max}^{8/9} \left(\frac{3M_{\mathrm{sh}}}{4\pi}\right)^{1/3} \\ &\sim \left(\frac{9\beta}{5}\right)^{2/3} \rho_0^{2/3} Ma_{\max}^{8/9} \left(3\rho_1 \varDelta_1^3 A_1^2\right)^{1/3} \\ &\sim 3^{1/3}\left(\frac{9\beta}{5}\right)^{2/3} \left(\rho_1 \varDelta_1\right) A_1^{2/3} Ma_{\max}^{8/9} \left(\frac{\rho_0}{\rho_1}\right)^{2/3} \end{aligned} \tag{2.4.77}$$

由于冲击波爆发时刻壳层的密度为

$$\rho_0 \approx 4\rho_1 \left(\frac{p_{\max}}{p_{\text{foot}}}\right)^{3/5}$$

从而有停滞时的面密度

$$\begin{aligned} \rho_{\mathrm{s}} R_{\mathrm{s}} &\sim 3^{1/3}\left(\frac{36\beta}{5}\right)^{2/3} \left(\rho_1 \varDelta_1\right) A_1^{2/3} Ma_{\max}^{8/9} \left(\frac{p_{\max}}{p_{\text{foot}}}\right)^{2/5} \\ &\sim 3^{1/3}\left(\frac{36\beta}{5}\right)^{2/3} \left(\rho_1 \varDelta_1\right) A_1^{2/3} \mathrm{IFAR}_{\max}^{4/9} \left(\frac{p_{\max}}{p_{\text{foot}}}\right)^{2/5} \end{aligned} \tag{2.4.78}$$

停滞阶段压强和密度小结。

（1）强反弹冲击波。

$$p_s \sim p_{\text{before-shock}}, \quad p_0 = p_{\max} = p_{\text{applied}}, \quad \rho_{\text{stag}} \sim 4\rho_0 \text{IFAR}_{\max}$$

$$p_{\text{stag}} \sim \frac{20}{9} p_0 \text{IFAR}_{\max}^2$$

（2）弱反弹冲击波。

$$p_s \geqslant p_{\text{before-shock}}, \quad p_s = \beta p_{\text{before-shock}}, \quad \rho_{\text{stag}} \approx \frac{9}{5} \beta \rho_0 \text{IFAR}_{\max}^{2/3}$$

$$p_{\text{stag}} \sim \beta p_0 \text{IFAR}_{\max}^{5/3}$$

其中，$\text{IFAR}_{\max} \approx \dfrac{3}{5} \dfrac{V_i^2}{P_0^{2/5} \alpha_0^{3/5}}$，$\rho_0 \approx 4\rho_1 \left(\dfrac{p_{\max}}{p_{\text{foot}}}\right)^{3/5}$，初始密度 $\rho_1 = 0.25\text{g/cm}^3$。

通常情况下 $\text{IFAR}_{\max}=50$，$\text{IFAR}_{\max}^{1/3} = 50^{1/3} = 3.7$，这不属于强反弹冲击波范围（$\text{IFAR}_{\max}^{1/3} >> 1$）。因为

$$p_{\text{stag}} \sim \beta p_0 \text{IFAR}_{\max}^{5/3} \sim \beta P_{\text{applied}}^{1/3} \frac{V_i^{10/3}}{\alpha_0}, \qquad \text{IFAR}_{\max} = 4A_1 \left(\frac{p_{\max}}{p_{\text{foot}}}\right)^{3/5}$$

所以有停滞阶段压强

$$p_{\text{stag}} \sim \beta p_{\text{applied}} (4A_1)^{5/3} \left(\frac{p_{\max}}{p_{\text{foot}}}\right) \sim \beta (4A_1)^{5/3} \left(\frac{p_{\max}^2}{p_{\text{foot}}}\right) \tag{2.4.79}$$

当 $A_1=9, p_{\max}/p_{\min}=5, \beta=3, p_{\text{applied}}=100\text{Mbar}$ 时，可得 $p_{\text{stag}}=590\text{Gbar}$。

将 $\rho_0 \approx 4\rho_1 \left(\dfrac{p_{\max}}{p}\right)^{3/5}$ 和 $\text{IFAR}_{\max} = 4A_1 \left(\dfrac{p_{\max}}{p_{\text{foot}}}\right)^{3/5}$ 代入式（2.4.76），可得停滞时的质量密度

$$\rho_{\text{stag}} \approx \frac{36}{5} \beta \rho_1 (4A_1)^{2/3} \left(\frac{p_{\max}}{p_{\text{foot}}}\right) \tag{2.4.80}$$

当 $A_1=9$，$p_{\max}/p_{\min}=5$，$\beta=3$，$\rho_1 = 0.25\text{g/cm}^3$ 时，可得 $\rho_{\text{stag}} = 400\text{g/cm}^3$。由于 $p_{\text{foot}} = \alpha_0 (4\rho_1)^{5/3}$，所以

$$\rho_{\text{stag}} \sim \frac{1}{\alpha_0^{6/5}}$$

内爆停滞时刻球壳的三个主要参量为

$$p_{\text{stag}}(\text{Gbar}) \sim 530 \frac{\beta}{3} \left(\frac{p_{\text{applied}}^{\text{Mbar}}}{100}\right)^{1/3} \left(\frac{V_i^{\text{km/s}}}{300}\right)^{10/3} \frac{1}{\alpha_0} \tag{2.4.81}$$

$$\rho_{\text{stag}}(\text{g/cc}) \approx 1060\frac{\beta}{3}\left(\frac{p_{\text{applied}}^{\text{Mbar}}}{100}\right)^{1/3}\left(\frac{V_i^{\text{km/s}}}{300}\right)^{4/3}\frac{1}{\alpha_0} \tag{2.4.82}$$

$$\rho_{\text{s}}R_{\text{s}}\left(\text{g/cm}^2\right) \sim 2\left(\frac{p_{\text{applied}}^{\text{Mbar}}}{100}\right)^{2/9}\left(\frac{V_i^{\text{km/s}}}{300}\right)^{2/9}\left(\frac{E_{\text{K}}^{\text{kJ}}}{100}\right)^{1/3}\left(\frac{3}{\alpha_0}\right)^{2/3} \tag{2.4.83}$$

2.5 激光和X射线对平面靶的烧蚀

本节讨论如何用激光驱动一个火箭的问题。

2.5.1 直接驱动靶的烧蚀过程

如图2.22所示，当一束整形激光入射到等离子体时，在临界面将被反射。临界密度是指当激光频率与等离子体频率相等时的电子数密度，由 $\omega_{\text{L}}^2 = \omega_{\text{pe}}^2$ 可得相应的电子数密度，即

$$\omega_{\text{L}} = \frac{2\pi c}{\lambda_{\text{L}}},\quad \omega_{\text{pe}} = \sqrt{\frac{4\pi n_{\text{e}}e^2}{m_{\text{e}}}} = \sqrt{\frac{4\pi Z n_i e^2}{m_{\text{e}}}} \tag{2.5.1}$$

其中，λ_{L} 为激光波长。由 $\omega_{\text{L}}^2 = \omega_{\text{pe}}^2$ 可得临界密度为

$$n_{\text{e}}^{\text{cr}} = \frac{1.1\times 10^{21}}{\lambda_{\text{L}}(\mu\text{m})^2}\text{cm}^{-3} \tag{2.5.2}$$

激光通过在临界面附近沉积能量，产生烧蚀压。

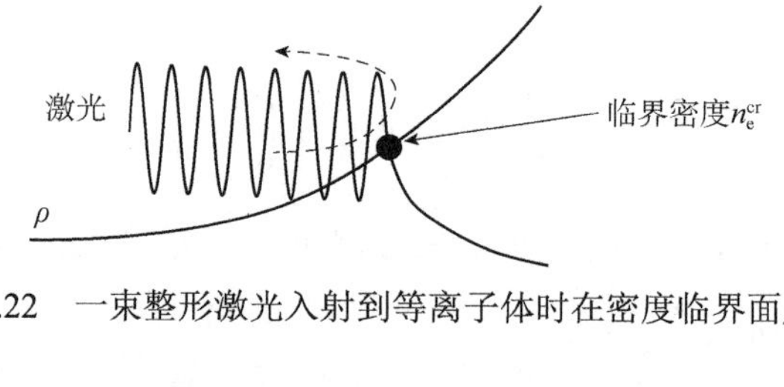

图2.22 一束整形激光入射到等离子体时在密度临界面反射

根据电子密度不同，可将激光等离子体相互作用区域划分为冕区（corona）、热传导区（conduction zone）等，如图2.23所示。

求解模型：如图2.23所示，以壳层为参考系（有加速度的参考系，原点 x=0 取在烧蚀面，激光能量沉积的临界面取在 x=x_{c} 处），采用一维平面近似。流体元的质量、动量、能量守恒方程为

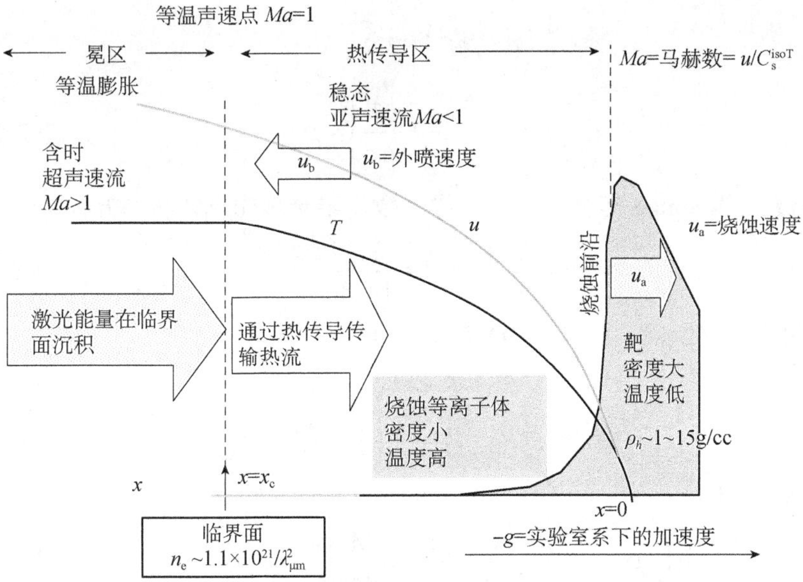

图2.23　激光等离子体相互作用区域示意图

$$\frac{\partial \rho}{\partial t}+\frac{\partial(\rho u)}{\partial x}=0 \tag{2.5.3}$$

$$\frac{\partial(\rho u)}{\partial t}+\frac{\partial}{\partial x}\left(p+\rho u^2\right)=\rho g \tag{2.5.4}$$

$$\frac{\partial}{\partial t}\left(\frac{3}{2}p+\rho\frac{u^2}{2}\right)+\frac{\partial}{\partial x}\left[u\left(\frac{5}{2}p+\rho\frac{u^2}{2}\right)-\kappa\frac{\partial T}{\partial x}\right]=\rho g u+I_{\mathrm{L}}^{\mathrm{abs}}\delta\left(x-x_{\mathrm{c}}\right) \tag{2.5.5}$$

其中，动量守恒方程（2.5.4）中的 ρg 表示加速系中的惯性力。能量守恒方程（2.5.5）的能源项中，函数 $\delta\left(x-x_{\mathrm{c}}\right)$ 表示等离子体对激光能量吸收发生在临界面 x_{c} 处，$I_{\mathrm{L}}^{\mathrm{abs}}$ 表示单位时间单位面积的能量沉积（即光强），单位时间单位体积等离子体吸收的激光能量为 $I_{\mathrm{L}}^{\mathrm{abs}}\delta\left(x-x_{\mathrm{c}}\right)$，$\kappa$ 为 Spitzer 等离子体热传导系数。

因为壳层的加速度满足牛顿定律

$$M_{\mathrm{sh}}g \sim 4\pi R^2 p \tag{2.5.6}$$

壳层的加速度为

$$g \sim \frac{4\pi R^2 p}{M_{\mathrm{sh}}} \sim \frac{4\pi R^2 p}{4\pi R^2 \Delta_{\mathrm{sh}}\rho_{\mathrm{sh}}} \sim \frac{p}{\Delta_{\mathrm{sh}}\rho_{\mathrm{sh}}} \tag{2.5.7}$$

平面几何近似要求烧蚀等离子体的尺度要远小于靶半径，这个近似对于烧蚀开始时段是合理的，烧蚀的后期，靶半径很小，则平面几何近似不正确。

（1）热传导区（$x<x_{\mathrm{c}}$）：加速阶段，考虑稳态解（$\partial_t = 0$）

$$\frac{\mathrm{d}}{\mathrm{d}x}(\rho u)=0 \tag{2.5.8}$$

$$\frac{\mathrm{d}}{\mathrm{d}x}\left(p+\rho u^2\right)=\rho g \tag{2.5.9}$$

$$\frac{\mathrm{d}}{\mathrm{d}x}\left[u\left(\frac{5}{2}p+\rho\frac{u^2}{2}\right)-\kappa\frac{\mathrm{d}T}{\mathrm{d}x}\right]=\rho g u \tag{2.5.10}$$

其中，$\kappa=\kappa_0 T^{5/2}$为Spitzer等离子体热传导系数，结合理想气体状态方程

$$p=\frac{\rho T}{A},\qquad A=\frac{m_i}{1+Z} \tag{2.5.11}$$

对质量和动量方程（2.5.8）和（2.5.9）积分，得

$$\rho u=\rho_{\mathrm{c}}u_{\mathrm{c}} \tag{2.5.12}$$

$$p+\rho u^2=p_{\mathrm{c}}+\rho_{\mathrm{c}}u_{\mathrm{c}}^2+g\int_{x_{\mathrm{c}}}^{x}\rho\mathrm{d}x \tag{2.5.13}$$

其中，利用式（2.5.7），有

$$g\int_{x_{\mathrm{c}}}^{x}\rho\mathrm{d}x\sim\frac{p\rho_{\mathrm{cz}}\left(x-x_{\mathrm{c}}\right)}{\varDelta_{\mathrm{sh}}\rho_{\mathrm{sh}}}\sim p\frac{\mathrm{Mass}_{\mathrm{cz}}}{\mathrm{Mass}_{\mathrm{sh}}}\ll p \tag{2.5.14}$$

其中，ρ_{cz}是热传导区质量密度，$\mathrm{Mass}_{\mathrm{cz}}$是热传导区质量。由于热传导区的质量远小于壳层的质量，所以其惯性可以忽略。故式（2.5.13）变为

$$p+\rho u^2\approx p_{\mathrm{c}}+\rho_{\mathrm{c}}u_{\mathrm{c}}^2 \tag{2.5.15}$$

结合状态方程（2.5.11），质量守恒方程（2.5.12），可将式（2.5.15）化为

$$\frac{T}{Au}+u=\frac{T_{\mathrm{c}}}{Au_{\mathrm{c}}}+u_{\mathrm{c}} \tag{2.5.16}$$

或质点速度满足一元二次方程

$$u^2-u\left(\frac{T_{\mathrm{c}}}{Au_{\mathrm{c}}}+u_{\mathrm{c}}\right)+\frac{T}{A}=0 \tag{2.5.17}$$

解得

$$u=\frac{1}{2}\left\{\frac{T_{\mathrm{c}}}{Au_{\mathrm{c}}}+u_{\mathrm{c}}\pm\sqrt{\left(\frac{T_{\mathrm{c}}}{Au_{\mathrm{c}}}+u_{\mathrm{c}}\right)^2-\frac{4T}{A}}\right\} \tag{2.5.18}$$

由于是在壳层参考系中讨论，壳层为静止，故接近壳层处的速度$u\ll u_{\mathrm{c}}$（临界面速度）；壳层与烧蚀等离子体相比是冷的，故接近壳层处温度$T\ll T_{\mathrm{c}}$。所以上式要取负号

$$u=\frac{1}{2}\left\{\frac{T_{\mathrm{c}}}{Au_{\mathrm{c}}}+u_{\mathrm{c}}-\sqrt{\left(\frac{T_{\mathrm{c}}}{Au_{\mathrm{c}}}+u_{\mathrm{c}}\right)^2-\frac{4T}{A}}\right\} \tag{2.5.19}$$

在临界面上$u=u_{\mathrm{c}}$，$T=T_{\mathrm{c}}$，临界面上温度速度关系为

$$u_{\mathrm{c}}=\frac{1}{2}\left\{\frac{T_{\mathrm{c}}}{Au_{\mathrm{c}}}+u_{\mathrm{c}}-\left|\frac{T_{\mathrm{c}}}{Au_{\mathrm{c}}}-u_{\mathrm{c}}\right|\right\} \tag{2.5.20}$$

式（2.5.20）的结果有两种可能性。

（a）当 $\frac{T_{\mathrm{c}}}{Au_{\mathrm{c}}}-u_{\mathrm{c}}\leqslant 0$ 时，式（2.5.20）变为

$$u_{\mathrm{c}}=\sqrt{T_{\mathrm{c}}/A}=\sqrt{p_{\mathrm{c}}/\rho_{\mathrm{c}}} \tag{2.5.21}$$

即临界面速度为声速（等温声速），马赫数为 $Ma_{\mathrm{c}}^{\mathrm{isoT}}=1$

（b）当 $\frac{T_{\mathrm{c}}}{Au_{\mathrm{c}}}-u_{\mathrm{c}}>0$ 时，式（2.5.20）变为恒等式 $u_{\mathrm{c}}=u_{\mathrm{c}}$，即临界面速度为亚声速

$$u_{\mathrm{c}}<\sqrt{T_{\mathrm{c}}/A}=\sqrt{p_{\mathrm{c}}/\rho_{\mathrm{c}}} \tag{2.5.22}$$

马赫数 $Ma_{\mathrm{c}}^{\mathrm{isoT}}<1$。到底哪个解是合理的？需要临界面两侧的解联结给出。

采用解（a）作为有效解，马赫数 $Ma_{\mathrm{c}}^{\mathrm{isoT}}=1$。将能量方程（2.5.10）在热传导区积分，即从壳层的外表面开始积分，得

$$u\left(\frac{5}{2}p+\rho\frac{u^{2}}{2}\right)-\kappa\frac{\mathrm{d}T}{\mathrm{d}x}-\left[u\left(\frac{5}{2}p+\rho\frac{u^{2}}{2}\right)-\kappa\frac{\mathrm{d}T}{\mathrm{d}x}\right]_{0}=g\int_{0}^{x}\rho u\mathrm{d}x \tag{2.5.23}$$

方程右边是小量，可忽略，因为

$$g\int_{0}^{x}\rho u\mathrm{d}x\sim\frac{pu\rho_{\mathrm{cz}}\left(x-x_{\mathrm{c}}\right)}{\varDelta_{\mathrm{sh}}\rho_{\mathrm{sh}}}\sim pu\frac{\mathrm{Mass}_{\mathrm{cz}}}{\mathrm{Mass}_{\mathrm{sh}}}\ll pu$$

在热传导区，速度从临界面到壳层逐渐减小（在壳层参考系），即

$$u\leqslant u_{c}$$

另外，利用式（2.5.21），即 $u_{\mathrm{c}}=\sqrt{T_{\mathrm{c}}/A}$，可把式（2.5.19）化为

$$u=u_{\mathrm{c}}-\sqrt{u_{\mathrm{c}}^{2}-\frac{T}{A}}=\sqrt{\frac{T_{\mathrm{c}}}{A}}-\sqrt{\frac{T_{\mathrm{c}}}{A}-\frac{T}{A}} \tag{2.5.24}$$

由此可得热传导区的马赫数为

$$Ma^{2}=\frac{u^{2}}{C_{\mathrm{s}}^{2}}=\frac{\rho u^{2}}{p}=\frac{Au^{2}}{T}=\left[\sqrt{\frac{T_{\mathrm{c}}}{T}}-\sqrt{\left(\frac{T_{\mathrm{c}}}{T}\right)-1}\right]^{2} \tag{2.5.25}$$

图2.24给出了热传导区马赫数与温度的变化曲线。

由于热传导区马赫数<1，且能量方程中含 $5/2p$，它与压强 p 成正比，与此项相比，温度项可忽略。故式（2.5.23）可化为

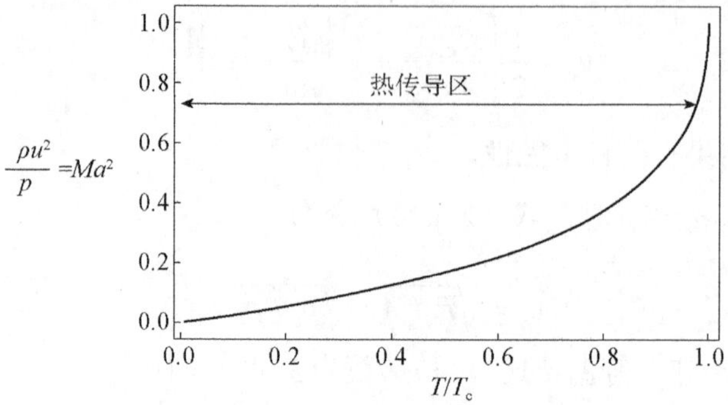

图2.24 热传导区马赫数与温度的关系

$$u\left(\frac{5}{2}p\right)-\kappa\frac{\mathrm{d}T}{\mathrm{d}x}-\left[u\left(\frac{5}{2}p\right)-\kappa\frac{\mathrm{d}T}{\mathrm{d}x}\right]_0=0 \tag{2.5.26}$$

在壳层外表面，温度是小量

$$\left[u\left(\frac{5}{2}p\right)\right]_0=\left[\rho u\left(\frac{5}{2}\frac{T}{A}\right)\right]_0\Rightarrow 0,\quad \left[\kappa\frac{\mathrm{d}T}{\mathrm{d}x}\right]_0=\left[\kappa_0 T^{5/2}\frac{\mathrm{d}T}{\mathrm{d}x}\right]_0\Rightarrow 0$$

利用状态方程（2.5.11），所以式（2.5.26）变为

$$\rho u\frac{5}{2}\frac{T}{A}-\kappa_0 T^{5/2}\frac{\mathrm{d}T}{\mathrm{d}x}=0 \tag{2.5.27}$$

利用质量通量守恒 $\rho u=\rho_c u_c\equiv\dot{m}_a$=常量，$\dot{m}_a$ 为单位面积的质量烧蚀率，则有

$$\dot{m}_a\frac{5}{2}\frac{T}{A}-\kappa_0 T^{5/2}\frac{\mathrm{d}T}{\mathrm{d}x}=0 \tag{2.5.28}$$

在边界条件 $T(x=x_c)=T_c$，$T(x=0)\approx 0$ 下求解此常微分方程得温度的空间分布

$$T=T_c\left[1+\frac{25\dot{m}_a}{4A\kappa_0 T_c^{5/2}}(x-x_c)\right]^{2/5}=T_c\left[\frac{x}{x_c}\right]^{2/5} \tag{2.5.29}$$

其中，$x_c\equiv\frac{4A\kappa_0 T_c^{5/2}}{25\dot{m}_a}$ 是临界面到烧蚀前沿（壳层外表面）的距离。式（2.5.29）代入式（2.5.24）得质点速度的空间分布为

$$u=\sqrt{\frac{T_c}{A}}-\sqrt{\frac{T_c}{A}-\frac{T}{A}}=\sqrt{\frac{T_c}{A}}\left\{1-\sqrt{1-[x/x_c]^{2/5}}\right\}=u_c\left\{1-\sqrt{1-[x/x_c]^{2/5}}\right\} \tag{2.5.30}$$

利用质量通量守恒 $\rho u=\rho_c u_c\equiv\dot{m}_a$=常数，可得质量密度的空间分布为

$$\rho=\rho_c\frac{u_c}{u}=\frac{\rho_c}{1-\sqrt{1-[x/x_c]^{2/5}}} \tag{2.5.31}$$

压强的空间分布为

$$p=\frac{\rho T}{A}=p_{\mathrm{c}}\frac{\left[x/x_{\mathrm{c}}\right]^{2/5}}{1-\sqrt{1-\left[x/x_{\mathrm{c}}\right]^{2/5}}} \tag{2.5.32}$$

图2.25（a）、（b）分别给出了热传导区的密度、速度以及压强、温度的空间分布曲线。可见，在烧蚀前沿（壳层外表面x=0处），温度、速度有最小值，密度、压强则有极大值。

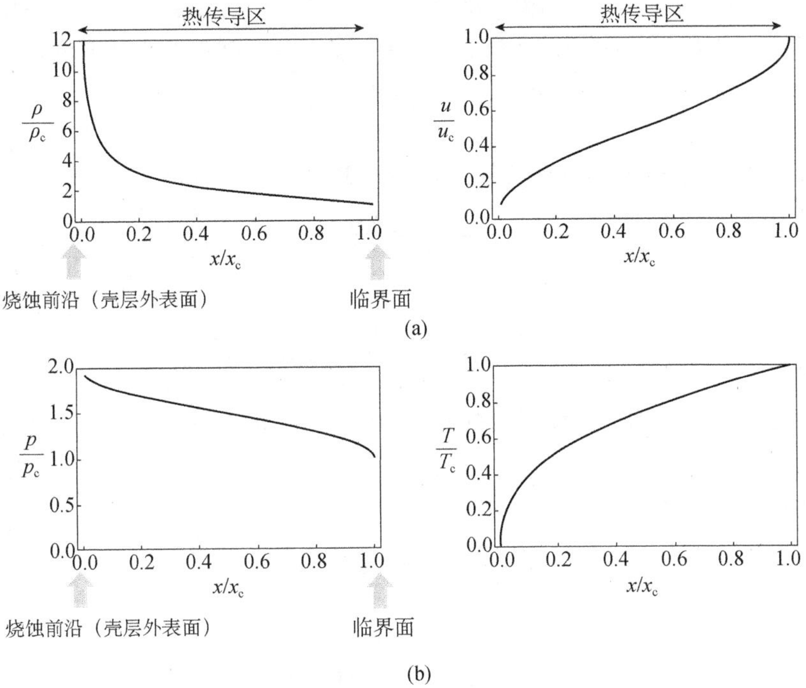

图2.25　热传导区的（a）密度、速度以及（b）压强、温度的空间分布曲线

我们找到了热传导区的密度、速度、压强、温度分布，但还缺少临界面上的值。需要通过守恒方程得到穿过临界面（及冕区）的值，并与热传导区接合。

（2）冕区（$x>x_{\mathrm{c}}$）：由于$x>x_{\mathrm{c}}$，故能量守恒方程（2.5.5）中的能源项为0，变为

$$\frac{\partial}{\partial t}\left(\frac{3}{2}p+\rho\frac{u^2}{2}\right)+\frac{\partial}{\partial x}\left[u\left(\frac{5}{2}p+\rho\frac{u^2}{2}\right)-\kappa\frac{\partial T}{\partial x}\right]=\rho g u \tag{2.5.33}$$

其中，$\kappa=\kappa_0 T^{5/2}$为热传导系数。冕区是烧蚀等离子体中温度最高的区域，且热传导系数强烈依赖于温度，下面考虑热传导占优势的解

$$\frac{\partial}{\partial x}\left[\kappa_0 T^{5/2}\frac{\partial T}{\partial x}\right]\approx 0 \tag{2.5.34}$$

上式中，T=常数，即冕区是等温区，如图2.23所示。同时需与热传导区匹配，即$x=x_c$时$T=T_c$。

在$T=T_c$处，质量和动量方程由式（2.5.3）和式（2.5.4）给出，即

$$\frac{\partial \rho}{\partial t}+\frac{\partial \rho u}{\partial x}=0 \tag{2.5.35}$$

$$\frac{\partial \rho u}{\partial t}+\frac{\partial}{\partial x}\left(p+\rho u^2\right)=\rho g \tag{2.5.36}$$

根据质量守恒方程（2.5.35），动量守恒方程（2.5.36）可写为非守恒形式

$$\rho\frac{\partial u}{\partial t}+\rho u\frac{\partial u}{\partial x}+\frac{\partial p}{\partial x}=\rho g\approx 0 \tag{2.5.37}$$

上式忽略惯性项ρg的原因同热传导区。将$T=T_c$时的状态方程

$$p=\frac{\rho T}{A}=\frac{\rho T_c}{A}$$

代入式（2.5.37），得

$$\rho\frac{\partial u}{\partial t}+\rho u\frac{\partial u}{\partial x}+\frac{T_c}{A}\frac{\partial \rho}{\partial x}=0 \tag{2.5.38}$$

冕区等离子体自由膨胀，空间和时间演化均与外力和边界条件无关。下面求自相似解。

自相似变量取为

$$\xi=\frac{z}{t}, \qquad z=x-x_c \tag{2.5.39}$$

自相似解为

$$\rho=\rho(\xi), \qquad u=u(\xi) \tag{2.5.40}$$

注意到

$$\frac{\partial}{\partial t}=\frac{\partial \xi}{\partial t}\frac{\partial}{\partial \xi}=-\frac{z}{t^2}\frac{\partial}{\partial \xi}=-\frac{\xi}{t}\frac{\partial}{\partial \xi} \tag{2.5.41}$$

$$\frac{\partial}{\partial x}=\frac{\partial z}{\partial x}\frac{\partial \xi}{\partial z}\frac{\partial}{\partial \xi}=\frac{1}{t}\frac{\partial}{\partial \xi} \tag{2.5.42}$$

则质量守恒方程（2.5.35）和动量守恒方程（2.5.38）化为

$$(u-\xi)\partial_\xi \rho+\rho\partial_\xi u=0 \tag{2.5.43}$$

$$(u-\xi)\partial_\xi u+\frac{T_c}{A}\frac{1}{\rho}\partial_\xi \rho=0 \tag{2.5.44}$$

由质量守恒方程（2.5.43）可得

$$\partial_\xi \rho=-\frac{\rho\partial_\xi u}{u-\xi} \tag{2.5.45}$$

代入动量守恒方程（2.5.44）中，得

$$(u-\xi)\partial_{\xi}u=\frac{T_{\mathrm{c}}}{A}\frac{1}{\rho}\frac{\rho\partial_{\xi}u}{(u-\xi)} \tag{2.5.46}$$

进一步推导，可解得

$$u=\xi\pm\sqrt{T_{\mathrm{c}}/A}=\frac{x-x_{\mathrm{c}}}{t}\pm\sqrt{T_{\mathrm{c}}/A} \tag{2.5.47}$$

其中，$\sqrt{T_{\mathrm{c}}/A}$ 为临界面处的声速。因为带+号的解与临界面上的解匹配，即

$$u_{传导区}\left(x=x_{\mathrm{c}}\right)=\sqrt{T_{\mathrm{c}}/A} \tag{2.5.48}$$

所以质点速度解（2.5.47）取+号。将式（2.5.47）代入式（2.5.45）中，可得质量密度 $\rho(\xi)$ 满足的方程

$$\partial_{\xi}\ln\rho=-\frac{1}{\sqrt{T_{\mathrm{c}}/A}} \tag{2.5.49}$$

利用临界面处密度$\rho(x=x_{\mathrm{c}})=\rho_{\mathrm{c}}$，解得

$$\rho(\xi)=\rho_{\mathrm{c}}\,\mathrm{e}^{-\frac{\xi}{\sqrt{T_{\mathrm{c}}/A}}} \tag{2.5.50}$$

上述冕区的解对应的是从临界面等温膨胀的结果。对应的冕区压强为

$$p(x,t)=\frac{\rho T}{A}=p_{\mathrm{c}}\,\mathrm{e}^{-\frac{x-x_{\mathrm{c}}}{u_{\mathrm{c}}t}}\qquad\left(p_{\mathrm{c}}\equiv\frac{\rho_{\mathrm{c}}T_{\mathrm{c}}}{A}\right) \tag{2.5.51}$$

在$x=x_{\mathrm{c}}$处匹配各个解，从能量守恒方程

$$\frac{\partial}{\partial t}\left(\frac{3}{2}p+\rho\frac{u^{2}}{2}\right)+\frac{\partial}{\partial x}\left[u\left(\frac{5}{2}p+\rho\frac{u^{2}}{2}\right)-\kappa\frac{\partial T}{\partial x}\right]=\rho gu+I_{\mathrm{L}}^{\mathrm{abs}}\delta\left(x-x_{\mathrm{c}}\right) \tag{2.5.52}$$

出发，稳态时在临界面$x=x_{\mathrm{c}}$附近积分，可得

$$\left[u\left(\frac{5}{2}p+\rho\frac{u^{2}}{2}\right)-\kappa\frac{\partial T}{\partial x}\right]_{x_{\mathrm{c}}^{-}}^{x_{\mathrm{c}}^{+}}=I_{\mathrm{L}}^{\mathrm{abs}} \tag{2.5.53}$$

采用理想气体状态方程得

$$\left[u\left(\frac{5}{2}\frac{\rho T}{A}+\rho\frac{u^{2}}{2}\right)-\kappa\frac{\partial T}{\partial x}\right]_{x_{\mathrm{c}}^{-}}^{x_{\mathrm{c}}^{+}}=I_{\mathrm{L}}^{\mathrm{abs}} \tag{2.5.54}$$

由于量$\rho=\rho_{\mathrm{c}}$，$T=T_{\mathrm{c}}$，$u=u_{\mathrm{c}}$在界面连续，故它们的函数在界面左右差值为0，故上式变为

$$\left[-\kappa\frac{\partial T}{\partial x}\right]_{x_{\mathrm{c}}^{-}}^{x_{\mathrm{c}}^{+}}=I_{\mathrm{L}}^{\mathrm{abs}} \tag{2.5.55}$$

在x_c的右边（$x<x_c$）为热传导区，等离子体是稳态的，故能量守恒方程为

$$\frac{\partial}{\partial x}\left[u\left(\frac{5}{2}p+\rho\frac{u^2}{2}\right)-\kappa\frac{\partial T}{\partial x}\right]=0 \tag{2.5.56}$$

由于在热传导区，$\frac{\rho u^2}{p}=Ma^2<1$，且$x$=0处温度是小量，故积分后，有

$$\left[u\left(\frac{5}{2}p+\rho\frac{u^2}{2}\right)-\kappa\frac{\partial T}{\partial x}\right]_{x_c^-}=\left[u\left(\frac{5}{2}p+\rho\frac{u^2}{2}\right)-\kappa\frac{\partial T}{\partial x}\right]_0=0 \tag{2.5.57}$$

即在x_c的右边有

$$\left[u\left(\frac{5}{2}p+\rho\frac{u^2}{2}\right)\right]_{x_c^-}=\left[\kappa\frac{\partial T}{\partial x}\right]_{x_c^-} \tag{2.5.58}$$

将$u_c\equiv\sqrt{T_c/A}$和状态方程代入式（2.5.58），左边为

$$\left[u_c\left(\frac{5}{2}\frac{\rho_c T_c}{A}+\rho_c\frac{u_c^2}{2}\right)\right]_{x_c^-}=3u_c\frac{\rho_c T_c}{A}=3\rho_c\left(\frac{T_c}{A}\right)^{3/2}=3\rho_c u_c^3$$

则式（2.5.58）变为

$$3\rho_c u_c^3=\left[\kappa\frac{\partial T}{\partial x}\right]_{x_c^-} \tag{2.5.59}$$

代入能量守恒方程（2.5.55），得

$$\left[-\kappa\frac{\partial T}{\partial x}\right]_{x_c^+}+3\rho_c u_c^3=I_{\mathrm{L}}^{\mathrm{abs}} \tag{2.5.60}$$

问题是，如何得到从临界面流到热传导区的热流$\left[-\kappa\frac{\partial T}{\partial x}\right]_{x_c^+}$呢？之前求解冕区能量方程时，假设$\kappa\to\infty$，得到$T$=$T_c$=常数，但通过这个假设是无法得到$\left[-\kappa\frac{\partial T}{\partial x}\right]_{x_c^+}$的。

换种思路去求冕区等离子体能量。冕区单位面积的能量（对于平板）为

$$\varepsilon=\int_{x_c}^{\infty}\left(\frac{3}{2}p+\rho\frac{u^2}{2}\right)\mathrm{d}x \tag{2.5.61}$$

将之前求得的冕区的压强p、密度ρ和速度u的自相似解代入。定义

$$\xi=\frac{z}{t}=\frac{x-x_c}{t}$$

将积分变量由x转换为ξ，则$\mathrm{d}x=\mathrm{d}z=t\mathrm{d}\xi$，注意到$u_c\equiv\sqrt{T_c/A}$，所以式（2.5.61）变为

$$\varepsilon = t\int_0^{\infty}\left(\frac{3}{2}\rho_{\mathrm{c}}u_{\mathrm{c}}^2\,\mathrm{e}^{-\frac{\xi}{u_{\mathrm{c}}}}+\frac{1}{2}\rho_{\mathrm{c}}\,\mathrm{e}^{-\frac{\xi}{u_{\mathrm{c}}}}(\xi+u_{\mathrm{c}})^2\right)\mathrm{d}\xi$$

$$=\rho_{\mathrm{c}}u_{\mathrm{c}}^3 t\int_0^{\infty}\left(\frac{3}{2}\mathrm{e}^{-\frac{\xi}{u_{\mathrm{c}}}}+\frac{1}{2}\mathrm{e}^{-\frac{\xi}{u_{\mathrm{c}}}}\left(\frac{\xi}{u_{\mathrm{c}}}+1\right)^2\right)\mathrm{d}\left(\frac{\xi}{u_{\mathrm{c}}}\right) \tag{2.5.62}$$

令 $\eta\equiv\dfrac{\xi}{u_{\mathrm{c}}}$，完成积分得

$$\varepsilon=\rho_{\mathrm{c}}u_{\mathrm{c}}^3 t\int_0^{\infty}\left(\frac{3}{2}\mathrm{e}^{-\eta}+\frac{1}{2}\mathrm{e}^{-\eta}(\eta+1)^2\right)\mathrm{d}\eta=4\rho_{\mathrm{c}}u_{\mathrm{c}}^3 t \tag{2.5.63}$$

冕区等离子体能量变化率（能流）为

$$\frac{\mathrm{d}\varepsilon}{\mathrm{d}t}=4\rho_{\mathrm{c}}u_{\mathrm{c}}^3 \tag{2.5.64}$$

因为热传导区为稳态，吸收的激光能量会进入冕区。

$$\frac{\mathrm{d}\varepsilon}{\mathrm{d}t}=I_{\mathrm{L}}^{\mathrm{abs}}$$

如图2.26所示，热流从临界面流向冕区的值需与冕区等离子体能量变化率匹配，由式（2.5.60）得

$$q=-\kappa\frac{\partial T}{\partial x}\bigg|_{x_{\mathrm{c}}^+}=\frac{\mathrm{d}\varepsilon}{\mathrm{d}t}-3\rho_{\mathrm{c}}u_{\mathrm{c}}^3=4\rho_{\mathrm{c}}u_{\mathrm{c}}^3-3\rho_{\mathrm{c}}u_{\mathrm{c}}^3=\rho_{\mathrm{c}}u_{\mathrm{c}}^3 \tag{2.5.65}$$

将式（2.5.65）、（2.5.59）代入穿过临界面的跳跃边界式（2.5.55），得

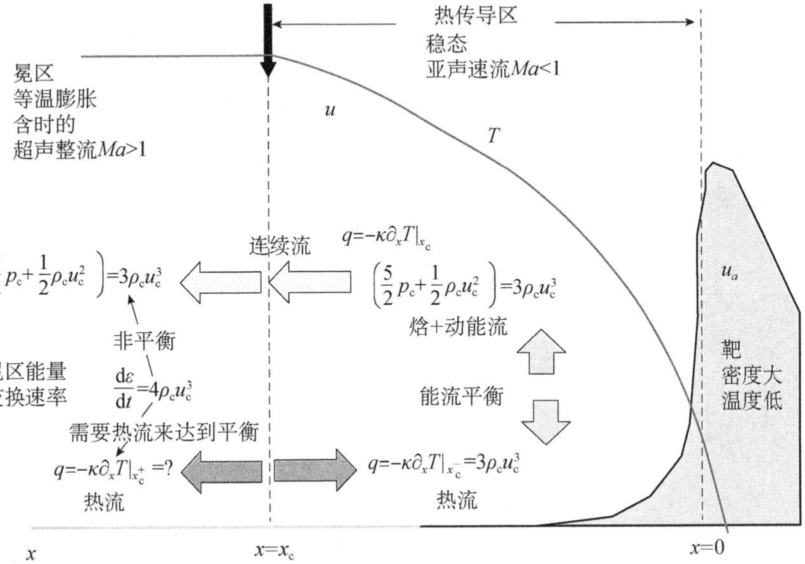

图2.26　热流从临界面流向冕区的值需与冕区等离子体能量变化率匹配

$$\left[-\kappa\frac{\partial T}{\partial x}\right]_{x_c^+}-\left[-\kappa\frac{\partial T}{\partial x}\right]_{x_c^-}=\rho_c u_c^3+3\rho_c u_c^3=I_L^{abs} \tag{2.5.66}$$

可见临界面吸收的能量，有1/4的能流流进冕区，其余3/4的能流流进壳层，即

$$q_{出壳}=\left[-\kappa\frac{\partial T}{\partial x}\right]_{x^+}=\rho_c u_c^3=\frac{I_L^{abs}}{4} \tag{2.5.67}$$

$$q_{进壳}=\left[-\kappa\frac{\partial T}{\partial x}\right]_{x_i}=-3\rho_c u_c^3=-\frac{3}{4}I_L^{abs} \tag{2.5.68}$$

负号表示往x减小的方向。临界面上的压强、温度、速度只依赖于I_L^{abs}，因为由式（2.5.66）知

$$4\rho_c u_c^3=I_L^{abs}$$

即临界面上的速度为

$$u_c=\left(\frac{I_L^{abs}}{4\rho_c}\right)^{1/3} \tag{2.5.69}$$

再利用$p_c=\rho_c u_c^2$，$u_c=\left(T_c/A\right)^{1/2}$，可得临界面上的压强和温度

$$p_c=\rho_c^{1/3}\left(\frac{I_L^{abs}}{4}\right)^{2/3},\quad T_c=A\left(\frac{I_L^{abs}}{4\rho_c}\right)^{2/3},\quad A=\frac{m_i}{1+Z} \tag{2.5.70}$$

采用电中性条件$n_e\approx Zn_i$，由质量密度

$$\rho=m_i n_i=m_i\frac{n_e}{Z} \tag{2.5.71}$$

可知，临界面上的质量密度可用电子数目的临界密度n_c表示为

$$\rho_c=m_i\frac{n_c}{Z}=m_p\frac{A_M}{Z}n_c \tag{2.5.72}$$

其中，m_p是质子质量，A_M是离子质量数。由式（2.5.2）知电子的临界密度与激光波长的平方成反比

$$n_c(\text{cm}^{-3})=\frac{1.1\times10^{21}}{\lambda_L(\mu\text{m})^2}=\frac{n_{c0}}{\lambda_L(\mu\text{m})^2} \tag{2.5.73}$$

利用式（2.5.73），则临界面上的物理量为

$$u_c=\frac{1}{4^{1/3}}\left(\frac{\lambda_L^2}{m_p n_{c0}}\right)^{1/3}\left(\frac{Z}{A_M}\right)^{1/3}\left(I_L^{abs}\right)^{1/3} \tag{2.5.74}$$

$$p_c=\frac{1}{4^{2/3}}m_p^{1/3}\left(\frac{n_{c0}}{\lambda_L^2}\right)^{1/3}\left(\frac{A_M}{Z}\right)^{1/3}\left(I_L^{abs}\right)^{2/3} \tag{2.5.75}$$

$$T_{\mathrm{c}}=\frac{1}{4^{2/3}}m_{\mathrm{p}}^{1/3}\left(\frac{A_{\mathrm{M}}}{Z}\right)^{1/3}\frac{Z}{1+Z}\left(\frac{\lambda_{\mathrm{L}}^{2}}{n_{\mathrm{c0}}}\right)^{2/3}\left(I_{\mathrm{L}}^{\mathrm{abs}}\right)^{2/3} \tag{2.5.76}$$

$$\rho_{\mathrm{c}}=m_{\mathrm{p}}\frac{A_{\mathrm{M}}}{Z}\frac{n_{\mathrm{c0}}}{\lambda_{\mathrm{L}}^{2}} \tag{2.5.77}$$

$$\dot{m}_{a}=\rho_{\mathrm{c}}u_{\mathrm{c}}=\frac{1}{4^{1/3}}\left(\frac{m_{\mathrm{p}}n_{\mathrm{c0}}}{\lambda_{\mathrm{L}}^{2}}\right)^{2/3}\left(\frac{A_{\mathrm{M}}}{Z}\right)^{2/3}\left(I_{\mathrm{L}}^{\mathrm{abs}}\right)^{1/3} \tag{2.5.78}$$

可见，临界面上的物理量除了 ρ_{c}，所有其他量均随 $I_{\mathrm{L}}^{\mathrm{abs}}$ 的增大而增大；当激光波长减小时，压强和质量烧蚀率增大；压强和质量烧蚀率随 A_M/Z 的增大而增大，T 是最好的烧蚀材料；当激光波长增大时，冕区温度和速度增加。

烧蚀压是烧蚀面上压强的 2 倍，即 $p_{\mathrm{A}}=2p_{\mathrm{c}}$，利用式（2.5.75），得

$$p_{\mathrm{A}}(\mathrm{Mb})=114\left(\frac{0.35}{\lambda_{\mathrm{L}}^{\mu\mathrm{m}}}\right)^{2/3}\left(\frac{A_{\mathrm{M}}}{2Z}\right)^{1/3}\left(\frac{I_{\mathrm{L}(\mathrm{W/cm^2})}^{\mathrm{abs}}}{10^{15}}\right)^{2/3} \tag{2.5.79}$$

利用式（2.5.76），得临界面上的温度

$$T_{\mathrm{c}}(\mathrm{keV})=2\left(\frac{A_{\mathrm{M}}}{2Z}\right)^{1/3}\frac{2Z}{1+Z}\left(\frac{\lambda_{\mathrm{L}}^{\mu\mathrm{m}}}{0.35}\right)^{4/3}\left(\frac{I_{\mathrm{L}(\mathrm{W/cm^2})}^{\mathrm{abs}}}{10^{15}}\right)^{2/3} \tag{2.5.80}$$

利用式（2.5.78），得单位面积的烧蚀率

$$\dot{m}_{a}\left(\mathrm{g/(cm^2\cdot s)}\right)=1.3\times10^{6}\left(\frac{0.35}{\lambda_{\mathrm{L}}^{\mu\mathrm{m}}}\right)^{4/3}\left(\frac{A_{\mathrm{M}}}{2Z}\right)^{2/3}\left(\frac{I_{\mathrm{L}(\mathrm{W/cm^2})}^{\mathrm{abs}}}{10^{15}}\right)^{1/3} \tag{2.5.81}$$

利用式（2.5.74），得临界面的喷射速度（=声速）

$$u_{\mathrm{c}}(\mathrm{km/s})=437\left(\frac{\lambda_{\mathrm{L}}^{\mu\mathrm{m}}}{0.35}\right)^{2/3}\left(\frac{2Z}{A_{\mathrm{M}}}\right)^{1/3}\left(\frac{I_{\mathrm{L}(\mathrm{W/cm^2})}^{\mathrm{abs}}}{10^{15}}\right)^{1/3} \tag{2.5.82}$$

利用式（2.5.77），得临界面的密度

$$\rho_{\mathrm{c}}\left(\mathrm{g/cm^2}\right)=0.03\frac{A_{\mathrm{M}}}{2Z}\left(\frac{0.35}{\lambda_{\mathrm{L}}^{\mu\mathrm{m}}}\right)^{2} \tag{2.5.83}$$

临界面到烧蚀前沿的距离

$$x_{\mathrm{c}}\equiv\frac{4m_{\mathrm{p}}A_{\mathrm{M}}\kappa_{0}T_{\mathrm{c}}^{5/2}}{25\dot{m}_{a}(1+Z)}=\frac{4m_{\mathrm{p}}\kappa_{0}T_{\mathrm{c}}^{5/2}}{25\dot{m}_{a}}\frac{A_{\mathrm{M}}}{Z}\frac{Z}{1+Z} \tag{2.5.84}$$

其中，$\kappa=\kappa_{0}T^{5/2}$ 为热传导系数。把式（2.5.76）和式（2.5.78）代入，得

$$x_c \equiv \frac{\kappa_0 m_p^{7/6}}{4^{1/3}25}\left(\frac{A_M}{Z}\right)^{7/6}\left(\frac{Z}{1+Z}\right)^{7/2}\left(\frac{\lambda_L^2}{n_{c0}}\right)^{7/3}\left(I_L^{abs}\right)^{4/3} \tag{2.5.85}$$

其中热传导系数为

$$\kappa_0(\mathrm{SI}) = \frac{1.88\cdot 10^{70}}{\ln \Lambda_c}, \quad \ln \Lambda_c = 23.5 - \ln\left(\frac{n_{c(\mathrm{cm}^{-3})}^{1/2}}{T_{c(\mathrm{eV})}^{5/4}}\right) \approx 7.7, \quad n_c\left(\mathrm{cm}^{-3}\right) \approx 10^{22} \tag{2.5.86}$$

于是有

$$x_c(\mu\mathrm{m}) \equiv 90\left(\frac{A_M}{2Z}\right)^{7/6}\left(\frac{2Z}{1+Z}\right)^{7/2}\left(\frac{\lambda_L}{0.35}\right)^{14/3}\left(\frac{I_{L(\mathrm{W/cm^2})}^{abs}}{10^{15}}\right)^{4/3} \tag{2.5.87}$$

2.5.2 间接驱动靶的烧蚀过程

如图2.27所示为间接驱动的黑腔靶。激光照射在靶壁上的重材料，发生激光-X射线转换，X辐射驱动靶丸内爆。间接驱动靶的烧蚀过程主要考虑光厚物体的黑体辐射和斯特藩-玻尔兹曼定律，给出的辐射能流为

$$q_{rad} = \sigma_B T_r^4 = 10^{12} T_{r(\mathrm{eV})}^4 \left(\mathrm{erg}/(\mathrm{cm}^2\cdot \mathrm{s})\right) \tag{2.5.88}$$

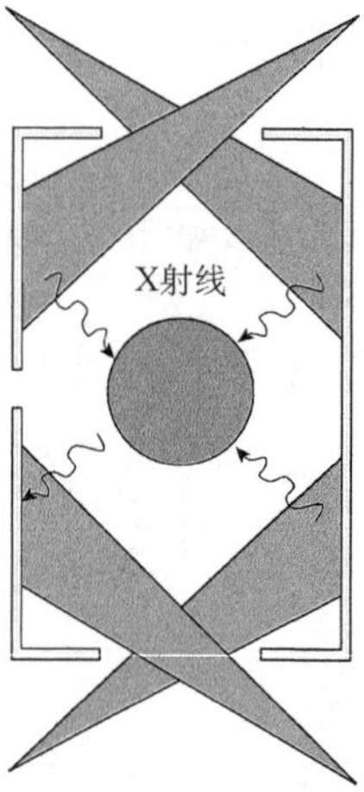

图2.27 间接驱动的黑腔靶

如图2.28所示为烧蚀等离子体的分区——冕区+热传导区+烧蚀前沿。能流平衡条件为辐射能流与焓通量平衡，即

$$q_{rad} = q_{enthalpy} \tag{2.5.89}$$

其中辐射能流由式（2.5.88）给出。

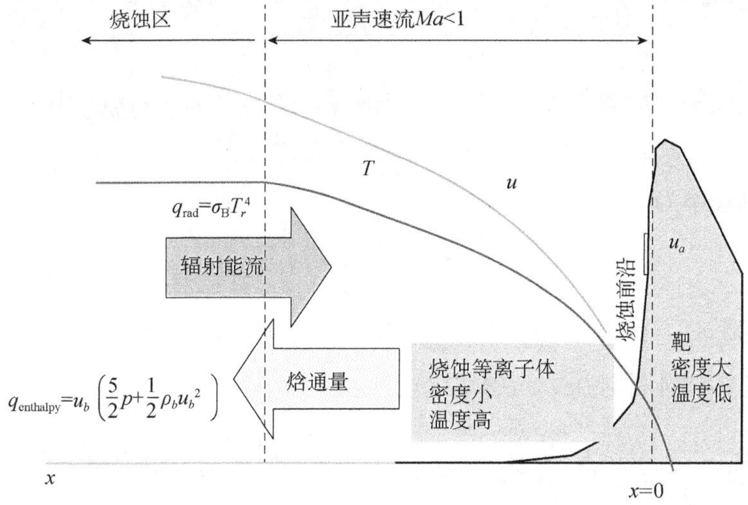

图2.28　烧蚀等离子体的分区——冕区+热传导区+烧蚀前沿

焓通量为

$$q_{\text{enthalpy}} = u_b\left(\frac{5}{2}p + \frac{1}{2}\rho_b u_b^2\right) \tag{2.5.90}$$

又因为压强 $p_{\text{A}} = p_b = \rho_b C_b^2$，其中 $C_b = \sqrt{p/\rho}$ 为等温声速，所以焓通量

$$q_{\text{enthalpy}} = 3\rho_b C_b^3 = 3\rho_b C_b^2 C_b = 3p_{\text{A}} C_b \tag{2.5.91}$$

从而烧蚀压为

$$p_{\text{A}} = \frac{1}{3}\frac{q_{\text{rad}}}{C_b} \tag{2.5.92}$$

等温声速

$$C_b = \sqrt{\frac{p}{\rho}} = \sqrt{\frac{\rho T}{\rho A}} = \sqrt{\frac{(1+Z)T}{m_{\text{i}}}} \tag{2.5.93}$$

假设等离子体的温度和辐射温度平衡，即处于局域热力学平衡状态，$T \approx T_r$，则烧蚀压与 $T_r^{3.5}$ 相关，即

$$p_{\text{A}} = \frac{1}{3}\frac{\sigma_{\text{B}} T_r^4}{\sqrt{\dfrac{(1+Z)T}{m_{\text{i}}}}} = \sqrt{\frac{m_i}{(1+Z)}}\sigma_{\text{B}} T_r^{3.5} \tag{2.5.94}$$

利用 $q_{\text{rad}} = \sigma_{\text{B}} T_r^4 = 10^{12} T_{r(\text{eV})}^4 \left(\text{erg/cm}^2 \cdot \text{s}\right)$，其中 σ_{B} 是斯特番-玻尔兹曼常量，对于特定的烧蚀材料Be，则烧蚀压式（2.5.94）可变为

$$p_{\mathrm{A}}=\frac{1}{3}\frac{\sigma_{\mathrm{B}}T_r^4}{\sqrt{\dfrac{(1+Z)T_{\mathrm{eV}}\times1.6\times10^{-12}\,\mathrm{erg/eV}}{m_{\mathrm{i}}}}}=100\left(\frac{T_{\mathrm{rad}}^{\mathrm{eV}}}{250}\right)^{3.5}(\mathrm{Mbar}) \tag{2.5.95}$$

利用辐射能流等于焓通量式（2.5.91），则质量烧蚀速率 $\dot{m}_{\mathrm{A}}=\rho_b C_b$ 满足

$$q_{\mathrm{rad}}=3\rho_b C_b^3=3\dot{m}_{\mathrm{A}}C_b^2 \tag{2.5.96}$$

即质量烧蚀速率为

$$\dot{m}_{\mathrm{A}}=\frac{q_{\mathrm{rad}}}{3C_b^2} \tag{2.5.97}$$

把辐射能流 $q_{\mathrm{rad}}=\sigma_{\mathrm{B}}T_r^4=10^{12}T_{r(\mathrm{eV})}^4\left(\mathrm{erg/(cm^2\cdot s)}\right)$ 和等温声速式（2.5.93）代入上式，对特定的烧蚀材料Be，可得质量烧蚀速率为

$$\dot{m}_{\mathrm{A}}=\frac{\sigma_{\mathrm{B}}T_r^4}{3\dfrac{(1+Z)T_{\mathrm{eV}}\times1.6\times10^{-12}\,\mathrm{erg/eV}}{m_{\mathrm{i}}}}=8\times10^6\left(\frac{T_{\mathrm{rad}}^{\mathrm{eV}}}{250}\right)^3\left(\mathrm{g/(cm^2\cdot s)}\right) \tag{2.5.98}$$

间接驱动时烧蚀压式（2.5.95）和质量烧蚀速率式（2.5.98）的具体数值结果均是辐射对特定的烧蚀材料Be而言的，分别正比于辐射温度的7/2次方和3次方。而激光直接驱动的烧蚀压和质量烧蚀速率结果为式（2.5.79）和式（2.5.81），分别正比于激光光强的2/3次方和1/3次方。当辐射温度约为300eV时，间接驱动与光强为$10^{15}\mathrm{W/cm^2}$的激光直接驱动产生的烧蚀压接近，但间接驱动的质量烧蚀率是后者的10倍以上。

2.6 流体力学不稳定性

激光聚变所用的球形微靶通常都是多层结构。ICF靶的爆聚过程是，靶壳吸收驱动器的激光或X射线或离子束能，产生表面壳层材料的烧蚀。烧蚀产生的压力将压缩靶丸内部的聚变燃料并使之达到高密度，以达到聚变点火条件。这种多层结构靶的压缩过程实际上往往是由外层低密度流体（表面的烧蚀等离子体或低Z的外壳物质）去挤压内层高密度流体（冷的燃料或高密度内壳）的过程。根据流体力学理论，这时在两种密度不同的流体的界面就可能发生经典的瑞利-泰勒不稳定性。简单地说，在靶丸内爆过程中，当冲击波遇到轻重物质的交界面时，若轻重物质交界面的加速度方向由轻物质指向重物质，则交界面会发生流体力学不稳定性，通常称为瑞利-泰勒（Rayleigh-Taylor，R-T）不稳定性，如图2.29所示。

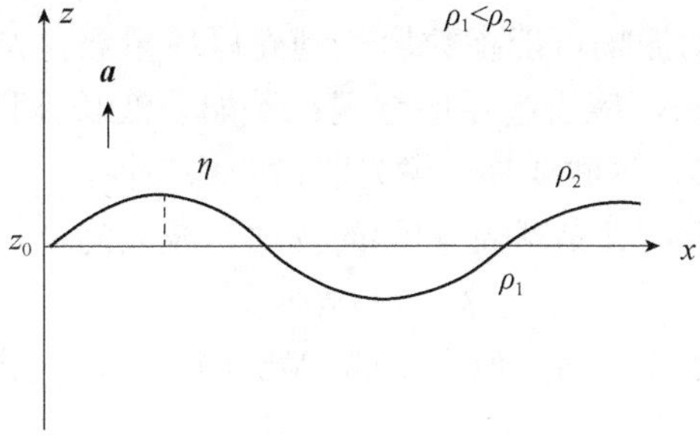

图2.29　轻-重物质交界面的瑞利-泰勒不稳定性

实际上，有三种情况可能导致瑞利-泰勒不稳定性：①高密壳层被低密度的等离子体包围；②多层结构靶丸两层之间的质量密度发生突变；③在接近压缩的最后阶段低密度的燃料被一层高密度的推进器所包围。

爆聚过程的不稳定性是爆聚动力学中一种极为重要的现象，不稳定性的存在将严重影响靶丸的稳定压缩，降低爆聚效率。

如图2.29所示，假定初始时刻在 z_0 界面上 z 方向有如下形式的扰动

$$z=\eta_0\sin kx+z_0 \qquad (t=0) \tag{2.6.1}$$

$z(x)$是 x 的函数，$k=2\pi/\lambda$ 为扰动的波数。当界面的加速度 $\boldsymbol{a}$ 由轻介质1（下部）指向重介质2（上部）时，$\rho_1<\rho_2$，按照流体力学小扰动理论可以证明，$t>0$ 时扰动的振幅 η 随时间近似按指数规律增长

$$\eta(t)=\eta_0\,\mathrm{e}^{\gamma t} \tag{2.6.2}$$

式中

$$\gamma=\sqrt{A_\mathrm{T}ka} \tag{2.6.3}$$

为不稳定性增长因子（也叫增长速率参数），它与扰动的波数 $k=2\pi/\lambda$ 以及靶壳运动加速度 a 有关。

$$A_\mathrm{T}=\frac{\rho_2-\rho_1}{\rho_2+\rho_1} \tag{2.6.4}$$

称为Atwood数，由界面两侧物质的密度比值决定。当振幅 η 小于扰动波长 λ，即 $\eta\leqslant\lambda=2\pi/k$ 时，上面给出的结果有效。通常认为，当振幅大于扰动波长的0.1倍，即 $\eta>0.1\lambda$ 时，瑞利-泰勒不稳定性进入非线性发展阶段，振幅不再按指数规律增长，而会大大减慢。

由式（2.6.2）和式（2.6.3）可见，不稳定性增长指数 $\gamma=\sqrt{A_\mathrm{T}ka}$ 依赖于波长 $\lambda=2\pi/k$。①对长波长扰动，扰动的波数 $k=2\pi/\lambda$ 小，增长速率参数 γ 就小，因而对内爆不会造成严重后果；②对短波长扰动，即波长 λ 比壳厚度 ΔR 小得多的扰动，扰动的波数 $k=2\pi/\lambda$ 大，增长速率参数 γ 就大，但在振幅增长到足以使壳变形之前便达到饱和，因而对内爆也不会造成严重威胁；③对于波长 λ 与球壳厚度 ΔR

可比拟的扰动，因扰动振幅可能指数增长到壳厚度量级，从而引起球壳的破裂，因而$\lambda \sim \Delta R$是危险波长，应引起足够重视；④如果波长λ和壳半径R可比较，结果可能使球壳严重变形，这时要提高激光照射的均匀性。

对危险波长$\lambda \sim \Delta R$(ΔR是球壳厚度)的扰动，波数为

$$k = 2\pi / \Delta R \tag{2.6.5}$$

在内爆过程中球壳移动的距离近似为壳的初始半径R_0，假定球壳在内爆过程中均匀加速运动，则

$$R_0 = \frac{1}{2}at^2 \Rightarrow a = 2R_0/t^2 \tag{2.6.6}$$

将波数（2.6.5）、加速度（2.6.6）代入不稳定性增长因子（2.6.3）式，可得

$$\gamma t = \sqrt{A_{\mathrm{T}} \frac{4\pi R_0}{\Delta R}} \tag{2.6.7}$$

可见，这时不稳定性增长指数只与壳界面两侧的密度差A_{T}（Atwood数）和形状因子（靶的纵横比）$R_0 / \Delta R$有关。密度差值与形状因子越大，界面不稳定性也越严重。对形状因子$R_0 / \Delta R > 10$的靶的内爆压缩，达到稳定的内爆是困难的。这些因素在靶设计中需要认真加以考虑。

2.6.1 Rayleigh-Taylor 不稳定性

常见的三种主要的流体力学不稳定性为Rayleigh-Taylor（R-T）不稳定性（轻流体支撑重流体，图2.30）、Ritchmyer-Meshkov（R-M）不稳定性（图2.31）和Kelvin-Helmholtz不稳定性（图2.32）。R-T不稳定性常常在低密度烧蚀层向内运动压缩质量密度大的靶丸时出现。R-M不稳定性发生在冲击波穿越阶段，由界面的脉冲加速所驱动。

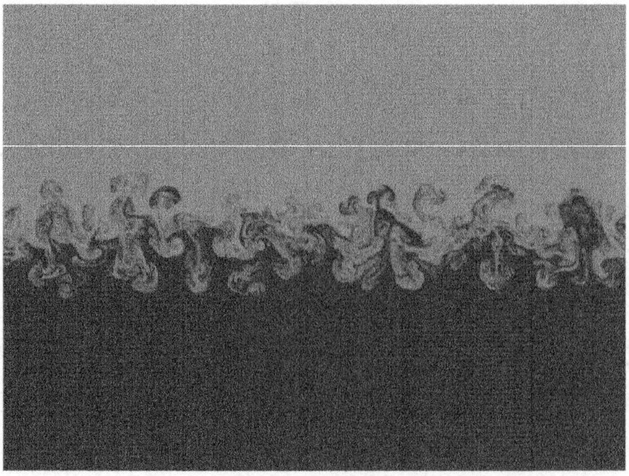

图2.30　R-T不稳定性（轻流体支撑重流体）

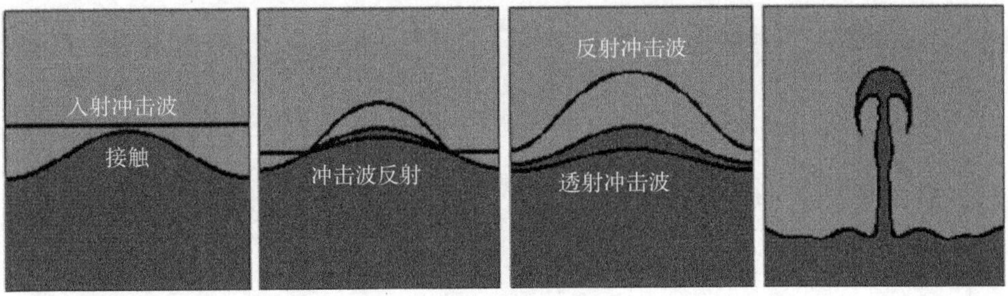

图2.31　R-M不稳定性

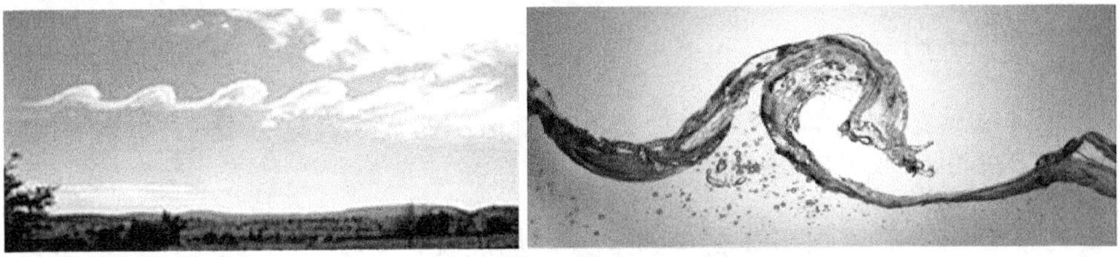

图2.32　Kelvin-Helmholtz不稳定性

R-T不稳定性会在内爆加速过程中出现。如图2.33（a）所示，当激光或者X射线照射到外层低密度烧蚀层时，在球壳参考系下观察，相当于重物质以加速度g朝着轻物质运动，如图2.33（b）所示。当重物质压轻物质时，就会出现R-T不稳定性。

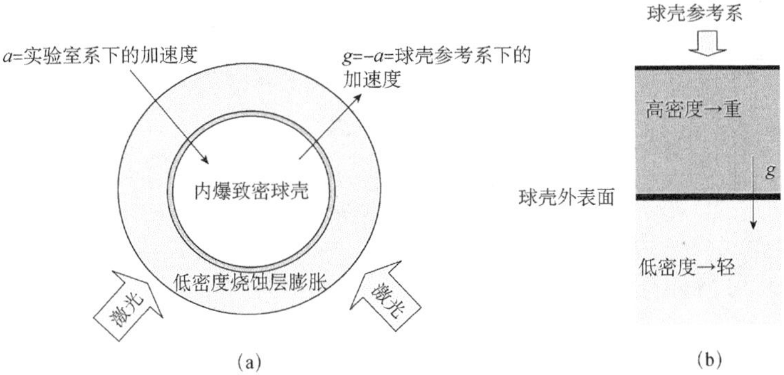

图2.33　低密度烧蚀层向内压缩密度大的靶丸时出现R-T不稳定性

经典的R-T不稳定性出现在轻流体支撑重流体时，平衡条件是压力梯度与密度梯度同向，当压力梯度与密度梯度相反时就会出现R-T不稳定性，如图2.34所示。

如图2.35所示，经典的R-T不稳定性规律可由牛顿第二运动定律给出。设p_h、p_l分别为重、轻物质的压强，ρ_h、ρ_l分别为重、轻物质的质量密度，$\eta(t)$为界面的位移，由牛顿第二运动定律得

$$F = S\left(p_h - p_l\right) = ma = \left(\rho_h + \rho_l\right)\lambda S\ddot{\eta} \tag{2.6.8}$$

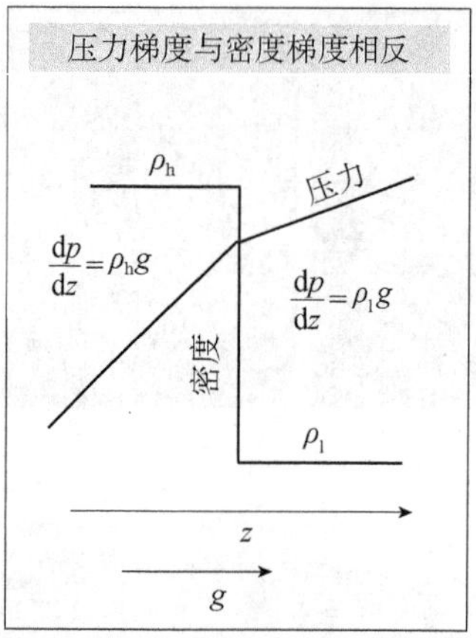

图2.34　轻流体支撑重流体，压力梯度与密度梯度相反时出现R-T不稳定性

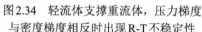

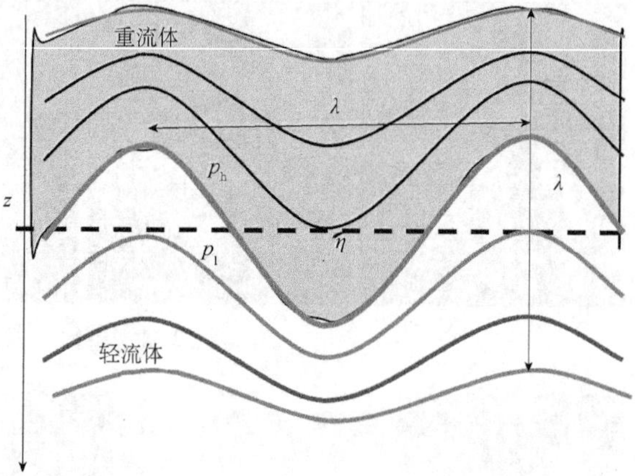

图2.35　经典的R-T不稳定性示意图

平衡时重轻物质的压强相等 $p_h = p_l = p_0$，加速度 $\ddot{\eta}=0$。由于扰动，所以压力不平衡

$$p_l = p_0 + \left(\frac{dp_0}{dz}\right)_l \eta = p_0 + \rho_l g\eta \tag{2.6.9}$$

$$p_h = p_0 + \left(\frac{dp_0}{dz}\right)_h \eta = p_0 + \rho_h g\eta \tag{2.6.10}$$

其中用到

$$\left(\frac{dp_0}{dz}\right)_h = \rho_h g \tag{2.6.11}$$

$$\left(\frac{dp_0}{dz}\right)_l = \rho_l g \tag{2.6.12}$$

由式（2.6.8）可得加速度方程

$$\ddot{\eta} = A_T kg\eta \tag{2.6.13}$$

其中

$$k = 1/\lambda, \qquad A_T = \frac{(\rho_h - \rho_l)}{(\rho_h + \rho_l)} \text{（Atwood 数）} \tag{2.6.14}$$

微分方程（2.6.13）的解为指数函数

$$\eta = \eta(0)e^{\gamma t} \tag{2.6.15}$$

其中指数增长率因子为

$$\gamma = \sqrt{A_T kg} \tag{2.6.16}$$

可见界面的位移的不稳定性呈指数增长规律。

由此可知，内爆过程中流体是不稳定的。在线性阶段，R-T不稳定性随时间呈指数增长，如果没有致稳因素，任何波数为k的小扰动都会以增长率因子$\gamma=\sqrt{A_{\mathrm{T}}kg}$指数增长，R-T不稳定性的增长率取决于Atwood数、波数和加速度。

图2.36给出了不同Atwood数A_{T}下的R-T不稳定性的演化，可以看出，随着Atwood数的增大，R-T不稳定性的增长率在迅速增大。

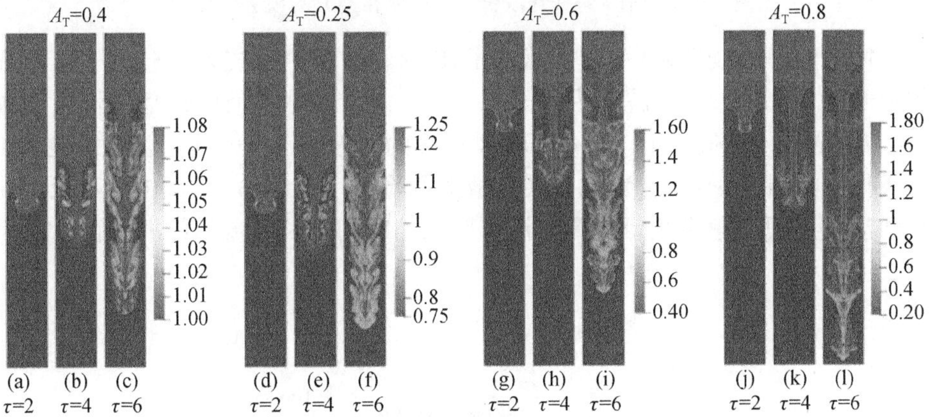

图2.36　不同Atwood数下R-T不稳性的演化（彩图请扫封底二维码）

更严格的R-T不稳定性理论证明（见附录1：经典的Rayleigh-Taylor不稳定性理论），波数为k的扰动引起的R-T不稳定性在靶内部深度x处的位移按指数衰减，即

$$\eta(x)=\eta_f \mathrm{e}^{-kx} \tag{2.6.17}$$

对厚度为Δ的靶，靶后表面的变形为$\eta_r=\eta_f \mathrm{e}^{-k\Delta}$，可见如下三种情形。

（1）当$k\Delta \ll 1$（长波长）时，靶后表面的变形等于烧蚀面的变形，即$\eta_r \approx \eta_f$，不会使壳层破坏，如图2.37所示。

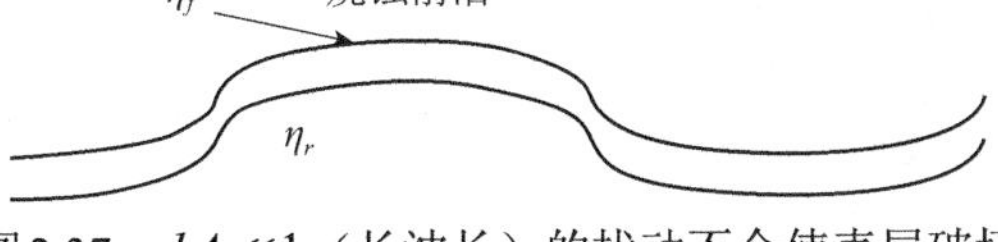

图2.37　$k\Delta \ll 1$（长波长）的扰动不会使壳层破坏

（2）当$k\Delta \gg 1$（短波长）时，靶后表面的变形等于0，即$\eta_r \approx 0$，也不会使壳层破坏，如图2.38所示。

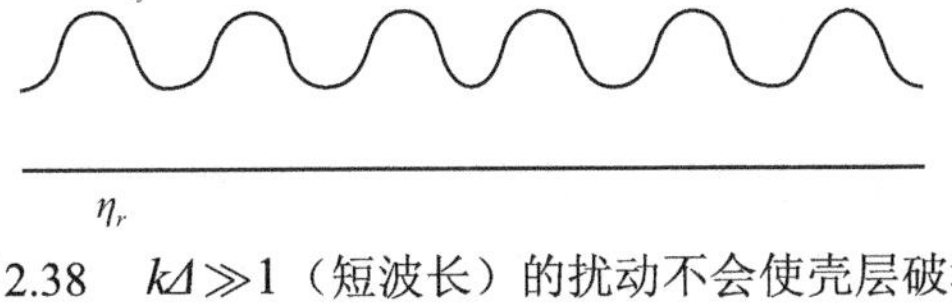

图2.38　$k\Delta \gg 1$（短波长）的扰动不会使壳层破坏

（3）当$k\Delta \sim 1$（波长与壳厚度相当）时，$\eta_r = \eta_f e^{-k\Delta}$，会使壳层破坏。即只有$k\Delta \sim 1$的模会破坏靶，如图2.39所示。

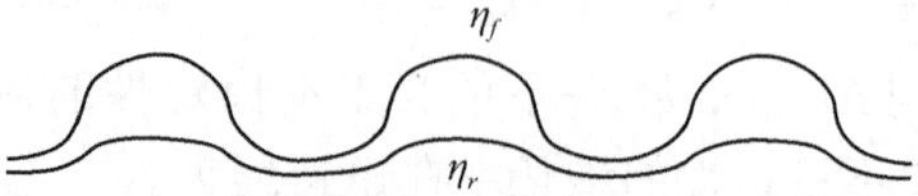

图2.39　只有$k\Delta \sim 1$（波长与壳厚度相当）的模会破坏靶

最危险的模的波数k =飞行形状因子IFAR。平面中的波数$k = 2\pi / \lambda$。球几何中的波长为$\lambda = 2\pi R / \ell$，波数为$k = 2\pi / \lambda = \ell / R$，故球几何中最危险模的波数满足$k\Delta = \ell\Delta / R = \ell / \mathrm{IFAR} = 1$，即$\ell = \mathrm{IFAR}$对应的$k$是最危险的模的波数。通常ICF中，飞行形状因子$\mathrm{IFAR}_{max}$为40～50，故最危险的模$\ell$为40～50，R-T不稳定性的增长和演化过程，激光能量越高，激光驱动的时间越长，流体的非线性就越大，如图2.40所示。

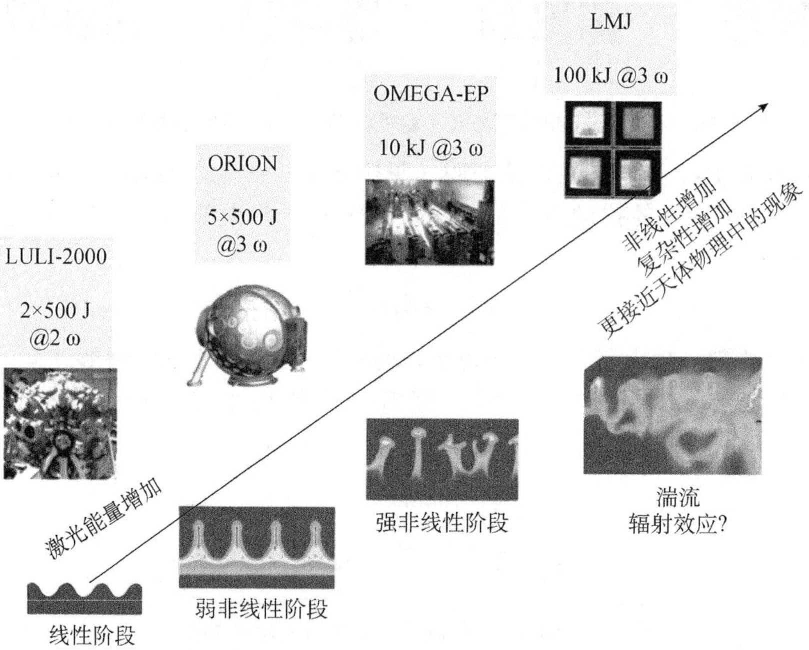

图2.40　单模不稳定，气泡和尖丁的增长结构

对于单模不稳定，气泡和尖丁的增长结构如图2.41所示。R-T不稳定性的单模增长非线性阶段的气泡和尖峰结构，从正弦阶段的t=1时刻开始，过渡到高度非线性阶段的t=5时刻。

单模仅在线性阶段随时间呈指数增长，在非线性阶段，气泡随时间线性增长，尖峰呈二次方增长（$A_T \to 1$时），如图2.41所示。非线性阶段，根据浮力和拖曳力之间的平衡，轻流体的气泡在重流体中上升。重流体的尖峰在重力作用下自由下落，如图2.42所示。

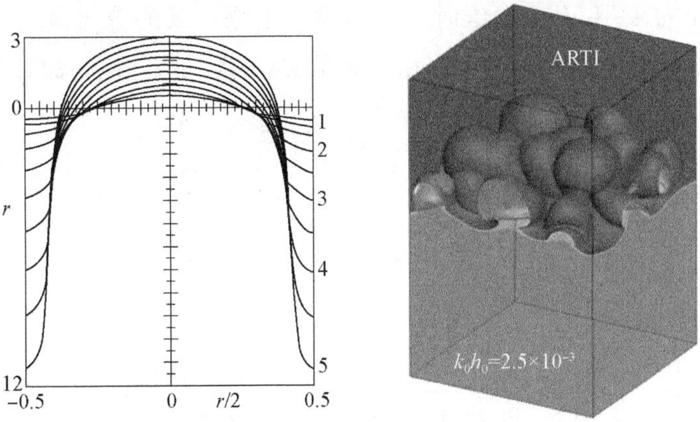

图2.41　在非线性阶段，气泡随时间线性增长，尖峰呈二次方增长

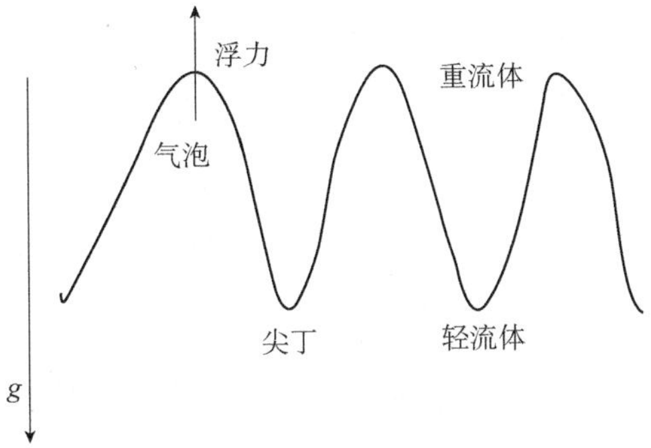

图2.42　非线性阶段，轻流体的气泡上升，重流体的尖峰自由下落

1. 气泡在线性阶段后按线性增长

如图2.43所示为处在重流体中的轻流体气泡。作用在半径为R的气泡上的浮力（buoyancy force）为

$$(\rho_h-\rho_l)gV\sim(\rho_h-\rho_l)gR^3 \tag{2.6.18}$$

而作用在气泡上的拖曳力（drag force）正比于气泡速度U_b的平方和气泡的表面积S，即

$$\rho_h SU_b^2\sim\rho_h R^2U_b^2 \tag{2.6.19}$$

设气泡匀速上升，利用浮力和拖曳力的平衡，有

$$(\rho_h-\rho_l)gR^3\sim\rho_h R^2U_b^2$$

可得气泡的上升速度

$$U_{\rm b} \sim \sqrt{\left(1-\frac{\rho_{\rm l}}{\rho_{\rm h}}\right) gR} \tag{2.6.20}$$

又因为半径 R 为 $\lambda \sim 1/k$，二维时，流体横向上物理量的分布是均匀的，即为圆柱，引入系数1/2，三维时为球形，引入系数1/3，则气泡速度与波数 k 的关系为

$$\begin{cases} U_{\rm b}^{\rm 3D} \sim \sqrt{\left(1-\dfrac{\rho_{\rm l}}{\rho_{\rm h}}\right)\dfrac{g}{3k}} \\ U_{\rm b}^{\rm 2D} \sim \sqrt{\left(1-\dfrac{\rho_{\rm l}}{\rho_{\rm h}}\right)\dfrac{g}{2k}} \end{cases} \tag{2.6.21}$$

其中

$$\left(1-\frac{\rho_{\rm l}}{\rho_{\rm h}}\right) = \frac{2A_{\rm T}}{1+A_{\rm T}}, \qquad A_{\rm T} = \frac{\rho_{\rm h}-\rho_{\rm l}}{\rho_{\rm h}+\rho_{\rm l}} \tag{2.6.22}$$

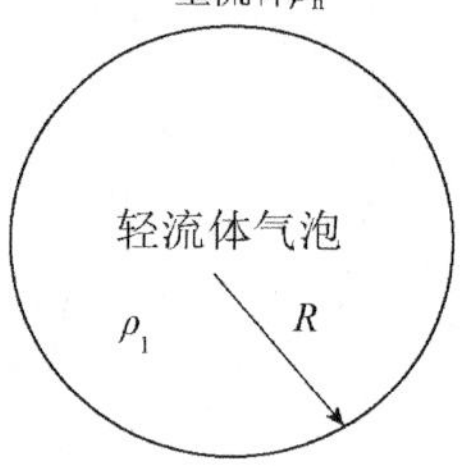

图2.43　重流体中的轻流体气泡

下面看看从线性增长过渡到非线性增长的特征。过渡时间设为 $t_{\rm nl}$，因为在线性阶段的增长规律为

$$\eta_{\rm linear}(t) = \eta(0){\rm e}^{\gamma t} \quad (t < t_{\rm nl}) \tag{2.6.23}$$

其中

$$\gamma = \sqrt{A_{\rm T} kg}$$

设非线性阶段有

$$\eta_{\rm nonlinear}(t) = U_{\rm b}(t-t_{\rm nl}) + \eta_{\rm nonlinear}(t_{\rm nl}) \quad (t \geqslant t_{\rm nl}) \tag{2.6.24}$$

取过渡条件为 $\eta(t)$ 及其导数在 $t = t_{\rm nl}$ 连续，即

$$\eta_{\rm linear}(t_{\rm nl}) = \eta_{\rm nonlinear}(t_{\rm nl}), \qquad \left.\frac{{\rm d}\eta_{\rm linear}}{{\rm d}t}\right|_{t_{\rm nl}} = \left.\frac{{\rm d}\eta_{\rm nonlinear}}{{\rm d}t}\right|_{t_{\rm nl}}$$

即

$$\begin{cases} \eta_{\rm linear}(t_{\rm nl}) = \eta(0){\rm e}^{\gamma t_{\rm nl}} = \eta_{\rm nonlinear}(t_{\rm nl}) \\ \eta(0)\gamma{\rm e}^{\gamma t_{\rm nl}} = U_{\rm b} \end{cases}$$

得

$$\gamma\eta_{\text{linear}}\left(t_{\text{nl}}\right)=U_{\text{b}} \tag{2.6.25}$$

$$\eta_{\text{nonlinear}}\left(t_{\text{nl}}\right)=\eta_{\text{linear}}\left(t_{\text{nl}}\right)=\frac{U_{\text{b}}}{\gamma} \tag{2.6.26}$$

将气泡速度公式（2.6.21）、（2.6.22）和 $\gamma=\sqrt{A_{\text{T}}kg}$ 代入式（2.6.26），得

$$\eta_{\text{nonlinear}}\left(t_{\text{nl}}\right)=\eta_{\text{linear}}\left(t_{\text{nl}}\right)=\frac{1}{\sqrt{A_{\text{T}}kg}}\sqrt{\frac{2A_{\text{T}}}{1+A_{\text{T}}}\cdot\frac{g}{nk}}=\frac{1}{k}\sqrt{\frac{2/n}{1+A_{\text{T}}}} \tag{2.6.27}$$

其中三维时 n=3，二维时 n=2，一维时 n=1。注意到 $A_{\text{T}}\approx 1$，故有

$$\eta_{\text{linear}}^{\text{BUBBLE}}\left(t_{\text{nl}}\right)=\eta_{\text{nonlinear}}^{\text{BUBBLE}}\left(t_{\text{nl}}\right)\approx\frac{1}{k\sqrt{n}}=\frac{\lambda}{2\pi\sqrt{n}}\approx\frac{0.16}{\sqrt{n}}\lambda \tag{2.6.28}$$

即振幅在 0.1λ 左右达到饱和，随后进入非线性增长阶段。

2. 尖丁的增长规律

类似于气泡的求解，可以建立相应的尖丁演化方程。

如果轻介质的密度很低，即 $\rho_{\text{l}}\ll\rho_{\text{h}}$，则尖峰将自由下落，没有拖曳力，振幅随时间的变化为自由落体式增长，如图2.44所示，即

$$\eta_{\text{nonlinear}}^{\text{Spike}}\sim\frac{1}{2}gt^{2}$$

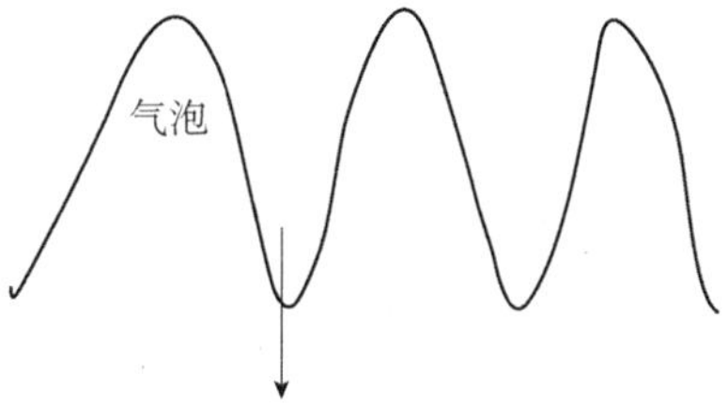

图2.44　尖峰将自由下落

3. 多模扰动

如图2.45所示，如果靶表面的初始扰动是多模的，且大到足以使R-T不稳定性非线性发展成多模相互作用，并在烧蚀前沿扰动混合，该怎么办？

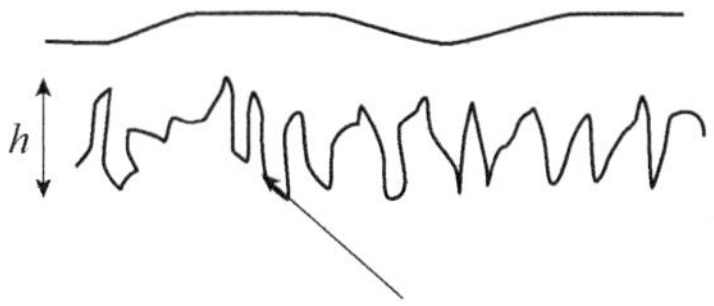

图2.45　烧蚀前沿多模混合扰动

此时，扰动不再与波长相关，只与 gt^2 相关。混合模前沿的宽度 h 为

$$h \sim \beta g t^2 = 2\beta D_{运动距离} \approx 2\beta (R_0 - R) \tag{2.6.29}$$

特征参数为混合前沿宽度 h 与靶厚度 $\varDelta$ 的比值

$$\frac{h}{\varDelta} \approx 2\beta \frac{R_0 - R}{\varDelta} \tag{2.6.30}$$

多模R-T不稳定性给出：$\beta \approx 0.05$。

从一维内爆模型中，靶厚度 $\varDelta = R / A$，其中 A 是加速阶段的形状因子，公式为

$$A = \mathrm{IFAR}_{\max} \left(\frac{R}{R_0} \right)^3 \tag{2.6.31}$$

代入式（2.6.30），得

$$\frac{h}{\varDelta} \approx 2\beta A \frac{R_0 - R}{R} = 2\beta \cdot \mathrm{IFAR}_{\max} \cdot \frac{(R_0 / R) - 1}{(R_0 / R)^3} \tag{2.6.32}$$

令收缩比为 $CR = R_0 / R$，壳层不被破坏的条件为

$$\frac{h}{\varDelta} \approx 2\beta \cdot \mathrm{IFAR}_{\max} \frac{CR - 1}{(CR)^3} < 1 \tag{2.6.33}$$

由于 $\max \left[\frac{CR - 1}{(CR)^3} \right]_{CR>1} \approx 0.15$，故壳层不被破坏的条件变为

$$\frac{h}{\varDelta} \approx 0.3\beta \cdot \mathrm{IFAR}_{\max} < 1 \tag{2.6.34}$$

令 $\beta \approx 0.05$，壳层不被破坏的条件为

$$\frac{h}{\varDelta} \approx \frac{\mathrm{IFAR}_{\max}}{67} < 1 \tag{2.6.35}$$

即

$$\mathrm{IFAR}_{\max} < 67 \tag{2.6.36}$$

这就是说，为了保证内爆过程中壳层不被破坏，最大的飞行形状因子IFAR（冲击波突破壳层内界面时）不能大于70，否则球壳将被R-T气泡前端破坏。在内爆设计中，通常用靶内半径减小到初始半径的2/3（即 $CR \approx 3/2$）时来衡量IFAR，即

$$\mathrm{IFAR}_{2/3}^{\mathrm{crit}} = \left(\frac{2}{3} \right)^3 \mathrm{IFAR}_{\max}^{\mathrm{crit}} = 20 \tag{2.6.37}$$

考虑烧蚀致稳效应，飞行形状因子取为

$$\mathrm{IFAR}_{2/3}^{\mathrm{crit}} = 30 \sim 40 \tag{2.6.38}$$

2.6.2 Ritchmyer-Meshkov 不稳定性

R-M不稳定性发生在冲击波穿越阶段，由界面的脉冲加速驱动导致。如图2.46所示，未加载脉冲时，壳外密度为0，壳内密度为ρ_{target}，速度为0。$t=0$时刻当激光照射时，压强p_{foot}加载外壳表面，被脉冲式加速，激光脉冲的足部产生第一个冲击波，波后质点速度为U_{ps}，壳内密度压缩度为4。

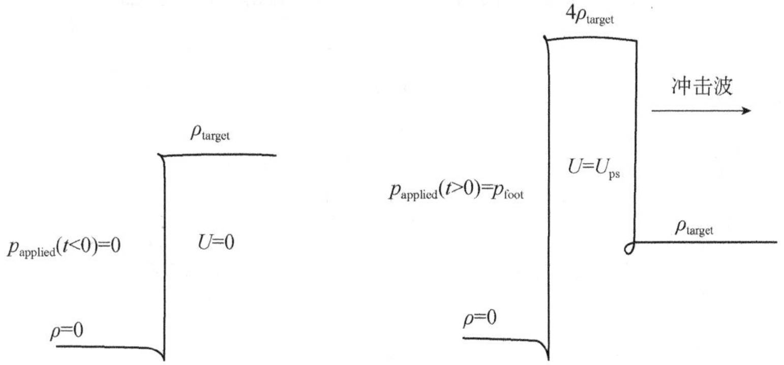

图2.46　激光照射外壳表面被脉冲式加速，激光脉冲足部产生第一个冲击波

t时刻外壳表面的速度可写成时间的阶跃函数

$$U_{\mathrm{S}}(t)=U_{\mathrm{ps}}\theta(t) \tag{2.6.39}$$

其中，U_{ps}为波后质点速度，$\theta(t)$为阶跃函数。对于强冲击波，波后质点速度由激光脉冲的足部压强决定

$$U_{\mathrm{ps}}\approx\sqrt{\frac{3p_{\mathrm{foot}}}{4\rho_{\mathrm{target}}}} \tag{2.6.40}$$

式（2.6.39）对时间求导数，可得冲击波引起的外壳表面加速为δ函数

$$g(t)=\frac{\mathrm{d}U_{\mathrm{S}}}{\mathrm{d}t}=U_{\mathrm{ps}}\delta(t) \tag{2.6.41}$$

对经典的R-M不稳定性，两层物质的密度是任意的，如图2.47所示。附录2为Ritchmyer-Meshkov不稳定性的脉冲模型。脉冲模型理论给出R-M不稳定性振幅随时间线性增长

$$\eta=\eta(0)\left(1+kA_{\mathrm{T}}U_{\mathrm{ps}}t\right) \tag{2.6.42}$$

经典的单模不稳定性理论包括三个阶段，线性增长阶段（R-M）、指数增长阶段（R-T）和非线性增长阶段（饱和R-T），如图2.48所示。每一个阶段都有一个主导的模式影响内爆，开始时是R-M不稳定性线性增长阶段，之后是R-T不稳定性指数增长阶段，最后R-T不稳定性单模饱和，气泡在恒速下穿透。

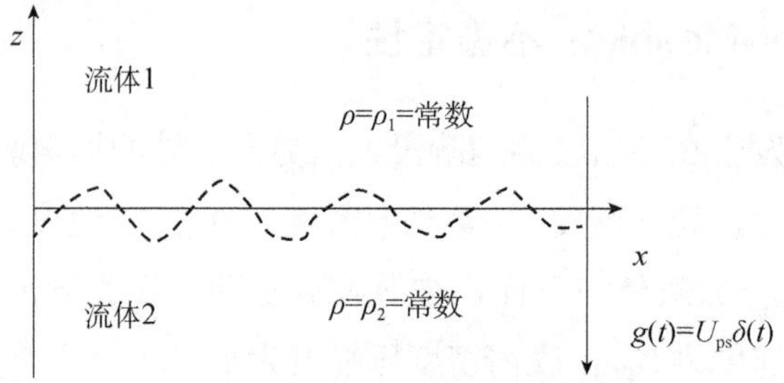

图2.47　经典的R-M不稳定性，两层物质的密度任意

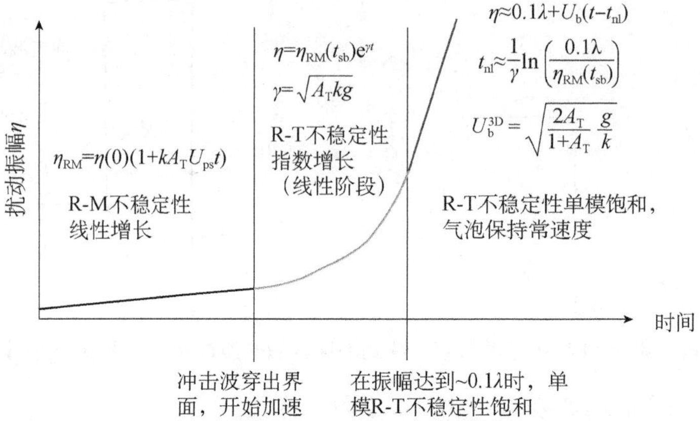

图2.48　经典的单模不稳定性理论的三个阶段

经典的多模不稳定性理论包括线性增长阶段（R-M）、各个模的指数增长阶段（R-T）和气泡合并按时间的二次增长，如图2.49所示。从图中可见，开始是R-M不稳定性线性增长阶段，之后是各个模式的指数增长阶段，最终气泡合并形成二次增长的饱和气泡峰。

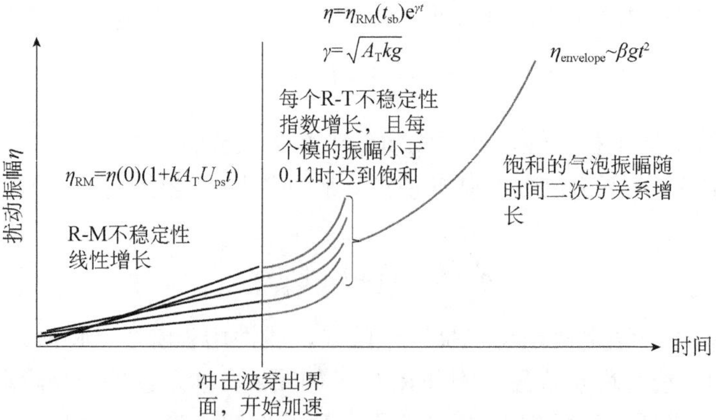

图2.49　经典多模不稳定性理论给出的扰动振幅随时间的变化

如图2.50所示，气泡合并过程中的增长可以看作一个单一的模式增长与波长增加随着时间的推移，单模向多模发展，有

$$\eta \approx 0.1\lambda + U_{\mathrm{b}}(t - t_{\mathrm{nl}}) \Rightarrow \left(\sqrt{\frac{g\lambda}{2\pi}}\right)t \Rightarrow \beta g t^2 \tag{2.6.43}$$

气泡增长近似gt^2，即

$$\lambda \Rightarrow 2\pi\beta^2 g t^2 \tag{2.6.44}$$

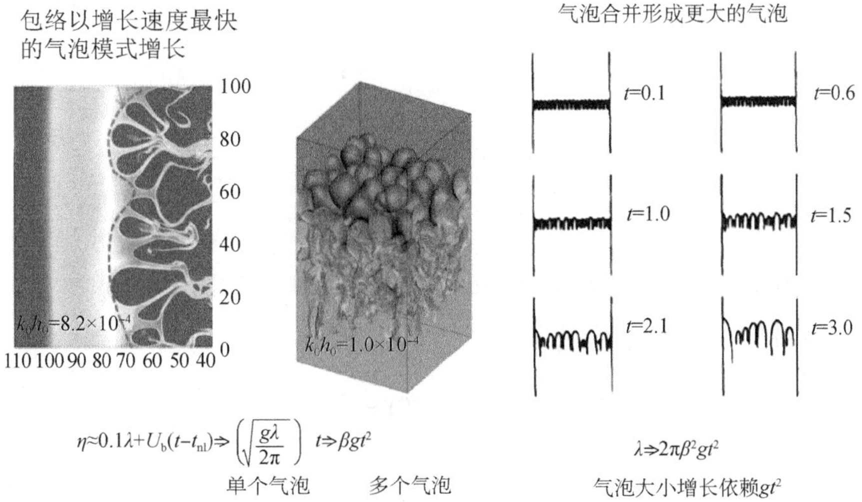

图2.50　气泡合并过程中的增长（彩图请扫封底二维码）

2.6.3　烧蚀 Rayleigh-Taylor 不稳定性

讨论R-T不稳定性的密度梯度致稳效应。前面已给出重力场中两种密度不同的流体的R-T不稳定性的增长率参数为

$$\gamma = \sqrt{A_{\mathrm{T}} k g} \tag{2.6.45}$$

其中，Atwood数由两种不同流体的密度比值决定，即

$$A_{\mathrm{T}} = \frac{\rho_{\mathrm{h}} - \rho_{\mathrm{l}}}{\rho_{\mathrm{h}} + \rho_{\mathrm{l}}} \tag{2.6.46}$$

得出上述公式时，假设两种流体界的面密度梯度很陡峭，即$(\mathrm{d}\rho/\mathrm{d}z)_0 \to \infty$，如图2.51所示。

如图2.52所示，如果两种流体的密度是逐渐变化的，则本征模在达到重轻流体密度之前便会衰减，衰减长度为波长（即$1/k$）量级，相应的密度不再是ρ_{h}和ρ_{l}，而是$\rho_{\mathrm{h}} \Rightarrow \rho(+1/k)$和$\rho_{\mathrm{l}} \Rightarrow \rho(-1/k)$。

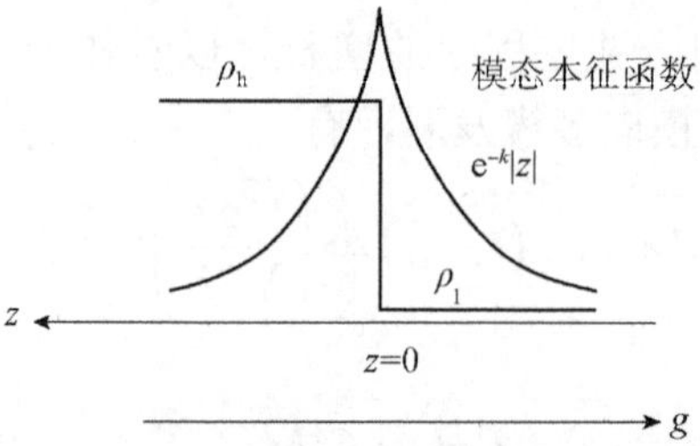

图2.51 两种流体界面存在陡峭的密度梯度

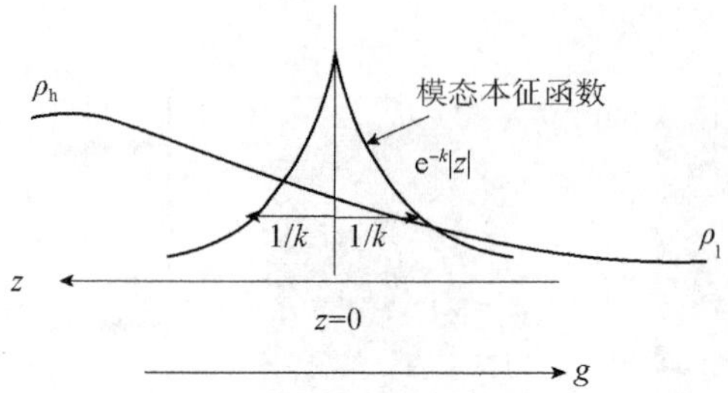

图2.52 两种流体密度逐渐变化，本征模在达到重轻流体密度之前衰减

在大k极限下（即短波长模），

$$\rho_h \Rightarrow \rho(+1/k) = \rho(0) + \left(\frac{d\rho}{dz}\right)_0 \frac{1}{k} \tag{2.6.47}$$

$$\rho_l \Rightarrow \rho(-1/k) = \rho(0) - \left(\frac{d\rho}{dz}\right)_0 \frac{1}{k} \tag{2.6.48}$$

代入式（2.6.46）中，Atwood数为

$$A_T = \frac{\rho_h - \rho_l}{\rho_h + \rho_l} = \frac{1}{\rho(0)}\left(\frac{d\rho}{dz}\right)_0 \frac{1}{k} = \frac{1}{kL} \tag{2.6.49}$$

其中密度标长为

$$L \equiv \left[\frac{1}{\rho(0)}\left(\frac{d\rho}{dz}\right)_0\right]^{-1} \tag{2.6.50}$$

则当$kL \gg 1$（即短波长模）时的R-T不稳定性增长率为

$$\gamma = \sqrt{A_T kg} = \sqrt{\frac{1}{kL}kg} = \sqrt{\frac{g}{L}} \quad (kL \gg 1) \tag{2.6.51}$$

对短波和长波均适用的R-T不稳定性增长率近似为

$$\gamma = \sqrt{\frac{A_T kg}{1 + A_T kL}} \tag{2.6.52}$$

图2.53给出了在密度梯度有限情况下对短波和长波均适用的R-T不稳定性增长率随kL的变化曲线。可见，$\gamma = \sqrt{A_T kg}$ 只在$kL \ll 1$（即长波长模）时成立，当$kL \gg 1$

（即短波长模）时，R-T不稳定性增长率由密度标长L决定，此时为常数。

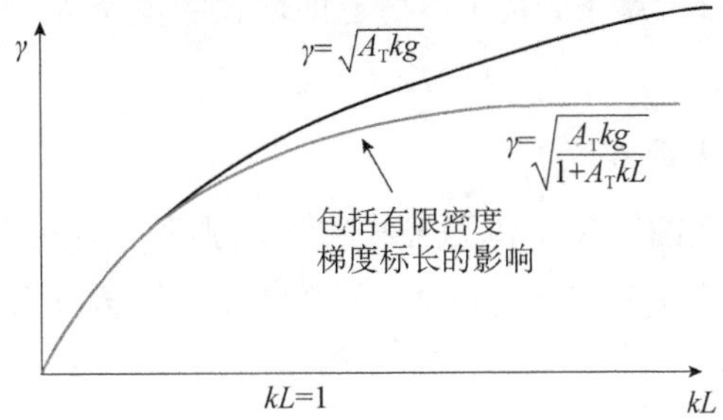

图2.53　有限密度梯度时R-T不稳定性增长率随kL的变化曲线

1. 烧蚀对流对R-T不稳定性的影响

如图2.54所示，激光烧蚀靶壳，烧蚀前沿的质点速度、靶壳厚、烧蚀率分别为

$$\begin{cases} u_a = V_a \\ \Delta x_a = V_a \Delta t \\ \dot{m}_a = \rho_a V_a = \rho_h V_a \end{cases} \tag{2.6.53}$$

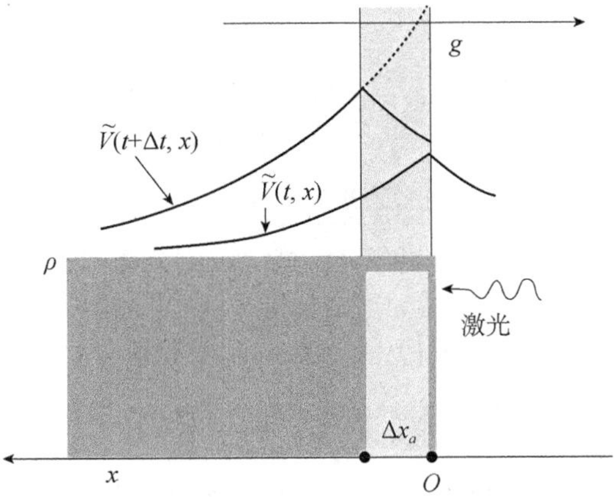

图2.54　烧蚀对流对R-T不稳定性的影响

实验室坐标系下，经典速度为

$$\tilde{v}(t,x) \sim e^{-kx+\gamma_{cl}t} \tag{2.6.54}$$

R-T不稳定性增长率为

$$\gamma_{cl} = \sqrt{A_T kg}, \quad A_T = \frac{\rho_h - \rho_l}{\rho_h + \rho_l} \tag{2.6.55}$$

以烧蚀前沿为参考系时，坐标为

$$x' = x - V_a t \tag{2.6.56}$$

经典速度（2.6.54）变为

$$\tilde{v}(t,x') \sim \mathrm{e}^{-k(x'+V_a t)+\gamma_{\mathrm{cl}} t} = \mathrm{e}^{(\gamma_{\mathrm{cl}}-kV_a)t-kx'} \tag{2.6.57}$$

可见，在烧蚀前沿为参考系下，R-T不稳定性增长率变小为

$$\gamma = \gamma_{\mathrm{cl}} - kV_a \tag{2.6.58}$$

2. 动压的影响（火箭效应）

如图2.55所示，烧蚀等离子体为轻物质（压强和密度分别为 p_{l}、ρ_{l}），内部靶为重物质（压强和密度分别为 p_{h}、ρ_{h}），激光能量在临界面外吸收，产生等离子体外喷速度 u_b，热流往重物质传输。轻重物质界面的扰动量 $\boldsymbol{\eta}$ 随时间的变化由牛顿第二定律给出

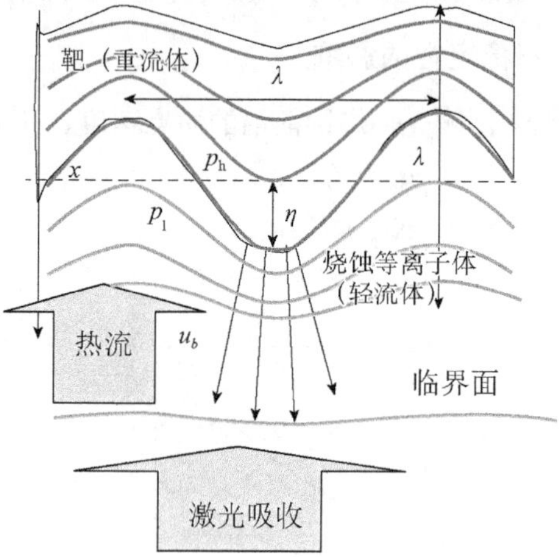

图2.55　动压对R-T不稳定性的影响

$$S\left[p_{\mathrm{h}} - \left(p_{\mathrm{l}} + \rho_{\mathrm{l}} u_b^2\right)\right] = \rho_{\mathrm{h}} \lambda S \ddot{\eta} \tag{2.6.59}$$

其中，$\rho_{\mathrm{l}} u_b^2$ 为轻介质中的动压。根据能量守恒定律

$$(p+\varepsilon)u_b \equiv \frac{5}{2} p u_b = q_{\mathrm{heat}} \tag{2.6.60}$$

可得烧蚀速度扰动

$$\tilde{u}_b = k\tilde{\eta} \tag{2.6.61}$$

引入由烧蚀导致的动压扰动

$$\rho_{\mathrm{l}} u_b \tilde{u}_b = \dot{m} k \tilde{\eta} \tag{2.6.62}$$

代入式（2.6.59），可得

$$S\left(\rho_{\mathrm{h}} g - k\dot{m} u_b\right)\eta = \rho_{\mathrm{h}} \lambda S \ddot{\eta} \tag{2.6.63}$$

其中烧蚀带来的动压扰动可以看作恢复力。式（2.6.63）的指数解为

$$\eta \sim \mathrm{e}^{\gamma t} \tag{2.6.64}$$

其中不稳定性增长因子为

$$\gamma=\sqrt{kg-k^2\frac{\dot{m}}{\rho_{\rm h}}u_b} \tag{2.6.65}$$

这样，由烧蚀导致的动压扰动使R-T不稳定性增长因子变小了，可以变得更稳定。

完整的烧蚀R-T不稳定性增长率还包括如下影响

$$\gamma=\sqrt{Akg-k^2\frac{\dot{m}}{\rho_{\rm h}}u_b+4k^2u_a^2}-2ku_a \tag{2.6.66}$$

其中

$$A=\frac{\rho_{\rm heavy}-\rho_{\rm light}}{\rho_{\rm heavy}+\rho_{\rm light}},\quad u_b=u_a\frac{\rho_{\rm h}}{\rho_{\rm l}} \tag{2.6.67}$$

即额外包含了动压项、质量移除与涡旋对流等项，其中最后两项会抵消，截止波数满足

$$kg=k^2\frac{\dot{m}}{\rho_{\rm h}}u_b \tag{2.6.68}$$

即截止波数只与动压有关

$$k_{\rm c}=\frac{\rho_{\rm h}g}{\dot{m}u_b} \tag{2.6.69}$$

数值拟合解（Takabe公式）为$\gamma\approx0.9\sqrt{kg}-3ku_a$。

烧蚀致稳使R-T不稳定性频谱得到截止，限制了R-T不稳定性的模式数。当$k>k_{\rm c}$时，烧蚀R-T不稳定性增长率远小于经典R-T不稳定性增长率，如图2.56所示。

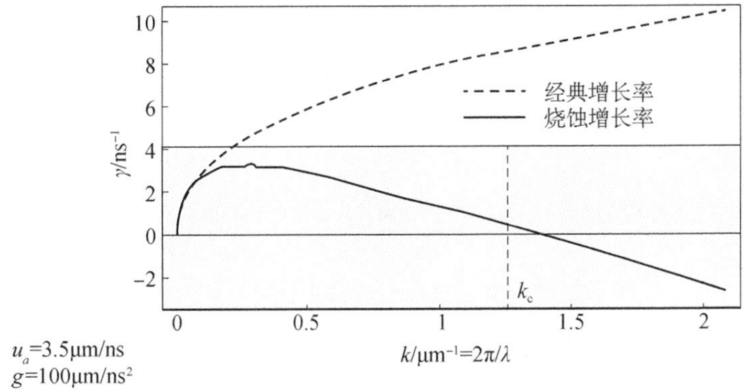

图2.56　$k>k_{\rm c}$时烧蚀R-T不稳定性增长率远小于经典R-T不稳定性增长率

烧蚀致稳原因分析如下。直观理解是，当R-T不稳定性发生时，扰动的高密度区更接近热源，烧蚀也更厉害，阻碍了高密度扰动的增长。从数学上看：R-T不稳

定性在空间的发展规律为$e^{-k|z|}$，在一段时间Δt内，由于R-T不稳定性，扰动增长了一个因子$e^{\gamma t}$，在这段时间内，由于烧蚀，不稳定界面运动了一段距离$\Delta z = u_a \Delta t$，因此，扰动增长实际为$e^{(\gamma - k u_a)\Delta t}$，即不稳定性增长率变小了。

烧蚀致稳依赖于等熵因子，而烧蚀压和质量烧蚀率与熵因子无关，即

$$p_{\text{applied}} = p_{\text{A}} = 2p_{\text{c}} = \frac{1}{2^{1/3}} m_{\text{p}}^{1/3} \left(\frac{n_{\text{c0}}}{\lambda_{\text{L}}^2}\right)^{1/3} \left(\frac{A_{\text{M}}}{Z}\right)^{1/3} \left(I_{\text{L}}^{\text{abs}}\right)^{2/3} \tag{2.6.70}$$

$$\dot{m}_a = \frac{1}{4^{1/3}} \left(\frac{m_{\text{p}} n_{\text{c0}}}{\lambda_{\text{L}}^2}\right)^{2/3} \left(\frac{A_{\text{M}}}{Z}\right)^{2/3} \left(I_{\text{L}}^{\text{abs}}\right)^{1/3} \tag{2.6.71}$$

烧蚀速率与熵因子相关

$$V_a = u_a = \frac{\dot{m}_a}{\rho_{\text{shell}}} = \frac{\dot{m}_a}{\left(p_{\text{applied}} / \alpha\right)^{3/5}} = \frac{\dot{m}_a}{\left(p_{\text{applied}}\right)^{3/5}} \alpha^{3/5} \tag{2.6.72}$$

所以高熵导致高烧蚀速率，由此有更好的稳定性，另外，高熵导致低的IFAR，这也导致更好的稳定性。通过改变激光烧蚀波形，提高熵增，就可有效缓解R-T不稳定性增长。

2.6.4 烧蚀 Ritchmyer-Meshkov 不稳定性

讨论烧蚀过程对R-M不稳定性的影响，如图2.57所示。

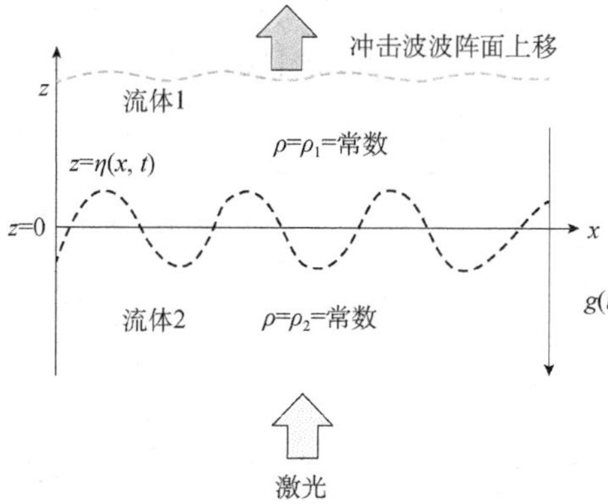

图2.57 烧蚀过程对R-M不稳定性的影响

冲击波波后质点速度U_{ps}在时间上存在阶跃，故冲击波对界面的脉冲加速度为$\delta(t)$函数，即

$$g(t) = U_{\text{ps}} \delta(t) \tag{2.6.73}$$

对于常加速度的R-T不稳定性，考虑烧蚀后界面的扰动演化为

$$\frac{\mathrm{d}^2\tilde{\eta}}{\mathrm{d}t^2}=\gamma^2\tilde{\eta} \tag{2.6.74}$$

其中R-T不稳定性增长因子为

$$\gamma=\sqrt{A_\mathrm{T}kg-k^2u_au_b+4k^2u_a^2}-2ku_a \tag{2.6.75}$$

由于

$$A_\mathrm{T}=\frac{\rho_\mathrm{h}-\rho_\mathrm{l}}{\rho_\mathrm{h}+\rho_\mathrm{l}},\quad \rho_\mathrm{h}u_a=\rho_\mathrm{l}u_b,\quad \frac{\rho_\mathrm{l}}{\rho_\mathrm{h}}=\frac{u_a}{u_b}\ll 1$$

可得

$$\gamma\approx\sqrt{A_\mathrm{T}kg-k^2A_\mathrm{T}^2u_au_b}-2ku_a \tag{2.6.76}$$

对于脉冲加速的R-M不稳定性，当$t\leqslant 0$（无激光）时，$\gamma\left(t\leqslant 0^-\right)=0$，因此

$$\frac{\mathrm{d}^2\tilde{\eta}}{\mathrm{d}t^2}=0,\quad \tilde{\eta}\left(t\leqslant 0^-\right)=\tilde{\eta}(0),\quad \frac{\mathrm{d}\tilde{\eta}}{\mathrm{d}t}\left(t\leqslant 0^-\right)=0 \tag{2.6.77}$$

从式（2.6.76）可知，当扰动速度为0时，$\gamma^2\approx A_\mathrm{T}kg$，其中加速度由式（2.6.73）给出，式（2.6.74）变为

$$\frac{\mathrm{d}^2\tilde{\eta}}{\mathrm{d}t^2}=A_\mathrm{T}kU_\mathrm{ps}\delta(t)\tilde{\eta} \tag{2.6.78}$$

注意初始条件

$$\tilde{\eta}\left(0^+\right)=\tilde{\eta}\left(0^-\right)=\tilde{\eta}(0) \tag{2.6.79}$$

从$t=0^-$到0^+对式（2.6.78）积分，根据式（2.6.77），得

$$\frac{\mathrm{d}\tilde{\eta}}{\mathrm{d}t}\left(0^+\right)=A_\mathrm{T}kU_\mathrm{ps}\tilde{\eta}(0) \tag{2.6.80}$$

当$t\geqslant 0$（冲击波已经过去）时，加速度为0，增长率（2.6.76）变为

$$\gamma\left(t\geqslant 0^+\right)=\gamma^\pm=\pm\mathrm{i}\omega_\mathrm{RM}-2ku_a \tag{2.6.81}$$

其中

$$\omega_\mathrm{RM}\equiv\sqrt{k^2A_\mathrm{T}^2u_au_b} \tag{2.6.82}$$

将式（2.6.81）代入式（2.6.74），解出

$$\tilde{\eta}=A\mathrm{e}^{\gamma^+t}+B\mathrm{e}^{\gamma^-t}=(A\mathrm{e}^{\mathrm{i}\omega_{RM}t}+B\mathrm{e}^{-\mathrm{i}\omega_{RM}t})\mathrm{e}^{-2ku_at} \tag{2.6.83}$$

或写为三角函数形式

$$\tilde{\eta}=\left[C\cos\left(\omega_\mathrm{RM}t\right)+D\sin\left(\omega_\mathrm{RM}t\right)\right]\mathrm{e}^{-2ku_at} \tag{2.6.84}$$

利用初始条件（2.6.79）得

$$C=\tilde{\eta}(0) \tag{2.6.85}$$

另一个系数D可由式（2.6.84）对时间求导，再利用式（2.6.80）得到

$$\frac{\mathrm{d}\tilde{\eta}}{\mathrm{d}t}\left(0^{+}\right)=-2ku_{a}C+\omega_{\mathrm{RM}}D=A_{\mathrm{T}}kU_{\mathrm{ps}}\tilde{\eta}(0) \tag{2.6.86}$$

即

$$D=\tilde{\eta}(0)\left(A_{\mathrm{T}}kU_{\mathrm{ps}}+2ku_{a}\right)/\,\omega_{\mathrm{RM}} \tag{2.6.87}$$

最终解式（2.6.84）变为

$$\tilde{\eta}=\tilde{\eta}(0)\left[\cos\left(\omega_{\mathrm{RM}}t\right)+\frac{A_{\mathrm{T}}kU_{\mathrm{ps}}+2ku_{a}}{\omega_{\mathrm{RM}}}\sin\left(\omega_{\mathrm{RM}}t\right)\right]\mathrm{e}^{-2ku_{a}t} \tag{2.6.88}$$

可见，R-M不稳定性不再随时间线性增长，烧蚀R-M不稳定性发生振荡并按指数衰减。其中振荡频率$\omega_{\mathrm{RM}}\equiv\sqrt{k^{2}A_{\mathrm{T}}^{2}u_{a}u_{b}}$，衰减系数为$2ku_{a}$。

在$t=0^{+}$附近泰勒展开，短时间内，R-M不稳定性是线性增长的，即

$$\tilde{\eta}\approx\left[1+\frac{A_{\mathrm{T}}kU_{\mathrm{ps}}+2ku_{a}}{\omega_{\mathrm{RM}}}\omega_{\mathrm{RM}}t\right]\tilde{\eta}(0)\left(1-2ku_{a}t\right)\approx\left[1-A_{\mathrm{T}}kU_{\mathrm{ps}}t\right]\tilde{\eta}(0) \tag{2.6.89}$$

可见，烧蚀对R-M和R-T不稳定性的影响在一定程度上缓解了不稳定性的增长，在线性增长阶段不稳定性增长由于烧蚀而被抑制。如图2.58所示。

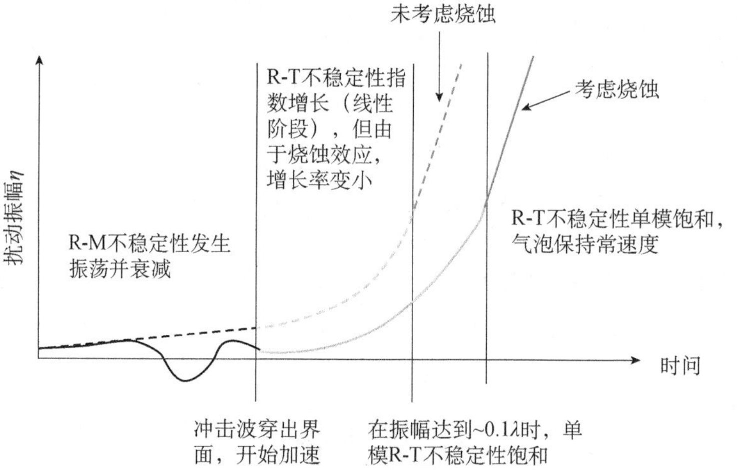

图2.58 烧蚀缓解了R-M和R-T不稳定性的增长，在线性增长阶段不稳定性增长由于烧蚀被抑制

附录 1 经典的 Rayleigh-Taylor 不稳定性理论

考虑重力场中的两种流体叠加。两种密度不同的流体界面上存在R-T不稳定性扰动，如附图1所示。

物理模型为质量和动量守恒方程。质量守恒方程为

$$\partial_t \rho + \nabla \cdot (\rho \boldsymbol{v}) = 0 \tag{A.1}$$

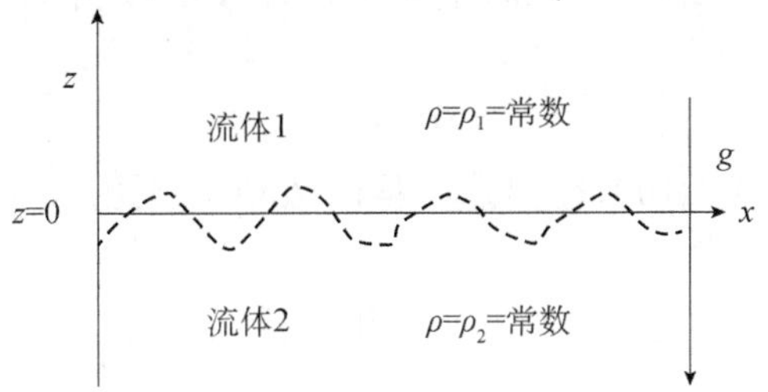

附图1 R-T不稳定性扰动示意图

当 ρ 为常数时，有

$$\nabla \cdot \boldsymbol{v} = 0 \tag{A.2}$$

动量守恒方程为

$$\rho(\partial_t \boldsymbol{v} + \boldsymbol{v} \cdot \nabla \boldsymbol{v}) = -\nabla p + \rho \boldsymbol{g} \tag{A.3}$$

平衡态解。以壳层为参考系，速度 $v = 0$，所以动量守恒方程变成平衡方程

$$0 = -\nabla p + \rho \boldsymbol{g} \tag{A.4}$$

考虑到加速度方向向下，有

$$\frac{\mathrm{d}p}{\mathrm{d}z} = -\rho g \tag{A.5}$$

可得平衡状态时流体内的压强为

流体 1： $p^1 = p(0) - \rho_1 g z$

流体 2： $p^2 = p(0) - \rho_2 g z$

我们要问，当平衡态中出现小的扰动，即速度、压强和质量密度偏离平衡值时：

（1） $\boldsymbol{v} = \tilde{\boldsymbol{v}}$，扰动速度很小但不为0，仅保留速度的线性项；

（2） $p = p_0(z) + \tilde{p}$，平衡态压强+扰动压强；

（3） $\rho = \rho_0$（ρ_1或ρ_2）为常数——不可压缩流体。

这些物理量的稳定性情况如何呢？

利用平衡态动量守恒方程（A.4），质量守恒方程（A.2）和动量守恒方程（A.3），仅保留速度线性项时，可得速度和压强偏离平衡的小量满足的线性化方程

$$\nabla \cdot \tilde{\boldsymbol{v}} = 0 \tag{A.6}$$

$$\rho_0 \partial_t \tilde{\boldsymbol{v}} = -\nabla \tilde{p} \tag{A.7}$$

下面寻找指数增长模 $e^{\gamma t}$ 形式的解。取 $\partial_t \Rightarrow \gamma$，则动量守恒方程（A.7）变为

$$\tilde{\boldsymbol{v}} = \nabla \tilde{\boldsymbol{\Phi}} \tag{A.8}$$

其中

$$\tilde{\Phi} \equiv -\frac{\tilde{p}}{\gamma\rho_0} \tag{A.9}$$

称为速度势函数。式（A.8）代入质量守恒方程（A.6）中，可得速度势函数$\tilde{\Phi}$满足的拉普拉斯方程

$$\nabla^2\tilde{\Phi} = 0 \tag{A.10}$$

如果解拉普拉斯方程（A.10）得出速度势函数$\tilde{\Phi}$，则由式（A.8）和式（A.9）便可求出速度和压强。

下面求解速度势函数的单阶模扰动（正弦扰动）解，设

$$\tilde{\Phi}(x,z,t) = \Phi_k(z)\,\mathrm{e}^{\mathrm{i}kx+\gamma t} \tag{A.11}$$

代入拉普拉斯方程（A.10），得振幅$\Phi_k(z)$满足的二阶微分方程

$$\frac{\mathrm{d}^2\Phi_k}{\mathrm{d}z^2} - k^2\Phi_k(z) = 0 \tag{A.12}$$

常微分方程的解为

$$\Phi_k(z) = A\,\mathrm{e}^{-kz} + B\,\mathrm{e}^{kz} \tag{A.13}$$

考虑边界条件，即扰动在$z \to \pm\infty$时消失，故界面两侧流体中的解$\Phi_k(x,z,t)$为

流体1：$(z>0)$，$\Phi_k^1(z)\mathrm{e}^{\mathrm{i}kx+\gamma t} = A\,\mathrm{e}^{-kz}\,\mathrm{e}^{\mathrm{i}kx+\gamma t}$

流体2：$(z<0)$，$\Phi_k^2(z)\mathrm{e}^{\mathrm{i}kx+\gamma t} = B\,\mathrm{e}^{kz}\,\mathrm{e}^{\mathrm{i}kx+\gamma t}$

流体的速度为$\tilde{\boldsymbol{v}} = \nabla\tilde{\Phi}$，即

流体1：x分量$v_x^1 = \partial_x\tilde{\Phi}^1 = \mathrm{i}kA\,\mathrm{e}^{-kz+\mathrm{i}kx+\gamma t}$

z分量$v_z^1 = \partial_z\tilde{\Phi}^1 = -kA\mathrm{e}^{-kz+\mathrm{i}kx+\gamma t}$

流体2：x分量$v_x^2 = \partial_x\tilde{\Phi}^2 = \mathrm{i}kB\,\mathrm{e}^{kz+\mathrm{i}kx+\gamma t}$

z分量$v_z^2 = \partial_z\tilde{\Phi}^2 = kB\,\mathrm{e}^{kz+\mathrm{i}kx+\gamma t}$

扰动压强$\tilde{p} = -\gamma\rho_0\tilde{\Phi}$为

流体1：$\tilde{p}^1 = -\gamma\rho_1 A\,\mathrm{e}^{-kz+\mathrm{i}kx+\gamma t}$

流体2：$\tilde{p}^2 = -\gamma\rho_2 B\,\mathrm{e}^{kz+\mathrm{i}kx+\gamma t}$

未定的参数A、B、γ要根据两种介质界面上的跃变条件来确定。

界面上的跃变条件有法向速度连续。将界面上的速度分解为法向和切向两个分量

$$\boldsymbol{v} = v_n\boldsymbol{n} + v_\tau\boldsymbol{\tau} \tag{A.14}$$

则质量守恒方程（A.6）变为

$$\nabla\cdot\boldsymbol{v} = \boldsymbol{n}\cdot\nabla v_n + \boldsymbol{\tau}\cdot\nabla v_\tau = 0 \tag{A.15}$$

其中，v_n前的导数$\boldsymbol{n}\cdot\nabla$垂直于界面。从而$v_n$在界面上是连续的

$$[v_n] = 0 \tag{A.16}$$

界面上的跃变条件还有压强连续，由动量守恒方程（A.7）得

$$\rho \boldsymbol{n} \cdot \partial_t \boldsymbol{v} = -\boldsymbol{n} \cdot \nabla p \tag{A.17}$$

以壳层为参考系，速度为0，导数 $\boldsymbol{n}\cdot\nabla$ 垂直于界面，从而 p 在界面上必须是连续的

$$[p] = 0 \tag{A.18}$$

下面求扰动界面 $z=\eta(x,t)$ 随时空演化。

界面上流体的轨迹方程为 $z=z(t)$，$x=x(t)$，由于界面随流体移动，则界面方程 $z=\eta(x,t)$ 与轨迹方程完全相同，即

$$z(t) \equiv \eta[x(t),t] \tag{A.19}$$

对时间求导

$$\frac{\mathrm{d}z}{\mathrm{d}t} = \frac{\partial \eta}{\partial x}\frac{\mathrm{d}x}{\mathrm{d}t} + \frac{\partial \eta}{\partial t} \tag{A.20}$$

利用

$$\begin{cases} \dfrac{\mathrm{d}z}{\mathrm{d}t} = v_z\big|_{z=\eta} \\ \dfrac{\mathrm{d}x}{\mathrm{d}t} = v_x\big|_{z=\eta} \end{cases} \tag{A.21}$$

代入式（A.20）可得界面扰动 $\eta(x,t)$ 满足的方程

$$v_z\big|_{z=\eta} = \frac{\partial \eta}{\partial x} v_x\bigg|_{z=\eta} + \frac{\partial \eta}{\partial t} \tag{A.22}$$

设指数增长模 $\mathrm{e}^{\gamma t}$ 形式的解为

$$\eta(x,t) = \eta_k\,\mathrm{e}^{\mathrm{i}kx+\gamma t}$$

则有

$$v_z(z=0) = \gamma\eta$$

线性化跃变条件和界面方程。

$$[v_n] = 0 \to v_z^1(z=0) = v_z^2(z=0) \tag{A.23}$$

$$[p] = 0 \to p^1(z=\eta) + \tilde{p}^1(z=0) = p^2(z=\eta) + \tilde{p}^2(z=0) \tag{A.24}$$

式（A.24）对小量 η 展开，保留一阶项得

$$p^1(0,t) + \frac{\mathrm{d}p^1}{\mathrm{d}z}\bigg|_{z=0}\eta + \tilde{p}^1(z=0,t) = p^2(0,t) + \frac{\mathrm{d}p^2}{\mathrm{d}z}\bigg|_{z=0}\eta + \tilde{p}^2(z=0,t) \tag{A.25}$$

注意到式（A.5），即

$$\frac{\mathrm{d}p}{\mathrm{d}z} = -\rho g$$

以及无扰动时界面两侧的压强平衡条件

$$p^1(0)=p^2(0)$$

代入式（A.25）可得界面两侧的压强差

$$\tilde{p}^1(z=0)-\tilde{p}^2(z=0)=(\rho_1-\rho_2)g\eta \tag{A.26}$$

界面方程为

$$v_z(z=0)=\gamma\eta \tag{A.27}$$

或

$$\eta=\eta_k\,\mathrm{e}^{\mathrm{i}kx+\gamma t} \tag{A.28}$$

前面得出了界面两侧的速度和压强，分别为

流体1：z分量 $v_z^1=-kA\mathrm{e}^{-kz+\mathrm{i}kx+\gamma t}$

流体2：z分量 $v_z^2=kB\mathrm{e}^{kz+\mathrm{i}kx+\gamma t}$

流体1：$\tilde{p}^1=-\gamma\rho_1 A\mathrm{e}^{-kz+\mathrm{i}kx+\gamma t}$

流体2：$\tilde{p}^2=-\gamma\rho_2 B\mathrm{e}^{kz+\mathrm{i}kx+\gamma t}$

代入速度跃变条件（A.23），即 $v_z^1(z=0)=v_z^2(z=0)$，得

$$A=-B \tag{A.29}$$

代入式（A.27），即 $v_z(z=0)=\gamma\eta$，得

$$-kA=\gamma\eta_k \tag{A.30}$$

即

$$A=-\gamma\eta_k/k \tag{A.31}$$

代入式（A.26），即 $\tilde{p}^1(z=0)-\tilde{p}^2(z=0)=(\rho_1-\rho_2)g\eta$，得

$$-\gamma\rho_1 A+\gamma\rho_2 B=(\rho_1-\rho_2)g\eta_k \tag{A.32}$$

将式（A.29）、式（A.31）代入式（A.32），得色散关系

$$\gamma^2(\rho_1+\rho_2)\frac{\eta_k}{k}=(\rho_1-\rho_2)g\eta_k \tag{A.33}$$

或

$$\gamma^2=\frac{(\rho_1-\rho_2)}{(\rho_1+\rho_2)}kg \tag{A.34}$$

因此，R-T不稳定性的指数增长率为

$$\gamma=\sqrt{A_{\mathrm{T}}kg} \tag{A.35}$$

其中Atwood数

$$A_{\mathrm{T}}=\frac{\rho_1-\rho_2}{\rho_1+\rho_2} \tag{A.36}$$

附录 2　Ritchmyer-Meshkov 不稳定性的脉冲模型

脉冲模型。设 $\boldsymbol{v}$ 是以运动界面为参考系的质点速度，根据质量和动量守恒

$$\partial_t \rho + \nabla\cdot(\rho \boldsymbol{v}) = 0 \tag{B.1}$$

$$\rho\left(\partial_t \boldsymbol{v} + \boldsymbol{v}\cdot\nabla \boldsymbol{v}\right) = -\nabla p + \rho \boldsymbol{g}(t) \tag{B.2}$$

对不可压缩流体有

$$\nabla\cdot\boldsymbol{v} = 0 \tag{B.3}$$

下面看平衡态解。

以壳层为参考系时，平衡态时速度 $v=0$，动量守恒方程（B.2）变为平衡方程

$$0 = -\nabla p + \rho g \tag{B.4}$$

即

$$\frac{\mathrm{d}p}{\mathrm{d}z} = -\rho g(t) \tag{B.5}$$

方程（B.5）的解如下。

流体 1：$p^1 = p(0,t) - \rho_1 g(t) z$

流体 2：$p^2 = p(0,t) - \rho_2 g(t) z$

当平衡态中出现小扰动时，速度、压强有扰动，即

$\boldsymbol{v} = \tilde{\boldsymbol{v}}$，扰动速度很小但不为0，仅保留速度的线性项；

$p = p_0(z,t) + \tilde{p}$，平衡态压强+扰动压强；

$\rho = \rho_0$（ρ_1或ρ_2）为常数——不可压缩流体。

下面讨论扰动的稳定性。先给出线性化扰动方程。对不可压缩流体，速度扰动满足质量守恒方程（B.3）和动量守恒方程（B.2），即

$$\nabla\cdot\tilde{\boldsymbol{v}} = 0 \tag{B.6}$$

$$\rho_0\left(\partial_t \tilde{\boldsymbol{v}} + \tilde{\boldsymbol{v}}\cdot\nabla\tilde{\boldsymbol{v}}\right) = -\nabla\tilde{p} - \nabla p_0 + \rho_0 \boldsymbol{g}(t) \tag{B.7}$$

略去速度扰动二阶项，考虑平衡条件（B.4），得动量守恒方程

$$\rho_0 \partial_t \tilde{\boldsymbol{v}} = -\nabla\tilde{p} \tag{B.8}$$

将动量方程（B.8）两边取散度，利用式（B.6），得拉普拉斯方程

$$\nabla^2 \tilde{p} = 0 \tag{B.9}$$

通过傅里叶分解来求解拉普拉斯方程，设扰动在 z 方向，振荡在 x 方向

$$\tilde{p}(z,x,t) = \tilde{p}_k(z,t)\mathrm{e}^{\mathrm{i}kx} \tag{B.10}$$

则系数满足的方程为

$$\frac{\mathrm{d}^2 \tilde{p}_k}{\mathrm{d}z^2} - k^2 \tilde{p}_k(z,t) = 0 \tag{B.11}$$

求解此常微分方程，解出 $\tilde{p}_k(z,t)$，得拉普拉斯方程解

$$\tilde{p}(z,x,t)=A(t)\mathrm{e}^{-kz+\mathrm{i}kx}+B(t)\mathrm{e}^{+kz+\mathrm{i}kx} \tag{B.12}$$

考虑边界条件，$z=\pm\infty$ 时扰动消失，扰动峰值在界面 z=0 处，然后随指数衰减，则界面两侧流体内的压强为

流体1：(z>0)　　$\tilde{p}^1=A(t)\mathrm{e}^{-kz+\mathrm{i}kx}$

流体2：(z<0)　　$\tilde{p}^2=B(t)\mathrm{e}^{kz+\mathrm{i}kx}$

通过动量方程（B.8）$\rho_0\partial_t\tilde{\boldsymbol{v}}=-\nabla\tilde{P}$ 可求得速度，进而有流体内的速度分量满足的方程。

流体1：(z>0)　　$\rho_1\partial_t\tilde{v}_x^1=-\mathrm{i}k\tilde{p}^1$，$\rho_1\partial_t\tilde{v}_z^1=k\tilde{p}^1$

流体2：(z<0)　　$\rho_2\partial_t\tilde{v}_x^2=-\mathrm{i}k\tilde{p}^2$，$\rho_2\partial_t\tilde{v}_z^2=-k\tilde{p}^2$

两种流体的扰动界面位置为 $z=\eta(x,t)$，满足方程

$$v_z\big|_{z=\eta}=\frac{\partial\eta}{\partial x}v_x\bigg|_{z=\eta}+\frac{\partial\eta}{\partial t} \tag{B.13}$$

类似R-T不稳定性的界面条件，有界面物理量的跳跃条件

$$[v_n]_{z=\eta(x,t)}=\left(v_n^+-v_n^-\right)_{z=\eta(x,t)}=0 \tag{B.14}$$

$$[p]_{z=\eta(x,t)}=0 \tag{B.15}$$

线性化界面的跳跃边界和界面上的方程为

$$[v_n]=0 \tag{B.16}$$

即

$$v_z^1(z=0,t)=v_z^2(z=0,t) \tag{B.17}$$

$$[p]=0 \tag{B.18}$$

考虑线性化扰动近似下

$$p^1(z=\eta,t)+\tilde{p}^1(z=0,t)=p^2(z=\eta,t)+\tilde{p}^2(z=0,t) \tag{B.19}$$

展开到一阶项，利用

$$\frac{\mathrm{d}p}{\mathrm{d}z}\bigg|_{z=0}=-\rho g(t) \tag{B.20}$$

可得

$$\tilde{p}^1(z=0,t)-\tilde{p}^2(z=0,t)=(\rho_1-\rho_2)g(t)\eta \tag{B.21}$$

界面上速度满足界面方程

$$v_z(z=0,t)=\frac{\partial\eta}{\partial t} \tag{B.22}$$

因为

$$\text{流体1：} \quad \partial_t \tilde{v}_z^1 = k\frac{\tilde{P}^1}{\rho_1}, \quad \tilde{p}^1 = A(t)\mathrm{e}^{-kz+\mathrm{i}kx} \tag{B.23}$$

$$\text{流体2：} \quad \partial_t \tilde{v}_z^2 = -k\frac{\tilde{P}^2}{\rho_2}, \quad \tilde{p}^2 = B(t)\mathrm{e}^{kz+\mathrm{i}kx} \tag{B.24}$$

速度的界面条件（B.17）对时间求导，得

$$\frac{\partial}{\partial t}v_z^1(z=0,t) = \frac{\partial}{\partial t}v_z^2(z=0,t) \tag{B.25}$$

将流体1、2的解（B.23）和（B.24）代入到界面的跃变条件（B.25）和（B.21），分别得

$$\frac{A(t)}{\rho_1} = -\frac{B(t)}{\rho_2} \tag{B.26}$$

$$A(t) - B(t) = (\rho_1 - \rho_2)g(t)\eta \tag{B.27}$$

结合上述两个方程，得

$$\frac{A(t)}{\rho_1}(\rho_1 + \rho_2) = (\rho_1 - \rho_2)g(t)\eta \tag{B.28}$$

即

$$\frac{A(t)}{\rho_1} = A_{\mathrm{T}}g(t)\eta \tag{B.29}$$

界面方程（B.22）对时间求导，得

$$\frac{\partial}{\partial t}v_z(z=0,t) = \frac{\partial^2\eta}{\partial t^2} \tag{B.30}$$

将流体1解代入，得

$$k\frac{A(t)}{\rho_1} = \frac{\partial^2\eta}{\partial t^2} \tag{B.31}$$

结合上述两个方程（B.29）和（B.31），得扰动界面位置 $z=\eta(x,t)$ 满足的方程

$$\frac{\partial^2\eta}{\partial t^2} = kA_{\mathrm{T}}g(t)\eta \tag{B.32}$$

其中加速度

$$g(t) = \frac{\mathrm{d}U_{\mathrm{S}}}{\mathrm{d}t} = U_{\mathrm{ps}}\delta(t) \tag{B.33}$$

代入式（B.32）得

$$\frac{\partial^2\eta}{\partial t^2} = kA_{\mathrm{T}}U_{\mathrm{ps}}\delta(t)\eta \tag{B.34}$$

对 $t \leqslant 0^-$，$\dfrac{\partial^2 \eta}{\partial t^2}=0$，$\eta=\eta(0)$，引入初始扰动；

对于 $t \geqslant 0^+$，$\dfrac{\partial^2 \eta}{\partial t^2}=0$，$\eta=\eta(0)+C_1 t$，$C_1=kA_{\mathrm{T}}U_{\mathrm{ps}}\eta(0)$ 为积分常数。

从 $t=0^-$ 到 0^+ 对式（B.34）积分得

$$\left.\frac{\partial \eta}{\partial t}\right|_{0^+}-\left.\frac{\partial \eta}{\partial t}\right|_{0^-}=kA_{\mathrm{T}}U_{\mathrm{ps}}\eta(0) \tag{B.35}$$

可见，R-M 不稳定性随时间线性增长

$$\eta=\eta(0)\left(1+kA_{\mathrm{T}}U_{\mathrm{ps}}t\right) \tag{B.36}$$

参考文献

汤文辉. 2001. 冲击波物理，北京：科学出版社.

Basko M M, Meyer-ter-Vehn J. 2002. Asymptotic scaling laws for imploding thin fluid shells. Physical Review Letters, 24: 244502.

Betti R, McCrory R L, Verdon C P. 1993. Stability analysis of unsteady ablation fronts. Physical Review Letters, 71: 3131.

Casner A, Rigon G, Albertazzi B, et al. 2018. Turbulent hydrodynamics experiments in high energy density plasmas: Scientific case and preliminary results of the TurboHEDP project. High Power Laser Science and Engineering, 6(3):54-68.

Manheimer W M, Colombant D G, Gardner J H. 1982. Steady state planar ablative flow. Physics of Fluids, 25: 1644.

第3章 热斑点火

3.1 热斑点火的准静态模型

等离子体能量的变化率取决于能量来源和能量损失的差异。其中能量来源有：①α粒子能量沉积加热；②当靶球会聚时，球形活塞对热斑做功（$p\mathrm{d}V$）。能量损失有：①如果球形活塞减速，则能量会从热斑转移回活塞（膨胀损耗）；②轫致辐射；③热传导“可能”成为损失。在停滞时刻，活塞处于静止状态，能量不发生交换。

忽略动能并假设等离子体为理想气体，则等离子体的内能（热能）为

$$E_{\mathrm{p}} = \frac{3}{2}pV \tag{3.1.1}$$

其中，p为压强，V为体积，等离子体内能变化率满足能量平衡方程

$$\frac{\mathrm{d}E_{\mathrm{p}}}{\mathrm{d}t} = \dot{W}_{\alpha} + \dot{W}_{p\mathrm{d}V} - \dot{W}_{\mathrm{rad}} - \dot{W}_{\mathrm{cond}} \tag{3.1.2}$$

$\dot{W}_{\alpha}$是 α 粒子加热项，$\dot{W}_{p\mathrm{d}V}$是球形活塞对热斑做功，$\dot{W}_{\mathrm{rad}}$是等离子体辐射损失能量，$\dot{W}_{\mathrm{cond}}$是热传导损失能量。

考虑最简单的点火模型——停滞时的DT等离子体。假设停滞之前的 α 加热可忽略不计（不准确，后续章节将予以修正），停滞状态下等离子体的能量和压力仅由活塞压缩确定，而没有 α 的影响，称上述停滞条件为无 α 模型，从停滞开始，α 加热变得很重要（不是很正确，后续章节会做修正）。将停滞时刻设置为t=0时刻，将t=0时的压强记为$p(0) = p_{\mathrm{no}\alpha}$。

停滞后$\mathrm{d}V > 0$，此时能量方程（3.1.2）为

$$\frac{3}{2}\frac{\mathrm{d}p}{\mathrm{d}t}V = \dot{W}_{\alpha} + \dot{W}_{p\mathrm{d}V} - \dot{W}_{\mathrm{rad}} - \dot{W}_{\mathrm{cond}} - \frac{3}{2}p\frac{\mathrm{d}V}{\mathrm{d}t} \tag{3.1.3}$$

其中，球形活塞对热斑做的功$\dot{W}_{p\mathrm{d}V}$为负值，$\frac{3}{2}p\frac{\mathrm{d}V}{\mathrm{d}t}$是因停滞后体积增大而损失的能量。将所有损失项合并为具有特征时间尺度τ（约束时间）的表达式

$$-\left(\frac{3}{2}pV\right)/\tau \tag{3.1.4}$$

则式（3.1.3）变成简化的能量平衡方程

$$\frac{3}{2}\frac{\mathrm{d}p}{\mathrm{d}t}V=\varepsilon_{\alpha}\frac{n^{2}}{4}\langle\sigma v\rangle V-\frac{3}{2}\frac{pV}{\tau} \tag{3.1.5}$$

其中，右侧第一项为α能量加热率。除以V得

$$\frac{3}{2}\frac{\mathrm{d}p}{\mathrm{d}t}=\frac{n^{2}}{4}\varepsilon_{\alpha}\langle\sigma v\rangle-\frac{3}{2}\frac{p}{\tau} \tag{3.1.6}$$

利用状态方程$p=2nT$（因子2表示离子和电子压强之和），可得压强方程

$$\frac{\mathrm{d}p}{\mathrm{d}t}=\frac{p^{2}}{24}\varepsilon_{\alpha}\frac{\langle\sigma v\rangle}{T^{2}}-\frac{p}{\tau} \tag{3.1.7}$$

下面进行无量纲化。设停滞时刻的压力$p(0)=p_{\mathrm{no\alpha}}$，定义无量纲压力和时间

$$\hat{p}\equiv\frac{p}{p_{\mathrm{no\alpha}}},\qquad \hat{t}\equiv\frac{t}{\tau} \tag{3.1.8}$$

则式（3.1.7）可化为

$$\frac{\mathrm{d}\hat{p}}{\mathrm{d}\hat{t}}=\hat{p}^{2}\chi-\hat{p} \tag{3.1.9}$$

其中无量纲量

$$\chi\equiv p_{\mathrm{no\alpha}}\tau\Big/\left(\frac{24}{\varepsilon_{\alpha}}\frac{T^{2}}{\langle\sigma v\rangle}\right) \tag{3.1.10}$$

χ是温度T的函数。图3.1给出了$\langle\sigma v\rangle/T^2$随温度$T$的变化曲线，可见$\langle\sigma v\rangle/T^2$的最大值出现在$T$=8～23keV附近，此时$\langle\sigma v\rangle\sim T^2$，故$\langle\sigma v\rangle/T^2$~常数。

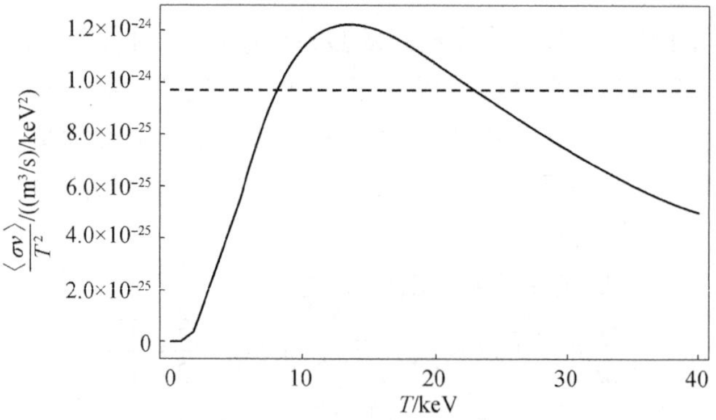

图3.1 $\langle\sigma v\rangle/T^2$ 随温度T的变化曲线

设

$$\left.\frac{\langle\sigma v\rangle}{T^{2}}\right|_{8\mathrm{keV}<T<23\mathrm{keV}}=S_{f}\approx 常数 \tag{3.1.11}$$

则

$$\chi = \frac{1}{24} p_{\text{no}\alpha} \tau S_f \varepsilon_\alpha \equiv \chi_{\text{no}\alpha} \approx \text{常数} \tag{3.1.12}$$

注意，χ 为无量纲量，分子 $p_{\text{no}\alpha}\tau$ 的量纲为压强乘以时间，故分母 $24/S_f\varepsilon_\alpha$ 的量纲也是压强乘以时间。

如果忽略 χ 对约束时间的依赖，并视其为常数，则能量平衡方程（3.1.9）可化为单变量的常微分方程

$$\frac{\mathrm{d}\hat{p}}{\mathrm{d}\hat{t}} = \hat{p}^2 \chi_{\text{no}\alpha} - \hat{p} \tag{3.1.13}$$

将停滞时刻设置为初始时刻 t=0，停滞时刻的压强为 $p(0) = p_{\text{no}\alpha}$，则初始条件为 $\hat{p}(0) = 1$。令 $\Phi \equiv 1/\hat{p}$，则上式化为

$$\frac{\mathrm{d}\Phi}{\mathrm{d}\hat{t}} = \Phi - \chi_{\text{no}\alpha} \tag{3.1.14}$$

利用初始条件 $\Phi(0) = 1$，两边积分

$$\int_1^{\Phi} \frac{\mathrm{d}\Phi}{\Phi - \chi_{\text{no}\alpha}} = \int_0^{\hat{t}} \mathrm{d}\hat{t} \tag{3.1.15}$$

可得

$$\Phi = \chi_{\text{no}\alpha} + (1 - \chi_{\text{no}\alpha})\mathrm{e}^{\hat{t}} \tag{3.1.16}$$

所以

$$\hat{p} = \frac{1}{\chi_{\text{no}\alpha} + (1 - \chi_{\text{no}\alpha})\mathrm{e}^{\hat{t}}} \tag{3.1.17}$$

图3.2 给出了 $\hat{p}$-$\hat{t}$ 曲线。可见，当 $\chi_{\text{no}\alpha} \geqslant 1$ 时，$\hat{p} \geqslant 1$，会维持压力不降的状态——点火状态。

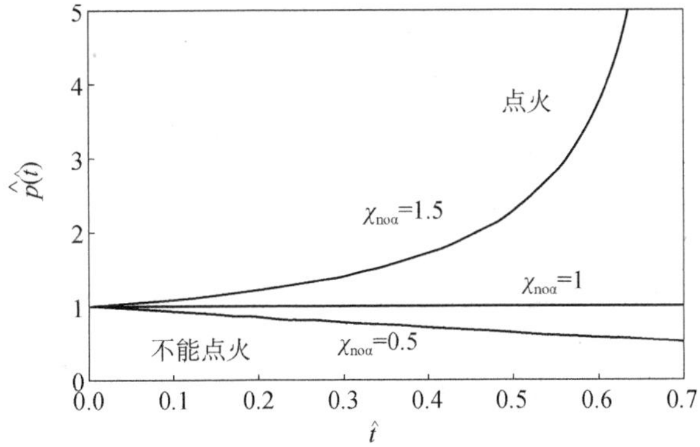

图3.2　热斑压强随时间的演化曲线

点火条件为

$$\chi_{no\alpha} \equiv \frac{p_{no\alpha}\tau}{24/S_f\varepsilon_\alpha} = 1 \tag{3.1.18}$$

定义

$$[p_{no\alpha}\tau]_{ignition} \equiv \frac{24}{S_f\varepsilon_\alpha} \tag{3.1.19}$$

故点火的一般条件为

$$p_{no\alpha}\tau = [p_{no\alpha}\tau]_{ignition} \equiv 1.1\times10^6\ \text{Pa}\cdot\text{s} \approx 11.1\ \text{atm}\cdot\text{s} \approx 11\ \text{Gbar}\cdot\text{ns} \tag{3.1.20}$$

$$T(0) = T_{no\alpha} \sim 8\text{keV}$$

因为 $p\tau = 2nT\tau$，故 $p\tau$ 称为劳森参数或是聚变三重乘积，它决定了任意等离子体的点火条件（包括ICF、MFE和其他点火方式）。无量纲量 χ 则是归一化的劳森参数（Chang et al., 2010）。

聚变中子产额为

$$\text{Yield} = N_r = \int_0^\infty \frac{n^2}{4}\langle\sigma v\rangle V\text{d}t \tag{3.1.21}$$

利用状态方程

$$p = 2nT\text{，}\ \langle\sigma v\rangle / T^2 = S_f\text{，}\ p = \hat{p}p_{no\alpha}\text{，}\ t = \hat{t}\tau\text{，}\ \chi = \frac{1}{24}p_{no\alpha}\tau S_f\varepsilon_\alpha \equiv \chi_{no\alpha}$$

可得

$$N_r = \frac{E_{p(no\alpha)}}{\varepsilon_\alpha}\chi_{no\alpha}\int_0^\infty \hat{p}^2\text{d}\hat{t} \tag{3.1.22}$$

其中内能（热斑能量）为

$$E_{p(no\alpha)} = \frac{3}{2}p_{no\alpha}\langle V\rangle$$

将式（3.1.17）代入式（3.1.22），积分得聚变中子产额

$$N_r = \frac{E_{p(no\alpha)}}{\varepsilon_\alpha}\frac{1}{\chi_{no\alpha}}\left[\ln\left(\frac{1}{1-\chi_{no\alpha}}\right) - \chi_{no\alpha}\right] \tag{3.1.23}$$

α 粒子能量与热斑能量的比值为

$$f_\alpha = \frac{N_r\varepsilon_\alpha}{E_{p(no\alpha)}} = \frac{1}{\chi_{no\alpha}}\left[\ln\left(\frac{1}{1-\chi_{no\alpha}}\right) - \chi_{no\alpha}\right] \tag{3.1.24}$$

考虑无 α 加热或者是关闭 α 加热，即取 $\chi_{no\alpha} \to 0$。

无 α 加热时，聚变中子产额可由式（3.1.23）取极限得到

$$\text{Yield}_{\text{no}\alpha}=\frac{E_{\text{p(no}\alpha)}}{\varepsilon_\alpha}\lim_{\chi_{\text{no}\alpha}\to 0}\frac{1}{\chi_{\text{no}\alpha}}\left[\ln\left(\frac{1}{1-\chi_{\text{no}\alpha}}\right)-\chi_{\text{no}\alpha}\right]=\frac{E_{\text{p(no}\alpha)}}{\varepsilon_\alpha}\frac{\chi_{\text{no}\alpha}}{2} \tag{3.1.25}$$

或者在式（3.1.17）中令 $\chi_{\text{no}\alpha}=0$ 得 $\hat{p}=\mathrm{e}^{-\hat{t}}$，代入式（3.1.22）积分，同样可得

$$\text{Yield}_{\text{no}\alpha}=\frac{E_{\text{p(no}\alpha)}}{\varepsilon_\alpha}\frac{\chi_{\text{no}\alpha}}{2} \tag{3.1.26}$$

α 加热引起的产额增加只是劳森参数的函数。因为有 α 加热时的产额（3.1.23）与无 α 加热时的产额（3.1.26）之比为

$$\frac{\text{Yield}}{\text{Yield}_{\text{no}\alpha}}=\frac{2}{\chi_{\text{no}\alpha}^2}\left[\ln\left(\frac{1}{1-\chi_{\text{no}\alpha}}\right)-\chi_{\text{no}\alpha}\right] \tag{3.1.27}$$

其中

$$\chi_{\text{no}\alpha}=\frac{1}{24}p_{\text{no}\alpha}\tau S_f\varepsilon_\alpha\equiv\frac{p_{\text{no}\alpha}\tau}{[p_{\text{no}\alpha}\tau]_{\text{ign}}^{\text{min}}}$$

图3.3 给出了 $\frac{\text{Yield}}{\text{Yield}_{\text{no}\alpha}}$ 随 $\chi_{\text{no}\alpha}$ 的演化曲线。截至目前，NIF上由 α 加热引起的产额增加为2～3倍。

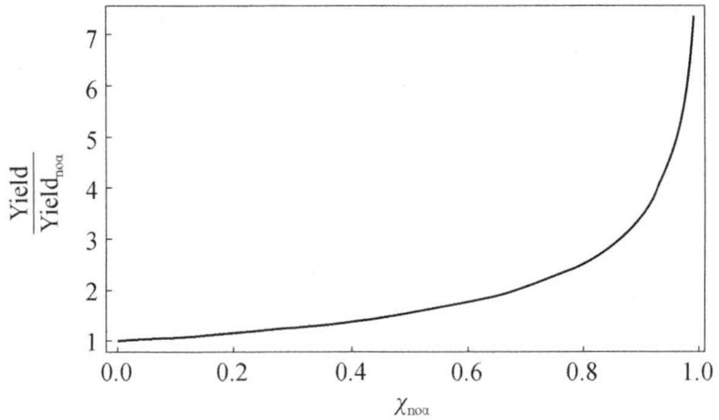

图3.3　考虑有 α 加热与无 α 加热时中子产额比值随 $\chi_{\text{no}\alpha}$ 的演化曲线

3.2　热斑点火的动力学模型

采用热斑等压近似。如图 3.4 所示，设①激光已将外壳加速到峰值速度 V_i。②壳体在压缩过程中将动能转化为热斑的热能，提高热斑的压力。③热斑从外壳做功和聚变产生的 α 粒子能量沉积中获取能量，通过辐射和热传导损失能量。④采用最简单的壳模型，壳层是一种厚度很薄的致密壳（高飞行形状因子），壳层的运

动规律服从牛顿第二定律。

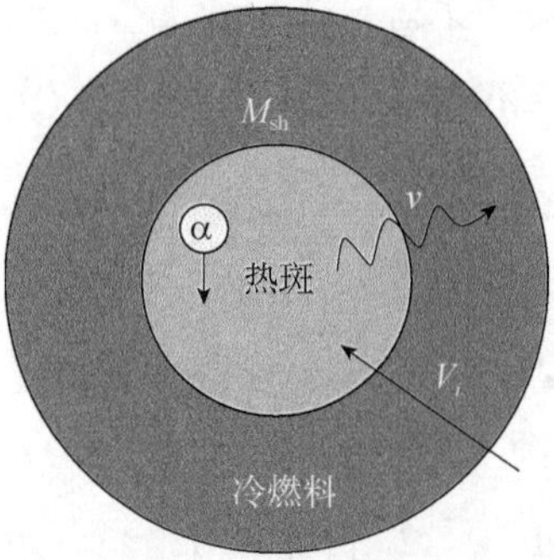

图3.4 热斑被很薄的致密外壳包围，从外壳做功和α粒子能量沉积获取能量，通过辐射和热传导损失能量

设外壳内半径为R，质量为M_{Sh}，外壳的加速度满足牛顿第二定律

$$M_{\text{Sh}}\ddot{R}=4\pi R^2 p \tag{3.2.1}$$

其中，p为热斑在壳表面$4\pi R^2$的压强。设初始时刻t=0是峰值内爆速度的时刻或滑行/减速阶段开始的时刻，则初始条件为$R(0)=R_*$，初始速度$\dot{R}(0)=-V_i$（负号表示内爆的方向）。

通常热斑内部的压力是半径和时间的函数，上式存在两个未知数$p(r, t)$和$R(t)$。将球壳的牛顿第二定律与热斑的能量方程和动量方程耦合求解。热斑的动量方程为（Euler方程）

$$\rho\left(\frac{\partial U}{\partial t}+U\frac{\partial U}{\partial r}\right)=-\frac{\partial p}{\partial r} \tag{3.2.2}$$

下面作量纲分析，以判断各项大小。

$$\rho\left(\frac{U}{t}+U\frac{U}{r}\right)\Leftrightarrow-\frac{p}{r} \tag{3.2.3}$$

取时间$t\sim R/V_i$，速度$U\sim V_i$，空间$r\sim R$，得

$$\rho\left(\frac{V_i^2}{R}+\frac{V_i^2}{R}\right)\Leftrightarrow\frac{p}{R} \tag{3.2.4}$$

定义热斑的马赫数

$$Ma^2=\frac{V_i^2}{p/\rho}\sim\frac{V_i^2}{T/m_i}\sim\frac{V_i^2}{v_{\text{th}}^2} \tag{3.2.5}$$

可见动量方程（3.2.2）左边与右边的比值正比于Ma^2，即

$$\rho\left(\frac{V_i^2}{R}\right)\Big/\frac{p}{R}\sim Ma^2 \tag{3.2.6}$$

考虑到热斑温度为几个keV，物质粒子的热运动速率≫球壳的内爆速度，即 $Ma<1$，为亚声速热斑。

$$Ma^2 \sim \frac{V_i^2}{v_{\text{th}}^2} \ll 1 \tag{3.2.7}$$

因此可忽略动量方程左边项，式（3.2.2）的右边也为0，即 $\frac{\partial p}{\partial r} \approx 0$，内部压强与空间坐标无关，为等压热斑 $p \approx p(t)$。

下面推导热斑的动态能量平衡。理想气体的能量密度为内能密度与动能密度之和，即

$$e_{\text{HS}} = \frac{3}{2}p + \frac{1}{2}\rho U^2 \tag{3.2.8}$$

能量密度满足能量守恒方程

$$\frac{\partial e_{\text{HS}}}{\partial t} = \nabla \cdot \left[-\boldsymbol{U}\left(e_{\text{HS}} + p\right) + \kappa \nabla T\right] + \dot{q}_\alpha - \dot{q}_{\text{rad}} \tag{3.2.9}$$

其中，$e_{\text{HS}} + p$ 为焓，$\kappa \nabla T$ 为热流密度，$\dot{q}_\alpha$ 为 α 加热功率密度，$\dot{q}_{\text{rad}}$ 为辐射损失功率密度。焓为

$$h_{\text{HS}} \equiv e_{\text{HS}} + p = \frac{5}{2}p + \frac{1}{2}\rho U^2 \tag{3.2.10}$$

注意，$p\mathrm{d}V$ 做功没有完全考虑，$p\mathrm{d}V$ 作用于等离子体表面，它的贡献来自上述方程对热斑体积的积分。

利用热斑的等压近似和亚声速流（$Ma \ll 1$），能量密度可进一步推导为

$$e_{\text{HS}} = \frac{3}{2}p + \frac{1}{2}\rho U^2 = \frac{3}{2}p(t)\left[1 + \frac{U^2}{3P/\rho}\right] \approx \frac{3}{2}p(t)\left[1 + O\left(Ma^2\right)\right] \tag{3.2.11}$$

焓为

$$h_{\text{HS}} = \frac{5}{2}p + \frac{1}{2}\rho U^2 \approx \frac{5}{2}p(t)\left[1 + O\left(Ma^2\right)\right] \tag{3.2.12}$$

利用等离子体的韧致辐射公式，对于DT，$Z=1$，有辐射损失功率密度为

$$\dot{q}_{\text{rad}} = C_b n^2 \sqrt{T} \tag{3.2.13}$$

结合 α 加热功率密度，有

$$\dot{q}_\alpha - \dot{q}_{\text{rad}} = n^2\left[\frac{\varepsilon_\alpha}{4}\langle \sigma v \rangle - C_b\sqrt{T}\right] = \frac{p^2}{4}\left[\frac{\varepsilon_\alpha}{4}\frac{\langle \sigma v \rangle}{T^2} - \frac{C_b}{T^{3/2}}\right] \tag{3.2.14}$$

定义

$$\Pi(T) \equiv \frac{1}{4}\left[\frac{\varepsilon_\alpha}{4}\frac{\langle \sigma v \rangle}{T^2} - \frac{C_b}{T^{3/2}}\right] \tag{3.2.15}$$

则有

$$\dot{q}_{\alpha}-\dot{q}_{\rm rad}=p^{2}\Pi(T) \tag{3.2.16}$$

故对于亚声速且等压强的热斑，能量守恒方程（3.2.9）变为

$$\frac{3}{2}\frac{\mathrm{d}p(t)}{\mathrm{d}t}\approx\nabla\cdot\left[-\boldsymbol{U}\frac{5}{2}p(t)+\kappa\nabla T\right]+p^{2}(t)\Pi(T) \tag{3.2.17}$$

对表面积为S的体积V积分，因为是等压热斑，压强p可以从V的积分中直接提出，利用Gauss定理，将散度的体积分化为面积分，可得

$$\frac{3}{2}V\frac{\mathrm{d}p(t)}{\mathrm{d}t}\approx\int_{S}\left[-\boldsymbol{U}\cdot\boldsymbol{n}\frac{5}{2}p(t)+\kappa\boldsymbol{n}\cdot\nabla T\right]\mathrm{d}S+p^{2}(t)\int_{V}\Pi(T)\mathrm{d}V \tag{3.2.18}$$

考虑如图3.5 所示的平板热斑动力学模型。温度为T的热斑，质量密度低。壳层的密度高但温度低。

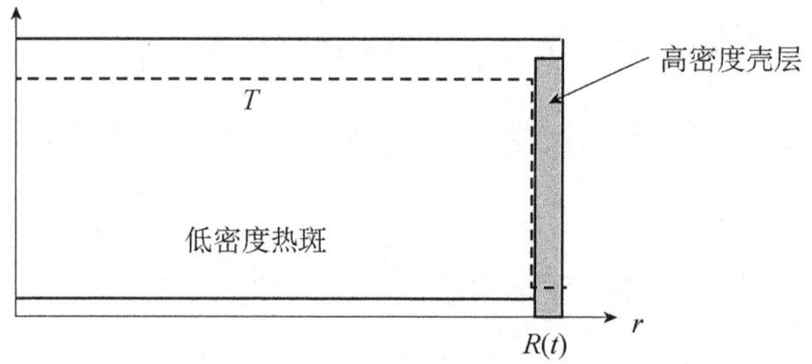

图3.5　平板热斑动力学模型

温度为T的热斑，质量密度低。壳层的密度高但温度低

注意，平板模型的压力分布已由亚声速流近似推出，但温度T和密度ρ的平板模型还没有得出。由于$T\rho$的乘积必须为常数，这样才满足热斑内理想气体的状态方程

$$p(t)=2nT=\frac{2}{m_i}\rho T \tag{3.2.19}$$

根据热斑界面的压强连续性，有

$$\rho_{\rm HS}T_{\rm HS}\approx\rho_{\rm Sh}T_{\rm Sh} \tag{3.2.20}$$

式中，下标HS代表热斑，Sh代表壳层，这表明，当（壳层）冷燃料密度和热斑的密度差别大时，即$\rho_{\rm HS}\ll\rho_{\rm Sh}$，（壳层）冷燃料的温度远小于热斑的温度，即

$$T_{\rm Sh}\approx\frac{\rho_{\rm HS}}{\rho_{\rm Sh}}T_{\rm HS}\ll T_{\rm HS} \tag{3.2.21}$$

考虑到等离子体的热导率正比于$T^{5/2}$，再利用式（3.2.20），可得

$$\kappa_{\rm Spitzer}\left(T_{\rm Sh}\right)\approx\left(\frac{T_{\rm Sh}}{T_{\rm HS}}\right)^{5/2}\kappa_{\rm Spitzer}\left(T_{\rm HS}\right)\approx\left(\frac{\rho_{\rm HS}}{\rho_{\rm Sh}}\right)^{5/2}\kappa_{\rm Spitzer}\left(T_{\rm HS}\right) \tag{3.2.22}$$

再考虑到热斑密度很小，即$\rho_{\rm HS}\ll\rho_{\rm Sh}$，所以，相比热斑的热导率，冷燃料（壳

层）类似于绝缘体，即

$$\kappa_{\text{Spitzer}}\left(T_{\text{Sh}}\right) \ll \kappa_{\text{Spitzer}}\left(T_{\text{HS}}\right) \tag{3.2.23}$$

这表明冷燃料中的热传导过程可以忽略。

考虑质量守恒方程

$$\frac{\partial \rho}{\partial t} + \nabla \cdot (\rho \boldsymbol{U}) = 0 \tag{3.2.24}$$

如图3.6所示，上式对跨过热斑和壳层界面的一个任意体积 ΔV 积分，得

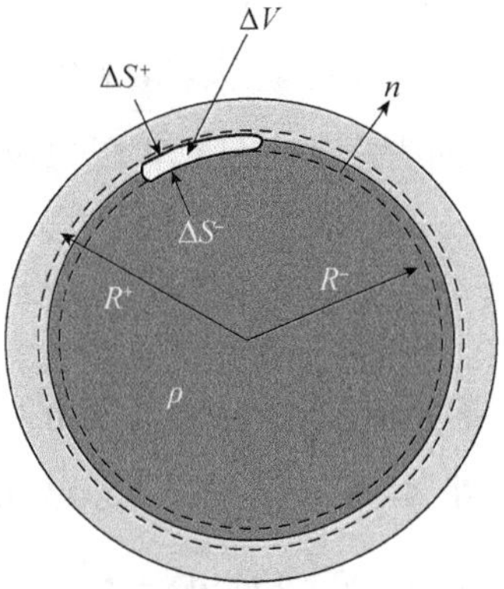

图3.6　穿过热斑和壳层界面的体积 ΔV

$$\int_{\Delta V} \frac{\partial \rho}{\partial t} \mathrm{d}V + \int_{\Delta S^-}^{\Delta S+} (\rho \boldsymbol{U} \cdot \boldsymbol{n}) \mathrm{d}S = 0 \tag{3.2.25}$$

把时间微分移到积分外面，考虑到任意体积 ΔV 的大小在运动中会发生变化，得

$$\frac{\partial}{\partial t} \int_{\Delta V} \rho \mathrm{d}V - \int_{\Delta S^-}^{\Delta S+} \left(\rho \boldsymbol{U}_V \cdot \boldsymbol{n}\right) \mathrm{d}S + \int_{\Delta S^-}^{\Delta S+} \left(\rho \boldsymbol{U} \cdot \boldsymbol{n}\right) \mathrm{d}S = 0 \tag{3.2.26}$$

其中，$\boldsymbol{U}_V$ 是界面质点运动的速度，左边第二项为界面运动引起的体积变化带来的质量变化。两项合并，得

$$\frac{\partial}{\partial t} \int_{\Delta V} \rho \mathrm{d}V + \int_{\Delta S^-}^{\Delta S+} \left[\rho\left(\boldsymbol{U} - \boldsymbol{U}_V\right) \cdot \boldsymbol{n}\right] \mathrm{d}S = 0 \tag{3.2.27}$$

取任意体积的大小 $\Delta V \to 0$，则有

$$\int_{\Delta S^-}^{\Delta S+} \left[\rho\left(\boldsymbol{U} - \boldsymbol{U}_V\right) \cdot \boldsymbol{n}\right] \mathrm{d}S = 0 \tag{3.2.28}$$

上式对任意表面积 ΔS 有效，即界面上的质量流是连续的，即

$$\left[\rho\left(\boldsymbol{U} - \boldsymbol{U}_V\right) \cdot \boldsymbol{n}\right]_{S^-} = \left[\rho\left(\boldsymbol{U} - \boldsymbol{U}_V\right) \cdot \boldsymbol{n}\right]_{S^+} \tag{3.2.29}$$

其中，S^- 是在热斑一侧的表面，S^+ 是在壳层一侧的表面。在一维球几何下，$\boldsymbol{n}$ 是径向的，所以

$$\rho_{\text{HS}} V_{\text{b}} = \rho_{\text{Sh}} V_{\text{a}} \tag{3.2.30}$$

其中

$$V_a \equiv \left|U - U_V\right|_{\mathrm{Sh}}, \qquad V_b \equiv \left|U - U_V\right|_{\mathrm{HS}} \tag{3.2.31}$$

分别是壳层和热斑相对于界面的相对运动速度（或随界面运动的坐标系看到的质点速度），如图3.7所示。

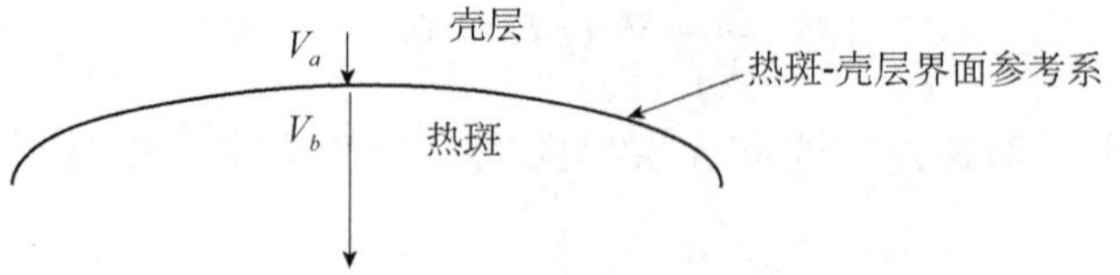

图3.7 随界面运动的坐标系看到的质点速度

由于界面上质量流连续，而壳层的密度远大于热斑的密度 $\rho_{\mathrm{HS}} \ll \rho_{\mathrm{Sh}}$，这表明

$$V_a = \frac{\rho_{\mathrm{HS}}}{\rho_{\mathrm{Sh}}} V_b \ll V_b \tag{3.2.32}$$

即热斑相对于界面流速 V_b 远大于壳层相对于界面流速 V_a。

壳层和热斑是否真有质量交换？还是 $V_a = V_b = 0$？将能量守恒方程（3.2.18）从0积分到表面 S^+ 和半径 R^+ 处（位于壳层内），忽略壳层内的热传导，则有

$$\frac{3}{2}V\frac{\mathrm{d}p(t)}{\mathrm{d}t} \approx \int_{S^+}\left[-\boldsymbol{U}\cdot\boldsymbol{n}\frac{5}{2}p(t)\right]\mathrm{d}S + p^2(t)\int_V \Pi(T)\mathrm{d}V \tag{3.2.33}$$

即

$$\frac{3}{2}V^+\frac{\mathrm{d}p(t)}{\mathrm{d}t} \approx \frac{5}{2}p(t)\int_{S^+}[-\boldsymbol{U}\cdot\boldsymbol{n}]\mathrm{d}S + p^2(t)\int_V \Pi(T)\mathrm{d}V \tag{3.2.34}$$

利用热斑体积 V 演化方程，体积变化的速率为

$$\frac{\mathrm{d}V^+}{\mathrm{d}t} = \int_{S^+}[\boldsymbol{U}_V\cdot\boldsymbol{n}]\mathrm{d}S \tag{3.2.35}$$

其中，$\boldsymbol{U}_V$ 是热斑与壳层界面质点运动的速度，于是

$$\int_{S^+}[\boldsymbol{U}\cdot\boldsymbol{n}]\mathrm{d}S = \int_{S^+}\left[(\boldsymbol{U}-\boldsymbol{U}_V)\cdot\boldsymbol{n}\right]\mathrm{d}S + \frac{\mathrm{d}V^+}{\mathrm{d}t}$$

代入式（3.2.34），则有能量守恒方程

$$\frac{3}{2}V^+\frac{\mathrm{d}p(t)}{\mathrm{d}t} \approx -\frac{5}{2}p(t)\frac{\mathrm{d}V^+}{\mathrm{d}t} + p(t)^2\int_{V^+}\Pi(T)\mathrm{d}V - \frac{5}{2}p(t)\int_{S^+}\left[(\boldsymbol{U}-\boldsymbol{U}_V)\cdot\boldsymbol{n}\right]\mathrm{d}S \tag{3.2.36}$$

略去 V 的上标+，注意到

$$\frac{3}{2}V\frac{\mathrm{d}p(t)}{\mathrm{d}t} + \frac{5}{2}p(t)\frac{\mathrm{d}V}{\mathrm{d}t} = \frac{3}{2}\frac{1}{V^{2/3}}\frac{\mathrm{d}}{\mathrm{d}t}\left(pV^{5/3}\right)$$

再注意到 $(\boldsymbol{U}-\boldsymbol{U}_V)\cdot\boldsymbol{n}$ 即为 V_a，而

$$\int_{S^+}\left[\left(\boldsymbol{U}-\boldsymbol{U}_V\right)\cdot\boldsymbol{n}\right]\mathrm{d}S=\int_{S^+}V_a\mathrm{d}S$$

是从壳层内部流过表面 S^+ 的流，则能量守恒方程（3.2.36）变为

$$\frac{3}{2}\frac{1}{V^{2/3}}\frac{\mathrm{d}}{\mathrm{d}t}\left(pV^{5/3}\right)\approx p(t)^2\int_V\Pi(T)\mathrm{d}V-\frac{5}{2}p(t)\int_{S^+}V_a\mathrm{d}S \tag{3.2.37}$$

由于界面上质量流连续，即 $\rho_{\mathrm{HS}}V_b=\rho_{\mathrm{Sh}}V_a$，取极限壳层密度 $\rho_{\mathrm{HS}}\ll\rho_{\mathrm{Sh}}$，那么 $V_a\ll V_b$，则式（3.2.37）右边最后一项可以忽略，变为

$$\frac{3}{2}\frac{1}{V^{2/3}}\frac{\mathrm{d}}{\mathrm{d}t}\left(pV^{5/3}\right)\approx p(t)^2\int_V\Pi(T)\mathrm{d}V \tag{3.2.38}$$

上式即为热斑周围是“无限高”壳层密度的情况下，等压模型的能量守恒方程。由式（3.2.15）可知，方程（3.2.38）的右边项是α粒子加热项与韧致辐射损失的贡献。V是热斑体积。

下面计算内壳层的烧蚀。为了计算通过 S^+ 的能流，如图3.8 所示对能量守恒方程（3.2.18）在 ΔV内积分，即从内界面（热斑内）积分到外界面（在壳层内），有

$$\frac{3}{2}\frac{\mathrm{d}p(t)}{\mathrm{d}t}\Delta V\approx\int_{\Delta S^-}^{\Delta S^+}\left[-\boldsymbol{U}\cdot\boldsymbol{n}\frac{5}{2}p(t)+\kappa\boldsymbol{n}\cdot\nabla T\right]\mathrm{d}S+p(t)\Pi(T)\Delta V \tag{3.2.39}$$

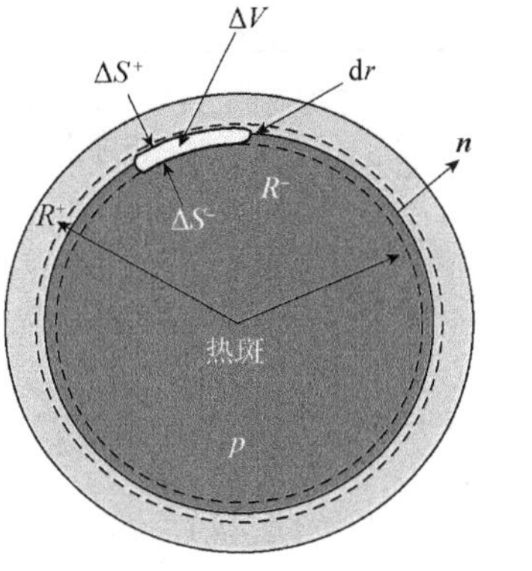

图3.8 热斑内界面到外界面的体积 ΔV

当内界面到外界面的体积 $\Delta V\to 0$，即当 $\Delta V=\Delta S\mathrm{d}r$ 中取 $\mathrm{d}r\to 0$ 时（ΔS为任意表面积），有

$$\left[-\boldsymbol{U}\cdot\boldsymbol{n}\frac{5}{2}p(t)\right]_{\Delta S^+}=\left[-\boldsymbol{U}\cdot\boldsymbol{n}\frac{5}{2}p(t)+\kappa\boldsymbol{n}\cdot\nabla T\right]_{\Delta S^-} \tag{3.2.40}$$

式（3.2.40）忽略了壳层内的热传导（因为壳层内 $\kappa\to 0$，几乎绝缘）。

$$\left(\boldsymbol{U}^- - \boldsymbol{U}^+\right)\cdot\boldsymbol{n}\frac{5}{2}p(t)=\left[\kappa\boldsymbol{n}\cdot\nabla T\right]_{S^-} \tag{3.2.41}$$

因为$\boldsymbol{n}=\boldsymbol{e}_r$，故

$$\left(\boldsymbol{U}^+-\boldsymbol{U}^-\right)\cdot\boldsymbol{e}_r\frac{5}{2}p(t)=\left[-\kappa\boldsymbol{e}_r\cdot\nabla T\right]_{S^-} \tag{3.2.42}$$

因为∇T在R^-处是负的（朝$\boldsymbol{n}=\boldsymbol{e}_r$的反方向），故式（3.2.42）右侧

$$\left[-\kappa\boldsymbol{e}_r\cdot\nabla T\right]_{S^-}=\text{离开热斑进入}\Delta V\text{的热流}$$

再看式（3.2.42）左侧的意义。如图3.7所示，因为相对流是向内的（朝$\boldsymbol{n}=\boldsymbol{e}_r$的反方向），那么在式（3.2.42）的左侧有

$$\left(\boldsymbol{U}^+-\boldsymbol{U}^-\right)\cdot\boldsymbol{e}_r=-\left(\boldsymbol{U}^+-\boldsymbol{U}^-\right)\cdot(-\boldsymbol{e}_r)=V_b-V_a \tag{3.2.43}$$

其中，$V_a\equiv\left|U-U_V\right|_{\mathrm{Sh}}$，$V_b\equiv\left|U-U_V\right|_{\mathrm{HS}}$为相对界面$\Delta S$运动的质点流速。故式（3.2.42）左侧

$$(V_b-V_a)\frac{5}{2}p(t)=\text{离开}\Delta V\text{进入热斑的焓通量}$$

则式（3.2.42）可表示为

$$(V_b-V_a)\frac{5}{2}p(t)=\left[-\kappa\boldsymbol{e}_r\cdot\nabla T\right]_{S^-} \tag{3.2.44}$$

可见，对任意表面积ΔS，热斑的热量损失由焓通量来补充。如图3.9所示。

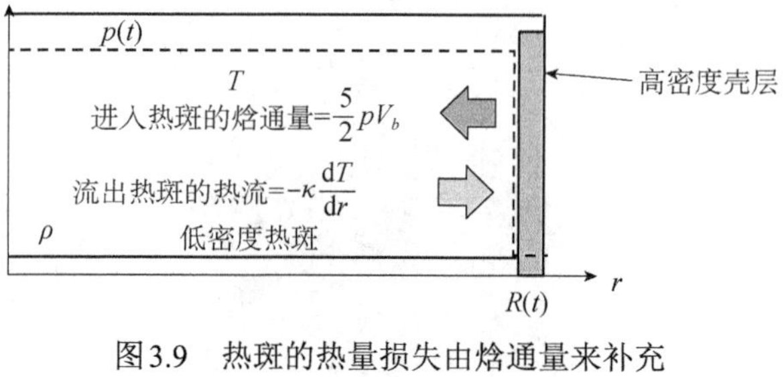

图3.9　热斑的热量损失由焓通量来补充

利用$V_a=\dfrac{\rho_{\mathrm{HS}}}{\rho_{\mathrm{Sh}}}V_b\ll V_b$，代入式（3.2.44），可得相对界面$\Delta S$运动的质点流速

$$V_b\approx-\frac{2}{5}\frac{\left[\kappa\boldsymbol{n}\cdot\nabla T\right]_{S^-}}{p(t)} \tag{3.2.45}$$

$$V_a\approx-\frac{2}{5}\frac{\rho_{\mathrm{HS}}}{\rho_{\mathrm{Sh}}}\frac{\left[\kappa\boldsymbol{n}\cdot\nabla T\right]_{S^-}}{p(t)} \tag{3.2.46}$$

定义烧蚀速率（ablation velocity）V_a为穿过热斑界面进入壳层的速率，如图3.10所示。V_b为烧蚀的壳层等离子体进入热斑的速率，如图3.11所示。由于热斑温度高，热流从热斑流向壳层，热斑的热流引起壳层燃料烧蚀进入热斑中。

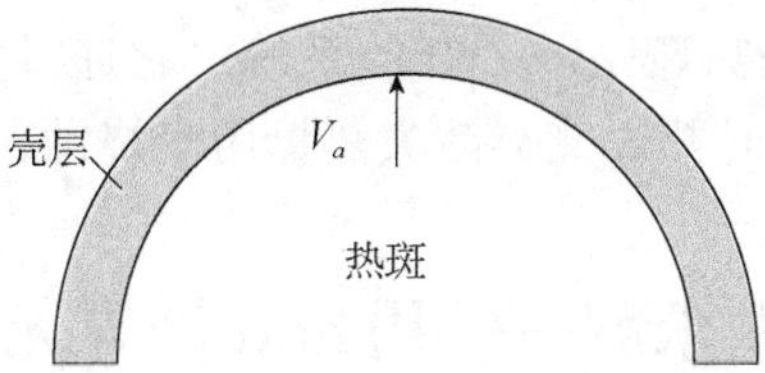

图3.10 以壳为参考系，热斑的烧蚀速率V_a

在热斑周围是“无限高”壳层密度的情况下，等压模型的能量守恒方程为(3.2.38)，即

$$\frac{3}{2}\frac{1}{V^{2/3}}\frac{\mathrm{d}}{\mathrm{d}t}\left(pV^{5/3}\right)\approx p(t)^2\int_V \Pi(T)\mathrm{d}V$$

此式忽略壳层内的热传导，其中，V是热斑的体积，p是热斑的压强。如果上式右端为0，即热斑无α粒子加热和辐射损失，则有

$$pV^{5/3}\approx 常数 \tag{3.2.47}$$

也就是说，如果热斑是绝热的（没有 α 粒子加热、辐射损失和热传导损失），壳层的密度很大，则热斑的体积V和压强p满足方程（3.2.47）。如图3.11 所示，将热斑-壳层界面定义在没有热通量的冷壳内部的R^+处，使热斑成为绝热的(adiabatic)（即没有α加热和辐射损失），此处的绝热意味着边界没有热流通过。

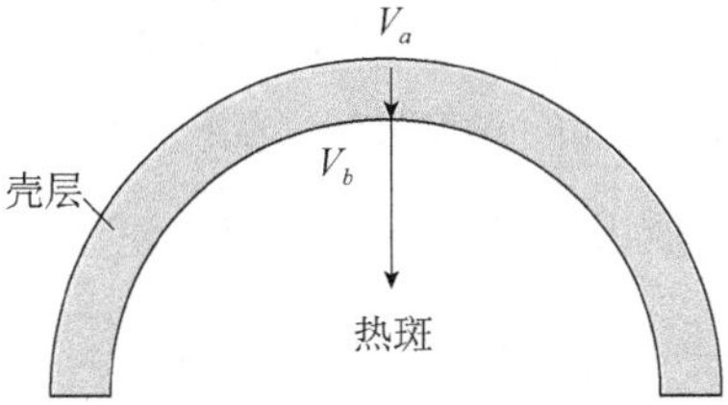

图3.11 以壳与热斑的交界面为参考系，烧蚀的壳层等离子体进入热斑的速率V_b

注意，绝热的热斑并不代表热斑的熵是常数。等离子体（或气体）的熵是与流体元素有关的局部量，单位质量等离子体（或气体）的熵为

$$s=c_p\lg\frac{p}{\rho^{5/3}} \tag{3.2.48}$$

其中，常数c_p是等压比热。对一个封闭系统，其质量M守恒，密度与体积成反比

$$\rho=\frac{M}{V}$$

那么熵为

$$s=c_p\lg\frac{pV^{5/3}}{M^{5/3}} \tag{3.2.49}$$

因此，如果热斑是绝热的，则$pV^{5/3}$为常数，只有M为常数时熵才为常数。但是，

热斑的熵不是常数，因为热斑是一个开放系统，它通过烧蚀从壳体得到质量，热斑质量M不是恒定的。同时热斑又会散失热量用于烧蚀壳层。

3.3 一维动力学模型求解——用noα推导无量纲方程

在第4章中介绍α粒子加热的功率密度和等离子体的韧致辐射功率密度时，我们可以看到，通过压缩将热斑加热到大约6keV或更高温度，则聚变产生的α粒子加热将大大超过辐射损耗，以致可以忽略辐射损失，温度>6keV称为高温极限（一般指T=8~23keV的高温）。图3.12给出了α粒子加热的功率密度与韧致辐射功率密度的比值随温度的变化曲线。

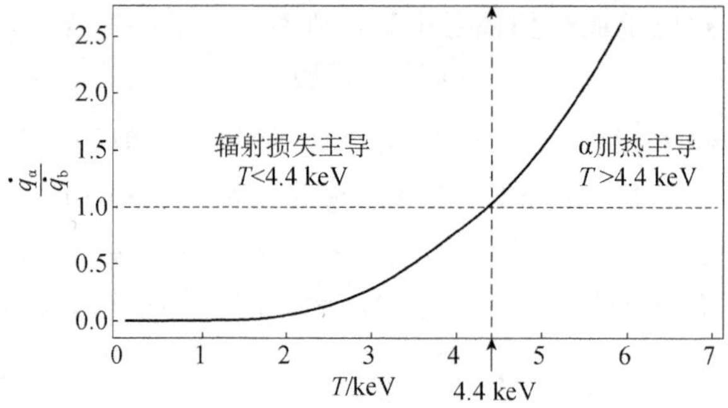

图3.12 α粒子加热的功率密度与韧致辐射功率密度比随温度的变化

高温极限下，α粒子加热大大超过辐射损耗，式（3.2.15）变为

$$\Pi(T) \approx \frac{1}{4}\left[\frac{\varepsilon_\alpha}{4}\frac{\langle\sigma v\rangle}{T^2}\right] \tag{3.3.1}$$

α粒子加热的功率密度（3.2.16）为

$$\dot{q}_\alpha = p^2\Pi(T) \tag{3.3.2}$$

当T=8~23keV的高温时，聚变反应率参数$\langle\sigma v\rangle \approx S_f T^2$，其中$S_f$为常数，故（3.3.1）变为

$$\Pi(T) \approx \frac{\varepsilon_\alpha}{16}S_f \tag{3.3.3}$$

它与温度无关。

前面导出过，在热斑周围是“无限高”壳层密度的情况下，等压模型的能量守恒方程为（3.2.38），即

$$\frac{3}{2}\frac{1}{V^{2/3}}\frac{\mathrm{d}}{\mathrm{d}t}\left(pV^{5/3}\right) \approx p(t)^2\int_V \Pi(T)\mathrm{d}V$$

高温下，把式（3.3.3）代入能量守恒方程（3.2.38），得

$$\frac{1}{V^{2/3}}\frac{\mathrm{d}}{\mathrm{d}t}\left(pV^{5/3}\right)\approx\frac{\varepsilon_\alpha}{24}S_f p(t)^2 V(t) \tag{3.3.4}$$

方程只依赖于热斑的压强 $p(t)$ 和体积 $V(t)$，与温度无关。

在一维球几何情况下，热斑体积 $V=\frac{4}{3}\pi R^3$，式（3.3.4）变为

$$\frac{\mathrm{d}}{\mathrm{d}t}\left(pR^5\right)\approx\frac{\varepsilon_\alpha}{24}S_f p^2 R^5 \tag{3.3.5}$$

其中热斑半径 $R(t)$ 随时间的变化满足牛顿第二定律

$$M_{\mathrm{Sh}}\frac{\mathrm{d}^2 R}{\mathrm{d}t^2}=4\pi R^2 p \tag{3.3.6}$$

式（3.3.5）和式（3.3.6）是半径 $R(t)$ 和压强 $p(t)$ 满足的方程组。初始条件为，t=0 时刻壳层的速度为峰值内爆速度 V_i，此后壳层开始减速，t=0 时刻壳层的半径为 R_*，即初始条件为

$$R(0)=R_* \tag{3.3.7}$$

$$\frac{\mathrm{d}R}{\mathrm{d}t}(0)=-V_i \tag{3.3.8}$$

$$p(0)=p_* \tag{3.3.9}$$

解方程组（3.3.5）和（3.3.6），可以得到半径 $R(t)$ 和压强 $p(t)$。

（1）第一种解法。利用初始时刻壳层半径 R_* 和压强 p_* 以及内爆速度 V_i，引入无量纲量

$$\hat{R}=\frac{R}{R_*},\qquad \hat{p}=\frac{p}{p_*},\qquad \hat{t}=\frac{t}{R_*/V_i} \tag{3.3.10}$$

则方程组（3.3.5）和（3.3.6）变成以下无量纲方程

$$\frac{\mathrm{d}}{\mathrm{d}\hat{t}}\left(\hat{p}\hat{R}^5\right)\approx\hat{\varepsilon}\hat{p}^2\hat{R}^5 \tag{3.3.11}$$

$$\hat{\varepsilon}_0\frac{\mathrm{d}^2\hat{R}}{\mathrm{d}\hat{t}^2}=\hat{R}^2\hat{p} \tag{3.3.12}$$

其中两个系数为

$$\hat{\varepsilon}_0\equiv\frac{M_{\mathrm{sh}}V_i^2}{4\pi p_* R_*^3},\qquad \hat{\varepsilon}\equiv\frac{\varepsilon_\alpha S_f p_* R_*}{24V_i} \tag{3.3.13}$$

无量纲的初始条件为

$$\hat{R}(0)=1,\qquad \frac{\mathrm{d}\hat{R}}{\mathrm{d}\hat{t}}(0)=-1,\qquad \hat{p}(0)=1 \tag{3.3.14}$$

联立式（3.3.11）和式（3.3.12），消去 $\hat{p}$ 可得 $\hat{R}$ 满足的方程

$$\frac{\mathrm{d}}{\mathrm{d}\hat{t}}\left(\frac{\mathrm{d}^2\hat{R}}{\mathrm{d}\hat{t}^2}\hat{R}^3\right)=\frac{\hat{Y}}{\hat{\varepsilon}_0}\left(\frac{\mathrm{d}^2\hat{R}}{\mathrm{d}\hat{t}^2}\right)^2\hat{R} \tag{3.3.15}$$

其中，$\hat{Y}=\hat{\varepsilon}\hat{\varepsilon}_0^2$。由式（3.3.12）和式（3.3.14）可得初始条件为

$$\frac{\mathrm{d}^2\hat{R}}{\mathrm{d}\hat{t}^2}(0)=\frac{1}{\hat{\varepsilon}_0} \tag{3.3.16}$$

当$\varepsilon_0 \gg 1$时，我们可以找到一个临界值$\hat{Y}$，使得$\hat{R}$和$\hat{p}$的解为单调函数。当$\hat{Y}=1.738$，ε_0=100时，$\hat{R}$和$\hat{p}$的解，如图3.13和图3.14所示。

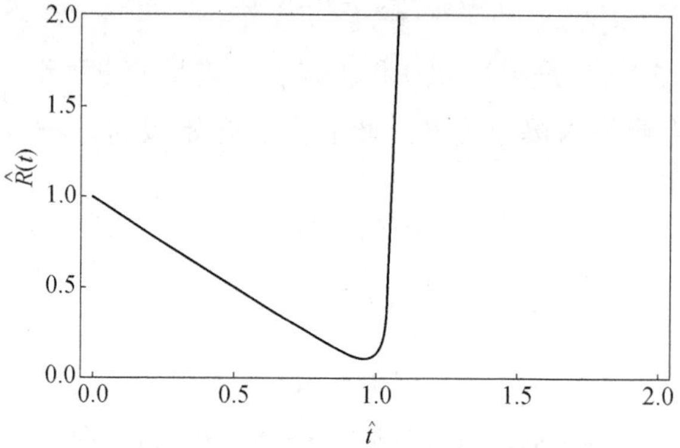

图3.13　当$\hat{Y}$=1.738，ε_0=100时，$\hat{R}$的解

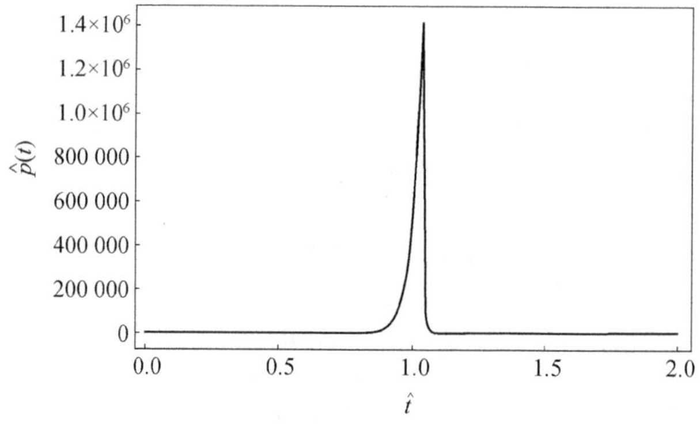

图3.14　当$\hat{Y}$=1.738，ε_0=100时，$\hat{p}$的解

（2）第二种解法。首先求解无α粒子加热时的能量方程（3.3.5），即

$$\frac{\mathrm{d}}{\mathrm{d}t}\left(pR^5\right)\approx\frac{\varepsilon_\alpha}{24}S_f p^2R^5$$

即

$$\frac{\mathrm{d}}{\mathrm{d}t}\left(pR^5\right)=0 \tag{3.3.17}$$

解为

$$p(t)=p_*\frac{R_*^{\ 5}}{R^5(t)} \tag{3.3.18}$$

把此解 $p(t)$ 代入动量方程（3.3.6），得热斑半径 $R(t)$ 满足的方程

$$M_{\mathrm{Sh}}\frac{\mathrm{d}^2R}{\mathrm{d}t^2}=4\pi p_*\frac{R_*^{\ 5}}{R^3} \tag{3.3.19}$$

两边乘以 $\mathrm{d}R(t)/\mathrm{d}t$ 得

$$\frac{\mathrm{d}R}{\mathrm{d}t}\frac{\mathrm{d}^2R}{\mathrm{d}t^2}=\frac{4\pi p_*R_*^{\ 5}}{M_{\mathrm{Sh}}}\frac{1}{R^3}\frac{\mathrm{d}R}{\mathrm{d}t} \tag{3.3.20}$$

即

$$\frac{1}{2}\frac{\mathrm{d}}{\mathrm{d}t}\left(\frac{\mathrm{d}R}{\mathrm{d}t}\right)^2=-\frac{2\pi p_*R_*^{\ 5}}{M_{\mathrm{Sh}}}\frac{\mathrm{d}}{\mathrm{d}t}\left(\frac{1}{R^2}\right) \tag{3.3.21}$$

对时间积分，利用初始条件（3.3.7）和（3.3.8），可得

$$\left(\frac{\mathrm{d}R}{\mathrm{d}t}\right)^2=V_i^2-\frac{4\pi p_*R_*^{\ 5}}{M_{\mathrm{Sh}}}\left(\frac{1}{R^2}-\frac{1}{R_*^2}\right) \tag{3.3.22}$$

其中，R_* 为热斑的初始半径。注意在壳层停滞时刻，速度 $\mathrm{d}R(t)/\mathrm{d}t=0$，$R=R_{\mathrm{s}}$（停滞时半径），故停滞时半径满足

$$V_i^2\approx\frac{4\pi p_*R_*^{\ 5}}{M_{\mathrm{Sh}}}\frac{1}{R_{\mathrm{s}}^2}\left(1-\frac{R_{\mathrm{s}}^2}{R_*^2}\right)\approx\frac{4\pi p_*R_*^{\ 5}}{M_{\mathrm{Sh}}}\frac{1}{R_{\mathrm{s}}^2} \tag{3.3.23}$$

上式最后的近似是基于壳层停滞时半径 $R_{\mathrm{s}}\ll$ 初始半径 R_*，因此停滞时半径为

$$R_{\mathrm{s}}^2\approx\frac{4\pi p_*R_*^{\ 5}}{M_{\mathrm{Sh}}V_i^2} \tag{3.3.24}$$

再利用式（3.3.18）$p_{\mathrm{s}}R_{\mathrm{s}}^5=p_*R_*^{\ 5}$，代入上式得停滞时压强 p_{s} 满足

$$p_{\mathrm{s}}\approx M_{\mathrm{Sh}}V_i^2/4\pi R_{\mathrm{s}}^{\ 3} \tag{3.3.25}$$

式（3.3.25）可改写为能量守恒形式

$$\frac{4\pi}{3}R_{\mathrm{s}}^{\ 3}\frac{3}{2}p_{\mathrm{s}}\approx\frac{1}{2}M_{\mathrm{Sh}}V_i^2 \tag{3.3.26}$$

此式左边是热斑的内能 $E_{\mathrm{HS}}^{\mathrm{stag}}$，右边是壳层运动的初始动能 $E_{\mathrm{kin}}^{\mathrm{shell}}(t=0)$，即壳层运动停滞时，热斑的内能完全由壳层的动能转换而来，这实际上是未考虑 α 加热时能量守恒的必然结果，即

$$E_{\mathrm{HS}}^{\mathrm{stag}}\approx E_{\mathrm{kin}}^{\mathrm{shell}}(t=0) \tag{3.3.27}$$

前面推导停滞条件 R_{s} 和 p_{s} 时，未考虑 α 粒子能量加热，记 $R_{\mathrm{s}}=R_{\mathrm{s}}^{\mathrm{no}\alpha},p_{\mathrm{s}}=p_{\mathrm{s}}^{\mathrm{no}\alpha}$ 为无

α 粒子加热时停滞时刻的参量，称noα条件。

下面利用参量 $R_s^{noα}$、$p_s^{noα}$ 来建立有 α 粒子加热时 $R(t)$、$p(t)$ 满足的无量纲方程。有 α 粒子加热时，$p(t)$、$R(t)$ 满足的方程组（3.3.5）和（3.3.6），即

$$\frac{d}{dt}\left(pR^5\right) \approx \frac{\varepsilon_α}{24} S_f p^2 R^5$$

$$M_{Sh}\frac{d^2R}{dt^2} = 4\pi R^2 p$$

利用无 α 粒子加热时停滞时刻的参量 $R_s^{noα}$、$p_s^{noα}$ 和壳层的初始内爆速度 V_i，定义以下无量纲物理量

$$\hat{R} = \frac{R}{R_s^{noα}}, \qquad \hat{t} = \frac{t}{R_s^{noα}/V_i}, \qquad \hat{p} = \frac{p}{p_s^{noα}} \tag{3.3.28}$$

其中，$R_s^{noα}$、$p_s^{noα}$、V_i 满足式（3.3.25），即

$$4\pi p_s^{noα}\left(R_s^{noα}\right)^3 \approx M_{Sh}V_i^2 \tag{3.3.29}$$

有 α 粒子加热时 $p(t)$、$R(t)$ 满足的方程组（3.3.5）和（3.3.6），可化为新的无量纲方程组

$$\frac{d}{d\hat{t}}\left(\hat{p}\hat{R}^5\right) \approx \xi_{noα}\hat{p}^2\hat{R}^5 \tag{3.3.30}$$

$$\frac{d^2\hat{R}}{d\hat{t}^2} = \hat{R}^2\hat{p} \tag{3.3.31}$$

其中

$$\xi_{noα} \equiv \frac{\varepsilon_α S_f}{24} p_s^{noα}\frac{R_s^{noα}}{V_i} = \frac{p_s^{noα}R_s^{noα}/V_i}{24/(\varepsilon_α S_f)} \tag{3.3.32}$$

无量纲方程组（3.3.30）和（3.3.31）两者结合，得

$$\frac{d}{d\hat{t}}\left(\frac{d^2\hat{R}}{d\hat{t}^2}\hat{R}^3\right) = \xi_{noα}\left(\frac{d^2\hat{R}}{d\hat{t}^2}\right)^2\hat{R} \tag{3.3.33}$$

初始条件（$\epsilon \ll 1$ 是无穷小量）为

$$\hat{R}(0) = \frac{R_*}{R_s^{noα}} = \frac{1}{\epsilon} \gg 1, \quad \frac{d\hat{R}}{d\hat{t}}(0) = -1, \quad \frac{d^2\hat{R}}{d\hat{t}^2}(0) = \epsilon^3 \ll 1, \quad \hat{p}(0) = \frac{p_*}{p_s^{noα}} = \epsilon^5 \ll 1$$

重写能量守恒方程（3.3.30），得

$$-\frac{d}{d\hat{t}}\left(\frac{1}{\hat{p}}\right) + \frac{5}{\hat{p}\hat{R}}\frac{d\hat{R}}{d\hat{t}} \approx \xi_{noα} \tag{3.3.34}$$

定义新变量

$$\Phi \equiv \frac{1}{\hat{p}} \tag{3.3.35}$$

式（3.3.34）可化为线性方程

$$\frac{\mathrm{d}\Phi}{\mathrm{d}\hat{t}} - \Phi \frac{1}{\hat{R}^5}\frac{\mathrm{d}\hat{R}^5}{\mathrm{d}\hat{t}} \approx -\xi_{\mathrm{no\alpha}} \tag{3.3.36}$$

注意到

$$-\hat{R}^5 \frac{\mathrm{d}}{\mathrm{d}\hat{t}}\left(\frac{1}{\hat{R}^5}\right) = \frac{1}{\hat{R}^5}\frac{\mathrm{d}\hat{R}^5}{\mathrm{d}\hat{t}}$$

则式（3.3.36）变为

$$\frac{\mathrm{d}}{\mathrm{d}\hat{t}}\left(\frac{\Phi}{\hat{R}^5}\right) \approx -\frac{\xi_{\mathrm{no\alpha}}}{\hat{R}^5} \tag{3.3.37}$$

从停滞时刻t_s开始积分到t时刻，得

$$\left(\frac{\Phi}{\hat{R}^5}\right) = \left(\frac{\Phi}{\hat{R}^5}\right)_{\mathrm{s}} - \int_{t_s}^{t} \frac{\xi_{\mathrm{no\alpha}}}{\hat{R}^5}\mathrm{d}t \tag{3.3.38}$$

由式（3.3.28）知，在停滞时刻t_s，$\left(\frac{\Phi}{\hat{R}^5}\right)_{\mathrm{s}} = 1$，所以有

$$\Phi(t) = \hat{R}^5\left(1 - \xi_{\mathrm{no\alpha}}\int_{t_s}^{t}\frac{\mathrm{d}\hat{t}}{\hat{R}^5}\right) \tag{3.3.39}$$

假设壳层停滞后 α 粒子加热占主导作用，在停滞时刻noα 条件近似成立。压强p有单调解（或 Φ=0）的条件为

$$1 = \xi_{\mathrm{no\alpha}}\int_{t_s}^{t}\frac{\mathrm{d}\hat{t}}{\hat{R}^5} = \xi_{\mathrm{no\alpha}}\int_{1}^{\hat{R}}\frac{\mathrm{d}\hat{R}}{\hat{R}^5(\mathrm{d}\hat{R}/\mathrm{d}\hat{t})} \tag{3.3.40}$$

将被积函数在停滞时刻t_s展开

$$\hat{R} \approx 1 + \left(\frac{\mathrm{d}^2\hat{R}}{\mathrm{d}\hat{t}^2}\right)_{t_s}\frac{(t-t_{\mathrm{s}})^2}{2} \tag{3.3.41}$$

则

$$\frac{\mathrm{d}\hat{R}}{\mathrm{d}\hat{t}} \approx \left(\frac{\mathrm{d}^2\hat{R}}{\mathrm{d}\hat{t}^2}\right)_{t_s}(t-t_{\mathrm{s}}) \tag{3.3.42}$$

由式（3.3.41）可得

$$t - t_{\mathrm{s}} \approx \sqrt{\frac{2(\hat{R}-1)}{\ddot{\hat{R}}(t_{\mathrm{s}})}} \tag{3.3.43}$$

代入式（3.3.42），可得

$$\frac{\mathrm{d}\hat{R}}{\mathrm{d}\hat{t}} \approx \sqrt{2\ddot{\hat{R}}(t_{\mathrm{s}})(\hat{R}-1)} \tag{3.3.44}$$

式（3.3.44）代入式（3.3.40），由于停滞后积分迅速衰减，因此可把积分上限近似延拓到无穷大，即可产生单调解的条件

$$1 \approx \frac{\xi_{\mathrm{no\alpha}}}{\sqrt{2\ddot{\hat{R}}(t_{\mathrm{s}})}} \int_1^{\infty} \frac{\mathrm{d}\hat{R}}{\hat{R}^5 \sqrt{(\hat{R}-1)}} \tag{3.3.45}$$

假设α粒子加热是在壳层停滞后才起作用（停滞时刻没作用），停滞时刻 $\hat{R}(t_{\mathrm{s}})=1$，$\hat{p}(t_{\mathrm{s}})=1$，$\ddot{\hat{R}}(t_{\mathrm{s}})=1$，再利用定积分

$$\int_1^{\infty} \frac{\mathrm{d}\hat{R}}{\hat{R}^5 \sqrt{(\hat{R}-1)}} = \frac{35\pi}{128}$$

从而得到

$$\xi_{\mathrm{no\alpha}} \approx \frac{128\sqrt{2}}{35\pi} \approx 1.7 \tag{3.3.46}$$

其中，$\xi_{\mathrm{no\alpha}}$ 的定义由式（3.3.32）给出，即

$$\xi_{\mathrm{no\alpha}} \equiv \frac{\varepsilon_{\alpha} S_f}{24} p_{\mathrm{s}}^{\mathrm{no\alpha}} \frac{R_{\mathrm{s}}^{\mathrm{no\alpha}}}{V_i} = \frac{p_{\mathrm{s}}^{\mathrm{no\alpha}} R_{\mathrm{s}}^{\mathrm{no\alpha}} / V_i}{24/(\varepsilon_{\alpha} S_f)}$$

其中，分子是劳森判据的 $p\tau$ 条件，分母是类似劳森判据的条件。

点火条件

$$\chi_{\mathrm{no\alpha}} \equiv \frac{p_{\mathrm{no\alpha}} \tau}{24/\left(S_f \varepsilon_{\alpha}\right)} > 1 \tag{3.3.47}$$

其中

$$\chi_{\mathrm{no\alpha}} \approx \frac{\xi_{\mathrm{no\alpha}}}{1.7} = \frac{p_{\mathrm{s}}^{\mathrm{no\alpha}} \left(R_{\mathrm{s}}^{\mathrm{no\alpha}} / V_i\right)}{24 \times 1.7 / \left(\varepsilon_{\alpha} S_f\right)} \tag{3.3.48}$$

下面，我们来看 R_{s} / V_i 是约束时间 τ 吗？球壳约束住热斑压力，从球壳的牛顿第二定律出发，停滞时刻的约束时间满足

$$M_{\mathrm{Sh}} \frac{R_{\mathrm{s}}}{\tau^2} \sim 4\pi R_{\mathrm{s}}^2 p_{\mathrm{s}} \tag{3.3.49}$$

因此有约束时间

$$\tau \sim \sqrt{\frac{M_{\mathrm{Sh}}}{4\pi R_{\mathrm{s}} p_{\mathrm{s}}}} = \frac{R_{\mathrm{s}}}{V_i} \sqrt{\frac{M_{\mathrm{Sh}}}{4\pi R_{\mathrm{s}} p_{\mathrm{s}}} \frac{V_i^2}{R_{\mathrm{s}}^2}} = \frac{R_{\mathrm{s}}}{V_i} \sqrt{\frac{\frac{1}{2} M_{\mathrm{Sh}} V_i^2}{\frac{4\pi}{3} R_{\mathrm{s}}^3 \frac{3}{2} p_{\mathrm{s}}}} \tag{3.3.50}$$

由于初始壳层的动能（分子）近似等于停滞时热斑内能（分母）。故约束时间确实与内爆速度相关，即$\tau \sim R_s / V_i$。

3.4 点火条件

利用式（3.3.48），点火条件为

$$\chi_{\text{noα}} = \frac{p_s^{\text{noα}}\left(R_s^{\text{noα}} / V_i\right)}{24 \times 1.7 / \left(\varepsilon_\alpha S_f\right)} \geqslant 1 \tag{3.4.1}$$

其中

$$\frac{p_s^{\text{noα}} R_s^{\text{noα}}}{V_i} = \frac{p_s^{\text{noα}}\left(R_s^{\text{noα}}\right)^3}{M_{\text{Sh}} V_i^2} \frac{M_{\text{Sh}} V_i}{\left(R_s^{\text{noα}}\right)^2} \tag{3.4.2}$$

利用能量守恒条件（3.3.26），即球壳初始动能=停滞时热斑能量

$$\frac{4\pi}{3} R_s^{\,3} \frac{3}{2} p_s \approx \frac{1}{2} M_{\text{Sh}} V_i^2$$

有

$$M_{\text{Sh}} V_i^2 = 4\pi p_s^{\text{noα}}\left(R_s^{\text{noα}}\right)^3 \tag{3.4.3}$$

因此式（3.4.2）变为

$$\frac{p_s^{\text{noα}} R_s^{\text{noα}}}{V_i} = \frac{1}{4\pi} \frac{M_{\text{Sh}} V_i}{\left(R_s^{\text{noα}}\right)^2} \tag{3.4.4}$$

注意到停滞时壳层的质量（半径为R_s,厚为Δ_s）为

$$M_{\text{Sh}} \approx 4\pi\left(R_s^{\text{noα}}\right)^2 \Delta_s^{\text{noα}} \rho_s^{\text{noα}}$$

则式（3.4.4）变为

$$\frac{p_s^{\text{noα}} R_s^{\text{noα}}}{V_i} = \rho_s^{\text{noα}} \Delta_s^{\text{noα}} V_i \tag{3.4.5}$$

代入式（3.4.1），就可将点火条件写为面密度和速度乘积形式，即

$$\rho_s^{\text{noα}} \Delta_s^{\text{noα}} V_i \geqslant 24 \times 1.7 / \left(\varepsilon_\alpha S_f\right) \tag{3.4.6}$$

写成ICF的单位制，面密度单位为g/cm^2，速度单位为km/s

$$10 \rho \Delta_{\text{s}\left(\text{g/cm}^2\right)}^{\text{noα}} 10^3 V_{i(\text{km/s})} \geqslant 24 \times 1.7 / \left(\varepsilon_\alpha S_f\right) \tag{3.4.7}$$

将$S_f \approx 10^{-24} (\text{m}^3/\text{s})/\text{keV}^2$代入，其中$1\text{keV} = 1.6 \times 10^{-16}\text{J}$，$\varepsilon_\alpha$=3.5MeV。对于薄壳

层，$T>8\text{keV}$（$\sigma v\sim T^2$）、α 能量全部沉积到热斑中，点火条件可写为

$$\rho\varDelta^{\text{no}\alpha}_{\text{s}(\text{g/cm}^2)}V_{i(\text{km/s})}\approx 200 \tag{3.4.8}$$

点火需要的壳层面密度是 1g/cm^2 量级、内爆速度是百 km/s 量级。

聚变中子产额为（noα 时），

$$Y_{\text{no}\alpha}=\int_0^\infty \text{d}t\int_V \text{d}V\frac{n^2}{4}\langle\sigma v\rangle \tag{3.4.9}$$

利用 $\langle\sigma v\rangle/T^2=S_f, P=2nT$ 得

$$Y_{\text{no}\alpha}=\int_0^\infty \text{d}t\frac{P^2}{16}S_fV$$

再利用 $pV^{5/3}\sim pR^5=$ 常数可得

$$Y_{\text{no}\alpha}=S_f\frac{V_{\text{s(no}\alpha)}p^2_{\text{s(no}\alpha)}}{16}\frac{R_\text{s}^{\text{no}\alpha}}{V_i}\beta \tag{3.4.10}$$

其中，$\beta\equiv\int_0^\infty \text{d}\hat{t}\left(\frac{R_\text{s}^{\text{no}\alpha}}{R}\right)^7$，$\hat{t}=\frac{V_it}{R_\text{s}^{\text{no}\alpha}}$ 为无量纲时间。

结合式（3.4.1）和式（3.4.10）可得

$$\frac{Y_{\text{no}\alpha}}{\chi_{\text{no}\alpha}}=\frac{1.7}{\varepsilon_\alpha}\left(\frac{3}{2}p_\text{s}^{\text{no}\alpha}V_\text{s}^{\text{no}\alpha}\right)\beta=\frac{1.7}{\varepsilon_\alpha}\frac{1}{2}M_{\text{Sh}}V_i^2\beta \tag{3.4.11}$$

从而内爆速度可写为

$$V_i=\sqrt{\frac{2\varepsilon_\alpha}{1.7\beta}\frac{1}{\chi_{\text{no}\alpha}}\left(\frac{Y_{\text{no}\alpha}}{M_{\text{Sh}}}\right)} \tag{3.4.12}$$

将式（3.4.5）代入式（3.4.1）得

$$\chi_{\text{no}\alpha}\approx\frac{(\rho\varDelta)^{\text{no}\alpha}_{\text{Sh}}V_i}{24\times1.7/\left(\varepsilon_\alpha S_f\right)} \tag{3.4.13}$$

将式（3.4.12）的 V_i 代入得

$$\chi_{\text{no}\alpha}\approx\left[\frac{\left(\varepsilon_\alpha S_f\right)(\rho\varDelta)^{\text{no}\alpha}_{\text{Sh}}}{24\times1.7}\right]^{2/3}\left[\frac{2\varepsilon_\alpha}{1.7\beta}\left(\frac{Y_{\text{no}\alpha}}{M_{\text{Sh}}}\right)\right]^{1/3} \tag{3.4.14}$$

因此只需得到 β 即可，其中

$$\beta\equiv\int_0^\infty \text{d}\hat{t}\left(\frac{R_\text{s}^{\text{no}\alpha}}{R}\right)^7 \tag{3.4.15}$$

3.4.1　无 α 加热的产额

无 α 粒子能量沉积加热时，无量纲压强和半径满足的方程组（3.3.30）和（3.3.31）变为

$$\frac{\mathrm{d}}{\mathrm{d}\hat{t}}\left(\hat{p}\hat{R}^5\right)=0 \tag{3.4.16}$$

$$\frac{\mathrm{d}^2\hat{R}}{\mathrm{d}\hat{t}^2}=\hat{R}^2\hat{p} \tag{3.4.17}$$

其中，无量纲半径 $\hat{R}=R/R_s^{\mathrm{no}\alpha}$，停滞时刻 t_s 开始，即取壳层停滞时刻为初始时刻 t=0，利用初始条件 $\hat{R}(0)=1,\hat{p}(0)=1$，式（3.4.16）的解为

$$\hat{p}=\frac{1}{\hat{R}^5} \tag{3.4.18}$$

代入式（3.4.17），得

$$\frac{\mathrm{d}^2\hat{R}}{\mathrm{d}\hat{t}^2}=\frac{1}{\hat{R}^3} \tag{3.4.19}$$

两边乘 $\dot{\hat{R}}\equiv\mathrm{d}\hat{R}/\mathrm{d}\hat{t}$，变形为

$$\frac{1}{2}\frac{\mathrm{d}\dot{\hat{R}}^2}{\mathrm{d}\hat{t}}=-\frac{1}{2}\frac{\mathrm{d}}{\mathrm{d}\hat{t}}\left(\frac{1}{\hat{R}^2}\right)$$

对时间积分，利用初始条件得

$$\dot{\hat{R}}\equiv\frac{\mathrm{d}\hat{R}}{\mathrm{d}\hat{t}}=\sqrt{1-\frac{1}{\hat{R}^2}} \tag{3.4.20}$$

t=0 为停滞时刻，方程（3.4.20）的解为

$$\hat{R}(\hat{t})=\sqrt{1+\hat{t}^2} \tag{3.4.21}$$

图3.15给出了 $\hat{R}(\hat{t})$ 随时间的变化曲线。t=0 为停滞时刻，故 t=−∞是减速相。

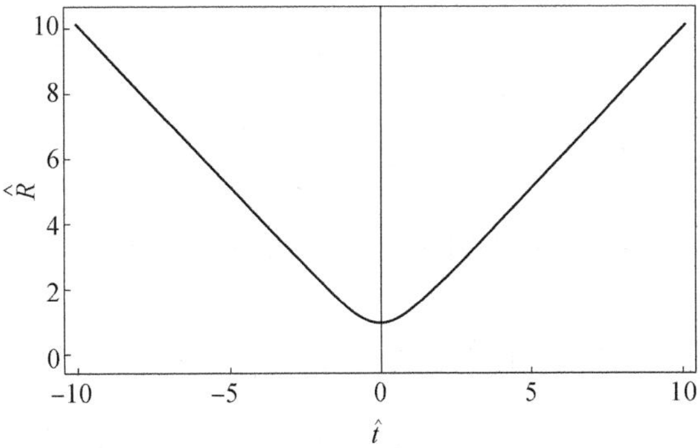

图3.15　没有 α 加热时 $\hat{R}(\hat{t})$ 随时间的变化曲线

式（3.4.21）代入式（3.4.15），可得

$$\beta \equiv \int_0^\infty \mathrm{d}\hat{t}\left(\frac{R_{\mathrm{s}}^{\mathrm{no\alpha}}}{R}\right)^7 \approx \int_0^\infty \mathrm{d}\hat{t}\frac{1}{\left(1+\hat{t}^2\right)^{7/2}}=\frac{16}{15} \tag{3.4.22}$$

其中，中间式子积分t=0是从减速相开始，最后的式子t=0为停滞，故$-\infty$是减速相。

劳森参数（3.4.14）

$$\chi_{\mathrm{no\alpha}} \approx \left[\frac{\left(\varepsilon_\alpha S_f\right)(\rho\varDelta)_{\mathrm{Sh}}^{\mathrm{no\alpha}}}{24\times1.7}\right]^{2/3}\left[\frac{2\varepsilon_\alpha}{1.7\beta}\left(\frac{Y_{\mathrm{no\alpha}}}{M_{\mathrm{Sh}}}\right)\right]^{1/3}$$

的最终形式（产额、面密度、燃料质量的表达式）（见 Christopherson 等（2018））为

$$\chi_{\mathrm{no\alpha}} \approx 0.52\left[(\rho\varDelta)_{\mathrm{Sh}\left(\mathrm{g/cm^2}\right)}^{\mathrm{no\alpha}}\right]^{2/3}\left[\left(\frac{Y_{\mathrm{no\alpha}}^{(16)}}{M_{\mathrm{Sh}}^{\mathrm{mg}}}\right)\right]^{1/3} \tag{3.4.23}$$

上式中用了$S_f \approx 10^{-24}(\mathrm{m^3/s})/\mathrm{keV}^2$。辐射流体的模拟结果（Betti et al., 2015）为

$$\chi_{\mathrm{no\alpha}}^{\mathrm{sim}} \approx 0.49\left[(\rho\varDelta)_{\mathrm{Sh}\left(\mathrm{g/cm^2}\right)}^{\mathrm{no\alpha}}\right]^{0.61}\left(\frac{Y_{\mathrm{no\alpha}}^{(16)}}{M_{\mathrm{Sh}}^{\mathrm{mg}}}\right)^{0.34} \tag{3.4.24}$$

结合$\chi_{\mathrm{no\alpha}}$和劳伦斯·利弗莫尔国家实验室从模拟中得到的点火阈值参数ITFx（Lindl et al., 2014）

$$\mathrm{ITF}x=\left(\frac{Y_{13\sim15\mathrm{MeV}}^{\mathrm{DT}}}{4\times10^{15}}\right)\left(\frac{\mathrm{DSR}_{10\sim12\mathrm{MeV}}}{0.067}\right)^{2.1} \tag{3.4.25}$$

$$\rho R\left(\mathrm{g/cm^2}\right)=20\times\mathrm{DSR} \tag{3.4.26}$$

因此可得

$$\mathrm{ITF}x=0.2\left(\frac{Y_{\mathrm{no\alpha}}^{16}}{0.15\mathrm{mg}}\right)\rho R_{\mathrm{g/cm^2}}^{2.1} \tag{3.4.27}$$

$$\mathrm{ITF}x^{0.34}=0.58\left(\frac{Y_{\mathrm{no\alpha}}^{16}}{0.15\mathrm{mg}}\right)^{0.34}\rho R_{\mathrm{g/cm^2}}^{0.71} \tag{3.4.28}$$

其中，0.15mg是NIF间接驱动中DT的质量，ITFx的物理意义与$\chi_{\mathrm{no\alpha}}$相似。

3.4.2 考虑 α 粒子加热后的产额

考虑 α 粒子加热时，$p(t)$、$R(t)$满足的方程组（3.3.5）和（3.3.6），可化为新

的无量纲方程组

$$\frac{\mathrm{d}}{\mathrm{d}\hat{t}}\left(\hat{p}\hat{R}^5\right) \approx \xi_{\mathrm{no\alpha}}\hat{p}^2\hat{R}^5$$

$$\frac{\mathrm{d}^2\hat{R}}{\mathrm{d}\hat{t}^2} = \hat{R}^2\hat{p}$$

初始条件为

$$\hat{R}(0) = \frac{R_*}{R_{\mathrm{s}}^{\mathrm{no\alpha}}} = \frac{1}{\epsilon} \gg 1，\quad \frac{\mathrm{d}\hat{R}}{\mathrm{d}\hat{t}}(0) = -1，\quad \frac{\mathrm{d}^2\hat{R}}{\mathrm{d}\hat{t}^2}(0) = \epsilon^3 \ll 1，\quad \hat{p}(0) = \frac{p_*}{p_{\mathrm{s}}^{\mathrm{no\alpha}}} = \epsilon^5 \ll 1$$

其中，$\epsilon = R_{\mathrm{s}}^{\mathrm{no\alpha}} / R_* \ll 1$是无穷小量，即$\epsilon \to 0$。解方程组可得$\hat{p}(\hat{t})$、$\hat{R}(\hat{t})$（数值求解时取$\epsilon$=0.1）。

从$\xi_{\mathrm{no\alpha}}$=0(noα)到$\xi_{\mathrm{no\alpha}}$~1.76（单调解，点火）求解上式可得$\hat{p}(\hat{t}),\hat{R}(\hat{t})$。再利用$\langle\sigma v\rangle / T^2 = S_f$、$p = 2nT$，可得聚变中子产额为

$$Y = \int_0^\infty \mathrm{d}t \int_V \mathrm{d}V \frac{n^2}{4}\langle\sigma v\rangle = \int_0^\infty \mathrm{d}t \frac{p^2}{16} S_f V \tag{3.4.29}$$

利用无量纲时间$\hat{t} = \dfrac{V_i t}{R_{\mathrm{s}}^{\mathrm{no\alpha}}}$，压强$\hat{p} = \dfrac{p}{p_{\mathrm{s}}^{\mathrm{no\alpha}}}$，体积$\hat{V} = \dfrac{V}{V_{\mathrm{s}}^{\mathrm{no\alpha}}}$，可得产额

$$Y = \frac{S_f}{16}\frac{(p_{\mathrm{s}}^{\mathrm{no\alpha}})^2 R_{\mathrm{s}}^{\mathrm{no\alpha}} V_{\mathrm{s}}^{\mathrm{no\alpha}}}{V_i}\int_0^\infty \mathrm{d}\hat{t}\hat{p}^2\hat{V} \tag{3.4.30}$$

上式对时间积分只依赖于$\xi_{\mathrm{no\alpha}}$。

没有 α 粒子能量加热时的产额已由式（3.4.10）给出，即

$$Y_{\mathrm{no\alpha}} = S_f \frac{V_{\mathrm{s(no\alpha)}} p_{\mathrm{s(no\alpha)}}^2}{16}\frac{R_{\mathrm{s}}^{\mathrm{no\alpha}}}{V_i}\beta$$

其中

$$\beta = \frac{16}{15}$$

所以没有 α 粒子能量加热时的产额

$$Y_{\mathrm{no\alpha}} = \frac{S_f}{15}\frac{\left(p_{\mathrm{s}}^2 R_{\mathrm{s}} V_{\mathrm{s}}\right)_{(\mathrm{no\alpha})}}{V_i} \tag{3.4.31}$$

二者的比值$Y / Y_{\mathrm{no\alpha}}$只依赖于$\xi_{\mathrm{no\alpha}}$（或$\chi_{\mathrm{no\alpha}} = \xi_{\mathrm{no\alpha}}/1.76$），图3.16 为数值计算给出的产额比值$Y / Y_{\mathrm{no\alpha}}$与$\chi_{\mathrm{no\alpha}}$的依赖关系（拟合曲线），产额增加只是$\chi_{\mathrm{no\alpha}}$函数。点火时$\chi_{\mathrm{no\alpha}} = 1$，数值求解时取$\epsilon$=0.1。

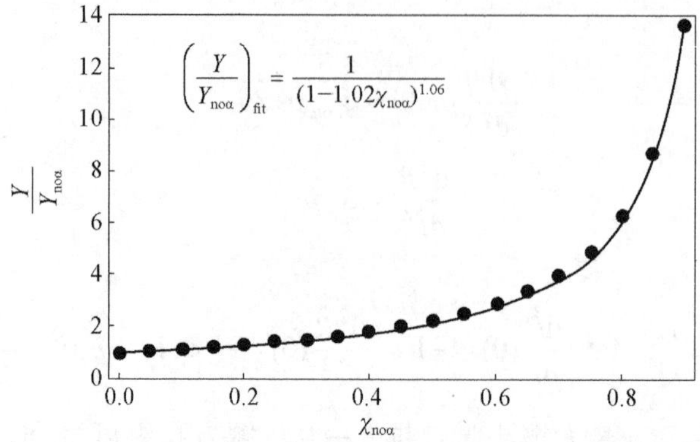

图3.16 产额的比值 $Y/Y_{no\alpha}$ 只依赖于 $\chi_{no\alpha}$

由于 $\chi_{no\alpha}=1$ 时产额的比值 $Y/Y_{no\alpha}$ 趋于∞，上图只画到 $\chi_{no\alpha}=0.9$。图3.17 给出了辐射流体力学对产额比值的数值模拟结果（Betti et al., 2015），数值结果的拟合函数为

$$\left(\frac{Y}{Y_{no\alpha}}\right)_{fit} \approx \frac{1}{\left(1-1.04\chi_{no\alpha}\right)^{0.75}}$$

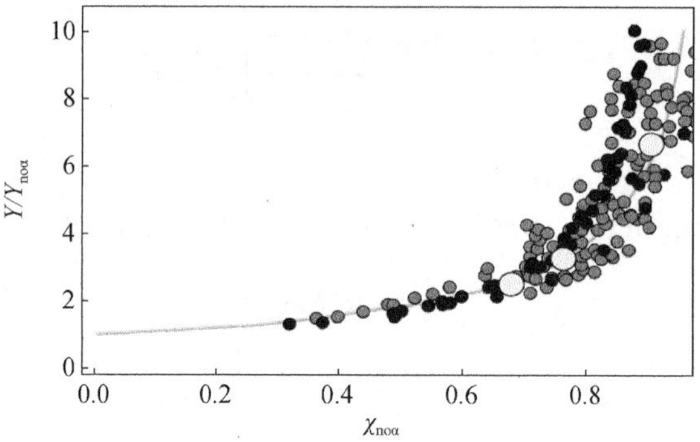

图3.17 产额比值 $Y/Y_{no\alpha}$ 的辐射流体力学的模拟结果

3.5 热斑的温度

热斑温度可由压缩和壳层内壁的烧蚀而引起的热斑质量或密度变化得到。如图3.9 所示，热斑的能量损失导致壳层内壁被烧蚀到热斑中，热斑的热流损失与流进热斑的焓平衡。注意，尽管等压 $p(t)$ 的结果是从严格的马赫数平方 $Ma^2 \ll 1$ 推导而来，但不能保证温度和密度是常数。

在壳层的内界面 R^- 处，热斑的热流损失与流进热斑的焓达到平衡，即

$$-\kappa\frac{\mathrm{d}T}{\mathrm{d}r}\bigg|_{r\to R^-}=\frac{5}{2}pV_b\bigg|_{r\to R^-} \tag{3.5.1}$$

其中，V_b是进入热斑的燃料烧蚀速度。采用理想气体状态方程

$$p=2nT=2\frac{\rho}{m_i}T$$

可得

$$pV_b=\frac{2}{m_i}T\rho V_b=\frac{2}{m_i}T\dot{m}_a \tag{3.5.2}$$

其中，$\dot{m}_a=\rho V_b$是壳层内界面单位面积的质量烧蚀速率，代入方程（3.5.1）中，可得

$$-\kappa\frac{\mathrm{d}T}{\mathrm{d}r}\bigg|_{r\to R^-}=\frac{5}{m_i}T\dot{m}_a\bigg|_{r\to R^-} \tag{3.5.3}$$

考虑到接近冷燃料区域的温度趋于0，因此上式右端趋于0，故左端也趋于0，但燃料质量烧蚀率为有限值

$$\dot{m}_a=\frac{m_i}{5}\left(-\frac{\kappa}{T}\frac{\mathrm{d}T}{\mathrm{d}r}\right)\bigg|_{r\to R^-} \tag{3.5.4}$$

采用一个可能的温度空间分布形式，使其满足$r=0$处热流为0的边界条件，即

$$\frac{\mathrm{d}T}{\mathrm{d}r}\bigg|_{r=0}=0 \tag{3.5.5}$$

取试探解

$$T(r)=T_1(t)\left(1-\frac{r^2}{R(t)^2}\right)^{\omega} \tag{3.5.6}$$

可以满足上述条件（3.5.5），其中参数ω和$T_1(t)$待定。

将T代入能流方程（3.5.4），取$r\to R^-$，并用Spitzer形式的热传导系数$\kappa\approx\kappa_0T^{5/2}$，其中$\kappa_0\approx\frac{1.7k_{\mathrm{B}}^{5/2}}{\sqrt{\pi m_{\mathrm{e}}}e^4\ln\Lambda}$，$k_{\mathrm{B}}$为斯特番-玻尔兹曼常量，$m_{\mathrm{e}}$为电子质量，$e$为电子电荷，$\ln\Lambda$为库仑对数。可得

$$\dot{m}_a=\frac{m_i}{5}\kappa_0T_1^{5/2}\frac{2r}{R^2}\omega\left(1-\frac{r^2}{R^2}\right)^{\frac{5}{2}\omega-1}\Bigg|_{r\to R^-} \tag{3.5.7}$$

只有取ω=2/5时，上式在$r=R^-$处才有限，否则为0。故当ω=2/5时，燃料质量烧蚀率的有限值为

$$\dot{m}_a = \frac{4}{25}\frac{m_i}{R}\kappa_0 T_1^{5/2} \tag{3.5.8}$$

前面式（3.5.6）给出的温度形式满足$r \to R^-$时烧蚀速率有限的限制条件，但只在热斑的边界上有效，当r从边界到中心（$r=0$）时将失效，因为整个热斑是损失能量的。若采用式（3.5.6）（$\omega=2/5$）作为全空间的温度形式，则在$r \to R^-$边界上的热流为0，这是因为

$$-\kappa \left.\frac{\mathrm{d}T}{\mathrm{d}r}\right|_{r\to R^-} = \kappa_0 T_1^{7/2}\frac{2r}{R^2}\omega\left.\left(1-\frac{r^2}{R^2}\right)^{\frac{7}{2}\omega-1}\right|_{r\to R^-} \Rightarrow 0 \qquad \left(\omega=\frac{2}{5}\right) \tag{3.5.9}$$

当服从$\omega=2/5$的温度形式时，温度分布在热斑边界$r=R$上有效，当离开边界往中心$r=0$时将不准确。唯一可行的解是取$\omega=2/7$时的温度分布

$$T(r) = T_0\left(1-\frac{r^2}{R^2}\right)^{2/7} \tag{3.5.10}$$

才能给出在热斑边界上有限的热流

$$-\kappa \left.\frac{\mathrm{d}T}{\mathrm{d}r}\right|_{r\to R^-} = \frac{4}{7}\frac{\kappa_0 T_0^{7/2}}{R} \tag{3.5.11}$$

这表明热斑周围有一个边界层，温度形式为（3.5.10），从边界往中心走时，温度形式（3.5.10）转换为式（3.5.6）（其中$\omega=2/5$），如图3.18 所示。热斑边界上的温度与壳的温度接近。

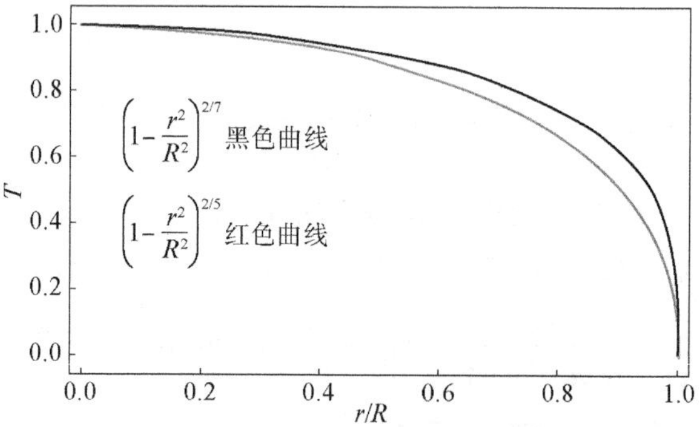

图3.18　$\omega=2/7$和$\omega=2/5$时热斑内温度的空间分布（彩图请扫封底二维码）

若采用温度形式（3.5.6）（其中$\omega=2/5$）去逼近式（3.5.10），可引入参数δ，通过改造T_1为

$$T_1 = T_0 \Big/ \left(1-\delta\frac{r^2}{R^2}\right)$$

使两个温度形式互相衔接，即

$$T_0 \frac{\left(1-\frac{r^2}{R^2}\right)^{2/5}}{1-\delta \frac{r^2}{R^2}} \to T_0 \left(1-\frac{r^2}{R^2}\right)^{2/7} \tag{3.5.12}$$

通过改变δ来找到最接近式（3.5.10）的形式。由图3.19可见，取δ=0.15时两种温度形式达到最接近状态。因此，热斑内全局的温度形式为

$$T \approx T_0 \frac{\left(1-\frac{r^2}{R^2}\right)^{2/5}}{1-0.15\frac{r^2}{R^2}} \tag{3.5.13}$$

可见，当$r \to R$时，取$T_1=T_0/0.85=1.176T_0$，则$\omega=2/5$的温度分布

$$T = T_1 \left(1-\frac{r^2}{R^2}\right)^{2/5} \tag{3.5.14}$$

与温度分布（3.5.10）（其中$\omega=2/7$）在$r \to R^-$时匹配。

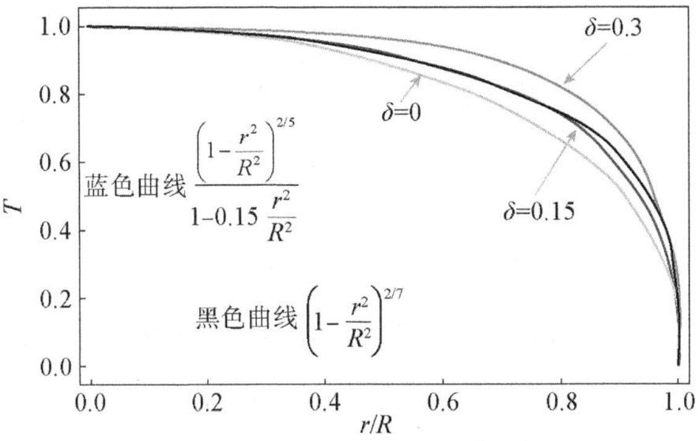

图3.19 不同δ下两种温度形式的接近状态（彩图请扫封底二维码）

用$T_1=1.176T_0$重写质量烧蚀率（3.5.8），得

$$\dot{m}_a = \frac{4}{25}\frac{m_i}{R}\kappa_0 T_1^{5/2} = 0.240\frac{m_i}{R}\kappa_0 T_0^{5/2} \tag{3.5.15}$$

这与精确解（Betti et al., 2001），即

$$\dot{m}_a = 0.237\frac{m_i}{R}\kappa_0 T_0^{5/2} \tag{3.5.16}$$

几乎相同。

利用质量烧蚀率公式（3.5.15），可求得热斑的质量M_{HS}的变化率方程

$$\frac{dM_{HS}}{dt}=4\pi R^2\dot{m}_a \tag{3.5.17}$$

进而求出热斑中心温度T_0。因为热斑的质量

$$M_{HS}=4\pi\int_0^R \rho r^2 dr \tag{3.5.18}$$

由状态方程可给出热斑的质量密度

$$\rho=\frac{m_i}{2}\frac{p(t)}{T(r,t)} \tag{3.5.19}$$

代入式（3.5.18），利用等压条件，即$p(t)$与坐标无关，可得

$$M_{HS}=2\pi m_i p(t)\int_0^R \frac{r^2}{T(r,t)}dr \tag{3.5.20}$$

将全局温度的表达式（3.5.13）代入，得

$$M_{HS}=2\pi m_i \frac{P(t)}{T_0(t)}R(t)^3\int_0^1\frac{1-0.15x^2}{\left(1-x^2\right)^{2/5}}x^2 dx \tag{3.5.21}$$

注意到积分

$$\int_0^1\frac{1-0.15x^2}{\left(1-x^2\right)^{2/5}}x^2 dx=0.56$$

所以热斑质量

$$M_{HS}=1.12\pi m_i\frac{p(t)}{T_0(t)}R(t)^3 \tag{3.5.22}$$

代入式（3.5.17），再结合质量烧蚀率式（3.5.15），可得热斑中心温度的控制方程为

$$\frac{d}{dt}\left(\frac{p}{T_0}R^3\right)\approx 0.86\kappa_0 T_0^{5/2}R \tag{3.5.23}$$

用无α粒子加热时的noα参量归一化各物理量，即取无量纲量

$$\hat{R}=\frac{R}{R_s^{no\alpha}},\qquad \hat{t}=\frac{V_i t}{R_s^{no\alpha}},\qquad \hat{p}=\frac{p}{p_s^{no\alpha}}$$

则式（3.5.23）变为

$$p_s^{no\alpha}\left(R_s^{no\alpha}\right)^3\frac{V_i}{R_s^{no\alpha}}\frac{d}{d\hat{t}}\left(\frac{\hat{p}}{T_0}\hat{R}^3\right)\approx 0.86\kappa_0 T_0^{5/2}\hat{R}R_s^{no\alpha} \tag{3.5.24}$$

上式只有热斑中心温度T_0有量纲。定义$T_s^{no\alpha}$

$$T_s^{no\alpha}\equiv\left[\frac{p_s^{no\alpha}\left(R_s^{no\alpha}\right)^3 V_i}{0.86\kappa_0\left(R_s^{no\alpha}\right)^2}\right]^{2/7} \tag{3.5.25}$$

引入无量纲的温度

$$\hat{T} \equiv \frac{T_0}{T_s^{\text{no}\alpha}} \tag{3.5.26}$$

则式（3.5.24）变为

$$\frac{\mathrm{d}}{\mathrm{d}\hat{t}}\left(\frac{\hat{p}}{\hat{T}}\hat{R}^3\right) \approx \hat{T}^{5/2}\hat{R} \tag{3.5.27}$$

这是热斑的无量纲压强 $\hat{p}$ 、温度 $\hat{T}$ 和半径 $\hat{R}$ 三者满足的方程。由热斑能量方程（3.4.16）可得 $\hat{p} \equiv 1/\hat{R}^5$，重写温度方程（3.5.27），得

$$\frac{1}{\hat{T}^{5/2}\hat{R}^5}\frac{\mathrm{d}}{\mathrm{d}\hat{t}}\left(\frac{1}{\hat{T}\hat{R}^2}\right) \approx \frac{1}{\hat{R}^4} \tag{3.5.28}$$

定义 $\varPsi \equiv \dfrac{1}{\hat{T}\hat{R}^2}$，则式（3.5.28）变为

$$\varPsi^{5/2}\frac{\mathrm{d}\varPsi}{\mathrm{d}\hat{t}} = \frac{2}{7}\frac{\mathrm{d}\varPsi^{7/2}}{\mathrm{d}\hat{t}} = \frac{1}{\hat{R}^4} \tag{3.5.29}$$

再利用

$$\hat{R} = \left(1+\hat{t}^2\right)^{1/2} \tag{3.5.30}$$

式（3.5.29）变为

$$\frac{2}{7}\frac{\mathrm{d}\varPsi^{7/2}}{\mathrm{d}\hat{t}} = \frac{1}{\left(1+\hat{t}^2\right)^2} \tag{3.5.31}$$

对时间积分，并用 $\pi/2$ 为积分常数，得满足 $\varPsi > 0$ (在 $-\infty$ 处) 的解为

$$\varPsi^{7/2} = \frac{7}{4}\left(\frac{\hat{t}}{1+\hat{t}^2} + \arctan[\hat{t}] + \frac{\pi}{2}\right) \tag{3.5.32}$$

故无量纲温度为

$$\hat{T}(\hat{t}) \equiv \frac{1}{\varPsi\hat{R}^2} = \frac{1}{\left(1+\hat{t}^2\right)\left[\dfrac{7}{4}\left(\dfrac{\hat{t}}{1+\hat{t}^2} + \arctan[\hat{t}] + \dfrac{\pi}{2}\right)\right]^{2/7}} \tag{3.5.33}$$

其最大值为

$$\hat{T}_{\max}(\hat{t}) = 0.78 \tag{3.5.34}$$

图3.20给出了热斑的无量纲温度随时间演化，温度峰值稍早于压强峰值（停滞时刻）。热斑中心的实际温度为

$$T_0(t) = \hat{T}(\hat{t})T_s^{\text{no}\alpha} \tag{3.5.35}$$

其中 $T_s^{\text{no}\alpha}$ 由式（3.5.25）给出。利用式（3.5.34），得热斑中心的最高温度为

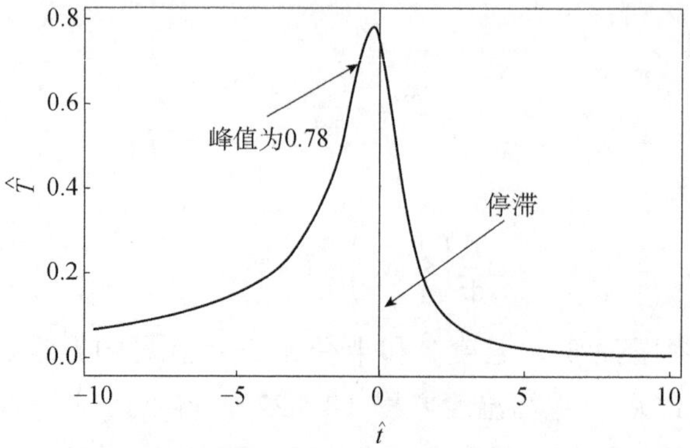

图3.20 热斑的无量纲温度随时间演化，温度峰值稍早于压强峰值（停滞）

$$T_{0,\max}^{\text{no}\alpha} \equiv 0.78\left[\frac{p_s^{\text{no}\alpha}\left(R_s^{\text{no}\alpha}\right)^3 V_i}{0.86\kappa_0\left(R_s^{\text{no}\alpha}\right)^2}\right]^{2/7} \tag{3.5.36}$$

利用能量守恒（热斑内能=壳层的动能）

$$4\pi P_s^{\text{no}\alpha}\left(R_s^{\text{no}\alpha}\right)^3 = M_{\text{Sh}} V_i^2$$

代入式（3.5.36）可得到由壳层质量和内爆速度表示的热斑中心温度

$$T_{0,\max}^{\text{no}\alpha} \equiv 0.81\left[\frac{M_{\text{Sh}} V_i^3}{4\pi\kappa_0\left(R_s^{\text{no}\alpha}\right)^2}\right]^{2/7} \tag{3.5.37}$$

利用薄壳层质量$M_{\text{Sh}} \approx 4\pi(\rho\varDelta)_{\text{Sh}} R_s^2$，热斑中心最终温度为

$$T_{0,\max}^{\text{no}\alpha} \equiv \frac{0.81}{\kappa_0^{2/7}}(\rho\varDelta)_{\text{Sh}}^{2/7} V_i^{6/7} \tag{3.5.38}$$

可见，热斑温度主要依赖于内爆速度，弱依赖于壳层面密度和热导率系数。代入Spitzer热导率

$$\kappa = \kappa_0 T^{5/2} = 3.74\times10^{69} T_{\text{Joule}}^{5/2} \quad (\text{m}^{-1}\cdot\text{s}^{-1}) \tag{3.5.39}$$

其中取库仑对数 $\ln\varLambda=5$。将温度单位换成keV，注意到$1\text{keV}=1.6\times10^{-16}\text{J}$，式（3.5.39）变为

$$\kappa = 1.21\times10^{30} T_{\text{keV}}^{5/2}(\text{m}^{-1}\cdot\text{s}^{-1}) \tag{3.5.40}$$

最大中心温度为

$$T_{0,\max}^{\text{no}\alpha}(\text{keV}) \equiv 6.4(\rho\varDelta)_{\text{g/cm}^2}^{2/7}\left(\frac{V_i^{\text{km/s}}}{300}\right)^{6/7} \tag{3.5.41}$$

注意，以上得出的热斑温度没有考虑α粒子加热。

下面看中子平均温度。对反应速率的平均温度（实验室中核反应诊断到的温度）定义为

$$\left\langle T^{\mathrm{no\alpha}}\right\rangle_n \equiv \frac{\int_0^{\infty}\mathrm{d}t\int_0^{V}\mathrm{d}VT\frac{n^2}{4}\langle\sigma v\rangle}{\int_0^{\infty}\mathrm{d}t\int_0^{V}\mathrm{d}V\frac{n^2}{4}\langle\sigma v\rangle} \tag{3.5.42}$$

其中分母为中子产额。利用状态方程 $p=2nT$，换掉粒子数密度 n，得

$$\left\langle T^{\mathrm{no\alpha}}\right\rangle_n = \frac{\int_0^{\infty}\mathrm{d}tp(t)^2\int_0^{V}\mathrm{d}VT\frac{\langle\sigma v\rangle}{T^2}}{\int_0^{\infty}\mathrm{d}tp(t)^2\int_0^{V}\mathrm{d}V\frac{\langle\sigma v\rangle}{T^2}} \tag{3.5.43}$$

（1）在温度在 8～23keV 区间时，聚变反应速率 $\langle\sigma v\rangle = S_f T^2$，$S_f$ 为常数，因此

$$\left\langle T^{\mathrm{no\alpha}}\right\rangle_n = \frac{\int_0^{\infty}\mathrm{d}tp(t)^2\int_0^{V}\mathrm{d}VT(r)}{\int_0^{\infty}\mathrm{d}tp(t)^2V(t)} \tag{3.5.44}$$

其中，$T(r)$ 的函数形式由式（3.5.13）给出。注意到积分

$$\int_0^{V}\mathrm{d}VT(r) = 3T_0(t)V(t)\int_0^1\frac{\left(1-x^2\right)^{2/5}}{1-0.15x^2}x^2\mathrm{d}x = 0.7T_0(t)V(t) \tag{3.5.45}$$

其中，$V(t)=\frac{4\pi}{3}R^3(t)$ 为体积，则式（3.5.44）变为

$$\left\langle T^{\mathrm{no\alpha}}\right\rangle_n = \frac{0.7\int_0^{\infty}\mathrm{d}tp(t)^2T_0(t)V(t)}{\int_0^{\infty}\mathrm{d}tp(t)^2V(t)} \tag{3.5.46}$$

利用 noα 变量，采用无量纲压强 $\hat{p}(\hat{t})\sim\left(1+\hat{t}^2\right)^{-5/2}$，无量纲温度

$$\hat{T}(\hat{t}) = \frac{1}{\left(1+\hat{t}^2\right)\left[\frac{7}{4}\left(\frac{\hat{t}}{1+\hat{t}^2}+\arctan[\hat{t}]+\frac{\pi}{2}\right)\right]^{2/7}}$$

无量纲半径 $\hat{R}=\left(1+\hat{t}^2\right)^{1/2}$ 和无量纲体积 $\hat{V}(\hat{t})\sim\left(1+\hat{t}^2\right)^{3/2}$，代入式（3.5.46）积分，可得

$$\left\langle T^{\mathrm{no\alpha}}\right\rangle_n \approx 0.47T_{\mathrm{s}}^{\mathrm{no\alpha}} = 0.6T_{0,\max}^{\mathrm{no\alpha}} \tag{3.5.47}$$

其中，$T_{0,\max}^{\mathrm{no\alpha}} \equiv 0.78T_{\mathrm{s}}^{\mathrm{no\alpha}}$ 为热斑中心温度的最大值（因为 $\hat{T}_{\max}(\hat{t})=0.78$），利用热斑中心温度的最大值的表达式（3.5.41），中子平均温度（3.5.47）可重写为

$$\left\langle T^{\text{no}\alpha}\right\rangle_n(\text{keV})\equiv 3.8(\rho\varDelta)_{\text{g/cm}^2}^{2/7}\left(\frac{V_i^{\text{km/s}}}{300}\right)^{6/7} \tag{3.5.48}$$

（2）当温度在3～8keV区间时，聚变反应速率参数$\langle\sigma v\rangle=S_f T^3$，中子平均温度公式（3.5.43）变为

$$\left\langle T^{\text{no}\alpha}\right\rangle_n\equiv\frac{\int_0^\infty \mathrm{d}tp(t)^2\int_0^V \mathrm{d}VT^2(r)}{\int_0^\infty \mathrm{d}tp(t)^2\int_0^V \mathrm{d}VT(r)} \tag{3.5.49}$$

由于$\int \mathrm{d}VT(r)=0.7T_0(t)V(t)$（见式（3.5.45）），而

$$\int_0^V \mathrm{d}VT^2=3T_0(t)^2V(t)\int_0^1\left[\frac{\left(1-x^2\right)^{2/5}}{1-0.15x^2}\right]^2 x^2\mathrm{d}x=0.53T_0(t)^2V(t) \tag{3.5.50}$$

代入式（3.5.49），得

$$\left\langle T^{\text{no}\alpha}\right\rangle_n\equiv\frac{0.53\int_0^\infty \mathrm{d}tp(t)^2T_0(t)^2V(t)}{0.7\int_0^\infty \mathrm{d}tp(t)^2T_0(t)V(t)}\approx 0.53T_{\text{s}}^{\text{no}\alpha}=0.68T_{0,\max}^{\text{no}\alpha} \tag{3.5.51}$$

利用$T_{0,\max}^{\text{no}\alpha}$的表达式（3.5.41），中子平均温度为

$$\left\langle T^{\text{no}\alpha}\right\rangle_n(\text{keV})\equiv 4.35(\rho\varDelta)_{\text{g/cm}^2}^{2/7}\left(\frac{V_i^{\text{km/s}}}{300}\right)^{6/7} \tag{3.5.52}$$

（3）当温度小于3keV时，反应速$\langle\sigma v\rangle=S_f T^4$，中子平均温度公式（3.5.43）变为

$$\left\langle T^{\text{no}\alpha}\right\rangle_n\equiv\frac{\int_0^\infty \mathrm{d}tp(t)^2\int_0^V \mathrm{d}VT^3}{\int_0^\infty \mathrm{d}tp(t)^2\int_0^V \mathrm{d}VT^2} \tag{3.5.53}$$

由于$\int_0^\infty \mathrm{d}VT^2=0.53T_0(t)^2V(t)$（式（3.5.50）），则

$$\int_b^V \mathrm{d}VT^3=0.43T_0(t)^3V(t) \tag{3.5.54}$$

代入式（3.5.53），得中子平均温度

$$\left\langle T^{\text{no}\alpha}\right\rangle_n\equiv\frac{0.43\int_0^\infty \mathrm{d}tp(t)^2T_0(t)^3V(t)}{0.53\int_0^\infty \mathrm{d}tp(t)^2T_0(t)^2V(t)}\approx 0.58T_{\text{s}}^{\text{no}\alpha}=0.74T_{0,\max}^{\text{no}\alpha} \tag{3.5.55}$$

利用$T_{0,\max}^{\text{no}\alpha}$的表达式（3.5.41），中子平均温度为

$$\left\langle T^{\text{no}\alpha}\right\rangle_n(\text{keV}) \equiv 4.76(\rho\varDelta)^{2/7}_{\text{g/cm}^2}\left(\frac{V_i^{\text{km/s}}}{300}\right)^{6/7} \tag{3.5.56}$$

ICF中最相关的温度为3～8keV区间，采用聚变反应速率$\langle\sigma v\rangle = S_f T^3$，中子平均温度为公式（3.5.52），即

$$\left\langle T^{\text{no}\alpha}\right\rangle_n(\text{keV}) \equiv 4.35(\rho\varDelta)^{2/7}_{\text{g/cm}^2}\left(\frac{V_i^{\text{km/s}}}{300}\right)^{6/7}$$

OMEGA内爆参数

$$\rho\varDelta = 0.19\text{g/cm}^2, \qquad V_i = 370\text{km/s} \tag{3.5.57}$$

对应的热斑温度为

$$\left\langle T^{\text{no}\alpha}\right\rangle_n(\text{keV}) = 3.2\text{keV} \tag{3.5.58}$$

或者内爆参数

$$\rho\varDelta = 0.16\text{g/cm}^2, \qquad V_i = 450\text{km/s} \tag{3.5.59}$$

对应的热斑温度为

$$\left\langle T^{\text{no}\alpha}\right\rangle_n(\text{keV}) = 3.7\text{keV} \tag{3.5.60}$$

通常用中子能谱测量面密度，故中子平均的面密度为

$$\langle\rho\varDelta\rangle_n \equiv \frac{\int_0^\infty \mathrm{d}t\int_0^V \mathrm{d}V(\rho\varDelta)\frac{n^2}{4}\langle\sigma v\rangle}{\text{中子产额}} \tag{3.5.61}$$

利用状态方程p=2nT，换掉粒子数密度n，再利用$\langle\sigma v\rangle = S_f T^3$，得

$$\langle\rho\varDelta\rangle_n \equiv \frac{\int_0^\infty \mathrm{d}t p(t)^2(\rho\varDelta)\int_0^V \mathrm{d}VT}{\int_0^\infty \mathrm{d}t p(t)^2\int_0^V \mathrm{d}VT} \tag{3.5.62}$$

因为

$$\int_0^V \mathrm{d}VT(r) = 0.7T_0(t)V(t)$$

所以有

$$\langle\rho\varDelta\rangle_n = \frac{\int_0^\infty \mathrm{d}t p(t)^2 T_0(t)V(t)(\rho\varDelta)}{\int_0^\infty \mathrm{d}t p(t)^2 T_0(t)V(t)} \tag{3.5.63}$$

对薄壳层近似，即面密度

$$(\rho\varDelta) \equiv \frac{M_{\text{Sh}}}{4\pi R(t)^2} = \frac{(\rho\varDelta)_{\text{s}}}{\hat{R}(t)^2} \tag{3.5.64}$$

利用无量纲半径 $\hat{R}(t)=\sqrt{1+\hat{t}^2}$ ，将无量纲压强 $\hat{p}(t)$ 、温度 $\hat{T}(t)$ 以及体积 $\hat{V}(t)$ 的相关表达式，一起代入式（3.5.64）和式（3.5.63）完成积分，得中子平均的面密度为

$$\langle\rho\varDelta\rangle_n=0.88(\rho\varDelta)_{\mathrm{s}}^{\mathrm{no\alpha}} \tag{3.5.65}$$

包含反应速率温度依赖关系 $\langle\sigma v\rangle=S_f T^{\mu}$ 的动力学模型

$$\text{壳层动量：}\ M_{\mathrm{Sh}}\frac{\mathrm{d}^2R}{\mathrm{d}t^2}=4\pi R^2p \tag{3.5.66}$$

$$\text{热斑能量：}\ \frac{\mathrm{d}}{\mathrm{d}t}\left(pR^5\right)\approx\frac{\varepsilon_{\alpha}}{24}\left\langle S_f\right\rangle T_0^{\eta}p^2R^5 \tag{3.5.67}$$

$$\text{热斑温度：}\ \frac{\mathrm{d}}{\mathrm{d}t}\left(\frac{p}{T_0}R^3\right)\approx0.86\kappa_0T_0^{5/2}R \tag{3.5.68}$$

其中，$\eta=\mu-2$。因为

$$\int_0^V\mathrm{d}VS_fT^{\eta}=3T_0(t)^{\eta}V(t)\int_0^1\left[\frac{\left(1-x^2\right)^{2/5}}{1-0.15x^2}\right]^{\eta}x^2\mathrm{d}xS_f=T_0(t)^{\eta}V(t)\left\langle S_f\right\rangle \tag{3.5.69}$$

其中

$$\left\langle S_f\right\rangle=3S_f\int_0^1\left[\frac{\left(1-x^2\right)^{2/5}}{1-0.15x^2}\right]^{\eta}x^2\mathrm{d}x \tag{3.5.70}$$

利用noα停滞时的变量归一化，即引入无量纲量

$$\hat{R}=\frac{R}{R_{\mathrm{s}}^{\mathrm{no\alpha}}},\quad \hat{t}=\frac{V_it}{R_{\mathrm{s}}^{\mathrm{no\alpha}}},\quad \hat{p}=\frac{p}{p_{\mathrm{s}}^{\mathrm{no\alpha}}},\quad \hat{T}\equiv\frac{T}{T_{\mathrm{s}}^{\mathrm{no\alpha}}} \tag{3.5.71}$$

则新的无量纲模型式（3.5.66）～式（3.5.68）变为

$$\frac{\mathrm{d}^2\hat{R}}{\mathrm{d}\hat{t}^2}=\hat{R}^2\hat{p} \tag{3.5.72}$$

$$\frac{\mathrm{d}}{\mathrm{d}\hat{t}}\left(\hat{p}\hat{R}^5\right)\approx\xi_{\mathrm{no\alpha}}\hat{p}^2\hat{R}^5\hat{T}^{\eta} \tag{3.5.73}$$

$$\frac{\mathrm{d}}{\mathrm{d}\hat{t}}\left(\frac{\hat{p}}{\hat{T}}\hat{R}^3\right)\approx\hat{T}^{5/2}\hat{R} \tag{3.5.74}$$

新参量

$$\xi_{\mathrm{no\alpha}}\equiv p_{\mathrm{s}}^{\mathrm{no\alpha}}\frac{R_{\mathrm{s}}^{\mathrm{no\alpha}}}{V_i}\frac{\varepsilon_{\alpha}\left\langle S_f\right\rangle\left(T_{\mathrm{s}}^{\mathrm{no\alpha}}\right)^{\eta}}{24} \tag{3.5.75}$$

同理，找到$\xi_{\mathrm{no\alpha}}$的临界值（产生单调解）

$$\chi_{\mathrm{no\alpha}} \equiv \frac{\xi_{\mathrm{no\alpha}}}{\xi_{\mathrm{no\alpha}}^{\mathrm{crit}}} = p_{\mathrm{s}}^{\mathrm{no\alpha}} \frac{R_{\mathrm{s}}^{\mathrm{no\alpha}}}{V_i} \frac{\varepsilon_\alpha \left\langle S_f \right\rangle \left(T_{\mathrm{s}}^{\mathrm{no\alpha}}\right)^{\eta}}{24\xi_{\mathrm{no\alpha}}^{\mathrm{crit}}} \geqslant 1 \tag{3.5.76}$$

上式也为点火条件。根据之前推导的公式

$$p_{\mathrm{s}}^{\mathrm{no\alpha}} \frac{R_{\mathrm{s}}^{\mathrm{no\alpha}}}{V_i} = (\rho\varDelta)_{\mathrm{Sh}} V_i\,, \quad T_{\mathrm{s}}^{\mathrm{no\alpha}} \equiv \frac{1}{\kappa_0^{2/7}} \frac{(\rho\varDelta)_{\mathrm{Sh}}^{2/7} V_i^{6/7}}{0.86^{2/7}} \tag{3.5.77}$$

则新的点火条件（3.5.76）变为

$$\chi_{\mathrm{no\alpha}} \equiv \frac{\xi_{\mathrm{no\alpha}}}{\xi_{\mathrm{no\alpha}}^{\mathrm{crit}}} = (\rho\varDelta)_{\mathrm{Sh}}^{1+\frac{2}{7}\eta} V_i^{1+\frac{6}{7}\eta} \frac{\varepsilon_\alpha \left\langle S_f \right\rangle}{24\kappa_0^{2\eta/7}\xi_{\mathrm{no\alpha}}^{\mathrm{crit}}} \frac{1}{0.86^{2\eta/7}} \geqslant 1 \tag{3.5.78}$$

用温度来表述点火条件，将

$$V_i = \frac{0.86^{1/3}\left(T_{\mathrm{s}}^{\mathrm{no\alpha}}\right)^{7/6} \kappa_0^{1/3}}{(\rho\varDelta)_{\mathrm{Sh}}^{1/3}} \tag{3.5.79}$$

代入式（3.5.78）得

$$\chi_{\mathrm{no\alpha}} \equiv \frac{\xi_{\mathrm{no\alpha}}}{\xi_{\mathrm{no\alpha}}^{\mathrm{crit}}} = 0.95\kappa_0^{1/3} \frac{\varepsilon_\alpha \left\langle S_f \right\rangle}{24\xi_{\mathrm{no\alpha}}^{\mathrm{crit}}} (\rho\varDelta)_{\mathrm{Sh}}^{2/3} \left(T_{\mathrm{s}}^{\mathrm{no\alpha}}\right)^{7/6+\eta} \geqslant 1 \tag{3.5.80}$$

由文献（Betti et al., 2010）可知，η=1.01，则面密度和热斑温度描述的新点火条件为

$$\chi_{\mathrm{no\alpha}} \equiv \frac{\xi_{\mathrm{no\alpha}}}{\xi_{\mathrm{no\alpha}}^{\mathrm{crit}}} = 0.95\kappa_0^{1/3} \frac{\varepsilon_\alpha \left\langle S_f \right\rangle}{24\xi_{\mathrm{no\alpha}}^{\mathrm{crit}}} (\rho\varDelta)_{\mathrm{Sh}}^{2/3} \left(T_{\mathrm{s}}^{\mathrm{no\alpha}}\right)^{2.18} \geqslant 1 \tag{3.5.81}$$

利用中子平均的点火参数

$$\left\langle T^{\mathrm{no\alpha}} \right\rangle_n \approx 0.53 T_{\mathrm{s}}^{\mathrm{no\alpha}}\,, \qquad \langle \rho\varDelta \rangle_n = 0.88(\rho\varDelta)_{\mathrm{s}}^{\mathrm{no\alpha}}\,, \qquad \left\langle S_f \right\rangle \approx 7.5\times10^{-26}\,\mathrm{m^3 s^{-1} keV^{-3.01}}$$

可得用中子平均面密度和温度表示的新点火参数

$$\chi_{\mathrm{no\alpha}} \equiv \frac{\xi_{\mathrm{no\alpha}}}{\xi_{\mathrm{no\alpha}}^{\mathrm{crit}}} \geqslant 1.2 \left\langle \rho\varDelta_{\mathrm{g/cm^2}}^{\mathrm{no\alpha}} \right\rangle_n^{2/3} \left(\frac{\left\langle T_{\mathrm{keV}}^{\mathrm{no\alpha}} \right\rangle_n}{4} \right)^{2.18} \tag{3.5.82}$$

图3.21给出了上述动力学模型给出的点火条件下中子平均面密度和温度的关系曲线。如图3.22所示为点火条件下面密度和温度的关系的模拟结果（Betti et al., 2010）。如图3.23所示为点火条件下面密度和温度的关系的模拟结果与解析结果的对比。可以发现，相同温度下，动力学模型给出的面密度低。

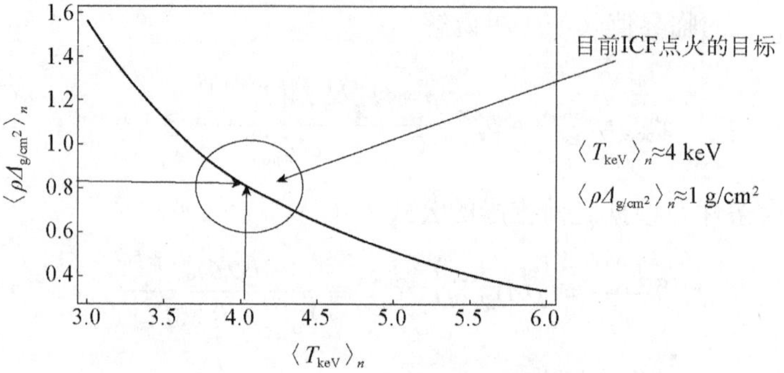

图3.21　点火条件下中子平均面密度和温度的关系

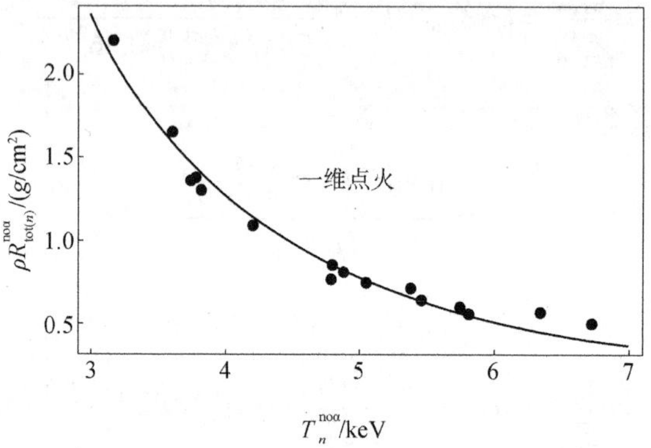

图3.22　点火条件下面密度和温度的关系的一维辐射流体力学模拟结果（Betti et al., 2010）

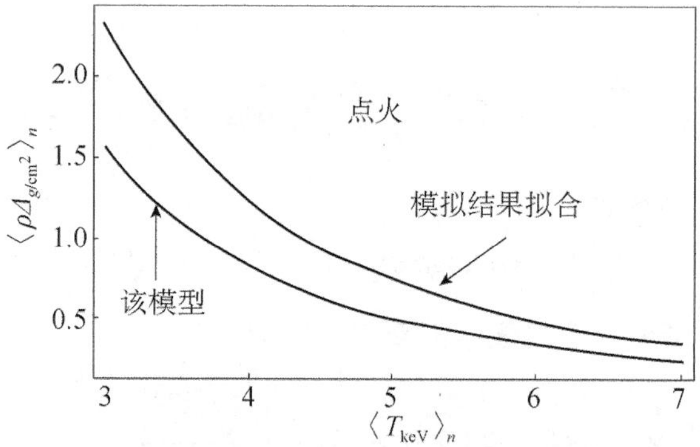

图3.23　点火条件下面密度和温度的关系的模拟结果与解析结果的对比

参考文献

Betti R, Chang P Y, Spears B K, et al. 2010. Thermonuclear ignition in inertial confinement fusion and comparison with magnetic confinement. Physics of Plasmas, 17: 058102.

Betti R, Christopherson A R, Spears B K, et al. 2015. Alpha heating and burning plasmas in inertial confinement fusion. Physical Review Letters, 114: 255003.

Betti R, Umansky M, Lobatchev V, et al. 2001.Hot-spot dynamics and deceleration-phase Rayleigh-Taylor instability of imploding inertial confinement fusion capsules. Physics of Plasmas, 8: 5257-5267.

Chang P Y, Betti R, Spears B K, et al. 2010 Generalized measurable ignition criterion for inertial confinement fusion. Physical Review Letters, 104: 135002.

Christopherson A R, Betti R, Bose A, et al. 2018. A comprehensive alpha-heating model for inertial confinement fusion. Physics of Plasmas, 25: 012703.

Lindl J, Landen O, Edwards J, et al. 2014. Review of the national ignition campaign 2009-2012. Physics of Plasmas, 21: 020501.

第4章　α粒子加热和能量增益

4.1　等离子体中能量变化方程

4.1.1　α粒子加热的功率密度

聚变等离子体能量的变化率取决于能量来源和能量损失的差异。其中能量来源有：①α 粒子动能沉积加热。②当靶球被压缩会聚时，球形活塞对热斑做正功（$p\mathrm{d}V$做功），当靶球膨胀时，活塞对热斑做负功，热斑对外做功损耗能量，热斑能量转移回活塞。在停滞时刻，活塞处于静止状态，能量不发生交换。热斑能量损失的因素有：①等离子体的韧致辐射损失；②热传导“可能”造成的能量损失。

单位体积等离子体的热能（内能）为（忽略等离子体的动能，并假设为理想气体）

$$E_{\mathrm{p}}=\frac{3}{2}nk_{\mathrm{B}}T=\frac{3}{2}p \tag{4.1.1}$$

单位体积等离子体内能的时间变化率满足以下能量平衡方程

$$\frac{\mathrm{d}E_{\mathrm{p}}}{\mathrm{d}t}=Q_{\alpha}+Q_{p\mathrm{d}V}-Q_{\mathrm{b}}-Q_{\mathrm{cond}} \tag{4.1.2}$$

其中，Q_{α}是 α 粒子动能加热的功率密度，$Q_{p\mathrm{d}V}$是球形活塞对热斑做功（可正可负）的功率密度，Q_{b}是韧致辐射能量损失的功率密度，Q_{cond}是热传导能量损失的功率密度。

DT聚变反应产生α粒子和中子，每次聚变反应释放的能量为 $\varepsilon_f=\varepsilon_{\mathrm{N}}+\varepsilon_{\alpha}=17.6$ MeV，其中α粒子能量为$\varepsilon_{\alpha}=3.5$ MeV，中子能量为$\varepsilon_{\mathrm{N}}=14.1$ MeV。α粒子加热速率是指α粒子单位时间在单位体积内沉积的能量。α粒子通过与等离子体中的电子（主要）和离子碰撞减速把能量变成等离子体内能，而中子没有发生“碰撞”从而跑出等离子体。

聚变反应放能的功率密度为

$$Q_f=\varepsilon_f n_{\mathrm{D}}n_{\mathrm{T}}\langle\sigma v\rangle_{\mathrm{DT}} \tag{4.1.3}$$

假设α粒子能量在局域沉积，即沉积在当地，则α加热等离子体的功率密度为

$$Q_\alpha = \varepsilon_\alpha n_\mathrm{D} n_\mathrm{T} \langle \sigma v \rangle_\mathrm{DT} \tag{4.1.4}$$

DT、DD 的聚变反应率参数的精确拟合公式为

$$\langle \sigma v \rangle = C_1 \zeta^{-6/5} \xi^2 \exp\left(-3\zeta^{1/3}\xi\right) \tag{4.1.5}$$

其中

$$\zeta = 1 - \frac{C_2 T + C_4 T^2 + C_6 T^3}{1 + C_3 T + C_5 T^2 + C_7 T^3}, \quad \xi = C_0 / T^{1/3} \tag{4.1.6}$$

其余 C 参数详见表 4.1。

表 4.1　聚变反应率参数拟合系数

核反应	单位	T(d,n) α	D(d,p)T	D(d,n)^{3}He
C_0	$\mathrm{keV}^{1/3}$	6.6610	6.6296	6.2696
$C_1 \times 10^{16}$	$\mathrm{cm^3/s}$	643.41	3.7212	3.5741
$C_2 \times 10^3$	1/keV	15.136	3.4127	5.8577
$C_3 \times 10^3$	1/keV	75.189	1.9917	7.6822
$C_4 \times 10^3$	1/(keV^2)	4.6064	0	0
$C_5 \times 10^3$	1/(keV^2)	13.500	0.010506	−0.02964
$C_6 \times 10^3$	1/(keV^3)	−0.10675	0	0
$C_7 \times 10^3$	1/(keV^3)	0.01366	0	0
温度拟合范围	keV	0.2～100	0.2～100	0.2～100
误差		<0.25%	<0.35%	<0.3%

4.1.2　等离子体的韧致辐射功率密度

“韧致辐射”的英文为 bremsstrahlung，它来自于德文词，是由“刹车”和“辐射”两个词构成的复合词。就是说当带电粒子加速/减速时，会发出辐射（光子）。由于电子比离子质量轻，当其与离子的静电场相互作用时，电子的速度变化（即加速度）更大，从而电子减速时释放出的辐射能量更多。

如图 4.1 所示，考虑电子与氘离子的碰撞，其中 b 是碰撞参数。观察碰撞参数在 b 和 b+db 之间的电子，只考虑库仑相互作用，所有电子（无论近或远）均会感受到氘离子的库仑力，这种相互作用的反应截面是无穷大的，需用一个“带状面积” $\mathrm{d}\sigma = 2\pi b \mathrm{d}b$ 来代替反应截面。在 b=0 到 b= ∞之间积分，用 w 表示单个电子在一次碰撞中所辐射的能量。类比聚变反应功率密度公式，有

$$Q_f = \varepsilon_f n_\mathrm{D} n_\mathrm{T} \langle \sigma v \rangle_\mathrm{DT} = \int \varepsilon_f f_1(\boldsymbol{v}_1) f_2(\boldsymbol{v}_2) \sigma |\boldsymbol{v}_1 - \boldsymbol{v}_2| \mathrm{d}\boldsymbol{v}_1 \mathrm{d}\boldsymbol{v}_2 \tag{4.1.7}$$

将其中的每次聚变反应放能 ε_f 用单个电子每次碰撞韧致辐射能量 w 代替，用 $2\pi b\mathrm{d}b$ 代替反应截面，用电子的速度 v_e 代替电子和离子的相对速度（因为 $v_\mathrm{e} \gg v_\mathrm{i}$），则单位时间单位体积电子韧致辐射的能量为

$$Q_\mathrm{b} = \int 2\pi b w f_\mathrm{e}(\boldsymbol{v}_\mathrm{e}) v_\mathrm{e} \mathrm{d}\boldsymbol{v}_\mathrm{e} \mathrm{d}b \int f_\mathrm{i}(\boldsymbol{v}_\mathrm{i}) \mathrm{d}\boldsymbol{v}_\mathrm{i} = n_\mathrm{i} \int 2\pi b w f_\mathrm{e}(\boldsymbol{v}_\mathrm{e}) v_\mathrm{e} \mathrm{d}\boldsymbol{v}_\mathrm{e} \mathrm{d}b \tag{4.1.8}$$

其中，$n_{\mathrm{i}}=\int f_{\mathrm{i}}(\boldsymbol{v}_{\mathrm{i}})\mathrm{d}\boldsymbol{v}_{\mathrm{i}}$ 为离子的数密度。

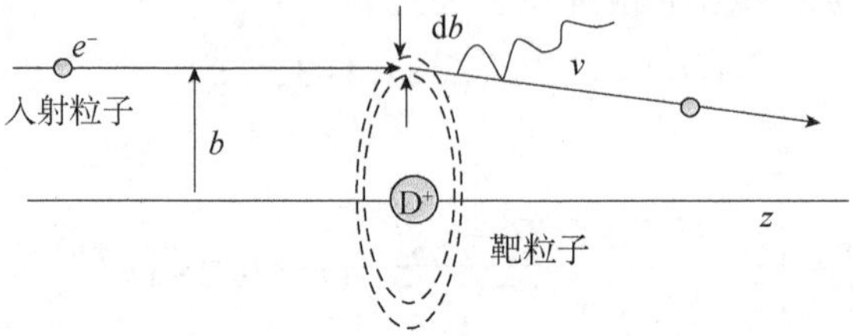

图4.1 电子在离子的库仑场中减速并产生轫致辐射

问题是，单个电子每次碰撞的轫致辐射能量w为多少？根据单个电子的轫致辐射功率（参考Jackson著的《经典电动力学》）

$$P=\frac{\mu_0 e^2 a^2}{6\pi c}(\mathrm{W}) \tag{4.1.9}$$

其中，a为电子的加速度，μ_0为真空磁导率，c为光速。注意到作用在电子上的力是来自离子的库仑力，电子在库仑力下的加速度为

$$a=\frac{F_{\mathrm{C}}}{m_{\mathrm{e}}}=\frac{Ze^2}{4\pi\varepsilon_0 m_{\mathrm{e}} r^2} \tag{4.1.10}$$

当电子距离~b（碰撞参数）时，库仑力比较强，故加速度 $a\approx\frac{Ze^2}{4\pi\varepsilon_0 m_{\mathrm{e}} b^2}$。再注意到碰撞前后电子受力的时间大致为~$b/v_{\mathrm{e}}$，总相互作用时间~ $2b/v_{\mathrm{e}}$ ，则电子一次碰撞产生的轫致辐射能量为

$$w=P\Delta t\approx\frac{\mu_0 e^2 a^2}{6\pi c}\frac{2b}{v_e}=\frac{Z^2 e^6}{48\pi^3\varepsilon_0^3 c^3 m_e^2 v_e b^3} \tag{4.1.11}$$

其中用到$1/c^2=\varepsilon_0\mu_0$。电子轫致辐射能与电子动能的比值为

$$\frac{w}{m_{\mathrm{e}}v_{\mathrm{e}}^2/2}=\frac{Z^2 e^6}{24\pi^3\varepsilon_0^3 c^3 m_{\mathrm{e}}^3 v_{\mathrm{e}}^3 b^3}\sim\frac{\left(Ze^2/4\pi\varepsilon_0 b\right)^3}{c^3 m_{\mathrm{e}}^3 v_{\mathrm{e}}^3} \tag{4.1.12}$$

当电子发生大角度碰撞（b很小）时，会导致电子与靶离子更强的相互作用，动能近似转化为库仑能

$$\frac{Ze^2}{4\pi\varepsilon_0 b}\sim\frac{1}{2}m_{\mathrm{e}}v_{\mathrm{e}}^2 \tag{4.1.13}$$

则电子轫致辐射能与动能比值的最大值为

$$\left(\frac{w}{m_{\mathrm{e}}v_{\mathrm{e}}^2/2}\right)_{\max}\sim\frac{m_{\mathrm{e}}^3 v_{\mathrm{e}}^6}{c^3 m_{\mathrm{e}}^3 v_{\mathrm{e}}^3}\sim\frac{v_{\mathrm{e}}^3}{c^3}\ll 1 \tag{4.1.14}$$

可见，电子轫致辐射能只是电子非相对论动能的一小部分。使用电子速度的麦克

斯韦分布

$$f_e = n_e \left(\frac{m_e}{2\pi T_e} \right)^{3/2} e^{-\frac{m_e v_e^2}{2T_e}} \tag{4.1.15}$$

代入式（4.1.8）计算辐射功率密度，注意到 $d\boldsymbol{v}_e = 4\pi v_e^2 dv_e$，同时将式（4.1.11）代入式（4.1.8），可得

$$Q_b = 8\pi^2 n_i n_e \left(\frac{Z^2 e^6}{48\pi^3 \varepsilon_0^3 c^3 m_e^2} \right) \left(\frac{m_e}{2\pi T_e} \right)^{3/2} \int_0^\infty v_e^3 e^{-\frac{m_e v_e^2}{2T_e}} \left(\int \frac{db}{b^2} \right) dv_e \tag{4.1.16}$$

注意到从 $b=0$ 到 $b=\infty$ 对 b 的积分是发散的，量子力学效应限制了 b 的最小值，利用测不准原理

$$\Delta x \Delta p \sim b m_e v_e > h/2\pi$$

得 b 的最小值为

$$b_{\min} \approx \frac{h}{2\pi m_e v_e} \tag{4.1.17}$$

对于能量为 1keV 的电子，$b_{\min} \approx 6 \times 10^{-12}\,\text{m}$，$b$ 的积分化简为

$$\int_{b_{\min}}^\infty \frac{db}{b^2} = \frac{1}{b_{\min}} = \frac{2\pi m_e v_e}{h} \tag{4.1.18}$$

式（4.1.16）对于 v_e 的积分可以利用公式 $\int_0^\infty x^3 e^{-x^2} dx = \frac{1}{2}$ 算出，故轫致辐射（辐射发射/损耗）功率密度为

$$Q_b = Z^2 n_i n_e T_e^{1/2} \left(\frac{2^{1/2}}{6\pi^{3/2}} \right) \left(\frac{e^6}{\varepsilon_0^3 c^3 h m_e^{3/2}} \right) (\text{W/m}^3) \tag{4.1.19}$$

若系数 $\left(\frac{2^{1/2}}{6\pi^{3/2}} \right)$ 替换为 $\left(\frac{2^{1/2}}{3\pi^{5/2}} \right)$，则可得更精确的计算结果。

当考虑电子与等离子体中多种离子的相互作用时，电子轫致辐射功率密度可写为

$$Q_b = \sum_j \left(Z_j^2 n_j \right) n_e T_e^{1/2} \left(\frac{2^{1/2}}{3\pi^{5/2}} \right) \left(\frac{e^6}{\varepsilon_0^3 c^3 h m_e^{3/2}} \right) (\text{W/m}^3) \tag{4.1.20}$$

使用等离子体的准电中性假设，即电子数密度 $n_e = \sum_j Z_j n_j$，定义等离子体的有效电离态 Z_{eff} 为

$$Z_{\text{eff}} \equiv \frac{\sum_j Z_j^2 n_j}{\sum_j Z_j n_j} = \frac{\sum_j Z_j^2 n_j}{n_e} \tag{4.1.21}$$

则式（4.1.20）可进一步化简为

$$Q_b = Z_{\text{eff}} n_e^2 T_e^{1/2} \left(\frac{2^{1/2}}{3\pi^{5/2}} \right) \left(\frac{e^6}{\varepsilon_0^3 c^3 h m_e^{3/2}} \right) (\text{W/m}^3) \tag{4.1.22}$$

令

$$C_B = \left(\frac{2^{1/2}}{3\pi^{5/2}} \right) \left(\frac{e^6}{\varepsilon_0^3 c^3 h m_e^{3/2}} \right) \tag{4.1.23}$$

则电子轫致辐射功率密度为

$$Q_b = C_B Z_{\text{eff}} n_e^2 T_e^{1/2} (\text{W/m}^3) \tag{4.1.24}$$

若粒子密度单位用10^{20}cm^{-3}，温度单位用keV，则有

$$Q_b = 5.35 Z_{\text{eff}} n^2_{e(10^{20}/\text{cm}^3)} T^{1/2}_{e(\text{keV})} (\text{GW/cm}^3) \tag{4.1.25}$$

考虑DT等离子体（$Z_{\text{eff}}=1$），按50%−50%混合，即$n_D=n_T=n_i/2$，准电中性要求$n_e=n_i=n$，温度平衡$T_e=T_i=T$，则α粒子加热功率密度（4.1.4）可表达为

$$Q_\alpha = \frac{n^2}{4} \varepsilon_\alpha \langle \sigma v \rangle \tag{4.1.26}$$

Q_α和Q_b的比值只依赖于温度T

$$\frac{Q_\alpha}{Q_b} = \frac{\varepsilon_\alpha \langle \sigma v \rangle}{4 C_B T^{1/2}} \tag{4.1.27}$$

假设所有电子的轫致辐射能量都损失了（对光薄等离子体），根据表4.1的聚变反应率参数拟合公式，可得到Q_α和Q_b的比值随温度变化的图像，如图4.2所示。可见，当T<4.4keV时，电子的轫致辐射损失占主导；当T>4.4keV时，α粒子加热的功率密度占主导。若不对热斑燃料进行任何辐射保温，则热斑燃料的温度不能低于4.4 keV，否则热斑燃料的温度会降低。因此4.4 keV这个温度也称理想点火温度。

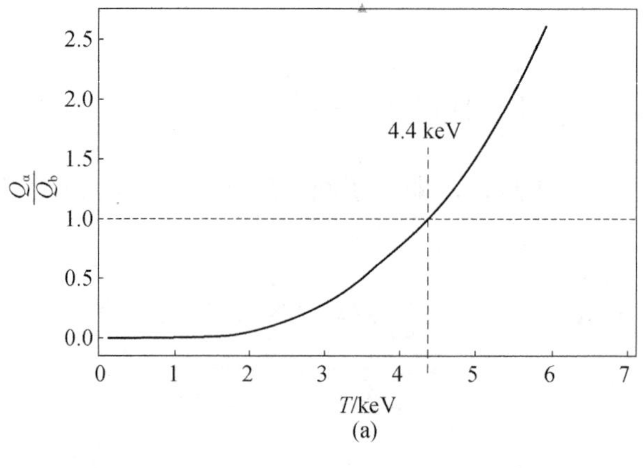

(a)

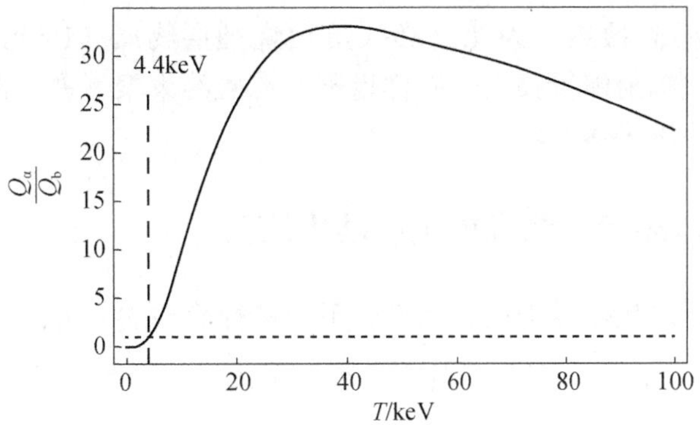

(b)

图4.2　比值 Q_α/Q_b 随温度变化的图像

随着聚变燃料密度增加，电子的韧致辐射光子也会在热斑中被吸收，热斑韧致辐射的光学厚度为

$$\tau_{br}=5.0\times10^{-38}n_{cm^{-3}}^2 r_{cm}T_{eV}^{-7/2}g=2.9\times10^9\frac{(\rho R)_{g/cm^2}\rho_{g/cc}}{T_{eV}^{7/2}} \tag{4.1.28}$$

其中，$g\approx1.2$ 是平均Gaunt因子。对于高温热斑燃料的自吸收，温度 T=5keV，密度 ρ=60g/cm^3，面密度 ρR=0.3g/cm^2，光学厚度 $\tau_{br}\sim0.007\ll1$，可见高温热斑燃料对韧致辐射是光学薄的，热斑燃料的自吸收可忽略。对于低温主燃料的自吸收，温度 T=500eV，ρ=400g/cm^3，ρR=1.2g/cm^2，光学厚度 $\tau_{br}\sim600\gg1$，可见低温主燃料对韧致辐射是不透明的。

若聚变燃料的外面用高 Z 物质（如 ^{238}U）包裹，可以挡住电子韧致辐射能量损失，便可以降低点火温度。在高温情况下，^{238}U 具有接近于1的辐射反照率，此时的聚变点火的温度要求就变为

$$\frac{Q_\alpha}{Q_b}>1-\alpha_{albedo} \tag{4.1.29}$$

其中，α_{albedo} 是反照率，当 α_{albedo} 接近1时，例如0.9，理想点火温度就降为2.3keV左右。

物质混合对热斑温度的影响很大。Z_{eff} 是物质的有效电离态，对于纯DT燃料，Z_{eff}=1。若燃料中混入了高 Z 物质，Z_{eff} 将成倍增加，导致韧致辐射损失大为增加。例如，假定热斑中混入了0.1% Br，并且Br完全电离，则热斑的有效电离态为

$$Z_{eff}=\frac{35^2\times0.001+0.999}{35\times0.001+0.999}\approx2.15 \tag{4.1.30}$$

这个 Z_{eff} 是纯DT燃料 Z_{eff}=1 的两倍，因此热斑的韧致辐射功率将上升一倍，这将极大影响点火热斑的形成。在惯性约束聚变中，通常在烧蚀层中掺入Br元素以防止

X射线对内层燃料的预热，因此，必须防止烧蚀层物质（Br元素）混入热斑之中，增大电子轫致辐射能量损失。同样道理，在磁约束聚变中，也必须防止高Z的壁材料物质进入等离子体中。

4.1.3 等离子体热传导能量损失的功率密度

热斑也可以通过热传导来损失能量。下面进行简要的分析。

在温度为$T \approx \frac{1}{2}mv_{\mathrm{th}}^2$的热力学系统（等离子体）中，带电粒子的热运动速度为$v_{\mathrm{th}} \sim \sqrt{T/m}$，库仑碰撞频率为$\nu_{\mathrm{c}} \sim \frac{n}{v_{\mathrm{th}}^3 m^2}\ln\Lambda \sim \frac{n}{T^{3/2}m^{1/2}}\ln\Lambda$，碰撞时间为$\tau_{\mathrm{c}} \sim \frac{1}{\nu_{\mathrm{c}}} \sim \frac{m^{1/2}T^{3/2}}{n\ln\Lambda}$，粒子的平均自由程为$\lambda_{\mathrm{mfp}} \sim v_{\mathrm{th}}\tau_{\mathrm{c}} \sim \frac{v_{\mathrm{th}}^4 m^2}{n\ln\Lambda} \sim \frac{T^2}{n\ln\Lambda}$。

我们来对热传导方程

$$n\frac{\partial T}{\partial t} = \frac{\partial}{\partial x}\kappa\frac{\partial T}{\partial x} \tag{4.1.31}$$

进行量纲分析。热传导系数κ满足的量纲方程为

$$\frac{nT}{t} \sim \frac{\kappa T}{x^2} \tag{4.1.32}$$

即

$$\kappa \sim n\frac{x^2}{t} \tag{4.1.33}$$

取$x \Rightarrow \lambda_{\mathrm{mfp}}$，$t \Rightarrow \tau_{\mathrm{c}}$，得等离子体Spitzer热传导系数

$$\kappa \sim T^{5/2} / m^{1/2} \ln\Lambda \tag{4.1.34}$$

可见温度高，离子质量小， Spitzer热传导系数就大。因此，电子热传导系数比离子热传导大得多，即

$$\kappa_{\mathrm{e}} \sim \sqrt{\frac{m_{\mathrm{i}}}{m_{\mathrm{e}}}}\kappa_{\mathrm{i}} \gg \kappa_{\mathrm{i}} \tag{4.1.35}$$

热传导导致的能量损失率为

$$Q_{\nabla T} = \int_V [-\nabla\cdot(\kappa\nabla T)]\mathrm{d}V = -\oint \kappa\nabla T\cdot\mathrm{d}\boldsymbol{S} \tag{4.1.36}$$

假设热斑是球对称的，则热传导能量损失率

$$Q_{\nabla T} = -4\pi r^2\kappa\frac{\partial T}{\partial r} \tag{4.1.37}$$

采用Spitzer-Harm热传导系数

$$\kappa_{\mathrm{SH}}=3.16\frac{nT}{m_{\mathrm{e}}}\frac{3m_{\mathrm{e}}^{1/2}T^{3/2}}{4(2\pi)^{1/2}e^4n\ln\Lambda}=\kappa_0T^{5/2} \tag{4.1.38}$$

或者

$$\kappa_{\mathrm{SH}}\left[(\mathrm{s}\cdot\mathrm{cm})^{-1}\right]=1.91\times10^{21}\frac{T_{\mathrm{eV}}^{5/2}}{\ln\Lambda} \tag{4.1.39}$$

其中库仑对数取

$$\ln\Lambda=22.36+\frac{3}{2}\ln T_{\mathrm{eV}}-\frac{3}{2}\ln n_{\mathrm{cm^{-3}}} \tag{4.1.40}$$

热斑等离子体的热传导系数与温度相关，在自相似情况下，热斑温度可描述为

$$T(r,t)=f(t)\left[1-\frac{r^2}{r_f^2(t)}\right]^{2/5} \tag{4.1.41}$$

其中，$r_f(t)$ 是热波波前的半径，$f(t)$ 是热斑中心温度，它们是时间的函数。将此式和 $\kappa_{\mathrm{SH}}=\kappa_0T^{5/2}$ 一同代入热传导能量损失率公式（4.1.37），得

$$Q_{\nabla T}=-4\pi r^2\kappa_0T^{5/2}\frac{\partial T}{\partial r}=\frac{16\pi}{5}r_f\kappa_0T_0^{7/2}\left(r/r_f\right)^3\left(1-r^2/r_f^2\right)^{2/5} \tag{4.1.42}$$

其中，$T_0=T\left(r=0,t\right)$ 为热斑中心温度。图4.3给出了热斑热传导能量损失率随空间半径的分布。可见，热斑的热流在 $r/r_f=\sqrt{15/19}=0.89$ 附近达到极大，极大值为

$$Q_{\nabla T}^{\max}=\frac{16\pi}{5}\left(\frac{15}{19}\right)^{3/2}\left(\frac{4}{15}\right)^{2/5}r_f\kappa_0T_0^{7/2}=1.26\times10^3r_f\frac{T_{0,\mathrm{eV}}^{7/2}}{\ln\Lambda}\quad(\mathrm{W}) \tag{4.1.43}$$

将热传导损失进行空间平均得

$$\left\langle Q_{\nabla T}\right\rangle=\frac{\int_0^{r_f}Q_{\nabla T}4\pi r^2\mathrm{d}r}{\int_0^{r_f}4\pi r^2\mathrm{d}r}=0.64Q_{\nabla T}^{\max} \tag{4.1.44}$$

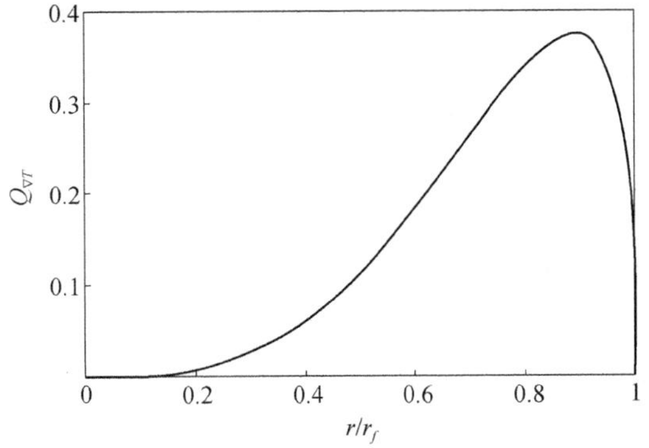

图4.3　热传导能量损失率的空间分布

将α粒子的理想加热功率$Q_{\alpha}^{\max}$与热斑的最大热传导损失功率$Q_{\nabla T}^{\max}$进行比较，得

$$\frac{Q_{\alpha}^{\max}}{Q_{\nabla T}^{\max}}=3.4\times10^{29}\left(\rho r\right)_{\mathrm{g/cm^2}}^{2}\ln\Lambda\frac{\left\langle\sigma v\right\rangle_{\mathrm{cm^3/s}}}{T_{\mathrm{eV}}^{7/2}} \tag{4.1.45}$$

该比值与面密度和温度均有关。图4.4给出了面密度$\rho r=0.3\mathrm{g/cm^2}$时，α粒子加热功率与热传导损失功率的比值随温度的变化曲线。可见，当面密度$\rho r=0.3\mathrm{g/cm^2}$时，比值在$T$=6keV附近达到极大值，极大值约为24。在$T$=2keV时，比值就达到10。

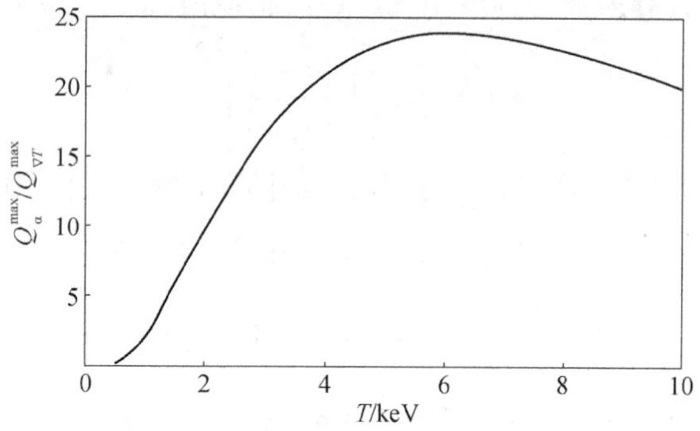

图4.4　面密度$\rho r=0.3\mathrm{g/cm^2}$时，α粒子加热功率与热传导损失功率的比值随温度的变化

理想状态下，聚变燃料的轫致辐射损失要远大于热传导损失。对以上讨论进行总结，可得以下结论，实现点火的必要条件有三点：一是聚变α粒子能量对热斑的加热功率要超过热斑的轫致辐射损失率。假设轫致辐射能量全部损失，则热斑的温度需超过4.4 keV。二是α粒子能够有效沉积能量，即$f_{\alpha}>0.5$，或$\rho r>0.07\mathrm{g/cm^2}$，这将在以后讨论。三是热斑能量增益要大于轫致辐射和热传导导致的能量损失，即$Q_{\alpha}+Q_{\mathrm{P}}-Q_{\mathrm{br}}-Q_{\nabla T}>0$。表4.2给出了一些特征参数下燃料的聚变加热功率和能量损失功率。

表4.2　特征参数下燃料的聚变加热功率和能量损失功率

ρ/(g/cc)	ρr/(g/cm²)	T/keV	τ_{α}	M/μg	E_{H}/kJ	$f_{\alpha}/(10^{12}\mathrm{W})$	$Q_{\alpha}/(10^{12}\mathrm{W})$	$Q_{\mathrm{br}}/(10^{12}\mathrm{W})$	$Q_{\nabla T}^{\max}/(10^{12}\mathrm{W})$
60	0.1	5	0.50	1.2	0.67	0.55	4.3	4.8	3.0
60	0.2	5	1.0	9.3	5.4	0.76	47	39	6.0
60	0.3	5	1.5	31	18	0.84	170	130	9.0

4.2　热核反应燃耗和能量增益

4.2.1　热核反应燃耗

图4.5给出了热核燃烧过程中不同时刻热斑密度随空间的分布。热核燃烧有以

下八个特征：①热核热斑是热 DT等离子体球，其温度$T \gg 4.4\text{keV}$，$t=0$时刻的半径为R_0。②电子轫致辐射损失远小于 α 粒子能量加热。③靶球周围是真空，无热传导损失。④靶表面膨胀的速度约为声速$C_s \sim v_{th} \sim \sqrt{T/m}$（平面靶中的等熵膨胀速度约为$3C_s$）。⑤膨胀等离子体温度密度均下降，冷却后停止燃烧（因为聚变反应率$\langle\sigma v\rangle$依赖于温度）。⑥等离子体以稀疏波方式膨胀。⑦稀疏波前沿以声速C_s往里传输。⑧假设当稀疏波前沿到达中心（$r=0$）时，等离子体停止燃烧（迅速冷却）。

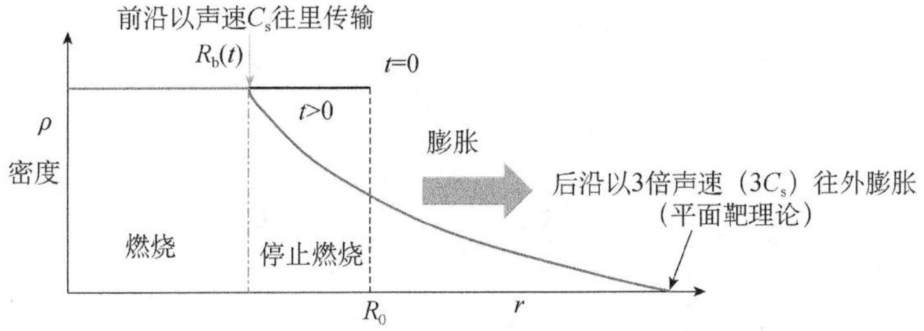

图4.5　热核燃烧过程中不同时刻热斑密度随空间的分布

设燃烧部分（燃料燃耗）为θ

$$\begin{cases} \text{燃烧部分} = \theta = \dfrac{\text{聚变离子数}}{\text{初始时刻的离子数}} = \dfrac{2N_r}{N_i(0)} \\ N_r = \displaystyle\int_0^{t_b} \frac{n_i^2}{4}\langle\sigma v\rangle V_b \mathrm{d}t \end{cases} \tag{4.2.1}$$

其中，N_r是聚变反应数目（一次反应消耗2个离子），n_i为离子数的密度，V_b是燃烧体积，t_b是燃烧时间。聚变放能为

$$E_f = \varepsilon_f N_r = \frac{1}{2}\varepsilon_f \theta N_i(0) = \frac{\varepsilon_f \theta M_{DT}}{m_D + m_T} \tag{4.2.2}$$

其中，M_{DT}是DT燃料的总质量，m_D和m_T分别为D和T的离子质量。

燃烧过程中t时刻离子的数密度n_i满足核素燃耗方程

$$\frac{\mathrm{d}n_i}{\mathrm{d}t} = -\frac{n_i^2}{4}\langle\sigma v\rangle \times 2 \tag{4.2.3}$$

乘以2是因为每次反应损失两个离子。解此方程可以推导出n_i的表达式

$$n_i(t) = \frac{n_i(0)}{1 + \dfrac{n_i(0)}{2}\langle\sigma v\rangle t} \tag{4.2.4}$$

注意到$t=0$时刻热斑的半径为R_0，t时刻稀疏波前沿的半径为$R_b = R_0 - C_s t$，即$t = (R_0 - R_b(t))/C_s$，代入上式，可得

$$n_{\mathrm{i}}(t)=\frac{n_{\mathrm{i}}(0)}{1+\dfrac{n_{\mathrm{i}}(0)}{2}\langle\sigma v\rangle\dfrac{R_0-R_{\mathrm{b}}(t)}{C_{\mathrm{s}}}} \tag{4.2.5}$$

定义热斑的无量纲半径

$$\hat{R}\equiv\frac{R_{\mathrm{b}}}{R_0} \tag{4.2.6}$$

其中，$0<\hat{R}<1$。则上式可进一步写为

$$n_{\mathrm{i}}(t)=\frac{n_{\mathrm{i}}(0)}{1+\dfrac{n_{\mathrm{i}}(0)}{2}\dfrac{\langle\sigma v\rangle}{C_{\mathrm{s}}}R_0\left(1-\hat{R}\right)} \tag{4.2.7}$$

因为

$$V_{\mathrm{b}}=\frac{4\pi}{3}R_{\mathrm{b}}^3=\frac{4\pi}{3}\hat{R}^3R_0^3,\qquad \mathrm{d}\hat{R}\equiv-\frac{C_{\mathrm{s}}}{R_0}\mathrm{d}t \tag{4.2.8}$$

将式（4.2.7）、式（4.2.8）代入式（4.2.1），则反应数目N_r变为

$$N_r=\frac{N_{\mathrm{i}}(0)}{4}\frac{n_{\mathrm{i}}(0)\langle\sigma v\rangle R_0}{C_{\mathrm{s}}}\int_0^1\frac{\hat{R}^3}{\left[1+\dfrac{n_{\mathrm{i}}(0)}{2}\dfrac{\langle\sigma v\rangle}{C_{\mathrm{s}}}R_0(1-\hat{R})\right]^2}\mathrm{d}\hat{R} \tag{4.2.9}$$

令

$$\xi=\frac{n_{\mathrm{i}}(0)\langle\sigma v\rangle R_0}{2C_{\mathrm{s}}} \tag{4.2.10}$$

则燃料燃烧部分（燃耗）为

$$\theta=\frac{2N_r}{N_i(0)}=\xi\int_0^1\frac{\hat{R}^3}{[1+\xi(1-\hat{R})]^2}\mathrm{d}\hat{R} \tag{4.2.11}$$

积分可得

$$\theta=\frac{\xi[6+\xi(9+2\xi)]-6(1+\xi)^2\ln(1+\xi)}{2\xi^3} \tag{4.2.12}$$

可见ξ决定燃耗。注意到两个极限

$$\theta(\xi\ll1)=\frac{\xi}{4},\qquad \theta(\xi\gg1)=1 \tag{4.2.13}$$

对于大的ξ，会有较高的燃耗。简化形式的燃耗可写为

$$\theta\approx\frac{\xi}{4+\xi} \tag{4.2.14}$$

它可以同时给出$\xi\ll1$和$\xi\gg1$的极限。将初始离子数密度

$$n_i \approx \frac{\rho}{m_i} = \frac{2\rho}{m_D + m_T} \tag{4.2.15}$$

代入ξ的表达式（4.2.10），可得

$$\xi = \frac{\langle \sigma v \rangle}{(m_D + m_T) C_s} \rho(0) R_0 \tag{4.2.16}$$

其中，$\rho(0)R_0$为初始面密度，而$\dfrac{\langle \sigma v \rangle}{(m_D + m_T) C_s}$为温度$T$的函数，图4.6给出了其图像。其中声速

$$C_s = \sqrt{\frac{T_e + T_i}{m_i}} \approx \sqrt{\frac{2T}{m_i}}, \qquad m_i = \frac{1}{2}(m_D + m_T) \tag{4.2.17}$$

由图可知，当温度为39keV时，函数取最大值，最大值为$0.055\,\mathrm{m^2/kg}$。

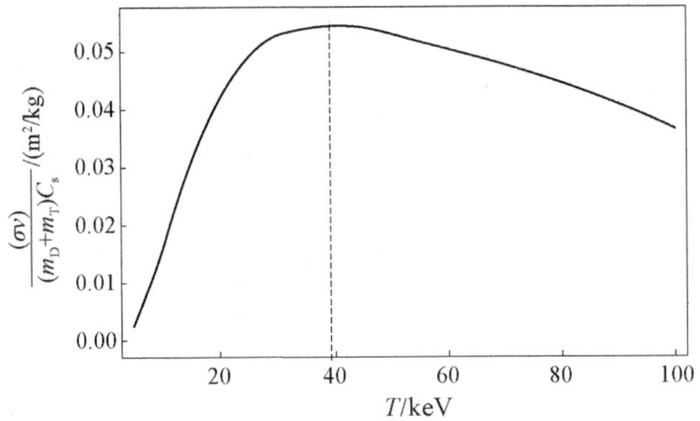

图4.6 $\dfrac{\langle \sigma v \rangle}{(m_D + m_T) C_s}$随温度$T$变化的图像

定义无量纲量

$$\hat{\xi} \equiv \frac{1}{0.055} \left[\frac{\langle \sigma v \rangle}{(m_D + m_T) C_s} \right]_{\mathrm{m^2/kg}} \tag{4.2.18}$$

则式（4.2.16）变为

$$\xi = 0.055 \hat{\xi} \left(\rho(0) R_0 \right)_{\mathrm{kg/m^2}} = 0.55 \hat{\xi} \left(\rho(0) R_0 \right)_{\mathrm{g/cm^2}} \tag{4.2.19}$$

从图4.6可知，当$30<T<60$keV时，$\hat{\xi} \approx 1$，把式（4.2.19）代入式（4.2.14），得燃耗

$$\theta \approx \frac{0.55 \left(\rho(0) R_0 \right)_{\mathrm{g/cm^2}}}{4 + 0.55 \left(\rho(0) R_0 \right)_{\mathrm{g/cm^2}}} \approx \frac{\rho R_{\mathrm{g/cm^2}}}{7 + \rho R_{\mathrm{g/cm^2}}} \tag{4.2.20}$$

可见，面密度决定了燃耗。若想燃耗达到30%，则要求靶丸面密度达到ρR=3g/cm^2。

将式（4.2.20）代入式（4.2.2），可算出聚变放能为

$$E_f = \frac{\varepsilon_f \theta M_{\mathrm{DT}}}{m_{\mathrm{D}} + m_{\mathrm{T}}} \approx 0.34 M_{\mathrm{DT}}^{\mathrm{g}} \frac{\rho R_{\mathrm{g/cm^2}}}{7 + \rho R_{\mathrm{g/cm^2}}} \quad (\mathrm{TJ}) \tag{4.2.21}$$

1TJ对应250t TNT爆炸放出的能量。

4.2.2 球壳靶的能量增益

把等离子体球（热斑）加热到状态(p_0, V_0)所需的能量为

$$E_0 = \frac{3}{2} p_0 V_0 = 3 n T_0 V_0 = 3 N_0 T_0 = 3 \frac{M_0}{m_{\mathrm{DT}}} T_0 \tag{4.2.22}$$

其中，状态方程$p_0 = 2nT_0$，n为离子（或电子）数密度，$N_0 = nV_0$为离子（或电子）数，M_0为DT燃料的质量，$m_{\mathrm{DT}} = (m_{\mathrm{D}} + m_{\mathrm{T}})/2$。假设激光能量的转换效率为$\eta$，则所需的激光能量为

$$E_{\mathrm{in}} = \frac{E_0}{\eta} = \frac{1.1}{\eta} \left(\frac{T_0^{\mathrm{keV}}}{10} \right) M_0^{\mathrm{g}} (\mathrm{GJ}) \tag{4.2.23}$$

对于直接驱动，$\eta \approx 5\%$，而对于间接驱动，$\eta \approx 1\%$。

由式（4.2.21）可知，燃耗为θ对应的聚变放能为

$$E_f = \frac{\varepsilon_f \theta M_0}{m_{\mathrm{D}} + m_{\mathrm{T}}} = \frac{\varepsilon_f \theta M_0}{2 m_{\mathrm{DT}}} \tag{4.2.24}$$

故能量增益为

$$G = \frac{E_f}{E_{\mathrm{in}}} = \eta \frac{E_f}{E_0} \tag{4.2.25}$$

将式（4.2.22）和式（4.2.24）代入上式，利用$\varepsilon_f = 17.6\mathrm{MeV}$，可得

$$G = \frac{\varepsilon_f \eta \theta}{6 T_0} \approx 293 \eta \theta \left(\frac{10}{T_0^{\mathrm{keV}}} \right) \tag{4.2.26}$$

如果热斑温度为10keV，θ=30%，η=1%，增益是0.879。

定义点火所需功率为

$$P_{\mathrm{in}} = \frac{E_{\mathrm{in}}}{\tau_{\mathrm{d}}} \tag{4.2.27}$$

E_{in}为驱动器注入到系统的能量，τ_{d}为靶丸解体的时间。因为

$$\tau_{\mathrm{d}} = \mu \frac{R_0}{C_{\mathrm{s}}}, \quad C_{\mathrm{s}} = \sqrt{\frac{2T}{m_{\mathrm{DT}}}} \tag{4.2.28}$$

其中，$\mu \gg 1$是考虑到内爆速度增长的时间可能远大于靶丸解体时间而引进的参数。注意到$E_{\mathrm{in}} = E_0 / \eta$，将式（4.2.22）和（4.2.28）代入式（4.2.27），可得点火

所需功率

$$P_{\text{in}} = \frac{3\sqrt{2}}{\mu\eta}\frac{M_0}{m_{\text{DT}}^{3/2}}\frac{T^{3/2}}{R_0} \approx \frac{10^{17}}{\mu\eta}\left(\frac{T_{\text{keV}}}{10}\right)^{3/2}\frac{M_0^{\text{g}}}{R_0^{\text{cm}}}(\text{W}) \tag{4.2.29}$$

如果M_0=0.1mg，R_0=100μm，η=1%，点火所需功率将达到100PW量级，这个功率非常高，太阳照到地球的功率是174PW。

实际的情况是，全部热斑的内能并不完全依靠驱动器的能量来提供，①热斑解体时，温度T降低至5keV，依靠 α 粒子能量沉积自加热。②热斑中只有小部分燃料被加热，燃烧波可能能够点燃周围的冷燃料。③内爆过程中，$\mu \gg 1$（内爆速度增长的时间可以远大于靶丸解体时间）。例如，对NIF靶，T=5keV，DT质量约为0.17mg，假设只加热热斑燃料的10%，即0.017mg，其余质量为推进层。热斑半径约为30μm，即0.003cm。在激光脉宽的时间尺度内，内爆速度得到提升，NIF靶的燃烧时间~100ps，激光的时间尺度~10ns，故μ=100。取 η=1%，代入式（4.2.29）得所需驱动器功率为

$$P_w \approx \frac{10^{17}}{100\times 0.01}\left(\frac{5}{10}\right)^{3/2}\frac{0.017\times 10^{-3}}{0.003}\ (\text{W}) = 0.2\ \text{PW} = 200\ \text{TW} \tag{4.2.30}$$

通常上述能量需乘以2，因为需压缩DT冰，故所需功率

$$P_w \approx 0.4\ \text{PW} = 400\ \text{TW} \tag{4.2.31}$$

这个功率只是100PW的千分之四，即对驱动器功率要求降低了3个数量级。

如图4.7所示，对于中心点火（等压模型）情况，热斑压强 p_{HS} 与外围冷燃料压强 p_f近似相等，即 $p_{\text{HS}} \approx p_f$。加热靶丸所需的总能量为

$$E_{\text{tot}} = E_{\text{HS}} + E_f = \frac{3}{2}p_{\text{HS}}V_{\text{HS}} + \frac{3}{2}p_f V_f \approx \frac{3}{2}p_{\text{HS}}\left(V_{\text{HS}} + V_f\right) \tag{4.2.32}$$

为了避免过多的能量需求，通常取外围冷燃料体积近似为热斑体积，即V_f~V_{HS}，如果点火只发生在热斑，则能量增益只是式（4.2.26）给出的一半，即

$$G = \frac{E_f}{E_{\text{in}}} = \frac{293\eta}{2}\left(\frac{10}{T_0^{\text{keV}}}\right)\theta \approx 2.9\left(\frac{\rho R_{\text{g/cm}^2}}{7}\right) \tag{4.2.33}$$

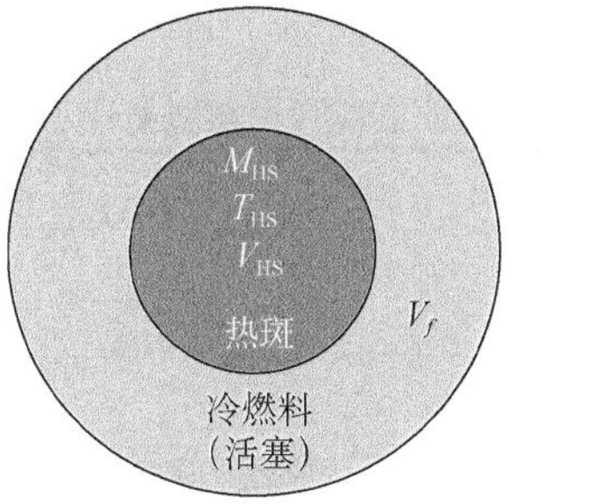

图4.7　中心点火等压模型，热斑压强与外围冷燃料压强相等

其中，1/2是需要加热冷燃料而增加的能量输入，η=0.01，T=5keV，式（4.2.20）给出的燃耗θ对小的ρR进行展开。

因为热斑面密度在点火时为$\rho R\approx0.3\text{g/cm}^2$，则增益约为0.13。上述估计采用了热斑自由膨胀模型，事实上热斑会被冷燃料约束，因此声速需采用冷燃料的声速代替

$$C_{s(f)} \sim \sqrt{\frac{2T_f}{m_{\text{DT}}}} \sim \sqrt{\frac{P}{\rho_f}} \sim C_{s(\text{HS})}\sqrt{\frac{\rho_{\text{HS}}}{\rho_f}} \tag{4.2.34}$$

去修正因子

$$\xi \equiv \frac{\langle\sigma v\rangle}{(m_{\text{D}}+m_{\text{T}})C_{s(\text{HS})}}\rho(0)R_0\sqrt{\frac{\rho_f}{\rho_{\text{HS}}}} \tag{4.2.35}$$

因为$\rho_f/\rho_{\text{HS}}\gg1$，冷燃料中的声速比热斑中的声速小，因子$\xi$和燃耗$\theta$将变大$\sqrt{\rho_f/\rho_{\text{HS}}}$倍。例如，当$\rho_f/\rho_{\text{HS}}\approx10$时，增益$G$将约是原增益值0.13的三倍，即

$$G = 2.9\left(\frac{\rho R^{\text{HS}}_{\text{g/cm}^2}}{7}\right)\sqrt{\frac{\rho_f}{\rho_{\text{HS}}}}\approx 0.4$$

通过采用重金属做推进层，使得$\rho_{\text{tamper}}\gg\rho_{\text{HS}}$，这可以使得增益接近1。但是由于热斑燃料有限，能量增益也不会太大。唯一的方法是通过热斑的燃烧波去点燃周围的冷燃料。根据式（4.2.24），冷燃料被点燃后，放出的聚变能为

$$E_f = \frac{\varepsilon_f\theta_{\text{fuel}}M_{\text{fuel}}}{2m_{\text{DT}}} = \frac{\varepsilon_f M_{\text{HS}}}{2m_{\text{DT}}}\frac{M_{\text{fuel}}}{M_{\text{HS}}}\theta_{\text{fuel}} \tag{4.2.36}$$

能量增益为式（4.2.33）给出结果的$M_{\text{fuel}}/M_{\text{HS}}$倍，即

$$G = \frac{E_f}{E_{\text{in}}} = \frac{293\eta}{2}\left(\frac{10}{T_0^{\text{keV}}}\right)\theta_{\text{fuel}}\frac{M_{\text{fuel}}}{M_{\text{HS}}} \approx 2.9\left(\frac{\rho R^{\text{fuel}}_{\text{g/cm}^2}}{7}\right)\frac{M_{\text{fuel}}}{M_{\text{HS}}} \tag{4.2.37}$$

表4.3给出了不同面密度和聚变燃料与热斑燃料质量比下的能量增益。可见，通过先点燃热斑燃料，发生聚变放能，然后通过燃烧波向外传输，点燃周围致密的冷燃料，才能得到较高的增益。

表 4.3　不同面密度和燃料质量比下的能量增益

$\rho R^{\text{fuel}}_{\text{g/cm}^2}\approx1$	$M_{\text{fuel}}\approx10M_{\text{HS}}$	$G\approx4$
$\rho R^{\text{fuel}}_{\text{g/cm}^2}\approx2$	$M_{\text{fuel}}\approx20M_{\text{HS}}$	$G\approx13$
$\rho R^{\text{fuel}}_{\text{g/cm}^2}\approx4$	$M_{\text{fuel}}\approx40M_{\text{HS}}$	$G\approx40$

从惯性约束聚变中获得能量，如果直接加热燃料且让燃料自由膨胀，需要极端的功率条件（1g DT 需 100PW）。为了减少这些极端要求，需采用以下方法。

（1）使用内爆并“缓慢”传递能量以加速壳体（活塞），进而将等离子体加热到热核反应的温度（几 keV）。

（2）只加热极少量燃料到 keV（≪ 1mg）（热斑）。用稠密的冷燃料（壳）包围热燃料，以减缓膨胀过程。

（3）利用 α 加热，点火少量的热等离子体（热斑）作为火花，通过燃烧波来点燃周围的稠密冷燃料。

总之，对于高增益 G，由于激光能量到燃料动能的转换效率很低，需要热斑点火，并将燃烧传播到冷燃料中。

参 考 文 献

Betti R, Chang P Y, Spears B K, et al. 2010. Thermonuclear ignition in inertial confinement fusion and comparison with magnetic confinement. Physics of Plasmas, 17: 058102.

Betti R, Christopherson A R, Spears B K, et al. 2015. Alpha heating and burning plasmas in inertial confinement fusion. Physical Review Letters, 114: 255003.

Betti R, Umansky M, Lobatchev V, et al. 2001. Hot-spot dynamics and deceleration-phase Rayleigh–Taylor instability of imploding inertial confinement fusion capsules. Physics of Plasmas, 8: 5257.

Chang P Y, Betti R, Spears B K, et al. 2010. Generalized measurable ignition criterion for inertial confinement fusion. Physical Review Letters, 104: 135002.

Christopherson A R, Betti R, Bose A, et al. 2018. A comprehensive alpha-heating model for inertial confinement fusion. Physics of Plasmas, 25: 012703.

Jackson J D. 2021. 经典电动力学（影印版）. 3 版. 北京：高等教育出版社.

第5章 激光等离子体相互作用

5.1 概述

激光惯性约束聚变（简称激光ICF）是以高功率脉冲激光作为能源来驱动含有聚变燃料的微小靶丸（直径在mm量级），使聚变燃料达到高温高密度条件，引起聚变反应放能的一种方式。高功率密度的激光与等离子体相互作用，会导致激光能量被等离子体吸收，形成高温等离子体。等离子体向外膨胀喷射，产生的反冲运动动能和靶丸内部进行能量转换，这决定了靶丸的内爆运动规律和聚变反应释能的环境。

激光是电磁波，有极强的电场。等离子体是由正负电荷组成的宏观电中性系统，是正负带电粒子通过自身产生的自洽电磁场相互耦合构成的一种物质状态，常常称为物质的第四态。因此，激光与等离子体的电磁相互作用强烈，相互作用的机理丰富，会衍生出许多物理现象。本章主要讨论激光与等离子体中的相互作用将会发生哪些物理现象，包括激光与等离子体是如何相互作用的？激光在等离子体中是如何传播的？激光能量是如何被等离子体吸收的？

5.1.1 激光的特点和指标

激光在物理本质上是一种较短波长的电磁波（波长在1 μm量级），电磁波是一种横波，即电磁波的电场$\boldsymbol{E}$、磁场$\boldsymbol{B}$和波矢量$\boldsymbol{k}$（大小$k=2\pi/\lambda$）两两垂直。之所以用激光来进行ICF研究，是基于激光的单色性（波长固定）、相干性和方向性（不发散、焦斑小）俱佳的特点；之所以采用脉冲激光，是因为脉冲激光的功率密度（单位时间通过单位面积的能量）极高，电场强度极强。

脉冲激光有三个指标，即激光能量$E(\mathrm{J})$、脉冲宽度$\tau(\mathrm{ns})$和焦斑面积$S(\mu\mathrm{m}^2)$。脉冲宽度小，激光功率$P(\mathrm{W})=E/\tau$就高。脉冲宽度和焦斑面积小，激光强度（功率密度）$I_\mathrm{L}(\mathrm{W/cm^2})=E_\mathrm{L}/(S\cdot\tau)$就强。激光强度$I_\mathrm{L}$与激光的电场强度$E_\mathrm{L}$的关系为

$$I_\mathrm{L}=\frac{1}{2}\varepsilon_0 cE_\mathrm{L}^2(\mathrm{W/m^2}) \tag{5.1.1}$$

其中，$\varepsilon_0 = 8.85\times10^{-12}\left(C^2/(N\cdot m^2)\right)$为真空中的介电常量，注意到$1N/C = 1V/m$，则激光强度$I_L$对应的电场强度为

$$E_L(V/m) = 27.5\left[I_L\left(W/m^2\right)\right]^{1/2} = 2.75\times10^3\left[I_L\left(W/cm^2\right)\right]^{1/2} \quad (5.1.2)$$

例如，激光器的功率密度$I_L=10^{21}\,W/cm^2$时，对应的电场强度为

$$E_L = 8.7\times10^{13}(V/m)$$

这个场强比氢原子第一玻尔半径处的电场值$E_H(r = a_0) = 5\times10^{11}(V/m)$大100倍。功率密度更高的激光对应的电场强度更大，可直接把电子从原子核的库仑场中电离出来。这就是功率密度极高的激光脉冲与物质相互作用时能产生等离子体的物理原因。

5.1.2 等离子体对激光能量的吸收过程

在激光直接驱动的ICF中，等离子体对激光能量吸收的大致过程如下。

（1）一束脉冲激光照射在聚变靶丸的外表层时，激光的预脉冲首先将表面极薄的一层（亚mm量级，厚度与激光频率有关）加热并电离形成高温等离子体，温度在keV量级（$1keV\approx1.16\times10^7K$）。

（2）高温等离子体以等温声速（10^7~10^8cm/s）向真空侧膨胀，形成高温低密度等离子体冕区，也称电晕区。电晕区电子密度存在空间梯度分布，内部密度高，越往外密度越低，但温度基本均匀。电晕区是温度基本均匀而密度非均匀的等离子体。

（3）接踵而来的激光主脉冲在电晕区传播，与电晕区等离子体相互作用，产生各种正常和反常的激光吸收过程，比如逆轫致吸收、共振吸收、受激拉曼散射、受激布里渊散射等，将激光能量转换为电子、离子的有序或无序能量。激光能量的吸收进一步提高了电晕区等离子体温度，一般是先提高电子温度，再通过电子-离子碰撞提高离子温度。

（4）高温等离子体向外膨胀喷射，将产生聚心传播的冲击波，压缩和加热内部靶丸。

5.1.3 激光等离子体相互作用的区域和特点

图5.1给出了激光等离子体相互作用的五个不同区域的名称及各区相互作用的特点。激光从右侧（最外侧）射入，从外到里分为Ⅰ～Ⅴ五个不同区域——即等离子体飞散区、电晕区（或次临界区）、烧蚀区（或超临界区）、辐射热传导区和低温高密度区。图上的两条曲线分别为温度和密度曲线。五个不同区域的温度各有特点，温度外热内冷，密度内高外低。

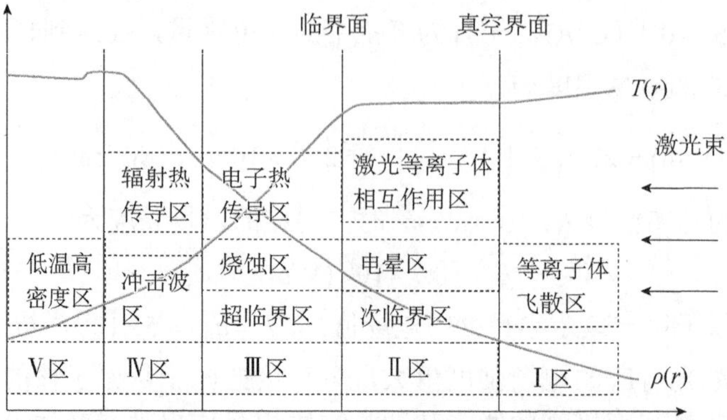

图5.1　激光等离子体相互作用的五个不同的区域及其特点

Ⅰ区称为等离子体飞散区。此区电子密度低，温度高且近似等温，对入射激光透明，区内等离子体以等温声速向外（真空）膨胀。

Ⅱ区称为激光等离子体相互作用区，也称电晕区或次临界区，是激光能量被等离子体吸收的主要区域。此区温度高而均匀，密度低但分布不均匀（外低内高）。激光等离子体相互作用在Ⅱ区会产生热电子和超热电子。

Ⅲ区称为电子热传导区，也称烧蚀区或超临界区。由于激光波在临界面上发生反射（原因以后讨论），激光不可能进入超临界区。但Ⅱ区中的热电子和超热电子会通过电子热传导过程将能量从Ⅱ区越过临界面输运至Ⅲ区。电子热传导区的密度和温度较高，也是发生激光-X射线转换的主要区域。当通过电子热传导将此区物质加热到几百万开尔文（K），压力升至几百万个大气压时，电子热传导区一方面朝电晕区喷射等离子体，激光能量变成等离子体动能；另一方面辐射X射线，两种物理过程相互竞争，能量分配的比例取决于温度密度的高低和物理过程的快慢。

Ⅳ区称为辐射热传导区。由于X射线在此区的平均自由程比电子的平均自由程长，Ⅲ区产生的X射线通过辐射输运将能量沉积至Ⅳ区，会产生辐射冲击波，因此辐射热传导区也称冲击波区。

Ⅴ区称为低温高密度区。因为冲击波的压缩效应，此区的密度高且基本均匀，但温度低。

5.1.4　激光等离子体相互作用的主要物理过程

激光等离子体相互作用，导致激光能量被等离子体吸收。电晕区（Ⅱ区）是激光能量被等离子体吸收的主要区域。研究表明，等离子体主要是通过正常吸收和反常吸收两种途径来吸收激光能量的。

正常吸收又称逆韧致吸收和碰撞吸收，其物理机理是，等离子体中的电子受激光电场作用，发生振荡运动，获得动能。振荡的高能电子与离子碰撞进一步将激光能量转换为离子无规运动能量（热能），光能转化成热能，使等离子体温度升高。为什么叫逆轫致吸收呢？因为电动力学理论告诉我们，高速电子在减速过程中（有加速度）要向外辐射电磁波，这种辐射称为轫致辐射。电子轫致辐射使自身能量降低变成电磁辐射能量，逆轫致吸收过程就是电子轫致辐射的逆过程，它将光波的能量转化成电子动能，电子能量提高而电磁波自身的能量减少了。

反常吸收又称非碰撞吸收，包括共振吸收、受激拉曼散射、受激布里渊散射、双等离子体衰变等激光等离子体相互作用过程。注意，反常是相对正常而言的，其实并不反常，只是与正常吸收不同的新机理罢了。

如果说碰撞吸收源于等离子体中粒子（电子和离子）对激光能量的个体吸收效应，那么反常吸收就源于等离子体中粒子对激光能量的集体吸收效应。反常吸收过程的共同特点是，第一步通过（光）波-（静电）波相互作用，激光在等离子体中激发纵向静电波（如电子 Langmuir 波、离子声波等），激光能量变为静电波波动能量——粒子集体运动的能量，因为静电波动是粒子的一种集体运动。静电波不能离开等离子体这个载体而单独存在。当然，激光能否在等离子体中产生这种集体静电波动，需要满足合适的条件。第二步纵向静电波与等离子体中的带电粒子相互作用（称为波-粒相互作用），使静电波动遭受到碰撞阻尼和无碰撞阻尼（无碰撞阻尼也叫朗道阻尼）。阻尼的存在最终会使静电波破裂（wave breaking），使集体有规运动的能量（静电波波动能量）变为粒子无规运动的能量（热能）。这种能量反常吸收机理最终将使等离子体的温度升高，当然也会使激光能量逃逸出等离子体，大大降低激光能量的吸收效率。

总之，等离子体对激光能量的反常吸收分两步完成：一是波-波相互作用，激光能量变成静电波能量；二是波-粒相互作用，导致静电波破裂，静电波的有序能量变为粒子（主要是电子）无规运动的热能。激光在等离子体中激发静电波，可能把等离子体吸收的激光能量带出等离子体，降低等离子体对激光能量的吸收率，这种情况应该想办法避免。

5.1.5　激光等离子体相互作用研究的目的、内容和方法

激光等离子体相互作用研究的主要目的是，弄清激光在等离子体中会发生什么物理现象？发生这些现象的物理机理是什么？激光能量是如何被等离子体吸收的？怎样才能提高等离子体对激光能量的吸收效率？等离子体对激光能量吸收不力的情况有哪些？如何避免？等等。

激光等离子体相互作用研究内容主要包括两个方面：一是研究激光波在等离子体中如何传播。例如，激光的电磁场在等离子体中满足什么方程？电磁场方程

是如何被等离子体修正或调制的？二是研究激光能量是如何被等离子体吸收的，如何计算能量吸收率？

激光等离子体相互作用研究的主要方法有两种：一是解析方法，二是粒子模拟方法。解析方法又分动理学方法和流体力学方法的描述。动理学方法通过建立等离子体中粒子相空间分布函数满足的输运方程，一般为弗拉索夫（Vlasov）方程或福克尔-普朗克（Fokker-Planck）方程，与麦克斯韦方程组一起来描述粒子的动力学行为；流体力学方法通过对输运方程取速度的零阶、一阶和二阶矩，建立流体元密度、宏观流速、流体元内能（温度）满足的（磁）流体力学方程组，与麦克斯韦方程组耦合来描述流体物理量的时空变化。由于电子和离子在性质上的差异，实际应用中对等离子体采用双温双流体（电子流体和离子流体）模型，两种流体的温度不同。粒子模拟方法是目前流行的一种数值计算方法，它可以更完全也更真实地分析和预测激光等离子体相互作用的行为，还可以处理非线性问题。该方法所依据的基本方程就是“宏粒子”的牛顿运动方程（洛伦兹（Lorentz）力推动粒子运动）和麦克斯韦方程组（粒子运动的电荷电流密度产生电磁场），将牛顿运动方程和麦克斯韦方程组耦合求解。

5.2 等离子体中带电粒子的运动描述

5.2.1 德拜屏蔽

等离子体由正负带电粒子组成，从微观尺度看不可能电中性，但在宏观上却表现出电中性。这就提出一个问题，等离子体在多大的空间尺度上会局域地偏离电中性？

等离子体中带电粒子的库仑场属于屏蔽场，比真空中带电粒子的库仑场作用范围大大缩小。缩小的原因是等离子体中带电粒子周围有异性电荷聚集，对库仑场造成屏蔽，这种屏蔽叫做德拜屏蔽。

在双温等离子体中，电量为q的带电粒子的德拜屏蔽势（高斯单位制）为

$$\phi(r)=\frac{q}{r}\mathrm{e}^{-r/\lambda_{\mathrm{D}}} \tag{5.2.1}$$

其中，德拜屏蔽长度为

$$\lambda_{\mathrm{D}}=\left(\frac{4\pi n_{\mathrm{e}0}e^{2}}{k_{\mathrm{B}}T_{\mathrm{e}}}+\frac{4\pi n_{\mathrm{i}0}Z'e^{2}}{k_{\mathrm{B}}T_{\mathrm{i}}}\right)^{-1/2} \tag{5.2.2}$$

其中，$n_{\mathrm{e}0}=Z'n_{i0}\equiv n_{0}$为自由电子数密度。$T_{\mathrm{e}}$、$T_{\mathrm{i}}$分别为电子和离子温度，$Z'$表示

离子的平均电离度。对由一种正离子和电子组成的等离子体，若电子和离子温度相同，即 $T_e = T_i = T$，则德拜屏蔽长度为

$$\lambda_D = \sqrt{\frac{k_B T}{4\pi n_0 e^2}} \frac{1}{\sqrt{1+Z'}}$$

若温度 T 以 eV 为单位，n_0 以 cm^{-3} 为单位，则德拜屏蔽长度

$$\lambda_D = 743\sqrt{\frac{T}{n_0}} \frac{1}{\sqrt{1+Z'}} (cm) \tag{5.2.3}$$

由式（5.2.1）可见，德拜屏蔽势随距离 r 的衰减比纯库仑势要快得多，库仑场的作用范围大致是以 λ_D 为半径的球。可以认为，在德拜球面上基本不存在电场。λ_D 的物理意义是，一方面表示点电荷静电作用的范围，或其屏蔽半径；另一方面它又是等离子体内局域性电荷分离的空间尺度，即在德拜球内正负电荷是分离的，不是电中性，球内粒子参与集体相互作用。德拜球外的等离子体则表现为电中性，即没有电荷分离。也就是说，等离子体在小于德拜屏蔽长度的空间尺度上会局域地偏离电中性。

由式（5.2.3）可见，对低温高密度等离子体，其德拜屏蔽长度很短，德拜球内粒子的数目少，即参与集体相互作用的粒子数目少，粒子之间的相互作用以个别粒子的二体碰撞作用为主；反之，对高温低密度等离子体（如磁约束聚变中的等离子体），其德拜屏蔽长度很长，德拜球内粒子的数目多，粒子的集体作用重要，个别粒子的二体碰撞作用反倒可以忽略。

5.2.2　运动论层次的描述

由德拜长度的表达式（5.2.3），可得德拜球内所含粒子数目为

$$N_D = \frac{4\pi}{3}\lambda_D^3 n_e \approx \frac{1.7\times10^9}{(1+Z')^{3/2}} \frac{(k_B T_e)^{3/2}}{n_e^{1/2}} \tag{5.2.4}$$

其中，$k_B T_e$ 以 eV 为单位，n_e 以 cm^{-3} 为单位。高温低密度的等离子体中，德拜球内所含粒子数目很大，粒子主要参与**集体相互作用**（电子的静电波动），个别粒子之间的二体库仑碰撞可以忽略。

另外，在温度为 T_e 的等离子体中，**若电子速度服从麦克斯韦分布**，则电子-离子碰撞频率为

$$\nu_{ei} = \frac{8\pi}{3} \frac{Z' n_e e^4 \ln\Lambda}{\sqrt{2\pi m_e}(k_B T_e)^{3/2}} = \frac{4\sqrt{2\pi}}{3} \frac{n_i Z'^2 e^4 \ln\Lambda}{m_e^{1/2}(k_B T_e)^{3/2}} \tag{5.2.5}$$

等离子体中电子 Langmuir 波（粒子集体作用产生的静电波动）的频率为

$$\omega_{\mathrm{pe}}=\sqrt{4\pi n_{\mathrm{e}}e^2/m_{\mathrm{e}}} \tag{5.2.6}$$

取 $k_{\mathrm{B}}T_{\mathrm{e}}$ 以eV为单位，n_{e} 以 cm^{-3} 为单位，则有

$$\nu_{\mathrm{ei}}=2.91\times10^{-6}\frac{Z'n_{\mathrm{e}}\ln\Lambda}{\left(k_{\mathrm{B}}T_{\mathrm{e}}\right)^{3/2}}\quad(1/\mathrm{s}) \tag{5.2.7}$$

$$\omega_{\mathrm{pe}}\approx5.64\times10^4 n_e^{1/2}\quad(1/\mathrm{s}) \tag{5.2.8}$$

两者的比值

$$\frac{\nu_{\mathrm{ei}}}{\omega_{\mathrm{pe}}}=0.516\times10^{-10}\frac{Z'n_{\mathrm{e}}^{1/2}\ln\Lambda}{\left(k_{\mathrm{B}}T_{\mathrm{e}}\right)^{3/2}} \tag{5.2.9}$$

利用式（5.2.4），式（5.2.9）可写为

$$\frac{\nu_{\mathrm{ei}}}{\omega_{\mathrm{pe}}}\approx\frac{Z'\ln\Lambda}{11.3}\cdot\frac{1}{N_{\mathrm{D}}(1+Z')^{3/2}} \tag{5.2.10}$$

若德拜球内的粒子数很多，即 $N_{\mathrm{D}}=(4\pi/3)\lambda_{\mathrm{D}}^3 n_{\mathrm{e}}\gg1$，相当于 $\nu_{\mathrm{ei}}\ll\omega_{\mathrm{pe}}$，则个别粒子间的二体碰撞可以忽略，$N_{\mathrm{D}}\gg1$ 也相当于德拜长度 λ_{D} 远大于粒子的平均间距，即 $\lambda_{\mathrm{D}}\gg d$（$d=n_{\mathrm{e}}^{-1/3}$），此时粒子间相互作用以集体相互作用为主。相反，若德拜球内的粒子数很少，即 $N_{\mathrm{D}}=(4\pi/3)\lambda_{\mathrm{D}}^3 n_{\mathrm{e}}\ll1$，$\lambda_{\mathrm{D}}<d$ 时，粒子间相互作用以二体碰撞为主。事实上，**高温低密度**等离子体满足条件 $N_{\mathrm{D}}\gg1$，粒子间相互作用以集体相互作用为主。例如，取 $k_{\mathrm{B}}T_{\mathrm{e}}=1\mathrm{keV}$，$n_{\mathrm{e}}=10^{21}\mathrm{cm}^{-3}$，则 $N_{\mathrm{D}}\approx600\gg1$。

结论：在激光与等离子体相互作用的电晕区或次临界区，温度高而粒子数密度低，等离子体中的粒子主要参与集体相互作用。在讨论等离子体中带电粒子的相互作用时，可以只考虑粒子之间的集体相互作用，忽略个别粒子间的二体相互作用。注意，忽略二体碰撞不等于忽略粒子间的相互作用，只是考虑了集体相互作用。

当忽略个别粒子间的二体碰撞时，等离子体可视为无碰撞的等离子体，等离子体中带电粒子的输运方程成为无二体碰撞的Vlasov方程

$$\frac{\partial f^{(i)}}{\partial t}+\boldsymbol{v}\cdot\frac{\partial f^{(i)}}{\partial\boldsymbol{r}}+\frac{\boldsymbol{F}^{(i)}}{m^{(i)}}\cdot\frac{\partial f^{(i)}}{\partial\boldsymbol{v}}=0\quad(i=1,2,\cdots,S) \tag{5.2.11}$$

其中，$f^{(i)}(\boldsymbol{r},\boldsymbol{v},t)$ 为第 i 种组分的分布函数（等离子体内有 S 种带电粒子组分），$m^{(i)}$ 为第 i 种组分带电粒子的质量，而电荷为 $q^{(i)}$ 的带电粒子受到的电磁力为

$$\boldsymbol{F}^{(i)}=q^{(i)}(\boldsymbol{E}+\boldsymbol{v}\times\boldsymbol{B}/c) \tag{5.2.12}$$

$\boldsymbol{E}$、$\boldsymbol{B}$ 为粒子感受到的平均电磁场，包括自洽电磁场和外加电磁场。自洽电磁场由以下麦克斯韦方程组决定

$$\begin{cases}\nabla\times\boldsymbol{E}=-\dfrac{1}{c}\dfrac{\partial\boldsymbol{B}}{\partial t}\\ \nabla\times\boldsymbol{B}=\dfrac{1}{c}\dfrac{\partial\boldsymbol{E}}{\partial t}+\dfrac{4\pi}{c}\boldsymbol{J}\\ \nabla\cdot\boldsymbol{B}=0\\ \nabla\cdot\boldsymbol{E}=4\pi\rho\end{cases}\tag{5.2.13}$$

其中，电荷密度和电流密度又依赖于所有组分粒子的分布函数

$$\begin{cases}\rho(\boldsymbol{r},t)=\displaystyle\sum_{i=1}^{S}q^{(i)}\int f^{(i)}(\boldsymbol{r},\boldsymbol{v},t)\mathrm{d}\boldsymbol{v}\\ \boldsymbol{J}(\boldsymbol{r},t)=\displaystyle\sum_{i=1}^{S}q^{(i)}\int \boldsymbol{v}f^{(i)}(\boldsymbol{r},\boldsymbol{v},t)\mathrm{d}\boldsymbol{v}\end{cases}\tag{5.2.14}$$

Vlasov 方程（5.2.11）虽然忽略了个别粒子的二体碰撞，但通过自洽场考虑了粒子之间的集体相互作用。

注意：式（5.2.13）中的四个麦克斯韦方程组只有法拉第电磁感应定律和安培定律是独立的，而后面两个散度方程可以通过前两个旋度方程和电荷守恒方程导出。因此，式（5.2.14）中的电荷密度也不需要，电流密度也可以化为广义欧姆定律的形式。

无碰撞时的方程（5.2.11）～（5.2.14）称为弗拉索夫-麦克斯韦（Vlasov-Maxwell）方程组，共有 S+3 个独立方程，共 S+3 个未知量 $\boldsymbol{J},\boldsymbol{E},\boldsymbol{B},f^{(i)}$（$i=1,2,\cdots,S$），因而方程组是封闭的。耦合求解的过程是

$$\boldsymbol{J}\to\boldsymbol{B}\to\boldsymbol{E}\to f_j\Rightarrow\boldsymbol{J}$$

5.2.3　粒子运动的双流体的描述

Vlasov 方程（5.2.11）涉及第 i 种组分带电粒子分布函数 $f^{(i)}(\boldsymbol{r},\boldsymbol{v},t)$ 随速度分布的细节。在实际问题中，如果只关心等离子体中的电荷和电流密度，并不需要了解粒子按速度分布的细节，只需了解粒子的物理量在时空的运动行为，此时用流体层次的描述是合适的。

将等离子体近似地作为导电流体，流体层次只考虑粒子数密度 $N^{(i)}(\boldsymbol{r},t)$、流体元宏观速度 $\boldsymbol{u}^{(i)}(\boldsymbol{r},t)$ 和压强张量 $\boldsymbol{P}^{(i)}(\boldsymbol{r},t)$ 随时空的变化，这三个流体力学量分别是 $f^{(i)}(\boldsymbol{r},\boldsymbol{v},t)$ 对速度的 0 阶、1 阶和 2 阶矩。$N^{(i)}(\boldsymbol{r},t)$、$\boldsymbol{u}^{(i)}(\boldsymbol{r},t)$ 和 $\boldsymbol{P}^{(i)}(\boldsymbol{r},t)$ 满足的方程组称为流体力学方程组。

流体力学认为流体是由流体元连续组成的，流体元的大小比粒子的平均自由程大得多，内部包含着大量的微观粒子，可以采用统计力学方法来计算宏观物理量（统计平均值）。一般来说，处于非平衡状态的等离子体，电子间碰撞进行能量

交换的速度很快，很容易达到热力学平衡，因而有电子流体的局域温度$T_e(\boldsymbol{r})$；离子间碰撞进行能量交换的速度也较快，也很容易达到热力学平衡，因而有离子流体的局域温度$T_i(\boldsymbol{r})$；但电子与离子间碰撞交换能量达到热力学平衡的时间则要长得多，因此常假设在等离子体中的电子与离子具有不同的温度$T_e(\boldsymbol{r}) \neq T_i(\boldsymbol{r})$，等离子体的运动一般采用**双温双流体描述**。

将Vlasov方程（5.2.11）分别乘1或者$\boldsymbol{v}$后，再对速度积分，可得第i种粒子数密度、动量的守恒方程

$$\begin{cases}\dfrac{\partial N^{(i)}}{\partial t}+\nabla\cdot(N^{(i)}\boldsymbol{u}^{(i)})=0\\ \dfrac{\partial}{\partial t}(m^{(i)}N^{(i)}\boldsymbol{u}^{(i)})+\nabla\cdot\boldsymbol{P}_C^{(i)}+\nabla\cdot(m^{(i)}N^{(i)}\boldsymbol{u}^{(i)}\boldsymbol{u}^{(i)})-q^{(i)}N^{(i)}(\boldsymbol{E}+\boldsymbol{u}^{(i)}\times\boldsymbol{B}/c)=0\end{cases}\tag{5.2.15}$$

其中，$N^{(i)}(\boldsymbol{r},t)$、$\boldsymbol{u}^{(i)}(\boldsymbol{r},t)$和$\boldsymbol{P}_C(\boldsymbol{r},t)$分别为第$i$种粒子的数密度、宏观流速和压强张量，定义为

$$\begin{cases}N^{(i)}(\boldsymbol{r},t)\equiv\int f^{(i)}(\boldsymbol{r},\boldsymbol{v},t)\mathrm{d}\boldsymbol{v}\\ \boldsymbol{u}^{(i)}(\boldsymbol{r},t)\equiv\dfrac{\int \boldsymbol{v}f^{(i)}(\boldsymbol{r},\boldsymbol{v},t)\mathrm{d}\boldsymbol{v}}{\int f^{(i)}(\boldsymbol{r},\boldsymbol{v},t)\mathrm{d}\boldsymbol{v}}\\ \boldsymbol{P}_C^{(i)}(\boldsymbol{r},t)\equiv m^{(i)}\int f^{(i)}(\boldsymbol{v}-\boldsymbol{u}^{(i)})(\boldsymbol{v}-\boldsymbol{u}^{(i)})\mathrm{d}\boldsymbol{v}\end{cases}\tag{5.2.16}$$

利用并矢的恒等式

$$\nabla\cdot(\boldsymbol{GH})=(\nabla\cdot\boldsymbol{G})\boldsymbol{H}+(\boldsymbol{G}\cdot\nabla)\boldsymbol{H}\tag{5.2.17}$$

和粒子数守恒方程，式（5.2.15）可以变形为

$$\begin{cases}\dfrac{\mathrm{d}N^{(i)}}{\mathrm{d}t}+N^{(i)}\nabla\cdot\boldsymbol{u}^{(i)}=0\\ m^{(i)}N^{(i)}\dfrac{\mathrm{d}\boldsymbol{u}^{(i)}}{\mathrm{d}t}=q^{(i)}N^{(i)}\left(\boldsymbol{E}+\dfrac{1}{c}\boldsymbol{u}^{(i)}\times\boldsymbol{B}\right)-\nabla\cdot\boldsymbol{P}_C^{(i)}\end{cases}\tag{5.2.18}$$

其中随体微商定义为

$$\frac{\mathrm{d}(\ )}{\mathrm{d}t}=\frac{\partial(\ )}{\partial t}+\boldsymbol{u}^{(i)}\cdot\nabla(\ )\tag{5.2.19}$$

注意到$\rho^{(i)}=m^{(i)}N^{(i)}$，$\rho_e^{(i)}=q^{(i)}N^{(i)}$分别为$i$种组分的质量密度和电荷密度。式（5.2.18）就是第i种粒子的质量和动量守恒方程。

如果在随流体运动的坐标系（流体静止坐标系）中粒子分布函数$f^{(i)}(\boldsymbol{r},\boldsymbol{v},t)$仅与粒子的速度大小有关而与速度的方向无关，则式（5.2.16）定义的压强张量为对角张量

$$\boldsymbol{P}_C^{(i)} = p^{(i)}\boldsymbol{I}, \qquad \nabla \cdot \boldsymbol{P}_C^{(i)} = \nabla p^{(i)} \tag{5.2.20}$$

其中，$p^{(i)}$为第i种成分粒子的压强。

方程组（5.2.18）是三个未知量$N^{(i)}$、$\boldsymbol{u}^{(i)}$、$p^{(i)}$（电磁场量由麦克斯韦方程决定）满足的方程组，要使方程组封闭，必须补充一个状态方程来给出压强p与粒子数密度N的关系。状态方程分等温状态方程和绝热状态方程两种，可视具体情况选用。

$$\begin{cases} p = NkT \\ p = CN^{\gamma} \end{cases} \tag{5.2.21}$$

其中，$\gamma=(f+2)/f$是绝热指数，f为粒子的自由度，对只有平动自由度的粒子（如单原子），$f=3$就是空间维数，$\gamma=5/3$。双原子分子，考虑转动自由度，$f=5$，$\gamma=7/5$。

下面证明绝热状态方程$p=C\rho^{\gamma}$。根据单位质量流体满足的热力学第一定律，绝热时的方程为

$$\mathrm{d}e + p\mathrm{d}v = \mathrm{d}Q = 0 \tag{5.2.22}$$

$\mathrm{d}Q$表示从外界吸收的能量，这部分能量转化为两部分，一部分是内能的增加$\mathrm{d}e$，另一部分是对外做功$p\mathrm{d}v$，这里$v=1/\rho$为流体的比容（单位质量流体所占的体积），把单位质量流体的内能（比内能）$e=p/(\gamma-1)\rho$代入，其中γ为绝热指数，可得压强p和密度ρ满足的绝热方程

$$\mathrm{d}\left(\ln\frac{p}{\rho^{\gamma}}\right) = 0 \tag{5.2.23}$$

即$p/\rho^{\gamma}=$常数【证毕】。

5.3 等离子体中的波

5.3.1 等离子体中的静电波——电子Langmuir波

等离子体中存在带电粒子之间的集体相互作用，若有小的外界扰动，就会牵一发动全身，诱导出多种集体波动模式。其中两种典型的集体波动模式就是高频电子Langmuir波和低频离子声波（条件是没有大的外加磁场），电子Langmuir波是物理学家Langmuir发现的一种由电子参与的集体波动模式。

电子Langmuir波的实质是等离子体中电子数密度的扰动量$\tilde{n}_e(x,t)$随时空的变化。电子Langmuir波是纵波，其电场矢量方向与波矢量方向一致。

讨论等离子体中的电子运动时，因离子质量大，可设离子不动，离子密度的空间分布均匀，即 $N^{(\mathrm{i})}(\boldsymbol{r})=n_{\mathrm{i}0}$ 与空间坐标无关。因为静电波为纵波，用一维处理就可以了。忽略磁场项，因为 $|\boldsymbol{E}|\gg|\boldsymbol{u}^{(\mathrm{e})}\times\boldsymbol{B}|/c$。利用式（5.2.20），则电子流体的粒子数密度、宏观流速和压强 $N^{(\mathrm{e})}(x,t)$、$\boldsymbol{u}^{(\mathrm{e})}(x,t)$、$p^{(\mathrm{e})}(x,t)$ 满足粒子数守恒和动量守恒，方程组（5.2.15）变为

$$\begin{cases}\dfrac{\partial N^{(\mathrm{e})}(x,t)}{\partial t}+\dfrac{\partial}{\partial x}(N^{(\mathrm{e})}u^{(\mathrm{e})})=0\\[2ex]\dfrac{\partial}{\partial t}(N^{(\mathrm{e})}u^{(\mathrm{e})})+\dfrac{\partial}{\partial x}(N^{(\mathrm{e})}u^{(\mathrm{e})}u^{(\mathrm{e})})=-\dfrac{eN^{(\mathrm{e})}E}{m_{\mathrm{e}}}-\dfrac{1}{m_{\mathrm{e}}}\dfrac{\partial p^{(\mathrm{e})}}{\partial x}\end{cases}\tag{5.3.1}$$

其中电子压强采用绝热状态方程

$$p^{(\mathrm{e})}=C(N^{(\mathrm{e})})^{\gamma}\tag{5.3.2}$$

理由是电子Langmuir波属于高频波，其波动相速度 ω/k 远大于电子平均热速率 v_{e}，即

$$\frac{\omega}{k}\gg v_{\mathrm{e}}=\sqrt{\frac{k_{\mathrm{B}}T_{\mathrm{e}}}{m_{\mathrm{e}}}}\tag{5.3.3}$$

电子热传导不能使电子流体达到热力学平衡，故不用等温状态方程。方程（5.3.1）中的电场强度 $E(x,t)$ 与电子数密度 $N^{(\mathrm{e})}(x,t)$ 有关，由麦克斯韦方程组决定

$$\frac{\partial E(x,t)}{\partial x}=4\pi\rho(x,t)=-4\pi e(N^{(\mathrm{e})}(x,t)-Zn_{\mathrm{i}0})\tag{5.3.4}$$

将式（5.3.1）中的电子数守恒方程对时间求导，运动方程对空间坐标 x 求导，再相减消去含 $\dfrac{\partial^2}{\partial t\partial x}$ 的那项，可得电子数密度满足的二阶偏微分方程

$$\frac{\partial^2 N^{(\mathrm{e})}}{\partial t^2}-\frac{\partial^2}{\partial x^2}(N^{(\mathrm{e})}u^{(\mathrm{e})}u^{(\mathrm{e})})-\frac{e}{m_{\mathrm{e}}}\frac{\partial}{\partial x}(N^{(\mathrm{e})}E)-\frac{1}{m_{\mathrm{e}}}\frac{\partial^2 p^{(\mathrm{e})}}{\partial x^2}=0\tag{5.3.5}$$

电子数密度的扰动量 $\tilde{n}_{\mathrm{e}}(x,t)$ 满足的方程如何呢？

为导出密度扰动 $\tilde{n}_{\mathrm{e}}(x,t)$ 随时空的发展方程，把物理量分成平衡量和扰动量之和

$$N^{(\mathrm{e})}(x,t)=n_0+\tilde{n}_{\mathrm{e}}(x,t)\tag{5.3.6}$$

$$u^{(\mathrm{e})}(x,t)=u_0+\tilde{u}_{\mathrm{e}}(x,t)=\tilde{u}_{\mathrm{e}}(x,t)\tag{5.3.7}$$

$$p^{(\mathrm{e})}(x,t)=p_0+\tilde{p}_{\mathrm{e}}(x,t)=C(n_0+\tilde{n}_{\mathrm{e}}(x,t))^3\tag{5.3.8}$$

$$E(x,t)=E_0+\tilde{E}(x,t)=\tilde{E}(x,t)\tag{5.3.9}$$

这里已用平衡条件 $u_0=0$、$E_0=0$ 和 $\gamma=3$（因为电子一维运动时系统的自由度 $f=1$），$n_0=Zn_{\mathrm{i}0}$ 与时空无关。将以上式（5.3.6）～式（5.3.9）代入式（5.3.4）和

式（5.3.5），只保留一阶小量，可得等离子体中的静电场 $\tilde{E}(x,t)$ 方程

$$\frac{\partial \tilde{E}(x,t)}{\partial x} = -4\pi e \tilde{n}_e(x,t) \tag{5.3.10}$$

电子密度小幅度扰动 $\tilde{n}_e(\boldsymbol{x},\boldsymbol{t})$ 的方程

$$\frac{\partial^2 \tilde{n}_e}{\partial t^2} - \frac{n_0 e}{m_e}\frac{\partial \tilde{E}}{\partial x} - \frac{1}{m_e}\frac{\partial^2 \tilde{p}_e}{\partial x^2} = 0 \tag{5.3.11}$$

可见，等离子体中的静电场由电子数密度扰动引起。取 $p_0 = n_0 k_B T_e$，由式（5.3.8）可得压强扰动为

$$\tilde{p}_e(x,t) = 3k_B T_e \tilde{n}_e(x,t) \tag{5.3.12}$$

将式（5.3.10）、式（5.3.12）代入式（5.3.11），得电子数密度的扰动量 $\tilde{n}_e(x,t)$ 满足的波动方程

$$\left(\frac{\partial^2}{\partial t^2} + \omega_{pe}^2 - 3v_e^2 \frac{\partial^2}{\partial x^2}\right)\tilde{n}_e(x,t) = 0 \tag{5.3.13}$$

其中，v_e 为电子的平均热速率，由式（5.3.3）定义，而

$$\omega_{pe} = \sqrt{\frac{4\pi n_0 e^2}{m_e}} \tag{5.3.14}$$

为电子等离子体波的圆频率。因电子质量小，电子等离子体波的圆频率很高。

电子数密度的扰动量 $\tilde{n}_e(x,t)$ 满足的方程为波动方程，这种波称为高频电子的 Langmuir 波，下面我们会看到，电子 Langmuir 波的频率基本等于电子等离子体波的圆频率 ω_{pe}，是一种高频波。

电子 Langmuir 波的频率可以通过波动的空间色散关系（即波矢 k 随空间的变化关系）估计出来。令 $\tilde{n}_e(x,t)$ 的波动解为

$$\tilde{n}_e(x,t) \propto e^{i(kx-\omega t)} \tag{5.3.15}$$

代入波动方程（5.3.13），得 Langmuir 波圆频率与波矢量满足的色散关系

$$\omega^2 = \omega_{pe}^2 + 3k^2 v_e^2 \tag{5.3.16}$$

考虑到电子 Langmuir 波属于高频波，相速度 $\omega / k \gg v_e$，故电子 Langmuir 波的圆频率约等于电子等离子体波的圆频率，即

$$\omega \approx \omega_{pe} \tag{5.3.17}$$

这就是我们常将 ω_{pe} 称为电子 Langmuir 波频率的原因。

可见，任何等离子体都有一个自然振荡的频率 ω_{pe}，该频率与电子数密度相关，电子数密度越大，频率就越高。另外，从色散关系（5.3.16）可以看出，电子 Langmuir 波的波矢量

$$k^2 = \frac{\omega^2 - \omega_{pe}^2}{3v_e^2} \tag{5.3.18}$$

当 $\omega < \omega_{pe}$ 时，波矢量的大小 k 将变成虚数，故 $\omega < \omega_{pe}$ 的低频Langmuir波在空间传播过程中会衰减。因此，电子Langmuir波的圆频率 ω 一定要大于 ω_{pe}，否则不可能在等离子体中存在下去。

5.3.2 等离子体中的离子声波

离子声波是一种离子参与的集体波动模式，之所以称为声波，是因为其波动的速度是声速。由于离子质量远大于电子质量，故离子声波只能是低频的。

离子的数密度和宏观速度满足的质量守恒方程和动量守恒方程为

$$\begin{cases} \dfrac{\mathrm{d}N^{(i)}}{\mathrm{d}t} + N^{(i)}\nabla\cdot\boldsymbol{u}^{(i)} = 0 \\ N^{(i)}\dfrac{\mathrm{d}\boldsymbol{u}^{(i)}}{\mathrm{d}t} = \dfrac{q^{(i)}N^{(i)}}{m^{(i)}}\left(\boldsymbol{E} + \dfrac{1}{c}\boldsymbol{u}^{(i)}\times\boldsymbol{B}\right) - \dfrac{1}{m^{(i)}}\nabla p^{(i)} \end{cases} \tag{5.3.19}$$

离子的动量方程与电场 $\boldsymbol{E}$ 有关，而电场 $\boldsymbol{E}$ 与电子数密度的分布有关，故研究离子声波必须同时考虑电子和离子的运动，不能像讨论电子Langmuir波时假设离子不动。

忽略磁力项，一维情况下电子流体的运动方程简化为

$$m_e N^{(e)}\frac{\mathrm{d}u^{(e)}}{\mathrm{d}t} = -eN^{(e)}E - \frac{\partial p^{(e)}}{\partial x} \tag{5.3.20}$$

其中

$$\frac{\mathrm{d}u^{(e)}}{\mathrm{d}t} = \frac{\partial u^{(e)}}{\partial t} + u^{(e)}\frac{\partial u^{(e)}}{\partial x} \tag{5.3.21}$$

为随体微商。由于电子质量小，电子的分布很容易达到平衡，电子速度处于麦克斯韦平衡分布，宏观速度 $u^{(e)} = 0$（请自行证明），故电子流体所受的合力为0

$$-eN^{(e)}E - \partial p^{(e)}/\partial x = 0 \tag{5.3.22}$$

左边第一项 $-eN^{(e)}E$ 为作用在单位体积电子流体上的电场力（静电力，方向与电场方向相反），第二项 $-\partial p^{(e)}/\partial x = 0$ 为作用在单位体积电子流体上的热力学力，方向与电场方向相同，两力大小相等，方向相反，如图5.2所示。

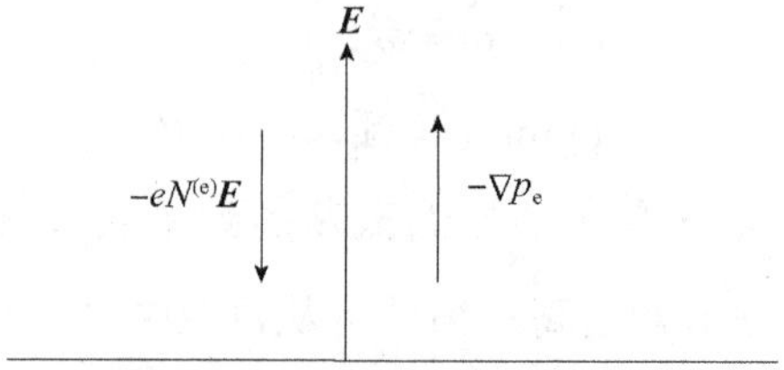

图5.2 作用在电子流体的电场力密度与热力学力密度的大小相等、方向相反

因此，等离子体中的电场强度 E 可以根据电子的压强 $p^{(e)}$ 来确定。这与式（5.3.4）或式（5.3.10）不同，这两个公式中的电场强度是由电子数密度 $N^{(e)}$ 分布决定的。

问题是，电子压强 $p^{(e)}$ 是取等温还是绝热形式呢？由于离子声波的频率 ω_i 低，其相速度远小于电子的平均热速率，即

$$\frac{\omega_i}{k} \ll v_e = \sqrt{\frac{k_B T_e}{m_e}} \tag{5.3.23}$$

因而相对离子声波传播速度，电子传热很快，电子流体处于等温状态，电子压强 $p^{(e)}$ 可取等温状态方程

$$p^{(e)} = N^{(e)} k_B T^{(e)} \tag{5.3.24}$$

故式（5.3.22）变为

$$-eN^{(e)}E = k_B T_e \frac{\partial N^{(e)}}{\partial x} \tag{5.3.25}$$

将式（5.3.6）、式（5.3.9）代入，忽略二阶小量，可得扰动量 $\tilde{E}(x,t)$ 满足的方程

$$-en_0 \tilde{E} = k_B T_e \frac{\partial \tilde{n}_e}{\partial x} = Z' k_B T_e \frac{\partial \tilde{n}_i}{\partial x} \tag{5.3.26}$$

这里已用电中性条件

$$n_0 = Z' n_{i0}, \quad \tilde{n}_e(x,t) = Z' \tilde{n}_i(x,t) \tag{5.3.27}$$

这样就可以根据离子数密度扰动量 $\partial\tilde{n}_i / \partial x$ 来确定等离子体内的电场 $\tilde{E}$ 了。

仿照电子数密度扰动 $\tilde{n}_e(x,t)$ 满足的方程（5.3.11）的导出步骤，可得离子数密度的小幅度扰动 $\tilde{n}_i(x,t)$ 满足的方程

$$\frac{\partial^2 \tilde{n}_i}{\partial t^2} + \frac{Z' n_{i0} e}{m_i} \frac{\partial \tilde{E}}{\partial x} - \frac{1}{m_i} \frac{\partial^2 \tilde{p}_i}{\partial x^2} = 0 \tag{5.3.28}$$

其中，$\tilde{E}(x,t)$ 由式（5.3.26）给出（与电子成分不同），下面看 $\tilde{p}_i(x,t) = ?$。

考虑到离子传热慢，离子的状态方程要取绝热方程

$$p^{(i)} = C(N^{(i)})^{\gamma} \tag{5.3.29}$$

注意到离子平衡时的压强 $p_{i0} = n_{i0} k_B T_i$，由绝热状态方程（5.3.29）可得

$$\tilde{p}_i(x,t) = 3k_B T_i \tilde{n}_i(x,t) \tag{5.3.30}$$

将式（5.3.26）、式（5.3.30）代入式（5.3.28），得小幅度扰动 $\tilde{n}_i$ 满足的波动方程

$$\frac{\partial^2 \tilde{n}_i}{\partial t^2} - v_s^2 \frac{\partial^2 \tilde{n}_i}{\partial x^2} = 0 \tag{5.3.31}$$

其中

$$v_s = \sqrt{\frac{Z' k_B T_e}{m_i} + \frac{3k_B T_i}{m_i}} = \sqrt{\frac{\partial p}{\partial \rho}} \tag{5.3.32}$$

为声速。也就是说，离子数密度的小幅度扰动 $\tilde{n}_{\rm i}(x,t)$ 满足的方程（5.3.31）类似于普通气体内声波的传播方程，故称为离子声波。

下面看离子声波的色散关系。令波动方程（5.3.31）的解为

$$\tilde{n}_{\rm i}(x,t) \propto {\rm e}^{{\rm i}(kx-\omega_{\rm i}t)} \tag{5.3.33}$$

代入波动方程（5.3.31），可得色散关系

$$\omega_{\rm i}^2 = k^2 v_{\rm s}^2 \tag{5.3.34}$$

无论什么频率的离子声波，其波矢量的大小 k 都不会为虚数，故离子声波不会随距离而衰减，激励后会一直在等离子体中存在。

5.4 高频电磁波在等离子体中的波动方程

这里所说的高频电磁波，包括激光波（横波）和电子Langmuir波（纵波）。我们知道，真空中传播的电磁波的电矢量 $\boldsymbol{E}(\boldsymbol{r},t)$ 满足的波动方程是

$$\nabla^2 \boldsymbol{E}(\boldsymbol{r},t) - \frac{1}{c^2}\frac{\partial^2}{\partial t^2}\boldsymbol{E}(\boldsymbol{r},t) = 0 \tag{5.4.1}$$

其中，c 为真空中的光速。对单色电磁波，可令

$$\boldsymbol{E}(\boldsymbol{r},t) = \boldsymbol{E}(\boldsymbol{r}){\rm e}^{-{\rm i}\omega t} \tag{5.4.2}$$

则振幅 $\boldsymbol{E}(\boldsymbol{r})$ 满足亥姆霍兹方程

$$\nabla^2 \boldsymbol{E}(\boldsymbol{r}) + \frac{\omega^2}{c^2}\boldsymbol{E}(\boldsymbol{r}) = 0 \tag{5.4.3}$$

我们要问，当真空中传播的电磁波入射到等离子体中后，振幅 $\boldsymbol{E}(\boldsymbol{r})$ 满足的波动方程（5.4.3）会被等离子体调制成什么形式呢？或者说，等离子体中的波动方程与真空中的波动方程有什么区别？

5.4.1 描述等离子体中电磁场运动的两种观点

描述等离子体中的电磁场运动有两种观点：一是洛伦兹观点；二是电介质观点。

洛伦兹观点采用真空中的麦克斯韦方程组（其中只有法拉第定律和安培定律是独立的）

$$\begin{cases} \nabla\times\boldsymbol{E} = -\dfrac{1}{c}\dfrac{\partial \boldsymbol{B}}{\partial t} \\ \nabla\times\boldsymbol{B} = \dfrac{1}{c}\dfrac{\partial \boldsymbol{E}}{\partial t} + \dfrac{4\pi}{c}\boldsymbol{J} \\ \nabla\cdot\boldsymbol{E} = 4\pi\rho \\ \nabla\cdot\boldsymbol{B} = 0 \end{cases} \tag{5.4.4}$$

方程组中所需的电流密度和电荷密度由等离子体中所有组分粒子的分布函数决定

$$\begin{cases} \rho(\boldsymbol{r},t)=\sum_{i=1}^{S}q^{(i)}\int f^{(i)}(\boldsymbol{r},\boldsymbol{v},t)\mathrm{d}\boldsymbol{v} \\ \boldsymbol{J}(\boldsymbol{r},t)=\sum_{i=1}^{S}q^{(i)}\int \boldsymbol{v}f^{(i)}(\boldsymbol{r},\boldsymbol{v},t)\mathrm{d}\boldsymbol{v} \end{cases} \tag{5.4.5}$$

由法拉第定律两边取旋度，再利用安培定律，注意到数学恒等式

$$\nabla\times\nabla\times\boldsymbol{E}=\nabla(\nabla\cdot\boldsymbol{E})-\nabla^2\boldsymbol{E} \tag{5.4.6}$$

可得电场满足的波动方程

$$\nabla^2\boldsymbol{E}-\frac{1}{c^2}\frac{\partial^2\boldsymbol{E}}{\partial t^2}=\nabla(\nabla\cdot\boldsymbol{E})+\frac{4\pi}{c^2}\frac{\partial}{\partial t}\boldsymbol{J} \tag{5.4.7}$$

可见，在洛伦兹观点下，等离子体中的电流密度决定了电场满足的波动方程。等离子体中的电流密度的具体形式一般由广义欧姆定律给出。

对横波（光波）有 $\nabla\cdot\boldsymbol{E}=0$（或 $\boldsymbol{k}\cdot\boldsymbol{E}=0$），可见横波一定是电流密度激发的，电荷密度不能激发横波。对纵波有 $\nabla\cdot\boldsymbol{E}\neq 0$（或 $\boldsymbol{k}\cdot\boldsymbol{E}\neq 0$），电荷密度可以激发纵波，电子Langmuir波就是纵波。

电介质观点则视等离子体为电介质，其性质由介电常量决定。等离子体中没有自由电荷，也无传导电流。等离子体中电荷密度和电流密度均视为束缚电荷密度和极化电流密度，它们由电介质的电极化矢量决定

$$\nabla\cdot\boldsymbol{P}=-\rho_P,\quad \frac{\partial\boldsymbol{P}}{\partial t}=\boldsymbol{J}_P \tag{5.4.8}$$

满足电荷守恒定律

$$\frac{\partial\rho_P}{\partial t}+\nabla\cdot\boldsymbol{J}_P=0 \tag{5.4.9}$$

在线性近似下，电极化矢量与电场强度的关系为

$$\boldsymbol{P}=\chi_{\mathrm{e}}\boldsymbol{E} \tag{5.4.10}$$

系数为电极化常数。电位移矢量为

$$\boldsymbol{D}=\boldsymbol{E}+4\pi\boldsymbol{P}=(1+4\pi\chi_{\mathrm{e}})\boldsymbol{E}=\varepsilon\boldsymbol{E} \tag{5.4.11}$$

$\varepsilon=1+4\pi\chi_{\mathrm{e}}$ 为等离子体的**介电常量**。由于等离子体不是磁介质，其磁化强度 $\boldsymbol{M}=\chi_{\mathrm{m}}\boldsymbol{H}=0$（磁化率 $\chi_{\mathrm{m}}=0$），故等离子体中的磁感应强度就是磁场强度，即

$$\boldsymbol{B}=\boldsymbol{H} \tag{5.4.12}$$

式（5.4.11）和式（5.4.12）称为等离子体介质的本构关系。由于等离子体中没有自由电荷，也无传导电流，麦克斯韦方程组为

$$\begin{cases}\nabla\times\boldsymbol{E}=-\dfrac{1}{c}\dfrac{\partial\boldsymbol{B}}{\partial t}\\ \nabla\times\boldsymbol{H}=\dfrac{1}{c}\dfrac{\partial\boldsymbol{D}}{\partial t}\\ \nabla\cdot\boldsymbol{D}=0\\ \nabla\cdot\boldsymbol{B}=0\end{cases}$$

利用前两个方程，注意到数学恒等式（5.4.6）和本构关系（5.4.11），可得电场满足的波动方程

$$\nabla^2\boldsymbol{E}-\frac{1}{c^2}\frac{\partial^2}{\partial t^2}(\varepsilon\boldsymbol{E})=\nabla(\nabla\cdot\boldsymbol{E}) \tag{5.4.13}$$

与式（5.4.7）对比可见，**在电介质观点下，等离子体中的电场满足的波动方程由介电常量**$\varepsilon=1+4\pi\chi_{\mathrm{e}}$**决定**。

值得指出，由于等离子体属于非线性介质，其介电常量的得出较复杂。所以，在激光等离子体相互作用中一般采用洛伦兹的观点，这就要导出电流密度的具体表达式，即广义欧姆定律。

5.4.2 广义欧姆定律的高频形式

广义欧姆定律是指等离子体中的电流密度$\boldsymbol{J}$与电场强度$\boldsymbol{E}$之间的函数关系。由式（5.4.5）可得双流体模型等离子体中的电流密度

$$\boldsymbol{J}(\boldsymbol{r},t)=\sum_i q^{(i)}N^{(i)}\boldsymbol{u}^{(i)}=-eN_{\mathrm{e}}(\boldsymbol{r},t)\boldsymbol{u}_{\mathrm{e}}(\boldsymbol{r},t)+Z_{\mathrm{i}}eN_{\mathrm{i}}(\boldsymbol{r},t)\boldsymbol{u}_{\mathrm{i}}(\boldsymbol{r},t) \tag{5.4.14}$$

激光光波和电子Langmuir波都是高频波，根据式（5.4.7）可知，等离子体中的电场由**电流密度的高频部分**决定，为此我们把电流密度的高频部分分离出来。离子质量大，无高频分量。只有电子流体有高频分量，设

$$N_{\mathrm{e}}(\boldsymbol{r},t)=n_{\mathrm{e}0}(\boldsymbol{r})+\tilde{n}_{\mathrm{e}}(\boldsymbol{r},t)\qquad(n_{\mathrm{e}0}\gg\tilde{n}_{\mathrm{e}}) \tag{5.4.15}$$

$$\boldsymbol{u}_{\mathrm{e}}(\boldsymbol{r},t)=\boldsymbol{u}_{\mathrm{e}0}(\boldsymbol{r})+\tilde{\boldsymbol{u}}_{\mathrm{e}}(\boldsymbol{r},t)\qquad(\boldsymbol{u}_{\mathrm{e}0}\ll\tilde{\boldsymbol{u}}_{\mathrm{e}}) \tag{5.4.16}$$

其中**高频分量**打波浪号，将以上量代入电流密度表达式（5.4.14），得**电流密度的高频分量为**

$$\tilde{\boldsymbol{J}}(\boldsymbol{r},t)\approx-en_{\mathrm{e}0}(\boldsymbol{r})\tilde{\boldsymbol{u}}_{\mathrm{e}}(\boldsymbol{r},t) \tag{5.4.17}$$

它由电子流体宏观流速的高频分量决定。故式（5.4.7）中的

$$\frac{\partial\tilde{\boldsymbol{J}}(\boldsymbol{r},t)}{\partial t}\approx-en_{\mathrm{e}0}(\boldsymbol{r})\frac{\partial\tilde{\boldsymbol{u}}_{\mathrm{e}}(\boldsymbol{r},t)}{\partial t} \tag{5.4.18}$$

下面求$\partial\tilde{\boldsymbol{u}}_{\mathrm{e}}(\boldsymbol{r},t)/\partial t$。由电子流体的运动方程

$$\frac{\mathrm{d}\boldsymbol{u}_{\mathrm{e}}}{\mathrm{d}t}=-\frac{1}{N_{\mathrm{e}}m_{\mathrm{e}}}\nabla p_{\mathrm{e}}-\frac{e}{m_{\mathrm{e}}}\left(\boldsymbol{E}+\frac{1}{c}\boldsymbol{u}_{\mathrm{e}}\times\boldsymbol{B}\right)-\nu_{\mathrm{ei}}(\boldsymbol{u}_{\mathrm{e}}-\boldsymbol{u}_{\mathrm{i}}) \tag{5.4.19}$$

这里已考虑电子离子碰撞对电子宏观流速的影响。

利用式（5.4.16），可得式（5.4.19）左边高频项为

$$\frac{\mathrm{d}\tilde{\boldsymbol{u}}_{\mathrm{e}}}{\mathrm{d}t}=\frac{\partial\tilde{\boldsymbol{u}}_{\mathrm{e}}}{\partial t}+(\tilde{\boldsymbol{u}}_{\mathrm{e}}\cdot\nabla)\tilde{\boldsymbol{u}}_{\mathrm{e}}\approx\frac{\partial\tilde{\boldsymbol{u}}_{\mathrm{e}}}{\partial t} \tag{5.4.20}$$

式（5.4.19）右边第一项（压强梯度项）的高频分量。由于电子运动是高频的，电子流体压强应取绝热状态方程，即

$$p_{\mathrm{e}}(\boldsymbol{r},t)=p_{\mathrm{e0}}+\tilde{p}_{\mathrm{e}}(\boldsymbol{r},t)=C(n_{\mathrm{e0}}+\tilde{n}_{\mathrm{e}})^{\gamma}$$

其低频和高频分量分别为

$$\begin{cases}p_{\mathrm{e0}}=k_{\mathrm{B}}T_{\mathrm{e}}n_{\mathrm{e0}}(\boldsymbol{r})\\ \tilde{p}_{\mathrm{e}}(\boldsymbol{r},t)=\gamma k_{\mathrm{B}}T_{\mathrm{e}}\tilde{n}_{\mathrm{e}}(\boldsymbol{r},t)\end{cases}$$

故

$$\nabla p_{\mathrm{e}}=k_{\mathrm{B}}T_{\mathrm{e}}(\nabla n_{\mathrm{e0}}+\gamma\nabla\tilde{n}_{\mathrm{e}}(\boldsymbol{r},t))$$

而

$$\frac{1}{N_{\mathrm{e}}}=\frac{1}{n_{\mathrm{e0}}+\tilde{n}_{\mathrm{e}}}=\frac{1}{n_{\mathrm{e0}}}\left(1-\frac{\tilde{n}_{\mathrm{e}}}{n_{\mathrm{e0}}}\right)$$

仅保留一阶高频项，得

$$-\frac{1}{N_{\mathrm{e}}m_{\mathrm{e}}}\nabla p_{\mathrm{e}}=-\frac{v_{\mathrm{e}}^{2}}{n_{\mathrm{e0}}}\left(\gamma\nabla\tilde{n}_{\mathrm{e}}(\boldsymbol{r},t)-\frac{\nabla n_{\mathrm{e0}}}{n_{\mathrm{e0}}}\tilde{n}_{\mathrm{e}}\right) \tag{5.4.21}$$

其中，$v_{\mathrm{e}}=\sqrt{k_{\mathrm{B}}T_{\mathrm{e}}/m_{\mathrm{e}}}$ 为电子的平均热速率。

式（5.4.19）右边第二项（洛伦兹力项）的高频分量。将电场、磁场和电子流速分为低频和高频分量，保留一阶高频项，得

$$-\frac{e}{m_{\mathrm{e}}}\left(\boldsymbol{E}+\frac{1}{c}\boldsymbol{u}_{\mathrm{e}}\times\boldsymbol{B}\right)\approx-\frac{e}{m_{\mathrm{e}}}\left(\tilde{\boldsymbol{E}}+\frac{1}{c}\tilde{\boldsymbol{u}}_{\mathrm{e}}\times\boldsymbol{B}_{0}\right) \tag{5.4.22}$$

式（5.4.19）右边第三项（电子离子碰撞项）的高频分量。

$$-\nu_{\mathrm{ei}}(\boldsymbol{u}_{\mathrm{e}}-\boldsymbol{u}_{\mathrm{i}})\approx-\nu_{\mathrm{ei}}\tilde{\boldsymbol{u}}_{\mathrm{e}} \tag{5.4.23}$$

将所有高频分量代入（5.4.19），即得运动方程的高频形式为

$$\frac{\partial\tilde{\boldsymbol{u}}_{\mathrm{e}}}{\partial t}=-\frac{v_{\mathrm{e}}^{2}}{n_{\mathrm{e0}}}\left(\gamma\nabla\tilde{n}_{\mathrm{e}}(\boldsymbol{r},t)-\frac{\nabla n_{\mathrm{e0}}}{n_{\mathrm{e0}}}\tilde{n}_{\mathrm{e}}\right)-\frac{e}{m_{\mathrm{e}}}\left(\tilde{\boldsymbol{E}}+\frac{1}{c}\tilde{\boldsymbol{u}}_{\mathrm{e}}\times\boldsymbol{B}_{0}\right)-\nu_{\mathrm{ei}}\tilde{\boldsymbol{u}}_{\mathrm{e}} \tag{5.4.24}$$

另外，由高斯定律，高频分量 $\tilde{E}(\boldsymbol{r},t)$ 可用 $\tilde{n}_{\mathrm{e}}(\boldsymbol{r},t)$ 表示出来，即

$$\nabla\cdot\tilde{E}(\boldsymbol{r},t)=-4\pi e\tilde{n}_{\mathrm{e}}(\boldsymbol{r},t) \tag{5.4.25}$$

所以 $\tilde{n}_{\mathrm{e}}(\boldsymbol{r},t)$ 可用 $\tilde{E}(\boldsymbol{r},t)$ 表示为

$$\tilde{n}_{\mathrm{e}}(\boldsymbol{r},t)=-\frac{1}{4\pi e}\nabla\cdot\tilde{E}(\boldsymbol{r},t) \tag{5.4.26}$$

故电子的高频运动方程（5.4.24）变为

$$\frac{\partial\tilde{\boldsymbol{u}}_{\mathrm{e}}}{\partial t}+\nu_{\mathrm{ei}}\tilde{\boldsymbol{u}}_{\mathrm{e}}=\frac{v_{\mathrm{e}}^2}{4\pi e n_{\mathrm{e0}}}\left(\gamma\nabla\left(\nabla\cdot\tilde{E}(\boldsymbol{r},t)\right)-\frac{\nabla n_{\mathrm{e0}}}{n_{\mathrm{e0}}}\nabla\cdot\tilde{E}(\boldsymbol{r},t)\right)-\frac{e}{m_{\mathrm{e}}}\tilde{\boldsymbol{E}} \tag{5.4.27}$$

代入高频电流密度方程（5.4.18），得广义欧姆定律的高频形式

$$\frac{\partial\tilde{\boldsymbol{J}}(\boldsymbol{r},t)}{\partial t}+\nu_{\mathrm{ei}}\tilde{\boldsymbol{J}}(\boldsymbol{r},t)=\frac{\omega_{\mathrm{pe}}^2}{4\pi}\tilde{\boldsymbol{E}}-\frac{v_{\mathrm{e}}^2}{4\pi}\left[\gamma\nabla(\nabla\cdot\tilde{\boldsymbol{E}}(\boldsymbol{r},t))-\frac{\nabla n_{\mathrm{e0}}}{n_{\mathrm{e0}}}\nabla\cdot\tilde{\boldsymbol{E}}(\boldsymbol{r},t)\right] \tag{5.4.28}$$

广义欧姆定律给出了电流密度与电场强度的关系，其中 $\omega_{\mathrm{pe}}=\sqrt{4\pi n_{\mathrm{e0}}e^2/m_{\mathrm{e}}}$ 为电子Langmuir波频率，$v_{\mathrm{e}}=\sqrt{k_{\mathrm{B}}T_{\mathrm{e}}/m_{\mathrm{e}}}$ 为电子平均热速率。

设物理量随时间的变化规律为 $\sim\exp(-\mathrm{i}\omega t)$，则广义欧姆定律（5.4.28）变为

$$\tilde{\boldsymbol{J}}(\boldsymbol{r})=\frac{\mathrm{i}}{(\omega+\mathrm{i}\nu_{\mathrm{ei}})}\left[\frac{\omega_{\mathrm{pe}}^2}{4\pi}\tilde{\boldsymbol{E}}-\frac{v_{\mathrm{e}}^2}{4\pi}\left(\gamma\nabla(\nabla\cdot\tilde{\boldsymbol{E}})-\frac{\nabla n_{\mathrm{e0}}}{n_{\mathrm{e0}}}\nabla\cdot\tilde{\boldsymbol{E}}\right)\right] \tag{5.4.29}$$

如果高频波为横波（如激光波），则 $\nabla\cdot\tilde{\boldsymbol{E}}=0$，那么广义欧姆定律变为常见的欧姆定律形式

$$\tilde{\boldsymbol{J}}(\boldsymbol{r},t)=\sigma\tilde{\boldsymbol{E}} \tag{5.4.30}$$

但电导率为复数

$$\sigma=\frac{\omega_{\mathrm{pe}}^2}{4\pi}\frac{\mathrm{i}}{\omega+\mathrm{i}\nu_{\mathrm{ei}}} \tag{5.4.31}$$

复数电导率的存在是激光能量被等离子体吸收的原因（称为碰撞吸收）。

5.4.3 等离子体中高频场的波动方程

按照洛伦兹观点，等离子体中电场满足的波动方程为（5.4.7），故高频电磁波的电场满足的波动方程为

$$\nabla^2\tilde{\boldsymbol{E}}-\frac{1}{c^2}\frac{\partial^2\tilde{\boldsymbol{E}}}{\partial t^2}=\nabla(\nabla\cdot\tilde{\boldsymbol{E}})+\frac{4\pi}{c^2}\frac{\partial}{\partial t}\tilde{\boldsymbol{J}} \tag{5.4.32}$$

假设高频物理量随时间的变化为

$$\tilde{\boldsymbol{E}}(\boldsymbol{r},t)=\tilde{\boldsymbol{E}}(\boldsymbol{r})\exp(-\mathrm{i}\omega t),\quad \tilde{\boldsymbol{J}}(\boldsymbol{r},t)=\tilde{\boldsymbol{J}}(\boldsymbol{r})\exp(-\mathrm{i}\omega t) \tag{5.4.33}$$

则空间函数满足的方程为

$$\nabla^2\tilde{\boldsymbol{E}}+\frac{\omega^2}{c^2}\tilde{\boldsymbol{E}}-\nabla(\nabla\cdot\tilde{\boldsymbol{E}})=\frac{4\pi}{c^2}(-\mathrm{i}\omega)\tilde{\boldsymbol{J}} \tag{5.4.34}$$

将广义欧姆定律（5.4.29）代入，得等离子体中高频电场满足的波动方程为

$$\nabla^2\tilde{\boldsymbol{E}}+\frac{\omega^2}{c^2}\varepsilon(\boldsymbol{r})\tilde{\boldsymbol{E}} =\left[1-\frac{\omega^2}{c^2}\frac{\gamma v_{\mathrm{e}}^2}{\omega(\omega+\mathrm{i}\nu_{\mathrm{ei}})}\right]\nabla(\nabla\cdot\tilde{\boldsymbol{E}})+\frac{\omega^2}{c^2}\frac{v_{\mathrm{e}}^2}{\omega(\omega+\mathrm{i}\nu_{\mathrm{ei}})}\frac{\nabla n_{\mathrm{e}0}}{n_{\mathrm{e}0}}\nabla\cdot\tilde{\boldsymbol{E}} \tag{5.4.35}$$

其中等离子体的复介电常量为

$$\varepsilon(\boldsymbol{r})=1-\frac{\omega_{\mathrm{pe}}^2}{\omega(\omega+\mathrm{i}\nu_{\mathrm{ei}})} \tag{5.4.36}$$

方程（5.4.35）就是等离子体中高频电场满足的波动方程。它既适用于激光电场（横场，$\nabla\cdot\tilde{\boldsymbol{E}}=0$），也适用于电子Langmuir波电场（纵场，$\nabla\cdot\tilde{\boldsymbol{E}}\neq 0$）。

如果高频波是横波，$\nabla\cdot\tilde{\boldsymbol{E}}=0$，则等离子体中横波的波动方程为

$$\nabla^2\tilde{\boldsymbol{E}}+\frac{\omega^2}{c^2}\varepsilon(\boldsymbol{r})\tilde{\boldsymbol{E}}=0 \tag{5.4.37}$$

它与真空中的横波波动方程的差别是，等离子体中的波动方程多了一个介电常量$\varepsilon(\boldsymbol{r})$。因此我们说，等离子体的介电常量导致了对真空中横波波动方程的修正。

由式（5.4.36）可见，因为二体碰撞频率$\nu_{\mathrm{ei}}\neq 0$，导致介电常量为复数。复数介电常量的存在是激光能量被等离子体吸收的原因（称为碰撞吸收）。一般情况下，$\nu_{\mathrm{ei}}\ll\omega$，否则高频波不能在等离子体中传播，将很快被衰减。当$\nu_{\mathrm{ei}}\ll\omega$时，介电常量为实数，波动方程（5.4.35）变为

$$\nabla^2\tilde{\boldsymbol{E}}+\frac{\omega^2}{c^2}\varepsilon(\boldsymbol{r})\tilde{\boldsymbol{E}}=\left(1-\frac{\gamma v_{\mathrm{e}}^2}{c^2}\right)\nabla(\nabla\cdot\tilde{\boldsymbol{E}})+\frac{v_{\mathrm{e}}^2}{c^2}\frac{\nabla n_{\mathrm{e}0}}{n_{\mathrm{e}0}}\nabla\cdot\tilde{\boldsymbol{E}} \tag{5.4.38}$$

5.4.4　等离子体中高频电磁波的色散关系

等离子体中可能存在两种高频电磁波——横波（激光波）和纵波（电子Langmuir波）。实际问题中，电子Langmuir波是由入射激光场所激发的，等离子体中可能同时存在这两种高频波动模式的耦合。如果激光垂直于等离子体密度梯度方向入射，则在等离子体中就不会激发出电子Langmuir波，此时等离子体中就只存在光波（横波）了。

1. 高频横波的色散关系，临界密度

光波是横波，电场矢量散度$\nabla\cdot\tilde{\boldsymbol{E}}=0$，电场矢量与波矢量垂直

$$\boldsymbol{k}\cdot\tilde{\boldsymbol{E}}=0 \tag{5.4.39}$$

等离子体中激光波传播方程为式（5.4.37），其中等离子体的复介电常量由式（5.4.36）给出。

设$\tilde{\boldsymbol{E}}(\boldsymbol{r})\sim\exp(\mathrm{i}\boldsymbol{k}\cdot\boldsymbol{r})$，代入波动方程（5.4.37），得等离子体中的激光波的色散

关系

$$k^2 = \frac{\omega^2}{c^2}\varepsilon(\boldsymbol{r}) \tag{5.4.40}$$

复介电常量一般有实部和虚部，因此激光波矢量的大小k也有实部和虚部。k的虚部与二体碰撞频率ν_{ei}有关，会造成激光能量被等离子体吸收（称为碰撞吸收）。然而，当$\nu_{ei} \ll \omega$时，介电常量变为实数，即$\varepsilon(\boldsymbol{r}) = 1 - \omega_{pe}^2 / \omega^2$，故有

$$k^2 c^2 = \omega^2 - \omega_{pe}^2 \tag{5.4.41}$$

其中

$$\omega_{pe} = \sqrt{4\pi n_{e0} e^2 / m_e} \tag{5.4.42}$$

为电子等离子体波频率，它由电子数密度决定，电子数密度高的区域，ω_{pe}就大。由式（5.4.41）可见，若激光圆频率$\omega < \omega_{pe}$，则激光波矢量的大小为纯虚数$k = \mathrm{i}\gamma\ (\gamma > 0)$，则光波的幅度会随距离$x$呈指数衰减，即

$$\left|\tilde{\boldsymbol{E}}\right| \sim \exp(-\gamma x) \tag{5.4.43}$$

激光能量会发生反射。结论是，只有激光的圆频率$\omega > \omega_{pe}$时才能在等离子体中无衰减地传播。这就对等离子体中的电子密度提出如下要求

$$\omega \geqslant \omega_{pe} = \sqrt{4\pi n_{e0} e^2 / m_e} \tag{5.4.44}$$

即

$$n_{e0} \leqslant \frac{m_e \omega^2}{4\pi e^2} \equiv n_{cr} \tag{5.4.45}$$

这就是说，圆频率为ω的激光在等离子体中传播时，存在一个电子临界密度n_{cr}，在电子数密度小于临界密度n_{cr}的等离子体区域，激光可以在其中无衰减地传播；在电子数密度高于临界密度n_{cr}的等离子体区域，激光的幅度将指数衰减，深入不进去，会发生反射。

根据$\omega = 2\pi c / \lambda$，可得电子临界密度$n_{cr}$与激光波长$\lambda$的关系

$$n_{cr} \equiv \frac{m_e \omega^2}{4\pi e^2} = \frac{\pi m_e c^2}{e^2 \lambda^2} = \frac{1.12 \times 10^{21}}{[\lambda(\mu\mathrm{m})]^2}\left(\mathrm{cm}^{-3}\right) \tag{5.4.46}$$

可见，激光波长短，对应的临界密度大，激光穿得就深。在激光等离子体相互作用中，常采用倍频技术来提高激光频率、降低激光波长，目的就是提高电子的临界密度值，这有利于激光更深入地进入等离子体内部高电子密度区域，通过激光等离子体相互作用尽可能多地对激光能量进行吸收。

2. 高频纵波的色散关系

电子Langmuir波是高频纵波，其电场矢量与波矢量平行

$$\nabla\cdot\tilde{\boldsymbol{E}}(\boldsymbol{r})\neq 0,\quad \nabla\times\tilde{\boldsymbol{E}}(\boldsymbol{r})=0,\quad \boldsymbol{k}\,//\,\tilde{\boldsymbol{E}}(\boldsymbol{r}),\quad \boldsymbol{k}\times\tilde{\boldsymbol{E}}(\boldsymbol{r})=0 \tag{5.4.47}$$

利用数学恒等式

$$\nabla\times(\nabla\times\tilde{\boldsymbol{E}})=\nabla(\nabla\cdot\tilde{\boldsymbol{E}})-\nabla^2\tilde{\boldsymbol{E}} \tag{5.4.48}$$

因为对纵波，$\nabla\times\tilde{\boldsymbol{E}}(\boldsymbol{r})=0$，故有

$$\nabla(\nabla\cdot\tilde{\boldsymbol{E}})=\nabla^2\tilde{\boldsymbol{E}} \tag{5.4.49}$$

则当$\nu_{\rm ei}\ll\omega$时，高频电子Langmuir波的波动方程（5.4.38）变为

$$\frac{\omega^2}{c^2}\varepsilon(\boldsymbol{r})\tilde{\boldsymbol{E}}=-\frac{\gamma v_{\rm e}^2}{c^2}\nabla^2\tilde{\boldsymbol{E}}+\frac{v_{\rm e}^2}{c^2}\frac{\nabla n_{\rm e0}}{n_{\rm e0}}\nabla\cdot\tilde{\boldsymbol{E}} \tag{5.4.50}$$

设方程的波动解为

$$\tilde{\boldsymbol{E}}(\boldsymbol{r})\sim\exp({\rm i}\boldsymbol{k}\cdot\boldsymbol{r}) \tag{5.4.51}$$

则有

$$\nabla\cdot\tilde{\boldsymbol{E}}(\boldsymbol{r})={\rm i}\boldsymbol{k}\cdot\tilde{\boldsymbol{E}}(\boldsymbol{r}),\quad \nabla^2\tilde{\boldsymbol{E}}=-k^2\tilde{\boldsymbol{E}} \tag{5.4.52}$$

将式（5.4.52）代入式（5.4.50），得亥姆霍兹方程

$$\frac{\omega^2}{c^2}\varepsilon(\boldsymbol{r})\tilde{\boldsymbol{E}}=\frac{\gamma v_{\rm e}^2}{c^2}k^2\tilde{\boldsymbol{E}}+\frac{v_{\rm e}^2}{c^2}\frac{\nabla n_{\rm e0}}{n_{\rm e0}}{\rm i}\boldsymbol{k}\cdot\tilde{\boldsymbol{E}} \tag{5.4.53}$$

如果电子数密度在空间均匀，即$\nabla n_{\rm e0}=0$，则等离子体中电子Langmuir波的色散关系为

$$k^2=\frac{\omega^2}{\gamma v_{\rm e}^2}\varepsilon(\boldsymbol{r}) \tag{5.4.54}$$

当$\nu_{\rm ei}\ll\omega$时，将等离子体的复介电常量（5.4.36）代入（5.4.54），色散关系变为

$$\omega^2=\gamma v_{\rm e}^2k^2+\omega_{\rm pe}^2 \tag{5.4.55}$$

此色散关系我们在研究等离子体中电子Langmuir波时已导出过，见式（5.3.16），其中γ=3。

5.4.5 等离子体对光波能量的线性吸收系数κ（逆韧致吸收系数）

根据前面的讨论，我们导出了等离子体中光波（横波）的波动方程（5.4.37），即

$$\nabla^2\tilde{\boldsymbol{E}}+\frac{\omega^2}{c^2}\varepsilon(\boldsymbol{r})\tilde{\boldsymbol{E}}=0 \tag{5.4.56}$$

其中等离子体的复介电常量由（5.4.36）给出，即

$$\varepsilon(\boldsymbol{r})=1-\frac{\omega_{\rm pe}^2}{\omega(\omega+{\rm i}\nu_{\rm ei})} \tag{5.4.57}$$

在给定边界条件下解波动方程，可求出等离子体中$\boldsymbol{r}$处的电场强度$\boldsymbol{E}_{\rm L}(\boldsymbol{r})$（以下略去波浪号），从而得$\boldsymbol{r}$处电场的能量密度和$\boldsymbol{r}$处光波的能量通量（光强）

$$I_{\mathrm{L}}=c\left|\boldsymbol{E}_{\mathrm{L}}(\boldsymbol{r})\right|^{2}/8\pi \tag{5.4.58}$$

如果知道等离子体对光波能量的线性吸收系数 κ（光波在等离子体中走单位长度能量被吸收的概率），则可求得**单位时间单位体积内**光波在等离子体中的能量沉积

$$w=\kappa I_{\mathrm{L}}=\kappa c\left|\boldsymbol{E}_{\mathrm{L}}(\boldsymbol{r})\right|^{2}/8\pi \tag{5.4.59}$$

下面我们来求线性吸收系数 κ。

设方程（5.4.56）的波动解为

$$\tilde{\boldsymbol{E}}(\boldsymbol{r})\sim\exp(\mathrm{i}\boldsymbol{k}\cdot\boldsymbol{r})$$

则有

$$\nabla^{2}\tilde{\boldsymbol{E}}=-k^{2}\tilde{\boldsymbol{E}}$$

代入激光波动方程（5.4.56），得等离子体中激光波的色散关系

$$k^{2}=\frac{\omega^{2}}{c^{2}}\varepsilon(\boldsymbol{r})\equiv\frac{\omega^{2}}{c^{2}}n^{2}(\boldsymbol{r}) \tag{5.4.60}$$

其中

$$n(\boldsymbol{r})\equiv\sqrt{\varepsilon(\boldsymbol{r})} \tag{5.4.61}$$

为等离子体的折射率。于是光波的波矢量的大小为

$$k=\frac{\omega}{c}n(\boldsymbol{r}) \tag{5.4.62}$$

由于电子-离子碰撞频率 $\nu_{\mathrm{ei}}\neq0$，所以等离子体介电常量 $\varepsilon(\boldsymbol{r})$ 和折射率 $n(\boldsymbol{r})$ 均为复数，因而波矢量的大小 k 也为复数。

由复介电常量 $\varepsilon(\boldsymbol{r})$ 的表达式（5.4.57），不难算出介电常量 $\varepsilon(\boldsymbol{r})$ 的实部和虚部分别为

$$\mathrm{Re}(\varepsilon)=1-\frac{\omega_{\mathrm{pe}}^{2}}{\omega^{2}+\nu_{\mathrm{ei}}^{2}},\quad \mathrm{Im}(\varepsilon)=\frac{\omega_{\mathrm{pe}}^{2}\nu_{\mathrm{ei}}}{\omega(\omega^{2}+\nu_{\mathrm{ei}}^{2})} \tag{5.4.63}$$

利用公式

$$\begin{cases}\mathrm{Re}\sqrt{a+\mathrm{i}b}=\dfrac{1}{\sqrt{2}}\sqrt{\sqrt{a^{2}+b^{2}}+a}\approx a & (b\ll a)\\[2ex] \mathrm{Im}\sqrt{a+\mathrm{i}b}=\dfrac{1}{\sqrt{2}}\sqrt{\sqrt{a^{2}+b^{2}}-a}\approx\dfrac{b}{2\sqrt{a}} & (b\ll a)\end{cases} \tag{5.4.64}$$

可得当 $\nu_{\mathrm{ei}}\ll\omega$ 时，折射率 $n(\boldsymbol{r})\equiv\sqrt{\varepsilon(\boldsymbol{r})}$ 的实部和虚部分别为

$$\begin{cases}\mathrm{Re}(n)\approx\sqrt{1-\dfrac{\omega_{\mathrm{pe}}^{2}}{(\omega^{2}+\nu_{\mathrm{ei}}^{2})}}\\[2ex] \mathrm{Im}(n)\approx\dfrac{1}{2}\dfrac{\nu_{\mathrm{ei}}}{\omega}\dfrac{\omega_{\mathrm{pe}}^{2}}{\omega^{2}}\dfrac{1}{\sqrt{1-\omega_{\mathrm{pe}}^{2}/\omega^{2}}}\end{cases} \tag{5.4.65}$$

由波矢量的大小 k 的表达式（5.4.62）可知波矢量的大小 k 的实部和虚部分别为

$$\begin{cases}\mathrm{Re}(k)\approx\dfrac{\omega}{c}\sqrt{1-\dfrac{\omega_{\mathrm{pe}}^2}{(\omega^2+\nu_{\mathrm{ei}}^2)}}\\[2ex]\mathrm{Im}(k)\approx\dfrac{1}{2}\dfrac{\nu_{\mathrm{ei}}}{c}\dfrac{\omega_{\mathrm{pe}}^2}{\omega^2}\dfrac{1}{\sqrt{1-\omega_{\mathrm{pe}}^2/\omega^2}}\end{cases}\tag{5.4.66}$$

由于波矢量的大小 k 有实部和虚部，这会导致电场幅度随传播距离衰减。假设光波在 x 方向传播，则电场为

$$\boldsymbol{E}_{\mathrm{L}}(x)=\boldsymbol{E}_0\,\mathrm{e}^{\mathrm{i}kx}=\boldsymbol{E}_0\,\mathrm{e}^{-\mathrm{Im}(k)x}\,\mathrm{e}^{\mathrm{i}\mathrm{Re}(k)x}\tag{5.4.67}$$

根据式（5.4.58）可知，光强正比于电场的模方

$$I_{\mathrm{L}}\propto\left|\boldsymbol{E}_L\right|^2\propto\left|\boldsymbol{E}_0\right|^2\mathrm{e}^{-2\mathrm{Im}(k)x}$$

即激光光强随传播距离指数衰减

$$I_{\mathrm{L}}(x)=I_0\,\mathrm{e}^{-2\mathrm{Im}(k)x}\tag{5.4.68}$$

由于 k 的虚部是由电子离子碰撞引起的，所以光强的衰减完全是由电子离子碰撞所导致。

可以证明，光波能量的线性吸收系数为

$$\kappa=2\,\mathrm{Im}(k)=\frac{\nu_{\mathrm{ei}}}{c}\frac{\omega_{\mathrm{pe}}^2}{\omega^2}\frac{1}{\sqrt{1-\omega_{\mathrm{pe}}^2/\omega^2}}\tag{5.4.69}$$

【证明】光波能量的线性吸收系数 κ 定义为光波在等离子体中传播单位长度能量被吸收的概率，即

$$\kappa\equiv\frac{1}{\mathrm{d}x}\left(-\frac{\mathrm{d}I_{\mathrm{L}}(x)}{I_{\mathrm{L}}(x)}\right)\tag{5.4.70}$$

将式（5.4.68）代入式（5.4.70）可得线性能量吸收系数 $\kappa=2\,\mathrm{Im}(k)$。【证毕】

利用复介电常量（5.4.57）和色散关系（5.4.60），可得

$$k^2=\frac{\omega^2}{c^2}\left(1-\frac{\omega_{\mathrm{pe}}^2}{\omega(\omega+\mathrm{i}\nu_{\mathrm{ei}})}\right)\tag{5.4.71}$$

当 $\nu_{\mathrm{ei}}\ll\omega$ 时，光波的群速度（能量传播速度）为

$$v_{\mathrm{g}}=\frac{\partial\omega}{\partial k}=c\sqrt{1-\frac{\omega_{\mathrm{pe}}^2}{\omega^2}}\tag{5.4.72}$$

可见光波的群速度小于相速度 c，在等离子体中的电子临界密度处，$\omega=\omega_{\mathrm{pe}}$，此处光波的群速度为0，说明光波的能量从此处不再往高密度的等离子体区域内传输。用光波群速度表示的线性能量吸收系数为

$$\kappa = \frac{\nu_{\text{ei}}}{v_{\text{g}}} \frac{\omega_{\text{pe}}^2}{\omega^2} \tag{5.4.73}$$

将电子离子的碰撞频率和电子等离子体波频率

$$\nu_{\text{ei}} = \frac{8\pi}{3} \frac{Z n_{\text{e0}} e^4 \ln \Lambda}{\sqrt{2\pi m_{\text{e}}} (k_{\text{B}} T_{\text{e}})^{3/2}}, \qquad \omega_{\text{pe}}^2 = \frac{4\pi n_{\text{e0}} e^2}{m_{\text{e}}} \tag{5.4.74}$$

代入式（5.4.73），最终得等离子体对光波能量的线性吸收系数为

$$\kappa = \frac{32 Z^2 e^6 n_{\text{i0}} n_{\text{e0}}}{3\sqrt{2}\omega^2 v_{\text{g}}} \frac{\pi^{3/2} \ln \Lambda}{(m_{\text{e}} k_{\text{B}} T_{\text{e}})^{3/2}} \tag{5.4.75}$$

由此可见几个特点。

（1）低温、高密度、高原子序数的等离子体对光波能量的线性吸收系数大。激光能量向X射线转换时，用重元素金做靶能量转换效率高。

（2）频率越高的激光，线性吸收系数越小。要使吸收系数大，采用低频激光最好，但是低频激光对应的等离子体临界密度低，见式（5.4.46），也不利于激光能量的吸收，因此，对激光频率的选择要折中。

综上所述，当等离子体密度、温度和激光频率已知时，能量线性吸收系数就已知，单位时间单位体积内等离子体中的激光能量沉积为

$$w = \kappa I_{\text{L}} = \kappa c \left| \boldsymbol{E}_{\text{L}}(\boldsymbol{r}) \right|^2 / 8\pi \tag{5.4.76}$$

等离子体中任意位置$\boldsymbol{r}$处光波电场强度$\boldsymbol{E}_{\text{L}}(\boldsymbol{r})$可通过解激光的波动方程（5.4.56）得到。

值得指出，上面讨论的光波能量衰减完全是由电子离子的碰撞引起的，此时等离子体中仅有光波（横波）存在而没有静电波（纵波）存在，这种吸收称为碰撞吸收，或逆韧致吸收或正常吸收。等离子体对激光的能量的吸收除了能由电子离子碰撞引起外，还有其他机理，例如，当激光在等离子体中激发出电子的波动运动时，电子波破裂也可引起激光能量的吸收，这种吸收称为等离子体对激光能量的反常吸收。

5.5 等离子体中光波波动方程的解

本节讨论等离子体中高频光波（横波）波动方程（5.4.56）的解法。其中等离子体的复介电常量由（5.4.57）给出。注意到电子等离子体波频率为

$$\omega_{\text{pe}}^2(\boldsymbol{r}) = \frac{4\pi e^2 n_{\text{e0}}(\boldsymbol{r})}{m_{\text{e}}} \tag{5.5.1}$$

如果不考虑电子-离子间的碰撞，则等离子体的介电常量就取决于电子的数密度，

因此，解波动方程必须知道电子数密度随空间的变化。

5.5.1　垂直入射激光在密度线性变化的等离子体中波动方程的解

如图 5.3 所示为激光在 z 方向入射到厚度 L 的等离子体，等离子体中的电子数密度随深度 z 线性变化，位置 L 是电子的临界密度处，激光不能深入到大于 L 的区域。

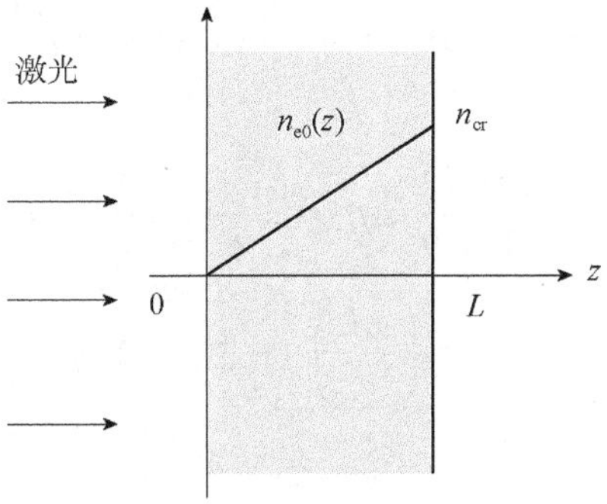

图 5.3　激光在 z 方向入射到厚度 L 的等离子体

在一维情况下，激光在 z 方向传播，设激光的偏振方向为 x 方向，$\boldsymbol{E}(z)=E(z)\boldsymbol{e}_x$，由波动方程（5.4.56）可得光波电场振幅 $E(z)$ 满足的波动方程

$$\frac{\partial^2}{\partial z^2}E(z)+\frac{\omega^2}{c^2}\varepsilon(z)E(z)=0 \tag{5.5.2}$$

其中等离子体的介电常量（先不考虑电子离子间的碰撞）为

$$\varepsilon(z)=1-\frac{\omega_{pe}^2(z)}{\omega^2} \tag{5.5.3}$$

其中电子等离子体波频率与电子数密度有关。设电子数密度随坐标 z 线性变化，即

$$n_{e0}(z)=az \quad （a \text{ 已知}） \tag{5.5.4}$$

由于圆频率为 ω 的激光只能在电子数密度小于临界密度 $n_{cr}\equiv m_e\omega^2/4\pi e^2$ 的区域内才能无衰减地传播，由于 $z=L$ 时电子数密度等于临界密度，即

$$aL=n_{cr} \tag{5.5.5}$$

则等离子体的介电常量（5.5.3）变为

$$\varepsilon(z)=1-\frac{\omega_{pe}^2(z)}{\omega^2}=1-\frac{n_{e0}(z)}{n_{cr}}=1-\frac{z}{L} \tag{5.5.6}$$

于是，波动方程（5.5.2）变为

$$\frac{\partial^2}{\partial z^2}E(z)+\frac{\omega^2}{c^2}(1-\frac{z}{L})E(z)=0 \ (0\leqslant z\leqslant L) \tag{5.5.7}$$

做变量替换，引入无量纲量η代替自变量z，

$$\eta=-\left(\frac{\omega L}{c}\right)^{2/3}\left(1-\frac{z}{L}\right) \tag{5.5.8}$$

η的变化范围是$-(\omega L/c)^{2/3}\leqslant\eta\leqslant 0$。因为$\omega L/c=2\pi L/\lambda\gg 1$，可视为无限大。实际上$(\omega L/c)^{2/3}\gg 1$的条件容易满足，估算如下。等离子体的厚度大致为声速与激光脉冲宽度的乘积，即$L=C_s\Delta t\approx 10^7\,\text{cm/s}\times 10\text{ns}=1\text{mm}$，激光圆频率$\omega=2\pi c/\lambda$，故$\omega/c=2\pi/\lambda=2\pi/1.06\mu\text{m}=6\times 10^3/\text{mm}$，因此$(\omega L/c)^{2/3}=(6000)^{2/3}=330\gg 1$。

注意到

$$\frac{\partial}{\partial z}E(\eta)=\frac{\partial\eta}{\partial z}\frac{\partial}{\partial\eta}E(\eta)=\left(\frac{\omega L}{c}\right)^{2/3}\frac{1}{L}\frac{\partial}{\partial\eta}E(\eta)$$

$$\frac{\partial^2}{\partial z^2}E(\eta)=\left(\frac{\omega L}{c}\right)^{4/3}\frac{1}{L^2}\frac{\partial^2}{\partial\eta^2}E(\eta)$$

所以$E(\eta)$满足的方程为

$$\frac{\partial^2 E(\eta)}{\partial\eta^2}-\eta E(\eta)=0 \tag{5.5.9}$$

满足边界条件$\eta\to-\infty$，$E(\eta)\to 0$的解为

$$E(\eta)=\alpha\,\text{Ai}(\eta) \tag{5.5.10}$$

其中，$\text{Ai}(\eta)$为Airy函数，定义为

$$\text{Ai}(\eta)\equiv\frac{1}{\pi}\int_0^\infty\cos\left(\frac{\tau^3}{3}-\eta\tau\right)\text{d}\tau \tag{5.5.11}$$

Airy函数在$\eta\to-\infty$时的渐近表达式为

$$\text{Ai}(\eta)=\frac{1}{\sqrt{\pi}(-\eta)^{1/4}}\cos\left[\frac{2}{3}(-\eta)^{3/2}-\frac{\pi}{4}\right]\quad(\eta\to-\infty) \tag{5.5.12}$$

解（5.5.10）中的系数α可用边界上的电场$E(z=0)$确定，因为

$$E(z=0)=E\left(\eta=-(\omega L/c)^{2/3}\right)=\alpha\,\text{Ai}\left(\eta=-(\omega L/c)^{2/3}\right)$$

所以

$$\alpha=\frac{E(z=0)}{\text{Ai}(\eta=-\infty)}=\frac{\sqrt{\pi}\,(\omega L/c)^{1/6}}{\cos\left[\frac{2}{3}\left(\frac{\omega L}{c}\right)-\frac{\pi}{4}\right]}E(z=0) \tag{5.5.13}$$

问题是边界上的电场$E(z=0)=?$。

如果不考虑电子离子碰撞，则等离子体内无任何激光能量的耗散机理，边界

处的电场值 $E(z=0)$ 应为入射波电场和反射波电场的叠加。入射波电场和反射波电场波幅相同但相位不同，相位差为 $\Delta\phi$，则

$$E(z=0)=E_{\mathrm{FS}}+E_{\mathrm{FS}}\,\mathrm{e}^{\mathrm{i}\Delta\phi}=E_{\mathrm{FS}}(1+\mathrm{e}^{\mathrm{i}\Delta\phi}) \tag{5.5.14}$$

其中，E_{FS} 为自由空间的激光电场。注意到

$$1+\mathrm{e}^{\mathrm{i}\Delta\phi}=1+\cos\Delta\phi+\mathrm{i}\sin\Delta\phi=2\cos\frac{\Delta\phi}{2}\mathrm{e}^{\mathrm{i}\Delta\phi/2}$$

故式（5.5.14）变为

$$E(z=0)=2E_{\mathrm{FS}}\,\mathrm{e}^{\mathrm{i}\frac{\Delta\phi}{2}}\cos\frac{\Delta\phi}{2} \tag{5.5.15}$$

另外，由式（5.5.13），有

$$E(z=0)=\frac{\alpha}{\sqrt{\pi}\left(\omega L/c\right)^{1/6}}\cos\left[\frac{2}{3}\left(\frac{\omega L}{c}\right)-\frac{\pi}{4}\right] \tag{5.5.16}$$

两式对照，可把 $\Delta\phi$ 和 α 同时求出，即

$$\begin{cases}\dfrac{\Delta\phi}{2}=\cos\left[\dfrac{2}{3}\left(\dfrac{\omega L}{c}\right)-\dfrac{\pi}{4}\right]\\[2ex] 2E_{\mathrm{FS}}\,\mathrm{e}^{\mathrm{i}\frac{\Delta\phi}{2}}=\dfrac{\alpha}{\sqrt{\pi}\left(\omega L/c\right)^{1/6}}\end{cases} \tag{5.5.17}$$

α 的具体值为

$$\alpha=2E_{\mathrm{FS}}\sqrt{\pi}\left(\frac{\omega L}{c}\right)^{1/6}\exp\left[\mathrm{i}\cos\left[\frac{2}{3}\left(\frac{\omega L}{c}\right)-\frac{\pi}{4}\right]\right] \tag{5.5.18}$$

可见，在 $\left(\omega L/c\right)^{2/3}\gg 1$ 的条件下，α 完全由自由空间的入射激光电场 E_{FS}（可为复数）确定。于是，等离子体中任何位置 z 处的电场为

$$E(z)=\alpha\,\mathrm{Ai}(\eta)=2E_{\mathrm{FS}}\sqrt{\pi}\left(\frac{\omega L}{c}\right)^{1/6}\mathrm{Ai}(\eta)\exp\left[\mathrm{i}\cos\left[\frac{2}{3}\left(\frac{\omega L}{c}\right)-\frac{\pi}{4}\right]\right] \tag{5.5.19}$$

其中 $\eta(z)$ 由式（5.5.8）给出。z 处的激光电场的幅值满足

$$\frac{|E(z)|}{|E_{\mathrm{FS}}|}=2\sqrt{\pi}\left(\frac{\omega L}{c}\right)^{1/6}\mathrm{Ai}(\eta) \tag{5.5.20}$$

在临界面 $z=L$ 处的电场幅度满足

$$|E(z=L)|=2\sqrt{\pi}\left(\frac{\omega L}{c}\right)^{1/6}\mathrm{Ai}(0)|E_{\mathrm{FS}}| \tag{5.5.21}$$

其中，$\mathrm{Ai}(\eta=0)\approx 0.4$。

Airy 函数 $\mathrm{Ai}(\eta)$ 的极大值为 $\mathrm{Ai}(\eta=-1)=0.55$，出现在 $z_{\max}=L\left[1-(c/\omega L)^{2/3}\right]$ 位置处，因为 $(\omega L/c)^{2/3}\gg 1$，所以 $z_{\max}$ 接近临界密度位置 $z=L$。激光电场幅值最大值满足

$$\frac{|E_{\max}|}{|E_{\mathrm{FS}}|\sqrt{\pi}\left(\dfrac{\omega L}{c}\right)^{1/6}}=1.1 \tag{5.5.22}$$

可见，当等离子体内无任何激光能量的耗散机理时，激光传播时波幅增大。这符合光波的能通量（光强）在传播时的守恒定律

$$I_{\mathrm{L}}=c|E_{\mathrm{FS}}|^2/8\pi=v_{\mathrm{g}}|E(z)|^2/8\pi \tag{5.5.23}$$

其中，$v_{\mathrm{g}}=c(1-\omega_{\mathrm{pe}}^2/\omega^2)^{1/2}<c$ 为光波的群速度，等离子体中电子密度越大，群速度越小。为保持光波能通量（光强）在传播时守恒，故波幅的模方必然增大。

另外，根据法拉第电磁感应定律，可由电场 $E(z)$ 得出磁感应强度 $B(z)$

$$\nabla\times\boldsymbol{E}=-\frac{1}{c}\frac{\partial\boldsymbol{B}}{\partial t} \tag{5.5.24}$$

由于电场 $\boldsymbol{E}(z,t)=E(z,t)\boldsymbol{e}_x$ 的偏振方向在 $\boldsymbol{e}_x$ 方向，那么 $\boldsymbol{B}(z,t)=B(z,t)\boldsymbol{e}_y$ 的方向就在 $\boldsymbol{e}_y$ 方向，幅值 $B(z,t)$ 与 $E(z,t)$ 的关系可由式（5.5.24）得出

$$\frac{\partial E(z,t)}{\partial z}=-\frac{1}{c}\frac{\partial B(z,t)}{\partial t} \tag{5.5.25}$$

或波幅满足

$$B(z)=\frac{\mathrm{i}c}{\omega}\frac{\partial E(z)}{\partial z} \tag{5.5.26}$$

利用 $E(z)$ 的表达式（5.5.19），有

$$B(z)=-\mathrm{i}2\sqrt{\pi}E_{\mathrm{FS}}\left(\frac{c}{\omega L}\right)^{1/6}\exp\left[\mathrm{i}\cos\left[\frac{2}{3}\left(\frac{\omega L}{c}\right)-\frac{\pi}{4}\right]\right]\frac{\partial\,\mathrm{Ai}(\eta)}{\partial\eta} \tag{5.5.27}$$

位置 z 处的磁感应强度的模满足

$$\frac{|B(z)|}{|E_{\mathrm{FS}}|}=2\sqrt{\pi}\left(\frac{c}{\omega L}\right)^{1/6}\frac{\partial\,\mathrm{Ai}(\eta)}{\partial\eta} \tag{5.5.28}$$

在临界面处，$z=L$（即 $\eta=0$）处磁感应强度的幅度满足

$$\frac{|B(z=L)|}{|E_{\mathrm{FS}}|}=2\sqrt{\pi}\left(\frac{c}{\omega L}\right)^{1/6}\left.\frac{\partial\,\mathrm{Ai}(\eta)}{\partial\eta}\right|_{\eta=0}\approx 0.92\left(\frac{c}{\omega L}\right)^{1/6} \tag{5.5.29}$$

因为$\left(\omega L/c\right)^{2/3} \gg 1$，所以$z=L$处磁感应强度的幅度可忽略不计。

5.5.2　斜入射 S 极化激光波在非均匀密度等离子体中波动方程的解

如图5.4所示，厚度为L的等离子体层内电子数密度在z方向存在梯度分布，z=0为真空与等离子体的界面。(y,z)平面为激光的入射面，即激光波矢$\boldsymbol{k}$在入射面，激光斜入射到等离子体内，$\boldsymbol{k}$方向与电子数密度的梯度方向（z方向）间的夹角为θ_0。激光电场矢量的极化（偏振）方向垂直于$\boldsymbol{k}$方向。

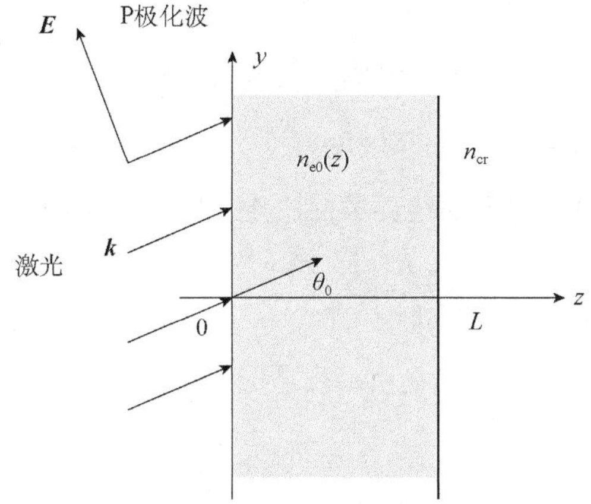

图5.4　激光斜入射到厚度为L的等离子体

如果激光偏振方向$\boldsymbol{E}$垂直于纸面（激光入射面，即(y,z)平面），这种激光波称为S极化波；如果激光偏振方向$\boldsymbol{E}$平行于纸面，这种激光波称为P极化波。偏振方向任意的激光波可以分解为S极化波和P极化波的混合。

对斜入射的S极化波，由于电矢量$\boldsymbol{E}$垂直于纸面，在电子数密度梯度方向（z方向）没有电场分量，因此激光场不会产生z方向的电荷分离，故S极化波不会激励出电子等离子体波（电子Langmuir波），这样等离子体中就只有横波而无纵波，即$\nabla \cdot \boldsymbol{E}=0$。没有电子等离子体波，等离子体就不会对激光波能量产生共振吸收。

等离子体中激光波（横波）电场满足的波动方程和等离子体的介电常量表达式仍然是式（5.4.56）和式（5.4.57），与前面讨论的正入射情况不同的是，斜入射的S极化波的电场矢量$\boldsymbol{E}(y,z)=E(y,z)\boldsymbol{e}_x$的幅值$E(y,z)$是$(y,z)$的函数，因而是二维问题。

电场矢量$\boldsymbol{E}(y,z)=E(y,z)\boldsymbol{e}_x$满足的波动方程（5.4.56）变为

$$\frac{\partial^2}{\partial y^2}E(y,z)+\frac{\partial^2}{\partial z^2}E(y,z)+\frac{\omega^2}{c^2}\varepsilon(z)E(y,z)=0 \qquad (5.5.30)$$

注意介电常量只是电子数密度的函数，因此只是 z 的函数，故

$$\varepsilon(z)=1-\omega_{\mathrm{pe}}^2(z)/\omega^2=1-n_{\mathrm{e}}(z)/n_{\mathrm{cr}} \tag{5.5.31}$$

下面我们用分离变量法来求解 $E(y,z)$。设 $E(y,z)=Y(y)Z(z)$，代入式（5.5.30），则有方程组

$$\begin{cases}\dfrac{\partial^2 Y}{\partial y^2}=-\alpha^2 Y\\[2ex] \dfrac{\partial^2 Z}{\partial z^2}+\left[\dfrac{\omega^2}{c^2}\varepsilon(z)-\alpha^2\right]Z=0\end{cases} \tag{5.5.32}$$

其中，α^2 为变量分离常数。解 $Y(y)$ 满足的方程，得

$$Y(y)=C_1\,\mathrm{e}^{\mathrm{i}\alpha y} \tag{5.5.33}$$

待定常数 α^2 可由 $z=0$ 处电场的边界条件决定。因为真空中的平面电磁波为

$$\boldsymbol{E}(\boldsymbol{r})=\boldsymbol{E}_0\,\mathrm{e}^{\mathrm{i}\boldsymbol{k}\cdot\boldsymbol{r}} \tag{5.5.34}$$

在二维情况且电场偏振在 $\boldsymbol{e}_x$ 方向时，有

$$E(y,z)=E_0\,\mathrm{e}^{\mathrm{i}(k_y y+k_z z)} \tag{5.5.35}$$

其中

$$k_y=\frac{\omega}{c}\sin\theta_0,\quad k_z=\frac{\omega}{c}\cos\theta_0 \tag{5.5.36}$$

$z=0$ 处任意 y 值的真空边界条件为

$$E(y,z=0)=E_0\,\mathrm{e}^{\mathrm{i}k_y y}=Y(y)Z(0)=C_1\,\mathrm{e}^{\mathrm{i}\alpha y}Z(0) \tag{5.5.37}$$

可得常数

$$\alpha=k_y=\frac{\omega}{c}\sin\theta_0 \tag{5.5.38}$$

可见，无论在等离子体内何处（即无论 y、z 为何值），波矢量的 y 分量始终是一个常数，这是由于等离子体介电常量只是 z 的函数，而与坐标 y 无关。

将式（5.5.38）代入式（5.5.32），得 $Z(z)$ 满足的方程

$$\frac{\partial^2 Z}{\partial z^2}+\frac{\omega^2}{c^2}(\varepsilon(z)-\sin^2\theta_0)Z(z)=0 \tag{5.5.39}$$

电子密度随空间坐标 z 线性变化，即 $n_{\mathrm{e}0}(z)=(z/L)n_{\mathrm{cr}}$ 时，等离子体的介电常量为

$$\varepsilon(z)=1-\frac{\omega_{\mathrm{pe}}^2(z)}{\omega^2}=1-\frac{n_{\mathrm{e}0}(z)}{n_{\mathrm{cr}}}=1-\frac{z}{L} \tag{5.5.40}$$

则方程（5.5.39）成为

$$\frac{\partial^2 Z}{\partial z^2}+\frac{(\omega\cos\theta_0)^2}{c^2}\left(1-\frac{z}{L\cos^2\theta_0}\right)Z(z)=0 \tag{5.5.41}$$

此方程与垂直入射情况下 $E(z)$ 满足的波动方程（5.5.7）类似，只是式中的量变成了

$$\frac{\omega}{c}\to\frac{\omega\cos\theta_0}{c},\quad L\to L\cos^2\theta_0 \tag{5.5.42}$$

Airy 函数形式的解为

$$Z(z)=2E_{\mathrm{FS}}\sqrt{\pi}\left(\frac{\omega L\cos^3\theta_0}{c}\right)^{1/6}\mathrm{Ai}(\eta)\exp\left[\mathrm{i}\cos\left[\frac{2}{3}\left(\frac{\omega L\cos^3\theta_0}{c}\right)-\frac{\pi}{4}\right]\right] \tag{5.5.43}$$

其中

$$\eta=-\left(\frac{\omega L\cos^3\theta_0}{c}\right)^{2/3}\left(1-\frac{z}{L\cos^2\theta_0}\right) \tag{5.5.44}$$

因此，方程（5.5.30）的解为

$$E(y,z)=Y(y)Z(z)=C_1\exp\left(\mathrm{i}\frac{\omega}{c}\sin\theta_0 y\right)Z(z) \tag{5.5.45}$$

要注意的是，垂直入射情况下，光波在临界密度所在位置 $z=L$ 处反射（此处 $k_z=0$），在斜入射情况下，光波则在临界密度位置 $z=L$ 之前就发生了反射，反射位置在 $z=L\cos^2\theta_0$ 处（此处 $k_z=0$），这可从 $Z(z)$ 满足的方程（5.5.41）的色散关系看出来，令 $Z(z)\sim\exp(\mathrm{i}k_z z)$，代入方程（5.5.41）得色散关系为

$$k_z^2=\frac{\omega^2}{c^2}(\varepsilon(z)-\sin^2\theta_0)=\frac{\omega^2}{c^2}\left[\cos^2\theta_0-\frac{n_{\mathrm{e0}}(z)}{n_{\mathrm{cr}}}\right] \tag{5.5.46}$$

可见，当 $n_{\mathrm{e0}}(z)\geqslant n_{\mathrm{cr}}\cos^2\theta_0$（比临界密度小）时，$k_z$ 变为虚数，电场强度开始衰减，光波开始反射，反射点 z_T 处（此处 $k_z=0$）的电子密度小于临界密度

$$n_{\mathrm{e0}}(z_T)=n_{\mathrm{cr}}\cos^2\theta_0<n_{\mathrm{cr}} \tag{5.5.47}$$

如果电子密度线性变化，即 $n_{\mathrm{e0}}(z)=(z/L)n_{\mathrm{cr}}$，则光波反射点坐标为 $z_T=L\cos^2\theta_0$，它在临界密度位置 $z=L$ 之前。

结论：在激光斜入射情况下，光波的反射点提前，不在临界密度所在位置。提前量与入射角有关，入射角越大，提前量越多。如图5.5所示。

下面估算等离子体中任意一点的磁场。由于S极化激光波偏振方向在 $\boldsymbol{e}_x$ 方向即 $\boldsymbol{E}(y,z,t)=E(y,z,t)\boldsymbol{e}_x$，那么磁感应强度 $\boldsymbol{B}(y,z,t)=B(y,z,t)\boldsymbol{e}_y$ 就在 $\boldsymbol{e}_y$ 方向，幅值 $B(y,z,t)$ 与 $E(y,z,t)$ 的关系由法拉第电磁感应定律决定，即

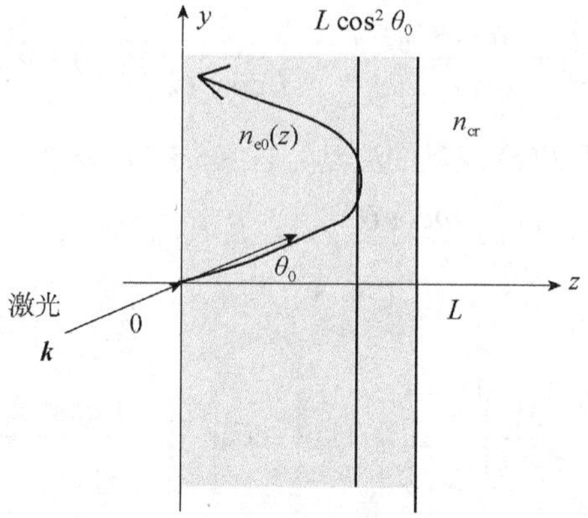

图5.5 激光斜入射时反射点在临界密度位置之前，入射角越大，提前量越多

$$\frac{\partial E(y,z,t)}{\partial z}=-\frac{1}{c}\frac{\partial B(y,z,t)}{\partial t} \tag{5.5.48}$$

电磁场的波幅满足

$$B(y,z)=-\frac{\mathrm{i}c}{\omega}\frac{\partial E(y,z)}{\partial z} \tag{5.5.49}$$

利用式（5.5.45），对z求导，得

$$\frac{\partial E(y,z)}{\partial z}=\exp\left(\mathrm{i}\frac{\omega}{c}\sin\theta_0 y\right)\frac{\partial Z(z)}{\partial z}=\exp\left(\mathrm{i}\frac{\omega}{c}\sin\theta_0 y\right)\frac{\partial\eta}{\partial z}\frac{\partial Z(z)}{\partial\eta} \tag{5.5.50}$$

其中

$$\eta=-\left(\frac{\omega L\cos^3\theta_0}{c}\right)^{2/3}\left(1-\frac{z}{L\cos^2\theta_0}\right)$$

再利用$Z(z)$的表达式（5.5.43），有

$$\frac{\partial E(y,z)}{\partial z}=\left(\frac{\omega L\cos^3\theta_0}{c}\right)^{5/6}\frac{2\sqrt{\pi}E_{\mathrm{FS}}}{L\cos^2\theta_0}\mathrm{Ai}'(\eta)\exp\left[\mathrm{i}\frac{\omega}{c}\sin\theta_0 y+\mathrm{i}\cos\left[\frac{2}{3}\left(\frac{\omega L\cos^3\theta_0}{c}\right)-\frac{\pi}{4}\right]\right] \tag{5.5.51}$$

代入式（5.5.49），可得$B(y,z)$，进一步得出磁感应强度的模满足的方程

$$\frac{|B(y,z)|}{|E_{\mathrm{FS}}|}=2\sqrt{\pi}\left(\frac{c}{\omega L\cos^3\theta_0}\right)^{1/6}\cos\theta_0\frac{\partial\,\mathrm{Ai}(\eta)}{\partial\eta} \tag{5.5.52}$$

在反射点$z=L\cos^2\theta_0$（即$\eta=0$）处，磁感应强度的幅度满足

$$\frac{|B(z=L\cos^2\theta_0)|}{|E_{\mathrm{FS}}|}\approx 0.92\left(\frac{c}{\omega L\cos^3\theta_0}\right)^{1/6}\cos\theta_0 \tag{5.5.53}$$

当正入射时，$\cos\theta_0=1$，即过渡到（5.5.29）式。

5.5.3 斯涅耳定律

如图5.6所示，斜入射激光波在密度非均匀分布的等离子体中传播时，会发生连续偏转，在位置 z 处的偏转角 $\theta(z)$ 与位置 z 处的介电常量 $\varepsilon(z)$ 有关，满足斯涅耳定律 $n(z)\sin\theta(z)=$ 常数，其中 $n(z)=\sqrt{\varepsilon(z)}$ 为等离子体的折射率。怎么导出斯涅耳定律呢？

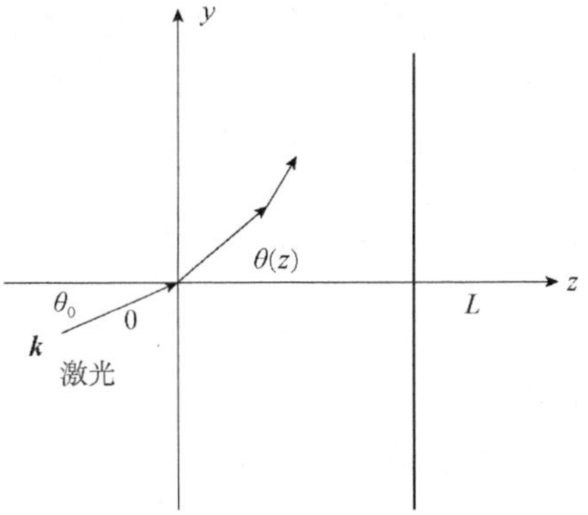

图5.6　激光斜入射时偏转角满足斯涅耳定律

考虑斜入射S极化激光波在密度非均匀等离子体中传播，光波的波矢量位于入射面，偏振方向在 x 方向，垂直入射面。波矢量无 x 分量（$k_x=0$），电场 $E(y,z)$ 满足的波动方程可以通过分离变量法求解。令 $E(y,z)=Y(y)Z(z)$，函数 $Y(y)$ 和 $Z(z)$ 满足的波动方程为（5.5.32），即

$$\begin{cases}\dfrac{\partial^2 Y}{\partial y^2}=-\alpha^2 Y\\[2ex]\dfrac{\partial^2 Z}{\partial z^2}+\left[\dfrac{\omega^2}{c^2}\varepsilon(z)-\alpha^2\right]Z=0\end{cases}\tag{5.5.54}$$

其中，分离常数为 $\alpha^2=(\omega^2/c^2)\sin^2\theta_0$，当入射角 θ_0 给定时，α 为常数。从式（5.5.54）中的两个方程可以得到色散关系——波矢量的 y, z 分量 k_y,k_z 满足的方程，分别为

$$k_y^2=\alpha^2=\frac{\omega^2}{c^2}\sin^2\theta_0\ \text{（为常数）}\tag{5.5.55}$$

$$k_z^2=\frac{\omega^2}{c^2}(\varepsilon(z)-\alpha^2)=\frac{\omega^2}{c^2}(\varepsilon(z)-\sin^2\theta_0)\ \text{（它与}z\text{坐标有关）}\tag{5.5.56}$$

其中，$\varepsilon(z)$ 为等离子体的介电常量。由此可求出波矢量的大小

$$k^2=k_y^2+k_z^2=\frac{\omega^2}{c^2}\varepsilon(z)\tag{5.5.57}$$

即

$$k=\frac{\omega}{c}\sqrt{\varepsilon(z)} \tag{5.5.58}$$

其中等离子体的介电常量

$$\varepsilon(z)=1-\frac{\omega_{\mathrm{pe}}^{2}(z)}{\omega^{2}}=1-\frac{n_{\mathrm{e0}}(z)}{n_{\mathrm{cr}}}=1-\frac{z}{L} \tag{5.5.59}$$

可见，随着激光波往等离子体内深入，介电常量$\varepsilon(z)$越来越小，因此波矢量的大小k越来越短，然而k_y与z无关，那么只能是k_z越来越小，最小值为0。由于k_y与z无关，在任意位置z处它都是常数，即

$$k_y=k\sin\theta(z)=\frac{\omega}{c}\sqrt{\varepsilon(z)}\sin\theta(z)=\text{常数} \tag{5.5.60}$$

考虑到$n(z)=\sqrt{\varepsilon(z)}$为$z$处等离子体的折射率，则在等离子体内的任意两个位置处的偏转角满足以下斯涅耳定律

$$n(z_1)\sin\theta_1=n(z_2)\sin\theta_2 \tag{5.5.61}$$

设激光在真空与等离子体界面上入射，入射角为θ_0，折射率为1，由于等离子体的折射率小于1，为光疏介质，当激光真空入射到等离子体内时，相当于激光从光密介质入射到光疏介质，位置z处折射角$\theta(z)$会大于入射角θ_0，激光的传播方向就会发生偏转。z越大，等离子体电子密度越高，折射率$n(z)$就越小，折射角$\theta(z)$就越大，满足斯涅耳定律

$$\sin\theta_0=n(z)\sin\theta(z) \tag{5.5.62}$$

随着激光往等离子体内部深入，折射角$\theta(z)$就变得越来越大，其传播方向就会朝y方向偏转。当激光深入到激光反射点z_T处时，此处的电子数密度为$n_{\mathrm{e0}}(z_T)=n_{\mathrm{cr}}\cos^2\theta_0$，介电常量为$\varepsilon(z_T)=1-n_{\mathrm{e0}}(z_T)/n_{\mathrm{cr}}=\sin^2\theta_0$，折射率为$n(z_T)=\sin\theta_0$，按斯涅耳定律（5.5.62），该处的偏转角满足$\sin\theta(z_T)=1$，即偏转角$\theta(z_T)=90°$。所以，在激光反射点$z_T$处，波矢量就指向$y$方向，激光将发生全反射。

无论是斜入射的S极化光波还是P极化光波，在等离子体中传播时均遵从斯涅耳定律（5.5.61），这与我们的日常经验一致。

5.6 等离子体中对光波的共振吸收

5.6.1 电子 Langmuir 波的驱动电场

如图5.7所示为P极化激光波斜入射到等离子体，激光电场矢量（偏振方向）位于入射(y,z)平面（即$\boldsymbol{E}$平行于纸面）。电场矢量在电子数密度梯度∇n_{e}的方向

（z 方向）有分量，电场力会使等离子体产生正负电荷分离，导致电子在 z 方向振荡，将激励出电子Langmuir波。

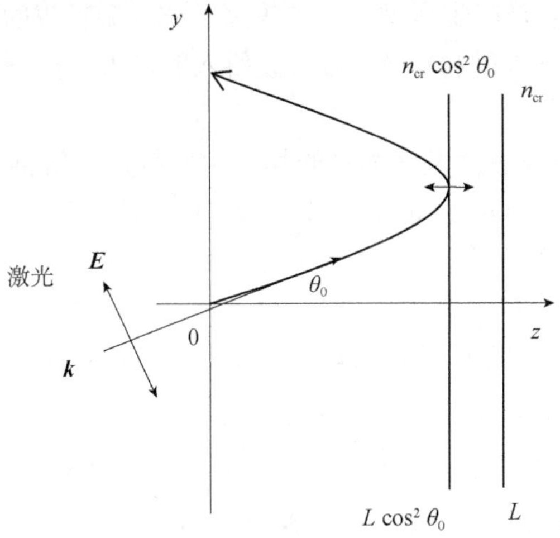

图5.7　斜入射的P极化激光波会激励电子Langmuir波

必须指出，斜入射的S极化激光，其电场矢量垂直于入射 (y,z) 平面，在电子数密度梯度 ∇n_e 的方向（z 方向）没有分量，不可能激励电子Langmuir波。

电子Langmuir波的振幅必须持续受到激光电场的激励，两者发生共振，电子Langmuir波才可能存在下去，否则很快会因等离子体的阻滞而耗散掉。问题是如何使两者发生共振，发生共振的必要条件是什么？

发生共振的必要条件有两个，一是激光电场的方向与电子Langmuir波振幅的方向相同；二是电子Langmuir波频率 $\omega_{pe}(z)$ 要等于光波的频率 ω。

达到第一个条件，要依赖激光传播方向在等离子体中发生偏转。根据斯涅耳定律可知，折射率越小，偏转角越大。在激光反射点处，电子数密度为 $n_{e0}(z_T)=n_{cr}\cos^2\theta_0$，介电常量为0，折射率也为0，偏转角可达到90°，激光传播方向（波矢方向）将沿 y 轴，电场矢量方向就正好指向电子数密度梯度的方向（z 方向），激光电场矢量与电子Langmuir波的振荡方向一致，电子Langmuir波是纵波，振荡方向与电场方向一致。这样，在激光反射点处，电子Langmuir波的振幅会由于激光电场的激励，发生共振。

如何达到第二个条件呢？当激光斜入射时，激光反射点处的电子密度 $n_{e0}(z_T)=n_{cr}\cos^2\theta_0$ 不是临界密度，即反射点不在临界密度处，反射点处电子Langmuir波频率 $\omega_{pe}(z_T)$ 并不等于激光的频率 ω（为什么？），因此严格说来，在激光反射点处不能发生共振。只有在临界密度位置 $z=L$ 处，电子密度 $n_{e0}(z)=n_{cr}$，该处的电子Langmuir波频率 ω_{pe} 等于光波的频率 ω，才能发生共振。但是，激光斜入射时，光波传播不到临界密度 $z=L$ 处，在 $z_T=L\cos^2\theta_0$ 处就反射了，只要激光波反射点离临界密度点不远，在反射点处的激光波经衰减后到达临界密度点的残余也足以与电子Langmuir波发生共振。

P极化加上斜入射是产生激光能量被等离子波共振吸收的两个必要条件，缺一不可。P极化激光波正入射和S极化激光波斜入射进入等离子体，都不可能产生共振吸收。

当电子Langmuir波被激发并与激光场发生共振后，等离子体中既存在激光波（横波），又存在电子Langmuir波（纵波）。此时，等离子体中任意点的电场矢量均是两种波电场矢量的叠加。

对P极化的激光光波，其电矢量$\boldsymbol{E}_{\mathrm{L}}$在（$y,z$）入射平面，电场无$x$分量，激发的高频电子Langmuir波的电矢量$\boldsymbol{E}_{\mathrm{epw}}$也在（$y,z$）平面，同样无$x$分量，故等离子体中任意点的总电场矢量也无$x$分量，为

$$\boldsymbol{E}(y,z)=\boldsymbol{E}_{\mathrm{L}}(y,z)+\boldsymbol{E}_{\mathrm{epw}}(y,z)=E_y(y,z)\boldsymbol{e}_y+E_z(y,z)\boldsymbol{e}_z \tag{5.6.1}$$

因为电子Langmuir波为纵波，总电场的散度不为0，即

$$\frac{\partial E_y(y,z)}{\partial y}+\frac{\partial E_z(y,z)}{\partial z}\neq 0 \tag{5.6.2}$$

在共振点$z=L$处的总电场一定沿z方向，没有y分量。即$E_y(y,L)=0$，$E_z(y,L)\neq 0$。下面来估计$E_z(y,L)$的大小。根据安培定律

$$\nabla\times\boldsymbol{B}=\frac{1}{c}\frac{\partial\boldsymbol{E}}{\partial t}+\frac{4\pi}{c}\boldsymbol{J} \tag{5.6.3}$$

和广义欧姆定律

$$\frac{\partial\boldsymbol{J}(\boldsymbol{r},t)}{\partial t}+\nu_{\mathrm{ei}}\boldsymbol{J}(\boldsymbol{r},t)=\frac{\omega_{\mathrm{pe}}^2}{4\pi}\boldsymbol{E} \tag{5.6.4}$$

设$\boldsymbol{E},\boldsymbol{B},\boldsymbol{J}\propto\exp(-\mathrm{i}\omega t)$，安培定律和广义欧姆定律变为

$$\nabla\times\boldsymbol{B}=-\frac{\mathrm{i}\omega}{c}\boldsymbol{E}+\frac{4\pi}{c}\boldsymbol{J} \tag{5.6.5}$$

$$\boldsymbol{J}(\boldsymbol{r},t)=\frac{\mathrm{i}\omega_{\mathrm{pe}}^2}{4\pi(\omega+\mathrm{i}\nu_{\mathrm{ei}})}\boldsymbol{E}=\sigma\boldsymbol{E} \tag{5.6.6}$$

将式（5.6.6）代入式（5.6.5），可得安培定律（等离子体中电场和磁场的关系）为

$$\nabla\times\boldsymbol{B}=-\frac{\mathrm{i}\omega}{c}\varepsilon(\boldsymbol{r})\boldsymbol{E} \tag{5.6.7}$$

其中，等离子体的复介电常量取决于电子数密度分布

$$\begin{cases}\varepsilon(\boldsymbol{r})=1-\omega_{\mathrm{pe}}^2(\boldsymbol{r})/[\omega(\omega+\mathrm{i}\nu_{\mathrm{ei}})]\\ \omega_{\mathrm{pe}}^2(\boldsymbol{r})=4\pi e^2 n_{\mathrm{e0}}(\boldsymbol{r})/m_{\mathrm{e}}\end{cases} \tag{5.6.8}$$

由于电场矢量 $\boldsymbol{E}(y,z)$ 无 x 分量，根据 $\boldsymbol{B}\perp\boldsymbol{E}$ 可知，$\boldsymbol{B}(y,z)$ 只有 x 分量 $B_x(y,z)$。将

$$\begin{cases}\boldsymbol{E}(y,z)=E_y(y,z)\boldsymbol{e}_y+E_z(y,z)\boldsymbol{e}_z\\ \boldsymbol{B}(y,z)=B_x(y,z)\boldsymbol{e}_x\end{cases} \tag{5.6.9}$$

代入式（5.6.7），可得

$$\begin{cases}E_y(y,z)=\dfrac{\mathrm{i}c}{\omega\varepsilon(z)}\dfrac{\partial B_x(y,z)}{\partial z}\\ E_z(y,z)=-\dfrac{\mathrm{i}c}{\omega\varepsilon(z)}\dfrac{\partial B_x(y,z)}{\partial y}\end{cases} \tag{5.6.10}$$

设

$$B_x(y,z)=B_x(z)\exp(\mathrm{i}k_y y)=B_0\exp[\mathrm{i}(k_y y+k_z z)] \tag{5.6.11}$$

由于介电常量 $\varepsilon(z)$ 只是 z 的函数，故波矢量的 y 分量 $k_y=(\omega/c)\sin\theta_0$ 为常数，则式（5.6.11）变成

$$B_x(y,z)=B_0\exp\left(\mathrm{i}\frac{\omega}{c}\sin\theta_0 y\right)\exp(\mathrm{i}k_z z) \tag{5.6.12}$$

代入式（5.6.10）可得总电场的 z 分量

$$E_z(y,z)=\frac{E_{\mathrm{d}}(y,z)}{\varepsilon(z)} \tag{5.6.13}$$

其中

$$E_{\mathrm{d}}(y,z)=B_0\sin\theta_0\exp\left(\mathrm{i}\frac{\omega}{c}\sin\theta_0 y\right)\exp(\mathrm{i}k_z z) \tag{5.6.14}$$

称为驱动场。注意到色散关系

$$k^2=k_y^2+k_z^2=(\omega^2/c^2)\varepsilon(z) \tag{5.6.15}$$

和 $k_y=(\omega/c)\sin\theta_0$，则波矢量的 z 分量为

$$k_z=\frac{\omega}{c}\sqrt{\varepsilon(z)-\sin^2\theta_0} \tag{5.6.16}$$

注意到介电常量

$$\varepsilon(z)=1-\frac{z}{L} \tag{5.6.17}$$

则

$$k_z=\frac{\omega}{c}\sqrt{\cos^2\theta_0-\frac{z}{L}} \tag{5.6.18}$$

可见，在区域 $0\leqslant z\leqslant L\cos^2\theta_0$（光波反射点）内，$k_z\geqslant 0$ 为实数，故驱动场（5.6.14）的模为

$$\left|E_{\mathrm{d}}(y,z)\right| = B_0 \sin\theta_0 \quad (0 \leqslant z \leqslant L\cos^2\theta_0) \tag{5.6.19}$$

它与y无关。

在区域$L\cos^2\theta_0 \leqslant z \leqslant L$（共振点）内，由式（5.6.18）可知，$k_z$为一个与$z$有关的纯虚数，即

$$k_z = \mathrm{i}\delta(z) \quad (L\cos^2\theta_0 \leqslant z \leqslant L) \tag{5.6.20}$$

其中

$$\delta(z) = \frac{\omega}{c}\sqrt{\frac{z}{L} - \cos^2\theta_0} \tag{5.6.21}$$

将式（5.6.20）代入式（5.6.14）可知，在区域$L\cos^2\theta_0 \leqslant z \leqslant L$内，驱动场为

$$E_{\mathrm{d}}(y,z) = B_0 \sin\theta_0 \exp\left(\mathrm{i}\frac{\omega}{c}\sin\theta_0 y\right)\exp\left(-\delta(z)z\right) \quad (L\cos^2\theta_0 \leqslant z \leqslant L) \tag{5.6.22}$$

可见驱动场的模随z指数衰减，与y无关，即

$$\left|E_{\mathrm{d}}(z)\right| = B_0 \sin\theta_0 \mathrm{e}^{-\delta(z)z} \tag{5.6.23}$$

两边取对数得

$$\ln\left|E_{\mathrm{d}}(z)\right| = C - \delta(z)z \tag{5.6.24}$$

在$L\cos^2\theta_0 \leqslant z \leqslant L$范围任意两点$z$和$z+\mathrm{d}z$处函数的差值为

$$\mathrm{d}\ln\left|E_{\mathrm{d}}(z)\right| = -\left[\delta(z+\mathrm{d}z)(z+\mathrm{d}z) - \delta(z)z\right] \approx -\delta(z)\mathrm{d}z$$

两边对z从反射点$L\cos^2\theta_0 \to L$（共振点）积分，得共振点$z=L$处驱动场的模

$$\left|E_{\mathrm{d}}(L)\right| = \left|E_{\mathrm{d}}\left(z = L\cos^2\theta_0\right)\right|\exp\left(-\int_{L\cos^2\theta_0}^{L}\delta(z)\mathrm{d}z\right) \tag{5.6.25}$$

其中，指数因子是从光波反射点$L\cos^2\theta_0$到共振点L驱动场的衰减因子，指数因子前是驱动场的模在光波反射点$L\cos^2\theta_0$处的值。利用式（5.6.21），不难算出

$$\int_{L\cos^2\theta_0}^{L}\delta(z)\mathrm{d}z = \frac{2\omega L}{3c}\sin^3\theta_0 \tag{5.6.26}$$

注意到式（5.6.19），最终得共振点处驱动场的模（与y值无关）为

$$\left|E_{\mathrm{d}}(L)\right| = B_0\left(z = L\cos^2\theta_0\right)\sin\theta_0 \exp\left(-\frac{2\omega L}{3c}\sin^3\theta_0\right) \tag{5.6.27}$$

其中，光波反射点处磁场的模$B_0\left(z = L\cos^2\theta_0\right)$只能通过求解光波在等离子体中的波动方程得出，我们可以用S极化光斜入射时反射点处磁场的模（5.5.53）来代替它，即

$$\left|B_0\left(z = L\cos^2\theta_0\right)\right| \approx 0.92\left|E_{\mathrm{FS}}\right|\left(\frac{c}{\omega L\cos^3\theta_0}\right)^{1/6}\cos\theta_0 \tag{5.6.28}$$

所以共振点$z=L$处驱动场的模为

$$\left|E_{\mathrm{d}}(L)\right|\approx 0.92\left|E_{\mathrm{FS}}\right|\left(\frac{c}{\omega L\cos^3\theta_0}\right)^{1/6}\cos\theta_0\sin\theta_0\exp\left[-\frac{2\omega L}{3c}\sin^3\theta_0\right] \quad (5.6.29)$$

5.6.2 等离子体对激光共振吸收的能量份额

由式（5.6.13）可知，空间 z 处电场强度 z 分量的模为

$$\left|E_z(y,z)\right|=\frac{\left|E_{\mathrm{d}}(y,z)\right|}{\left|\varepsilon(z)\right|} \quad (5.6.30)$$

其中等离子体的介电常量为

$$\varepsilon(z)=1-\omega_{\mathrm{pe}}^2(z)/\omega^2=1-n_{\mathrm{e}0}(z)/n_{\mathrm{cr}}=1-z/L \quad (5.6.31)$$

式（5.6.19）和（5.6.23）给出了不同区域驱动场的模，即

$$\left|E_{\mathrm{d}}(y,z)\right|=B_0\sin\theta_0 \quad (0\leqslant z\leqslant L\cos^2\theta_0)$$

$$\left|E_{\mathrm{d}}(y,z)\right|=B_0\sin\theta_0\,\mathrm{e}^{-\delta(z)z} \quad (L\cos^2\theta_0\leqslant z\leqslant L)$$

它们均与坐标 y 无关。显然，在 $z=L$ 处介电常量为0，故在 $z=L$ 处，电场强度 z 分量的模有峰值。空间坐标 z 处电场的能量密度为

$$\frac{\left|E_z(z)\right|^2}{8\pi}=\frac{1}{8\pi}\frac{\left|E_{\mathrm{d}}(z)\right|^2}{\left|\varepsilon(z)\right|^2}$$

在位置 z 处取底面积为单位面积、厚度为 $\mathrm{d}z$ 的一个等离子体元，该体元内电场的能量为

$$\frac{1}{8\pi}\frac{\left|E_{\mathrm{d}}(z)\right|^2}{\left|\varepsilon(z)\right|^2}\mathrm{d}z$$

假设 ν 为等离子体对光波的能量阻尼率（1/s），则单位时间内空间 z 处单位面积厚度为 $\mathrm{d}z$ 的等离子体元吸收的激光能量为

$$\frac{\nu}{8\pi}\frac{\left|E_{\mathrm{d}}(z)\right|^2}{\left|\varepsilon(z)\right|^2}\mathrm{d}z \quad (5.6.32)$$

激光从 $z=0$ 处入射传播到 $z=L$（共振点），再从反射点 $z=L$ 回到入射点 $z=0$，单位时间单位面积上等离子体吸收的激光总能量为

$$I_{\mathrm{abs}}=2\int_0^L\frac{\nu}{8\pi}\frac{\left|E_{\mathrm{d}}(z)\right|^2}{\left|\varepsilon(z)\right|^2}\mathrm{d}z \quad (5.6.33)$$

在存在能量阻尼率 $\nu\ll\omega$ 的等离子体中，复介电常量为

$$\varepsilon(z)=1-\frac{\omega_{\mathrm{pe}}^2(z)}{\omega^2(1+\mathrm{i}\nu/\omega)} \tag{5.6.34}$$

注意到

$$\frac{\omega_{\mathrm{pe}}^2(z)}{\omega^2}=\frac{n_{\mathrm{e}}(z)}{n_{\mathrm{cr}}}=\frac{z}{L}, \qquad (1+\mathrm{i}\nu/\omega)^{-1}\approx(1-\mathrm{i}\nu/\omega)$$

可得复介电常量（5.6.34）的模的平方

$$|\varepsilon(z)|^2\approx\left(1-\frac{z}{L}\right)^2+\frac{z^2}{L^2}\frac{\nu^2}{\omega^2} \tag{5.6.35}$$

它在 $z\approx L$ 处有极小值，极小值趋于0，将式（5.6.35）代入式（5.6.33），得

$$I_{\mathrm{abs}}=\frac{\nu}{4\pi}\int_0^L\frac{|E_{\mathrm{d}}(z)|^2\,\mathrm{d}z}{(1-z/L)^2+\frac{z^2}{L^2}\frac{\nu^2}{\omega^2}} \tag{5.6.36}$$

该积分中的被积函数在共振点 $z\approx L$ 处有一极大值，极大值趋于无穷大，故积分的主要贡献主要来自 $z\approx L$ 附近的区域，故驱动场的模可近似以共振点 $z\approx L$ 处的值 $|E_{\mathrm{d}}(z=L)|$（参见（5.6.29）式）来代替，并提至积分号外。剩下的定积分

$$\int_0^L\frac{\mathrm{d}z}{\left(1-\frac{z}{L}\right)^2+\frac{z^2}{L^2}\frac{\nu^2}{\omega^2}}=\frac{\pi\omega L}{2\nu} \tag{5.6.37}$$

这里利用了积分公式

$$\int\frac{\mathrm{d}x}{x^2+px+q}=\frac{1}{\sqrt{q-p^2/4}}\arctan\frac{x+p/2}{\sqrt{q-p^2/4}}$$

将式（5.6.37）代入式（5.6.36），得单位时间单位面积上等离子体吸收的激光总能量为

$$I_{\mathrm{abs}}=\frac{\nu}{4\pi}|E_{\mathrm{d}}(z=L)|^2A=\frac{\omega L}{8}|E_{\mathrm{d}}(z=L)|^2 \tag{5.6.38}$$

可见它与等离子体对光波能量的能量阻尼率 ν 无关，即与具体的波能量阻尼机理关系不大，这也说明，等离子体对激光能量的这种吸收机理不是由粒子间的碰撞所引起的。

我们知道，入射激光的能通量（单位时间入射到单位面积上等离子体的激光总能量）为

$$I_{\mathrm{in}}=\frac{c}{8\pi}|E_{\mathrm{FS}}|^2$$

则等离子体对激光能量的共振吸收份额为

$$f_{\text{abs}}=\frac{I_{\text{abs}}}{I_{\text{in}}}=\frac{\pi\omega L}{c}\frac{\left|E_{\text{d}}(z=L)\right|^2}{\left|E_{\text{FS}}\right|^2} \tag{5.6.39}$$

由式（5.6.29）得

$$\frac{\left|E_{\text{d}}(z=L)\right|}{\left|E_{\text{FS}}\right|}\approx 0.92\left(\frac{c}{\omega L\cos^3\theta_0}\right)^{1/6}\cos\theta_0\sin\theta_0\exp\left[-\frac{2\omega L}{3c}\sin^3\theta_0\right] \tag{5.6.40}$$

代入式（5.6.39），得共振吸收份额的最终表达式

$$f_{\text{abs}}=0.92^2\pi\left(\frac{\omega L}{c}\right)^{2/3}\cos\theta_0\sin^2\theta_0\exp\left[-\frac{4\omega L}{3c}\sin^3\theta_0\right] \tag{5.6.41}$$

可见在一定的入射角 θ_0 下，共振吸收的份额与等离子体密度梯度的标长 L 和激光波长 $\lambda_L=2\pi c/\omega$ 的关系为

$$f_{\text{abs}}\propto\left(\frac{L}{\lambda_L}\right)^{2/3}\exp\left(-\frac{4L}{3\lambda_L}\right) \tag{5.6.42}$$

共振吸收份额的大小主要由指数因子决定。对短波长激光（相应的密度梯度的标长 L 也大），共振吸收份额很小，故采用激光倍频技术使激光波长 $\lambda_L=2\pi c/\omega$ 变短，可以抑制共振吸收。因为共振吸收会产生超热电子，其射程长，会对靶丸加热，不利于激光对靶丸实行高密度压缩。

令

$$\tau=\left(\frac{\omega L}{c}\right)^{1/3}\sin\theta_0 \tag{5.6.43}$$

则共振吸收份额为

$$f_{\text{abs}}=\frac{1}{2}\cos\theta_0\phi^2(\tau) \tag{5.6.44}$$

其中函数

$$\phi(\tau)=0.92\left(\sqrt{2\pi}\right)\tau\exp\left(-\frac{2}{3}\tau^3\right)\approx 2.31\tau\exp\left(-\frac{2}{3}\tau^3\right) \tag{5.6.45}$$

由式（5.6.43）和（5.6.44）可知，共振吸收份额只与激光频率 ω、入射角 θ_0 和等离子体密度梯度的标长 L 有关（一般 $\omega L/c\gg 1$），有以下几个特点。

（1）当 $\tau\to 0$ 时（即 $\theta_0\to 0$），$f_{\text{abs}}\to 0$，原因是在共振点 $z=L$ 处驱动场的模太小。正入射激光，激光电场在等离子体梯度方向无分量，无共振吸收。

（2）当 $\tau\to\infty$ 时（$\theta_0\to 90^\circ$），$f_{\text{abs}}\to 0$，原因是激光反射点 $L\cos^2\theta_0$ 离临界点 L 太远，驱动场衰减太厉害。

（3）当 $\partial f_{\text{abs}}/\partial\tau=0$，即 $\tau^3=1/2$ 时，f_{abs} 取极大值，$f_{\text{abs}}\approx 86\%$。

与实际情况相比这个极大值大大地被高估了，$f_{\rm abs}$的极大值只有50%左右。原因是没有考虑热等离子体的非线性效应（在激光强度很大时，非线性效应变得很重要）；激光激励的电子Langmuir波会受到Landau阻尼产生超热电子而对共振波幅进行压制（电子Langmuir波振幅大，在一个振荡周期内电子加速厉害，产生超热电子）；强激光的有质动力（光压）导致密度分布曲线变陡，也会抑制共振电场的增长。

$f_{\rm abs}$取极大值时对应的激光入射角θ_0满足以下方程

$$\tau \equiv \left(\frac{\omega L}{c}\right)^{1/3} \sin\theta_0 = \sqrt[3]{1/2} \approx 0.8$$

即

$$\sin\theta_0 \approx 0.8\left(\frac{c}{\omega L}\right)^{1/3} \tag{5.6.46}$$

这就是$f_{\rm abs}$取极大值时对激光ω、入射角θ_0和等离子体密度梯度标长L作出的限制，也是我们选择激光入射角的依据。前面我们估计过$\omega L/c \approx 6000$，由此得出$\theta_0 \approx 2.5°$，几乎是垂直入射。

5.7 等离子体对激光能量的碰撞吸收

激光聚变间接驱动过程中，激光打到辐射黑腔的内壁上，与重元素镀层发生作用，形成X射线辐射环境，辐射腔内的X射线辐射对靶丸的烧蚀层进行烧蚀，产生反向力对靶丸进行压缩。进而驱动靶丸内爆，继而发生聚变点火燃烧。

激光能量在腔靶中的吸收与分配是激光聚变的关键问题。一般来讲，激光能量与聚变靶丸之间的能量耦合效率通常是相当低的。图5.8给出了激光能量转换比例，激光能量进入黑腔后，激光等离子体相互作用产生散射光、超热电子、低密度等离子体以及X射线辐射。X射线能量部分用于加热黑腔壁，部分逃逸，少部分用于靶丸压缩。仅有10%～20%的激光能量传递给靶丸。

激光与等离子体的相互作用过程十分复杂。间接驱动激光等离子体的相互作用过程包括逆轫致吸收、受激拉曼散射、受激布里渊散射、双等离子体激元衰变、共振吸收、离子声波衰变、束间能量传递、激光自聚焦以及光束偏折等。逆轫致吸收可以发生在激光通道内，也会发生在高Z腔壁上的激光斑点处。前者降低激光在高Z腔壁的功率密度，在高Z腔壁上逆轫致吸收的激光能量会转换为X辐射场的能量。受激拉曼散射发生在低密度区，大约在1/4临界面以下区域，激光被散射会降低辐射场转换效率，改变辐射场对称性，激励电子等离子体波，产生超热电子。受激布里渊散射发生在临界面以下区域，会降低辐射场转换效率，改

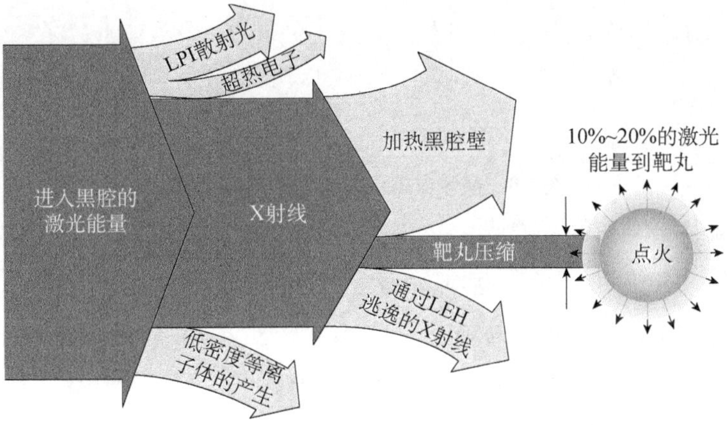

图5.8　激光能量转换比例

变辐射场对称性。双等离子体激元衰变大约发生在1/4临界面附近区域，可激励电子等离子体波，产生超热电子。共振吸收和离子声波衰变均发生在临界面附近区域，可激励电子等离子体波，产生超热电子。束间能量传递发生在多束激光束的交叠区，会改变激光束在高Z腔壁的功率密度。激光自聚焦发生在激光传输通道内，会改变激光束的大小和功率密度。光束偏折是指在等离子体流场的作用下，激光传播方向发生改变。

激光能量在等离子体中的吸收主要是通过“碰撞吸收”（或“逆韧致吸收”）过程而实现的。经历的主要物理过程是，激光在等离子体中传播时，等离子体中的电子在激光电场力作用下发生振荡；高速振荡的电子与离子发生碰撞，将电子振荡随机化（非波动），电子的随机运动表现为无规则的热运动，出现有效温度这一属性。通过上述过程，将激光能量转移给电子，加热的电子将部分能量传递给离子，激光能量最终变成电子离子的热运动能量。

等离子体中光的波动方程可从麦克斯韦方程组的安培定律和法拉第定律得到

$$\nabla\times\boldsymbol{B}=\frac{4\pi}{c}\boldsymbol{J}+\frac{1}{c}\frac{\partial\boldsymbol{E}}{\partial t},\qquad \nabla\times\boldsymbol{E}=-\frac{1}{c}\frac{\partial\boldsymbol{B}}{\partial t} \tag{5.7.1}$$

法拉第定律取旋度，再利用安培定律，得

$$\nabla\times(\nabla\times\boldsymbol{E})=-\frac{4\pi}{c^2}\frac{\partial\boldsymbol{J}}{\partial t}-\frac{1}{c^2}\frac{\partial^2\boldsymbol{E}}{\partial t^2} \tag{5.7.2}$$

其中，电流密度由欧姆定律 $\boldsymbol{J}=\sigma\boldsymbol{E}$ 给出，σ 是等离子体的电导率，假设电导率与时间无关，故激光的波动方程为

$$\nabla\times(\nabla\times\boldsymbol{E})=-\frac{1}{c^2}\left(4\pi\sigma+\frac{\partial}{\partial t}\right)\frac{\partial\boldsymbol{E}}{\partial t} \tag{5.7.3}$$

光波为横波，横波的电磁场方向与波矢量方向两两垂直。如图5.9所示。

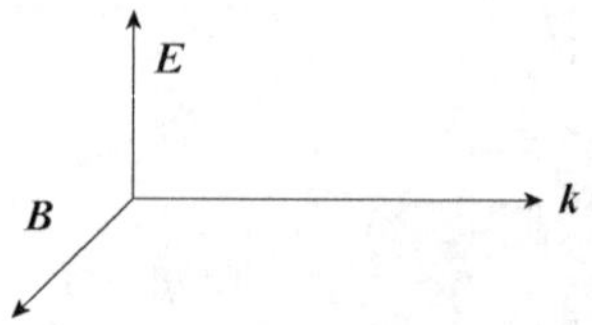

图5.9 横波电磁场与波矢量两两垂直

对单色光波

$$\boldsymbol{E}(\boldsymbol{r},t)=\hat{\boldsymbol{E}}\,\mathrm{e}^{\mathrm{i}\boldsymbol{k}\cdot\boldsymbol{r}-\mathrm{i}\omega t} \tag{5.7.4}$$

则时空求导算符可以进行以下替换

$$\partial_t \Rightarrow -\mathrm{i}\omega, \qquad \nabla \Rightarrow \mathrm{i}\boldsymbol{k}$$

波动方程（5.7.3）变为

$$-\boldsymbol{k}\times\boldsymbol{k}\times\boldsymbol{E}=\frac{\omega^2}{c^2}\varepsilon\boldsymbol{E} \tag{5.7.5}$$

其中，等离子体的复介电常量为

$$\varepsilon=1+\frac{4\pi\mathrm{i}}{\omega}\sigma \tag{5.7.6}$$

一旦得到等离子体的电导率σ，则等离子体中的光波（横波）波动方程（5.7.5）就确定了。等离子体的电导率σ可由等离子体中的高频广义欧姆定律得出来。广义欧姆定律的得出需要利用电子流体的动量守恒方程，即

$$\rho_{\mathrm{e}}\left(\partial_t\boldsymbol{u}_{\mathrm{e}}+\boldsymbol{u}_{\mathrm{e}}\cdot\nabla\boldsymbol{u}_{\mathrm{e}}\right)=-n_{\mathrm{e}}e\left(\boldsymbol{E}+\frac{1}{c}\boldsymbol{u}_{\mathrm{e}}\times\boldsymbol{B}\right)-\nabla P_{\mathrm{e}}-\nu_{\mathrm{ei}}m_{\mathrm{e}}n_{\mathrm{e}}\left(\boldsymbol{u}_{\mathrm{e}}-\boldsymbol{u}_{\mathrm{i}}\right) \tag{5.7.7}$$

其中，$\rho_{\mathrm{e}}=m_{\mathrm{e}}n_{\mathrm{e}}$为电子流体的质量密度；$\nu_{\mathrm{ei}}$为电子−离子的碰撞频率；离子流体流速$u_{\mathrm{i}}\ll u_{\mathrm{e}}$（电子流体速度），可以忽略。式（5.7.7）右边第3项为电子离子碰撞对电子流体运动产生的摩擦力（拖拽力）。

因为光波是高频的，必须导出高频广义欧姆定律。为此，将式（5.7.7）中涉及的物理量分为低频和高频分量，例如

$$\begin{cases}\boldsymbol{u}_{\mathrm{e}}=\boldsymbol{u}_0+\tilde{\boldsymbol{u}}_{\mathrm{e}}\\ n_{\mathrm{e}}=n_0+\tilde{n}_{\mathrm{e}}\\ p_{\mathrm{e}}=p_0+\tilde{p}_{\mathrm{e}}\end{cases} \tag{5.7.8}$$

代入动量方程（5.7.7），每一项都保留高频分量的一阶项，可得线性化动量方程

$$\rho_{\mathrm{e}0}\partial_t\tilde{\boldsymbol{u}}_{\mathrm{e}}=-n_0e\boldsymbol{E}-\nabla\tilde{P}_{\mathrm{e}}-\nu_{\mathrm{ei}}m_{\mathrm{e}}n_0\tilde{\boldsymbol{u}}_{\mathrm{e}} \tag{5.7.9}$$

其中，下标为0的量为低频（未扰动）量，其余量为高频分量。

激光吸收发生在冕区（等离子体是等温的），即压强$p_{\mathrm{e}}=n_{\mathrm{e}}T_{\mathrm{e}}=n_{\mathrm{e}}T_c, T_{\mathrm{e}}=T_c=$常数，线性化得压强的高频项为

$$\tilde{p}_{\mathrm{e}}=\tilde{n}_{\mathrm{e}}T_{\mathrm{e}}, \qquad \nabla\tilde{p}_{\mathrm{e}}=T_{\mathrm{e}}\nabla\tilde{n}_{\mathrm{e}} \tag{5.7.10}$$

因为电子流体的运动是由高频光波激励的，高频量的时空变化规律取波动形式

$$\tilde{\boldsymbol{u}}_{\mathrm{e}} \sim \mathrm{e}^{\mathrm{i}\boldsymbol{k}\cdot\boldsymbol{r}-\mathrm{i}\omega t}, \qquad \tilde{n}_{\mathrm{e}} \sim \mathrm{e}^{\mathrm{i}\boldsymbol{k}\cdot\boldsymbol{r}-\mathrm{i}\omega t} \tag{5.7.11}$$

将算符 ∂_t 用 $-\mathrm{i}\omega$ 代替，∇ 用 $\mathrm{i}\boldsymbol{k}$ 替换，代入电子动量方程（5.7.9）中，得

$$-\mathrm{i}\omega\rho_{\mathrm{e}0}\tilde{\boldsymbol{u}}_{\mathrm{e}} = -n_0 e\boldsymbol{E} - \mathrm{i}\boldsymbol{k}\tilde{P}_{\mathrm{e}} - \nu_{\mathrm{ei}} m_{\mathrm{e}} n_0 \boldsymbol{u}_{\mathrm{e}} \tag{5.7.12}$$

注意到 $\rho_{\mathrm{e}0} = m_{\mathrm{e}} n_0$，整理得 $\tilde{\boldsymbol{u}}_{\mathrm{e}}, \tilde{n}_{\mathrm{e}}$ 满足的动量方程

$$\mathrm{i}(\omega + \mathrm{i}\nu_{\mathrm{ei}}) m_{\mathrm{e}} n_0 \tilde{\boldsymbol{u}}_{\mathrm{e}} = n_0 e\boldsymbol{E} + \mathrm{i}\boldsymbol{k} T_{\mathrm{e}} \tilde{n}_{\mathrm{e}} \tag{5.7.13}$$

$\tilde{n}_{\mathrm{e}}$ 满足的另一个方程可从以下粒子数守恒方程（质量守恒方程）得到。粒子数守恒方程为

$$\partial_t n_{\mathrm{e}} + \tilde{\boldsymbol{u}}_{\mathrm{e}} \cdot \nabla n_{\mathrm{e}} + n_{\mathrm{e}} \nabla \cdot \tilde{\boldsymbol{u}}_{\mathrm{e}} = 0 \tag{5.7.14}$$

将式（5.7.8）代入式（5.7.14），每一项都保留高频分量的一阶项，可得线性化方程

$$\partial_t \tilde{n}_{\mathrm{e}} + \tilde{\boldsymbol{u}}_{\mathrm{e}} \cdot \nabla n_0 + n_0 \nabla \cdot \tilde{\boldsymbol{u}}_{\mathrm{e}} = 0 \tag{5.7.15}$$

忽略平衡态下的密度梯度（即假设等离子体的密度标长远大于激光波长），因为高频量的时空变化规律服从式（5.7.11），将算符 ∂_t 用 $-\mathrm{i}\omega$ 代替、∇ 用 $\mathrm{i}\boldsymbol{k}$ 替换，代入得

$$-\mathrm{i}\omega\tilde{n}_{\mathrm{e}} + n_0 \mathrm{i}\boldsymbol{k} \cdot \tilde{\boldsymbol{u}}_{\mathrm{e}} = 0$$

化简得

$$\tilde{n}_{\mathrm{e}} = n_0 \frac{\boldsymbol{k} \cdot \tilde{\boldsymbol{u}}_{\mathrm{e}}}{\omega} \tag{5.7.16}$$

上式代入动量守恒方程（5.7.13），消去 $\tilde{n}_{\mathrm{e}}$，再两边消去 n_0，得 $\tilde{\boldsymbol{u}}_{\mathrm{e}}$ 满足的方程

$$\mathrm{i}(\omega + \mathrm{i}\nu_{\mathrm{ei}}) m_{\mathrm{e}} \tilde{\boldsymbol{u}}_{\mathrm{e}} = e\boldsymbol{E} + \mathrm{i}\boldsymbol{k} T_{\mathrm{e}} \frac{\boldsymbol{k} \cdot \tilde{\boldsymbol{u}}_{\mathrm{e}}}{\omega} \tag{5.7.17}$$

用 $\boldsymbol{k}$ 点乘上式，化简得到

$$\left[(\omega + \mathrm{i}\nu_{\mathrm{ei}}) - \frac{k^2 T_{\mathrm{e}}}{\omega m_{\mathrm{e}}}\right] \mathrm{i}\boldsymbol{k} \cdot \tilde{\boldsymbol{u}}_{\mathrm{e}} = e\boldsymbol{k} \cdot \boldsymbol{E} \tag{5.7.18}$$

可见，对横电磁波（光波）有，$\boldsymbol{k} \cdot \tilde{\boldsymbol{u}}_{\mathrm{e}} = \boldsymbol{k} \cdot \boldsymbol{E} = 0$，即电子流体的宏观流速与波矢量垂直，则由方程（5.7.17）可以解出电子流体宏观流速

$$\tilde{\boldsymbol{u}}_{\mathrm{e}} = \frac{-\mathrm{i}e\boldsymbol{E}}{(\omega + \mathrm{i}\nu_{\mathrm{ei}}) m_{\mathrm{e}}} \tag{5.7.19}$$

由此可得电子的高频电流密度 $\tilde{\boldsymbol{J}} = -e n_{\mathrm{e}} \tilde{\boldsymbol{u}}_{\mathrm{e}}$，进而由电导率定义 $\tilde{\boldsymbol{J}} = \sigma \boldsymbol{E}$ 得出电导率

$$\sigma = \frac{\mathrm{i}e^2 n_0}{(\omega + \mathrm{i}\nu_{\mathrm{ei}}) m_{\mathrm{e}}} \tag{5.7.20}$$

代入式（5.7.6）就得等离子体的介电常量

$$\varepsilon = 1 - \frac{4\pi e^2 n_0}{\omega(\omega + \mathrm{i}\nu_{\mathrm{ei}}) m_{\mathrm{e}}} \tag{5.7.21}$$

利用电子等离子体波的振荡频率表达式

$$\omega_{\rm pe}=\sqrt{\frac{4\pi e^2 n_0}{m_{\rm e}}} \tag{5.7.22}$$

等离子体介电常量（5.7.21）又可写为

$$\varepsilon=1-\frac{\omega_{\rm pe}^2}{\omega(\omega+{\rm i}\nu_{\rm ei})} \tag{5.7.23}$$

下面讨论等离子体中光波的传播特点。不失一般性，令光波传播方向沿x方向，偏振方向在y方向，即

$$\boldsymbol{k}=k\hat{e}_x,\quad \boldsymbol{E}=E\hat{e}_y \tag{5.7.24}$$

代入电场波动方程式（5.7.5），可得等离子体中光波的色散关系

$$k^2=\frac{\omega^2}{c^2}\varepsilon=\frac{\omega^2}{c^2}\left[1-\frac{\omega_{\rm pe}^2}{\omega(\omega+{\rm i}\nu_{\rm ei})}\right] \tag{5.7.25}$$

下面分别讨论两种情形。

（1）**无碰撞情形**（$\nu_{\rm ei}=0$）。当光波频率$\omega=\omega_0$（激光频率）时，由式（5.7.25）得

$$k^2=\frac{1}{c^2}\left(\omega_0^2-\omega_{\rm pe}^2\right) \tag{5.7.26}$$

可见，当激光频率满足$\omega_0^2<\omega_{\rm pe}^2$时，$k$将变为纯虚数

$$k={\rm i}\frac{1}{c}\sqrt{\omega_{\rm pe}^2-\omega_0^2}={\rm i}\,|k| \tag{5.7.27}$$

则光波的电场强度将在传播过程中指数衰减

$$\boldsymbol{E}=\hat{\boldsymbol{E}}\,{\rm e}^{{\rm i}\boldsymbol{k}\cdot\boldsymbol{r}-{\rm i}\omega t}=\hat{\boldsymbol{E}}\,{\rm e}^{-|k|x-{\rm i}\omega t} \tag{5.7.28}$$

这就是说，当激光频率小于等离子体频率，即$\omega_0<\omega_{\rm pe}$时，激光电场将在传播过程中指数衰减，因此激光不能穿越临界密度，加上没有耗损机理，激光只能从电子临界密度处反射，如图5.10所示。

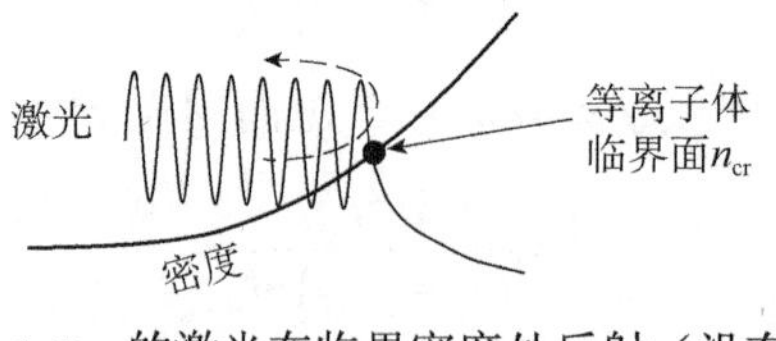

图5.10　$\omega_0<\omega_{\rm pe}$的激光在临界密度处反射（没有耗损机理）

在电子的临界密度处，$\omega_0=\omega_{\rm pe}$，由此可求出电子的临界密度与激光频率（或波长）的关系

$$n_{\mathrm{cr}} \equiv \frac{m_{\mathrm{e}}\omega_0^2}{4\pi e^2} = \frac{\pi m_{\mathrm{e}} c^2}{e^2 \lambda_L^2} \tag{5.7.29}$$

其中用到 $\omega_0 = 2\pi c / \lambda_L$，或

$$n_{\mathrm{cr}} = \frac{1.1\times 10^{21}}{\lambda_L(\mu\mathrm{m})^2}\left(\mathrm{cm}^{-3}\right) \tag{5.7.30}$$

（2）**存在e-i碰撞情形**（$\nu_{\mathrm{ei}} \neq 0$）。由式（5.7.25）得

$$k^2 = \frac{\omega^2}{c^2}\left[1 - \frac{\omega_{\mathrm{pe}}^2}{\omega(\omega + \mathrm{i}\nu_{\mathrm{ei}})}\right] \tag{5.7.31}$$

当 $\nu_{\mathrm{ei}} \ll \omega$ 时，上式可作泰勒展开，保留一阶小量，得

$$k^2 \approx \frac{\omega^2}{c^2}\left[1 - \frac{\omega_{\mathrm{pe}}^2}{\omega^2}\left(1 - \mathrm{i}\frac{\nu_{\mathrm{ei}}}{\omega}\right)\right] \tag{5.7.32}$$

可见波矢大小 k 是复数，含有虚数部分，设

$$k = k_{\mathrm{r}} + \mathrm{i}k_{\mathrm{i}} \tag{5.7.33}$$

代入式（5.7.32）可得实部和虚部满足

$$\begin{cases} k_{\mathrm{r}}^2 \approx \dfrac{\omega^2}{c^2}\left(1 - \dfrac{\omega_{\mathrm{pe}}^2}{\omega^2}\right) \\ 2k_{\mathrm{r}}k_{\mathrm{i}} \approx \dfrac{\omega_{\mathrm{pe}}^2}{c^2}\left(\dfrac{\nu_{\mathrm{ei}}}{\omega}\right) \end{cases} \tag{5.7.34}$$

因为激光可以在密度低于临界密度的低密度等离子体区（冕区）传播，此区域激光频率 $\omega > \omega_{\mathrm{pe}}$，则波矢大小 k 的实部和虚部分别为

$$\begin{cases} k_{\mathrm{r}} \approx \dfrac{\omega}{c}\sqrt{1 - \omega_{\mathrm{pe}}^2 / \omega^2} \\ k_{\mathrm{i}} \approx \dfrac{\nu_{\mathrm{ei}}\omega_{\mathrm{pe}}^2}{2c\omega^2}\dfrac{1}{\sqrt{1 - \omega_{\mathrm{pe}}^2 / \omega^2}} \end{cases} \tag{5.7.35}$$

利用 ω_{pe} 的定义式（5.7.22）和临界密度的定义式（5.7.29），可得

$$\frac{\omega_{\mathrm{pe}}^2}{\omega^2} = \frac{n_{\mathrm{e}}}{n_{\mathrm{cr}}} \tag{5.7.36}$$

由此波矢大小 k 的虚部为

$$k_{\mathrm{i}} \approx \frac{\nu_{\mathrm{ei}}}{2c}\frac{n_{\mathrm{e}}}{n_{\mathrm{cr}}}\frac{1}{\sqrt{1 - n_{\mathrm{e}} / n_{\mathrm{cr}}}} \tag{5.7.37}$$

当波矢大小 k 含有实部和虚部，激光在等离子体中传输时，电场仍维持在时空的波

动模式，其振幅将随传播距离指数衰减，即

$$E = (\hat{E}\,\mathrm{e}^{-k_{\mathrm{i}}x})\,\mathrm{e}^{\mathrm{i}k_{\mathrm{r}}x-\mathrm{i}\omega t} \tag{5.7.38}$$

因此激光的能量密度也会随传播距离指数衰减

$$\varepsilon_{\mathrm{W}} = \frac{|E|^2}{8\pi} = \frac{|\hat{E}|^2}{8\pi}\mathrm{e}^{-2k_{\mathrm{i}}x} \equiv \frac{|\hat{E}|^2}{8\pi}\mathrm{e}^{-\kappa x} \tag{5.7.39}$$

其中，$\kappa = 2k_{\mathrm{i}}$ 为激光能量的线性吸收系数，其定义为

$$\kappa = 2k_{\mathrm{i}} \approx \frac{\nu_{\mathrm{ei}}}{c}\frac{n_e}{n_{\mathrm{cr}}}\frac{1}{\sqrt{1-n_{\mathrm{e}}/n_{\mathrm{cr}}}} \tag{5.7.40}$$

可见，线性吸收系数 κ 与碰撞频率 ν_{ei} 有关，等离子体对激光能量的吸收完全由电子离子的碰撞引起，称为碰撞吸收。又由式（5.4.74）可知，ν_{ei} 正比于电子的数密度，即

$$\nu_{\mathrm{ei}} = \frac{8\pi}{3}\frac{Zn_{\mathrm{e}}e^4\ln\Lambda}{\sqrt{2\pi m_{\mathrm{e}}}(k_{\mathrm{B}}T_{\mathrm{e}})^{3/2}}$$

它与电子数密度的空间分布 $n_{\mathrm{e}}(x)$ 有关，由

$$n_{\mathrm{e}}(x) = n_{\mathrm{cr}}\frac{n_{\mathrm{e}}(x)}{n_{\mathrm{cr}}} \tag{5.7.41}$$

可知，任意位置的碰撞频率 ν_{ei} 可用临界密度面上的电子离子碰撞频率 $\nu_{\mathrm{ei}}^{\mathrm{cr}}$ 计算，即

$$\begin{cases} \nu_{\mathrm{ei}} = \nu_{\mathrm{ei}}^{\mathrm{cr}}\dfrac{n_{\mathrm{e}}}{n_{\mathrm{cr}}} \\ \nu_{\mathrm{ei}}^{\mathrm{cr}} = \dfrac{8\pi}{3}\dfrac{Zn_{\mathrm{cr}}e^4\ln\Lambda}{\sqrt{2\pi m_{\mathrm{e}}}(k_{\mathrm{B}}T_{\mathrm{e}})^{3/2}} \end{cases} \tag{5.7.42}$$

于是线性吸收系数（5.7.40）变为

$$\kappa(x) \approx \frac{\nu_{\mathrm{ei}}^{\mathrm{cr}}}{c}\left(\frac{n_{\mathrm{e}}(x)}{n_{\mathrm{cr}}}\right)^2\frac{1}{\sqrt{1-n_{\mathrm{e}}(x)/n_{\mathrm{cr}}}} \tag{5.7.43}$$

它与电子数密度分布 $n_{\mathrm{e}}(x)$ 有关，因而 κ 是位置的函数。对非均匀等离子体，等离子体密度处于缓慢上升的情形，其函数形式可取指数形式。图 5.11 给出了冕区等离子体中电子数密度空间分布 $n_{\mathrm{e}}(x)$ 的指数函数图像，即

$$n_{\mathrm{e}}(x) = n_{\mathrm{cr}}\exp\left(\frac{x-x_{\mathrm{cr}}}{u_{\mathrm{cr}}t}\right) \tag{5.7.44}$$

其中，u_{cr} 为临界面的速度（声速），x_{cr} 为临界面坐标，$z = x - x_{\mathrm{cr}}$。

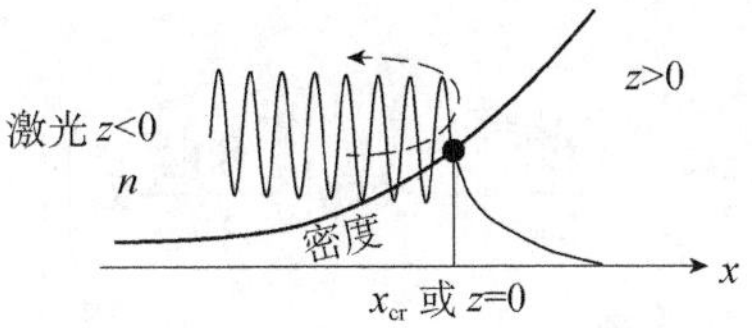

图5.11 冕区等离子体中电子数密度的空间分布 $n_e(x)$

等离子体的密度标长L的定义为

$$L \equiv \left|\frac{1}{n_e}\frac{dn_e}{dx}\right|^{-1} = u_{cr}t \tag{5.7.45}$$

一般密度标长L可达数百μm，而激光波长λ_L一般小于1μm，故有$\lambda_L \ll L$，或$kL \gg 1$。

下面求能量吸收份额。(5.7.39)式给出了空间位置x处的激光能量密度

$$\varepsilon_W(x) = \varepsilon_{W0}e^{-\kappa x}$$

两边微分，近似取$\kappa(x+dx)\approx\kappa(x)$，得

$$d\varepsilon_W(x) = -\varepsilon_W(x)d(\kappa x) \approx -\kappa(x)\varepsilon_W(x)dx$$

即

$$d\ln\varepsilon_W(x) \approx -\kappa(x)dx \tag{5.7.46}$$

两边从无穷远处到临界面积分，可得临界面处的激光能量密度

$$\varepsilon_W(x_{cr}) \approx \varepsilon_{W0}\exp\left(-\int_{-\infty}^{x_{cr}}\kappa(x)dx\right) \tag{5.7.47}$$

激光在临界面被反射后继续在等离子体中损失能量，回到入射点离开等离子体再回到无穷远处，剩下的激光能量密度为

$$\varepsilon_{WR} = \varepsilon_W(x_{cr})\exp\left(-\int_{-\infty}^{x_{cr}}\kappa(x)dx\right) \approx \varepsilon_{W0}\exp\left(-2\int_{-\infty}^{x_{cr}}\kappa(x)dx\right) \tag{5.7.48}$$

总的激光能量密度损失为

$$\varepsilon_W^{loss} = \varepsilon_{W0} - \varepsilon_{WR} \approx \varepsilon_{W0}\left[1-\exp\left(-2\int_{-\infty}^{x_{cr}}\kappa(x)dx\right)\right] \tag{5.7.49}$$

利用$\kappa(x)$的表达式(5.7.43)和$n_e(x)$的指数表达式(5.7.44)，令$z = x - x_{cr}$，则

$$\int_{-\infty}^{x_{cr}}\kappa(x)dx = \frac{\nu_{ei}^{cr}}{c}\int_{-\infty}^{0}dz\frac{\exp(2z/L)}{\sqrt{1-\exp(z/L)}}$$

再令$y = e^{z/L}$，有

$$\int_{-\infty}^{x_{cr}}\kappa(x)dx = \frac{\nu_{ei}^{cr}}{c}L\int_0^1\frac{ydy}{\sqrt{1-y}} = \frac{4}{3}\frac{\nu_{ei}^{cr}}{c}L \tag{5.7.50}$$

代入式(5.7.49)，得激光从入射到等离子体再到从等离子体中出射，能量密度的

总损失量为

$$\varepsilon_{\mathrm{W}}^{\mathrm{loss}} = \frac{|\hat{\boldsymbol{E}}|^2}{8\pi}\left[1-\exp\left(-\frac{8}{3}\frac{\nu_{\mathrm{ei}}^{\mathrm{cr}}}{c}L\right)\right] \tag{5.7.51}$$

等离子体对激光能量的吸收份额

$$f_{\mathrm{abs}} = 1-\exp\left(-\frac{8}{3}\frac{\nu_{\mathrm{ei}}^{\mathrm{cr}}}{c}L\right) \tag{5.7.52}$$

将电子临界密度表达式（5.7.29）代入临界密度处等离子体的碰撞频率表达式（5.7.42），得

$$\nu_{\mathrm{ei}}^{\mathrm{cr}} = \frac{4\pi\sqrt{2\pi}}{3}\frac{Ze^2\ln\Lambda}{\sqrt{m_{\mathrm{e}}}\left(k_{\mathrm{B}}T_{\mathrm{e}}\right)^{3/2}}\frac{m_{\mathrm{e}}c^2}{\lambda_{\mathrm{L}}^2} \tag{5.7.53}$$

代入相关常数，可算出

$$\frac{\nu_{\mathrm{ei}}^{\mathrm{cr}}}{c} \approx \frac{27Z}{\left(\lambda_{\mathrm{L}}^{\mu\mathrm{m}}\right)^2\left(T_{\mathrm{e}}^{\mathrm{keV}}\right)^{3/2}}\left(\mathrm{cm}^{-1}\right) \tag{5.7.54}$$

代入式（5.7.52）中，得激光能量吸收份额

$$f_{\mathrm{abs}} = 1-\exp\left(-\frac{0.0072ZL_{\mu\mathrm{m}}}{\left(\lambda_{\mathrm{L}}^{\mu\mathrm{m}}\right)^2\left(T_{\mathrm{e}}^{\mathrm{keV}}\right)^{3/2}}\right) \tag{5.7.55}$$

可见，激光能量吸收份额与激光波长、等离子体温度、原子序数以及等离子体标长有关。短波长激光能量吸收份额高。这种吸收称为电子离子碰撞引起的吸收，也叫逆轫致（inverse bremmstrahlung）吸收。

根据激光能量吸收份额 f_{abs}，可算出光强为 $I_{\mathrm{L}}\left(\mathrm{W/cm^2}\right)$ 的激光入射到靶上，单位时间单位面积的烧蚀等离子体吸收的激光能量

$$I_{\mathrm{L}}^{\mathrm{abs}} = I_{\mathrm{L}}f_{\mathrm{abs}} \tag{5.7.56}$$

由式（5.7.55）可知，f_{abs} 依赖于冕区电子温度 T_{e}，而温度 T_{e} 又依赖于等离子体所吸收的激光能量 $I_{\mathrm{L}}^{\mathrm{abs}} = I_{\mathrm{L}}f_{\mathrm{abs}}$。前面导出过，温度 T_{e} 与吸收的激光光强的关系为

$$T_{\mathrm{e}} = T_{\mathrm{c}} = \frac{1}{4^{2/3}}m_{\mathrm{p}}^{1/3}\left(\frac{A_M}{Z}\right)^{1/3}\frac{Z}{1+Z}\left(\frac{\lambda_{\mathrm{L}}^2}{n_{\mathrm{cr}}}\right)^{2/3}\left(I_{\mathrm{L}}^{\mathrm{abs}}\right)^{2/3} \tag{5.7.57}$$

它给出了 $T_{\mathrm{e}} \sim f_{\mathrm{abs}}$ 的依赖关系。定义

$$\frac{1}{\varPhi} \equiv \left(\frac{A_M}{Z}\right)^{1/2}\left(\frac{Z}{1+Z}\right)^{3/2} \tag{5.7.58}$$

则式（5.7.57）可给出 $T_{\mathrm{e}}^{3/2} \sim f_{\mathrm{abs}}$ 的依赖关系

$$T_{\mathrm{e}}^{3/2} = \frac{1}{4}m_{\mathrm{p}}^{1/2}\frac{1}{\varPhi}\left(\frac{\lambda_{\mathrm{L}}^2}{n_{\mathrm{cr}}}\right)\left(f_{\mathrm{abs}}I_{\mathrm{L}}\right) \tag{5.7.59}$$

代入式（5.7.55），得

$$f_{\text{abs}} = 1 - \exp\left[- \frac{0.0072 Z L_{\mu\text{m}}}{(\lambda_{\text{L}}^{\mu\text{m}})^2 \frac{1}{4} m_{\text{p}}^{1/2} \frac{1}{\Phi} \left(\frac{\lambda_{\text{L}}^2}{n_{\text{cr}}} \right) (f_{\text{abs}} I_{\text{L}}) C_{\text{keV}}^{3/2}} \right] \tag{5.7.60}$$

其中，C_{keV} 是从cgs制转换为keV的转换系数，于是

$$f_{\text{abs}} = 1 - \exp\left[- \frac{I_{\text{L}}^*}{(f_{\text{abs}} I_{\text{L}})} \right] \tag{5.7.61}$$

其中

$$I_{\text{L}}^* \equiv 1.5 \times 10^{11} \frac{Z L_{\mu\text{m}} \Phi}{(\lambda_{\text{L}}^{\mu\text{m}})^4} \left(\frac{\text{W}}{\text{cm}^2} \right) = 10^{15} \left(\frac{L_{\mu\text{m}}}{100} \right) \left(\frac{0.35}{\lambda_{\text{L}}^{\mu\text{m}}} \right)^4 Z \Phi \left(\frac{\text{W}}{\text{cm}^2} \right) \tag{5.7.62}$$

图5.12给出了能量吸收份额 f_{abs} 随归一化光强 $I_{\text{L}} / I_{\text{L}}^*$ 的变化曲线。可见，激光强度 I_{L} 增加会降低激光能量吸收份额 f_{abs}，这是因为此时等离子体变得更热，而碰撞频率 $\nu_{\text{ei}}^{\text{cr}} \propto T_{\text{e}}^{-3/2}$ 随温度升高会降低。当激光强度 $\leqslant 10^{15}\,\text{W/cm}^2$，$Z$=1 时激光能量吸收份额在 $f_{\text{abs}} \sim 60\%$ 变化，对于 Z=6，激光能量吸收份额 $f_{\text{abs}} > 80\%$。

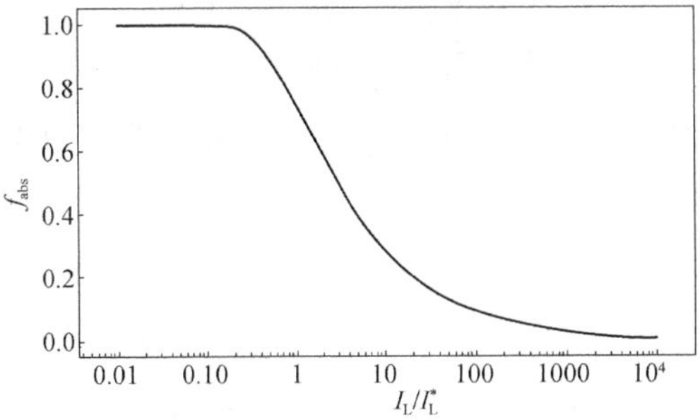

图5.12　能量吸收份额 f_{abs} 随归一化光强 $I_{\text{L}} / I_{\text{L}}^*$ 的变化曲线

5.8　激光束在等离子体中传播的几何光学近似

5.8.1　激光传播正则方程和几何光路方程

对存在激光能量耗散、几何结构又复杂的等离子体，解析求解激光电场的波动方程就变得复杂，给计算激光在等离子体中的能量吸收带来了困难。实际工作中，一般采用光束的几何光路方程来代替激光的波动方程。

激光在等离子体中传播时，其电场的一般形式为

$$\boldsymbol{E}(\boldsymbol{r},t) = \tilde{\boldsymbol{E}}(\boldsymbol{r}) \exp(-\text{i}\omega t) \tag{5.8.1}$$

振幅 $\tilde{\boldsymbol{E}}(\boldsymbol{r})$ 满足横波的波动方程（5.4.37），即

$$\nabla^2\tilde{\boldsymbol{E}}+\frac{\omega^2}{c^2}\varepsilon(\boldsymbol{r})\tilde{\boldsymbol{E}}=0 \tag{5.8.2}$$

其中等离子体的介电常量为

$$\varepsilon(\boldsymbol{r})=1-\frac{\omega_{\text{pe}}^2(\boldsymbol{r})}{\omega(\omega+\mathrm{i}\nu_{\text{ei}})} \tag{5.8.3}$$

设

$$\tilde{\boldsymbol{E}}(\boldsymbol{r})\sim\exp(\mathrm{i}\boldsymbol{k}\cdot\boldsymbol{r}) \tag{5.8.4}$$

代入式（5.8.2）可得色散关系

$$k^2=\frac{\omega^2}{c^2}\left[1-\frac{\omega_{\text{pe}}^2}{\omega(\omega+\mathrm{i}\nu_{\text{ei}})}\right] \tag{5.8.5}$$

或 $\nu_{\text{ei}}=0$ 时，色散关系为

$$\omega^2=\omega_{\text{pe}}^2+k^2c^2 \tag{5.8.6}$$

注意到 $\omega_{\text{pe}}(\boldsymbol{r})$ 为空间位置的函数，则光波的频率 $\omega(\boldsymbol{r},\boldsymbol{k})$ 是 $(\boldsymbol{r},\boldsymbol{k})$ 的函数。故光波的群速度

$$\boldsymbol{v}_{\text{g}}\equiv\frac{\partial\omega}{\partial\boldsymbol{k}}=v_{\text{g}}\frac{\partial k}{\partial\boldsymbol{k}}=v_{\text{g}}\frac{\boldsymbol{k}}{k} \tag{5.8.7}$$

其中，群速度大小可从色散关系（5.8.6）两边对 k 求偏导数得到

$$v_{\text{g}}=\frac{\partial\omega}{\partial k}=\frac{kc^2}{\omega}=c\sqrt{1-\frac{\omega_{\text{pe}}^2}{\omega^2}} \tag{5.8.8}$$

则群速度

$$\frac{\mathrm{d}\boldsymbol{r}}{\mathrm{d}t}=\boldsymbol{v}_{\text{g}}\equiv\frac{\partial\omega}{\partial\vec{\boldsymbol{k}}}=c\sqrt{1-\frac{\omega_{\text{pe}}^2}{\omega^2}}\frac{\boldsymbol{k}}{k} \tag{5.8.9}$$

显然，真空中光波的群速度的大小就是光速，方向就是波矢量的方向。等离子体中光波的群速度小于光速。

利用式（5.8.8），式（5.8.9）可以写为

$$\frac{\mathrm{d}\boldsymbol{r}}{\mathrm{d}t}=\frac{c^2}{\omega}\boldsymbol{k} \tag{5.8.10}$$

两边再对时间求导，注意到 $\mathrm{d}\omega/\mathrm{d}t=0$（说明见后），可得

$$\frac{\mathrm{d}^2\boldsymbol{r}}{\mathrm{d}t^2}=\frac{c^2}{\omega}\frac{\mathrm{d}\boldsymbol{k}}{\mathrm{d}t} \tag{5.8.11}$$

下面看 $\mathrm{d}\boldsymbol{k}/\mathrm{d}t=?$。色散关系（5.8.6）可写为

$$\boldsymbol{k}\cdot\boldsymbol{k}=k^2=\frac{\omega^2}{c^2}\left[1-\frac{\omega_{\mathrm{pe}}^2(\boldsymbol{r})}{\omega^2}\right]=\frac{\omega^2}{c^2}\left[1-\frac{n_{\mathrm{e}}(\boldsymbol{r})}{n_{\mathrm{cr}}}\right]$$

两边对时间求导，并利用式（5.8.10），得

$$2\boldsymbol{k}\cdot\frac{\mathrm{d}\boldsymbol{k}}{\mathrm{d}t}=-\frac{\omega^2}{c^2}\left[\frac{\nabla n_{\mathrm{e}}(\boldsymbol{r})}{n_{\mathrm{cr}}}\cdot\frac{\mathrm{d}\boldsymbol{r}}{\mathrm{d}t}\right]=-\frac{\omega}{n_{\mathrm{cr}}}\boldsymbol{k}\cdot\nabla n_{\mathrm{e}}(\boldsymbol{r}) \tag{5.8.12}$$

即

$$\frac{\mathrm{d}\boldsymbol{k}}{\mathrm{d}t}=-\frac{\omega}{2n_{\mathrm{cr}}}\nabla n_{\mathrm{e}}(\boldsymbol{r}) \tag{5.8.13}$$

将式（5.8.13）代入式（5.8.11），得

$$\frac{\mathrm{d}^2\boldsymbol{r}}{\mathrm{d}t^2}=-\frac{c^2}{2n_{\mathrm{cr}}}\nabla n_{\mathrm{e}}(\boldsymbol{r}) \tag{5.8.14}$$

这就是**激光束的几何光路方程**，根据电子数密度的空间分布，解此方程可以计算激光束传输的几何路径。

下面证明 $\mathrm{d}\omega/\mathrm{d}t=0$ 。因为 $\omega=\omega(\boldsymbol{r},\boldsymbol{k})$ ，则有

$$\frac{\mathrm{d}\omega}{\mathrm{d}t}=\frac{\partial\omega}{\partial\boldsymbol{k}}\cdot\frac{\mathrm{d}\boldsymbol{k}}{\mathrm{d}t}+\frac{\partial\omega}{\partial\boldsymbol{r}}\cdot\frac{\mathrm{d}\boldsymbol{r}}{\mathrm{d}t} \tag{5.8.15}$$

因为 $\mathrm{d}\boldsymbol{r}/\mathrm{d}t=\partial\omega/\partial\boldsymbol{k}$ 为群速度，故有

$$\frac{\mathrm{d}\omega}{\mathrm{d}t}=\left[\frac{\mathrm{d}\boldsymbol{k}}{\mathrm{d}t}+\frac{\partial\omega}{\partial\boldsymbol{r}}\right]\cdot\frac{\mathrm{d}\boldsymbol{r}}{\mathrm{d}t} \tag{5.8.16}$$

显然只要

$$\frac{\mathrm{d}\boldsymbol{k}}{\mathrm{d}t}=-\frac{\partial\omega}{\partial\boldsymbol{r}} \tag{5.8.17}$$

就有 $\mathrm{d}\omega/\mathrm{d}t=0$ ，即激光的频率在等离子体中是不变的。注意到光子的正则动量和哈密顿量分别为

$$\boldsymbol{p}=\hbar\boldsymbol{k},\quad H(\boldsymbol{r},\boldsymbol{p})=\hbar\omega(\boldsymbol{k},\boldsymbol{r}) \tag{5.8.18}$$

代入光子的正则方程

$$\begin{cases}\dfrac{\mathrm{d}\boldsymbol{r}}{\mathrm{d}t}=\dfrac{\partial H}{\partial\boldsymbol{p}}\\[2ex]\dfrac{\mathrm{d}\boldsymbol{p}}{\mathrm{d}t}=-\dfrac{\partial H}{\partial\boldsymbol{r}}\end{cases}\quad\text{得}\quad\begin{cases}\dfrac{\mathrm{d}\boldsymbol{r}}{\mathrm{d}t}=\dfrac{\partial\omega}{\partial\boldsymbol{k}}\\[2ex]\dfrac{\mathrm{d}\boldsymbol{k}}{\mathrm{d}t}=-\dfrac{\partial\omega}{\partial\boldsymbol{r}}\end{cases} \tag{5.8.19}$$

式（5.8.19）代入式（5.8.16），即得 $\mathrm{d}\omega/\mathrm{d}t=0$ 【证毕】。

总结如下，利用式（5.8.10）、式（5.8.13），光子的正则运动方程（5.8.19）变为

$$\frac{\mathrm{d}\boldsymbol{r}}{\mathrm{d}t}=\frac{\partial\omega}{\partial\boldsymbol{k}}=\frac{c^2}{\omega}\boldsymbol{k} \tag{5.8.20}$$

$$\frac{\mathrm{d}\boldsymbol{k}}{\mathrm{d}t}=-\frac{\partial\omega}{\partial\boldsymbol{r}}=-\frac{\omega}{2n_{\mathrm{cr}}}\nabla n_{\mathrm{e}}(\boldsymbol{r}) \tag{5.8.21}$$

由正则方程可得激光束的几何光路方程（5.8.14）。正则方程与激光束的几何光路方程是等价的，正如哈密顿正则方程（一阶）与牛顿运动方程（二阶）是等价的。解正则方程组（5.8.20）和（5.8.21），求出矢量$(\boldsymbol{k},\boldsymbol{r})$，就可以得到光波的电场$E(\boldsymbol{r})$。

5.8.2 等离子体对激光能量碰撞吸收的几何光路计算

在二维情况下，$\boldsymbol{r}(t)=y(t)\boldsymbol{e}_y+z(t)\boldsymbol{e}_z$，$\boldsymbol{k}(t)=k_y(t)\boldsymbol{e}_y+k_z(t)\boldsymbol{e}_z$，正则方程（5.8.20）、（5.8.21）的分量形式分别变为

$$\begin{cases}\dfrac{\mathrm{d}y}{\mathrm{d}t}=\dfrac{c^2}{\omega}k_y,\\[2mm] \dfrac{\mathrm{d}z}{\mathrm{d}t}=\dfrac{c^2}{\omega}k_z,\end{cases}\quad \begin{cases}\dfrac{\mathrm{d}k_y}{\mathrm{d}t}=-\dfrac{\omega}{2n_{\mathrm{cr}}}\dfrac{\partial n_{\mathrm{e}}(y,z)}{\partial y}\\[2mm] \dfrac{\mathrm{d}k_z}{\mathrm{d}t}=-\dfrac{\omega}{2n_{\mathrm{cr}}}\dfrac{\partial n_{\mathrm{e}}(y,z)}{\partial z}\end{cases} \tag{5.8.22}$$

由电子的密度分布，解以上方程组先求得k_y、k_z，再进一步求得$y(t)$、$z(t)$。显然上式可得

$$\frac{\mathrm{d}y}{\mathrm{d}z}=\frac{k_y}{k_z} \tag{5.8.23}$$

可见，求得k_y、k_z后，代入上式，就可解得任意z位置处光线的y坐标$y(z)$。

如果电子数密度$n_{\mathrm{e}}=n_{\mathrm{e}}(z)$只是坐标$z$的函数，则由式（5.8.22）可得

$$\begin{cases}\dfrac{\mathrm{d}k_y}{\mathrm{d}t}=0\\[2mm] \dfrac{\mathrm{d}k_z}{\mathrm{d}t}=-\dfrac{\omega}{2n_{\mathrm{cr}}}\dfrac{\mathrm{d}n_{\mathrm{e}}(z)}{\mathrm{d}z}=-\dfrac{\omega^2}{2n_{\mathrm{cr}}}\dfrac{1}{c^2k_z}\dfrac{\mathrm{d}n_{\mathrm{e}}(z)}{\mathrm{d}t}\end{cases} \tag{5.8.24}$$

以上用了$\mathrm{d}z/\mathrm{d}t=(c^2/\omega)k_z$。

如图5.13所示，对沿z方向以倾斜角θ_0斜入射的激光，利用初始条件

$$k_y=\frac{\omega}{c}\sin\theta_0,\quad k_z=\frac{\omega}{c}\cos\theta_0\quad (t=0) \tag{5.8.25}$$

对式（5.8.24）积分可得

$$\begin{cases}k_y=\dfrac{\omega}{c}\sin\theta_0\\[2mm] k_z=\dfrac{\omega}{c}\sqrt{\cos^2\theta_0-\dfrac{n_{\mathrm{e}}(z)}{n_{\mathrm{cr}}}}\end{cases} \tag{5.8.26}$$

由此可见，①当 $k_z=0$ 时，激光发生反射，反射点处的电子密度为 $n_e(z_T)=n_{cr}\cos^2\theta_0$（反射点并不在临界密度处）；② $n_e(z)>n_{cr}\cos^2\theta_0$ 的超临界密度区域，k_z 为纯虚数，激光不能在其中无衰减地传播；③ k_y 始终为常数。

将式（5.8.26）代入式（5.8.23），积分得

$$\frac{dy(z)}{dz}=\frac{\sin\theta_0}{\sqrt{\cos^2\theta_0-n_e(z)/n_{cr}}} \tag{5.8.27}$$

对任意电子密度分布 $n_e(z)$，在已知边界条件下可解得任意 z 位置处光线的 y 坐标 $y(z)$。

考虑简单情况，$n_e(z)$ 随 z 线性变化，即 $n_e(z)=(z/L)n_{cr}$，则对应 $k_z=0$ 的激光反射点为 $z_T=L\cos^2\theta_0$。式（5.8.27）变为

$$y(z)=\int\frac{\sin\theta_0 dz}{\sqrt{\cos^2\theta_0-z/L}}+C \tag{5.8.28}$$

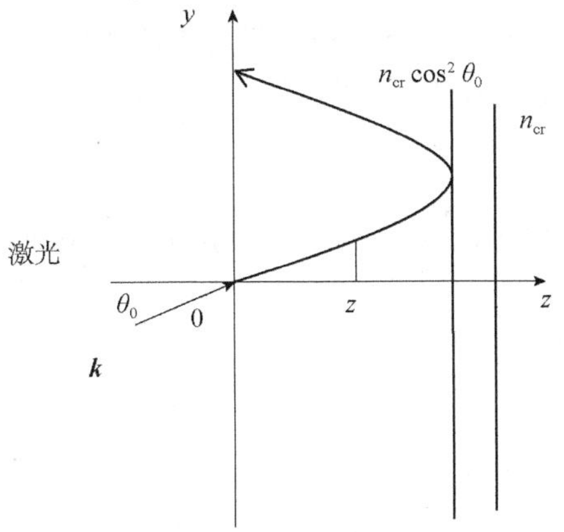

图 5.13　激光沿 z 方向以倾斜角 θ_0 斜入射到等离子体

设 κ 为等离子体对激光能量的线性吸收系数，它表示激光光强在等离子体中走过单位路程被吸收的概率。激光光强 $I_L(\boldsymbol{r},t)$ 表示单位时间通过单位面积的激光能量，在空间 $\boldsymbol{r}$ 处长度为 dl 的激光路径上光强 $I_L(\boldsymbol{r},t)$ 的变化（减少量）为

$$-dI_L(\boldsymbol{r},t)=\kappa I_L(\boldsymbol{r},t)dl \tag{5.8.29}$$

即

$$d\ln I_L(\boldsymbol{r},t)=-\kappa dl \tag{5.8.30}$$

由此可算出激光光强 $I_L(\boldsymbol{r},t)$。在二维空间 (y,z) 情况下，光强为 $I_L(y,z)$，激光路径长度 dl 为

$$dl=\sqrt{(dy)^2+(dz)^2}=dz\sqrt{1+(dy/dz)^2} \tag{5.8.31}$$

其中，$y(z)$是激光的路径函数，已由式（5.8.27）给出。路径z处的光强可通过式（5.8.30）积分求得

$$I_{\mathrm{L}}(y,z)=I_0\exp\left(-\int_0^z \kappa \mathrm{d}l\right) \tag{5.8.32}$$

在激光反射点$z_T=L\cos^2\theta_0$处，光强为

$$I(z_T)=I_0\exp\left(-\int_0^{z_T} \kappa \mathrm{d}l\right) \tag{5.8.33}$$

从激光反射点z_T反射回$z=0$处的自由面，光强衰减为

$$I_R=I_0\exp\left(-2\int_0^{z_T} \kappa \mathrm{d}l\right) \tag{5.8.34}$$

t时刻**单位时间**激光从入射到出射的整个路径上等离子体吸收的能量为

$$\dot{E}_a(t)=S(I_0-I_R)=SI_0\left[1-\exp\left(-2\int_0^{z_T} \kappa \mathrm{d}l\right)\right] \tag{5.8.35}$$

其中，S为激光的焦斑面积，式（5.8.35）就是等离子体对激光能量的吸收率。

考虑入射激光的光强$I_0(t)$随时间变化，则在0～t时间内等离子体吸收的激光能量为

$$E_{\mathrm{a}}(t)=S\int_0^t \mathrm{d}t' I_0(t')\left[1-\exp\left(-2\int_0^{z_T} \kappa \mathrm{d}l\right)\right] \tag{5.8.36}$$

另外，0～t时间内入射的激光能量为

$$E_{\mathrm{L}}(t)=S\int_0^t \mathrm{d}t' I_0(t') \tag{5.8.37}$$

故0～t时间内等离子体对激光能量的吸收份额为

$$f_{\mathrm{abs}}=\frac{E_{\mathrm{a}}(t)}{E_{\mathrm{L}}(t)}=\frac{\int_0^t \mathrm{d}t' I_0(t')\left[1-\exp\left(-2\int_0^{z_T} \kappa \mathrm{d}l\right)\right]}{\int_0^t \mathrm{d}t' I_0(t')} \tag{5.8.38}$$

下面计算指数因子$\int_0^{z_T} \kappa \mathrm{d}l$（它一般与时间$t$有关）。因为激光路径长度$\mathrm{d}l$由式（5.8.31）给出，其中$\mathrm{d}y/\mathrm{d}z$由式（5.8.27）给出，所以

$$\mathrm{d}l=\mathrm{d}z\sqrt{\frac{1-n_{\mathrm{e}}(z)/n_{\mathrm{cr}}}{\cos^2\theta_0-n_{\mathrm{e}}(z)/n_{\mathrm{cr}}}} \tag{5.8.39}$$

另外，激光能量的线性吸收系数κ为

$$\kappa=\frac{\nu_{\mathrm{ei}}}{c}\frac{n_{\mathrm{e}}}{n_{\mathrm{cr}}}\frac{1}{\sqrt{1-n_{\mathrm{e}}/n_{\mathrm{cr}}}} \tag{5.8.40}$$

其中，电子-离子的碰撞频率

$$\nu_{\mathrm{ei}}=\frac{4\sqrt{2\pi}}{3}\frac{Ze^4 n_{\mathrm{e}}\ln\Lambda}{m_{\mathrm{e}}^{1/2}\left(k_{\mathrm{B}}T_{\mathrm{e}}\right)^{3/2}} \tag{5.8.41}$$

临界密度

$$n_{\mathrm{cr}}\equiv\frac{m_{\mathrm{e}}\omega^2}{4\pi e^2}=\frac{1.12\times10^{21}}{[\lambda(\mu\mathrm{m})]^2}\left(\mathrm{cm}^{-3}\right) \tag{5.8.42}$$

则有

$$\kappa\mathrm{d}l=\kappa_0\frac{n_{\mathrm{e}}^2(z)/n_{\mathrm{cr}}^2}{\sqrt{\cos^2\theta_0-n_{\mathrm{e}}(z)/n_{\mathrm{cr}}}}\mathrm{d}z \tag{5.8.43}$$

其中

$$\kappa_0=\frac{4\sqrt{2\pi}}{3c}\frac{Ze^4 n_{\mathrm{cr}}\ln\Lambda}{m_{\mathrm{e}}^{1/2}\left(k_{\mathrm{B}}T_{\mathrm{e}}\right)^{3/2}} \tag{5.8.44}$$

为与激光频率和电子温度有关的参数。因此

$$\int_0^{z_T}\kappa\mathrm{d}l=\kappa_0\int_0^{z_T}\mathrm{d}z\frac{n_{\mathrm{e}}^2(z)/n_{\mathrm{cr}}^2}{\sqrt{\cos^2\theta_0-n_{\mathrm{e}}(z)/n_{\mathrm{cr}}}} \tag{5.8.45}$$

例如，取电子的数密度随z线性变化，即$n_{\mathrm{e}}(z)=(z/L)n_{\mathrm{cr}}$，其中$L$为等离子体临界密度所在的位置，则

$$\int_0^{z_T}\kappa\mathrm{d}l=\kappa_0\int_0^{z_T}\mathrm{d}z\frac{z^2/L^2}{\sqrt{\cos^2\theta_0-z/L}} \tag{5.8.46}$$

作变量代换$y^2=\cos^2\theta_0-z/L$，可完成积分

$$\int_0^{z_T}\kappa\mathrm{d}l=\frac{16}{15}L\kappa_0\cos^5\theta_0 \tag{5.8.47}$$

等离子体临界密度所在的位置$L(t)=C_{\mathrm{T}}t$与时间t有关，这里$C_{\mathrm{T}}=\sqrt{(\partial p/\partial\rho)_{\mathrm{T}}}$为等离子体中的等温声速。因为等离子体的压强$p=n_{\mathrm{e}}k_{\mathrm{B}}T_{\mathrm{e}}=Z\rho RT_{\mathrm{e}}/\mu$，这里$R=N_{\mathrm{A}}k_{\mathrm{B}}$为普适气体常数，$\mu$为等离子体的摩尔质量，所以声速$C_{\mathrm{T}}=\sqrt{ZRT_{\mathrm{e}}/\mu}$。

将式（5.8.47）代入式（5.8.38）得等离子体对激光能量的吸收份额为

$$f_{\mathrm{abs}}=\frac{E_{\mathrm{a}}(t)}{E_{\mathrm{L}}(t)}=\frac{\int_0^t\mathrm{d}t'I_0(t')\left[1-\exp\left(-\frac{32}{15}L(t')\kappa_0\cos^5\theta_0\right)\right]}{\int_0^t\mathrm{d}t'I_0(t')} \tag{5.8.48}$$

其中，临界密度所在的位置$L(t')=C_{\mathrm{T}}t'$与时间t'和电子温度T_{e}有关，κ_0与临界密度n_{cr}和电子温度T_{e}有关，临界密度n_{cr}与激光频率ω有关。只要知道激光光强$I_0(t')$随时间的变化，当电子温度T_{e}和激光频率ω已知时，便可求得$0\sim t$时间间隔

内等离子体对激光能量逆轫致吸收的份额。

如果临界密度所在的位置 $L(t')$ 为常数，电子温度 T_e 也不随时间变化，则

$$f_{abs}=1-\exp\left(-\frac{32}{15}L\kappa_0\cos^5\theta_0\right)\approx\frac{32}{15}L\kappa_0\cos^5\theta_0 \tag{5.8.49}$$

因为由式（5.8.44）可知

$$\kappa_0\propto\frac{Zn_{cr}}{T_e^{3/2}}\propto\frac{Z}{\lambda_L^2T_e^{3/2}}$$

所以

$$f_{abs}\propto\frac{ZL}{\lambda_L^2T_e^{3/2}} \tag{5.8.50}$$

能量吸收份额与等离子体的平均电离度 Z、密度梯度的标长 L 成正比，而与激光波长的平方和电子温度的3/2次方成反比。短波长、低温、高 Z 和长标长的等离子体对激光的逆轫致吸收是有利的。

从式（5.8.50）可以看出，令激光频率加倍，波长 λ_L 缩短一半，不仅可使 f_{abs} 增加4倍，而且可使等离子体临界密度升高，电子数密度梯度的标长 L 也会增加，这样 f_{abs} 增大就不止4倍了。因此，在其他条件给定的情况下，等离子体对短波长激光的逆轫致吸收效率高，工程上一般采用激光倍频技术提高激光能量吸收率。

另外，在一定的入射角下，等离子体对激光能量的共振吸收的份额与等离子体密度梯度的标长 L 和激光波长 λ_L 的关系为

$$f_{abs}\propto\left(\frac{L}{\lambda_L}\right)^{2/3}\exp\left[-\frac{4L}{3\lambda_L}\right]=x^{2/3}\exp\left[-\frac{4}{3}x\right] \tag{5.8.51}$$

其中，$x=L/\lambda_L$，显然

$$\frac{\mathrm{d}f_{abs}}{\mathrm{d}x}\propto\frac{2}{3}\left[\frac{1-2x}{x^{1/3}}\right]\exp\left[-\frac{4}{3}x\right]<0 \quad (x>1/2)$$

事实上，$x=L/\lambda_L\geqslant1$，故当波长 λ_L 缩短时，虽然标长 L 也会增加，但 $x=L/\lambda_L$ 仍将变大，使得共振吸收的份额 f_{abs} 变小，即等离子体对长波长激光能量的共振吸收效率高。

由于共振吸收是导致超热电子产生的因素，当波长 λ_L 缩短时，共振吸收的份额变小，会压制超热电子的产生。故激光倍频技术不仅可以有效提高激光能量的逆轫致吸收效率，而且可以使得共振吸收的份额变小，从而有效压制超热电子的产生。

参 考 文 献

常铁强. 1991. 激光等离子体相互作用与激光聚变. 长沙：湖南科学技术出版社.
张家泰. 1999. 激光等离子体相互作用物理与模拟. 郑州：河南科技出版社.
张钧，常铁强. 2004. 激光核聚变靶物理基础. 北京：国防工业出版社.
Atzeni S，Meyer-ter-Vehn J. 2008. 惯性聚变物理. 沈百飞译, 北京：科学出版社.
Gibbon P. 2005. Short Pulse Laser Interactions with Matter: An Introduction. London: Imperial College Press.
Kruer W L. 1988. The Physics of Laser Plasma Interactions. Addison-Wesley Publishing Company Inc., .
Rubenchik A, Witkowski S. 1991 Physics of Laser Plasma. North-Holland: Elsevier Science Publishers B.V.

第6章 物态方程

6.1 理想等离子体的物态方程

对惯性约束聚变物理过程做辐射流体力学模拟，需要物质（等离子体）的物态方程。物态方程也称物质的状态方程（EOS, equation of state)，是指物质的压强p与比内能ε和质量密度ρ之间的一种函数关系，或者是p（或ε）与ρ和温度T之间的函数关系。

为什么流体力学方程组需要物质的状态方程呢？因为流体力学方程组是流体的六个物理量（质量密度ρ、流速$\boldsymbol{u}$、压强p、比内能ε）满足的方程组

$$\frac{\partial \rho}{\partial t}+\nabla\cdot(\rho\boldsymbol{u})=0 \tag{6.1.1}$$

$$\frac{\partial}{\partial t}(\rho\boldsymbol{u})+\nabla\cdot(\rho\boldsymbol{u}\boldsymbol{u})+\nabla p=0 \tag{6.1.2}$$

$$\frac{\partial}{\partial t}(\varepsilon+\frac{1}{2}\rho u^2)+\nabla\cdot\left[\left(p+\varepsilon+\frac{1}{2}\rho u^2\right)\boldsymbol{u}\right]=0 \tag{6.1.3}$$

式（6.1.1）~式（6.1.3）分别叫作质量守恒方程（或者叫连续性方程）、动量守恒方程（省略了外力密度）和能量守恒方程（省略了外力做功和能源项）。流体力学方程组一共只有五个方程（其中标量方程有2个，矢量方程有3个），但未知量却有六个（ρ、p、ε、$\boldsymbol{u}$），不能定解，因此还需要提供六个物理量（质量密度ρ、流速$\boldsymbol{u}$、压强p、比内能ε）之间的一种函数关系。实际问题中，常常提供描述流体物质压强p、比内能ε和质量密度ρ之间的函数关系

$$p=p(\rho,\varepsilon) \tag{6.1.4}$$

这种描述流体物质压强p、比内能ε和质量密度ρ之间函数关系的方程一般称为物质的状态方程，它是描述物质固有属性的方程。

如果流体物质处在局域热力学平衡状态，则会多出一个热力学变量——局域温度$T(\boldsymbol{r},t)$，这就需要再增加一个流体物质的状态方程——比内能ε与质量密度ρ和温度T之间的函数关系

$$\varepsilon=\varepsilon(\rho,T) \tag{6.1.5}$$

同时，式（6.1.4）也就变成压强p与质量密度ρ和温度T之间的函数关系，即

$$p = p(\rho, T) \tag{6.1.6}$$

结论是，如果没有物质的状态方程，流体力学方程组不封闭，就无法定解。如果流体物质不是处在局域热力学平衡状态，就没有温度变量，只需一个状态方程（6.1.4）。如果流体物质处在局域热力学平衡状态，就多出一个流体物质的温度变量，就需要两个状态方程（6.1.5）和（6.1.6）。惯性约束聚变（ICF）研究中，在很大的密度和温度范围内需要流体物质的状态方程。

高温流体物质对光辐射的吸收系数称为辐射不透明度。辐射不透明度是高温等离子体不可缺少的状态参数。

通常情况下，等离子体处于温密物质（WDM）状态，所谓温密物质状态是指物质处于温度在0.1～1000 eV范围、密度在0.01～1000倍固体密度范围的一种状态。这种情况下，温密物质的物理性质对天体物理学和惯性约束聚变很重要。特别是，温密物质的离子和电子结构、在较高温度下的物态方程、输运特性（扩散、黏度、离子、电子和热导率）和辐射不透明度对惯性约束聚变的数值模拟是不可或缺的重要物质特性参数。然而，物质存在强烈的离子-离子耦合、离子-电子耦合、电子简并、束缚态和压力电离以及电离势抑制（ionization potential depression，IPD），导致温密物质的状态难以描述，状态方程的理论计算也比较困难。只能采用近似计算加上实验测量的办法。

理想气体模型是人们对实际气体简化而建立的一种理想模型。理想气体具有如下两个特点：①分子本身不占有体积，②分子间无相互作用力。实际应用中，可把温度不太低（即高温，超过物质的沸点）同时压强不太高（即低压）条件下的气体近似看作理想气体，而且温度越高、压强越低的实际气体越接近于理想气体。

物态方程是联系物质密度、温度和压力之间的数学关系。物态方程的常见形式为

$$F(p, \rho, T) = 0 \quad \text{或} \quad p = f(\rho, T) \tag{6.1.7}$$

理论计算物态方程时，常常先求出物质的自由能$F(T,V)$，再利用自由能$F(T,V)$满足的热力学关系式

$$\mathrm{d}F = -S\mathrm{d}T - p\mathrm{d}V \tag{6.1.8}$$

得出物质的压强和熵，它们分别是自由能对体积和温度的偏导数，即

$$p = -\left(\frac{\partial F}{\partial V}\right)_T, \qquad S = -\left(\frac{\partial F}{\partial T}\right)_V \tag{6.1.9}$$

最后根据物质自由能的定义$F(T,V) = E - TS$，求出物质的内能

$$E = F - T\left(\frac{\partial F}{\partial T}\right)_V \tag{6.1.10}$$

也就是说，只要求出物质的自由能，则物质压强和内能都可以由公式（6.1.9）和（6.1.10）求出，它们就是物态方程。对正则系综（温度T、体积V和粒子数目N给定的系统的集合），统计物理给出了自由能F的计算公式。附录详细给出了正则系综和巨正则系综的热力学公式。

当物质温度$T \gg T_F$（费米温度，以eV为单位）时，可采用理想气体的物态方程。理想气体物态方程适用于低密度高温等离子体，如热斑和冕区的等离子体。对多组分等离子体，每个组分j（包括电子组分）的物态方程为

$$p_j = n_j T_j \tag{6.1.11}$$

高温等离子体总压强为电子压强和离子压强之和

$$p = p_e + p_i = n_e T_e + \sum_{j=1}^{N_i} n_j T_j \tag{6.1.12}$$

其中，N_i为离子的组分数。利用等离子体的准电中性近似，即

$$n_e \approx \sum_{j=1}^{N_i} Z_j n_j \tag{6.1.13}$$

则总压强为

$$p = \sum_{j=1}^{N_i} n_j \left(T_j + Z_j T_e\right) \tag{6.1.14}$$

内能密度为

$$\varepsilon = \frac{3}{2} p \tag{6.1.15}$$

如果电子和离子处于平衡态，有共同的温度，即$T_j \approx T_e = T$，则

$$p = T\sum_{j=1}^{N_i} n_j \left(1 + Z_j\right) = T\left(n_e + \sum_{j=1}^{N_i} n_j\right) = T\left(n_e + n_i\right) \tag{6.1.16}$$

对于DT等离子体，离子（包括两种离子）的数密度与电子的数密度相等，$n_i \approx n_e = n$，故DT等离子体的总压强为

$$p = 2nT \tag{6.1.17}$$

按照一个粒子的平均热运动动能（内能）为$3T/2$，可得DT等离子体总内能密度为

$$\varepsilon = 3nT = \frac{3}{2} p \quad \text{或} \quad p = \frac{2}{3}\varepsilon \tag{6.1.18}$$

6.2 费米简并电子气体的物态方程

如果等离子体内粒子的密度很高，则粒子间距很小，电子的德布罗意波长与粒子间距相当，则单位体积的电子数受量子态的限制，可用费米简并气体理论描述。粒子的德布罗意波长为

$$\lambda=\frac{h}{p}=\frac{h}{mv} \tag{6.2.1}$$

即普朗克常量 $h=\lambda p$。根据测不准原理（不确定性关系），一个量子态在相空间（坐标动量空间）所占体积近似为 h^3，因此，相空间体积元 $\mathrm{d}\boldsymbol{p}\mathrm{d}\boldsymbol{r}$ 内的量子态数为

$$\frac{2\mathrm{d}\boldsymbol{p}\mathrm{d}\boldsymbol{r}}{h^3}=\frac{2\mathrm{d}\boldsymbol{p}\mathrm{d}\boldsymbol{r}}{\lambda^3 p^3} \tag{6.2.2}$$

其中，因子2表示电子有两个自旋状态。所以动量空间体积 $\mathrm{d}\boldsymbol{p}$ 内所含的量子态密度（单位体积）为

$$\frac{2\mathrm{d}\boldsymbol{p}}{\lambda^3 p^3} \tag{6.2.3}$$

根据泡利（Pauli）不相容原理，一个量子态最多只能容纳1个费米子，故单位体积的电子数目是动量空间中的体积分，即

$$n_{\mathrm{e}}=\int_0^{p_{\mathrm{F}}}\frac{2}{h^3}4\pi p^2\mathrm{d}p=\frac{1}{h^3}\frac{8\pi}{3}p_{\mathrm{F}}^3 \tag{6.2.4}$$

电子的内能密度为

$$\varepsilon=\int_0^{p_{\mathrm{F}}}\frac{2}{h^3}\left(\frac{p^2}{2m_{\mathrm{e}}}\right)4\pi p^2\mathrm{d}p=\frac{3}{5}n_{\mathrm{e}}\varepsilon_{\mathrm{F}} \tag{6.2.5}$$

其中，p_{F} 为电子的费米动量，而

$$\varepsilon_{\mathrm{F}}=\frac{p_{\mathrm{F}}^2}{2m_{\mathrm{e}}}=n_{\mathrm{e}}^{2/3}\left(\frac{3}{\pi}\right)^{2/3}\frac{h^2}{8m_{\mathrm{e}}} \tag{6.2.6}$$

为电子的费米能量。电子压强为电子内能密度的2/3，即

$$p_{\mathrm{e}}=\frac{2}{3}\varepsilon=\frac{2}{5}n_{\mathrm{e}}\varepsilon_{\mathrm{F}} \tag{6.2.7}$$

由此可见，电子的费米能 ε_{F} 也称费米温度 T_{F}。将式（6.2.6）代入式（6.2.7）和式（6.2.5），即得费米简并电子气体的压强和内能密度

$$\begin{cases} p_e = \dfrac{2}{5} n_e \varepsilon_F = \dfrac{1}{20}\left(\dfrac{3}{\pi}\right)^{2/3} \dfrac{h^2}{m_e} n_e^{5/3} \\ \varepsilon = \dfrac{3}{5} n_e \varepsilon_F = \dfrac{3}{40}\left(\dfrac{3}{\pi}\right)^{2/3} \dfrac{h^2}{m_e} n_e^{5/3} \end{cases} \tag{6.2.8}$$

可见费米简并电子气体的压强和内能只是物质内电子数密度 n_e 的函数。

对于DT物质，设其质量密度为 ρ，则电子的数密度为 $n_e = \rho / m_i$，其中 $m_i = (m_D + m_T)/2 = 2.5 m_p$，故DT高密度冷等离子体中费米简并电子气体的压强为

$$p_e = p_F = \frac{1}{20}\left(\frac{3}{\pi}\right)^{2/3} \frac{h^2}{m_e}\left(\frac{\rho}{m_i}\right)^{5/3} = 2.2\rho_{DT(g/cc)}^{5/3}\,(\text{Mbar}) \tag{6.2.9}$$

注意，上式仅适用于冷的高密度等离子体（即温度 $T < \varepsilon_F$）。

对费米温度 T_F 上下均适用的一般物态方程为

$$\frac{p_e}{p_F} = \frac{5}{2}\theta + \frac{X\theta^{-y} + Y\theta^{(y-1)/2}}{1 + X\theta^{-y}} \tag{6.2.10}$$

其中参量

$$\theta = \frac{T}{T_F}, \quad p_F = \frac{2}{5} n_e T_F, \quad X = 0.272, \quad Y = 0.145, \quad y = 1.044 \tag{6.2.11}$$

对低温情况，$\theta \ll 1$，则 $p_e = p_F$，适用费米简并物态方程；对高温情况，$\theta \gg 1$，则 $p_e = (5/2)\theta P_F = n_e T$，适用理想气体物态方程。

6.3 托马斯-费米理论

托马斯-费米（Thomas-Fermi，TF）模型把原子中的电子视为在所属带电粒子（核）的自洽库仑势中运动的准经典费米气体，即把电子视为原子核周围的带电流体，且电子流体满足托马斯-费米统计。

每一个原子都单独考虑，求解关于电子数密度的泊松方程。由离子数密度 n_i 可得一个离子所占的体积 $1/n_i$ 和“离子半径” R_0

$$R_0 = \left(\frac{3}{4}/\pi n_i\right)^{1/3} \tag{6.3.1}$$

根据泊松方程 $\nabla^2\phi(r) = -4\pi\rho_e(r)$，可得电荷为 Ze 的离子在 r 处产生的电势

$$\phi(r) = \frac{Ze}{r} \quad \text{（高斯单位制）} \tag{6.3.2}$$

$$\phi(r) = \frac{Ze}{4\pi\varepsilon_0 r} \quad \text{（国际单位制）} \tag{6.3.3}$$

在离子的边界上，电势的边界条件取为

$$\phi(r=R_0)=0, \qquad \left.\frac{\partial\phi(r)}{\partial r}\right|_{r=R_0}=0 \tag{6.3.4}$$

在离子势场 $\phi(r)$ 中运动的电子，其能量为

$$\varepsilon=\frac{p^2}{2m}-e\phi(r) \tag{6.3.5}$$

将每个电子的能量代入电子的量子统计模型中，能同时求解电势 $\phi(r)$ 和电子的数密度 $n(r)$。

根据一个量子态上电子占有数的费米-狄拉克分布

$$f(r,p)=\frac{1}{1+\mathrm{e}^{(\varepsilon-\mu)/k_\mathrm{B}T}}=\frac{1}{1+\exp\left[(p^2/2m-e\phi(r)-\mu)/k_\mathrm{B}T\right]} \tag{6.3.6}$$

可得电子的数密度

$$n(r)=\int\frac{2\mathrm{d}\boldsymbol{p}}{h^3}f(r,p) \tag{6.3.7}$$

将式（6.3.6）代入，并注意到普朗克常量 $h=2\pi\hbar$， $\mathrm{d}\boldsymbol{p}=4\pi p^2\mathrm{d}p$ ，则有

$$n(r)=\frac{1}{\pi^2\hbar^3}\int_0^\infty\frac{p^2\mathrm{d}p}{1+\exp\left[(p^2/2m-e\phi(r)-\mu)/k_\mathrm{B}T\right]} \tag{6.3.8}$$

令

$$\eta=[\mu+e\phi(r)]/k_\mathrm{B}T\text{ ,}\quad y=p^2/2mk_\mathrm{B}T \tag{6.3.9}$$

则式（6.3.8）变为

$$n(r)=\frac{(2mkBT)^{3/2}}{2\pi^2\hbar^3}\int_0^\infty\frac{y^{1/2}\mathrm{d}y}{1+\mathrm{e}^{y-\eta}}=\frac{(2mk_\mathrm{B}T)^{3/2}}{2\pi^2\hbar^3}I_{1/2}(\eta) \tag{6.3.10}$$

其中函数

$$I_n(\eta)=\int_0^\infty\frac{y^n}{\mathrm{e}^{y-\eta}+1}\mathrm{d}y \tag{6.3.11}$$

称为费米-狄拉克函数。$\eta=[\mu+e\phi(r)]/k_\mathrm{B}T$ 和化学势 μ 可由 $\int n(r)\mathrm{d}^3r=Z$ 确定。

电势 $\phi(r)$ 可由泊松方程确定。将式（6.3.10）代入泊松方程 $\nabla^2\phi(r)=4\pi en(r)$ ，可得电势 $\phi(r)$ 满足的方程

$$\frac{1}{r^2}\frac{\partial}{\partial r}\left(r^2\frac{\partial\phi}{\partial r}\right)=\frac{16\pi^2}{h^3}e(2mk_\mathrm{B}T)^{3/2}I_{1/2}(\eta) \tag{6.3.12}$$

令

$$c_1=\frac{(2m)^{3/2}}{2\pi^2\hbar^3} \tag{6.3.13}$$

则由式（6.3.10）给出的电子密度为

$$n(r)=c_1(k_BT)^{3/2}I_{1/2}[(\mu+e\phi(r))/k_BT] \tag{6.3.14}$$

一旦我们根据式（6.3.12）和（6.3.14）求出了电子数密度 $n(r)$ 和电势 $\phi(r)$ ，就可以计算出其他物理量。

根据一个量子态上电子占有数的费米-狄拉克分布（6.3.6），可得电子的动能

$$K=\iint\frac{2\mathrm{d}\boldsymbol{p}\mathrm{d}\boldsymbol{r}}{h^3}\frac{p^2}{2m}f(r,p) \tag{6.3.15}$$

注意到 $\mathrm{d}\boldsymbol{p}=4\pi p^2\mathrm{d}p$ ，则有

$$K=\int\mathrm{d}\boldsymbol{r}\int\frac{8\pi p^4\mathrm{d}p}{2mh^3}\frac{1}{1+\mathrm{e}^{y-\eta}}$$

其中， $y=p^2/2mk_BT$ 。则可得电子的动能（总内能）

$$K=c_1(k_BT)^{5/2}\int\mathrm{d}\boldsymbol{r}I_{3/2}(\eta) \tag{6.3.16}$$

内能密度为

$$\varepsilon=c_1(k_BT)^{5/2}I_{3/2}(\eta) \tag{6.3.17}$$

压强为

$$p_e=\frac{2}{3}\varepsilon=\frac{2}{3}c_1(k_BT)\frac{5}{2}I_{3/2}(\mu) \tag{6.3.18}$$

电子-离子相互作用势能为

$$U_{en}=-\int\frac{Ze^2}{|\boldsymbol{r}|}n(r)\mathrm{d}^3r \tag{6.3.19}$$

电子-电子相互作用势能为

$$U_{ee}=\int\frac{e^2}{2|\boldsymbol{r}-\boldsymbol{r}'|}n(r)n(r')\mathrm{d}^3r\mathrm{d}^3r' \tag{6.3.20}$$

热力学内能（单位质量）为

$$E_e=(K+U_{en}+U_{ee})/Am_p \tag{6.3.21}$$

自由能（单位质量）为

$$F_e=(Z\mu+K+U_{ee})/Am_p \tag{6.3.22}$$

熵（单位质量）为

$$S_e=\left(\frac{5}{3}K-Z\mu+U_{en}+2U_{ee}\right)/Am_pT \tag{6.3.23}$$

每个离子的自由电子电荷量为

$$Q(\rho,T)=\frac{4\pi}{3}R_0^3n(R_0) \tag{6.3.24}$$

虽然积分式（6.3.16）、（6.3.19）、（6.3.20）计算很困难，但是只要求出氢原子（Z=1）的内能 $E_h(\rho_h,T_h)$、压强 $p_h(\rho_h,T_h)$、自由能 $F_h(\rho_h,T_h)$ 后，所有其他物质（原子序数为Z）的相应量都可以通过以下公式得出

$$\begin{cases} E(Z,\rho,T)=(Z^{7/3}/A)E_h(\rho_h,T_h) \\ p(Z,\rho,T)=(Z^{10/3})p_h(\rho_h,T_h) \\ Q(Z,\rho,T)=ZQ_h(\rho_h,T_h) \\ F(Z,\rho,T)=(Z^{7/3}/A)F_h(\rho_h,T_h) \end{cases} \tag{6.3.25}$$

所有这些都可以通过变量替换得到

$$r=r_h/Z^{1/3},\quad n(r)=Z^2n_h(r_h),\quad \phi(r)=Z^{4/3}\phi_h(r_h),\quad T\propto Z^{4/3},\quad \mu\propto Z^{4/3} \tag{6.3.26}$$

托马斯-费米模型存在的问题有以下几点。

（1）核外电子没有量子力学所预言的壳层分布。量子壳层效应和相关性不包括在内，但有很少的数据来测试这些模型。

（2）没有考虑电子交换（狄拉克后来在托马斯-费米-狄拉克（Thomas-Fermi-Dirac，TFD）模型考虑了），这会高估低密度时物质的压强。如图6.1所示，假设密度是2.5g/cm^3，则托马斯-费米模型得出的压强是Thomas-Fermi-Dirac模型压强的3倍以上，低密度时这两种物质的压强均远高于其他模型得出的压强。

（3）托马斯-费米理论给出，自由电子气体能产生正压力，在金属中零开尔文时这个压力达到几个Mbar。但在实际情况中，较冷物质在固体密度条件下基本上处于零压状态。

（4）仅局限于局部热力学平衡状态（即电离平衡满足萨哈（Saha）分布，不是$T_i=T_e$）。

（5）还存在其他形式的能量修正（10%）。

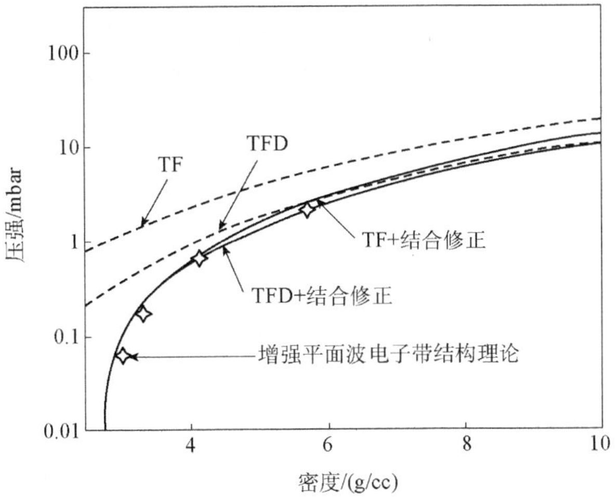

图6.1 托马斯-费米模型高估了低密度时物质的压强

6.4 全局物态方程

全局物态方程将物质的自由能写成三项之和，即$F(N,T) = F_{\text{electrons}} + F_{\text{ions}} + F_{\text{bonding}} = F_e + F_i + F_b$，则由热力学公式（6.1.9）和（6.1.10），通过自由能可计算出压强和内能（即物质方程）

$$p_e = \rho^2 \frac{\partial F_e}{\partial \rho}, \quad p_b = \rho^2 \frac{\partial F_b}{\partial \rho}, \quad p_i = \rho^2 \frac{\partial F_i}{\partial \rho} \tag{6.4.1}$$

$$S_e = -\frac{\partial F_e}{\partial T}, \quad S_b = -\frac{\partial F_b}{\partial T}, \quad S_i = -\frac{\partial F_i}{\partial T} \tag{6.4.2}$$

$$E_e = F_e + S_e T_e, \quad E_b = F_b + S_b T_b, \quad E_i = F_i + S_i T_i \tag{6.4.3}$$

其中，电子自由能F_e的计算采用托马斯-费米模型，F_b为束缚能修正，F_i为离子自由能。下面给出F_b和F_i的描述形式。

（1）束缚能修正F_b的描述。采用半经验的束缚修正，不依赖于温度，考虑接近固体密度的冷物质性质，有束缚能修正为

$$F_b(\rho) = E_0\{1 - e^{b[1-(\rho_s/\rho)^{1/3}]}\} \tag{6.4.4}$$

其中，ρ_s是标准的固体密度，ρ是实际物质密度，E_0和b是正数，表征化学键的强度和范围，不依赖于温度大于等于修正的亥姆霍兹自由能。

化学键对压强的贡献为

$$p_b = \rho^2 \frac{\partial F_b}{\partial \rho} = \frac{E_0 \rho_s b}{3}\left(\frac{\rho_s}{\rho}\right)^{2/3} e^{b[1-(\rho_s/\rho)^{1/3}]} \tag{6.4.5}$$

当物质密度$\rho = \rho_s$（固体密度）时，$p_b = E_0 \rho_s b/3$；当物质密度很大，即$\rho \gg \rho_s$时，化学键压强$p_b \ll p_e$（电子压强）。两个参数E_0和b由以下两个条件决定

$$\begin{cases} p_{\text{tot}}(\rho_s, T=0) = 0 \\ B = \rho\left(\dfrac{\partial p_{\text{tot}}}{\partial \rho}\right)_{\rho_s} = \rho\left(\dfrac{\partial p_e}{\partial \rho} + \dfrac{\partial p_i}{\partial \rho}\right)_{\rho_s} - (b+2)\dfrac{E_0 \rho_s b}{9} \end{cases} \tag{6.4.6}$$

与实验体模量B匹配。

（2）离子自由能F_i的描述。离子自由能的计算采用Cowan离子状态方程模型（Cowan模型）。图6.2给出了物态方程面（EOS surface），即压强随密度和温度变化形成的曲面，物态方程面描述物质平衡态时的热力学状态。不同的温度密度范围将物质分为固体、液体和等离子体。物态方程面被互相垂直的等温线和等容线划分为许多网格，面上有等熵线和冲击波线。

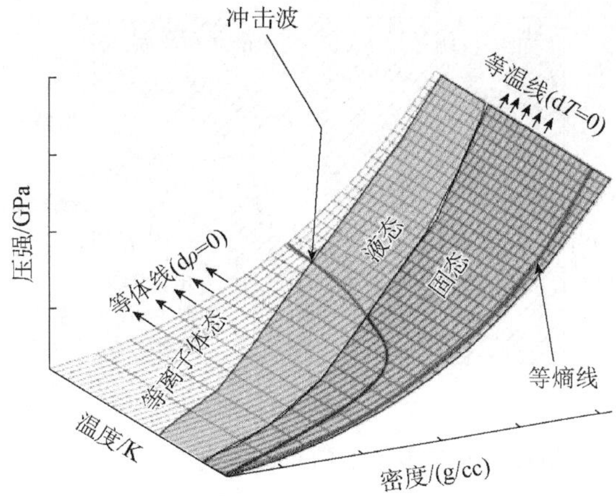

图6.2 物态方程面

$$F(N,T) = F_e + F_i + F_b \tag{6.4.7}$$

离子自由能F_i的计算一般要用德拜模型。德拜模型假设晶格振动都以声速$C_s = \omega / k$（$k = 2\pi / \lambda$）传播，德拜温度为

$$\theta_D = \frac{\hbar C_s (6\pi^2 N / V)^{1/3}}{k_B} \tag{6.4.8}$$

固体的基本物态方程服从格伦纳森（Grüeneisen）规则，即压强

$$p_i = \gamma(\rho)\rho E_i \tag{6.4.9}$$

其中

$$\gamma(\rho) = \frac{\partial \ln \theta_D}{\partial \ln \rho} \tag{6.4.10}$$

称为Grueneisen系数。对高温固体，杜隆-珀蒂定律给出单位质量的内能为

$$E_i = 3k_B T / A m_p \tag{6.4.11}$$

低温时，德拜理论给出的等容热容为

$$C_V(T > 0) \sim T^3 \tag{6.4.12}$$

能斯特定理为

$$\lim_{T \to 0} S(\rho, T) = 0 \tag{6.4.13}$$

林德曼定律（熔化温度与密度关系）为

$$T_m(\rho) = \alpha \theta_D^2(\rho) / \rho^{2/3} \tag{6.4.14}$$

图6.3给出了铝的密度-温度相面，即ρ-T相面，图中显示了Cowan模型考虑的极限物理定律。图中给出了熔化温度与密度关系曲线（林德曼熔化定律）$T_m(\rho)$，德拜温度与密度的关系曲线$\theta_D(\rho)$。

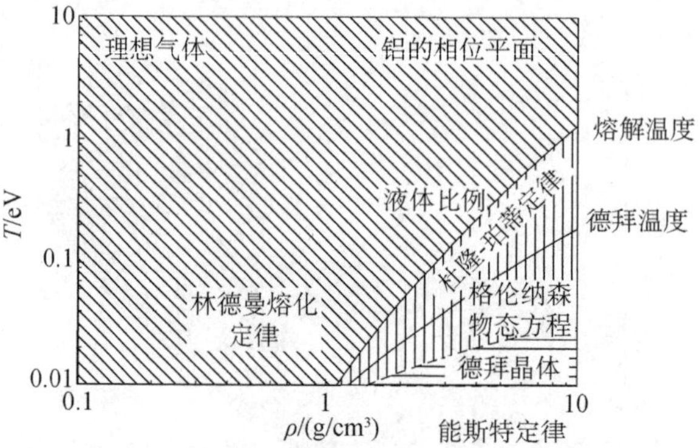

图6.3　铝的ρ-T相面显示了Cowan模型考虑的极限物理定律

Cowan理论给出的离子状态方程将物态方程的高温T和高密度ρ电子部分与流体和固体连接起来。定义缩放变量（无量纲量）

$$u=\theta_{\mathrm{D}}/T,\quad w=T_{\mathrm{m}}/T \tag{6.4.15}$$

其中，德拜温度和溶解温度分别为

$$\begin{cases}\theta_{\mathrm{D}}=\hbar C_{\mathrm{s}}(6\pi^2 N/V)^{1/3}/k_{\mathrm{B}}\\ T_{\mathrm{m}}(\rho)=\alpha\theta_{\mathrm{D}}^2(\rho)/\rho^{2/3}\end{cases}$$

可见，$w>1$表示温度低，即$T<T_{\mathrm{m}}$（溶解温度），物质处在固体相。$w<1$表示温度高，即$T>T_{\mathrm{m}}$，物质处在流体相，如图6.2所示。同样$u=\theta_{\mathrm{D}}/T$越大，温度越低。利用式（6.4.15）的定义，林德曼定律（6.4.14）变为

$$\frac{w}{u^2}=\alpha T\rho^{2/3} \tag{6.4.16}$$

Cowan理论给出的单位质量物质中离子的自由能为

$$F_{\mathrm{i}}(\rho,T)=\frac{k_{\mathrm{B}}T}{Am_{\mathrm{p}}}f(u,w) \tag{6.4.17}$$

Cowan模型中，通过结合费米-狄拉克函数积分，在不同的u和w范围内给出了函数$f(u,w)$的表达形式。

（1）流体相物质（$w<1$）。

$$f(u,w)=-\frac{11}{2}+\frac{9}{2}w^{1/3}+\frac{3}{2}\lg\left(\frac{u^2}{w}\right) \tag{6.4.18}$$

（2）高温固体物质（$w>1$，$u<3$）。

$$f(u,w)=-1+3\lg u+\frac{3u^2}{40}-\frac{u^4}{2240} \tag{6.4.19}$$

（3）低温固体物质（$w>1$，$u>3$）。

$$f(u,w)=\frac{9u}{8}+3\lg(1-\mathrm{e}^{-u})-\frac{\pi^4}{5u^3}-\mathrm{e}^{-u}\left(3+\frac{9}{u}+\frac{18}{u^2}+\frac{18}{u^3}\right) \tag{6.4.20}$$

固体相（$w>1$）的状态方程，由离子自由能（6.4.17）可求出压强

$$p_{\mathrm{i}}=\rho^2\frac{\partial F_{\mathrm{i}}}{\partial\rho}=\frac{k_{\mathrm{B}}\rho^2}{Am_{\mathrm{p}}}\frac{\partial f(u)}{\partial u}\frac{\partial\theta_{\mathrm{D}}}{\partial\rho} \tag{6.4.21}$$

和单位质量物质的内能

$$E_{\mathrm{i}}=-T^2\frac{\partial}{\partial T}\left(\frac{F_{\mathrm{i}}}{T}\right)=\frac{k_{\mathrm{B}}\theta_{\mathrm{D}}}{Am_{\mathrm{p}}}\frac{\partial f(u)}{\partial u} \tag{6.4.22}$$

两式相除，可得压强和内能的关系为

$$\frac{p_{\mathrm{i}}}{\rho E_{\mathrm{i}}}=\frac{\partial\ln\theta_{\mathrm{D}}}{\partial\ln\rho}$$

利用 Grüeneisen 系数

$$\gamma_s(\rho)=\frac{\partial\ln\theta_{\mathrm{D}}}{\partial\ln\rho} \tag{6.4.23}$$

则有

$$p_{\mathrm{i}}=\gamma_s(\rho)\rho E_{\mathrm{i}} \tag{6.4.24}$$

其中，比值 $\gamma_s(\rho)$ 与函数 $f(u)$ 无关，这种形式符合 Grüeneisen 规则。下面看看低温极限，利用 $u>3$ 时的式（6.4.20），可得

$$f(u,w)\approx\frac{9u}{8}\qquad(u\gg1)$$

即

$$T\to0,\qquad\frac{\partial f(u)}{\partial u}\approx\frac{9}{8}$$

所以，式（6.4.22）、式（6.4.24）给出 $T\to0$ 的离子比内能和压强

$$\begin{cases}E_{\mathrm{i}}(\rho,0)=\dfrac{9}{8}\dfrac{k_{\mathrm{B}}\theta_{\mathrm{D}}}{Am_{\mathrm{p}}}\\ p_{\mathrm{i}}(\rho,0)=\gamma_s(\rho)\rho E_{\mathrm{i}}(\rho,0)\end{cases} \tag{6.4.25}$$

流体相（$w<1$）的状态方程。状态方程也可由离子自由能（6.4.17）求出，只是 $f(u,w)$ 由式（6.4.18）给出，即

$$F_{\mathrm{i}}(\rho,T)=\frac{k_{\mathrm{B}}T}{Am_{\mathrm{p}}}f(u,w)$$

$$f(u,w)=-\frac{11}{2}+\frac{9}{2}w^{1/3}+\frac{3}{2}\lg\left(\frac{u^2}{w}\right)$$

其中，$w/u^2=\alpha T\rho^{2/3}$ 由林德曼定律（6.4.16）给出，而 $w=T_{\mathrm{m}}(\rho)/T$。注意到

$$\frac{\partial f(u,w)}{\partial\rho}=\frac{9}{2}\cdot\frac{1}{3w^{2/3}}\frac{\partial w}{\partial\rho}+\frac{3}{2}\frac{\partial}{\partial\rho}\lg\left(\frac{u^2}{w}\right)=\frac{1}{\rho}\left(w^{1/3}\gamma_f(\rho)+1\right) \tag{6.4.26}$$

其中

$$\gamma_f(\rho)=\frac{3}{2}\frac{\partial\ln T_{\mathrm{m}}}{\partial\ln\rho}\neq\gamma_s(\rho) \tag{6.4.27}$$

所以压强

$$p_{\mathrm{i}}=\rho^2\frac{\partial F_{\mathrm{i}}}{\partial\rho}=\rho^2\frac{k_{\mathrm{B}}T}{Am_{\mathrm{p}}}\frac{\partial f(u,w)}{\partial\rho}=\frac{\rho k_{\mathrm{B}}T}{Am_{\mathrm{p}}}\left(1+w^{1/3}\gamma_f(\rho)\right) \tag{6.4.28}$$

同理可求得内能（单位质量）

$$E_{\mathrm{i}}=-T^2\frac{\partial}{\partial T}\left(\frac{F_{\mathrm{i}}}{T}\right)=\frac{3}{2}\frac{k_{\mathrm{B}}T}{Am_{\mathrm{p}}}(1+w^{1/3}) \tag{6.4.29}$$

熵（单位质量）为

$$S_{\mathrm{i}}=\frac{k_{\mathrm{B}}}{AM_{\mathrm{p}}}\left(7-3w^{1/3}+\frac{3}{2}\lg\left(\frac{w}{u^2}\right)\right) \tag{6.4.30}$$

由式（6.4.28）和式（6.4.29）可得$w<1$时的流体相的比值

$$\frac{P_{\mathrm{i}}}{\rho E_{\mathrm{i}}}=\frac{2}{3}\cdot\frac{1+w^{1/3}\gamma_f(\rho)}{1+w^{1/3}} \tag{6.4.31}$$

此比值与式（6.4.24）给出的$w>1$时高温固体相的比值

$$\frac{p_{\mathrm{i}}}{\rho E_{\mathrm{i}}}=\gamma_s(\rho)$$

要在$w=1$处匹配，必须满足条件

$$\gamma_f(\rho)=3\gamma_s(\rho)-1 \Rightarrow \text{密度}\rho\text{和温度}T\text{有一点不连续} \tag{6.4.32}$$

Cowan模型要求我们知道溶解温度$T_{\mathrm{m}}(\rho)$、德拜温度$\theta_{\mathrm{D}}(\rho)$和$\gamma_s(\rho)$，其中熔化温度$T_{\mathrm{m}}(\rho)=\alpha\theta_{\mathrm{D}}^2(\rho)/\rho^{2/3}$与熵$(\alpha)$有关，当高温$T\gg1$时，熵为

$$S=\frac{k_{\mathrm{B}}}{AM_{\mathrm{p}}}\left(7+\frac{3}{2}\lg\alpha+\frac{3}{2}\lg\left(\frac{k_{\mathrm{B}}T}{\rho^{2/3}}\right)\right) \tag{6.4.33}$$

Cowan使用统计方法结合一些数据，得出了以下简单的比例关系。令

$$\varsigma=\rho/\rho_{\mathrm{ref}},\quad b=0.6Z^{1/9} \tag{6.4.34}$$

则$\gamma_s(\rho)$、熔化温度$T_{\mathrm{m}}(\rho)$和德拜温度$\theta_{\mathrm{D}}(\rho)$分别为

$$\begin{cases}\gamma_s(\rho)=b+\dfrac{2}{1+\varsigma}\\ k_{\mathrm{B}}T_{\mathrm{m}}(\rho)=\dfrac{0.32\varsigma^{2b+10/3}}{(1+\varsigma)^4}(\mathrm{eV})\\ k_{\mathrm{B}}\theta_{\mathrm{D}}(\rho)=\dfrac{1.68}{Z+22}\dfrac{\varsigma^{2+b+10/3}}{1+\varsigma^2}(\mathrm{eV})\end{cases} \tag{6.4.35}$$

图6.4所示为$\varsigma = \rho / \rho_{\text{ref}} = 1$时，$\gamma_s(\rho)$随原子序数$Z$的变化关系。可以看出，Cowan模型与实验结果吻合得较好。

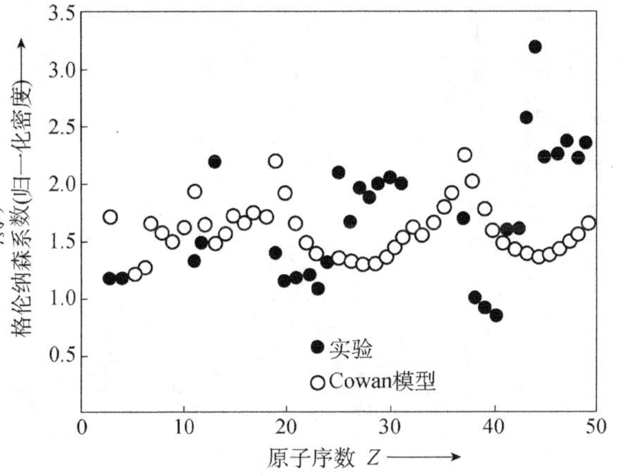

图6.4 $\varsigma = \rho / \rho_{\text{ref}} = 1$时，$\gamma_s(\rho)$随原子序数$Z$的变化关系

黑点●为实验数据，空心圆圈○为Cowan使用统计方法给出的结果

如图6.5所示为$\dfrac{T_{\text{m}}(\rho)\rho^{2/3}}{\theta_{\text{D}}^2(\rho)A^{5/3}}$随原子序数$Z$的变化关系。

$$\frac{T_{\text{m}}(\rho)\rho^{2/3}}{\theta_{\text{D}}^2(\rho)A^{5/3}} = \frac{0.32k_{\text{B}}\rho^{2/3}}{A^{5/3}(1+\varsigma)^2\varsigma^{22/3}}\frac{(Z+22)^2}{1.68^2}$$

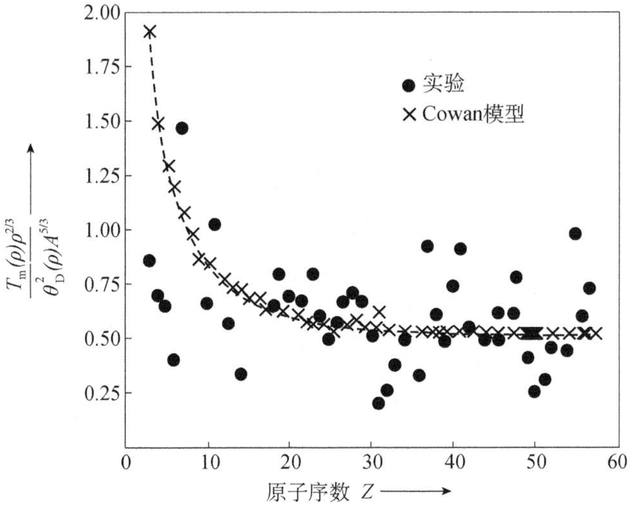

图6.5 $\dfrac{T_{\text{m}}(\rho)\rho^{2/3}}{\theta_{\text{D}}^2(\rho)A^{5/3}}$随原子序数$Z$的变化关系

黑点●为实验数据，×为Cowan使用统计方法给出的结果

如图6.6所示为德拜温度$\theta_D(\rho)$随原子序数Z的变化关系。

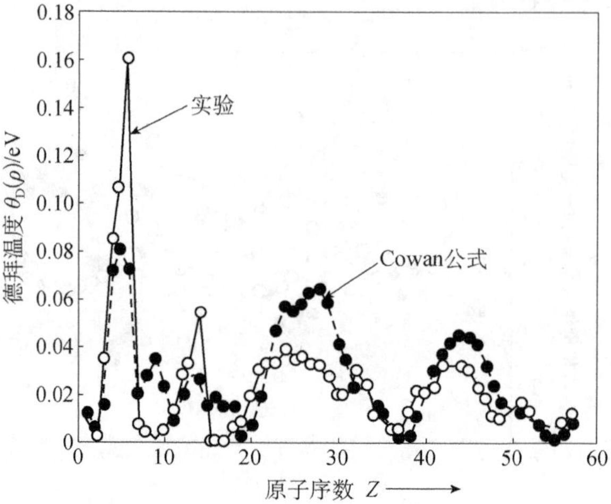

图6.6　德拜温度$\theta_D(\rho)$随原子序数Z的变化关系

空心圆圈○为实验数据，黑点●为Cowan使用统计方法给出的结果

基于自由能F的统计力学模型给出了非物理的范德瓦耳斯循环。这种情况可能发生在经历一阶相变或一个真实气体与液-气状态方程的模型时，如图6.7所示。根据热力学平衡时，压强p不随体积V增加而增加的原理，可以找到临界点，然后通过麦克斯韦重构方法，对物态方程进行修正。

$$\left(\frac{\partial p}{\partial V}\right)_T=0 \quad 和 \quad \left(\frac{\partial^2 p}{\partial V^2}\right)_T=0$$

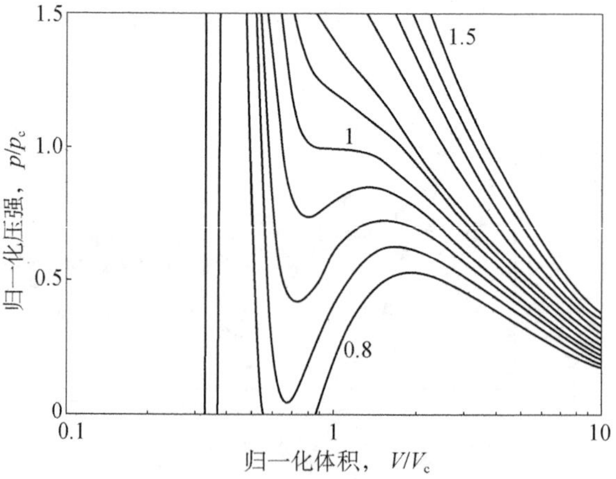

图6.7　压强随体积的变化曲线

6.5 物态方程应用举例

6.5.1 全局物态方程与其他参数库的比较

图6.8给出了铝的Hugoniot曲线，点表示实验结果，实线和虚线分别表示全局物态方程（QEOS）和SESAME结果。QEOS结果与SESAME结果在10^4GPa（对应于质量密度约10g/cm^3）以下与实验所得的数据比较接近，在10^4GPa以上时，两者与实验均有一定的偏差，但是总体上与实验数据都符合得较好，这说明QEOS能给出精确的物态方程参数。

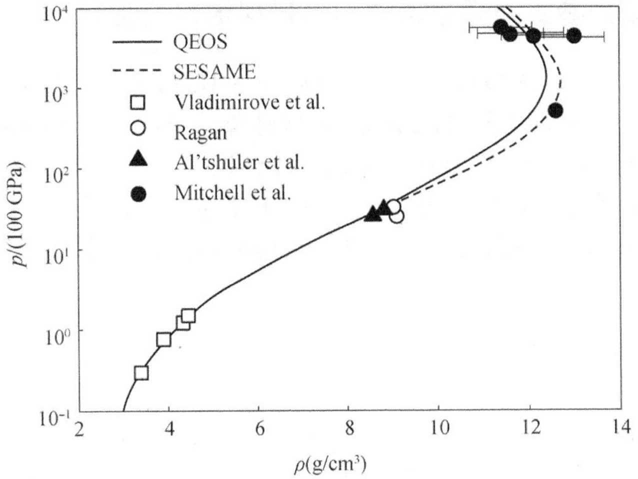

图6.8　铝的Hugoniot曲线

图6.9给出了不同模型间辐射烧蚀压的比较。图6.9（a）为辐射流体力学模拟程序FLASH（采用QEOS物态方程）和LASNEX（采用SESAME物态方程）所使用的辐射脉冲的温度。图6.9（b）给出了辐射烧蚀下的烧蚀压随时间的演化（虚线为基于QEOS物态方程的FLASH计算结果，实线为基于SESAME物态方程的LASNEX计算结果）。在辐射脉冲中间段，辐射温度下降，辐射压演化过程中存在一个谷，由于辐射温度和辐射烧蚀压存在关系$p_a \propto T_{\rm rad}^{3.5}$，因此反映到烧蚀压中，这个谷更加明显，两个模拟结果都可以得到较明显的压力谷。FLASH模拟结果和国际主流程序LASNEX所得到的烧蚀压基本上能够吻合，说明FLASH程序以及QEOS物态方程具有一定的准确性。

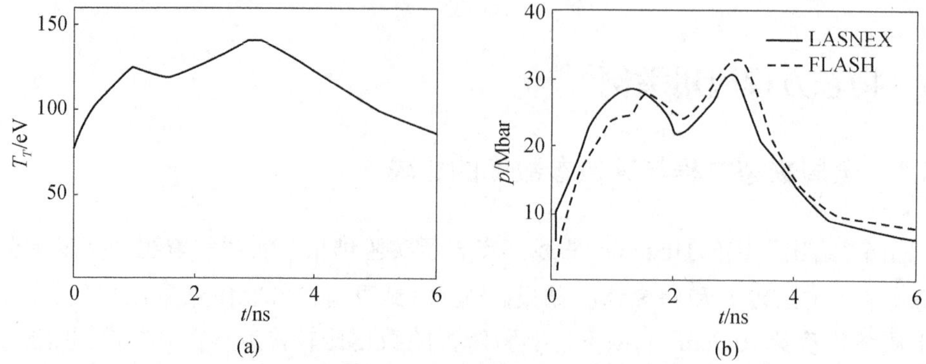

图6.9 （a）辐射脉冲的温度随时间的演化；（b）辐射烧蚀下的烧蚀压随时间的演化
虚线为FLASH计算结果，实线为LASNEX计算结果

6.5.2 不同模型参数对辐射流体力学模拟结果的影响

选择质量密度为2.329g/cc的金刚石硅作为Hugoniot计算的初始态，图6.10（a）给出了金刚石硅的冲击波Hugoniot曲线计算结果，其中实线为FPEOS模型的计算结果，虚线为SESAME 3810模型的计算结果，同时给出了一些可能得到的实验值和KSMD理论模拟结果，可以看出，在较弱的冲击压缩下，FPEOS得到的压力更加贴近实验结果；图6.10（b）给出了两种模型计算出来的沿主Hugoniot比热容。

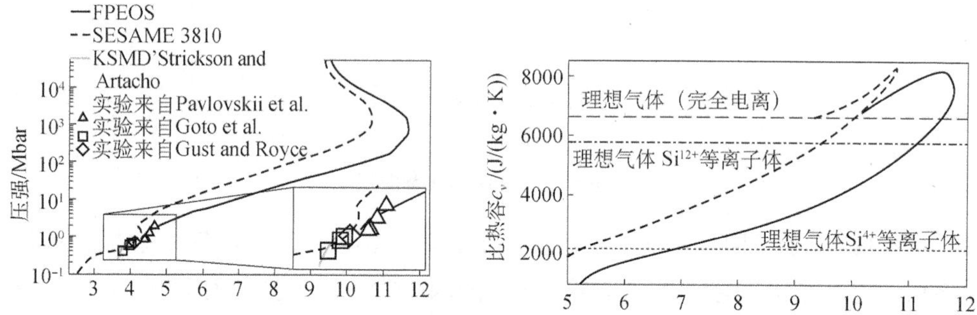

图6.10 （a）金刚石硅的冲击波Hugoniot曲线计算结果（实线为FPEOS结果，虚线为SESAME 3810结果，其余为实验值和KSMD理论模拟）；（b）沿主Hugoniot比热容计算结果比较。选择质量密度为2.329g/cc的金刚石硅作为Hugoniot计算的初始态

图6.11给出了两种模型对密度为5g/cm^{3}的硅的状态方程（偏离Hugoniot）的计算结果（实线-FPEOS，虚线-SESAME 3810）。其中图6.11（a）给出了压强随温度的变化曲线；如图6.11（b）所示为内能随温度的变化曲线。当温度高于10^4K时，SESAME 3810得到的压强略高于FPEOS结果，两者得出的内能差异较小。整

体上看，两种模型给出的压强和内能高度吻合。

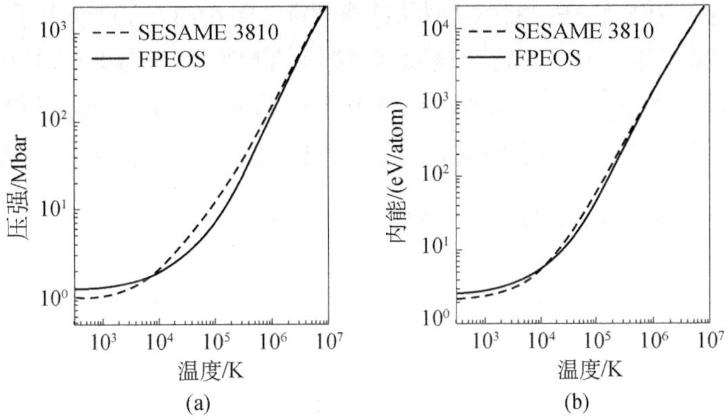

图6.11 密度为5g/cc的硅的物态方程（偏离Hugoniot）的计算结果
（a）压强随温度的变化曲线（实线-FPEOS，虚线-SESAME 3810）；（b）内能随温度的变化曲线

为检验硅的状态方程，进行了激光驱动靶丸的内爆模拟检验。图6.12（a）实线为计算所用激光的脉冲形状，激光总能量为800kJ，脉宽为8ns（这种激光脉冲可在NIF类型的装置上获得）。左上角给出了靶丸的形状尺寸和物质组成。靶丸外围的硅壳层厚度为40μm、密度为2.329g/cc，内充3个大气压的DT气体。靶丸初始外半径 $R=1200\mu m$。利用LILAC程序，基于两种状态方程模型模拟了内爆过程中靶丸内密度和离子温度的空间分布，图6.12（b）给出了密度和离子温度随空间半径分布曲线（实线-FPEOS，虚线-SESAME 3810）。曲线快照时刻选在中子产额达到峰值的时刻（大致为9ns），FPEOS模型得出的密度整体上高于SESAME 3810，热斑区域温度也偏高。$R=30\sim60\mu m$ 区域内温度比较接近。

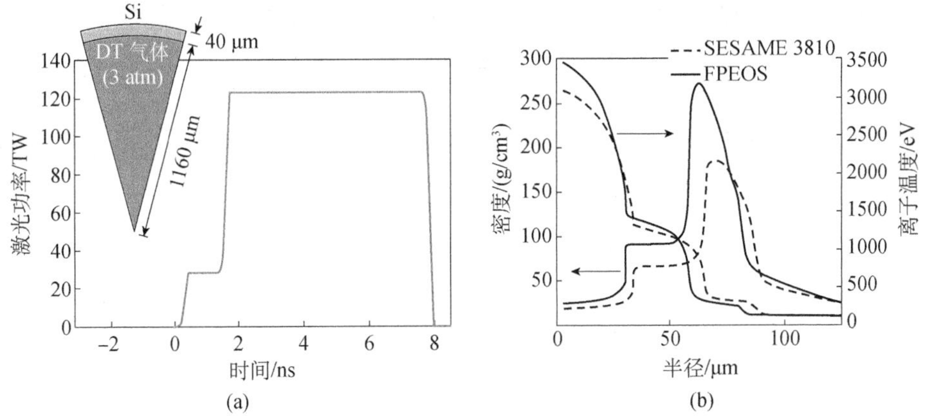

图6.12 检验硅的物态方程所做的激光驱动靶丸的内爆模拟
（a）实线为激光脉冲形状，左上角所示为靶丸的形状尺寸和物质组成。激光总能量为800kJ，脉宽为8ns。
（b）中子产额达到峰值的时刻（大致为9ns）靶丸密度和离子温度随空间半径分布曲线的计算结果
（实线-FPEOS模型，虚线-SESAME 3810模型）

图6.13（a）给出了靶丸面密度 ρR 随时间变化的计算结果（实线-FPEOS模型状态参数，虚线-SESAME 3810模型状态参数）。图6.13（b）给出了总中子产额随时间变化的计算结果。可见中子产额达到峰值的时刻大致为9ns。FPEOS得出的峰值面密度为1.4g/cm^3，高于SESAME 3810得出的1.1g/cm^3。基于FPEOS模型得出面密度更高，因此中子产额也偏大，达到了SESAME 3810结果的两倍。

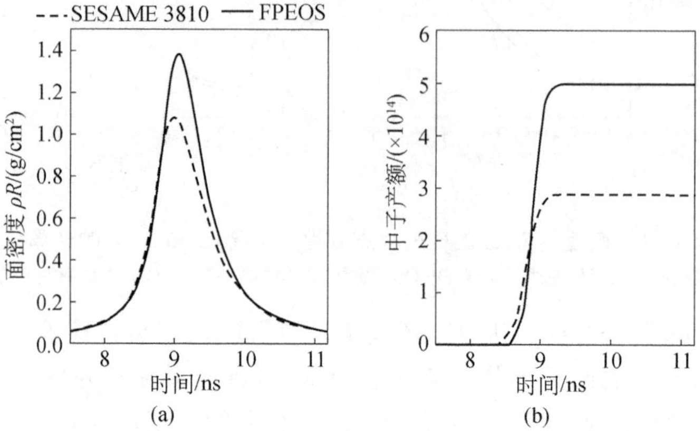

图6.13 靶丸面密度 ρR 及中子产额随时间的变化

（a）靶丸面密度 ρR 随时间变化的计算结果（实线-FPEOS模型状态参数，虚线-SESAME 3810模型状态参数）。（b）总中子产额随时间变化的计算结果

附录 热力学公式

1. 正则系综的热力学公式

正则系综是温度 T、体积 V 和粒子数目 N 给定的系统的集合（能量 E 可变）。统计物理给出了正则系综自由能 F 的计算公式

$$F(T,V) = -k_{\mathrm{B}} T \ln Z \tag{1}$$

其中，$Z = \mathrm{tr}(\mathrm{e}^{-H/k_{\mathrm{B}}T})$ 是正则分布的配分函数，在 Z 中，H 是系统的哈密顿函数或哈密顿算符，k_{B} 是玻尔兹曼常量。对经典统计，配分函数为

$$Z = \int \mathrm{e}^{-H(p,q)/k_{\mathrm{B}}T} \frac{\mathrm{d}p\mathrm{d}q}{N!h^{3N}} \tag{2}$$

其中，$\mathrm{d}p\mathrm{d}q$ 是 N 个粒子的广义坐标和广义动量空间（相空间）的体积元。分母上因子 $N!$ 是为考虑粒子全同性而引进的，因子 h^{3N} 为考虑不确定性原理而引进。对量子统计，配分函数为

$$Z = \sum_{量子态\mathrm{s}} \mathrm{e}^{-H_{\mathrm{s}}/k_{\mathrm{B}}T} = \sum_{能级 l} g_l\, \mathrm{e}^{-H_l/k_{\mathrm{B}}T} \tag{3}$$

其中，H_{s}、H_l 分别是系统处在量子态s的能量和处在能级 l 的能量（哈密顿算符的

本征值）， g_l 能级 l 的简并度（具有相同能量 H_l 的量子态数）。

由（1）式求出自由能 $F(T,V)$ 后，根据自由能的定义

$$F = E - TS \tag{4}$$

和热力学第一定律

$$\mathrm{d}E + p\mathrm{d}V = T\mathrm{d}S \tag{5}$$

可得自由能 $F(T,V)$ 满足的热力学关系式

$$\mathrm{d}F = -S\mathrm{d}T - p\mathrm{d}V \tag{6}$$

从而可得物质的压强、熵和内能

$$p = -\left(\frac{\partial F}{\partial V}\right)_T, \quad S = -\left(\frac{\partial F}{\partial T}\right)_V, \quad E = F - T\left(\frac{\partial F}{\partial T}\right)_V = -T^2 \frac{\partial}{\partial T}\left(\frac{F}{T}\right)_V \tag{7}$$

可见，利用正则分布计算正则系统的宏观热力学量时，主要归结为配分函数 Z 的计算。

2. 巨正则系综的热力学公式

巨正则系综是温度 T，体积 V 给定的系统的集合（粒子数目 N 和能量 E 可变）。巨配分函数为

$$\Xi = \mathrm{tr}\left[\exp(-\beta H + \beta\sum_i \mu_i N_i)\right] \tag{8}$$

其中，H 是系统的哈密顿函数或哈密顿算符，μ_i 是第 i 种粒子的化学势，N_i 是第 i 种粒子的粒子数，$\beta = 1/k_{\mathrm{B}}T$。对经典统计，巨配分函数

$$\Xi = \sum_{N_i=0}^{\infty} \int \exp\left(-\beta H(p,q,N_i) + \beta\sum_i \mu_i N_i\right)\mathrm{d}p\mathrm{d}q \tag{9}$$

或

$$\Xi = \sum_{N_i=0}^{\infty} \sum_{\text{能级}l} g_l \exp(-\beta H_l + \beta\sum_i \mu_i N_i) \tag{10}$$

其中，$H_l(N_i)$ 是系统处在能级 l 的能量（哈密顿算符 $\hat{H}(q,\hat{p},N_i)$ 的本征值），g_l 是能级 l 的简并度（具有相同能量 H_l 的量子态数）。

对化学纯气体，系统中只有一种成分（一种分子），巨配分函数（10）变为

$$\Xi = \sum_{N=0}^{\infty} \mathrm{e}^{-\alpha N} Z_N \tag{11}$$

其中，Z_N 为粒子数固定为 N 时正则分布的配分函数，由公式（3）计算，而 $\alpha = -\beta\mu$。

根据巨配分函数可得出物质的压强和内能

$$p = k_B T \frac{\partial \ln \Xi}{\partial V}, \qquad E = -\frac{\partial \ln \Xi}{\partial \beta} = k_B T^2 \frac{\partial \ln \Xi}{\partial T} \tag{12}$$

第i种粒子的粒子数N_i的统计平均值为

$$\bar{N}_i = -\frac{\partial \ln \Xi}{\partial \alpha_i} \qquad (\alpha_i = -\beta \mu_i) \tag{13}$$

自由能

$$F = E - TS = \sum_i \mu_i \bar{N}_i - pV \tag{14}$$

其中

$$pV = k_B T \ln \Xi \tag{15}$$

根据自由能F和内能E，可由式（14）得出熵S。可见，利用巨正则分布计算巨正则系统的宏观热力学量时，主要归结为配分函数Ξ的计算。

3. 气体的配分函数与物态方程

N个分子系统的哈密顿函数包括分子动能、分子间势能U和分子内部运动能量，即

$$H = \sum_{i=1}^{3N} \frac{p_i^2}{2m} + U + \sum_{i=1}^{N} \varepsilon_i \tag{16}$$

代入计算式（2），可得配分函数

$$Z_N = \left(\frac{2\pi m k_B T}{h^2} \right)^{3N/2} j^N(T) \frac{Q_N}{N!} \tag{17}$$

其中位形配分函数为

$$Q_N = \int e^{-U(q)/k_B T} \, dq \tag{18}$$

粒子内部运动的配分函数为

$$j(T) = \sum_{\text{粒子内部能级}l} g_l \, e^{-\varepsilon_l / k_B T} \tag{19}$$

它与系统体积无关。将式（17）代入式（11），可得化学纯气体的巨配分函数

$$\Xi = \sum_{N=0}^{\infty} \left[\left(\frac{2\pi m k_B T}{h^2} \right)^{3/2} j(T) e^{-\alpha} \right]^N \frac{Q_N}{N!} \tag{20}$$

其中，$\alpha = -\beta\mu$。可见，由式（18）计算位形配分函数Q_N是得到配分函数Z_N和巨配分函数Ξ的关键，也是得到状态方程的关键。

位形配分函数Q_N与粒子间相互作用的势能有关。对理想气体，分子间相互作用能可以忽略，每个粒子近独立运动，即$U = 0$，此时

$$Q_N = \int \mathrm{e}^{-U(q)/k_{\mathrm{B}}T}\,\mathrm{d}q = V^N \tag{21}$$

代入式（17），可得理想气体的正则配分函数

$$Z_N = \left(\frac{2\pi m k_{\mathrm{B}}T}{h^2}\right)^{3N/2} j^N(T)\frac{V^N}{N!} \tag{22}$$

代入公式（1），可得自由能 $F(T,V) = -k_{\mathrm{B}}T\ln Z$ ，即

$$F(T,V) = -\frac{3Nk_{\mathrm{B}}T}{2}\ln\left(\frac{2\pi m k_{\mathrm{B}}T}{h^2}\right) - Nk_{\mathrm{B}}T\ln j(T) - Nk_{\mathrm{B}}T\ln V + k_{\mathrm{B}}T\ln N! \tag{23}$$

代入式（7），可得压强

$$p = -\left(\frac{\partial F}{\partial V}\right)_T = Nk_{\mathrm{B}}T/V \tag{24}$$

和内能

$$E = -T^2\frac{\partial}{\partial T}\left(\frac{F}{T}\right)_V = \frac{3}{2}Nk_{\mathrm{B}}T + Nk_{\mathrm{B}}T^2\frac{\partial}{\partial T}\ln j(T) \tag{25}$$

可见，理想气体分子的内部运动对压强 p 没有影响，但对内能 E 和定容比热容 c_v 有影响。因为定压定容比热容之差为

$$c_p - c_v = Nk_{\mathrm{B}} \tag{26}$$

故理想气体分子的内部运动就对绝热指数 $\gamma = c_p / c_v$ 产生影响，进而对声速产生影响。

参考文献

汤文辉，张若棋. 2008. 物态方程理论及计算概论. 北京：高等教育出版社.

徐彬彬. Z 箍缩动态黑腔内辐射温度与均匀性以及烧蚀层界面不稳定性研究. 长沙：国防科技大学，2017.

Atzeni S，Meyer-ter-Vehn J. 2008. 惯性聚变物理. 沈百飞，译. 北京：科学出版社.

Faik S, Tauschwitz A, Iosilevskiy I. 2018. The equation of state package FEOS for high energy density matter. Computer Physics Communications, 227: 117-125.

Feynman E P, Metropolis N, Teller E. 1949. Equation of state of elements based on generalized Fermi-Thomas theory. Physical Review, 75: 1561.

Gaffney J A, Hu S X, Arnault P, et al. 2018. A review of equation-of-state models for inertial confinement fusion materials. High Energy Density Physics, 28: 7-24.

Hu S X, Gao R, Ding Y, et al. 2017. First-principles equation-of-state table of silicon and its effects on high-energy-density plasma simulations. Physical Review E, 95: 043210.

More R M, Warren K H, Young D A, et al. 1988. A new quotidian equation of state (QEOS) for hot dense matter. Physics of Fluids, 31: 3059.

Young D A, Corey E M. 1995. A new global equation of state model for hot, dense matter. Journal of Applied Physics, 78: 3748.

第7章　带电粒子在靶中的能量沉积

7.1　物质对带电粒子的阻止本领

高速带电粒子入射到背景介质中，会与背景介质中的带电粒子发生库仑碰撞，将自身能量转移给背景粒子，从而使自身能量减少。我们把入射带电粒子在物质中行走单位长度所损失的能量称为物质对带电粒子的阻止本领（简称阻止本领）。

计算阻止本领就是计算入射带电粒子与背景介质中的带电粒子间库仑碰撞导致的能量损失。其中，高能入射离子（如α粒子）主要是通过与背景介质中的电子碰撞而损失自身能量。

计算阻止本领可采用“试验粒子”模型。速度为v的高能离子入射到介质中，假设高能离子的速度大于背景介质中电子的速度，则在实验室坐标系可视为电子处在“静止”状态。如图7.1所示，以入射高能离子i为参考系，电子e相对离子以速度v运动，碰撞参数为b。电子相对离子的相对速度v_{r}近似为入射高能离子的速度v。

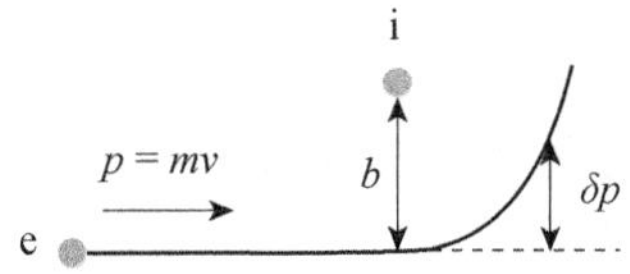

图7.1　电子以速度v相对离子运动，碰撞参数为b

离子i与电子e两个粒子间库仑力的最大值为

$$F=\frac{Ze^2}{b^2} \tag{7.1.1}$$

相互作用的时间近似取为

$$\tau \approx \frac{2b}{v_{\mathrm{r}}} \tag{7.1.2}$$

根据冲量定理，电子（或离子）动量的变化量为电子（或离子）所受到的冲量

$$\Delta p \approx F\tau = \frac{2Ze^2}{bv_{\mathrm{r}}} \tag{7.1.3}$$

电子能量的变化量为

$$\Delta\varepsilon=\frac{(\Delta p)^2}{2m_{\mathrm{e}}} \tag{7.1.4}$$

注意：①碰撞过程中动量守恒，电子动量的变化量等于快离子动量的变化量。碰撞过程中动能守恒，电子动能的增加来源于离子动能的减少。离子动能的减少也由式（7.1.4）给出。②当碰撞参数$b\to 0$时，式（7.1.3）给出的动量变化量Δp会出现奇点，不再成立。考虑到碰撞参数b=0时，电子会被原路返回，电子动量的变化量为

$$\Delta p=2m_{\mathrm{e}}v_{\mathrm{r}} \tag{7.1.5}$$

因此，更准确的电子-离子碰撞中动量变化的表达式为

$$\begin{cases}(\Delta p)^2=\dfrac{(2m_{\mathrm{e}}v_{\mathrm{r}})^2}{1+(b/r_0)^2}\\ r_0\equiv\dfrac{Ze^2}{m_{\mathrm{e}}v_{\mathrm{r}}^2}\end{cases} \tag{7.1.6}$$

当碰撞参数b=0，或$b\gg r_0$时，式（7.1.6）分别给出式（7.1.5）和式（7.1.3）。

由于碰撞过程中动能守恒，离子与一个电子碰撞后能量损失量与电子获得的动能（7.1.4）相等。将式（7.1.6）代入，可得离子与一个电子碰撞后的能量损失量为

$$\Delta\varepsilon=\frac{(\Delta p)^2}{2m_{\mathrm{e}}}=\frac{(2m_{\mathrm{e}}v_{\mathrm{r}}r_0)^2}{2m_{\mathrm{e}}(b^2+r_0^2)}=2\frac{Z^2e^4}{m_{\mathrm{e}}v_{\mathrm{r}}^2}\frac{1}{b^2+r_0^2} \tag{7.1.7}$$

考虑到离子传输$\mathrm{d}x$距离，且碰撞参数在$b\to b+\mathrm{d}b$范围时，离子所遇到的电子数目为$n_{\mathrm{e}}2\pi b\mathrm{d}b\mathrm{d}x$，离子损失的能量为

$$n_{\mathrm{e}}2\pi b\mathrm{d}b\mathrm{d}x\Delta\varepsilon=4\pi n_{\mathrm{e}}\mathrm{d}x\frac{Z^2e^4}{m_{\mathrm{e}}v_{\mathrm{r}}^2}\frac{b\mathrm{d}b}{b^2+r_0^2}$$

对碰撞参数b积分，就可得出离子传输$\mathrm{d}x$距离时的总能量损失为

$$\frac{\mathrm{d}\varepsilon}{\mathrm{d}x}=-4\pi\frac{Z^2e^4}{m_{\mathrm{e}}v_{\mathrm{r}}^2}n_{\mathrm{e}}\int_0^{b_{\max}}\frac{b\mathrm{d}b}{b^2+r_0^2} \tag{7.1.8}$$

其中，积分上限$b_{\max}$是静电场的屏蔽长度，在等离子体中即为德拜长度λ_{D}。定义库仑对数

$$\ln\Lambda=\int_0^{b_{\max}}\frac{b\mathrm{d}b}{b^2+r_0^2}=\frac{1}{2}\ln\left[1+\frac{b_{\max}^2}{r_0^2}\right]\approx\frac{1}{2}\ln\left[\frac{b_{\max}^2}{r_0^2}\right]\approx\ln\left[\frac{b_{\max}}{r_0}\right] \tag{7.1.9}$$

若$b_{\max}$取德拜长度λ_{D}，利用

$$\lambda_{\mathrm{D}} = \frac{v_r}{\omega_{\mathrm{p}}}, \qquad r_0 \equiv \frac{Ze^2}{m_{\mathrm{e}} v_{\mathrm{r}}^2}$$

可得库仑对数

$$\ln \Lambda \approx \ln\left[\frac{m_{\mathrm{e}} v_{\mathrm{r}}^3}{Ze^2 \omega_{\mathrm{p}}}\right] \tag{7.1.10}$$

上式在r_0满足不确定性原理时即成立，即

$$m_{\mathrm{e}} v_{\mathrm{r}} r_0 > \hbar, \qquad r_0 > \frac{\hbar}{m_{\mathrm{e}} v_{\mathrm{r}}} \tag{7.1.11}$$

故离子传输$\mathrm{d}x$距离的能量总损失（7.1.8）变为

$$-\frac{\mathrm{d}\varepsilon}{\mathrm{d}x} = 4\pi \frac{Z^2 e^4}{m_{\mathrm{e}} v_{\mathrm{r}}^2} n_{\mathrm{e}} \ln \Lambda \tag{7.1.12}$$

此式也是等离子体中的电子对相对速度为v_{r}的高能入射离子的慢化本领。

利用式（7.1.12），可通过积分算出相对速度为v_{r}的高能入射离子在介质中完全停下来的总能量损失ε_0

$$\varepsilon_0 = 4\pi \frac{Z^2 e^4}{m_{\mathrm{e}} v_{\mathrm{r}}^2} \ln \Lambda \int_0^d n_{\mathrm{e}} \mathrm{d}x \tag{7.1.13}$$

其中，d是能量为ε_0的离子在介质中的射程。

考虑离子在DT等离子体中的慢化，因为等离子体中电子密度为$n_{\mathrm{e}} = \rho / m_{\mathrm{i}}$，代入式（7.1.13）可得，能量为$\varepsilon_0$的入射离子完全在DT等离子体中停止下来所需要的等离子体面密度$\rho R \equiv \int \rho \mathrm{d}x$满足

$$\rho R = \frac{\varepsilon_0 m_{\mathrm{i}} m_{\mathrm{e}} v_{\mathrm{r}}^2}{4\pi Z^2 e^4 \ln \Lambda} \tag{7.1.14}$$

对聚变反应产生的α粒子在等离子体中的慢化，能不能采用上述“试探粒子”模型呢？即α粒子的速度是否远大于其中电子的速度呢？如果确定α粒子相对于电子运动得足够快就可以使用上述模型。下面计算一下两者的速度大小。

α粒子的动能为$\varepsilon_\alpha = 3.5\mathrm{MeV}$，速度为

$$v_\alpha = \sqrt{\frac{2\varepsilon_\alpha}{m_\alpha}} \approx 1.3 \times 10^4 \,\mathrm{km/s} \tag{7.1.15}$$

取热斑的温度为$T_{\mathrm{e}} \sim 5\mathrm{keV}$，则热斑等离子体中电子的最概然速率为

$$v_{\mathrm{e}} = \sqrt{\frac{2T_{\mathrm{e}}}{m_{\mathrm{e}}}} = 4.2 \times 10^4 \,\mathrm{km/s} \tag{7.1.16}$$

可见，α粒子的速率小于热斑中电子热运动速率，因此α粒子被电子的慢化不能采

用以上“试探粒子”模型，或者说式（7.1.12）不能用来描述等离子体中电子对 α 粒子的慢化本领。

严格的理论给出，等离子体中电子对 α 粒子的慢化本领为

$$-\left(\frac{\mathrm{d}\varepsilon_\alpha}{\mathrm{d}x}\right)_\mathrm{e}=4\pi\frac{Z^2e^4}{m_\mathrm{e}v_\alpha^2}n_\mathrm{e}\ln\Lambda_{\alpha\mathrm{e}}G\left(\frac{v_\alpha}{v_\mathrm{e}}\right) \tag{7.1.17}$$

该式与式（7.1.12）比，多了一个修正因子 G

$$G\left(\frac{v_\alpha}{v_\mathrm{e}}\right)=\frac{1}{3}\sqrt{\frac{2}{\pi}}\left(\frac{v_\alpha}{v_\mathrm{e}}\right)^3 \tag{7.1.18}$$

它是比 α 粒子速度快的电子引起的慢化修正因子。

由于 α 粒子的动能 $\varepsilon_\alpha=\frac{1}{2}m_\alpha v_\alpha^2$、 $\mathrm{d}x=v_\alpha\mathrm{d}t$，所以

$$\frac{\mathrm{d}\varepsilon_\alpha}{\mathrm{d}x}=m_\alpha v_\alpha\frac{\mathrm{d}v_\alpha}{\mathrm{d}x}=m_\alpha v_\alpha\frac{\mathrm{d}v_\alpha}{v_\alpha\mathrm{d}t}=m_\alpha\frac{\mathrm{d}v_\alpha}{\mathrm{d}t}$$

即

$$-\frac{\mathrm{d}v_\alpha}{\mathrm{d}t}=\frac{1}{m_\alpha}\left(-\frac{\mathrm{d}\varepsilon_\alpha}{\mathrm{d}x}\right) \tag{7.1.19}$$

将式（7.1.17）代入并利用式（7.1.18），可得 α 粒子的加速度

$$\left(-\frac{\mathrm{d}v_\alpha}{\mathrm{d}t}\right)=4\pi\frac{Z^2e^4}{m_\alpha m_\mathrm{e}}n_\mathrm{e}\ln\Lambda_{\alpha\mathrm{e}}\frac{1}{3}\sqrt{\frac{2}{\pi}}\left(\frac{1}{v_\mathrm{e}}\right)^3v_\alpha \tag{7.1.20}$$

定义 α 粒子的慢化时间 τ_α 为

$$\tau_\alpha\equiv\frac{\varepsilon_\alpha}{-\mathrm{d}\varepsilon_\alpha/\mathrm{d}t}=\frac{v_\alpha}{2(-\mathrm{d}v_\alpha/\mathrm{d}t)}$$

将式（7.1.20）代入，再利用式（7.1.16），得

$$\frac{1}{\tau_\alpha}=\frac{16\sqrt{\pi}}{3\sqrt{2}}\frac{Z^2e^4m_\mathrm{e}^{1/2}}{m_\alpha T_\mathrm{e}^{3/2}}n_\mathrm{e}\ln\Lambda_{\alpha\mathrm{e}} \tag{7.1.21}$$

据此可求出 α 粒子在DT等离子体中的慢化时间为

$$\tau_\alpha=42\frac{T_{\mathrm{e(keV)}}^{3/2}}{\rho_{\mathrm{g/cc}}\ln\Lambda_{\alpha\mathrm{e}}}(\mathrm{ps}) \tag{7.1.22}$$

α 粒子慢化长度为

$$l_\alpha=\int_{3T/2}^{\varepsilon_\alpha^0}\frac{\mathrm{d}\varepsilon_\alpha}{-\mathrm{d}\varepsilon_\alpha/\mathrm{d}x} \tag{7.1.23}$$

将式（7.1.17）代入可知，它与电子的温度和介质的质量密度有关。图7.2给出了 α 粒子的质量慢化长度 $\rho l_\alpha \sim T_e$ 的变化图像。

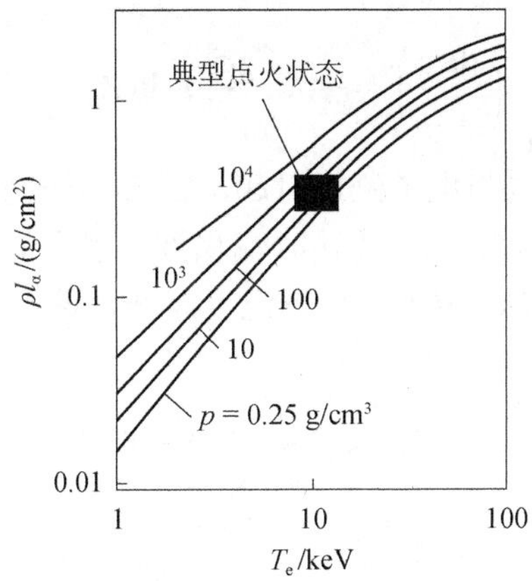

图7.2　α 粒子的质量慢化长度 ρl_α 随电子温度 T_e 的变化曲线

在介质的质量密度ρ=10～100g/cm^{3}范围对上图曲线进行拟合（Fraley et al., 1974），可得

$$\rho l_\alpha \approx \frac{0.025T_{e(keV)}^{5/4}}{1+0.0082T_{e(keV)}^{5/4}}\left(g/cm^2\right) \tag{7.1.24}$$

当点火温度为 5～10keV时，要使DT反应产生的 α 粒子的能量在热斑等离子体中沉积下来，质量慢化长度需要ρl_α=0.2～0.3g/cm^2，如图7.3所示。

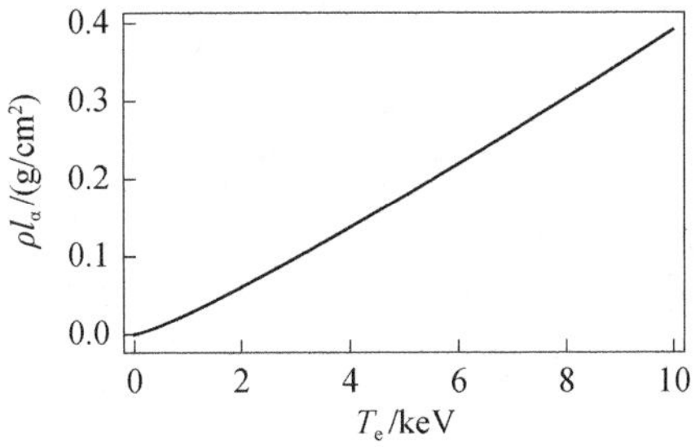

图7.3　α 粒子的质量慢化长度 ρl_α 与电子温度 T_e 的关系

我们在前面推导中假设 α 粒子能量损失是与等离子体中电子碰撞的结果，实际上，等离子体中的背景离子对 α 粒子能量沉积也有贡献，当离子温度为 $T_i \sim 5$keV 时，背景离子的热运动速度为

$$v_i = \sqrt{\frac{2T_i}{m_i}} = 620\text{km/s} \tag{7.1.25}$$

这个速度比 α 粒子小得多，所以相比起背景离子，α 粒子可视为快粒子，“试探粒子”模型成立。利用导出式（7.1.12）的方法，可得 α 粒子与背景离子碰撞导致的单位长度能量损失

$$\left(\frac{\mathrm{d}\varepsilon_{\alpha}}{\mathrm{d}x}\right)_{\mathrm{i}} = -4\pi\frac{Z_{\alpha}e^{4}}{m_{\mathrm{i}}v_{\alpha}^{2}}n_{\mathrm{i}}\ln\Lambda_{\alpha\mathrm{i}} \tag{7.1.26}$$

α 粒子的能量损失主要通过与电子碰撞引起。图7.4给出了能量为3.5 MeV的 α 粒子在等摩尔DT等离子体中（$T_{\mathrm{i}}=T_{\mathrm{e}}$）传输时沉积到电子上的能量份额$F_{\mathrm{e}}$。可见，当电子温度在25keV以下时，$F_{\mathrm{e}}> 50\%$，电子温度越低，份额$F_{\mathrm{e}}$越大。

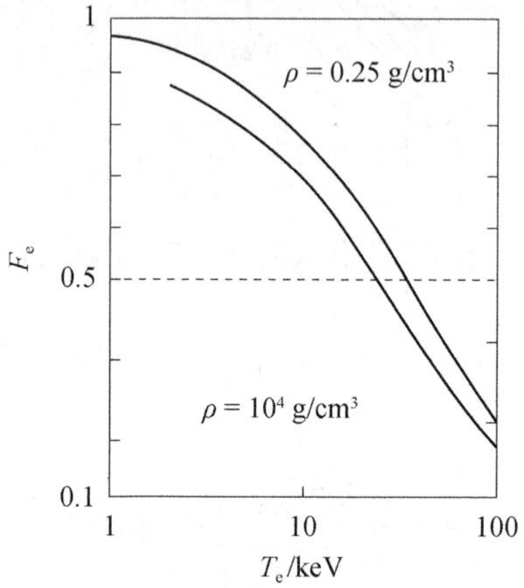

图7.4　α 粒子沉积在电子上的能量份额与电子温度的关系

通过拟合图7.4中点火ICF燃料密度（10～100g/cm³）的曲线，得到 α 粒子沉积在电子上的能量份额为

$$F_{\mathrm{e}} = \frac{25}{25 + T_{\mathrm{e}}(\mathrm{keV})} \tag{7.1.27}$$

α 粒子的其余能量交给了背景离子。

当聚变点火刚开始时（T～5keV），DT等离子体中的电子对 α 粒子的阻止是最重要的。只有当温度达到十几keV时，离子才开始吸收大部分的 α 粒子能量。

7.2　考虑束缚电子作用时物质的阻止本领

物质对带电粒子的阻止本领（stopping power）定义为带电粒子在物质中运动时单位长度路径上的能量损失，即

$$S(E) = -\frac{\mathrm{d}E}{\mathrm{d}x} \tag{7.2.1}$$

由阻止本领$S(E)>0$，可得带电粒子在物质中的射程

$$\Delta x=\int_{E_0}^{0}\left(\frac{\mathrm{d}x}{\mathrm{d}E}\right)\mathrm{d}E=\int_{0}^{E_0}\frac{1}{S(E)}\mathrm{d}E \tag{7.2.2}$$

物质阻止本领的计算方法是，先分别计算出物质中电子和离子的阻止本领，然后相加。对部分电离的等离子体，计算电子阻止本领时要同时考虑自由电子的阻止本领和束缚电子的阻止本领。

$$(-\mathrm{d}E/\mathrm{d}x)_{\text{total}}=(-\mathrm{d}E/\mathrm{d}x)_{\text{bound}}+(-\mathrm{d}E/\mathrm{d}x)_{\text{free}}+(-\mathrm{d}E/\mathrm{d}x)_{\text{ion}} \tag{7.2.3}$$

1. 束缚电子的阻止本领模型

带电粒子在物质中的能量损失由Bethe公式描述。Bethe公式考虑了原子中电子的电离和激发，适用于相对较大的碰撞参数b，包含等离子体集体振荡效应的区域$b>\lambda$。而Bohr公式适用于经典和非微扰方式下区域范围在$b_0<b<\lambda$的碰撞，其中b_0为最小碰撞参数。

束缚电子对入射离子的阻止本领可直接从 Bethe 公式中获得，为

$$\left(-\frac{\mathrm{d}E}{\mathrm{d}x}\right)_{\text{bound}}=\left(\frac{Z_{\text{eff}}e\omega_{\text{p}}}{v_{\text{p}}}\right)^2 L_{\text{b}} \tag{7.2.4}$$

其中，ω_{p}为等离子体频率，v_{p}为入射离子的速度，L_{b}为库仑对数

$$L_{\text{b}}(v_{\text{p}})=\ln\left(\frac{2m_{\text{e}}v_{\text{p}}^2}{I}\right) \tag{7.2.5}$$

这里I为原子的平均电离能。当入射离子处于低速情形时，$2m_{\text{e}}v_{\text{p}}^2/I$比值可能会很小，会导致库仑对数$L_{\text{b}}<0$，这不符合物理意义。Barriga-Carrasco模型（简称BC模型）提出，为避免库仑对数为负的问题，将传统的库仑对数用高速和低速插值得到的中间值来代替，即

$$L_{\text{b}}(v_{\text{p}})=\begin{cases}L_{\text{H}}(v_{\text{p}})=\ln\dfrac{2v_{\text{p}}^2}{I}-\dfrac{2K}{m_{\text{e}}v_{\text{p}}^2} & (v_{\text{p}}>v_{\text{int}})\\[2ex] L_{\text{B}}(v_{\text{p}})=\dfrac{\alpha v_{\text{p}}^3}{1+Gv_{\text{p}}^2} & (v_{\text{p}}\leqslant v_{\text{int}})\end{cases} \tag{7.2.6}$$

这里v_{p}为入射离子的速度，K为入射离子的动能，α为低速情形下的摩擦系数，

$$v_{\text{int}}=\sqrt{(3K+1.5I)/m_{\text{e}}},\quad \alpha=1.067\sqrt{K}/I^2 \tag{7.2.7}$$

对动能为3MeV的质子入射铝材靶的情况，图7.5给出了BC模型修正前后的库仑对数对比。可以看出，BC模型完美解决了库仑对数在低速时为负值的非物理问题。

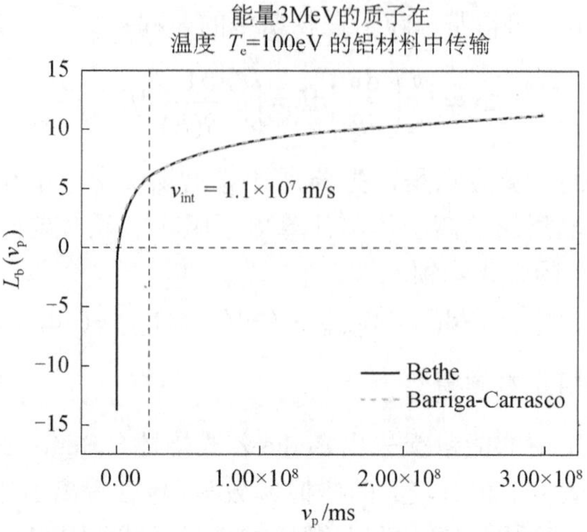

图7.5　BC模型修正前后的库仑对数对比

考虑室温条件下，质子束入射到Al靶中。图7.6给出了BC模型修正后的束缚电子阻止本领和射程与NIST结果的比对。从图中可以发现，当质子能量大于1MeV时，束缚电子阻止本领的BC模型得到的结果与NIST拟合结果符合得很好。

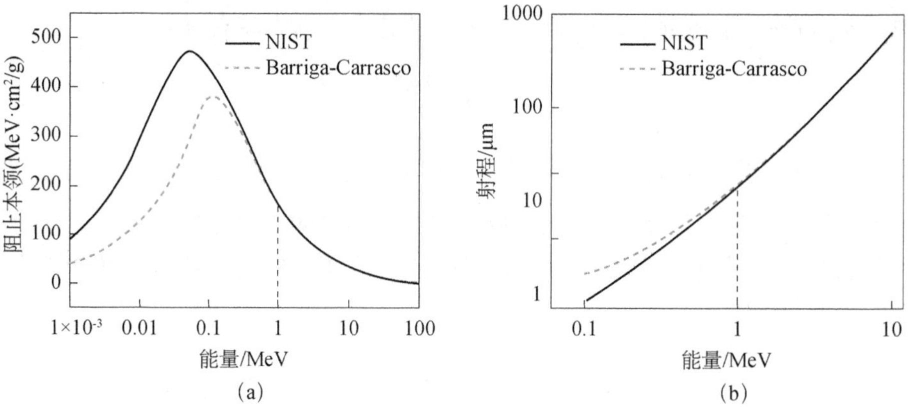

图7.6　束缚电子阻止本领和射程的BC模型结果与NIST拟合结果对比

2. 完整的自由电子阻止本领模型

BPS模型。自由电子阻止本领包含短程相互作用贡献、长程相互作用贡献以及量子效应。当能量为E_p的入射离子在等离子体中传输时，背景离子贡献的阻止本领和电子贡献的阻止本领分别为

$$-\left(\frac{dE_p}{dx}\right)_i=\frac{Z_p^2\omega_b^2}{4\pi v_p^2}\ln\Lambda \tag{7.2.8}$$

$$-\left(\frac{\mathrm{d}E_{\mathrm{p}}}{\mathrm{d}x}\right)_{\mathrm{e}}=\frac{Z_{\mathrm{p}}^{2}}{4\pi}k_{\mathrm{p}}^{2}\ln\Lambda\frac{2}{3}\left(\frac{\beta m_{\mathrm{e}}v_{\mathrm{p}}^{2}}{2\pi}\right)^{1/2} \tag{7.2.9}$$

其中，Z_{p}和v_{p}为入射离子的电荷和速度，$\omega_{\mathrm{b}}^{2}=4\pi Z_{\mathrm{b}}^{2}n_{\mathrm{b}}/m_{\mathrm{b}}$为背景等离子体的频率，$Z_{\mathrm{b}}$为背景离子的电荷，$n_{\mathrm{b}}$ 为背景离子的数密度，m_{b}和m_{e}为背景离子质量和电子质量，$k_{\mathrm{p}}^{2}=\beta m_{\mathrm{b}}\omega_{\mathrm{b}}^{2}$为德拜波数，$\beta=1/k_{\mathrm{B}}T$。

结合玻尔兹曼和Lenard-Balescu方程，对于惯性约束聚变情形，当入射离子在背景等离子体中传输时，Lenard-Balescu 阻止本领是通过在碰撞积分的表达式中应用随机相位近似RPAP导出量子Lenard-Blescu库仑碰撞积分而得到的。Lenard-Balescu 阻止本领总是在第一伯恩近似中计算束-等离子体的线性相互作用。

在BPS 模型中，库仑对数 $\ln\Lambda$ 包含一个主项和两个修正项

$$\ln\Lambda_{\mathrm{BPS}}=\ln\Lambda_{\mathrm{BPS}}^{\mathrm{QM}}+\ln\Lambda_{\mathrm{BPS}}^{\Delta C}+\ln\Lambda_{\mathrm{BPS}}^{\mathrm{FD}} \tag{7.2.10}$$

其中考虑量子力学效应时的主项为

$$\ln\Lambda_{\mathrm{BPS}}^{\mathrm{QM}}=\frac{1}{2}\left[\ln\left(\frac{8k_{\mathrm{B}}^{2}T_{\mathrm{e}}^{2}}{\hbar^{2}\omega_{\mathrm{e}}^{2}}\right)-\gamma-1\right] \tag{7.2.11}$$

当等离子体耦合参数不再接近量子极限时，修正项为

$$\ln\Lambda_{\mathrm{BPS}}^{\Delta C}=-\frac{e_{\mathrm{H}}}{k_{\mathrm{B}}T_{\mathrm{e}}}\sum_{\mathrm{i}}\frac{\omega_{\mathrm{i}}^{2}Z_{\mathrm{i}}^{2}}{\omega_{I}^{2}}\left\{1.20205\left[\ln\left(\frac{k_{\mathrm{B}}T_{\mathrm{e}}}{Z_{\mathrm{i}}^{2}e_{\mathrm{H}}}\right)-\gamma\right]+0.39624\right\} \tag{7.2.12}$$

当费米-狄拉克统计变得重要时，要考虑多体电子简并影响，修正项为

$$\ln\Lambda_{\mathrm{BPS}}^{\mathrm{FD}}=\frac{n_{\mathrm{e}}\lambda_{\mathrm{e}}^{3}}{2}\left\{-0.3232\times\left[\ln\left(\frac{8k_{\mathrm{B}}^{2}T_{\mathrm{e}}^{2}}{\hbar^{2}\omega_{\mathrm{e}}^{2}}\right)-\gamma-1\right]+0.5234\right\} \tag{7.2.13}$$

其中，γ 为Euler常数，e_{H} =13.6eV为氢原子基态的能量，Z_{i}为背景离子的有效电荷，λ_{e}为热等离子体波长。

经典模型（classical model）。经典阻止本领模型同时考虑了两体碰撞以及等离子体振荡激发。考虑两体碰撞以及等离子体振荡激发时，阻止本领为

$$-\frac{\mathrm{d}E}{\mathrm{d}x}=\sum_{j}\frac{2\pi q^{2}q_{j}^{2}m\ln(\Lambda_{j})}{m_{j}E}n_{j}G(x_{j}) \tag{7.2.14}$$

其中，E、m、q分别为入射离子的动能、质量和电荷，j代表等离子体粒子，m_j、q_j、v_j、θ_j分别表示背景等离子体中j粒子的质量、电荷、平均速度和温度。而

$$x_{j}=\frac{v}{v_{j}}=\frac{v}{\sqrt{2\theta_{j}/m_{j}}} \tag{7.2.15}$$

为入射粒子速度与背景离子速度的比值。钱德拉塞卡修正因子为

$$G(x)=\mathrm{erf}(x)-\frac{2}{\sqrt{\pi}}x\mathrm{e}^{-x^2} \tag{7.2.16}$$

库仑对数

$$\ln\Lambda_j=\frac{1}{2}\ln\left(1+\left(\frac{b_{\max}}{b_{\min}}\right)^2\right) \tag{7.2.17}$$

最大碰撞参数和最小碰撞参数分别为

$$b_{\max}=\lambda_{\mathrm{D}},\qquad b_{\min}=\max\left\{\frac{qq_j}{m_{\mathrm{e}}v_{\mathrm{r}}^2},\frac{\hbar}{2m_{\mathrm{e}}v_{\mathrm{r}}}\right\} \tag{7.2.18}$$

计算时，自由电子阻止本领模型采用实验中得到验证的BPS模型。2017年德国GSI在实验中测得了布拉格峰处的阻止本领，实验结果与不同的阻止本领模型比对发现，经典模型的能量损失高估了20%～25%，而T-Matrix和BPS 模型与实验结果吻合得很好。因此，T-Matrix和BPS 模型比较靠谱，我们采用BPS模型。

BPS模型与经典模型对比。图7.7给出了BPS模型与经典模型给出的阻止本领结果对比。图中给出了全电离Al靶和Cu靶对质子的阻止本领随穿透深度的变化关系。可以发现，对于Al靶和Cu靶，经典模型比BPS模型给出的能量损失高估了20%～25%，经典模型比BPS模型得到的射程要低20%～25%。因此，BPS模型的使用是非常必要的。

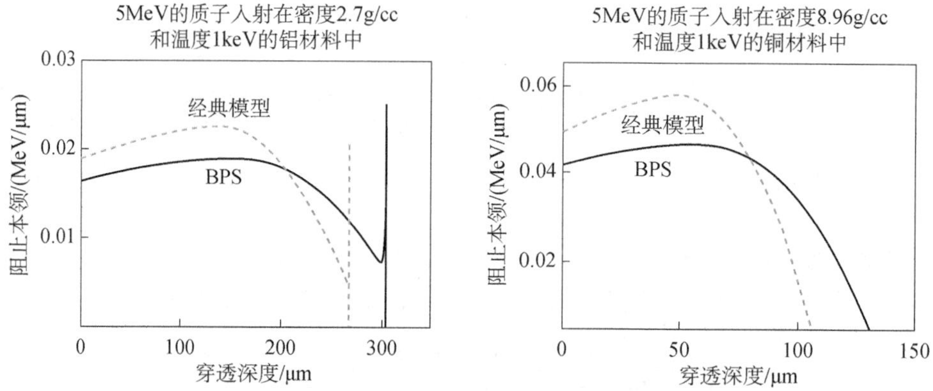

图7.7 BPS模型与经典模型结果对比

不同阻止本领模型下的射程对比。束缚电子阻止本领模型和自由电子阻止本领模型，对低能量离子在高温情况下的结果存在着很大差异，应该同时考虑束缚电子和自由电子对阻止本领的贡献。其中自由电子阻止本领一般采用BPS模型和经典模型，束缚电子采用BC模型。SCAALP为量子理论模型。图7.8给出了不同能量质子束入射到固体Al靶中射程随温度变化的关系，质子能量取为1MeV、

3MeV、5MeV，图中将不同阻止本领模型的计算结果进行了比对。可以发现，低温情形下，不同模型间的差别不大，这是因为低温情形下阻止本领主要由束缚电子的贡献决定。在高温情形下，尤其是对于低能质子束，不同模型间的结果就出现了差异。与SCAALP模型相比，Kim的结果高估了，经典模型+BC的结果则低估了，而BPS+BC的结果可以与SCAALP符合得很好。

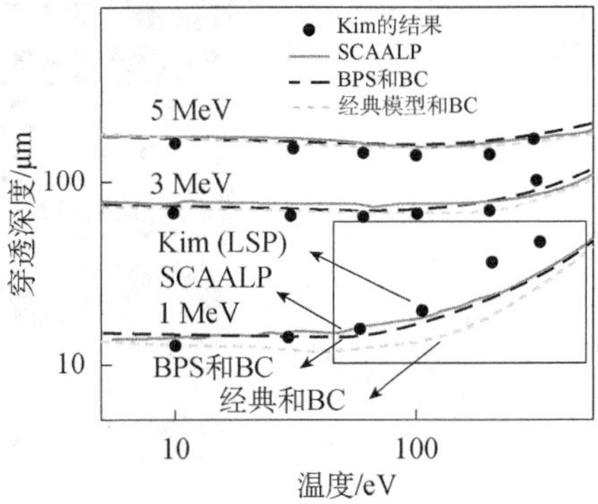

图 7.8　不同能量质子束在固体 Al 中的射程随温度的变化
各种阻止本领模型结果的比对

7.3　强流粒子束的欧姆加热

在强流粒子束输运中，除了上面两节描述的二体碰撞对入射粒子的能量阻止外，由电流引起集体相互作用导致的能量阻止作用也不可忽略。例如，强流粒子束在等离子体中输运时，单位长度上的能量损失为

$$-\left.\frac{\mathrm{d}E}{\mathrm{d}x}\right|_{\mathrm{ohm}}=e\eta(T)j \tag{7.3.1}$$

其中，$\eta(T)$ 为等离子体的电阻率，j 为电流密度。

强流粒子束输运中，碰撞引起的能量沉积（单位时间单位体积的热量）为

$$\rho c_v\left.\frac{\mathrm{d}T}{\mathrm{d}t}\right|_{\mathrm{drag}}=\frac{j}{e}\left|\frac{\mathrm{d}E}{\mathrm{d}x}\right|_{\mathrm{drag}}=\eta(T)j^2 \tag{7.3.2}$$

这种集体相互作用引起的能量沉积，也叫欧姆加热。

（1）电流的影响。在以往的束-等离子体相互作用研究中，人们只考虑库仑碰撞，直到最近，Kim 等的研究发现了阻尼磁场效应。研究了能量为 5MeV 的准直质子束入射到固体 Al 靶中的情况，质子束的电流密度范围为 $10^9\sim10^{13}$ A/cm^2。如图 7.9 所示，当质子电流密度为 10^{11} A/cm^{2}时，质子射程出现明显的拉长效应，质子束被自生磁场压缩（箍缩）。质子路径上材料温升。图 7.10 给出了不同电流

密度情况下质子在固体Al靶中的最大射程和最高温度。电流密度越大，质子数在Al靶中的最大射程和靶的最高温度均越来越大。

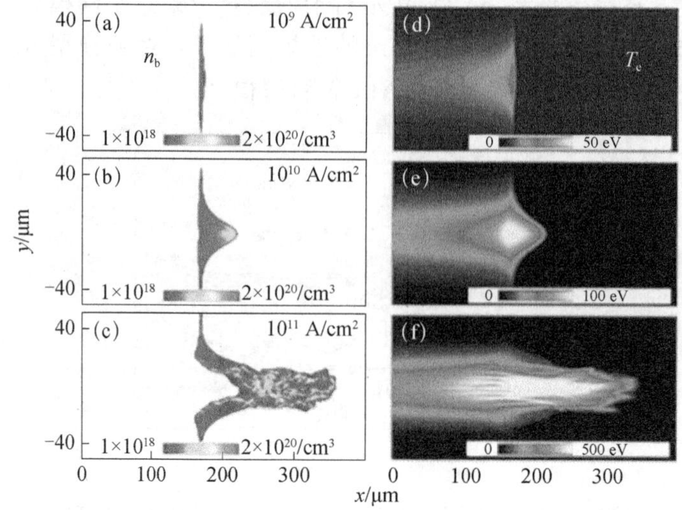

图7.9 不同电流密度的质子在固体Al靶中传输时离子束密度（左边）和靶温度（右边）分布（彩图请扫封底二维码）

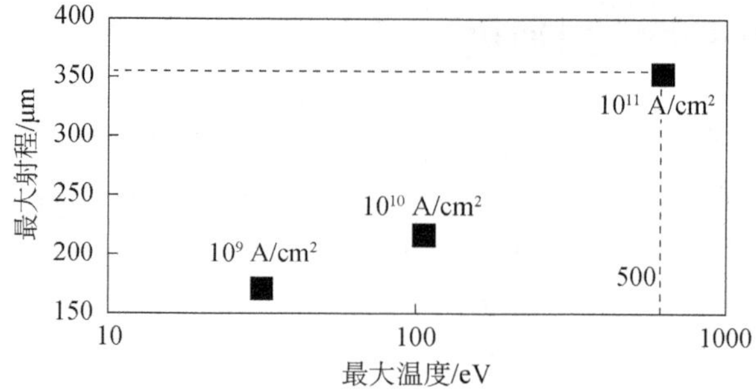

图7.10 不同电流密度的质子在固体Al靶中最大射程和最高温度

（2）离子能量和背景温度的影响。质子束在固体铝传输时会对铝加热，图7.11给出了质子束欧姆加热和碰撞加热的比值随质子束电流密度的变化关系，其中质子的能量分别为0.5MeV和5MeV，Al靶温度分别取10 eV和100 eV。由图可见，两种加热效应的比值与电流密度呈线性关系。电流密度越大，比值越大，这个特点与式（7.3.1）给出的结果相符。

图7.12给出了电流密度为10^{12} A/cm^2，平均能量为5MeV的质子束入射到Al靶时，靶的温度随距离的分布（t=1ps），分别考虑有无自生场情形。考虑了自生场后，靶的温度略微提高，但是幅度不大，可以忽略。

如图7.13所示为5MeV质子束在Al靶中传输时靶温度和自生磁场演化（t=17ps）。

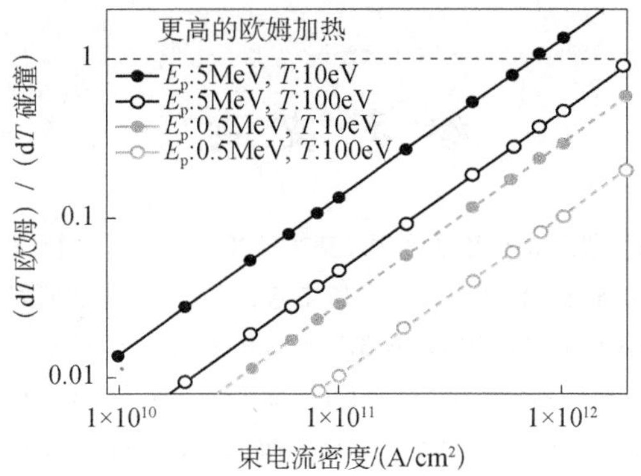

图 7.11　质子束欧姆加热和碰撞加热的比值随质子束电流密度的变化

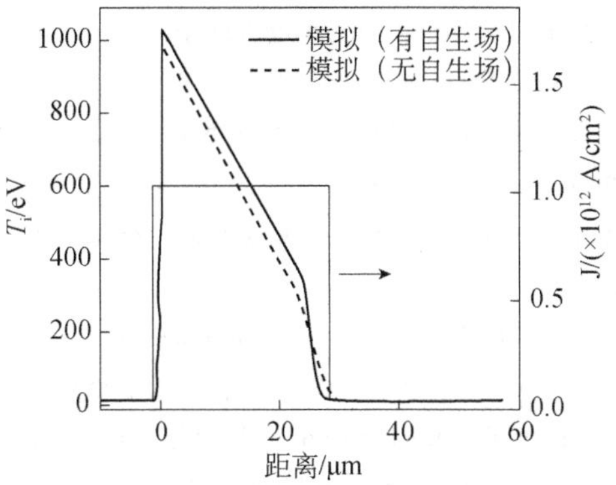

图 7.12　质子束入射到 Al 靶时，靶的温度随距离的分布

其中（a）～（d）束斑FWHM=28μm，（e）～（h）束斑FWHM=14μm。相比阻止本领固定模型，动态阻止本领模型中质子束的入射深度显著增大。质子束能激光环向自生磁场，磁场对束靶的箍缩作用导致束尺寸显著减小，背景局部离子温度升高，也增大了质子束的入射深度。

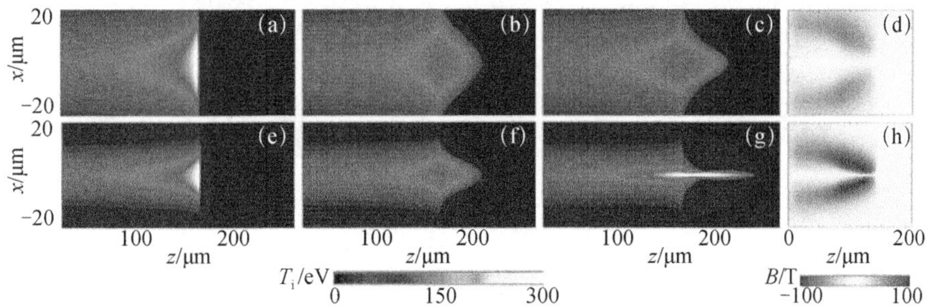

图 7.13　能量 5MeV 的质子束在 Al 靶中传输时靶温度和自生磁场演化（彩图请扫封底二维码）

（a）和（e）为不考虑自生场且阻止本领固定，（b）和（f）为不考虑自生场且采用动态变化的阻止本领，（c）和（g）为考虑自生场且采用动态变化的阻止本领，（d）和（h）为自生磁场分布，（a）～（d）为离子束束斑 FWHM=28μm，（e）～（h）束斑 FWHM=14μm

参 考 文 献

王伟权. 2018. 超强激光驱动强流离子束的产生及其在等离子体中的输运研究. 长沙：国防科技大学.

杨晓虎. 2012. 超强激光与等离子体相互作用中超热电子的产生和输运研究. 长沙：国防科技大学.

Barriga-Carrasco M D, Maynard G. 2005. A 3D trajectory numerical simulation of the transport of energetic light ion beams in plasma targets. Laser and Particle Beams, 23: 211.

Brown L S, Preston D L, Singleton R L. 2005. Charged particle motion in a highly ionized plasma. Physics Reports, 410: 237.

Faussurier G, Blancard C, Cossé P, et al. 2010. Equation of state, transport coefficients, and stopping power of dense plasmas from the average-atom model self-consistent approach for astrophysical and laboratory plasmas. Physics of Plasmas, 17: 052707.

Fraley G, Linnebur E, Mason R, et al. 1974. Thermonuclear burn characteristics of compressed deuterium-tritium microspheres.Phys. Fluids, 17: 474.

Gauthier M, Blancard C, Chen S N, et al. 2013. Stopping power modeling in warm and hot dense matter. High Energy Density Physics, 9: 488.

Kim J, Qiao B, McGuffey C, et al. 2015. Self-consistent simulation of transport and energy deposition of intense laser-accelerated proton beams in solid-density matter. Physical Review Letters, 115: 054801.

Mehlhorn T A. 1981. A finite material temperature model for ion energy deposition in ion-driven inertial confinement fusion targets. Journal of Applied Physics, 52: 6522.

第8章　流体力学自相似理论及应用

8.1　量纲和量纲分析

物理学中涉及的变量有一个重要的特征，那就是物理量有单位。物理量又分为基本物理量和导出物理量。当基本物理量的单位选定后，则导出物理量的单位就是这些基本物理量单位的组合。力学中有三个基本物理量——长度、时间和质量，这三个基本物理量的单位有不同的量纲——长度量纲L、时间量纲T和质量量纲M。其余物理量为导出量，例如速度、动量、能量、力等。任意力学量的量纲都可由上述三个基本量纲导出。例如，密度的量纲为[密度]$= ML^{-3}$，压强的量纲为[压强]$= ML^{-1}T^{-2}$，速度的量纲为[速度]$= LT^{-1}$，能量的量纲为[能量]$= ML^2T^{-2}$。

定理　任意一个力学量a的量纲$[a]$是基本量纲的幂函数

$$[a] = M^{\alpha}L^{\beta}T^{\gamma} \tag{8.1.1}$$

其中，指数α、β、γ是常数。这个定理来自如下物理事实，当改变LMT量纲系统的测量单位时，任意物理量的值按比例变化，但其量纲不变。例如，假设桌子的长度X为1米，若测量单位用m，则X的值为1，若测量单位用cm，则X的值为100，量纲均是长度量纲L。

【证明】设物理量a的量纲函数为

$$[a] = a(L,M,T) \tag{8.1.2}$$

在LMT系统中，任取一种单位制作为标准单位制，如千克·米·秒制，物理量的值为a。选择其他两种不同的单位制，如克·厘米·秒制，或磅·英尺·秒制，则同一个物理量a在两种其他单位制下的值分别为

$$a_1 = a(L_1,M_1,T_1),\quad a_2 = a(L_2,M_2,T_2) \tag{8.1.3}$$

其中，L_1、L_2、M_1、M_2、T_1、T_2分别是新单位制与标准单位制之间的比例系数。因此，同一个物理量a在两种其他单位制下不同值的比为

$$\frac{a_2}{a_1} = \frac{\phi(L_2,M_2,T_2)}{\phi(L_1,M_1,T_1)} \tag{8.1.4}$$

$\phi(L_2,M_2,T_2)$是物理量a在单位制(L_2,M_2,T_2)下数值的比例系数。注意到标准单位制的选择是任意的，若以L_1、M_1、T_1为标准单位

$$a_2 = a_1\left(L_2 / L_1, M_2 / M_1, T_2 / T_1\right) \tag{8.1.5}$$

得到如下方程

$$\frac{\phi(L_2, M_2, T_2)}{\phi(L_1, M_1, T_1)} = \phi(L_2 / L_1, M_2 / M_1, T_2 / T_1) \tag{8.1.6}$$

将方程两端对 L_2 微商后，再令 $L_2 = L_1 = L$，$M_2 = M_1 = M$，$T_2 = T_1 = T$，有

$$\frac{\partial\phi(L, M, T) / \partial L}{\phi(L, M, T)} = \frac{1}{L}\frac{\partial\phi(1,1,1)}{\partial L} = \frac{\alpha}{L} \tag{8.1.7}$$

其中，$\alpha = \partial_L \phi(1,1,1)$ 是一个与 L, M, T 无关的常数。对上述方程积分，得

$$\phi(L, M, T) = L^{\alpha} C_1(M, T) \tag{8.1.8}$$

对其他两个变量 M 和 T 作类似处理，我们得

$$\phi(L, M, T) = C_3 L^{\alpha} M^{\beta} T^{\gamma} \tag{8.1.9}$$

在标准单位制中 $L = M = T = 1$，比例系数 $\phi = 1$，故 $C_3 = 1$。由此得到结论——任意一个力学量 a 的量纲 $[a]$ 是基本量纲的幂函数

$$[a] = M^{\alpha} L^{\beta} T^{\gamma} \tag{8.1.10}$$

【证毕】

一个物理定律通常表述成若干物理量之间满足的数学关系式。例如，在研究任意一个具体物理现象的运动规律时，总希望找到刻画该物理现象的若干物理量之间的关系，即找到待求物理量 a 与 $k+m$ 个已知物理量的函数关系式

$$a = f\left(a_1, \ldots, a_k, a_{k+1}, \cdots, a_{k+m}\right) \tag{8.1.11}$$

其中，$k+m$ 个自变量 $a_1, \cdots, a_{k+m}$ 称为控制参数（governing parameter）。例如，在流体力学中，控制参数通常是时间、坐标，以及由问题的边界条件和初值条件带来的物理量。

物理量最重要的特征是有单位，单位有量纲。物理量分为基本量和导出量。基本量的单位构成单位制。选定基本量和单位制后，导出量的单位可用基本单位表示。例如，力学中有长度、质量和时间三个基本量，长度 x 的单位是米或厘米，量纲是 L，时间 t 的单位是秒或小时，量纲是 T。速度 $v = \mathrm{d}x/\mathrm{d}t$ 是导出量，其量纲为 $[v] = LT^{-1}$。一个物理量的单位可以变，但其量纲是唯一的。例如，当长度和时间单位改变时，虽然速度 v 的测量值改变，但速度的量纲 $[v] = LT^{-1}$ 始终不变。可见，量纲是一个物理量不受单位变换而改变的一种品性。另外，物理定律不依赖于测量单位的选择。为了数值分析方便，一般把物理量化成无纲量，因为无纲量为测量单位变换下的不变量，故一个物理规律最终可用无纲量间的关系式来表达。

设式（8.1.11）所含的 $k+m$ 个控制参数中，有 k 个控制参数 $a_1, \cdots, a_k$ 的量纲

是相互独立的，剩余 m 个控制参数 a_{k+1}, $\cdots$, a_{k+m} 的量纲必然可以表示为 k 个量纲相互独立的控制参数 a_1, $\cdots$, a_k 量纲的幂函数，即

$$[a_{k+1}]=\prod_{j=1}^{k}[a_j]^{\alpha_{1,j}},\ [a_{k+2}]=\prod_{j=1}^{k}[a_j]^{\alpha_{2,j}},\cdots,\ [a_{k+m}]=\prod_{j=1}^{k}[a_j]^{\alpha_{m,j}} \tag{8.1.12}$$

同样，待求物理量 a 的量纲也必然能表示为 k 个控制参数 a_1, $\cdots$, a_k 量纲的幂函数

$$[a]=\prod_{j=1}^{k}[a_j]^{\alpha_j} \tag{8.1.13}$$

利用 k 个量纲相互独立的控制参数 a_1, $\cdots$, a_k，引入 m+1 个无量纲物理量（以下简称无纲量）

$$\varPi=\frac{a}{\prod_{j=1}^{k}a_j^{\alpha_j}},\quad \varPi_i=\frac{a_{k+i}}{\prod_{j=1}^{k}a_j^{\alpha_{i,j}}}\qquad (i=1,\cdots,m) \tag{8.1.14}$$

把式（8.1.14）代入式（8.1.11），得

$$\varPi\equiv\frac{a}{\prod_{j=1}^{k}a_j^{\alpha_j}}=\frac{1}{\prod_{j=1}^{k}a_j^{\alpha_j}}f\left(a_1,\ \cdots,\ a_k,\ \Pi_1\prod_{j=1}^{k}a_j^{\alpha_{1,j}},\cdots,\Pi_m\prod_{j=1}^{k}a_j^{\alpha_{m,j}}\right) \tag{8.1.15}$$

这就是说，无纲量 $\varPi$ 可以表示为 m 个无纲量 $\{\varPi_i\}$ 以及 k 个量纲独立的控制参数 a_1, $\cdots$, a_k 的函数，即

$$\varPi=F(a_1,\cdots,a_k,\varPi_1,\cdots,\varPi_m) \tag{8.1.16}$$

考虑到 k 个量纲独立的控制参数 $a_1,\cdots,a_k$ 的数值与单位制的选取有关，而无纲量 $\varPi$ 和 $\{\varPi_i\}$ 的值却与单位制的选取无关，因此可以断定，无纲量 $\varPi$ 一定不依赖于 k 个控制参数 a_1, $\cdots$, a_k，否则无纲量 $\varPi$ 就会与单位制选取有关，因此

$$\varPi=\varPhi(\varPi_1,\cdots,\varPi_m) \tag{8.1.17}$$

这就是 $\varPi$ 定理：在待求物理量 a 与 k+m 个已知物理量 $a_1,\cdots,a_{k+m}$ 的函数关系式 $a=f\left(a_1,\cdots,\ a_k,\ a_{k+1},\cdots,\ a_{k+m}\right)$ 中，若选取 k 个量纲独立的物理量 $a_1,\cdots,a_k$，则函数关系可以写成关于 m 个自变量 $(\varPi_1,\cdots,\varPi_m)$ 的无量纲形式 $\varPi=\varPhi(\varPi_1,\cdots,\varPi_m)$。

将式（8.1.14）代入式（8.1.17），得

$$\frac{a}{\prod_{j=1}^{k}a_j^{\alpha_1}}=\varPhi\left(\frac{a_{k+1}}{\prod_{j=1}^{k}a_j^{\alpha_{1,j}}},\cdots,\frac{a_{k+m}}{\prod_{j=1}^{k}a_j^{\alpha_{m,j}}}\right) \tag{8.1.18}$$

$\varPi$ 定理另一种表述：一个物理关系式 $f\left(a_1,\ a_2,\cdots,\ a_k,b_1,\ b_2,\cdots,\ b_m\right)=0$ 由一组 k+m 个量纲不同的物理量 $\left(a_1,\ a_2,\cdots,\ a_k,b_1,\ b_2,\cdots,\ b_m\right)$ 组成，其中有 k 个物理量 $\left(a_1,\ a_2,\cdots,\ a_k\right)$ 的量纲是相互独立的，并且选它们为基本单位量纲，那么这个物理关系式一定可以用 m 个无纲量 $(\varPi_1,\varPi_2,\cdots,\varPi_m)$ 完全表示出来，即 $F(\varPi_1,\varPi_2,\cdots,\varPi_m)=0$，其

中m个无纲量分别是k个物理量$(a_1, a_2, \cdots, a_k)$的幂函数，即

$$\Pi_i = \frac{b_i}{a_1^{\alpha_{i,1}} a_2^{\alpha_{i,2}} \cdots a_k^{\alpha_{i,k}}} = b_i \prod_{j=1}^{k} a_j^{\beta_{i,j}} \quad (i = 1, \cdots, m) \tag{8.1.19}$$

量纲分析的步骤如下：①选择量纲制，列出物理问题中所有的n个独立关键参量，确定所有n个参量的量纲；②从n个变量中适当选取k个量纲独立的参考量纲量，对余下的m=$n-k$个参量逐一构造出m个不等价的无纲量 π_j；③写出物理规律最终的无纲量间的关系。在理想情形下，m个无纲量的关系可表现为简单的幂次形式，通常称为标度律（scaling law）。

在CGS单位制（或高斯单位制）中基本单位只有3个，即量纲独立的参考量个数$k \leqslant 3$；在MKSA（米·千克·秒·安培）单位制中基本单位只有4个，$k \leqslant 4$，而在国际单位制SI中基本单位有7个，$k \leqslant 7$。基本单位的个数就是基本量纲量的个数。在力学问题中基本量纲量只有M、L、T 3个，增加基本量纲量便于讨论非力学问题，例如引入基本量纲量温度Θ，就可分析热学过程，引入基本量纲量电流，可以分析电学过程，根据Π定理，增加基本量纲量的个数k，似乎将减少无纲量的数目m。但是，物理问题的自由度不会因单位制的选择而改变，增加了基本量纲量，一般也会增加相关的物理量，如热学中引入基本量纲量温度Θ，需要相应引入有纲量的玻尔兹曼常量k_B这个新物理量，问题的自由度最终不变。

量纲制或单位制如同坐标系，物理量如同空间的矢量，物理量虽然不依赖于单位制，但物理量的表示会随单位制而变。每个物理量的量纲不依赖于量纲制中基本量单位的选择，但依赖于量纲制如MLT或$MLT\Theta$（Θ 表示温度）的选择。

例题1 利用量纲分析方法导出理想气体的压强。气体分子运动论认为压强p来自分子对器壁的碰撞，理想气体分子无大小，设分子质量为m，数密度为n，温度 θ 衡量分子运动能量。在MLT量纲制中，n=4个参量的量纲分别为$[p]=ML^{-1}T^{-2}$，$[m]=M$，$[n]=L^{-3}$，$[\theta]=ML^2T^{-2}$，量纲独立的参考量有$k=3$个，可构造出唯一的无纲量 $\Pi_0=p/n\theta$，得$p \propto n\theta$。若引入基本量纲量——温度 Θ，在$MLT\Theta$ 量纲制中，n=4个参量的量纲分别为$[p]=ML^{-1}T^{-2}$，$[m]=M$，$[n]=L^{-3}$，$[\theta]=\Theta$，量纲独立的参考量有$k=4$个，似乎不存在无纲量。但是，基本量纲量温度Θ的引入，就需要相应引入一个有纲量的新物理量——玻尔兹曼常量k_B，使$k_B\Theta$ 具有能量的量纲ML^2T^{-2}，即$[k_B]=ML^2T^{-2}\Theta^{-1}$，这样 n=5个参量中，量纲独立的参考量有$k=4$个，问题的自由度最终不变，可构造唯一的无纲量$\Pi_0=p/nk_B\theta$，得一致结果$p \propto nk_B\theta$。

例题2 利用量纲分析方法证明勾股定理。如图8.1所示，一个直角三角形的面积S由斜边c和一个锐角ϕ完全决定，各量的量纲分别为$[c]=L$，$[S]=L^2$，$[\phi]=1$。量纲独立的参考量为1，取斜边c为纲量独立的参考量，按式（8.1.19）

可分别构造 2 个无纲量 $\Pi_0=S/c^2$ 和 $\Pi_1=\phi$，按 Π定理，它们的关系可写为 $\Pi_0=f(\pi_1)$，即

$$S=c^2 f(\phi) \tag{8.1.20}$$

函数 $f(\phi)$ 的具体形式可以不知道。将原先的大直角三角形分割成与原三角形相似的两个直角三角形，则 $S=S_1+S_2$，其中 $S_1=a^2 f(\phi), S_2=b^2 f(\phi)$，因此

$$a^2+b^2=c^2 \tag{8.1.21}$$

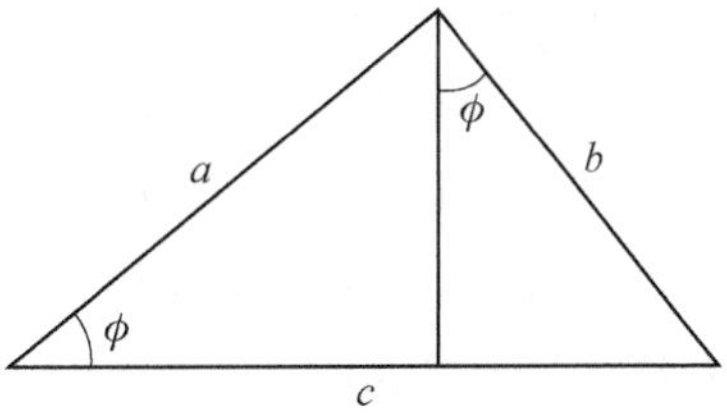

图 8.1　用量纲分析方法证明勾股定理

8.2　自相似理论

不同时刻流体力学量的空间分布是相似的，不同的只是空间的标长，这种流体运动称为自相似运动。由于流体力学方程组具有标度变化不变性，故可利用实验室产生的小尺度等离子体来研究天体物理这种大尺度对象的若干运动过程，如图 8.2 所示为超新星爆发的流体力学混合的实验室模拟。利用激光在实验室产生的小尺度等离子体来模拟大尺度的超新星爆发的流体力学混合现象。

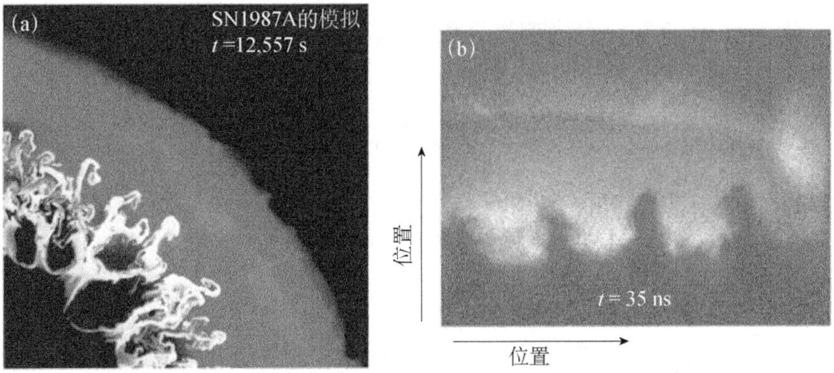

（a）来自于超新星SN1987A的流体力学混合的模拟图像

（b）在标度条件下激光实验测得的流体力学混合图像（波长为200μm的波纹）

图 8.2　超新星爆发的流体力学混合的实验室模拟

实验室激光等离子体实验涉及的特征尺度与天体等离子体特征尺度以及标度因子如表 8.1 所示，标度因子范围从 10^{-3}～10^{13}，跨度有 16 个量级。

表 8.1 实验室激光等离子体实验和天体中等离子体的特征尺度

	实验室尺度	天体尺度	标度因子
空间长度/cm	50×10^{-4}	10^{11}	2×10^{13}
密度/（g/cm³）	4	8×10^{-3}	2×10^{-3}
压强/Mbar	0.6	40	66.67
时间尺度/ns	20×10^{-9}	2×10^{3}	10^{11}
流速/（cm/s）	10^{7}	2×10^{9}	200

风洞实验也是基于流体力学方程组具有标度不变性的原理。设计大飞行器时，总是用实物的缩小版来做风洞实验，来研究真实条件下飞行器的气动特性，如图8.3所示。鉴于流体力学方程组具有标度不变性，这种缩微实验得到的物理规律是可信的，可以用来指导实际飞行器的设计工作。

图8.3 设计大飞行器时用实物的缩小版模型来做风洞实验

以一维流体力学方程组为例来详细说明自相似理论。理想气体的流体力学方程组为

$$\begin{cases}\dfrac{\partial \ln\rho}{\partial t}+u\dfrac{\partial \ln\rho}{\partial r}+\dfrac{\partial u}{\partial r}+(\nu-1)\dfrac{u}{r}=0\\ \dfrac{\partial u}{\partial t}+u\dfrac{\partial u}{\partial r}+\dfrac{1}{\rho}\dfrac{\partial p}{\partial r}=0\\ \dfrac{\partial}{\partial t}\ln(p\rho^{-\gamma})+u\dfrac{\partial}{\partial r}\ln(p\rho^{-\gamma})=0\end{cases}\tag{8.2.1}$$

其中，$\nu=1, 2, 3$分别对应一维平板、一维柱对称、一维球对称情况。三个方程三个变量ρ、u、p方程组封闭。比内能（单位质量物质的内能）为

$$\varepsilon=\frac{p}{(\gamma-1)\rho}\tag{8.2.2}$$

柱坐标下和球坐标系下，矢量的散度分别为

$$\nabla \cdot \boldsymbol{A} = \frac{1}{r}\frac{\partial}{\partial r}\left(rA_r\right) + \frac{1}{r}\frac{\partial A_\varphi}{\partial \varphi} + \frac{\partial A_z}{\partial r} \tag{8.2.3}$$

$$\nabla \cdot \boldsymbol{A} = \frac{1}{r^2}\frac{\partial}{\partial r}\left(r^2 A_r\right) + \frac{1}{r\sin\theta}\frac{\partial}{\partial \theta}\left(\sin\theta A_\theta\right) + \frac{1}{r\sin\theta}\frac{\partial A_\varphi}{\partial \varphi} \tag{8.2.4}$$

流体物理量依赖于空间坐标r，为研究自相似运动，引入无量纲坐标变量ξ，其定义为

$$\xi = \frac{r}{\ell(t)} \tag{8.2.5}$$

其中，$\ell(t)$具有长度量纲，与时间t的关系待求，$\dot{\ell}(t) = \mathrm{d}\ell(t)/\mathrm{d}t$有速度量纲。再引入无量纲密度$R(\xi)$、无量纲流速$V(\xi)$、无量纲压强$p(\xi)$，它们仅依赖于无量纲坐标变量$\xi$，将流体力学量$\rho$、$u$、$p$表示为如下形式

$$\begin{cases} \rho(r,t) = \rho_0(t)R(\xi) \\ u(r,t) = \dot{\ell}(t)V(\xi) \\ p(r,t) = \rho_0(t)[\dot{\ell}(t)]^2 P(\xi) \end{cases} \tag{8.2.6}$$

其中，$\rho_0(t)$具有密度的量纲，与时间t的关系待求。将式（8.2.6）代入流体力学方程组（8.2.1），可以得到无量纲函数$R(\xi)$、$V(\xi)$、$p(\xi)$和$\ell(t)$、$\rho_0(t)$满足的方程组

$$\begin{cases} \dfrac{\dot{\rho}_0}{\rho_0} + \dfrac{\dot{\ell}}{\ell}\left[\dfrac{\mathrm{d}V}{\mathrm{d}\xi} + (V-\xi)\dfrac{\mathrm{d}\ln R}{\mathrm{d}\xi} + (\nu-1)\dfrac{V}{\xi}\right] = 0 \\ \dfrac{\ell\ddot{\ell}}{\dot{\ell}^2}V + (V-\xi)\dfrac{\mathrm{d}V}{\mathrm{d}\xi} + \dfrac{1}{R}\dfrac{\mathrm{d}p}{\mathrm{d}\xi} = 0 \\ \dfrac{\ell}{\dot{\ell}}\dfrac{\mathrm{d}}{\mathrm{d}t}\ln(\rho_0^{1-\gamma}\dot{\ell}^2) + (V-\xi)\dfrac{\mathrm{d}\ln(pR^{-\gamma})}{\mathrm{d}\xi} = 0 \end{cases} \tag{8.2.7}$$

为了获得式（8.2.6）形式的解，方程组（8.2.7）应该能够进行分离变量。为保证式（8.2.7）是无量纲方程，我们必须令（8.2.7）第二式中的

$$\frac{\ell\ddot{\ell}}{\dot{\ell}^2} = \text{const} \tag{8.2.8}$$

当$\text{const} \neq 1$时，其解为

$$\ell(t) = At^\alpha \tag{8.2.9}$$

其中，A和α是两个常数，A有量纲，指数α无量纲。同样，我们必须令（8.2.7）第一式中的

$$\frac{\dot{\rho}_0}{\rho_0} = \text{const} \times \frac{\dot{\ell}}{\ell} \tag{8.2.10}$$

利用式（8.2.9），式（8.2.10）的解为

$$\rho_0(t) = Bt^{\beta} \tag{8.2.11}$$

其中，B和β也是两个常数，B有量纲，指数β无量纲。容易证明，当式（8.2.8）和式（8.2.10）成立时，方程（8.2.7）第三式左边的第一项自动成为常数。

自相似流的特点。自相似运动的所有标度 $\ell(t) = At^{\alpha}$ 和 $\rho_0(t) = Bt^{\beta}$ 以幂率的形式依赖于时间，而式（8.2.5）定义的自相似变量ξ有如下形式

$$\xi = \frac{r}{At^{\alpha}} \tag{8.2.12}$$

自相似运动的求解在相当程度上转化为求解幂指数α。

在Π定理（8.1.18）中，如果$m = 1$，即只有一个控制参数a_{k+1}没有独立量纲，那么物理量 f 可以表示为

$$f = \prod_{j=1}^{k} a_j^{\alpha_j} \Phi\left(\frac{a_{k+1}}{\prod_{j=1}^{k} a_j^{a_{1,j}}}\right) \tag{8.2.13}$$

此时，物理问题转化为求解只含一个无量纲变量$\xi = a_{k+1} / \prod_{j=1}^{k} a_j^{\alpha_{1,j}}$ 的函数$\Phi(\xi)$。若物理量 f 满足偏微分方程，问题最终化简为求解关于$\Phi(\xi)$的常微分方程，此时流体的运动是自相似的。

在Π定理中，函数$\Pi = \Phi(\Pi_1,\cdots,\Pi_m)$在其宗量很大或者很小时，会出现两种情况。假定$\Phi$只依赖于两个变量，即$\Phi(\Pi_1,\Pi_2)$，其中$\Pi_2 \to 0$或者$\Pi_2 \to \infty$。

情况一

$$\Phi(\Pi_1,\Pi_2 \to 0) \to \Phi(\Pi_1,0) \tag{8.2.14}$$

或者

$$\Phi(\Pi_1,\Pi_2 \to \infty) \to \Phi(\Pi_1,\infty) \tag{8.2.15}$$

此时问题是自相似的，而且自相似自变量Π_1完全由量纲分析方法得到。

情况二

$$\Phi(\Pi_1,\Pi_2 \to 0) \to \Pi_2^{\beta}\Phi\left(\frac{\Pi_1}{\Pi_2^{\gamma}}\right) \tag{8.2.16}$$

此时问题也是自相似的，但指数β和γ不能通过量纲分析得到，须对具体问题所满足的方程进行计算才能得到。

对于流体动力学而言，无论是情况一还是情况二，自相似自变量都将具有方程（8.2.7）的形式。对情况一，指数α由量纲分析方法得到。对情况二，指数α由运动方程的本征值得到。

例题 3　中心绝热稀疏波

沿 x 方向的无限长圆柱形管道中，$t = 0$ 时在 $x \geqslant 2$ 的管道内充满密度为ρ_0、压强为 p_0 且静止的均匀理想气体，而$x < 0$的空间是真空。求$t > 0$ 以后时

刻流体的运动。

在这个问题中，控制参数有四个，即坐标 x、时间 t 以及初始时刻的密度 ρ_0 和压强 p_0，因此流体的物理量——密度、压强和流速可以表达为控制变量的函数，即

$$\begin{cases}\rho = \rho(\rho_0, p_0, x, t) \\ p = p(\rho_0, p_0, x, t) \\ u = u(\rho_0, p_0, x, t)\end{cases} \tag{8.2.17}$$

各个变量的量纲为 $[x] = L$，$[t] = T$，$[u] = LT^{-1}$，$[\rho] = [\rho_0] = ML^{-3}$，$[p] = [p_0] = ML^{-1}T^{-2}$。

四个控制参数 x、t、ρ_0、p_0 中，只有三个参数的量纲是独立的。以 t、p_0、p_0 为量纲独立的控制参数，容易证明，非独立量纲的参数 x 的量纲可写为

$$[x] = [\rho_0]^{-1/2}[p_0]^{1/2}[t]^1 \tag{8.2.18}$$

引入无量纲长度变量 ξ

$$\xi = \frac{x}{(p_0/\rho_0)^{1/2} t} = \frac{x}{c_{s0} t} \tag{8.2.19}$$

其中，$(p_0/\rho_0)^{1/2} = c_{s0}$ 为声速，则待求物理量 ρ、p 和 u 可以写为

$$\begin{cases}\rho = \rho_0 \Phi_1(\xi) \\ p = p_0 \Phi_2(\xi) \\ u = (p_0/\rho_0)^{1/2} \Phi_3(\xi)\end{cases} \tag{8.2.20}$$

其中，$\Phi_1(\xi)$、$\Phi_2(\xi)$、$\Phi_3(\xi)$ 分别为无量纲密度、压强和流速，则一维平板情况下的理想流体力学方程组（8.2.1）的无量纲形式为

$$\begin{cases}\dfrac{d}{d\xi}(\Phi_1\Phi_3) - \xi \dfrac{d\Phi_1}{d\xi} = 0 \\ \Phi_1\left(\dfrac{1}{2}\dfrac{d\Phi_3^2}{d\xi} - \xi \dfrac{d\Phi_3}{d\xi}\right) = -\dfrac{d\Phi_2}{d\xi} \\ \Phi_2 \Phi_1^{-\gamma} = 1\end{cases} \tag{8.2.21}$$

消去 $\Phi_2(\xi)$，得

$$\begin{cases}(\Phi_3 - \xi)\dfrac{d\Phi_1}{d\xi} + \Phi_1 \dfrac{d\Phi_3}{d\xi} = 0 \\ \gamma \Phi_1^{\gamma-2}\dfrac{d\Phi_1}{d\xi} + (\Phi_3 - \xi)\dfrac{d\Phi_3}{d\xi} = 0\end{cases} \tag{8.2.22}$$

要得到 $\Phi_1(\xi)$、$\Phi_3(\xi)$ 的非平凡解，要求系数行列式为零，即

$$\Phi_3 = \xi \pm \gamma^{1/2} \Phi_1^{(\gamma-1)/2} \tag{8.2.23}$$

代入到（8.2.22）的第一式，可得无量纲密度 $\Phi_1(\xi)$ 的方程

$$\gamma^{1/2}\frac{\mathrm{d}\Phi_1^{(\gamma+1)/2}}{\mathrm{d}\xi}=\pm\Phi_1 \tag{8.2.24}$$

整理得

$$\frac{\gamma+1}{\gamma-1}\mathrm{d}\Phi_1^{(\gamma-1)/2}=\pm\frac{1}{\gamma^{1/2}}\mathrm{d}\xi \tag{8.2.25}$$

积分后得无量纲密度

$$\Phi_1(\xi)=\left(\frac{\gamma-1}{\gamma+1}\frac{\xi_0\pm\xi}{\gamma^{1/2}}\right)^{2/(\gamma-1)} \tag{8.2.26}$$

积分常数ξ_0和符号由初始条件决定。于是得密度的时空演化规律为

$$\rho(x,t)=\rho_0\left(\frac{\gamma-1}{\gamma+1}\frac{\xi_0}{\gamma^{1/2}}\pm\frac{\gamma-1}{\gamma+1}\frac{x}{c_{s0}t}\right)^{2/(\gamma-1)} \tag{8.2.27}$$

将式（8.2.26）代入式（8.2.23）可得无量纲流速$\Phi_3(\xi)$，进而由式（8.2.20）得到流速

$$u(x,t)=(p_0/\rho_0)^{1/2}\Phi_3(\xi)=p_0/\rho_0)^{1/2}\left(\xi\pm\gamma^{1/2}\Phi_1^{(\gamma-1)/2}\right) \tag{8.2.28}$$

另外，由（8.2.21）第三式$\Phi_2\Phi_1^{-\gamma}=1$，得无量纲压强$\Phi_2=\Phi_1^{\gamma}$，再由式（8.2.20）得到压强

$$p(x,t)=p_0\Phi_2(\xi)=p_0\Phi_1^{\gamma}(\xi) \tag{8.2.29}$$

8.3 内爆过程的自相似性

利用流体力学自相似理论，可以把OMEGA装置的结果外推到NIF能量的直接驱动模型。如图8.4所示，OMEGA装置的激光能量为26kJ，聚变靶丸的直径为0.86mm，NIF装置的激光能量为1.9MJ（OMEGA激光能量的73倍），聚变靶丸的直径为3.6mm。能不能通过流体力学自相似理论，根据OMEGA装置的结果推测出NIF装置的结果？

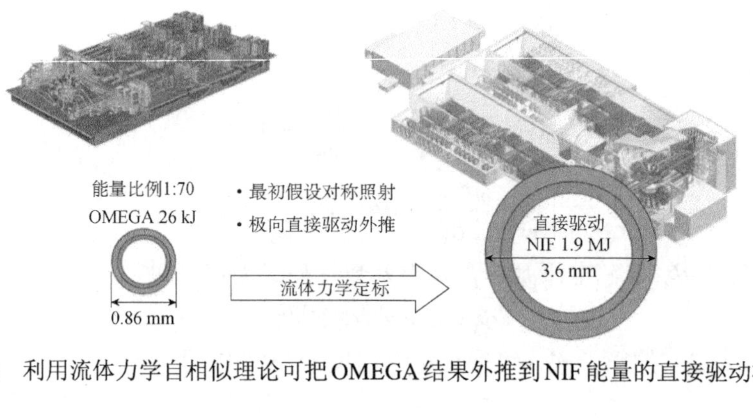

图8.4 利用流体力学自相似理论可把OMEGA结果外推到NIF能量的直接驱动模型

首先我们看，Euler观点下的流体力学方程组为

$$\frac{\partial\rho}{\partial t}+\nabla\cdot(\rho\boldsymbol{v})=0 \tag{8.3.1}$$

$$\rho\left(\frac{\partial\boldsymbol{v}}{\partial t}+\boldsymbol{v}\cdot\nabla\boldsymbol{v}\right)+\nabla p=0 \tag{8.3.2}$$

$$\frac{\partial}{\partial t}\left(\frac{3}{2}p+\frac{1}{2}\rho v^2\right)+\nabla\cdot\left[\boldsymbol{v}\left(\frac{5}{2}p+\frac{1}{2}\rho v^2\right)\right]=0 \tag{8.3.3}$$

是标度不变（scale invariant）的，只依赖于单个无量纲量，这个无量纲量就是马赫数

$$Ma^2=\frac{\rho_0 V_i^2}{p_{\mathrm{A}}} \tag{8.3.4}$$

其中，ρ_0、V_i、p_{A}为密度、流速和压强的参考值（可以取最大内爆速度，烧蚀压强）。引入无量纲时空坐标和无量纲密度、流速和压强

$$\begin{cases}\hat{r}=r/R_0, & \tau=tV_i/R_0, & \hat{\nabla}=R_0\nabla\\ \hat{\rho}=\rho/\rho_0, & \hat{\boldsymbol{v}}=\boldsymbol{v}/V_i, & \hat{p}=p/p_{\mathrm{A}}\end{cases} \tag{8.3.5}$$

则Euler观点下的流体力学方程组（8.3.1）～（8.3.3）的无量纲形式为

$$\frac{\partial\hat{\rho}}{\partial\tau}+\hat{\nabla}\cdot(\hat{\rho}\hat{\boldsymbol{v}})=0 \tag{8.3.6}$$

$$Ma^2\hat{\rho}\left(\frac{\partial\hat{\boldsymbol{v}}}{\partial\tau}+\hat{\boldsymbol{v}}\cdot\hat{\nabla}\hat{\boldsymbol{v}}\right)+\hat{\nabla}\hat{p}=0 \tag{8.3.7}$$

$$\frac{\partial}{\partial\tau}\left(\frac{3}{2}\hat{p}+Ma^2\frac{1}{2}\hat{\rho}\hat{\boldsymbol{v}}^2\right)+\hat{\nabla}\cdot\left[\hat{\boldsymbol{v}}\left(\frac{5}{2}\hat{p}+Ma^2\frac{1}{2}\hat{\rho}\hat{\boldsymbol{v}}^2\right)\right]=0 \tag{8.3.8}$$

可见，任意两个系统的流体力学运动，只要保持它们的马赫数不变，就会有相似的内爆规律。

对理想气体，没有耗散（即无黏性和热传导）且没有源（或壑）时，熵为常数，压强与密度的关系为$p\sim\alpha\rho^{5/3}$（见式（2.3.8）），即

$$\rho_0\sim(p_{\mathrm{A}}/\alpha)^{3/5} \tag{8.3.9}$$

则式（8.3.4）变为

$$Ma^2=\frac{\rho_0 V_i^2}{p_{\mathrm{A}}}\sim\left(\frac{p_{\mathrm{A}}}{\alpha}\right)^{3/5}\frac{V_i^2}{p_{\mathrm{A}}}=\frac{V_i^2}{\alpha^{3/5}p_{\mathrm{A}}^{2/5}} \tag{8.3.10}$$

可见，等效流体内爆（自相似内爆）需满足三个条件：①相同的内爆速度V_i；②相同的烧蚀压p_{A}；③相同的熵因子α。

对于自相似内爆过程，它们的马赫数相同（因为α、V_i、p_A相同），故内爆滞止压强p_{stag}和滞止密度ρ_{stag}也是相同的，这是因为滞止压强和密度由α、p_A、Ma决定，即

$$p_{stag} = p_A Ma^{3\sim4} \tag{8.3.11}$$

$$\rho_{stag} = \rho_0 Ma^{1\sim2} \tag{8.3.12}$$

其中，$\rho_0 \sim (p_A/\alpha)^{3/5}$由式（8.3.9）给出。

对于自相似内爆过程，由于流体力学过程是相似的，经典流体不稳定性增长因子$e^{\gamma t}$也是相同的

$$\frac{\eta_{stag}}{\eta_0} = e^{\gamma t} \tag{8.3.13}$$

其中

$$\gamma = \sqrt{A_T kg} \tag{8.3.14}$$

自相似内爆要求有相同的烧蚀压力p_A，这等价于要求有相同的激光强度I_L或相同的辐射温度T_{rad}即

$$I_L = 常数\ （直接驱动），或\ T_{rad} = 常数\ （间接驱动） \tag{8.3.15}$$

这是因为烧蚀压力p_A

$$p_A \sim I_L^{2/3}\ （直接驱动），\quad p_A \sim T_{rad}^3\ （间接驱动）$$

因此，自相似内爆的质量烧蚀率是相同的，因为

$$\dot{m}_A \sim I_L^{1/3}\ （直接驱动），\quad \dot{m}_A \sim T_{rad}^3\ （间接驱动）$$

R-T不稳定性的烧蚀致稳速率也是一样的

$$V_A \sim \frac{\dot{m}_A}{\rho_0} \sim \frac{I_L^{1/3}}{(p_A/\alpha)^{3/5}} \sim I_L^{-1/15}\alpha^{3/5}$$

自相似内爆要求有相同的内爆速度V_i，这等价于要求吸收的激光能量与壳层的质量成比例，即

$$E_L / M_{sh} = 常数 \tag{8.3.16}$$

这是因为内爆速度V_i满足能量守恒方程

$$\frac{1}{2}M_{sh}V_i^2 \sim \eta_{hydro}E_{abs} = \eta_{hydro}\eta_{abs}E_L$$

如果吸收系数是标度不变的，则$V_i^2 \sim E_L / M_{sh} = 常数$。

等熵因子α与初始冲击波相关，即与初始烧蚀压强度P_A有关，因为$P_A \sim I_L^{2/3}$，

即α取决于激光光强。

式（8.3.5）定义了无量纲时间

$$\tau = tV_i / R_0$$

对相同的内爆速度V_i和相同的无量纲时间τ，内爆的真实时间t与靶丸半径成正比，即

$$t = \tau \frac{R_0}{V_i} \tag{8.3.17}$$

激光强度I_L相同时，所需激光功率与靶的表面积成正比

$$P_L \sim I_L R_0^2 \tag{8.3.18}$$

所需激光能量E_L与体积成正比，即

$$E_L \sim I_L R_0^2 t \sim I_L R_0^3 \tag{8.3.19}$$

结论：保持激光光强I_L不变，质量M、体积V、半径R_0、激光功率P_L、时间t与激光能量E_L的标度关系为

$$\begin{cases} M \sim V \sim R_0^3 \sim E_L \\ R_0 \sim E_L^{1/3} \\ P_L \sim R_0^2 \sim E_L^{2/3} \\ t \sim R_0 \sim E_L^{1/3} \end{cases} \tag{8.3.20}$$

由

$$I_L(\tau) \sim \frac{P_L}{R_0^2} = \text{固定值} \tag{8.3.21}$$

$$\tau = tV_i / R_0 \tag{8.3.22}$$

可以得到V_i和α是相同的，为了保持相同的相对不均匀性，则只需令初始不稳定性振幅为

$$\eta(0) \sim R \sim E_L^{1/3} \tag{8.3.23}$$

表 8.2 给出了 ICF 内爆过程的流体力学标度关系以及 350nm 激光的流体等效标度关系。

表 8.2　ICF 内爆过程的流体力学标度关系以及 350nm 激光的流体等效标度关系

性能指标	标度关系	流体等效标度
流体力学效率	$\eta \approx \frac{0.051}{I_{15}^{0.25}}\left[\frac{V_{imp}(\mathrm{cm/s})}{3\times10^7}\right]^{0.75}$	常数
中子产额/（$\times10^{16}$）	$Y_{1\text{-}D} \approx \left(\frac{T_n}{4.7}\right)^{4.72}\left[\rho R_{tot(n)}\right]^{0.56}\left(\frac{m_{sh}^{stag}}{0.12}\right)$	$Y_{1\text{-}D}^{n\alpha x} \sim E_L^{3/2}$
壳层面密度/（$\mathrm{g/cm^2}$）	$(\rho R)_{max} \approx \frac{1.2}{\alpha_{inn}^{0.54}}\left[\frac{E_L(\mathrm{kJ})}{100}\right]^{0.33}\left[\frac{V_{imp}(\mathrm{cm/s})}{3\times10^7}\right]^{0.06}$	$(\rho R)_{max} \sim E_L^{1/3}$

续表

性能指标	标度关系	流体等效标度
壳层密度/(g/cm²)	$(\rho)_{\rho R} \approx \frac{425}{x_{\text{inn}}^{1.12}} I_{15}^{0.13}\left[\frac{V_{\text{imp}}(\text{cm/s})}{3\times10^7}\right]$	常数
壳层IFAR	$\text{IFAR} \approx \frac{40 I_{15}^{-0.27}}{(x_{\text{if}})^{0.72}}\left[\frac{V_{\text{imp}}(\text{cm/s})}{3\times10^7}\right]^{2.12}$	常数
热斑面密度/(g/cm²)	$\rho R_{\text{hs}} \approx \frac{0.31}{x_{\text{inn}}^{0.55}}\left[\frac{E_{\text{L}}(\text{kJ})}{100}\right]^{0.27}\left[\frac{V_{\text{imp}}(\text{cm/s})}{3\times10^7}\right]^{0.62}$	$\rho R_{\text{hs}} \sim E_{\text{L}}^{0.27}$
热斑温度/keV	$\langle T_{\text{hs}}\rangle \approx \frac{2.96}{x_{\text{inn}}^{0.15}}\left[\frac{E_{\text{L}}(\text{kJ})}{100}\right]^{0.07}\left[\frac{V_{\text{imp}}(\text{cm/s})}{3\times10^7}\right]^{1.25}$	$\langle T_{\text{hs}}\rangle \sim E_{\text{L}}^{0.07}$
热斑压力/Gbar	$\langle P_{\text{hs}}\rangle \approx \frac{345}{x_{\text{inn}}^{0.90}}\left[\frac{V_{\text{imp}}(\text{cm/s})}{3\times10^7}\right]^{1.85}$	常数
停滞壳靶比例	$A_{\text{stag}} \approx \frac{1.48}{x_{\text{inn}}^{0.19}}\left[\frac{V_{\text{imp}}(\text{cm/s})}{3\times10^7}\right]^{0.96}$	常数

例题 4　中子产额的流体相似性

美国罗切斯特大学的OMEGA装置的激光能量为E_{OMEGA} =26kJ。激光等离子体相互作用（LPI）引起的聚变能量沉积和激光散射本质上是不可扩展的流体动力，因为α粒子能量沉积依赖于壳体相对于固定平均自由路径的面积密度以及接近点火条件，而 LPI 的阈值依赖性不稳定。这意味着必须计算所有无 α 粒子沉积的流体动力量（增益除外）（无α量）。因此，在放大尺寸和能量以评估靶丸性能方面的点火条件时，需要使用按无α量给出的点火标准。

（1）无α加热时，聚变产额的流体相似性。因为聚变中子产额为

$$Y \sim \frac{n^2}{4}\langle\sigma v\rangle V\tau \sim p^2\frac{\langle\sigma v\rangle}{T^2}V\tau \tag{8.3.24}$$

NIF装置和OMEGA装置的压强p基本相同，NIF的$\langle\sigma v\rangle/T^2$大约为40%，主要是由于体积表面积比值大，$\langle\sigma v\rangle/T^2$与$E_{\text{L}}^{0.1}$成比例，体积$V$与$E_{\text{L}}$成比例，时间与$E_{\text{L}}^{1/3}$成比例，故无α加热时NIF装置的聚变中子产额为

$$Y_{\text{no}\alpha}^{\text{NIF}} \approx \left(\frac{E_{\text{NIF}}}{E_{\text{OMEGA}}}\right)^{1.43} Y_{\text{no}\alpha}^{\text{OMEGA}} \tag{8.3.25}$$

在NIF装置的激光能量达到1.9MJ时（OMEGA能量的73倍），其聚变中子产额为

$$Y_{\text{no}\alpha}^{\text{NIF}} \approx 462\times Y_{\text{no}\alpha}^{\text{OMEGA}} \tag{8.3.26}$$

即聚变中子产额从$1.6\times10^{14}\to7.39\times10^{16}$。在NIF激光能量达到2.5MJ时，其中子产额为

$$Y_{\text{no}\alpha}^{\text{NIF}} \approx 685 \times Y_{\text{no}\alpha}^{\text{OMEGA}} \tag{8.3.27}$$

即聚变中子产额从$1.6\times10^{14} \rightarrow 1.1\times10^{17}$。

（2）考虑α加热时，通过理论和流体等效性模拟，可获得NIF的内爆结果（图8.5）。

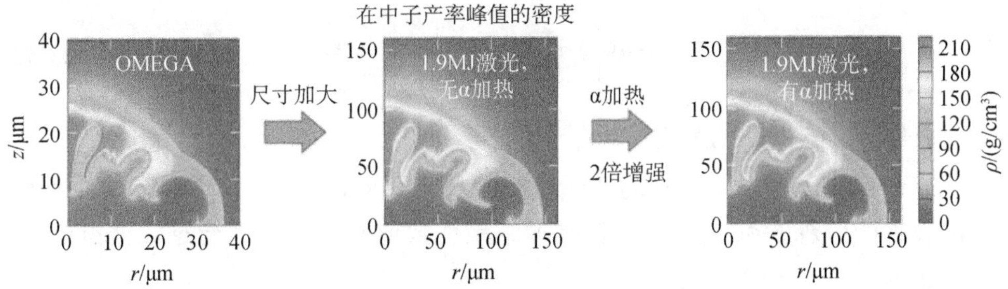

图8.5　利用流体标度模拟，可模拟出α加热下NIF装置的结果（彩图请扫封底二维码）

前面我们算出了无α加热情况下NIF装置的聚变中子产额公式（8.3.25），考虑α加热情况下，如何获得聚变中子产额呢？可以分两步完成

第一步：求出无α加热情况下NIF装置劳森参数。根据无α加热情况下劳森参数与面密度、质量和产额的关系式

$$\chi_{\text{no}\alpha}^{\text{sim}} \approx 0.49\left[(\rho\varDelta)_{\text{Sh}\left(\text{g/cm}^2\right)}^{\text{no}\alpha}\right]^{0.61}\left(\frac{Y_{\text{no}\alpha}^{(16)}}{M_{\text{Sh}}^{\text{mg}}}\right)^{0.34} \tag{8.3.28}$$

利用面密度、产额和质量的标度关系

$$\begin{cases} (\rho\varDelta) \sim E_{\text{L}}^{0.27} \\ Y_{\text{no}\alpha}^{(16)} \sim E_{\text{L}}^{3/2} \\ M_{\text{Sh}}^{\text{mg}} \sim E_{\text{L}} \end{cases} \tag{8.3.29}$$

可得无α加热情况下NIF的劳森参数

$$\chi_{\text{no}\alpha}^{\text{NIF}} \approx 0.49\left[(\rho\varDelta)_{\text{Sh}\left(\text{g/cm}^2\right)}^{\text{no}\alpha}\left(\frac{E_{\text{NIF}}}{E_{\text{OMEGA}}}\right)^{0.27}\right]^{0.61}\left[\frac{Y_{\text{no}\alpha}^{(16)}\left(\frac{E_{\text{NIF}}}{E_{\text{OMEGA}}}\right)^{3/2}}{M_{\text{Sh}}^{\text{mg}}\left(\frac{E_{\text{NIF}}}{E_{\text{OMEGA}}}\right)}\right]^{0.34}$$

化简得

$$\chi_{\text{no}\alpha}^{\text{NIF}} \approx 0.49\left[(\rho\varDelta)_{\text{Sh}\left(\text{g/cm}^2\right)}^{\text{no}\alpha}\right]^{0.61}\left(\frac{Y_{\text{no}\alpha}^{(16)}}{M_{\text{Sh}}^{\text{mg}}}\right)^{0.34}\left(\frac{E_{\text{NIF}}}{E_{\text{OMEGA}}}\right)^{0.34} \tag{8.3.30}$$

可见，无α加热情况下NIF装置的劳森参数可以通过OMEGA装置劳森参数得出，

即

$$\chi_{no\alpha}^{NIF} \approx \chi_{no\alpha}^{OMEGA}\left(\frac{E_{NIF}}{E_{OMEGA}}\right)^{0.34} \tag{8.3.31}$$

其中

$$\chi_{no\alpha}^{OMEGA} \approx 0.49\left[(\rho\Delta)_{Sh(g/cm^2)}^{no\alpha}\right]^{0.61}\left(\frac{Y_{no\alpha}^{(16)}}{M_{Sh}^{mg}}\right)^{0.34} \tag{8.3.32}$$

为无α加热情况下OMEGA装置劳森参数。

第二步：求出α加热引起的产额增益Y^{amp}。图8.6给出了Y^{amp}与无α加热情况下NIF装置的劳森参数$\chi_{no\alpha}$的解析模型结果和数值模拟结果。通过数据拟合，可得如下拟合公式

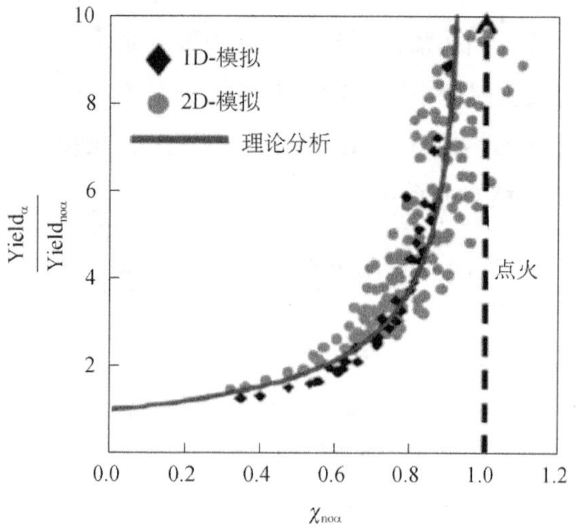

图8.6　α加热引起的产额增益Y^{amp}与劳森参数$\chi_{no\alpha}$的关系

$$Y^{amp} = \left(\frac{Y_{\alpha}}{Y_{no\alpha}}\right)_{fit} \approx \frac{1}{(1-1.04\chi_{no\alpha})^{0.75}} \tag{8.3.33}$$

则考虑α加热情况下的聚变中子产额为

$$Y_{\alpha}^{NIF} = Y_{no\alpha}^{NIF} Y^{amp} \tag{8.3.34}$$

其中，无α加热情况下NIF装置的聚变中子产额$Y_{no\alpha}^{NIF}$由式（8.3.25）给出。

由OMEGA结果可见，通过内爆过程的自相似性，外推到NIF装置的能量，可以得到α加热情况下NIF装置的聚变中子产额和聚变放能，产生的聚变能量有几百千焦量级。如图8.7所示。

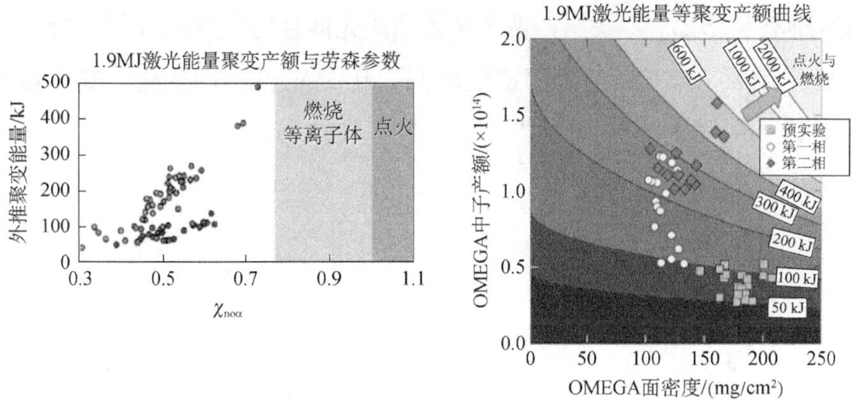

图8.7　由OMEGA结果外推α加热下NIF装置中子产额和聚变放能

例题5　基于内爆自相似性的激光波形和靶型设计（E_{OMEGA}=27kJ，E_{NIF}=1.84MJ）

图8.8给出了美国OMEGA和NIF装置的冷冻靶几何结构和材料组成，两个靶由内到外都是由DT气、DT冰、CH材料三层组成，其中，OMEGA的激光能量E_{OMEGA}=27kJ，NIF的激光能量E_{NIF}=1.84MJ。图8.9给出了针对两种靶型，要实现高效内爆等熵压缩的三尖峰激光注入波形和燃料的内爆轨迹，可以看出两个输入激光波形结构基本保持一致，得到的燃料内爆轨迹图也一致。

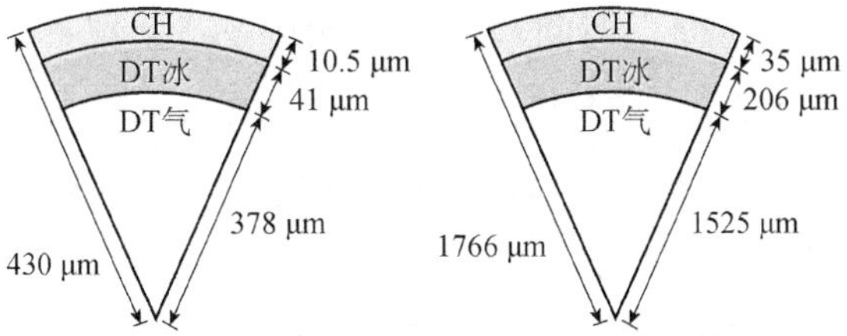

（a）OMEGA尺度冷冻靶　（b）NIF尺度冷冻靶

图8.8　冷冻靶的几何尺寸和物质组成

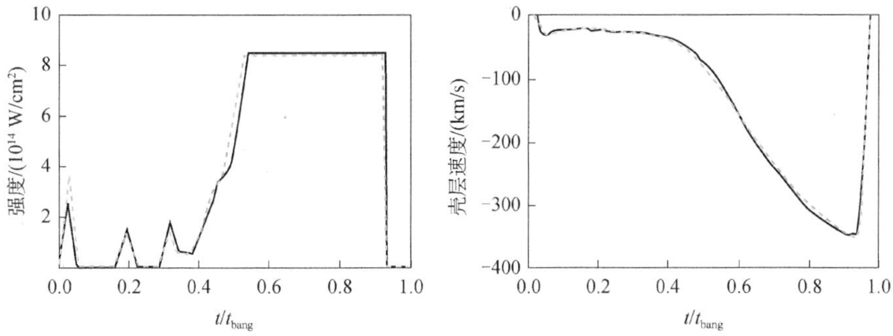

（a）　（b）

图8.9　（a）三尖峰形激光强度脉冲随归一化时间t/t_{bang}的变化；
（b）靶壳层的速度随归一化时间t/t_{bang}的变化
虚线-OMEGA尺度冷冻靶；实线-NIF尺度冷冻靶

因为面密度$(\rho R)_{\max} \sim E_L^{1/3}$，两个装置的激光能量比值为$\varepsilon \equiv E_L^{NIF} / E_L^{\Omega}$。图8.10（b）给出了用$\varepsilon^{1/3}$标度后的总面密度随归一化时间$t/t_{bang}$的变化，其中虚线表示OMEGA尺度靶，实线表示NIF尺度靶。

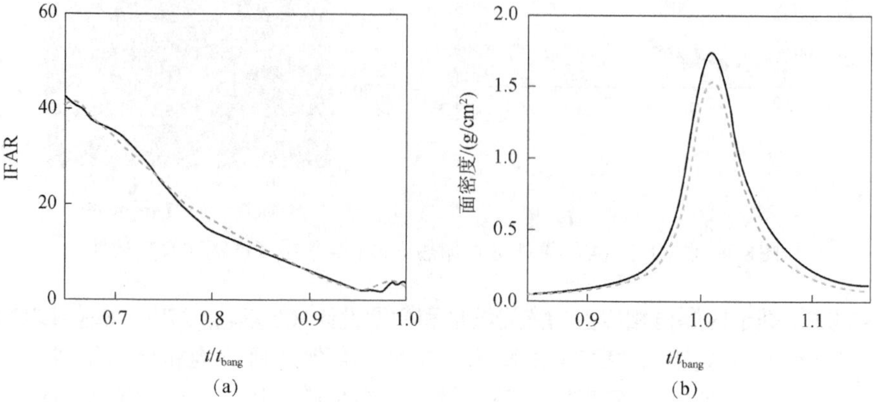

图8.10 （a）飞行形状因子IFAR随归一化时间t/t_{bang}的变化；（b）用$\varepsilon^{1/3}$标度后的总面密度随归一化时间t/t_{bang}的变化
虚线-OMEGA尺度靶；实线-NIF尺度靶

因为中子产额$Y_N \propto E_L^{3/2}$，时间$t \propto E_L^{1/3}$，故中子产生率$\propto E_L^{7/6}$，两个装置的激光能量比值为$\varepsilon \equiv E_L^{NIF} / E_L^{\Omega}$。图8.11 给出了用$\varepsilon^{7/6}$标度后的总中子产生率随归一化时间$t/t_{bang}$的变化，其中虚线表示OMEGA尺度靶，实线表示NIF尺度靶。这两条曲线之间的微小差异归因于非等效的流体辐射输运，即增加了OMEGA靶丸尺度相对于 NIF 靶丸尺度的密度梯度尺度长度的比例。

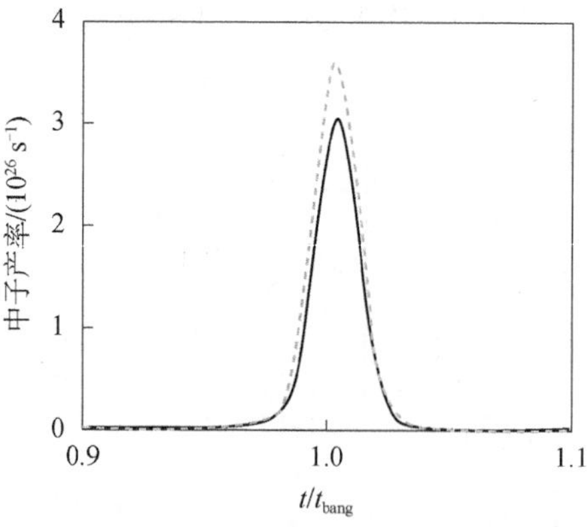

图8.11 用$\varepsilon^{7/6}$标度后的总中子产生率随归一化时间t/t_{bang}的变化
虚线-OMEGA尺度靶；实线-NIF尺度靶

参 考 文 献

梁灿彬，曹周健. 2020. 量纲理论与应用. 北京：科学出版社.

孙博华. 2016. 量纲分析与Lie群. 北京：高等教育出版社.

谈庆明. 2007. 量纲分析. 合肥：中国科技大学出版社.

赵凯华. 2007. 定性与半定量物理学. 北京：高等教育出版社.

郑坚. 惯性约束聚变原理讲义. 合肥: 中国科技大学，2016.

Betti R, Christopherson A R, Spears B. K, et al. 2015. Alpha heating and burning plasmas in inertial confinement fusion. Physical Review Letters, 114: 255003.

Bose A, Woo K M, Betti R, et al. 2016. Core conditions for alpha heating attained in direct-drive inertial confinement fusion. Physical Review E, 94: 011201(R) .

Bridgman P W. 1931. Dimensional Analysis. 2nd ed. New Haven：Yale University Press.

Fourier J B J. 1955. Analytical Theory of Heat. New York：Dover Pub.

Gopalaswamy V, Betti R, Knauer J P, et al. 2019. Tripled yield in direct-drive laser fusion through statistical modelling. Nature, 565: 581.

Nora R, Betti R, Anderson K, et al. 2014. Theory of hydro-equivalent ignition for inertial fusion and its applications to OMEGA and the National Ignition Facility. Physics of Plasmas. 21 (5): 056316.

Rayleigh J S W, Strutt B J W. The Theory of Sound. MacMillan Publishing Co.，1877

Rayleigh J S W. 1915. The principle of similitude. Nature, 95：66.

Zhou C D, Betti R. 2007. Hydrodynamic relations for direct-drive fast-ignition and conventional inertial confinement fusion implosions. Physics of Plasmas, 14: 072703.

第9章 辐射流体力学数值模拟

9.1 辐射流体力学方程组

惯性约束聚变（以下简称ICF）靶动力学涉及驱动器粒子束与靶相互作用、内爆动力学、聚变反应动力学等诸多物理问题，会遇到各种复杂的流体力学、粒子输运和辐射输运过程。计算机数值模拟是研究ICF内爆动力学和热核燃烧过程强有力的工具。因为对靶丸内爆和燃烧过程的完全描述，必须把所有相关的物理问题包含进来，物理过程精细，数学方程复杂、计算量大。只能通过大型计算机程序来进行数值模拟，再现随时空变化的全过程。

要成功模拟ICF靶的内爆过程，需要对以下问题进行精确的理论描述和数值模拟：①驱动器（激光或粒子束）与物质相互作用在靶外层区域的能量沉积问题；②将靶外层沉积的能量输运到烧蚀面涉及的带电粒子输运或热传导问题；③烧蚀层的内能向流体运动动能转换涉及的辐射流体力学问题。

内爆流体力学运动导致靶丸内聚变燃料等熵压缩到高质量密度。内爆冲击波以3×10^7cm/s的速度向靶丸中心会聚，可将已压缩的靶丸中心区域（热斑）加热到4～10keV的高温，热核燃烧开始启动，放出聚变反应能。利用α粒子动能对热斑燃料进行自加热，温度升至20keV，热斑内的聚变反应更加剧烈，产生一个向外传播的超声燃烧波。α粒子继续加热热斑外围已压缩的冷燃料，将其温度提升到点火条件，引发聚变燃烧。聚变能量增益敏感地依赖于内爆和能量输运的许多细节。

如图9.1所示，激光内爆靶丸主要由三个不同的区域构成，靶丸最外层是激光与等离子体相互作用的区域（Ⅰ区，电晕区），中间的烧蚀区域（Ⅱ区，烧蚀区）和最内的低温高密度区域（Ⅲ区）。

Ⅰ区是激光与等离子体相互作用区，驱动器的束能量主要沉积在此区域。等离子体对激光能量的吸收和能量输运，决定着该区的流体力学运动过程。该区域位于真空界面与临界面之间，临界面处电子等离子体波频率ω_{pe}等于激光频率ω_L。激光在此区被等离子体吸收，主要通过逆轫致吸收（也称为碰撞吸收）和共振吸收来实现。大多数相互作用发生在临界面附近。

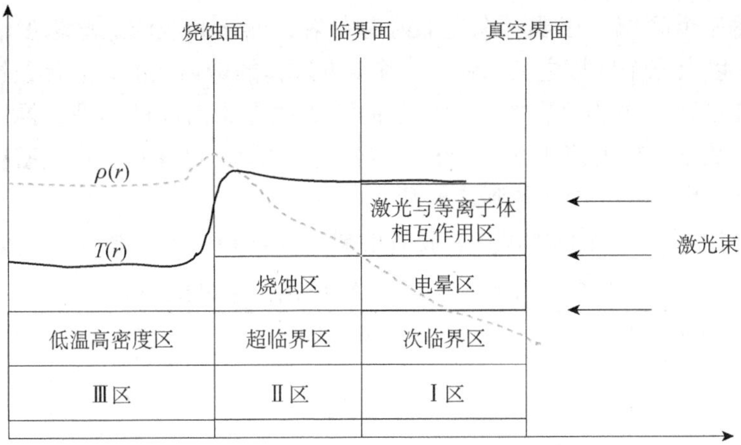

图9.1　内爆靶丸的三个不同区域

共振吸收是激光波和电子等离子体波的耦合而导致的。斜入射P极化光波与具有密度梯度的电晕区等离子体相互作用产生电子 Langmuir 波，由于等离子体对激光有折射作用，在临界面附近两者发生共振，该情况下存在一个最佳的激光入射角使共振吸收最大。

共振吸收将大量激光能量沉积在“超热电子”上，超热电子在临界面附近产生，能量比等离子体背景中的热电子能量（10～100keV）要高10～100倍，具有很长的平均自由程，可直接穿过烧蚀面，对靶丸芯部进行预热，导致内爆压缩的效果大打折扣。因此，要对超热电子的起源和输运机理进行仔细研究，趋利避害。

激光能量转化为等离子体中的电子能量的过程属于非流体力学耦合过程。但临界面附近由入射激光的强电磁场产生的“有质动力”会对流体力学压力做出贡献，“有质动力”会对临界面附近电子密度梯度分布进行改造，从而影响激光能量的逆轫致吸收和共振吸收，使激光与等离子体的耦合过程的模拟变得更加困难。

Ⅱ区是位于临界面和烧蚀面之间的烧蚀区，此区流体运动速度朝外（离心），能量流方向朝内（向心），能量流由电子热传导、超热电子直射、辐射传输过程引起。能量的输运决定了该区域的动力学。电子热传导的准确处理对内爆过程将产生极其敏感的影响，对模拟结果的正确性至关重要。超热电子直射和辐射传输这种非热能输运的适当处理也相当重要。

Ⅲ区是位于烧蚀面之内的低温高密度区。此区流体力学模型精确，但物质状态方程的合理选择很重要。在高压缩状态下，冷电子行为类似费米简并气体。另外，要注意流体不稳定性处理，因为烧蚀面上的条件与R-T不稳定性条件类似，不稳定性增长率可能足够快从而破坏对称压缩。

对上述三个区域，还要考虑光辐射的发射、输运和吸收这些辐射输运理论的问题。除了以上三个区域之外，还有一个ICF过程的最后状态，它涉及被压缩燃料的热核燃烧过程。中心热斑的点火引起的燃烧过程比内爆过程进行得更快，热核燃烧过程涉及氘氚聚变产生快中子和 α 粒子的输运，这些粒子在稠密靶丸芯部慢化，损失能量将芯部周围加热到点火温度。

表9.1列出了三个不同区域中靶物理的研究任务和所采用的研究工具。

表 9.1　靶物理的研究任务和所采用的研究工具

靶丸芯部区域（Ⅲ区）	能量输运区域（Ⅱ区）	能量沉积区域（Ⅰ区）
流体力学	流体力学	流体力学
流体力学不稳定性	电子热传导	驱动器能量沉积
冷燃料的电子和离子预热	超热电子输运	激光等离子体相互作用
等熵压缩	辐射输运	共振吸收
接近费米简并的状态方程	等离子体不稳定性	受激散射
冲击波会聚	磁场	电子密度轮廓修正
中心热斑的冲击加热	状态方程	超热电子产生
热核反应率		超热电子输运
聚变产物输运		快离子产生
热核燃烧波的传播		等离子体鞘形成
靶解体		

概括起来说，靶物理涉及的内容有：激光等离子体相互作用导致驱动器能量沉积、带电粒子（超热电子、α粒子）的产生和输运、辐射输运理论、辐射流体力学、中子输运理论和冲击波物理。《粒子输运问题的数值模拟》对带电粒子输运、辐射输运、辐射流体力学问题进行了讨论。本书主要对激光等离子体相互作用、中子输运问题进行较详细的讨论，并对辐射流体力学问题进行总结性介绍。

在激光ICF、核爆炸、高能强流粒子束与物质相互作用、高速碰撞、X射线辐照材料等物理问题中，一般会产生高温高压非平衡条件，使物质变成等离子体。可压缩流体的运动遵循流体动力学方程组，即流体质量密度、宏观速度以及温度随时空变化满足的守恒方程组——质量、动量和能量守恒方程。

高温流体物质中一般有光辐射场存在。当物质温度很高时，光辐射场的压强和能流很大，甚至对流体力学运动行为起着支配作用。另外，辐射场物理量又与流体力学状态关系密切。因此，高温流体物质中的辐射输运问题与流体力学运动问题是相互依存彼此耦合的。考虑光辐射场对流体运动影响的流体力学方程组，称为辐射流体力学方程组。

ICF的研究对象为高温等离子体，当等离子体中的带电粒子运动形成的电磁场（称为自洽场）对等离子体自身运动起重要作用时，等离子体的单粒子轨道理论不再适用，必须采用流体力学模型，该宏观模型不考虑粒子运动细节。等离子体流体与中性流体的区别是，它至少含有两种流体——电子流体和离子流体，两种流体的电荷相反，质量差别大，流体中存在电荷电流密度，电场磁场。流体运动和电磁运动相互耦合，因此需要采用磁流体力学方程组描述。

9.1.1　Euler 观点下的辐射流体力学方程组

描述流体流动的两种方法分别是 Euler 方法（或 Euler 观点）和拉格朗日（Lagrange）方法（或Lagrange观点）。Euler方法采用场的观点，它研究的并不是流体本身，而是空间场上流体物理量的时空分布（场分布）。用数学语言来说，Euler方法采用时间 t 和实验室坐标 R 为自变量，关注 t 时刻位置 $\boldsymbol{R}$ 处各种流体力学量 $L(\boldsymbol{R},t)$（可以为压强 $\boldsymbol{p}$、密度 ρ、流速 $\boldsymbol{u}$ 等）随时间的变化规律。Lagrange方法则研究运动流体本身，关注个别流体质点的运动规律。用数学语言来说，Lagrange方法用初始 $\tau=0$ 时刻流体质团在实验室空间的不同位置 $\boldsymbol{r}$ 来区分不同的质团，采用时间 τ 和坐标 $\boldsymbol{r}$ 作为与质团 $\boldsymbol{r}$ 有关的流体力学量 $L(\boldsymbol{r},\tau)$ 的自变量（流体力学 L 可以为压强 $\boldsymbol{p}$、密度 ρ、流速 $\boldsymbol{u}$ 等），关注力学量 $L(\boldsymbol{r},\tau)$ 随时间 τ 的变化规律。

可见，Lagrange方法将流体在初始时刻的位形划分成一个个的流体质团，研究每个质团对应的流体力学量随时间的变化规律，这类似于力学中对多质点系的描述方法。所不同的是，流体质团不是质点，它有体积，可被压缩，其密度和几何形状可以随时间变化。另外，与Euler方法不同的是，Lagrange方法中新增加了一个流体力学量，那就是任意时刻 τ 质团 $\boldsymbol{r}$ 在实验室坐标系的空间位置 $\boldsymbol{R}(\boldsymbol{r},\tau)$。显然，初始时刻 $\tau=0$ 时质团 $\boldsymbol{r}$ 在空间的位置坐标 $\boldsymbol{r}$ 满足方程

$$\boldsymbol{R}(\boldsymbol{r},\tau=0)=\boldsymbol{r}$$

因此Lagrange自变量 $\boldsymbol{r}$ 有双重含义，一是作为流体质团 $\boldsymbol{r}$ 的标识，二是表示流体质团在初始时刻 $\tau=0$ 时在实验室空间的位置 $\boldsymbol{R}(\boldsymbol{r},0)$。

下面讨论Euler观点下的辐射流体力学方程组。Euler观点（方法）采用的独立变量是 $(\boldsymbol{R},t)$，任何流体力学量 $L(\boldsymbol{R},t)$ 是 $(\boldsymbol{R},t)$ 的函数（如质量密度 ρ，宏观流速 $\boldsymbol{u}$，内能密度 E 等）。$L(\boldsymbol{R},t)$ 满足的质量、动量和能量守恒方程组，称为Euler流体力学方程组。不考虑高温流体的辐射贡献时，Euler流体力学方程组为

$$\begin{cases}\dfrac{\partial\rho}{\partial t}+\nabla\cdot(\rho\boldsymbol{u})=0\\ \dfrac{\partial(\rho\boldsymbol{u})}{\partial t}+\nabla\cdot(\boldsymbol{P}^0+\rho\boldsymbol{u}\boldsymbol{u})=\boldsymbol{f}\\ \dfrac{\partial}{\partial t}\left(E^0+\dfrac{1}{2}\rho\boldsymbol{u}^2\right)+\nabla\cdot\left[\left(E^0+\dfrac{1}{2}\rho\boldsymbol{u}^2\right)\boldsymbol{u}\right]+\nabla\cdot(\boldsymbol{F}^0+\boldsymbol{P}^0\cdot\boldsymbol{u})=\rho w+\boldsymbol{f}\cdot\boldsymbol{u}\end{cases}\tag{9.1.1}$$

其中，有上标“0”的力学量指流体静止坐标系（简称“0坐标系”）下测量的流体力学量。

如果考虑高温流体的辐射贡献，流体中就多了一种辐射场粒子——静止质量为0光子。“0坐标系”下，辐射场的能量密度 E_{r}^0、能量通量 $\boldsymbol{F}_{\mathrm{r}}^0$、动量通量 $\boldsymbol{P}_{\mathrm{r}}^0$ 可以通过光辐射强度 $I_\nu(\boldsymbol{r},\boldsymbol{\Omega},t)$ 计算出来

$$E_{\mathrm{r}}^0(\boldsymbol{r},t)=\frac{1}{c}\int_0^\infty \mathrm{d}\nu\int_{4\pi}\mathrm{d}\boldsymbol{\Omega} I_\nu(\boldsymbol{r},\boldsymbol{\Omega},t) \tag{9.1.2a}$$

$$\boldsymbol{F}_{\mathrm{r}}^0(\boldsymbol{r},t)=\int_0^\infty \mathrm{d}\nu\int_{4\pi}\mathrm{d}\boldsymbol{\Omega}\boldsymbol{\Omega} I_\nu(\boldsymbol{r},\boldsymbol{\Omega},t) \tag{9.1.2b}$$

$$\boldsymbol{P}_{\mathrm{r}}^0(\boldsymbol{r},t)=\frac{1}{c}\int_0^\infty \mathrm{d}\nu\int_{4\pi}\mathrm{d}\boldsymbol{\Omega}(\boldsymbol{\Omega}\boldsymbol{\Omega}) I_\nu(\boldsymbol{r},\boldsymbol{\Omega},t) \tag{9.1.2c}$$

光辐射强度 $I_\nu(\boldsymbol{r},\boldsymbol{\Omega},t)$ 的物理意义是单位时间通过（法线方向为 $\boldsymbol{\Omega}$ 的）单位面积（频率在 ν 附近单位频率间隔，方向在 $\boldsymbol{\Omega}$ 附近的单位立体角）的光辐射能量。

在实验室坐标系（简称 L 系）下，“0坐标系”的运动速度为 $\boldsymbol{u}(\boldsymbol{r},t)$，利用洛伦兹变换可导出 L 系的辐射量——能量密度、能量通量和动量通量为

$$E_{\mathrm{r}}\approx E_{\mathrm{r}}^0,\qquad \boldsymbol{F}_{\mathrm{r}}\approx \boldsymbol{F}_{\mathrm{r}}^0+\boldsymbol{P}_{\mathrm{r}}^0\cdot\boldsymbol{u}+E_{\mathrm{r}}^0\boldsymbol{u},\qquad \boldsymbol{P}_{\mathrm{r}}\approx\boldsymbol{P}_{\mathrm{r}}^0 \tag{9.1.3}$$

注意到 L 系下，辐射场贡献的质量密度和质量通量均为0，把 L 系下辐射场能量密度、能量通量、动量通量（9.1.3）加入到流体力学方程组（9.1.1）中，即得Euler观点下的辐射流体力学方程组（简称RHD方程组）

$$\begin{cases}\dfrac{\partial\rho}{\partial t}+\nabla\cdot(\rho\boldsymbol{u})=0\\[2mm] \dfrac{\partial}{\partial t}(\rho\boldsymbol{u})+\nabla\cdot\left(\boldsymbol{P}_{\mathrm{m}}^0+\boldsymbol{P}_{\mathrm{r}}^0+\rho\boldsymbol{u}\boldsymbol{u}\right)=\boldsymbol{f}\\[2mm] \dfrac{\partial}{\partial t}\left(E_{\mathrm{m}}^0+E_{\mathrm{r}}^0+\dfrac{1}{2}\rho\boldsymbol{u}^2\right)+\nabla\cdot\left[\left(E_{\mathrm{m}}^0+E_{\mathrm{r}}^0+\dfrac{1}{2}\rho\boldsymbol{u}^2\right)\boldsymbol{u}+\boldsymbol{F}_{\mathrm{m}}^0+\boldsymbol{F}_{\mathrm{r}}^0+(\boldsymbol{P}_{\mathrm{m}}^0+\boldsymbol{P}_{\mathrm{r}}^0)\cdot\boldsymbol{u}\right]\\ =\rho w+\boldsymbol{f}\cdot\boldsymbol{u}\end{cases} \tag{9.1.4}$$

RHD方程组中的3个辐射量 E_{r}^0、$\boldsymbol{F}_{\mathrm{r}}^0$、$\boldsymbol{P}_{\mathrm{r}}^0$ 由辐射输运方程提供，还要补充2个物态方程——物质压强 $\boldsymbol{P}_{\mathrm{m}}^0$ 和物质能流 $\boldsymbol{F}_{\mathrm{m}}^0$ 的方程，方程组才封闭。如果引入物质温度变量 T，则需补充3个物态方程——压强 $\boldsymbol{P}_{\mathrm{m}}^0(\rho,T)$、内能 $E_{\mathrm{m}}^0(\rho,T)$ 和能流 $\boldsymbol{F}_{\mathrm{m}}^0(\rho,T)$ 的方程，方程组才会封闭。

如果流体是磁流体，式（9.1.4）中作用在单位体积流体上的力应该包括电磁力密度（力密度：单位体积的力，高斯单位制的量纲（$\mathrm{dyne/cm^3}$））

$$\boldsymbol{f}_{\mathrm{em}}(\boldsymbol{R},t)=\rho_{\mathrm{e}}\boldsymbol{E}+\boldsymbol{j}\times\boldsymbol{B}$$

其中，$\rho_{\mathrm{e}}(\boldsymbol{R},t)$、$\boldsymbol{j}(\boldsymbol{R},t)$ 分别为磁流体中的电荷密度和电流密度。在等离子体中，一般考虑电中性条件，取 $\rho_{\mathrm{e}}(\boldsymbol{R},t)\approx0$，但电流密度 $\boldsymbol{j}(\boldsymbol{R},t)$ 不为0。对磁流体，式（9.1.4）中的能量守恒方程右侧源项包括电磁功率密度。

9.1.2　辐射流体力学方程组的随体微商形式

流体力学量 $L(\boldsymbol{R},t)$ 的随体时间微商是指，跟随流体元一起运动的观察者看到的 $L(\boldsymbol{R},t)$ 的时间变化率。因为 t 时刻某个流体元在实验室坐标系下的位置 $\boldsymbol{R}(t)$ 是随时间变化的，$t+\Delta t$ 时刻位置变为 $\boldsymbol{R}(t+\Delta t)$，位置变化率就是当地的流体速度 $\boldsymbol{u}(\boldsymbol{R},t)$，故 $L(\boldsymbol{R},t)$ 的随体时间微商定义为

$$\frac{\mathrm{d}L(\boldsymbol{R},t)}{\mathrm{d}t}=\lim_{\Delta t\to 0}\frac{L(\boldsymbol{R}(t+\Delta t),t+\Delta t)-L(\boldsymbol{R}(t),t)}{\Delta t}=\frac{\partial L(\boldsymbol{R},t)}{\partial t}+\boldsymbol{u}\cdot\nabla_{\boldsymbol{R}}L(\boldsymbol{R},t)$$

定理　在流体力学框架下，对任何力学量 $\boldsymbol{Q}$（可以是标量和矢量），有

$$\rho\frac{\mathrm{d}}{\mathrm{d}t}\left(\frac{\boldsymbol{Q}}{\rho}\right)=\frac{\partial \boldsymbol{Q}}{\partial t}+\nabla\cdot(\boldsymbol{u}\boldsymbol{Q}) \tag{9.1.5}$$

【证明】利用质量守恒方程

$$\rho\frac{\mathrm{d}}{\mathrm{d}t}\left(\frac{1}{\rho}\right)-\nabla\cdot\boldsymbol{u}=0 \tag{9.1.6}$$

和随体时间微商的定义

$$\frac{\mathrm{d}(\ )}{\mathrm{d}t}=\frac{\partial(\ )}{\partial t}+(\boldsymbol{u}\cdot\nabla)(\ ) \tag{9.1.7}$$

则式（9.1.5）的左边为

$$\rho\frac{\mathrm{d}}{\mathrm{d}t}\left(\frac{\boldsymbol{Q}}{\rho}\right)=\frac{\mathrm{d}\boldsymbol{Q}}{\mathrm{d}t}+\rho\boldsymbol{Q}\frac{\mathrm{d}}{\mathrm{d}t}\left(\frac{1}{\rho}\right)=\frac{\partial \boldsymbol{Q}}{\partial t}+(\boldsymbol{u}\cdot\nabla)\boldsymbol{Q}+\boldsymbol{Q}\nabla\cdot\boldsymbol{u} \tag{9.1.8}$$

再利用

$$\nabla\cdot(\boldsymbol{u}\boldsymbol{Q})=(\boldsymbol{u}\cdot\nabla)\boldsymbol{Q}+\boldsymbol{Q}\nabla\cdot\boldsymbol{u} \tag{9.1.9}$$

代入式（9.1.8）即得证。

根据定理（9.1.5），任意流体物理量的时间偏导数都可以化成随体时间微商的形式

$$\frac{\partial \boldsymbol{Q}}{\partial t}=\rho\frac{\mathrm{d}}{\mathrm{d}t}\left(\frac{\boldsymbol{Q}}{\rho}\right)-\nabla\cdot(\boldsymbol{u}\boldsymbol{Q}) \tag{9.1.10}$$

RHD 方程组（9.1.4）的随体时间微商形式为

$$\begin{cases}\rho\dfrac{\mathrm{d}}{\mathrm{d}t}\left(\dfrac{1}{\rho}\right)-\nabla\cdot\boldsymbol{u}=0\\[2ex] \rho\dfrac{\mathrm{d}\boldsymbol{u}}{\mathrm{d}t}+\nabla\cdot(\boldsymbol{P}_{\mathrm{m}}^0+\boldsymbol{P}_{\mathrm{r}}^0)=\boldsymbol{f}\\[2ex] \rho\dfrac{\mathrm{d}}{\mathrm{d}t}\left(\dfrac{1}{2}\boldsymbol{u}^2+\dfrac{E_{\mathrm{m}}^0+E_{\mathrm{r}}^0}{\rho}\right)+\nabla\cdot\left[\boldsymbol{F}_{\mathrm{m}}^0+\boldsymbol{F}_{\mathrm{r}}^0+(\boldsymbol{P}_{\mathrm{m}}^0+\boldsymbol{P}_{\mathrm{r}}^0)\cdot\boldsymbol{u}\right]=\rho w+\boldsymbol{f}\cdot\boldsymbol{u}\end{cases} \tag{9.1.11}$$

利用公式

$$\nabla\cdot(\boldsymbol{f}\cdot\boldsymbol{u})=\boldsymbol{u}\cdot(\nabla\cdot\boldsymbol{f})+(\boldsymbol{f}\cdot\nabla)\cdot\boldsymbol{u} \tag{9.1.12}$$

再将式（9.1.11）中的运动方程两边点乘流体宏观流速后从能量守恒方程中减去，消去动能项，可得内能守恒方程

$$\frac{\mathrm{d}}{\mathrm{d}t}(e_{\mathrm{m}}^0+e_{\mathrm{r}}^0)+\frac{1}{\rho}\nabla\cdot(\boldsymbol{F}_{\mathrm{m}}^0+\boldsymbol{F}_{\mathrm{r}}^0)+(p_m^0+p_{\mathrm{r}}^0)\frac{\mathrm{d}}{\mathrm{d}t}\left(\frac{1}{\rho}\right)=w \tag{9.1.13}$$

其中，$(e_{\mathrm{m}}^0+e_r^0)=(E_{\mathrm{m}}^0+E_r^0)/\rho$ 为单位质量的物质内能和辐射内能。上式的导出假设了压强张量为对角张量，即 $\boldsymbol{P}_{\mathrm{m}}^0=p_{\mathrm{m}}^0\boldsymbol{I}$，$\boldsymbol{P}_{\mathrm{r}}^0=p_{\mathrm{r}}^0\boldsymbol{I}$，利用了公式

$$\begin{cases}\nabla\cdot(\boldsymbol{P}_{\mathrm{m}}^0+\boldsymbol{P}_{\mathrm{r}}^0)=\nabla_{\boldsymbol{R}}(p_{\mathrm{m}}^0+p_{\mathrm{r}}^0)\\ \left[(\boldsymbol{P}_{\mathrm{m}}^0+\boldsymbol{P}_{\mathrm{r}}^0)\cdot\nabla\right]\cdot\boldsymbol{u}=(p_{\mathrm{m}}^0+p_{\mathrm{r}}^0)\nabla_{\boldsymbol{R}}\cdot\boldsymbol{u}\end{cases}$$

以及质量守恒方程。

从式（9.1.13）可见，流体物质的能量和能流与辐射场的能量和能流的地位是平等的。另外，可看出压强起两个作用，一是在式（9.1.11）的运动方程中推动流体运动做功 $\boldsymbol{u}\cdot(\nabla p)$，变成了动能；二是在内能守恒方程（9.1.13）中通过压缩流体做功 $p\nabla\cdot\boldsymbol{u}\propto p\mathrm{d}v$，变成了流体的内能。对不可压缩的流体，$\nabla\cdot\boldsymbol{u}=0$，式（9.1.13）左边最后一项为0。

若考虑流体的黏性，则物质的压强张量 $\boldsymbol{P}_{\mathrm{m}}^0$ 应加上流体的黏性应力张量 $\boldsymbol{T}$，即

$$\boldsymbol{P}_{\mathrm{m}}^0\rightarrow\boldsymbol{P}_{\mathrm{m}}^0+\boldsymbol{T}$$

当 $\boldsymbol{T}$ 为对角张量，对角元为 q 时，即 $\boldsymbol{T}=q\boldsymbol{I}$，则物质压强 $p_{\mathrm{m}}^0\rightarrow p_{\mathrm{m}}^0+q$，包括人为黏性项。

若物质处于局域热力学平衡态（LTE），则物质的比内能 e_{m}^0 可用物质局域温度 T（和质量密度 ρ）表示，式（9.1.13）中的物质内能方程可化为物质温度 T 的方程。转化过程如下。

流体物质的温度为 $\boldsymbol{T}$ 时，物质的比内能 e_{m}^0、熵 s 和比容 $v=1/\rho$（均指流体静止坐标下的量）的变化满足热力学第一定律

$$T\mathrm{d}s=\mathrm{d}e_{\mathrm{m}}^0+p_{\mathrm{m}}^0\mathrm{d}v \tag{9.1.14}$$

上式两边对时间求导，得物质内能变化率为

$$\frac{\mathrm{d}e_{\mathrm{m}}^0}{\mathrm{d}t}=T\frac{\mathrm{d}s}{\mathrm{d}t}-p_{\mathrm{m}}^0\frac{\mathrm{d}v}{\mathrm{d}t} \tag{9.1.15}$$

其中单位质量流体的熵 $s(T,v)$ 的时间变化率为

$$\frac{\mathrm{d}s(T,v)}{\mathrm{d}t}=\left(\frac{\partial s}{\partial T}\right)_v\frac{\mathrm{d}T}{\mathrm{d}t}+\left(\frac{\partial s}{\partial v}\right)_T\frac{\mathrm{d}v}{\mathrm{d}t} \tag{9.1.16}$$

利用热力学公式

$$c_v = T\left(\frac{\partial s}{\partial T}\right)_v = \left(\frac{\partial e_{\mathrm{m}}^0}{\partial T}\right)_v, \quad \left(\frac{\partial s}{\partial v}\right)_T = \left(\frac{\partial p_{\mathrm{m}}^0}{\partial T}\right)_v$$

其中，c_v为物质定容比热容，代入式（9.1.16）可得

$$T\frac{\mathrm{d}s}{\mathrm{d}t} = c_v \frac{\mathrm{d}T}{\mathrm{d}t} + T\left(\frac{\partial p_{\mathrm{m}}^0}{\partial T}\right)_v \frac{\mathrm{d}v}{\mathrm{d}t} \tag{9.1.17}$$

将式（9.1.17）代入式（9.1.15），得流体物质比内能变化率为

$$\frac{\mathrm{d}e_{\mathrm{m}}^0}{\mathrm{d}t} = c_v \frac{\mathrm{d}T}{\mathrm{d}t} + \left[T\left(\frac{\partial p_{\mathrm{m}}^0}{\partial T}\right)_v - p_{\mathrm{m}}^0\right]\frac{\mathrm{d}v}{\mathrm{d}t} \tag{9.1.18}$$

可见，流体物质比内能的变化是由温度和密度（比容$v = 1/\rho$）的变化引起的。对理想气体，粒子间无相互作用，物质压强正比于温度，因此式（9.1.18）右边第二项为0，即理想气体密度ρ的变化不会引起内能的改变。式（9.1.18）代入内能守恒方程（9.1.13），得物质的温度方程

$$c_v \frac{\mathrm{d}T}{\mathrm{d}t} + \frac{\mathrm{d}e_{\mathrm{r}}^0}{\mathrm{d}t} + \frac{1}{\rho}\nabla\cdot(\boldsymbol{F}_{\mathrm{m}}^0 + \boldsymbol{F}_{\mathrm{r}}^0) + \left(T\left(\frac{\partial p_{\mathrm{m}}^0}{\partial T}\right)_v + p_{\mathrm{r}}^0 + q\right)\frac{\mathrm{d}}{\mathrm{d}t}\left(\frac{1}{\rho}\right) = w \tag{9.1.19}$$

其中，q为流体物质的人为黏性。对磁流体，温度方程（9. 1. 19）右侧源项w（单位质量上的外能源）包含焦耳热。

9.1.3　等离子体中的三温方程组

一般来说，处于非平衡态的高温等离子体中有三种微观粒子——离子、电子和光子。电子之间碰撞彼此进行能量交换的速度很快，故电子流体很容易达到局域热平衡状态，因而电子流体的状态可用电子局域温度$T_{\mathrm{e}}(\boldsymbol{r})$描述。同样，离子之间碰撞彼此进行能量交换的速度也较快，离子流体也很容易达到局域热平衡状态，因而离子流体可以用局域温度$T_{\mathrm{i}}(\boldsymbol{r})$描述。但电子与离子之间通过碰撞进行能量交换，达到热力学平衡状态的时间很长。因此，等离子体中电子流体与离子流体一般具有不同的温度，即$T_{\mathrm{e}}(\boldsymbol{r}) \neq T_{\mathrm{i}}(\boldsymbol{r})$。另外，高温等离子体中的辐射场与物质也不处于平衡态，它也有一个辐射场温度T_{r}。因此，处于非平衡态的高温等离子体中有三个温度。

另外，采用流体力学来描述等离子体的宏观运动，实际上假设了流体元的大小远大于电子的平均自由程λ_{e}，而$\lambda_{\mathrm{e}} \geqslant \lambda_{\mathrm{D}}$（德拜长度）。前面我们提到，在德拜球外，等离子体表现为中性，没有电荷分离，因而在流体元内我们可以假设电子流体和离子流体的电荷密度相等（符号相反），由于库仑力作用，电子流体和离子

流体的宏观运动速度也相等。故对高温等离子体运动的描述一般采用三温单流体模型，即有三个温度但只有一个宏观流速。

RHD 方程组用于描述高温等离子体流体的运动，一般要采用三温模型。此时，每种流体组分都有相应的内能密度和压强，内能守恒方程（9.1.13）就要拆成三个。

略去物理量的上标“0”，注意到物理量的可加性

$$\begin{cases} e = e_{\mathrm{m}}^{(\mathrm{e})} + e_{\mathrm{m}}^{(\mathrm{i})} + e_{\mathrm{r}} \\ \boldsymbol{F} = \boldsymbol{F}_{\mathrm{m}}^{(\mathrm{e})} + \boldsymbol{F}_{\mathrm{m}}^{(\mathrm{i})} + \boldsymbol{F}_{\mathrm{r}} \\ p = p_{\mathrm{m}}^{(\mathrm{e})} + p_{\mathrm{m}}^{(\mathrm{i})} + q + p_{\mathrm{r}} \end{cases} \tag{9.1.20}$$

内能守恒方程（9.1.13）拆分成三种组分的内能守恒方程，分别为

$$\begin{cases} \dfrac{\mathrm{d}e_{\mathrm{m}}^{(\mathrm{e})}}{\mathrm{d}t} + \dfrac{1}{\rho}\nabla\cdot\boldsymbol{F}_{\mathrm{m}}^{(\mathrm{e})} + p_{\mathrm{m}}^{(\mathrm{e})}\dfrac{\mathrm{d}}{\mathrm{d}t}\left(\dfrac{1}{\rho}\right) = w - w_{\mathrm{e-i}} - w_{\mathrm{R}} \\ \dfrac{\mathrm{d}e_{\mathrm{m}}^{(\mathrm{i})}}{\mathrm{d}t} + \dfrac{1}{\rho}\nabla\cdot\boldsymbol{F}_{\mathrm{m}}^{(\mathrm{i})} + (p_{\mathrm{m}}^{(\mathrm{i})} + q)\dfrac{\mathrm{d}}{\mathrm{d}t}\left(\dfrac{1}{\rho}\right) = w_{\mathrm{e-i}} \\ \dfrac{\mathrm{d}e_{\mathrm{r}}}{\mathrm{d}t} + \dfrac{1}{\rho}\nabla\cdot\boldsymbol{F}_{\mathrm{r}} + p_{r}\dfrac{\mathrm{d}}{\mathrm{d}t}\left(\dfrac{1}{\rho}\right) = w_{R} \end{cases} \tag{9.1.21}$$

这里，外界在单位质量流体上沉积的能量 w 主要加在电子流体上，这是因为外界的能量主要被电子流体先吸收。同时，电子流体的辐射会把辐射能量交给辐射场，成为辐射场的能源 w_R。电子与离子碰撞会把能量转移给离子流体，成为离子流体的能源 $w_{\mathrm{e-i}}$。流体的人为黏性项 $\boldsymbol{q}$ 加在离子流体上，是因为黏性主要阻滞离子流体的运动。辐射场的能源 w_{R} 是单位质量物质的净辐射功率，主要来自于电子流体的辐射功率。离子流体的能源项 $w_{\mathrm{e-i}}$ 来自于电子–离子的碰撞，能量由电子转移给离子流体。

因为流体中三组分各自处于局域热力学平衡状态，利用流体物质的热力学关系（9.1.18），

$$\frac{\mathrm{d}e_{\mathrm{m}}^{0}}{\mathrm{d}t} = c_{v}\frac{\mathrm{d}T}{\mathrm{d}t} + \left[T\left(\frac{\partial p_{\mathrm{m}}^{0}}{\partial T}\right)_{v} - p_{\mathrm{m}}^{0}\right]\frac{\mathrm{d}v}{\mathrm{d}t}$$

和辐射场的热力学关系式

$$\frac{\mathrm{d}e_{\mathrm{r}}}{\mathrm{d}t} = c_{v}^{(\mathrm{r})}\frac{\mathrm{d}T_{\mathrm{r}}}{\mathrm{d}t} + \left[T_{\mathrm{r}}\left(\frac{\partial p_{\mathrm{r}}}{\partial T_{\mathrm{r}}}\right) - p_{\mathrm{r}}\right]\frac{\mathrm{d}}{\mathrm{d}t}\left(\frac{1}{\rho}\right) \tag{9.1.22}$$

其中

$$e_{\mathrm{r}} = \frac{aT_{\mathrm{r}}^{4}}{\rho}，\quad c_{v}^{(\mathrm{r})} = \frac{4aT_{\mathrm{r}}^{3}}{\rho}，\quad p_{\mathrm{r}} = \frac{aT_{\mathrm{r}}^{4}}{3}，\qquad T_{\mathrm{r}}\left(\frac{\partial p_{\mathrm{r}}}{\partial T_{\mathrm{r}}}\right) = \frac{4aT_{\mathrm{r}}^{4}}{3} \tag{9.1.23}$$

可把内能守恒方程（9.1.21）化为三个温度方程

$$\begin{cases} c_v^{(e)}\dfrac{\mathrm{d}T_e}{\mathrm{d}t}+\left[T_e\left(\dfrac{\partial p_m^{(e)}}{\partial T_e}\right)_v\right]\dfrac{\mathrm{d}v}{\mathrm{d}t}+\dfrac{1}{\rho}\nabla\cdot\boldsymbol{F}_m^{(e)}=w-w_{e-i}-w_R \\ c_v^{(i)}\dfrac{\mathrm{d}T_i}{\mathrm{d}t}+\left[T_i\left(\dfrac{\partial p_m^{(i)}}{\partial T_i}\right)_v+q\right]\dfrac{\mathrm{d}v}{\mathrm{d}t}+\dfrac{1}{\rho}\nabla\cdot\boldsymbol{F}_m^{(i)}=w_{e-i} \\ c_v^{(r)}\dfrac{\mathrm{d}T_r}{\mathrm{d}t}+T_r\left(\dfrac{\partial p_r}{\partial T_r}\right)\dfrac{\mathrm{d}}{\mathrm{d}t}\left(\dfrac{1}{\rho}\right)+\dfrac{1}{\rho}\nabla\cdot\boldsymbol{F}_r=w_R \end{cases} \tag{9.1.24}$$

对流体加热的能源项 w 包括激光能量沉积功率密度、聚变放能的功率密度、欧姆加热的功率密度等。分配给电子流体的份额为 $\rho^{(i)}/(\rho^{(e)}+\rho^{(i)})\approx 1$。所以，外界提供给流体的能源项 w 基本被电子组分接收了，故 w 加在了电子流体温度方程上。对磁流体，欧姆加热源项为 $\rho w=j^2/\sigma$，它是单位时间单位体积内电流产生的焦耳热。

电子离子的能量交换项 ρw_{e-i} 表示单位时间单位体积内通过 e－i 小角度库仑碰撞由电子流体交给离子流体的能量。因为电子流体和离子流体各自处于局域热力学平衡状态（局域温度不同），则电子、离子随能量的分布服从由各自局域温度决定的玻尔兹曼分布，可得

$$\rho w_{e-i}(\boldsymbol{r},t)=\frac{8n_i n_e\sqrt{2\pi}Z^2e^4\ln\Lambda}{3m_e m_i}\frac{3k_BT_e/2-3k_BT_i/2}{(k_BT_i/m_i+k_BT_e/m_e)^{3/2}} \tag{9.1.25}$$

其中，n_e、n_i 分别为电子和离子的数密度，$\ln\Lambda$ 为库仑对数，Ze 为离子电荷量。

电子与辐射场的能量交换项 ρw_R 表示电子流体交给辐射场的净辐射功率密度

$$\rho w_R(\boldsymbol{r},t)=\iint \mathrm{d}\nu\mathrm{d}\Omega\left[s_\nu\left(1+\frac{c^2I_\nu}{2h\nu^3}\right)-\mu_a I_\nu\right] \tag{9.1.26}$$

其中，s_ν 为电子流体自发辐射的功率密度，μ_a 为流体物质对辐射的线性吸收系数。在物质处于局域热力学平衡时，有

$$\rho w_R(\boldsymbol{r},t)=\iint \mathrm{d}\nu\mathrm{d}\Omega\mu_a'\left[B_\nu(T_e)-I_\nu\right]=c\mu_P'(aT_e^4-aT_r^4) \tag{9.1.27}$$

其中，$\mu_a'(\nu)$ 为流体物质对辐射的等效线性吸收系数，μ_p' 为普朗克平均吸收系数（与频率无关），aT_r^4 为局域温度为 T_r 的辐射场的能量密度。

在物质热传导的经典理论中，电子、离子的热传导能流分别取

$$\boldsymbol{F}_m^{(e)}=-\kappa_e(\rho,T_e)\nabla T_e,\qquad \boldsymbol{F}_m^{(i)}=-\kappa_i(\rho,T_i)\nabla T_i \tag{9.1.28}$$

利用洛伦兹气体模型，Spitzer 导出的热传导系数为

$$\kappa_e=\frac{5n_ek_B^2T_e}{m_e\nu_{ei}} \tag{9.1.29}$$

其中电子-离子碰撞频率为

$$\nu_{\mathrm{ei}}=\frac{8\pi}{3}\frac{Zn_{\mathrm{e}}e^{4}\ln\Lambda}{\sqrt{2\pi m_{\mathrm{e}}}\left(k_{\mathrm{B}}T_{\mathrm{e}}\right)^{3/2}} \tag{9.1.30}$$

实际应用时，可取热传导系数

$$\kappa_{\mathrm{e}}=\delta_{\mathrm{e}}(T,\ Z)20\left(\frac{2}{\pi}\right)^{3/2}\frac{k_{\mathrm{B}}\left(k_{\mathrm{B}}T_{\mathrm{e}}\right)^{5/2}}{m_{\mathrm{e}}^{1/2}Ze^{4}\ln\Lambda_{\mathrm{ei}}} \tag{9.1.31}$$

$$\kappa_{\mathrm{i}}=\delta_{\mathrm{i}}(T,\ Z)20\left(\frac{2}{\pi}\right)^{3/2}\frac{k_{\mathrm{B}}\left(k_{\mathrm{B}}T_{\mathrm{i}}\right)^{5/2}}{m_{\mathrm{i}}^{1/2}Ze^{4}\ln\Lambda_{\mathrm{ii}}} \tag{9.1.32}$$

其中库仑对数

$$\ln\Lambda_{\mathrm{ei}}=\ln\frac{3\lambda_{\mathrm{D}}k_{\mathrm{B}}T_{\mathrm{e}}}{Ze^{2}} \tag{9.1.33}$$

而德拜长度为

$$\lambda_{\mathrm{D}}=\sqrt{\frac{k_{\mathrm{B}}T_{\mathrm{e}}}{4\pi\sum_{\beta=1}^{s}n_{\beta}q_{\beta}^{2}}}=\sqrt{\frac{k_{\mathrm{B}}T_{\mathrm{e}}}{4\pi n_{\mathrm{e}}e^{2}(1+Z)}} \tag{9.1.34}$$

参数 $\delta(T,Z)$ 是温度 T 和电荷 Z 的函数，表9.2为Spitzer给出的 $\delta(T,Z)$ 随 Z 变化的数值表。

表 9.2 Spitzer 给出的 $\delta(T,Z)$ 数值表

Z	1	2	3	4	∞
$\delta(T,Z)$	0.0943	0.146	0.206	0.313	0.4

辐射热传导能流公式可由辐射输运理论导出，这里只给出结果，即

$$\boldsymbol{F}_{\mathrm{r}}=-\frac{4}{3}\lambda_{\mathrm{R}}acT_{\mathrm{r}}^{3}\nabla T_{\mathrm{r}} \tag{9.1.35}$$

其中，λ_{R} 是光子在高温介质中的Rosseland平均自由程，是高温介质的一个重要的辐射特性参数。

9.1.4 Lagrange 辐射流体力学方程组

Euler观点下流体力学量的自变量采用 $(\boldsymbol{R},t)$，Lagrange观点与此不同，它采用 $(\boldsymbol{r},\tau)$ 作为流体力学量的自变量。即Lagrange观点下流体质团的任何力学量 $L(\boldsymbol{r},\tau)$ 均为 $(\boldsymbol{r},\tau)$ 的函数，流体质团 $\boldsymbol{r}$ 在实验室坐标系中的空间位置 $\boldsymbol{R}(\boldsymbol{r},\tau)$ 也是流体质团的一个力学量。两组独立变量 $(\boldsymbol{R},t)$ 与 $(\boldsymbol{r},\tau)$ 的变换关系为

$$\begin{cases}\partial\boldsymbol{R}(\boldsymbol{r},\tau)/\partial\tau=\boldsymbol{u}(\boldsymbol{r},\tau)\\ t(\boldsymbol{r},\tau)=\tau\end{cases} \tag{9.1.36}$$

其中，$\boldsymbol{u}(\boldsymbol{r},\tau)$ 为流体质团 $\boldsymbol{r}$ 在实验室坐标系下的速度。$\boldsymbol{R}(\boldsymbol{r},\tau)$ 的初始条件为

$$\boldsymbol{R}(\boldsymbol{r},0)=\boldsymbol{r} \tag{9.1.37}$$

两种观点下，某一固定的流体质团 $\boldsymbol{r}$ 对应的力学量 $L(\boldsymbol{r},\tau)$ 的时间微商关系为

$$\frac{\partial L(\boldsymbol{r},\tau)}{\partial\tau}=\frac{\partial L(\boldsymbol{R},t)}{\partial t}+\boldsymbol{u}\cdot\nabla_{\boldsymbol{R}}L(\boldsymbol{R},t)\equiv\frac{\mathrm{d}L(\boldsymbol{R},t)}{\mathrm{d}t} \tag{9.1.38}$$

其中

$$\frac{\mathrm{d}(\;)}{\mathrm{d}t}=\frac{\partial(\;)}{\partial t}+(\boldsymbol{u}\cdot\nabla_{\boldsymbol{R}})(\;) \tag{9.1.39}$$

是 Euler 观点下流动量的时间全导数，称为随体时间微商。由式（9.1.38）可见，Euler 观点中与某固定质团 $\boldsymbol{r}$ 相联系的流动量 $L(\boldsymbol{R},t)$ 的随体时间微商就是 Lagrange 观点中该固定质团 $\boldsymbol{r}$ 的流动量 $L(\boldsymbol{r},\tau)$ 的时间偏导数。

利用以上变换关系，从 Euler 观点下的辐射流体力学方程组出发，可以导出 Lagrange 观点下的 RHD 方程组，导出步骤如下。

（1）将 Euler 观点下的 RHD 方程组写成随体时间微商形式，即式（9.1.11）和式（9.1.13）。

（2）将 Euler 变量 $(\boldsymbol{R},t)$ 换成 Lagrange 变量 $(\boldsymbol{r},\tau)$，并将随体时间微商 $\mathrm{d}(\;)/\mathrm{d}t$ 换成拉氏时间偏导数 $\partial(\;)/\partial\tau$。

（3）增添一个流体质团的位矢 $\boldsymbol{R}(\boldsymbol{r},\tau)$ 满足的运动方程 $\partial\boldsymbol{R}(\boldsymbol{r},\tau)/\partial\tau=\boldsymbol{u}(\boldsymbol{r},\tau)$，初始条件为 $\boldsymbol{R}(\boldsymbol{r},0)=\boldsymbol{r}$。

（4）质量守恒方程变为 $\rho\mathrm{d}\boldsymbol{R}=\rho_0\mathrm{d}\boldsymbol{r}$，其中 $\rho_0=\rho(\boldsymbol{r},\tau=0)$ 为流体元的初始质量密度。

经过以上步骤得到的 Lagrange 观点下的 RHD 方程组为

$$\begin{cases}\dfrac{\partial\boldsymbol{R}(\boldsymbol{r},\tau)}{\partial\tau}=\boldsymbol{u}(\boldsymbol{r},\tau)\\ \rho\mathrm{d}\boldsymbol{R}=\rho_0\mathrm{d}\boldsymbol{r}\\ \rho\dfrac{\partial\boldsymbol{u}}{\partial\tau}+\nabla_{\boldsymbol{R}}(p_{\mathrm{m}}^0+p_{\mathrm{r}}^0)=\boldsymbol{f}\\ \rho\dfrac{\partial(e_{\mathrm{m}}^0+e_{\mathrm{r}}^0)}{\partial\tau}+\nabla_{\boldsymbol{R}}\cdot(\boldsymbol{F}_{\mathrm{m}}^0+\boldsymbol{F}_{\mathrm{r}}^0)+(p_{\mathrm{m}}^0+p_{\mathrm{r}}^0)\rho\dfrac{\partial}{\partial\tau}\left(\dfrac{1}{\rho}\right)=\rho w\end{cases} \tag{9.1.40}$$

注意，方程组中流体力学量的自变量均为 Lagrange 变量 $(\boldsymbol{r},\tau)$，但算符 $\nabla=\nabla_{\boldsymbol{R}}$ 是对 Euler 空间坐标 $\boldsymbol{R}$ 求导数，而 $\boldsymbol{R}=\boldsymbol{R}(\boldsymbol{r},\tau)$ 为 Lagrange 变量 $(\boldsymbol{r},\tau)$ 的函数。因此，算符 $\nabla_{\boldsymbol{R}}$ 中对坐标 $\boldsymbol{R}$ 的导数可化为对坐标 $\boldsymbol{r}$ 的导数。

如果流体物质处在局域热力学平衡态，流体物质温度 T 满足的方程（9.1.19）的 Lagrange 形式为

$$c_v \frac{\partial T}{\partial \tau} + \frac{\partial e_r^0}{\partial \tau} + \frac{1}{\rho} \nabla_{\boldsymbol{R}} \cdot (\boldsymbol{F}_{\mathrm{m}}^0 + \boldsymbol{F}_r^0) + \left[T \left(\frac{\partial p_{\mathrm{m}}^0}{\partial T} \right)_v + p_r^0 + q \right] \frac{\partial}{\partial \tau} \left(\frac{1}{\rho} \right) = w \quad (9.2.41)$$

待求物理量的自变量都是Lagrange变量。

附录 对流体元体积积分的随体微商公式

设τ为任意流体元的体积，因为流体元可以压缩，其体积τ随时间变化，故任一标量A在τ上的积分也将随时间变化。可以证明

$$\frac{\mathrm{d}}{\mathrm{d}t}\int_\tau A\mathrm{d}\tau = \int_\tau \frac{\partial A}{\partial t}\mathrm{d}\tau + \int_S A\boldsymbol{u}\cdot\mathrm{d}\boldsymbol{S} \quad (\text{A.1})$$

其中，S为流体元τ的表面积。化面积分为体积分，并采用随体微商公式（9.1.7），可得式（A.1）的另一种形式

$$\int_\tau \frac{\mathrm{d}A}{\mathrm{d}t}\mathrm{d}\tau = \frac{\mathrm{d}}{\mathrm{d}t}\int_\tau A\mathrm{d}\tau - \int_\tau A\nabla\cdot\boldsymbol{u}\mathrm{d}\tau \quad (\text{A.2})$$

同理，对任一矢量$\boldsymbol{A}$，式（A.2）也成立。

利用公式（A.2），取$A=\rho$，可得质量守恒方程$\frac{\mathrm{d}\rho}{\mathrm{d}t}+\rho\nabla\cdot\boldsymbol{u}=0$的积分形式

$$\frac{\mathrm{d}}{\mathrm{d}t}\int_\tau \rho\mathrm{d}\tau = 0 \quad (\text{A.3})$$

利用公式（A.2），取$A=\rho\phi$，有

$$\frac{\mathrm{d}}{\mathrm{d}t}\int_\tau \rho\phi\mathrm{d}\tau = \int_\tau \frac{\mathrm{d}}{\mathrm{d}t}(\rho\phi)\mathrm{d}\tau + \int_\tau(\rho\phi)\nabla\cdot\boldsymbol{u}\mathrm{d}\tau$$

利用质量守恒方程，上式变为

$$\int_\tau \rho\frac{\mathrm{d}\phi}{\mathrm{d}t}\mathrm{d}\tau = \frac{\mathrm{d}}{\mathrm{d}t}\int_\tau \rho\phi\mathrm{d}\tau \quad (\text{A.4})$$

同理，利用公式（A.2），取$A=\rho\boldsymbol{O}$，有

$$\int_\tau \frac{\mathrm{d}(\rho\boldsymbol{O})}{\mathrm{d}t}\mathrm{d}\tau = \frac{\mathrm{d}}{\mathrm{d}t}\int_\tau \rho\boldsymbol{O}\mathrm{d}\tau - \int_\tau \rho\boldsymbol{O}\nabla\cdot\boldsymbol{u}\mathrm{d}\tau$$

利用质量守恒方程，上式变为

$$\int_\tau \rho\frac{\mathrm{d}\boldsymbol{O}}{\mathrm{d}t}\mathrm{d}\tau = \frac{\mathrm{d}}{\mathrm{d}t}\int_\tau \rho\boldsymbol{O}\mathrm{d}\tau \quad (\text{A.5})$$

式（A.4）或式（A.5）是流体元体积分和随体时间微商之间一个非常重要的对易关系。在随体微商形式的微分方程化为差分方程时非常有用。 □

9.2　辐射流体力学方程组的数值解

下面以一维球对称几何下RHD方程组的数值解为例，介绍数值求解RHD方程组的方法和步骤。

9.2.1　一维球对称几何下辐射流体力学方程组的形式

一维球对称几何下呈现以下特点：①空间坐标 $\boldsymbol{r}$ 只有一个径向坐标 r，故Lagrange变量 $(\boldsymbol{r},\tau)\to(r,\tau)$；②任何矢量 $\boldsymbol{A}(\boldsymbol{r},\tau)$ 只有径向分量，即 $\boldsymbol{A}(\boldsymbol{r},\tau)\to A_R(r,\tau)\boldsymbol{e}_R$；③空间体积元可写为 $\mathrm{d}\boldsymbol{R}=4\pi R^2\mathrm{d}R,\ \mathrm{d}\boldsymbol{r}=4\pi r^2\mathrm{d}r$ 。则质量守恒方程 $\rho\mathrm{d}\boldsymbol{R}=\rho_0\mathrm{d}\boldsymbol{r}$ 化为

$$\frac{\partial R}{\partial r}=\frac{\rho_0 r^2}{\rho R^2} \tag{9.2.1}$$

动量守恒方程所含的压强梯度为

$$\nabla_{\boldsymbol{R}}(p_{\mathrm{m}}^0+p_{\mathrm{r}}^0)=\frac{\partial(p_{\mathrm{m}}^0+p_{\mathrm{r}}^0)}{\partial R}\boldsymbol{e}_R=\frac{\rho R^2}{\rho_0 r^2}\frac{\partial(p_{\mathrm{m}}^0+p_{\mathrm{r}}^0)}{\partial r}\boldsymbol{e}_R \tag{9.2.2}$$

球坐标系下 $\boldsymbol{R}=(R,\Theta,\Phi)$，径向矢量 $\boldsymbol{A}(\boldsymbol{r},\tau)\to A_R(r,\tau)\boldsymbol{e}_R$ 的散度为

$$\nabla_{\boldsymbol{R}}\cdot\boldsymbol{A}=\frac{1}{R^2}\frac{\partial}{\partial R}\left(R^2A_R\right)$$

则内能守恒方程所含的能流散度为

$$\nabla_{\boldsymbol{R}}\cdot(\boldsymbol{F}_{\mathrm{m}}^0+\boldsymbol{F}_{\mathrm{r}}^0)=\frac{1}{R^2}\frac{\partial}{\partial R}\left(R^2(F_{\mathrm{m}}^0+F_{\mathrm{r}}^0)\right)=\frac{\rho}{\rho_0 r^2}\frac{\partial}{\partial r}\left(R^2(F_{\mathrm{m}}^0+F_{\mathrm{r}}^0)\right) \tag{9.2.3}$$

利用以上关系，得一维球对称几何下Lagrange观点下的辐射流体力学方程组

$$\begin{cases}\dfrac{\partial R}{\partial\tau}=u\\[2mm]\dfrac{\partial R}{\partial r}=\dfrac{\rho_0 r^2}{\rho R^2}\\[2mm]\rho\dfrac{\partial u}{\partial\tau}=-\dfrac{\rho R^2}{\rho_0 r^2}\dfrac{\partial p}{\partial r}\\[2mm]\dfrac{\partial(e_{\mathrm{m}}^0+e_{\mathrm{r}}^0)}{\partial\tau}+\dfrac{1}{\rho_0 r^2}\dfrac{\partial}{\partial r}\left(R^2(F_{\mathrm{m}}^0+F_{\mathrm{r}}^0)\right)+p\dfrac{\partial}{\partial\tau}\left(\dfrac{1}{\rho}\right)=w\end{cases} \tag{9.2.4}$$

这里考虑了流体黏滞性，引入流体的人为黏性 q 和总压强 $p=p_{\mathrm{m}}^0+p_{\mathrm{r}}^0+q$ ，并假设流体元所受的彻体外力 $f_R(r,\tau)=0$ 。方程组中所有待求量的自变量都是Lagrange变量。$R(r,\tau)$ 的初始条件为 $R(r,0)=r$ 。

如果流体物质处在局域热力学平衡态，则式（9.2.4）中内能方程变成物质温度T的方程

$$c_v\frac{\partial T}{\partial \tau}+\frac{\partial e_{\rm r}^0}{\partial \tau}+\left[T\left(\frac{\partial p_{\rm m}^0}{\partial T}\right)_v+p_{\rm r}^0+q\right]\frac{\partial}{\partial \tau}\left(\frac{1}{\rho}\right)+\frac{1}{\rho_0 r^2}\frac{\partial}{\partial r}\left(R^2(F_{\rm m}^0+F_{\rm r}^0)\right)=w \quad (9.2.5)$$

式（9.2.4）的前三个方程加上物质温度方程（9.2.5），就构成要求解的四个辐射流体力学方程组。辐射场的三个物理量$(e_{\rm r},p_{\rm r}^0,F_{\rm r}^0)$由辐射输运方程提供，还剩下流体物质的八个待求物理量$(R,\rho,u,c_v,T,p_{\rm m}^0,q,F_{\rm m}^0)$，故需补充四个物态方程，即

$$c_v(\rho,T),\quad p_{\rm m}^0(\rho,T),\quad F_{\rm m}^0(\rho,T),\quad q$$

方程组才封闭可解。流体物质的定容比热容$c_v(\rho,T)$和压强$p_{\rm m}^0(\rho,T)$状态方程是必需的，物质粒子的能流$F_{\rm m}^0(\rho,T)$也必须提供。

另外，取一个合适的人为黏性q也是必须的。这是因为由流体力学方程组所描述的流场，往往会产生激波。从数学上讲，激波就是状态量$\rho,u,p_{\rm m},e_{\rm m}$的跳跃面或间断面。如果物理量存在这样的"截然"间断，想不作任何处理地采用差分方法计算出来是困难的。考虑到实际的流体都是有一定黏性的，即使是气体也有黏性，只不过黏性很弱而已。在黏性影响下，激波并不以间断面出现，而是具有一定的宽度，但宽度只有分子平均自由程的量级。但差分法所用的空间网格无法达到这种精细的尺度。为此，von Neumann和Richtmeyer于1950年引入了人为黏性法，并给出黏性项的二次形式；Longley和Ludford 于1953年给出了黏性项的线性形式；Landshoff 于1955年给出了黏性项的复合形式；Wilkings 于1980年提出了黏性项的多维张量形式等。

对于一维问题，比较合理的人为黏性项q（与压强量纲相同）应为以下二次形式

$$q=\begin{cases}(b\Delta r)^2\rho\left(\dfrac{\partial u}{\partial r}\right)^2 & \left(\dfrac{\partial u}{\partial r}<0\right)\\ 0 & \left(\dfrac{\partial u}{\partial r}\geqslant 0\right)\end{cases} \quad (9.2.6)$$

其中，b是可调参数，Δr为空间网格的长度，$\rho(r,\tau)$为流体质量密度。人为黏性项q写成以上分段形式，目的是保证激波区外（非压缩区）不产生人为黏性效应。$\partial u(r,\tau)/\partial r\geqslant 0$表示流体运动处于稀疏状态，没有摩擦，人为黏性项$q=0$，反之流体运动处在压缩状态，有摩擦，人为黏性项$q\neq 0$。

若辐射场处在局域温度为$T_{\rm r}(r,\tau)$的局域热平衡状态（LTE），此时辐射内能、辐射能流和辐射压强都与辐射场局域温度有关

$$\begin{cases}E_{\rm r}^0(\boldsymbol{r},t)=aT_{\rm r}^4\\ \boldsymbol{F}_{\rm r}^0(\boldsymbol{r},t)=-\kappa\nabla T_{\rm r}\\ p_{\rm r}^0(\boldsymbol{r},t)=\dfrac{1}{3}aT_{\rm r}^4\end{cases} \quad (9.2.7)$$

其中，a为常数，$\kappa(\rho,T_r)$为辐射热传导系数，分别为

$$\begin{cases} a=\dfrac{8\pi^5 k_B{}^4}{15h^3c^3}=7.56\times10^{-3}\left[\dfrac{10^{12}\,\mathrm{erg}}{(10^6\,\mathrm{K})^4\,\mathrm{cm}^3}\right] \\ \kappa(\rho,T_r)=\dfrac{4}{3}\lambda_R acT_r^3 \end{cases} \tag{9.2.8}$$

λ_R是光子在高温介质中输运中的Rosseland平均自由程，是高温介质的一个重要的辐射特性参数，必需另外提供。此时，辐射输运方程变成辐射场温度$T_r(\boldsymbol{r},\tau)$满足的方程（见式（9.1.24）第三式）。若辐射场局域温度与物质局域温度相等（称物质与辐射场处于完全局域热平衡状态），则不需要求解辐射场温度方程，只需求解物质温度方程（9.2.5）即可。

注意到球坐标系下，温度（标量）梯度为

$$\nabla_{\boldsymbol{R}}T=\boldsymbol{e}_R\frac{\partial T}{\partial R}+\frac{\boldsymbol{e}_\Theta}{R}\frac{\partial T}{\partial\Theta}+\frac{\boldsymbol{e}_\Phi}{R\sin\Theta}\frac{\partial T}{\partial\Phi}$$

因为温度T只是$\boldsymbol{R}$的函数，故辐射能流$\boldsymbol{F}_r^0(\boldsymbol{r},t)=-\kappa\nabla T_r$的径向分量为

$$F_r^0=-\kappa(\rho,T)\frac{\partial T}{\partial R}=-\kappa(\rho,T)\frac{\rho R^2}{\rho_0 r^2}\frac{\partial T}{\partial r} \tag{9.2.9}$$

9.2.2　一维球对称几何下 Lagrange 辐射流体力学方程组的差分格式

1. 定解问题

设辐射场局域温度与物质局域温度相等，即$T_r=T$。那么，物质温度方程（9.2.5）中的辐射比内能和辐射压强分别为

$$e_r^0(\boldsymbol{r},t)=aT^4/\rho,\quad p_r^0(\boldsymbol{r},t)=\frac{1}{3}aT^4 \tag{9.2.10}$$

在辐射能流主导时，可取物质粒子热传导能流$F_m^0(\rho,T)=0$，注意到$p=p_m^0+p_r^0+q$，待求的一维RHD方程组变为

$$\begin{cases} \dfrac{\partial R}{\partial\tau}=u \\ \dfrac{\partial R}{\partial r}=\dfrac{\rho_0 r^2}{\rho R^2} \\ \dfrac{\partial u}{\partial\tau}=-\dfrac{R^2}{\rho_0 r^2}\dfrac{\partial}{\partial r}\left(p_m^0+\dfrac{1}{3}aT^4+q\right) \\ \left(c_v+\dfrac{4aT^3}{\rho}\right)\dfrac{\partial T}{\partial\tau}=-\left[T\left(\dfrac{\partial p_m^0}{\partial T}\right)_\rho+\dfrac{4}{3}aT^4+q\right]\dfrac{\partial}{\partial\tau}\left(\dfrac{1}{\rho}\right)-\dfrac{1}{\rho_0 r^2}\dfrac{\partial}{\partial r}\left(R^2F_r^0\right)+w \end{cases} \tag{9.2.11}$$

其中，四个待求量为$R(r,\tau)$、$u(r,\tau)$、$\rho(r,\tau)$、$T(r,\tau)$，人为黏性项q取式（9.2.6），辐射能流径向分量$F_{\mathrm{r}}^{0}(\rho,T)$取式（9.2.9）。要使辐射流体力学方程组封闭可解，应提供各种物质状态(ρ,T)下的物态方程

$$p_{\mathrm{m}}^{0}(\rho,T),\quad c_{v}(\rho,T)，\ T(\partial p_{\mathrm{m}}^{0}/\partial T)_{\rho}$$

另外，还需要提供光子在介质中的Rosseland平均自由程$\lambda_R(\rho,T)$（辐射不透明度），才能由温度场的梯度计算辐射流。

物态方程是流体静止坐标系中联系物质压强p_{m}、密度ρ和比内能e_{m}的关系式。

$$e_{\mathrm{m}}=\frac{p_{\mathrm{m}}}{(\gamma-1)\rho} \tag{9.2.12}$$

其中，$\gamma=c_p/c_v$为定压比热容与定容比热容之比，称为多方指数，也称绝热指数。定容比热容c_v的大小通常取决于分子或原子的内部自由度。方程中的压强不能从物质粒子的分布函数出发去寻找（原因是非平衡时分布函数未知），只能借助实验来提供物态方程。

在流体静止坐标系中，如果物质粒子处于局域热力学平衡态，则可由局域温度来描述粒子随速度的分布，则需补充两个物态方程——比内能与压强和温度、密度的关系，即

$$e_{\mathrm{m}}=e_{\mathrm{m}}(\rho,T) \tag{9.2.13}$$

$$p_{\mathrm{m}}=p_{\mathrm{m}}(\rho,T) \tag{9.2.14}$$

理想气体的比内能和压强分别为

$$e_{\mathrm{m}}(\boldsymbol{r},t)=\frac{R_0T}{(\gamma-1)\mu} \tag{9.2.15}$$

$$p_{\mathrm{m}}(\boldsymbol{r},t)=(\gamma-1)\rho e_{\mathrm{m}}=\frac{\rho R_0T}{\mu} \tag{9.2.16}$$

其中，$\gamma=(f+2)/f$为绝热指数，f为分子的自由度。$R_0=N_{\mathrm{A}}k_{\mathrm{B}}$为普适气体常数，$\mu$为物质的摩尔质量，粒子数密度$N=\rho N_{\mathrm{A}}/\mu$。物质的定容比热容为

$$c_v=\left(\frac{\partial e_{\mathrm{m}}}{\partial T}\right)_{\rho}=\frac{R_0}{(\gamma-1)\mu} \tag{9.2.17}$$

如果物质发生了电离，每个原子平均有Z'个电子离化，则物质的内能要包括电子成分和离子成分的贡献，摩尔质量μ应代之以平均摩尔质量$\bar{\mu}=\mu/(1+Z')$。即

$$e_{\mathrm{m}}(\boldsymbol{r},t)\approx(1+Z')\frac{R_0T}{(\gamma-1)\mu}=\frac{R_0T}{(\gamma-1)\bar{\mu}} \tag{9.2.18}$$

$$p_{\mathrm{m}}(\boldsymbol{r},t)=(\gamma-1)\rho e_{\mathrm{m}} \tag{9.2.19}$$

如果式（9.2.18）中的 μ 是分子的摩尔质量，则 $1+Z'$ 实际上就是一个分子贡献的离子数和电子数之和。

理想气体状态方程是物态方程的一种近似。实际应用中，一般采用更为精确的物态方程的实验拟合数据。

物质的状态与温度密切相关，故状态参数 $p_{\mathrm{m}}^0(\rho,T)$、$c_v(\rho,T)$ 也与温度密切相关，可采用由低温段（$T\leqslant T_1$）、中温段 $T_1<T<T_1+T_2$、高温段（$T\geqslant T_1+T_2$）光滑连接而成的拟合公式

$$\begin{cases} p_{\mathrm{m}}=(1-c_1)p_{\mathrm{m}}^{(1)}+c_1 p_{\mathrm{m}}^{(2)} \\ c_v=(1-c_1)c_v^{(1)}+c_1 c_v^{(2)} \end{cases} \tag{9.2.20}$$

式中高温段权重因子取为

$$c_1=\begin{cases} 0 & (T\leqslant T_1) \\ \dfrac{T-T_1}{T_2} & (T_1<T<T_1+T_2) \\ 1 & (T\geqslant T_1+T_2) \end{cases} \tag{9.2.21}$$

其中，在高温段（$T\geqslant T_1+T_2$），可采用理想气体的状态方程（9.2.18）和（9.2.19），即

$$\begin{cases} p_m^{(2)}=\Gamma\rho T, \qquad \Gamma=\dfrac{R_0}{\mu}(Z'+1) \\ c_v^{(2)}=\dfrac{3}{2}\Gamma \end{cases} \tag{9.2.22}$$

式中，普适气体常数 $R_0=83.1441\left(10^{12}\,\mathrm{erg}/\left(\mathrm{mol}\cdot 10^6\,\mathrm{K}\right)\right)$，$\mu$ 为分子的摩尔质量，$Z'+1$ 是一个分子贡献的离子数和电子数之和。例如，对 ^{6}LiD 物质，高温下一个分子贡献 4 个电子，2 个离子，分子的摩尔质量 $\mu=8\mathrm{g/mol}$，故

$$\Gamma=\frac{R_0}{\mu}\times 6=62.36\left(10^{12}\,\mathrm{erg}/\left(\mathrm{g}\cdot 10^6\,\mathrm{K}\right)\right)$$

$$c_v^{(2)}=\frac{3}{2}\Gamma=93.54\left(10^{12}\,\mathrm{erg}/\left(\mathrm{g}\cdot 10^6\,\mathrm{K}\right)\right)$$

高温段物质的定容比热容 $c_v^{(2)}$ 为常数。在低温段 $(T\leqslant T_1)$ 的压强 $p_{\mathrm{m}}^{(1)}$ 是个三项式，定容比热容 $c_v^{(1)}$ 有两项。例如，^{6}LiD 的状态方程（9.2.20）为

$$\begin{cases} p_{\mathrm{m}}=\left(0.4779\rho^2-0.3786\rho+54.89\rho^{0.96}T^{1.16}\right)(1-c_1)+62c_1\rho T \\ c_v=\left(206.48\rho^{-0.05}-93.844\right)T^{0.16}(1-c_1)+93c_1 \\ T\left(\dfrac{\partial p_{\mathrm{m}}}{\partial T}\right)_\rho=63.67\rho^{0.96}T^{1.16}(1-c_1)+62c_1\rho T \end{cases} \tag{9.2.23}$$

式中，质量密度ρ的单位为g/cm^3，温度T的单位为10^6K，定容比热容c_v的单位为10^{12}erg/(g·10^6K)，压强p_m的单位为Mbar。

$$\begin{cases}1\text{bar}=10^6\,\text{erg/cm}^3=10^5\,\text{N/m}^2=10^5\,\text{Pa}\\1\text{Mbar}=10^{12}\,\text{erg/cm}^3\end{cases}$$

取T_1= 4, T_2=6，由式（9.2.21）可得高温段权重因子

$$c_1\begin{cases}0 & (T\leqslant 4)\\(T-4)/6 & (4<T<10)\\1 & (T\geqslant 10)\end{cases}\tag{9.2.24}$$

光子的Rosseland平均自由程$\lambda_R(\rho,T)$取为

$$\lambda_R(\rho,T)=\begin{cases}0.0618415T^{1.72778}/\rho^{1.30169} & (T\leqslant 8.1235)\\0.934445T^{0.515078}/\rho^{1.18071} & (8.1235<T\leqslant 21.295)\\5/\rho & (T>21.295)\end{cases}\tag{9.2.25}$$

其中，密度ρ的单位为g/cm^3，$\lambda_R(\rho,T)$的单位为cm，温度T的单位为10^6K。式（9.2.25）中高温段的平均自由程$(5/\rho)$(cm)实际是光子的汤姆孙散射自由程

$$\lambda_{Th}=1/(\rho\sigma_{Th}n_e)\tag{9.2.26}$$

这里

$$\sigma_{Th}=\frac{8\pi}{3}r_e^2=0.665274(10^{-24}\,\text{cm}^2)\tag{9.2.27}$$

为电子对光子的汤姆孙散射截面，ρn_e为电子数密度，$n_e=ZN_A/\mu$为单位质量物质中的电子数，对^{6}LiD，Z=4（一个分子有4个电子），摩尔质量$\mu=8$g/mol，故

$$\sigma_{Th}n_e=0.665\times\frac{4}{8}\times 6.023\times 10^{-1}\approx 0.2(\text{cm}^2/\text{g})\tag{9.2.28}$$

$$\lambda_{Th}=1/\left(\rho\sigma_{Th}n_e\right)=(5/\rho)(\text{cm})\tag{9.2.29}$$

2. 定解条件

我们要解的方程组是式（9.2.11），它们是四个待求量为$\rho(r,\tau)$、$u(r,\tau)$、$R(r,\tau)$、$T(r,\tau)$满足的偏微分方程组。因为方程中含有对这些待求量的时间偏导数，所以必须提供初始条件。同时含有物理量的空间偏导数，故需提供物理量的边界条件。

初始条件：

$$\rho(r,0)=\rho_0(r),\quad u(r,0)=0,\quad R(r,0)=r,\quad T(r,0)=T_0(r)\tag{9.2.30}$$

边界条件：给定边界上$(R,\rho,T,u,q,F_{\mathrm{r}}^{0})$的值。

3. 微分方程的差分格式

数值求解四个待求量$\rho(r,\tau)$、$u(r,\tau)$、$R(r,\tau)$、$T(r,\tau)$，就是求解离散时间点和离散空间点处待求函数的离散值，因此首先要划分时空网格，把自变量(r,τ)离散化。如图9.2所示，将时间变量离散化为τ_n。

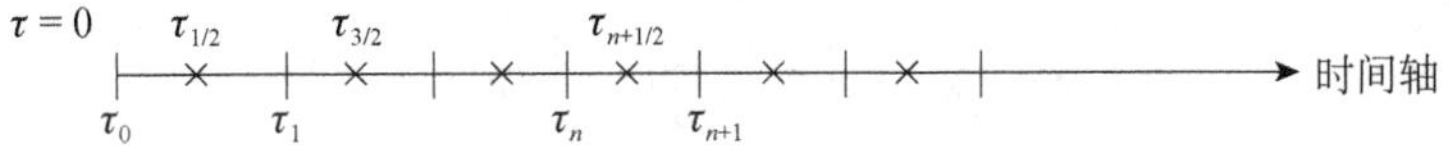

图9.2　离散时间网格

其中，τ_n、τ_{n+1}分别为第n+1个时间网格的起始点和终点（n=0,1,2,…），$\tau_{n+1/2}$为第n+1个时间网格的中点，$\Delta\tau_{n+1/2}=\tau_{n+1}-\tau_n$为第$n$+1个时间网格长度。如图9.3所示，将空间变量$r\in[0,a]$离散化为$r_j\ (j=1,2,\cdots,J+1)$。

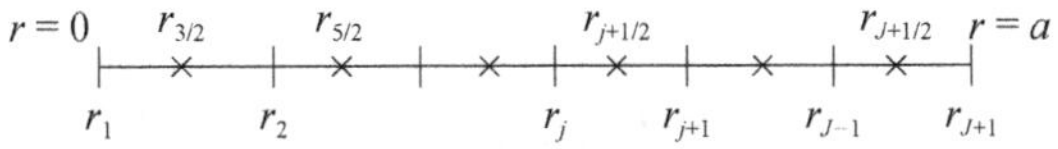

图9.3　离散空间网格

其中，第j个空间网格为$[r_j,r_{j+1}]$，网格中点坐标为$r_{j+1/2}$，网格长度为$\Delta r_{j+1/2}=r_{j+1}-r_j$。如图9.4所示为一个特定的时间-空间离散网格$[\tau_n,\tau_{n+1}]\times[r_j,r_{j+1}]$。所有待求物理量的离散值都定义在这个网格上。

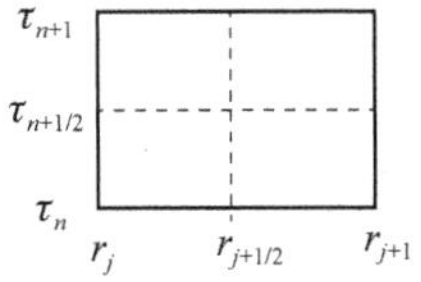

图9.4　时间-空间离散网格

1）流线方程的差分格式

将式（9.2.11）的质团流线方程离散化，可得τ_{n+1}时刻空间网格边界位置R_j^{n+1}的差分格式为

$$R_j^{n+1}=R_j^n+u_j^{n+1/2}\Delta\tau_{n+1/2} \tag{9.2.31}$$

待求量$R(r,\tau),u(r,\tau)$在空间网格$[r_j,r_{j+1}]$边沿处取离散值，$R(r,\tau)$在时间网格$[\tau_n,\tau_{n+1}]$边沿处取离散值，而$u(r,\tau)$则在时间网格$[\tau_n,\tau_{n+1}]$中点取离散值（这样安排的目的是方便计算）。$R(r,\tau)$的初始条件离散为$R(r_j,0)=r_j$，或

$$R_j^0=r_j \tag{9.2.32}$$

$u_j^{n+1/2}$由动量守恒方程提供。

2）质量守恒方程的差分格式

将式（9.2.11）的质量守恒方程离散化，可得 τ_{n+1} 时刻空间网格 $[r_j, r_{j+1}]$ 中心的质量密度 $\rho_{j+1/2}^{n+1}$ 的差分格式为

$$\rho_{j+1/2}^{n+1}\frac{1}{3}\left((R_{j+1}^{n+1})^3-(R_j^{n+1})^3\right)=\Delta m_{j+1/2} \tag{9.2.33}$$

其中

$$\Delta m_{j+1/2}=\rho_{0,j+1/2}\frac{1}{3}(r_{j+1}^3-r_j^3) \tag{9.2.34}$$

为空间网格 $[r_j, r_{j+1}]$ 的质量，是已知常数。球心边界条件 $R(0,\tau)=0$ 离散为

$$R_1^{n+1}=R(0,\tau_{n+1})=0 \tag{9.2.35}$$

3）动量守恒方程的差分格式

将式（9.2.11）的动量守恒方程离散化，可得 $\tau_{n+1/2}$ 时刻空间网格 $[r_j, r_{j+1}]$ 边界速度 $u_j^{n+1/2}$ 的差分格式

$$u_j^{n+1/2}=u_j^{n-1/2}-\frac{(R_j^n)^2\Delta\tau_n}{\Delta m_j}\left(p_{j+1/2}^n-p_{j-1/2}^n\right) \tag{9.2.36}$$

其中，总压强 $p=p_m^0+aT^4/3+q$，

$$\Delta m_j=\rho_{0,j}\left(r_{j+1/2}^3-r_{j-1/2}^3\right)/3 \tag{9.2.37}$$

为已知常数。计算时需要提供 u 的初始条件 $u(r,0)=0$ 和压强 p 的边界条件。人为黏性项的差分格式为

$$q_{j+1/2}^{n+1/2}=\begin{cases}b^2\rho_{j+1/2}^{n+1/2}(u_{j+1}^{n+1/2}-u_j^{n+1/2})^2, & \text{当}\ u_{j+1}^{n+1/2}<u_j^{n+1/2}\\ 0, & \text{否则}\end{cases} \tag{9.2.38}$$

它与总压强的离散值在时间上差半步。

4）内能守恒（温度）方程的差分格式

令

$$C=c_v+4aT^3/\rho,\qquad \mathrm{TDP}=T\left(\frac{\partial p_m^0}{\partial T}\right)_\rho+\frac{4}{3}aT^4 \tag{9.2.39}$$

则式（9.2.11）的温度方程变为

$$C\frac{\partial T}{\partial\tau}=-[\mathrm{TDP}+q]\frac{\partial}{\partial\tau}\left(\frac{1}{\rho}\right)-\frac{1}{\rho_0 r^2}\frac{\partial}{\partial r}(R^2F_r^0)+w \tag{9.2.40}$$

式（9.2.40）离散化，可得 τ_{n+1} 时刻空间网格 $[r_j, r_{j+1}]$ 中点处温度 $T_{j+1.2}^{n+1}$ 的差分格式为

$$C_{j+1/2}^{n+1/2}\cdot\frac{T_{j+1/2}^{n+1}-T_{j+1/2}^{n}}{\Delta\tau_{n+1/2}}=-\left[\mathrm{TDP}_{j+1/2}^{n+1/2}+q_{j+1/2}^{n+1/2}\right]\cdot\frac{1/\rho_{j+1/2}^{n+1}-1/\rho_{j+1/2}^{n}}{\Delta\tau_{n+1/2}}-$$
$$-\frac{1}{\Delta m_{j+1/2}}\left[(R^2F_r^0)_{j+1}^{n+1/2}-(R^2F_r^0)_{j}^{n+1/2}\right]+w_{j+1/2}^{n+1/2} \tag{9.2.41}$$

其中，常数$\Delta m_{j+1/2}$由式（9.2.34）给出。需要温度T、密度 ρ 的初始条件以及质点空间位置坐标R和能流 F_r^0 的边界条件。时间网格$\left[\tau_n,\tau_{n+1}\right]$中点处的物理量用网格端点值的平均代替，例如

$$C_{j+1/2}^{n+1/2}=\frac{1}{2}\left(C_{j+1/2}^{n}+C_{j+1/2}^{n+1}\right)$$

5）辐射能流的差分格式

将辐射能流方程（9.2.9）离散化，可得τ_n时刻空间网格$[r_j,r_{j+1}]$边界的辐射能流为

$$\left(F_r^0\right)_j^n=-\frac{T_{j+1/2}^{n}-T_{j-1/2}^{n}}{\xi_j^n} \tag{9.2.42}$$

其中

$$\xi_j^n=\frac{\Delta m_j}{\kappa_j^n\rho_j^n\left(R_j^n\right)^2} \tag{9.2.43}$$

常数Δm_j由式（9.2.37）给出。需要提供温度的边界条件。

4. 各离散物理量的计算顺序

初始分布$\Rightarrow u_j^{n+1/2}\Rightarrow R_j^{n+1}\Rightarrow \rho_{j+1/2}^{n+1}\Rightarrow q_{j+1/2}^{n+1/2}\Rightarrow T_{j+1/2}^{n+1}\Rightarrow p_{j+1/2}^{n+1}\Rightarrow n+1\rightarrow n$

5. 差分格式的稳定性条件

所谓计算格式的稳定是指，当用该格式计算时，物理量的初始误差随时间步的推进不能越积累越大。计算格式的稳定给空间和时间网格步长提出了要求。

（1）流体力学时间步长。人为黏性q=0时，动量方程的稳定性对步长的要求为

$$c_{\mathrm{s}}\Delta t\leqslant\Delta R \tag{9.2.44}$$

其中等温声速

$$\begin{cases}c_{\mathrm{s}}=\sqrt{(\partial p_{\mathrm{m}}/\partial\rho)_T}\\ p_{\mathrm{m}}\approx\rho\Gamma T\end{cases} \tag{9.2.45}$$

其中，压强采用高温时的公式（9.2.22）。式（9.2.44）对时间步长提出的要求是

$$\Delta t\leqslant\min\left[\frac{\Delta R}{\sqrt{p_{\mathrm{m}}/\rho}}\right] \tag{9.2.46}$$

或

$$\Delta t_{\mathrm{h}} \leqslant \min_{\{j\}}\left[\frac{\Delta r \cdot \rho_0 r^2 / \rho R^2}{\sqrt{p_{\mathrm{m}} / \rho}}\right]_j \tag{9.2.47}$$

人为黏性 $q \neq 0$ 时，动量方程稳定性条件对时间步长的要求

$$\Delta t \leqslant \min\left[\frac{\Delta r \cdot \rho_0 r^2 / \rho R^2}{4b\Delta r \cdot (-\partial u / \partial r)}\right] \tag{9.2.48}$$

或

$$\Delta t_{\mathrm{h}} \leqslant \min_{(j)}\left[\frac{\Delta R_{j+1/2}}{4b(u_j - u_{j+1})}\right] \tag{9.2.49}$$

（2）辐射输运时间步长。在不考虑流体力学运动时，即取 $\mathrm{d}\rho / \mathrm{d}t = 0$，则式（9.2.11）中能量守恒方程（温度方程）变为

$$\left(c_v + \frac{4aT^3}{\rho}\right)\frac{\mathrm{d}T}{\mathrm{d}t} = -\frac{1}{\rho_0 r^2}\frac{\partial}{\partial r}(R^2 F_{\mathrm{r}}^0) \tag{9.2.50}$$

或温度的相对变化为

$$\frac{\Delta T}{T} = -\frac{\Delta t \nabla \cdot \boldsymbol{F}_{\mathrm{r}}^0}{c_v \rho T + 4aT^4} \tag{9.2.51}$$

其中

$$\nabla \cdot \boldsymbol{F}_{\mathrm{r}}^0 = \frac{\rho}{\rho_0 r^2}\frac{\partial}{\partial r}(R^2 F_{\mathrm{r}}^0) \tag{9.2.52}$$

选择适当辐射输运时间步长，使得各网格温度的相对变化不超过百分之五，即式（9.2.51）中

$$\left|\frac{\Delta T}{T}\right| = \min_{(j)}\left|\frac{\Delta t \nabla \cdot \boldsymbol{F}_r^0}{c_v \rho T + 4aT^4}\right|_j \leqslant \delta = 5\% \tag{9.2.53}$$

则对辐射输运时间步长的要求是

$$\Delta t_{\mathrm{r}} \leqslant \delta \min_{(j)}\left|\frac{c_v \rho T + 4aT^4}{\nabla \cdot \boldsymbol{F}_{\mathrm{r}}^0}\right|_j = \delta \min_{(j)}\left|\frac{c_v \rho T + 4aT^4}{\frac{\rho}{\rho_0 r^2}\frac{\partial}{\partial r}(R^2 F_{\mathrm{r}}^0)}\right|_j \tag{9.2.54}$$

或

$$\Delta t_{\mathrm{r}} \leqslant \delta \min_{(j)}\left|\frac{(DM_{j+1/2})(c_{v\,j+1/2}\rho_{j+1/2}T_{j+1/2} + 4aT_{j+1/2}^4)}{\rho_{j+1/2}(R_{j+1}^2 F_{\mathrm{r},\,j+1}^0 - R_j^2 F_{\mathrm{r},\,j}^0)}\right| \tag{9.2.55}$$

其中，$DM = \rho R^2 \Delta R = \rho_0 r^2 \Delta r$ 。可见，如果一个空间网格两端的能流变化剧烈，则时间步长要取小，反之，时间步长可取得大一点。

$$\Delta t = \min(\Delta t_{\mathrm{r}}, \Delta t_{\mathrm{h}}) \tag{9.2.56}$$

实际计算时，为节省计算量，同时又保证计算精度和稳定性，一般采用变步长技术，即在每一步计算完，下一步开始前，通过程序自动按以上方法确定一个时间步长，作为下一步计算使用的步长。

9.2.3 计算精度和稳定性检验

检验计算稳定性和计算精度是否合乎要求的另一种办法是进行能量守恒检验，如果时间步长和空间步长取得合理，计算格式稳定，那么每一时间步计算后，演化到该时刻时体系的能量应该是守恒的。极端点说，如果时间步长和空间步长取得无限小，则差分格式肯定能够保持能量守恒，这实际上是做不到的，因此就有所谓的能量守恒检验问题。

计算出某时刻各流动量之后，可将各网格所含的能量求和，从总能量守恒的观点来检验计算格式是否稳定，计算结果与理论值是否有太大的偏离。以一维球对称情况为例来说明。

总能量密度 $E = \rho u^2 / 2 + E_{\mathrm{m}}^0 + E_{\mathrm{r}}^0$ 满足的能量守恒方程（9.1.11）可写为

$$\frac{\mathrm{d}}{\mathrm{d}t}(E / \rho) + \frac{1}{\rho} \nabla \cdot (p\boldsymbol{u} + \boldsymbol{F}_{\mathrm{R}}) = w \tag{9.2.57}$$

其中

$$\boldsymbol{F}_{\mathrm{R}} = \boldsymbol{F}_{\mathrm{m}}^0 + \boldsymbol{F}_{\mathrm{r}}^0, \quad p = p_{\mathrm{m}}^0 + p_{\mathrm{r}}^0 \tag{9.2.58}$$

对于一维球对称系统，式（9.2.57）成为

$$\frac{\mathrm{d}}{\mathrm{d}t}(E / \rho) + \frac{1}{\rho_0 r^2} \frac{\partial}{\partial r}(R^2 (pu + F_{\mathrm{R}})) = w \tag{9.2.59}$$

注意到

$$\frac{E}{\rho} = \frac{u^2}{2} + e_{\mathrm{m}} + \frac{aT^4}{\rho} \tag{9.2.60}$$

物质内能用温度表示

$$\frac{\mathrm{d}e_{\mathrm{m}}}{\mathrm{d}t} = c_v \frac{\mathrm{d}T}{\mathrm{d}t} + \left[T \left(\frac{\partial p_{\mathrm{m}}}{\partial T} \right)_{\rho} - p_{\mathrm{m}} \right] \frac{\mathrm{d}}{\mathrm{d}t} \left(\frac{1}{\rho} \right) \tag{9.2.61}$$

式（9.2.59）成为

$$\frac{\mathrm{d}}{\mathrm{d}t}\left(\frac{u^2}{2}+aT^4v\right)+\left\{c_v\frac{\mathrm{d}T}{\mathrm{d}t}+\left(T\left(\frac{\partial p_{\mathrm{m}}}{\partial T}\right)_\rho-p_{\mathrm{m}}\right)\frac{\mathrm{d}v}{\mathrm{d}t}\right\}+\frac{1}{\rho_0 r^2}\frac{\partial}{\partial r}(R^2(pu+F_R))=w \tag{9.2.62}$$

其中，$v=1/\rho$ 为物质的比容。对（9.2.54）式两边作积分

$$\int_0^{t_n}\mathrm{d}t\int_0^{r_J}\rho_0 r^2\mathrm{d}r=\sum_{n=1}^{n}\int_{t_{n-1}}^{t_n}\mathrm{d}t\sum_{j=1}^{J}\int_{r_{j-1}}^{r_j}\rho_0 r^2\mathrm{d}r$$

可得：

（1）左边第一项为 t_n 时刻的总动能与辐射能的增加

$$I=E_1^n-E_1^0 \tag{9.2.63}$$

其中，t_n 时刻的总动能与辐射能为

$$E_1^n=\sum_{j=1}^{J}DM_j\left[(u_{j-1/2}^n)^2/2+a(T_{j-1/2}^n)^4v_{j-1/2}^n\right]$$

t_0 时刻的总动能与辐射能为

$$E_1^0=\sum_{j=1}^{J}DM_j\left[(u_{j-1/2}^0)^2/2+a(T_{j-1/2}^0)^4v_{j-1/2}^0\right]$$

而

$$DM_j=\frac{1}{3}(\rho_0)_{j-1/2}(r_j^3-r_{j-1}^3)$$

为网格的流体质量（差一 4π 因子）。

（2）左边第二项为 t_n 时刻的总内能增加

$$II=E_2^n=E_2^{n-1}+\Delta E_2^n\quad,\quad(n=1,2,\cdots) \tag{9.2.64}$$

其中

$$\Delta E_2^n=\sum_{j=1}^{J}DM_j\left[(c_v)_{j-1/2}^{n-1/2}(T_{j-1/2}^n-T_{j-1/2}^{n-1})+\left(T(\partial p_{\mathrm{m}}/\partial T)-p_{\mathrm{m}}\right)_{j-1/2}^{n-1/2}(v_{j-1/2}^n-v_{j-1/2}^{n-1})\right]$$

为 $\Delta t_{n-1/2}=t_n-t_{n-1}$ 时间间隔内总内能增加。初始条件 $E_2^0=0$。

（3）左边第三项为 $0\to t_n$ 时间间隔内系统对外的总辐射能与对外做功之和

$$III=E_3^n=E_3^{n-1}+\Delta E_3^n,\quad(n=1,2,\cdots) \tag{9.2.65}$$

其中初始条件 $E_3^0=0$，而

$$\Delta E_3^n=\int_{t_{n-1}}^{t_n}\mathrm{d}t\int_0^{r_J}\mathrm{d}r\frac{\partial}{\partial r}(R^2(pu+F_R))=(R^2(pu+F_R))_J^{n-1/2}\Delta t_{n-1/2}$$

为$\Delta t_{n-1/2}=t_n-t_{n-1}$时间间隔内的贡献。这里利用了球心处流体宏观速度和辐射能流为0的条件。

（4）右端项为$0\to t_n$时间间隔内外界给系统提供的总能量

$$IV=E_4^n=E_4^{n-1}+\Delta E_4^n,\quad (n=1,2,\cdots) \tag{9.2.66}$$

初始条件取$E_4^0=0$。其中$\Delta E_4^n=\sum_{j=1}^{J}DM_j w_{j-1/2}^{n-1/2}\Delta t_{n-1/2}$为$\Delta t_{n-1/2}=t_n-t_{n-1}$时间间隔内的贡献。

能量守恒式为

$$E_1^n-E_1^0+E_2^n+E_3^n=E_4^n \tag{9.2.67}$$

此式表明，任何一段时间内，系统动能、辐射能、内能增加，加上系统对外的总辐射能与对外做功之和等于外界提供的总能量E_4^n。

能量守恒式也可由内能守恒方程（9.1.13）得出。即

$$\frac{\mathrm{d}}{\mathrm{d}t}(e_{\mathrm{m}}+E_{\mathrm{R}}/\rho)+\frac{1}{\rho}\nabla\cdot\boldsymbol{F}_{\mathrm{R}}+p\frac{\mathrm{d}}{\mathrm{d}t}\left(\frac{1}{\rho}\right)=w \tag{9.2.68}$$

其中

$$e_{\mathrm{m}}=E_{\mathrm{m}}^0/\rho,\quad E_{\mathrm{R}}=E_r^0,\quad \boldsymbol{F}_{\mathrm{R}}=\boldsymbol{F}_{\mathrm{m}}^0+\boldsymbol{F}_{\mathrm{r}}^0,\quad p=p_{\mathrm{m}}^0+p_{\mathrm{r}}^0 \tag{9.2.69}$$

利用式（9.2.61）将物质内能用物质温度表示，注意到比容$v=1/\rho$，式（9.2.68）变为

$$c_v\frac{\mathrm{d}T}{\mathrm{d}t}+\frac{\mathrm{d}}{\mathrm{d}t}(E_{\mathrm{R}}v)+\left[T\left(\partial p_{\mathrm{m}}/\partial T\right)_\rho+p_{\mathrm{R}}+q\right]\frac{\mathrm{d}v}{\mathrm{d}t}+v\nabla\cdot\boldsymbol{F}_{\mathrm{R}}=w \tag{9.2.70}$$

在一维球对称几何下，有

$$\frac{\mathrm{d}}{\mathrm{d}t}\left(aT^4v\right)+c_v\frac{\mathrm{d}T}{\mathrm{d}t}+\left[T\left(\partial p_{\mathrm{m}}/\partial T\right)_\rho+p_{\mathrm{R}}+q\right]\frac{\mathrm{d}v}{\mathrm{d}t}-\frac{1}{\rho_0r^2}\frac{\partial}{\partial r}(R^2F_{\mathrm{R}})=w \tag{9.2.71}$$

对上式作积分$\int_0^{t_n}\mathrm{d}t\int_0^{r_J}\rho_0r^2\mathrm{d}r$，可得任意时段$0\to t_n$内的内能守恒方程

$$E_{\mathrm{R}}^n+E_1^n+E_2^n+E_3^n=E_4^n+E_{\mathrm{R}}^0 \tag{9.2.72}$$

式中，

$E_{\mathrm{R}}^n=\sum_{j=1}^{J}(aT^4v)_{j-1/2}^n\cdot DM_j$ 为t_n时刻的总辐射能。

$E_{\mathrm{R}}^0=\sum_{j=1}^{J}(aT^4v)_{j-1/2}^0\cdot DM_j$ 为t_0时刻的总辐射能。

$E_1^n=\sum_{j=1}^{J}(p_{\mathrm{R}}+q)_{j-1/2}^{n-1/2}(v^n-v^{n-1})_{j-1/2}\cdot DM_j+E_1^{n-1}$ 为$0\to t_n$时段内系统对外做功。

$E_2^n = \sum_{j=1}^{J}\left[c_{vj-1/2}^{n-1/2}(T_{j-1/2}^n - T_{j-1/2}^{n-1}) + \left(T(\partial p_m / \partial T)\right)_{j-1/2}^{n-1/2}(v_{j-1/2}^n - v_{j-1/2}^{n-1})\right]\cdot DM_j + E_2^{n-1}$ 为 t_n 时刻的物质内能。

$E_3^n = [-(R^2 F_R)_J^{n-1/2}\cdot \Delta t_{n-1/2}] + E_3^{n-1}$ 为时段 $0 \to t_n$ 内系统对外的总辐射能。

$E_4^n = \sum_{j=1}^{J} w_{j-1/2}^{n-1/2}\cdot DM_j \cdot \Delta t_{n-1/2} + E_4^{n-1}$ 为时段 $0 \to t_n$ 内外界提供的总能量。

式（9.2.72）表明，t_n 时刻辐射总内能的增加+t_n 时刻物质总内能的增加+时段内系统对外的辐射能＋时段内系统对外做功＝时段内外界提供的总能量。

9.3 辐射磁流体力学方程组

9.3.1 辐射磁流体力学方程组的形式

考虑高温流体的辐射能流、辐射压和辐射能量密度时，Euler 观点下的非相对论 RHD 方程组为

$$\begin{cases}\dfrac{\partial \rho}{\partial t} + \nabla\cdot(\rho \boldsymbol{u}) = 0 \\ \dfrac{\partial}{\partial t}(\rho \boldsymbol{u}) + \nabla\cdot\left(\boldsymbol{P}_{\rm m}^0 + \rho\boldsymbol{u}\boldsymbol{u} + \boldsymbol{P}_{\rm r}^0\right) = \boldsymbol{f} \\ \dfrac{\partial}{\partial t}\left(\dfrac{1}{2}\rho \boldsymbol{u}^2 + E_{\rm m}^0 + E_{\rm r}^0\right) + \nabla\cdot\left[\left(\dfrac{1}{2}\rho\boldsymbol{u}^2 + E_{\rm m}^0 + E_{\rm r}^0\right)\boldsymbol{u} + \boldsymbol{F}_{\rm m}^0 + \boldsymbol{F}_{\rm r}^0 + (\boldsymbol{P}_{\rm m}^0 + \boldsymbol{P}_{\rm r}^0)\cdot\boldsymbol{u}\right] \\ = \rho w + \boldsymbol{f}\cdot\boldsymbol{u}\end{cases} \tag{9.3.1}$$

如果流体为高温等离子体，内部存在电荷和电流密度$(\rho_{\rm e})$，又处在电磁场$(\boldsymbol{E},\ \boldsymbol{B})$环境中，RHD 方程组（9.3.1）的形式会发生何种变化？

变化包括运动方程右边加上电磁力密度 $\rho_{\rm e}\boldsymbol{E} + \boldsymbol{j}\times\boldsymbol{B}$，能量守恒方程右边加上电磁功率密度 $\boldsymbol{j}\cdot\boldsymbol{E}$，变成辐射磁流体力学（RMHD）方程组，其中$(\rho_{\rm e}, \boldsymbol{j})$分别是磁流体元的电荷密度和电流密度。

RMHD 方程组中为什么不把电磁场动量密度 $\boldsymbol{p}_{\rm em}^* = \boldsymbol{F}_{\rm em}^* / c^2 = \varepsilon_0 \boldsymbol{E}\times\boldsymbol{B}$ 和能量密度 $E_{\rm em}^* = \varepsilon_0 E^2/2 + B^2/2\mu_0$ 考虑进来呢？原因有两个：①研究对象为高温带辐射的磁流体，并不包括电磁场。或者说，电磁场是磁流体系统的外部环境，如同重力场一样。②电磁场对辐射磁流体系统的影响，是通过在磁流体元上施加电磁力密度 $\rho_{\rm e}\boldsymbol{E} + \boldsymbol{j}\times\boldsymbol{B}$ 和电磁功率密度 $\boldsymbol{j}\cdot\boldsymbol{E}$ 实现的。可以证明，电磁场动量守恒方程和能量守恒方程的源项，就是电磁力密度 $\rho_{\rm e}\boldsymbol{E} + \boldsymbol{j}\times\boldsymbol{B}$ 的负值和电磁功率密度 $\boldsymbol{j}\cdot\boldsymbol{E}$ 的负值，即

$$\begin{cases}\dfrac{\partial \boldsymbol{p}_{\text{em}}^*}{\partial t}+\nabla\cdot\boldsymbol{P}_{\text{em}}^*=-(\rho_{\text{e}}\boldsymbol{E}+\boldsymbol{j}\times\boldsymbol{B})\\ \dfrac{\partial E_{\text{em}}^*}{\partial t}+\nabla\cdot\boldsymbol{F}_{\text{em}}^*=-(\boldsymbol{j}\cdot\boldsymbol{E})\end{cases}\tag{9.3.2}$$

其中，$\boldsymbol{p}_{\text{em}}^*=\boldsymbol{F}_{\text{em}}^*/c^2=\varepsilon_0\boldsymbol{E}\times\boldsymbol{B}$ 为电磁场动量密度，$E_{\text{em}}^*=\varepsilon_0E^2/2+B^2/2\mu_0$ 为电磁场能量密度，$\boldsymbol{P}_{\text{em}}^*=(\varepsilon_0E^2/2+B^2/2\mu_0)\boldsymbol{I}-\boldsymbol{BB}/\mu_0-\varepsilon_0\boldsymbol{EE}$ 为电磁场动量通量（压强张量），而 $\boldsymbol{F}_{\text{em}}^*=\boldsymbol{E}\times\boldsymbol{B}/\mu_0$ 为电磁场能量通量（坡印亭矢量）。

式（9.3.2）是电磁场动量守恒方程和电磁场能量守恒方程。由此可见以下特点。

（1）电磁场施加给磁流体元（电子离子）的电磁力密度 $\rho_{\text{e}}\boldsymbol{E}+\boldsymbol{j}\times\boldsymbol{B}$ 和电磁功率密度 $\boldsymbol{j}\cdot\boldsymbol{E}$，增加了流体粒子的动量和能量（动能和内能），但消耗了电磁场动量和电磁场能量。

（2）电磁场施加给磁流体粒子的功率密度包括两项，即

$$\boldsymbol{j}\cdot\boldsymbol{E}=(\boldsymbol{j}\times\boldsymbol{B})\cdot\boldsymbol{u}+j^2/\sigma\tag{9.3.3}$$

第一项为电磁力做功 $(\boldsymbol{j}\times\boldsymbol{B})\cdot\boldsymbol{u}$，第二项为焦耳热 j^2/σ（σ 是磁流体的电导率）。电磁力做功的功率密度变成了磁流体动能，焦耳热变成了磁流体内能。

【证明】由等离子体中的广义欧姆定律（也是电流密度与电磁场和等离子体性质关系，等离子体电磁本构关系）

$$\boldsymbol{j}=\sigma(\boldsymbol{E}+\boldsymbol{u}\times\boldsymbol{B}-\boldsymbol{j}\times\boldsymbol{B}/en_{\text{e}})\tag{9.3.4}$$

可得电场强度为

$$\boldsymbol{E}=\boldsymbol{j}/\sigma+\boldsymbol{j}\times\boldsymbol{B}/en_{\text{e}}-\boldsymbol{u}\times\boldsymbol{B}$$

于是电磁功率密度

$$\boldsymbol{j}\cdot\boldsymbol{E}=j^2/\sigma-\boldsymbol{j}\cdot(\boldsymbol{u}\times\boldsymbol{B})\tag{9.3.5}$$

利用矢量混合积公式 $\boldsymbol{A}\times(\boldsymbol{B}\times\boldsymbol{C})=\boldsymbol{B}\times(\boldsymbol{C}\times\boldsymbol{A})$ 以及叉积性质 $\boldsymbol{A}\times\boldsymbol{B}=-\boldsymbol{B}\times\boldsymbol{A}$，式（9.3.5）的最后一项

$$\boldsymbol{j}\cdot(\boldsymbol{u}\times\boldsymbol{B})=\boldsymbol{u}\cdot(\boldsymbol{B}\times\boldsymbol{j})=-(\boldsymbol{j}\times\boldsymbol{B})\cdot\boldsymbol{u}\tag{9.3.6}$$

【证毕】

9.3.2　广义欧姆定律

广义欧姆定律的一般形式为

$$\boldsymbol{j}(\boldsymbol{r},t)=\sigma\left(\boldsymbol{E}+\boldsymbol{u}\times\boldsymbol{B}-\boldsymbol{j}\times\boldsymbol{B}/n_{\text{e}}e+\nabla\cdot\boldsymbol{P}_{\text{e}}^{(0)}/n_{\text{e}}e\right)\tag{9.3.7}$$

其中，$\boldsymbol{u}$ 是磁流体元的宏观流速，$-e,n_{\text{e}}$ 分别是电子电荷量和电子数密度，$\boldsymbol{P}_{\text{e}}^{(0)}$ 为

流体静止坐标系下电子流体的动量通量（压强张量）。广义欧姆定律含四类电流密度，一是电场引起的传导电流密度，二是流体运动切割磁力线引起的感应电流密度，三是霍尔效应引起的霍尔电流密度，四是磁流体内部密度和温度差（压强差）导致电子扩散引起的热电电流密度。

【证明】等离子体中由于电荷分离，存在电子流体和离子流体。设电子流体的宏观流速为 $\boldsymbol{u}_{\mathrm{e}}$，电子质量为 m_{e}，则电子流体质量密度为 $m_{\mathrm{e}}n_{\mathrm{e}}$，动量密度为 $m_{\mathrm{e}}n_{\mathrm{e}}\boldsymbol{u}_{\mathrm{e}}$，动量通量为 $m_{\mathrm{e}}n_{\mathrm{e}}\boldsymbol{u}_{\mathrm{e}}\boldsymbol{u}_{\mathrm{e}}+\boldsymbol{P}_{\mathrm{e}}^{(0)}$，其中 $\boldsymbol{P}_{\mathrm{e}}^{(0)}$ 为流体静止系下电子流体的动量通量。电子流体的运动方程（动量守恒方程）为

$$\frac{\partial}{\partial t}(m_{\mathrm{e}}n_{\mathrm{e}}\boldsymbol{u}_{\mathrm{e}})+\nabla\cdot(m_{\mathrm{e}}n_{\mathrm{e}}\boldsymbol{u}_{\mathrm{e}}\boldsymbol{u}_{\mathrm{e}}+\boldsymbol{P}_{\mathrm{e}}^{(0)})=\boldsymbol{F}_{\mathrm{e}} \tag{9.3.8}$$

其中，$\boldsymbol{F}_{\mathrm{e}}$ 为电子流体受到的合力密度（包括洛伦兹力和离子对它的碰撞力（摩擦力）)，即

$$\boldsymbol{F}_{\mathrm{e}}=-en_{\mathrm{e}}(\boldsymbol{E}+\boldsymbol{u}_{\mathrm{e}}\times\boldsymbol{B})+\int\mathrm{d}\boldsymbol{v}m_{\mathrm{e}}\boldsymbol{v}\left(\frac{\partial f_{\mathrm{e}}}{\partial t}\right)_{\mathrm{i,e}} \tag{9.3.9}$$

其中，$f_{\mathrm{e}}(\boldsymbol{r},\boldsymbol{v},t)$ 为电子的速度分布函数，式（9.3.9）最后一项为离子流体传给电子流体的碰撞力密度。略去电子惯性项（即取电子质量 $m_{\mathrm{e}}=0$），动量守恒方程（9.3.8）变为

$$\nabla\cdot\boldsymbol{P}_{\mathrm{e}}^{(0)}=\boldsymbol{F}_{\mathrm{e}} \tag{9.3.10}$$

即热力学力与电磁力处在平衡态。利用电中性条件 $q_{\mathrm{i}}n_{\mathrm{i}}-en_{\mathrm{e}}=0$，可得电流密度

$$\boldsymbol{j}=q_{\mathrm{i}}n_{\mathrm{i}}\boldsymbol{u}_{\mathrm{i}}-en_{\mathrm{e}}\boldsymbol{u}_{\mathrm{e}}=-en_{\mathrm{e}}(\boldsymbol{u}_{\mathrm{e}}-\boldsymbol{u}_{\mathrm{i}}) \tag{9.3.11}$$

其中，q_{i}、n_{i}、$\boldsymbol{u}_{\mathrm{i}}$ 分别是离子的电荷、数密度和宏观流速。注意到流体宏观流速 $\boldsymbol{u}\approx\boldsymbol{u}_{\mathrm{i}}$，则由式（9.3.11）可得电子流体的宏观流速为

$$\boldsymbol{u}_{\mathrm{e}}\approx-\boldsymbol{j}/en_{\mathrm{e}}+\boldsymbol{u} \tag{9.3.12}$$

式（9.3.9）中碰撞力密度可近似为

$$\int\mathrm{d}\boldsymbol{v}m_{\mathrm{e}}\boldsymbol{v}\left(\frac{\partial f_{\mathrm{e}}}{\partial t}\right)_{\mathrm{i,e}}\approx-\nu_{\mathrm{ei}}n_{\mathrm{e}}m_{\mathrm{e}}(\boldsymbol{u}_{\mathrm{e}}-\boldsymbol{u}_{\mathrm{i}})=\frac{\nu_{\mathrm{ei}}m_{\mathrm{e}}\boldsymbol{j}}{e} \tag{9.3.13}$$

其中，ν_{ei} 为电子-离子碰撞频率。将式（9.3.12）和（9.3.13）代入式（9.3.9）得出 $\boldsymbol{F}_{\mathrm{e}}$，再注意到等离子体电导率为 $\sigma=n_{\mathrm{e}}e^2/m_{\mathrm{e}}\nu_{\mathrm{ei}}$，则动量守恒方程（9.3.10）变为

$$\nabla\cdot\boldsymbol{P}_{\mathrm{e}}^{(0)}\approx-en_{\mathrm{e}}(\boldsymbol{E}+\boldsymbol{u}\times\boldsymbol{B})+\boldsymbol{j}\times\boldsymbol{B}+\frac{n_{\mathrm{e}}e}{\sigma}\boldsymbol{j} \tag{9.3.14}$$

这就是广义欧姆定律（9.3.7）。广义欧姆定律是磁流体介质的电磁本构方程。定律表明，磁流体介质的电流密度既与电磁场、电荷密度有关，也与温度、流体质量密度、电导率等因素有关。

9.3.3 辐射磁流体力学方程组的封闭性

与辐射流体力学方程组相比，RMHD 方程组多 3 个电磁量 $\boldsymbol{j}$、$\boldsymbol{E}$、$\boldsymbol{B}$，它们与磁流体介质的特性密切相关。必须添加 3 个电动力学方程，RMHD 方程组才封闭，这 3 个电动力学方程分别是广义欧姆定律（9.3.7）、法拉第定律

$$\nabla\times\boldsymbol{E}=-\partial\boldsymbol{B}/\partial t \tag{9.3.15}$$

以及安培定律

$$\nabla\times\boldsymbol{B}=\mu_0(\varepsilon_0\partial\boldsymbol{E}/\partial t+\boldsymbol{j}) \tag{9.3.16}$$

为什么不考虑其他电动力学方程？比如高斯定律 $\nabla\cdot\boldsymbol{E}=\rho_{\mathrm{e}}/\varepsilon_0$，电荷守恒定律和高斯磁定律 $\partial\rho_{\mathrm{e}}/\partial t+\nabla\cdot\boldsymbol{j}=0$，$\nabla\cdot\boldsymbol{B}=0$？因为当法拉第定律和安培定律成立时，后面两个自然满足。而高斯定律不需要，除非要通过它求电荷密度 $\rho_{\mathrm{e}}=\varepsilon_0\nabla\cdot\boldsymbol{E}$（$\boldsymbol{E}$ 由广义欧姆定律决定）。

三个电磁量 $\boldsymbol{j}$、$\boldsymbol{E}$、$\boldsymbol{B}$ 的计算思路如下。安培定律中忽略位移电流，广义欧姆定律中设电子在磁场中的回旋频率 $\omega_{\mathrm{ce}}=eB/m_{\mathrm{e}}\ll\nu_{\mathrm{ei}}$，则 $\boldsymbol{j}$、$\boldsymbol{E}$、$\boldsymbol{B}$ 满足三个电磁学定律

$$\begin{cases}\nabla\times\boldsymbol{E}=-\partial\boldsymbol{B}/\partial t\\ \nabla\times\boldsymbol{B}=\mu_0\boldsymbol{j}\\ \boldsymbol{j}=\sigma(\boldsymbol{E}+\boldsymbol{u}\times\boldsymbol{B})\end{cases} \tag{9.3.17}$$

由式（9.3.17）中的安培定律，可得电流密度 $\boldsymbol{j}=\nabla\times\boldsymbol{B}/\mu_0$，由广义欧姆定律可得电场 $\boldsymbol{E}=\nabla\times\boldsymbol{B}/\sigma\mu_0-\boldsymbol{u}\times\boldsymbol{B}$，代入法拉第定律，可得磁扩散方程

$$\frac{\partial\boldsymbol{B}}{\partial t}=\nabla\times(\boldsymbol{u}\times\boldsymbol{B})-\nabla\times\left(\nabla\times\boldsymbol{B}/\sigma\mu_0\right) \tag{9.3.18}$$

由此解出 $\boldsymbol{B}$，就可得出 $\boldsymbol{j}$、$\boldsymbol{E}$。利用公式

$$\begin{cases}\dfrac{\partial\boldsymbol{B}}{\partial t}=\rho\dfrac{\mathrm{d}}{\mathrm{d}t}\left(\dfrac{\boldsymbol{B}}{\rho}\right)-\nabla\cdot(\boldsymbol{u}\boldsymbol{B})\\ \nabla\cdot(\boldsymbol{u}\boldsymbol{B})=(\nabla\cdot\boldsymbol{u})\boldsymbol{B}+(\boldsymbol{u}\cdot\nabla)\boldsymbol{B}\\ \nabla\times(\boldsymbol{u}\times\boldsymbol{B})=\boldsymbol{u}(\nabla\cdot\boldsymbol{B})-(\boldsymbol{u}\cdot\nabla)\boldsymbol{B}-\boldsymbol{B}(\nabla\cdot\boldsymbol{u})+(\boldsymbol{B}\cdot\nabla)\boldsymbol{u}\end{cases} \tag{9.3.19}$$

把磁扩散方程写成随体时间微商形式，可和 RMHD 方程组一起解。

解出磁场 $\boldsymbol{B}$，可得出电流密度 $\boldsymbol{j}=\nabla\times\boldsymbol{B}/\mu_0$，则可求出洛伦兹力密度 $\boldsymbol{j}\times\boldsymbol{B}$ 和焦耳热功率密度 $\boldsymbol{j}^2/\sigma$。其中洛伦兹力密度

$$\boldsymbol{j}\times\boldsymbol{B}=(\nabla\times\boldsymbol{B})\times\boldsymbol{B}/\mu_0 \tag{9.3.20}$$

利用公式

$$(\nabla\times\boldsymbol{B})\times\boldsymbol{B}=\nabla\cdot(\boldsymbol{BB}-B^2/2) \tag{9.3.21}$$

所以

$$\boldsymbol{j}\times\boldsymbol{B}=-\nabla\cdot\boldsymbol{P}_{\text{mag}} \tag{9.3.22}$$

其中

$$\boldsymbol{P}_{\text{mag}}=\frac{B^2}{2\mu_0}\boldsymbol{I}-\frac{\boldsymbol{BB}}{\mu_0} \tag{9.3.23}$$

为磁压强张量。洛伦兹力密度做的功，就是磁压强张量做的功，即$(\boldsymbol{j}\times\boldsymbol{B})\cdot\boldsymbol{u}=-\boldsymbol{u}\cdot(\nabla\cdot\boldsymbol{P}_{\text{mag}})$，变成了磁流体动能。焦耳热功率密度$\boldsymbol{j}^2/\sigma$变成了磁流体的内能。

9.3.4 辐射磁流体力学方程组的随体时间微商形式

对任何流体力学量Q（可以为矢量），有

$$\rho\frac{\mathrm{d}}{\mathrm{d}t}\left(\frac{\boldsymbol{Q}}{\rho}\right)=\frac{\partial\boldsymbol{Q}}{\partial t}+\nabla\cdot(\boldsymbol{uQ}) \tag{9.3.24}$$

其中，ρ、$\boldsymbol{u}$分别为流体元的质量密度和流速，而

$$\frac{\mathrm{d}(\ )}{\mathrm{d}t}=\frac{\partial(\ )}{\partial t}+(\boldsymbol{u}\cdot\nabla)(\ ) \tag{9.3.25}$$

是随体时间微商。利用式（9.3.24）把时间偏导数化为随体时间微商，可得随体时间微商形式的RMHD方程组。

注意到电磁功率密度$\boldsymbol{j}\cdot\boldsymbol{E}=j^2/\sigma+(\boldsymbol{j}\times\boldsymbol{B})\cdot\boldsymbol{u}$，把能量守恒方程中的动能消去，利用公式

$$\nabla\cdot(\boldsymbol{T}\cdot\boldsymbol{u})=\boldsymbol{u}\cdot(\nabla\cdot\boldsymbol{T})+(\boldsymbol{T}\cdot\nabla)\cdot\boldsymbol{u}$$

可得内能守恒方程。最终得到辐射磁流体力学方程组的随体时间微商形式

$$\begin{cases}\rho\dfrac{\mathrm{d}}{\mathrm{d}t}\left(\dfrac{1}{\rho}\right)-\nabla\cdot\boldsymbol{u}=0\\ \rho\dfrac{\mathrm{d}\boldsymbol{u}}{\mathrm{d}t}+\nabla\left(p_{\text{m}}^0+p_{\text{r}}^0\right)=\boldsymbol{f}+\boldsymbol{j}\times\boldsymbol{B}\\ \rho\dfrac{\mathrm{d}}{\mathrm{d}t}\left(e_{\text{m}}^0+e_{\text{r}}^0\right)+\nabla\cdot(\boldsymbol{F}_{\text{m}}^0+\boldsymbol{F}_{\text{r}}^0)+(p_{\text{m}}^0+p_{\text{r}}^0)\rho\dfrac{\mathrm{d}}{\mathrm{d}t}\left(\dfrac{1}{\rho}\right)=\rho w+\boldsymbol{j}^2/\sigma\end{cases} \tag{9.3.26}$$

可见，焦耳热功率密度$\boldsymbol{j}^2/\sigma$是磁流体元内能的一项新能源。要使方程组封闭，加上法拉第定律、安培定律和广义欧姆定律。辐射输运方程提供辐射量e_{r}^0、p_{r}^0、$\boldsymbol{F}_{\text{r}}^0$，物态方程$p_{\text{m}}^0(\rho,e_{\text{m}}^0)$和物质能流方程$\boldsymbol{F}_{\text{m}}^0(\rho,e_{\text{m}}^0)$。

9.3.5 Lagrange 观点下的辐射磁流体力学方程组

把随体时间微商形式RMHD方程组（9.3.26）变成Lagrange观点下的RMHD方程组，有四个步骤：①将物理量的自变量由Euler坐标$(\boldsymbol{R},t)$换成Lagrange坐标$(\boldsymbol{r},\tau)$；②将随体时间微商$\mathrm{d}(\ )/\mathrm{d}t$换成拉氏时间偏导数$\partial(\ )/\partial\tau$；③增添磁流体元（质团）在实空间的位矢方程$\partial\boldsymbol{R}(\boldsymbol{r},\tau)/\partial\tau=\boldsymbol{u}(\boldsymbol{r},\tau)$，初始条件为$\boldsymbol{R}(\boldsymbol{r},0)=\boldsymbol{r}$；④质量守恒方程变为$\rho\mathrm{d}\boldsymbol{R}=\rho_0\mathrm{d}\boldsymbol{r}$。所得Lagrange观点下的RMHD方程组为

$$\begin{cases}\dfrac{\partial\boldsymbol{R}(\boldsymbol{r},\tau)}{\partial\tau}=\boldsymbol{u}(\boldsymbol{r},\tau)\\ \rho\mathrm{d}\boldsymbol{R}=\rho_0\mathrm{d}\boldsymbol{r}\\ \rho\dfrac{\partial\boldsymbol{u}}{\partial\tau}+\nabla(p_\mathrm{m}^0+p_\mathrm{r}^0)=\boldsymbol{f}+\boldsymbol{j}\times\boldsymbol{B}\\ \rho\dfrac{\partial(e_\mathrm{m}^0+e_\mathrm{r}^0)}{\partial\tau}+\nabla\cdot(\boldsymbol{F}_\mathrm{m}^0+\boldsymbol{F}_\mathrm{r}^0)+(p_\mathrm{m}^0+p_\mathrm{r}^0)\rho\dfrac{\partial}{\partial\tau}\left(\dfrac{1}{\rho}\right)=\rho w+\boldsymbol{j}^2/\sigma\end{cases}\tag{9.3.27}$$

注意，以上物理量的自变量均为$(\boldsymbol{r},\tau)$。$\nabla(p_\mathrm{m}^0+p_\mathrm{r}^0)$和$\nabla\cdot(\boldsymbol{F}_\mathrm{m}^0+\boldsymbol{F}_\mathrm{r}^0)$是对$\boldsymbol{R}$（Euler空间）求导数，而$\boldsymbol{R}(\boldsymbol{r},\tau)$是Lagrange坐标$(\boldsymbol{r},\tau)$的函数。

9.3.6 电磁场动量守恒方程和能量守恒方程

电磁场动量守恒方程和电磁场能量守恒方程为

$$\begin{cases}-\dfrac{\partial\boldsymbol{p}_\mathrm{em}^*}{\partial t}-\nabla\cdot\boldsymbol{P}_\mathrm{em}^*=\rho_\mathrm{e}\boldsymbol{E}+\boldsymbol{j}\times\boldsymbol{B}\\ -\dfrac{\partial E_\mathrm{em}^*}{\partial t}-\nabla\cdot\boldsymbol{F}_\mathrm{em}^*=\boldsymbol{j}\cdot\boldsymbol{E}\end{cases}\tag{9.3.28}$$

其中，$\boldsymbol{p}_\mathrm{em}^*=\varepsilon_0\boldsymbol{E}\times\boldsymbol{B}$为电磁场动量密度，$\boldsymbol{P}_\mathrm{em}^*=(\varepsilon_0E^2/2+B^2/2\mu_0)\boldsymbol{I}-\boldsymbol{BB}/\mu_0-\varepsilon_0\boldsymbol{EE}$为电磁场动量通量（压强张量），$E_\mathrm{em}^*=\varepsilon_0E^2/2+B^2/2\mu_0$为电磁场能量密度，$\boldsymbol{F}_\mathrm{em}^*=\boldsymbol{E}\times\boldsymbol{B}/\mu_0$为电磁场能量通量（坡印亭矢量）。

【证明】先导出预备公式。利用矢量公式

$$\begin{cases}\nabla(\boldsymbol{f}\cdot\boldsymbol{g})=\boldsymbol{f}\times(\nabla\times\boldsymbol{g})+(\boldsymbol{f}\cdot\nabla)\boldsymbol{g}+\boldsymbol{g}\times(\nabla\times\boldsymbol{f})+(\boldsymbol{g}\cdot\nabla)\boldsymbol{f}\\ \nabla\cdot(\boldsymbol{fg})=(\nabla\cdot\boldsymbol{f})\boldsymbol{g}+(\boldsymbol{f}\cdot\nabla)\boldsymbol{g}\end{cases}\tag{9.3.29}$$

用在电磁场上，可得

$$\begin{cases}\nabla(\boldsymbol{B}^2/2)=\nabla(\boldsymbol{B}\cdot\boldsymbol{B}/2)=\boldsymbol{B}\times(\nabla\times\boldsymbol{B})+(\boldsymbol{B}\cdot\nabla)\boldsymbol{B}\\ \nabla\cdot(\boldsymbol{BB})=(\nabla\cdot\boldsymbol{B})\boldsymbol{B}+(\boldsymbol{B}\cdot\nabla)\boldsymbol{B}\end{cases}\tag{9.3.30}$$

或

$$\begin{cases}\nabla(\boldsymbol{E}^2/2)=\boldsymbol{E}\times(\nabla\times\boldsymbol{E})+(\boldsymbol{E}\cdot\nabla)\boldsymbol{E}\\ \nabla\cdot(\boldsymbol{E}\boldsymbol{E})=(\nabla\cdot\boldsymbol{E})\boldsymbol{E}+(\boldsymbol{E}\cdot\nabla)\boldsymbol{E}\end{cases} \tag{9.3.31}$$

注意到$\nabla\cdot\boldsymbol{B}=0$，由式（9.3.30）可得

$$\boldsymbol{B}\times(\nabla\times\boldsymbol{B})=\nabla(\boldsymbol{B}^2/2)-\nabla\cdot(\boldsymbol{B}\boldsymbol{B}) \tag{9.3.32}$$

注意到高斯定律$\nabla\cdot\boldsymbol{E}=\rho_{\rm e}/\varepsilon_0$，由式（9.3.31）可得

$$\boldsymbol{E}\times(\nabla\times\boldsymbol{E})=\nabla(\boldsymbol{E}^2/2)-\nabla\cdot(\boldsymbol{E}\boldsymbol{E})+\rho_{\rm e}\boldsymbol{E}/\varepsilon_0 \tag{9.3.33}$$

（1）电磁场动量守恒方程的证明。由安培定律$\nabla\times\boldsymbol{B}=\mu_0(\varepsilon_0\partial\boldsymbol{E}/\partial t+\boldsymbol{j})$可得电流密度$\boldsymbol{j}=\nabla\times\boldsymbol{B}/\mu_0-\varepsilon_0\partial\boldsymbol{E}/\partial t$，所以洛伦兹力密度

$$\boldsymbol{j}\times\boldsymbol{B}=\frac{1}{\mu_0}(\nabla\times\boldsymbol{B})\times\boldsymbol{B}-\varepsilon_0\frac{\partial\boldsymbol{E}}{\partial t}\times\boldsymbol{B} \tag{9.3.34}$$

利用式（9.3.32），洛伦兹力密度（9.3.34）变为

$$\boldsymbol{j}\times\boldsymbol{B}=\nabla\cdot\left(\frac{\boldsymbol{B}\boldsymbol{B}}{\mu_0}\right)-\nabla\left(\frac{B^2}{2\mu_0}\right)-\varepsilon_0\frac{\partial\boldsymbol{E}}{\partial t}\times\boldsymbol{B} \tag{9.3.35}$$

又利用法拉第定律$\nabla\times\boldsymbol{E}=-\partial\boldsymbol{B}/\partial t$，上式最后一项

$$\frac{\partial\boldsymbol{E}}{\partial t}\times\boldsymbol{B}=\frac{\partial(\boldsymbol{E}\times\boldsymbol{B})}{\partial t}-\boldsymbol{E}\times\frac{\partial\boldsymbol{B}}{\partial t}=\frac{\partial(\boldsymbol{E}\times\boldsymbol{B})}{\partial t}+\boldsymbol{E}\times(\nabla\times\boldsymbol{E}) \tag{9.3.36}$$

利用式（9.3.33），上式可写成

$$-\varepsilon_0\frac{\partial\boldsymbol{E}}{\partial t}\times\boldsymbol{B}=-\frac{\partial(\varepsilon_0\boldsymbol{E}\times\boldsymbol{B})}{\partial t}-\nabla\left(\frac{\varepsilon_0\boldsymbol{E}^2}{2}\right)+\nabla\cdot(\varepsilon_0\boldsymbol{E}\boldsymbol{E})-\rho_{\rm e}\boldsymbol{E} \tag{9.3.37}$$

将式（9.3.37）代入式（9.3.35），得

$$\rho_{\rm e}\boldsymbol{E}+\boldsymbol{j}\times\boldsymbol{B}=-\frac{\partial(\varepsilon_0\boldsymbol{E}\times\boldsymbol{B})}{\partial t}-\nabla\left(\frac{B^2}{2\mu_0}+\frac{\varepsilon_0E^2}{2}\right)+\nabla\cdot\left(\frac{\boldsymbol{B}\boldsymbol{B}}{\mu_0}+\varepsilon_0\boldsymbol{E}\boldsymbol{E}\right) \tag{9.3.38}$$

这就是电磁场动量守恒方程

$$\rho_{\rm e}\boldsymbol{E}+\boldsymbol{j}\times\boldsymbol{B}=-\frac{\partial\boldsymbol{p}_{\rm em}^*}{\partial t}-\nabla\cdot\boldsymbol{P}_{\rm em}^* \tag{9.3.39}$$

其中电磁场的动量密度

$$\boldsymbol{p}_{\rm em}^*=\boldsymbol{F}_{\rm em}^*/c^2=\varepsilon_0\boldsymbol{E}\times\boldsymbol{B} \tag{9.3.40}$$

电磁场动量通量（压强张量）

$$\boldsymbol{P}_{\rm em}^*=\left(\frac{B^2}{2\mu_0}+\frac{\varepsilon_0E^2}{2}\right)\boldsymbol{I}-\frac{1}{\mu_0}\boldsymbol{B}\boldsymbol{B}-\varepsilon_0\boldsymbol{E}\boldsymbol{E} \tag{9.3.41}$$

（2）电磁场能量守恒方程的证明。由安培定律可得电流密度$\boldsymbol{j}=\nabla\times\boldsymbol{B}/\mu_0-\varepsilon_0\partial\boldsymbol{E}/\partial t$，所以电磁功率密度

$$\boldsymbol{j}\cdot\boldsymbol{E}=\frac{1}{\mu_0}(\nabla\times\boldsymbol{B})\cdot\boldsymbol{E}-\varepsilon_0\frac{\partial\boldsymbol{E}}{\partial t}\cdot\boldsymbol{E} \tag{9.3.42}$$

因为

$$\nabla\cdot(\boldsymbol{B}\times\boldsymbol{E})=(\nabla\times\boldsymbol{B})\cdot\boldsymbol{E}-(\nabla\times\boldsymbol{E})\cdot\boldsymbol{B}$$

利用法拉第定律 $\nabla\times\boldsymbol{E}=-\partial\boldsymbol{B}/\partial t$，所以有

$$(\nabla\times\boldsymbol{B})\cdot\boldsymbol{E}=\nabla\cdot(\boldsymbol{B}\times\boldsymbol{E})-\frac{\partial\boldsymbol{B}}{\partial t}\cdot\boldsymbol{B} \tag{9.3.43}$$

上式代入式（9.3.42），得

$$\boldsymbol{j}\cdot\boldsymbol{E}=-\frac{1}{2\mu_0}\frac{\partial B^2}{\partial t}-\frac{\varepsilon_0}{2}\frac{\partial E^2}{\partial t}-\nabla\cdot\left(\frac{1}{\mu_0}\boldsymbol{E}\times\boldsymbol{B}\right) \tag{9.3.44}$$

这就是电磁场能量守恒方程

$$\boldsymbol{j}\cdot\boldsymbol{E}=-\frac{\partial E_{\text{em}}^*}{\partial t}-\nabla\cdot\boldsymbol{F}_{\text{em}}^* \tag{9.3.45}$$

其中，电磁场能量密度 $E_{\text{em}}^*=\varepsilon_0E^2/2+B^2/2\mu_0$，坡印亭矢量（电磁场能量通量）$\boldsymbol{F}_{\text{em}}^*=\boldsymbol{E}\times\boldsymbol{B}/\mu_0$。

9.4　辐射输运方程及其解

RHD 方程组中有三个辐射场量——辐射能量密度 E_{r}^0、辐射能量通量 $\boldsymbol{F}_{\text{r}}^0$（辐射能流）和辐射动量通量 $\boldsymbol{P}_{\text{r}}^0$（辐射压强张量），通过光辐射强度 $I_\nu(\boldsymbol{r},\boldsymbol{\Omega},t)$ 对频率和方向 $(\nu,\boldsymbol{\Omega})$ 的积分可得出，即

$$E_{\text{r}}^0(\boldsymbol{r},t)=\frac{1}{c}\int_0^\infty \mathrm{d}\nu\int_{4\pi}\mathrm{d}\boldsymbol{\Omega}I_\nu(\boldsymbol{r},\boldsymbol{\Omega},t) \tag{9.4.1a}$$

$$\boldsymbol{F}_{\text{r}}^0(\boldsymbol{r},t)=\int_0^\infty \mathrm{d}\nu\int_{4\pi}\mathrm{d}\boldsymbol{\Omega}\;\boldsymbol{\Omega}I_\nu(\boldsymbol{r},\boldsymbol{\Omega},t) \tag{9.4.1b}$$

$$\boldsymbol{P}_{\text{r}}^0(\boldsymbol{r},t)=\frac{1}{c}\int_0^\infty \mathrm{d}\nu\int_{4\pi}\mathrm{d}\boldsymbol{\Omega}(\boldsymbol{\Omega}\boldsymbol{\Omega})I_\nu(\boldsymbol{r},\boldsymbol{\Omega},t) \tag{9.4.1c}$$

光辐射强度满足的方程称为辐射输运方程。建立辐射输运方程，或者建立三个辐射场量满足的方程，再求解就可得到三个辐射场的物理量。

9.4.1　辐射输运方程

辐射场可看作由大量光子组成的气体。光子状态变量为广义坐标和广义动量 $(\boldsymbol{r},\boldsymbol{p})$，动量可由光子频率和方向 $(\nu,\boldsymbol{\Omega})$ 决定，即 $\boldsymbol{p}=(h\nu/c)\boldsymbol{\Omega}$，故采用 $(\boldsymbol{r},\nu,\boldsymbol{\Omega})$ 作为光子状态变量更方便。

光子的分布函数 $f_\nu(\boldsymbol{r},\boldsymbol{\Omega},t)$ 也叫光子的角密度，定义 $f_\nu(\boldsymbol{r},\boldsymbol{\Omega},t)\mathrm{d}\nu\mathrm{d}\boldsymbol{r}\mathrm{d}\boldsymbol{\Omega}$ 为 t 时刻位置处在 $\boldsymbol{r}\to\boldsymbol{r}+\mathrm{d}\boldsymbol{r}$ 范围、频率处在 $\nu\to\nu+\mathrm{d}\nu$ 范围，运动方向处在立体角 $\boldsymbol{\Omega}\to\boldsymbol{\Omega}+\mathrm{d}\boldsymbol{\Omega}$ 范围内的光子数期望值。

辐射光强 $I_\nu(\boldsymbol{r},\boldsymbol{\Omega},t)$ 也叫光子的能量角通量，为标量，其定义为

$$I_\nu(\boldsymbol{r},\boldsymbol{\Omega},t)\equiv h\nu c f_\nu(\boldsymbol{r},\boldsymbol{\Omega},t) \tag{9.4.2}$$

$I_\nu(\boldsymbol{r},\boldsymbol{\Omega},t)\mathrm{d}\nu\mathrm{d}\boldsymbol{\Omega}$ 表示 t 时刻单位时间通过位置 r 处法线方向为 $\boldsymbol{\Omega}$ 的单位面积、频率处在 ν 附近范围 $\mathrm{d}\nu$ 内、运动方向处在 $\boldsymbol{\Omega}$ 附近立体角 $\mathrm{d}\boldsymbol{\Omega}$ 内的光子能量的期望值。

推导辐射输运方程的出发点是光子角密度 $f_\nu(\boldsymbol{r},\boldsymbol{\Omega},t)$ 满足的守恒方程

$$\frac{\partial f_\nu}{\partial t}+c\boldsymbol{\Omega}\cdot\nabla f_\nu(\boldsymbol{r},\boldsymbol{\Omega},t)=\left(\frac{\partial f_\nu}{\partial t}\right)_{\mathrm{coll}}+Q_\nu(\boldsymbol{r},\boldsymbol{\Omega},t) \tag{9.4.3}$$

右侧是光子碰撞项（散射和吸收）和光辐射源项，它们的函数形式依赖光子与介质原子的微观作用机理，与介质性质密切相关。碰撞项和源项的推导，要注意物质原子在发光和散射过程中，具有诱导效应（爱因斯坦受激发射）。

在辐射流体力学中，只关心低能光子的热辐射传送（radiative transfer）问题。其特点是，介质原子本身是发光源和吸收体，低能光子的产生和吸收只涉及原子核外电子的跃迁过程，不涉及核能级的跃迁。光子的通量高，在介质中沉积的能量多，对介质温度和光学特性影响很大，辐射输运方程是非线性的。核武器物理、惯性约束聚变（ICF）、高能量密度物理、高温等离子体物理研究中的辐射输运，主要是指低能光子的热辐射传送问题。

1. 光辐射源项 $Q_\nu(\boldsymbol{r},\boldsymbol{\Omega},t)$

根据爱因斯坦受激发射理论，物质原子的发光和散射都具有诱导效应，光辐射源项包括自发辐射源和诱导辐射源，即

$$Q_\nu(\boldsymbol{r},\boldsymbol{\Omega},t)=q_\nu(\boldsymbol{r},\boldsymbol{\Omega},t)+y_\nu(\boldsymbol{r},\boldsymbol{\Omega},t) \tag{9.4.4}$$

其中，$q_\nu(\boldsymbol{r},\boldsymbol{\Omega},t)\mathrm{d}\nu\mathrm{d}\boldsymbol{\Omega}$ 表示单位时间单位体积原子自发辐射（状态在 $\mathrm{d}\nu\mathrm{d}\boldsymbol{\Omega}$ 内）的光子数。自发辐射源密切依赖于介质的性质。诱导辐射源 $y_\nu(\boldsymbol{r},\boldsymbol{\Omega},t)$ 与自发辐射源 $q_\nu(\boldsymbol{r},\boldsymbol{\Omega},t)$ 的关系为

$$y_\nu=q_\nu n_\nu(\boldsymbol{r},\boldsymbol{\Omega},t) \tag{9.4.5}$$

其中，$n_\nu(\boldsymbol{r},\boldsymbol{\Omega},t)$ 表示状态为 $(\nu,\boldsymbol{\Omega})$ 的一个量子态上光子的占有数，它与光子分布函数 $f_\nu(\boldsymbol{r},\boldsymbol{\Omega},t)$ 的关系是

$$n_\nu=\frac{c^3 f_\nu}{2\nu^2} \tag{9.4.6}$$

从式（9.4.5）可以看出，状态为 $(\nu,\boldsymbol{\Omega})$ 的量子态上光子的占有数 $n_\nu(\boldsymbol{r},\boldsymbol{\Omega},t)$ 越多，状态为 $(\nu,\boldsymbol{\Omega})$ 的诱导辐射源 $y_\nu(\boldsymbol{r},\boldsymbol{\Omega},t)$ 就越大，这表示光子有朝某一状态扎堆出现

的现象，这是因为光子是玻色子，不受泡利不相容原理的制约，激光就是光子扎堆出现的典型，激光中每个光子的状态都相同，包括能量、方向、偏振等。将式（9.4.5）代入式（9.4.4）得，光辐射源项为

$$Q_\nu(\boldsymbol{r},\boldsymbol{\Omega},t)=q_\nu(\boldsymbol{r},\boldsymbol{\Omega},t)\left(1+\frac{c^3 f_\nu}{2\nu^2}\right) \tag{9.4.7}$$

其中，高温介质的自发辐射源 $q_\nu(\boldsymbol{r},\boldsymbol{\Omega},t)$ 与介质的物理状态和性质密切相关，需要另外提供。

2. **光子的碰撞项**

光子的碰撞项包括吸收和散射。光子与物质原子碰撞时可能会导致原子吸收光子使光子消亡，也可能引起光子的散射。散射时光子不消失，但其频率（能量）和方向会发生改变，使光子离开或进入所考虑的频率方向 $(\nu,\boldsymbol{\Omega})$ 状态。因此，吸收和散射都会使某种状态的光子数目发生改变。

描述物质对光子吸收的参数是线性吸收系数 $\mu_{\mathrm{a}}(\boldsymbol{r},\nu,t)$，它表示光子在物质中行走单位长度被物质吸收的概率，它是介质重要的光辐射特性参数。$\mu_{\mathrm{a}}(\boldsymbol{r},\nu,t)$ 是3种吸收过程的线性吸收系数之和，即束缚-束缚跃迁吸收，束缚-自由跃迁吸收，自由-自由跃迁吸收，如图9.5所示。

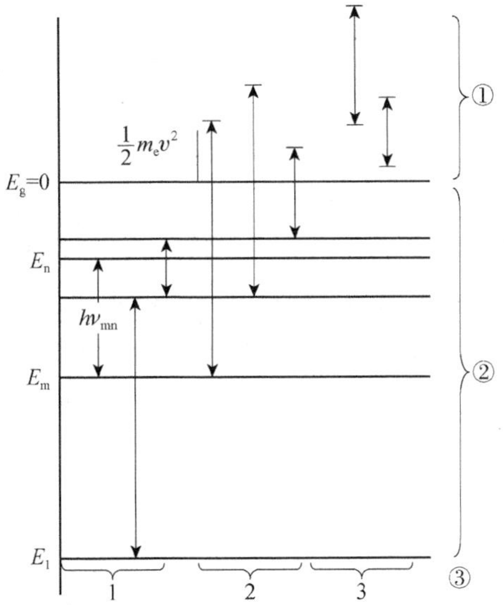

图9.5　电子吸收光子跃迁过程示意图

1：束缚-束缚跃迁吸收；2：束缚-自由跃迁吸收；3：自由-自由跃迁吸收；①：连续态；②：分立态；③：基态

实际计算时，先分别计算一个靶核（可能是电子、原子或离子）吸收光子能量发生束缚-束缚、束缚-自由、自由-自由跃迁的微观截面 $\sigma_{\mathrm{bb}}^{(i)}$、$\sigma_{\mathrm{bf}}^{(i)}$、$\sigma_{\mathrm{ff}}^{(i)}$，

再根据单位质量介质中第i种靶核的个数$n^{(i)}$来计算物质对光的线性吸收系数

$$\mu_{\mathrm{a}}(\boldsymbol{r},\nu,t)=\rho(\boldsymbol{r})\sum_i n^{(i)}\left(\sigma_{\mathrm{ff}}^{(i)}+\sigma_{\mathrm{bf}}^{(i)}+\sigma_{\mathrm{bb}}^{(i)}\right) \tag{9.4.8}$$

可见，$\mu_{\mathrm{a}}(\boldsymbol{r},\nu,t)$既依赖于介质性质（温度、密度），又依赖于光子的波长。

描述物质对光子散射的参数是宏观散射转移截面$\mu_{\mathrm{s}}(\nu'\to\nu,\boldsymbol{\Omega}'\to\boldsymbol{\Omega}|\boldsymbol{r})$，它表示空间点$\boldsymbol{r}$处状态为$(\nu',\boldsymbol{\Omega}')$的光子在物质中走单位长度被物质散射到状态$(\nu,\boldsymbol{\Omega})$附近（单位频率间隔单位立体角内）的概率。实际计算时，要先计算一个靶核（可能是电子、原子或离子）与光子散射的微观双微分截面$\sigma_{\mathrm{s}}^{(i)}(\nu'\to\nu,\boldsymbol{\Omega}'\to\boldsymbol{\Omega})$。再根据单位质量介质中第$i$种靶核的个数$n^{(i)}$来计算

$$\mu_{\mathrm{s}}(\nu'\to\nu,\boldsymbol{\Omega}'\to\boldsymbol{\Omega}|\boldsymbol{r})=\rho(\boldsymbol{r})\sum_i n^{(i)}\sigma_{\mathrm{s}}^{(i)}(\nu'\to\nu,\boldsymbol{\Omega}'\to\boldsymbol{\Omega}) \tag{9.4.9}$$

3. 只考虑光吸收时的辐射输运方程

不考虑散射时，碰撞项就只含吸收项，即

$$\left(\frac{\partial f_\nu}{\partial t}\right)_{\mathrm{coll}}=-c\mu_{\mathrm{a}}f_\nu(\boldsymbol{r},\boldsymbol{\Omega},t) \tag{9.4.10}$$

其中，$c\mu_{\mathrm{a}}f_\nu(\boldsymbol{r},\boldsymbol{\Omega},t)$表示单位时间单位体积物质吸收的$(\nu,\boldsymbol{\Omega})$状态的光子数。把光辐射源（9.4.7）和碰撞项（9.4.10）代入辐射输运方程（9.4.3），得

$$\frac{\partial f_\nu}{\partial t}+c\boldsymbol{\Omega}\cdot\nabla f_\nu(\boldsymbol{r},\boldsymbol{\Omega},t)+c\mu_{\mathrm{a}}f_\nu(\boldsymbol{r},\boldsymbol{\Omega},t)=q_\nu(\boldsymbol{r},\boldsymbol{\Omega},t)\left(1+\frac{c^3 f_\nu}{2\nu^2}\right) \tag{9.4.11}$$

由此可得辐射光强$I_\nu(\boldsymbol{r},\boldsymbol{\Omega},t)$满足的辐射输运方程为

$$\frac{1}{c}\frac{\partial I_\nu}{\partial t}+\boldsymbol{\Omega}\cdot\nabla I_\nu+\mu_{\mathrm{a}}I_\nu(\boldsymbol{r},\boldsymbol{\Omega},t)=s_\nu\left(1+\frac{c^2 I_\nu}{2h\nu^3}\right) \tag{9.4.12}$$

其中，$s_\nu(\boldsymbol{r},\boldsymbol{\Omega},t)=h\nu q_\nu(\boldsymbol{r},\boldsymbol{\Omega},t)$为介质自发辐射功率密度。辐射输运方程（9.4.12）也叫光辐射能量守恒方程，左边第一项为单位体积内光能的增加速率，第二项为通过单位体积边界的光能流失速率，第三项为单位体积介质对光能的吸收速率。右侧为单位体积光源光能的产生速率（包括自发辐射和诱导发射）。

对高温等离子体介质中的光辐射能量输运问题，一般不考虑光子的散射，辐射输运方程的形式就是式（9.4.12）。不考虑光子散射的原因是散射并不损失光能。此时，辐射输运方程只涉及高温等离子体的自发辐射功率密度$s_\nu(\boldsymbol{r},\boldsymbol{\Omega},t)$和对光辐射的线性吸收系数$\mu_{\mathrm{a}}(\boldsymbol{r},\nu,t)$（也叫辐射不透明度）。

由光辐射强度$I_\nu(\boldsymbol{r},\boldsymbol{\Omega},t)$，可得高温等离子体的净辐射功率密度（辐射−吸收）

$$s_\nu\left(1+\frac{c^2 I_\nu}{2h\nu^3}\right)-\mu_{\mathrm{a}}I_\nu \tag{9.4.13}$$

为了扣除介质的诱导辐射源，引入等效吸收系数 $\mu_{\mathrm{a}}'(\boldsymbol{r},\nu,t)$，再引入函数 $B_\nu(\boldsymbol{r},\boldsymbol{\Omega},t)$，它们的定义为

$$\begin{cases}\mu_{\mathrm{a}}' \equiv \mu_{\mathrm{a}} - \dfrac{c^2 s_\nu}{2h\nu^3} \\ B_\nu \equiv s_\nu / \mu_{\mathrm{a}}'\end{cases} \tag{9.4.14}$$

则净辐射功率密度（9.4.13）可改写为

$$s_\nu\left(1+\frac{c^2 I_\nu}{2h\nu^3}\right) - \mu_{\mathrm{a}} I_\nu = \mu_{\mathrm{a}}'(B_\nu - I_\nu) \tag{9.4.15}$$

其中，第一项 $\mu_{\mathrm{a}}'B_\nu$ 是介质自发辐射功率密度，第二项 $\mu_{\mathrm{a}}'I_\nu$ 是介质等效吸收功率密度——扣除诱导辐射后单位时间单位体积物质等效吸收的光能。于是辐射输运方程（9.4.12）变为

$$\frac{1}{c}\frac{\partial I_\nu}{\partial t} + \boldsymbol{\Omega}\cdot\nabla I_\nu = \mu_{\mathrm{a}}'(B_\nu - I_\nu) \tag{9.4.16}$$

这就是高温等离子体中辐射输运方程的常见形式。已知等效吸收系数 $\mu_{\mathrm{a}}'(\boldsymbol{r},\nu,t)$ 的情况下，就可以解出光辐射强度。至于函数 $B_\nu(\boldsymbol{r},\boldsymbol{\Omega},t)$ 的表达式如何取，后面再讨论。如果介质处于局域热平衡状态，$B_\nu(\boldsymbol{r},\boldsymbol{\Omega},t)$ 就由物质局域温度确定；如果介质处于非局域热平衡状态，就按式（9.4.14）的定义由介质自发辐射功率密度 $s_\nu(\boldsymbol{r},\boldsymbol{\Omega},t)$ 和等效吸收系数 $\mu_{\mathrm{a}}'(\boldsymbol{r},\nu,t)$ 决定。

4. 考虑光吸收和散射时的辐射输运方程

利用光子散射的宏观转移截面 $\mu_{\mathrm{s}}(\nu'\to\nu,\boldsymbol{\Omega}'\to\boldsymbol{\Omega}|r)$，可分别得出单位时间单位体积散射进入（或离开）$(\nu,\boldsymbol{\Omega})$ 状态的光子数为

$$c\int_0^\infty \mathrm{d}\nu'\int_{4\pi}\mathrm{d}\Omega'\mu_{\mathrm{s}}(\nu'\to\nu,\boldsymbol{\Omega}'\to\boldsymbol{\Omega}|\boldsymbol{r})f_{\nu'}(\boldsymbol{r},\boldsymbol{\Omega}',t) \qquad （进入）$$

$$c\int_0^\infty \mathrm{d}\nu'\int_{4\pi}\mathrm{d}\Omega'\mu_{\mathrm{s}}(\nu\to\nu',\boldsymbol{\Omega}\to\boldsymbol{\Omega}'|\boldsymbol{r})f_{\nu}(\boldsymbol{r},\boldsymbol{\Omega},t) \qquad （离开）$$

注意到光子散射也有诱导效应（爱因斯坦的受激发射效应），则同时考虑光子吸收和散射时，辐射输运方程（9.4.11）变为

$$\begin{aligned}&\frac{\partial f_\nu}{\partial t} + c\boldsymbol{\Omega}\cdot\nabla f_\nu(\boldsymbol{r},\boldsymbol{\Omega},t) + c\mu_{\mathrm{a}} f_\nu(\boldsymbol{r},\boldsymbol{\Omega},t) = q_\nu(\boldsymbol{r},\boldsymbol{\Omega},t)\left(1+\frac{c^3 f_\nu}{2\nu^2}\right)\\ &+c\int_0^\infty \mathrm{d}\nu'\int_{4\pi}\mathrm{d}\Omega'\big\{\mu_{\mathrm{s}}(\nu'\to\nu,\boldsymbol{\Omega}'\to\boldsymbol{\Omega}|\boldsymbol{r})f_{\nu'}(\boldsymbol{r},\boldsymbol{\Omega}',t)\big(1+n_\nu(\boldsymbol{r},\boldsymbol{\Omega},t)\big)\\ &\qquad -\mu_{\mathrm{s}}(\nu\to\nu',\boldsymbol{\Omega}\to\boldsymbol{\Omega}'|\boldsymbol{r})f_\nu(\boldsymbol{r},\boldsymbol{\Omega},t)\big(1+n_{\nu'}(\boldsymbol{r},\boldsymbol{\Omega}',t)\big)\big\}\end{aligned} \tag{9.4.17}$$

辐射光强满足的辐射输运方程（9.4.16）变为

$$
\begin{aligned}
&\frac{1}{c}\frac{\partial I_\nu}{\partial t}+\boldsymbol{\Omega}\cdot\nabla I_\nu=\mu_{\mathrm{a}}'(B_\nu-I_\nu)\\
&+\int_0^\infty \mathrm{d}\nu'\int_{4\pi}\mathrm{d}\boldsymbol{\Omega}'\left\{\frac{\nu}{\nu'}\mu_{\mathrm{s}}(\nu'\to\nu,\mu_{\mathrm{L}}\mid\boldsymbol{r})I_{\nu'}\left(1+\frac{c^2I_\nu}{2h\nu^3}\right)-\mu_{\mathrm{s}}(\nu\to\nu',\mu_{\mathrm{L}}\mid\boldsymbol{r})I_\nu\left(1+\frac{c^2I_{\nu'}}{2h\nu'^3}\right)\right\}
\end{aligned}
\tag{9.4.18}
$$

其中，$\mu_{\mathrm{a}}'(\boldsymbol{r},\nu,t)$ 为等效吸收系数。在部分局域热动平衡（PLTE）状态下，等效吸收系数 $\mu_{\mathrm{a}}'(\boldsymbol{r},\nu,t)$ 和函数 $B_\nu(\boldsymbol{r},\boldsymbol{\Omega},t)$ 的形式由下节给出。

9.4.2 物质的光辐射特性参数

高温等离子体介质的两个重要光辐射特性参数是线性吸收系数 $\mu_{\mathrm{a}}(\boldsymbol{r},\nu,t)$ 和自发辐射功率密度 $s_\nu(\boldsymbol{r},\boldsymbol{\Omega},t)$，一般情况下两者互相独立。但是，物质处在局域热动平衡（LTE）状态时，它们两者有关联。

上面讲的物质是指实物粒子，不包括辐射场。物质处在局域热动平衡是指，在局部空间区域内微观实物粒子（主要指电子）处于热力学平衡态，物质的局域温度为 $T_{\mathrm{e}}(\boldsymbol{r},t)$，电子在能量为 ε_{n} 的量子态n上的占有概率 p_{n} 服从费米-狄拉克（F-D）分布，即

$$
p_{\mathrm{n}}=\frac{1}{\mathrm{e}^{(\varepsilon_{\mathrm{n}}-\mu)/k_{\mathrm{B}}T_{\mathrm{e}}(\boldsymbol{r})}+1}
\tag{9.4.19}
$$

其中 μ 为化学势。局域的含义是指物质温度为空间坐标的函数。可以证明，当物质处于局域热动平衡时，$s_\nu(\boldsymbol{r},\boldsymbol{\Omega},t)$ 与 $\mu_{\mathrm{a}}(\boldsymbol{r},\nu,t)$ 的比值由物质的局域温度决定，即

$$
\frac{s_\nu(\boldsymbol{r},\boldsymbol{\Omega},t)}{\mu_{\mathrm{a}}(\boldsymbol{r},\nu,t)}=\frac{2h\nu^3}{c^2}\mathrm{e}^{-\frac{h\nu}{k_{\mathrm{B}}T_{\mathrm{e}}(\boldsymbol{r},t)}}
\tag{9.4.20}
$$

只需提供线性吸收系数 $\mu_{\mathrm{a}}(\boldsymbol{r},\nu,t)$。理论计算 $\mu_{\mathrm{a}}(\boldsymbol{r},\nu,t)$ 时，要考虑光子与介质原子的相互作用机理，既要计算粒子在各个量子态的占有数，又要计算量子态之间的跃迁概率，可参见Atzeni 的著作《惯性聚变物理》。

物质处在局域热动平衡状态下，式（9.4.14）定义的等效吸收系数 $\mu_{\mathrm{a}}'(\boldsymbol{r},\nu,t)$ 和函数 $B_\nu(\boldsymbol{r},\boldsymbol{\Omega},t)$ 的形式为

$$
\begin{cases}
\mu_{\mathrm{a}}'=\mu_{\mathrm{a}}\left(1-\mathrm{e}^{-h\nu/k_{\mathrm{B}}T_{\mathrm{e}}(\boldsymbol{r})}\right)\\
B_\nu(T_{\mathrm{e}})=\dfrac{2h\nu^3}{c^2}\dfrac{1}{\exp(h\nu/k_{\mathrm{B}}T_{\mathrm{e}})-1}
\end{cases}
\tag{9.4.21}
$$

即函数 $B_\nu(\boldsymbol{r},\boldsymbol{\Omega},t)$ 就是黑体辐射强度，它与光子运动方向 $\boldsymbol{\Omega}$ 无关，其随频率的分布由电子局域温度场 $T_{\mathrm{e}}(\boldsymbol{r},t)$ 决定，对频率的积分为

$$\int_0^\infty B_\nu \mathrm{d}\nu = \frac{c}{4\pi} a T_\mathrm{e}^4 \tag{9.4.22}$$

其中，a 是常数，c 是光速。

式（9.4.15）对频率和方向积分，可得物质净辐射功率密度——物质交给辐射场的全谱辐射功率密度

$$\rho w_R = \iint \mathrm{d}\nu \mathrm{d}\boldsymbol{\Omega} \mu_\mathrm{a}'(B_\nu - I_\nu) = \int_0^\infty \mu_\mathrm{a}'(\nu)(4\pi B_\nu - cE_\nu)\mathrm{d}\nu \tag{9.4.23}$$

定义普朗克平均吸收系数

$$\mu_\mathrm{P}' \equiv \int_0^\infty \mu_\mathrm{a}'(\nu) B_\nu \mathrm{d}\nu \Big/ \int_0^\infty B_\nu \mathrm{d}\nu \tag{9.4.24}$$

利用积分（9.4.22）和定义（9.4.24），则式（9.4.23）变为

$$\rho w_R = c\mu_\mathrm{P}'(aT_\mathrm{e}^4 - E_\mathrm{r}) \tag{9.4.25}$$

其中，$T_\mathrm{e}(\boldsymbol{r})$ 为物质局域温度（由辐射流体力学方程组给出），E_r 为光辐射能量密度（由辐射输运方程给出）。

如果物质和辐射场都没有达到局域热动平衡状态，则称为完全非热动平衡情况，此时实物粒子在量子态的占有数不服从F–D或B–E统计，物质对光辐射的线性吸收系数 $\mu_\mathrm{a}(\boldsymbol{r},\nu,t)$ 和自发辐射功率密度 $s_\nu(\boldsymbol{r},\boldsymbol{\Omega},t)$ 两者没有关联，必须单独计算。

辐射输运方程（9.4.18）中涉及的介质对光子散射的宏观转移截面

$$\mu_\mathrm{s}(\nu' \to \nu, \mu_\mathrm{L} \mid \boldsymbol{r}) \equiv \rho(\boldsymbol{r}) \sum_i n^{(i)} \sigma_\mathrm{s}^{(i)}(\nu' \to \nu, \mu_\mathrm{L}) \tag{9.4.26}$$

其中，$\mu_\mathrm{L} \equiv \boldsymbol{\Omega}' \cdot \boldsymbol{\Omega} = \cos\theta$ 系光子散射前后运动方向之间夹角的余弦；$n^{(i)}$ 系单位质量介质中光子散射体 i 的个数（可以是自由电子或离子，常称为靶核）；$\sigma_\mathrm{s}^{(i)}(\nu' \to \nu, \mu_\mathrm{L})$ 系双微分微观散射截面，其物理意义为一个状态为 $(\nu', \boldsymbol{\Omega}')$ 的光子被单位面积内一个靶核散射到状态 $(\nu, \boldsymbol{\Omega})$ 附近（单位频率间隔单位立体角内）的概率，单位是 $\mathrm{cm}^2/(\mathrm{Hz}\cdot\mathrm{Sr})$。

$\sigma_\mathrm{s}^{(i)}(\nu' \to \nu, \mu_\mathrm{L})$ 的数学形式与靶核和光子能量有关。不同靶核对不同能量光子的散射，分相干散射和非相干散射两种。相干散射为不变频率只变方向的散射，非相干散射为频率方向都改变的散射。在高温稠密等离子体中，重要的非相干散射是自由电子对光子的康普顿（Compton）散射，原因是光子能量低、自由电子数多。

量子电动力学给出的Compton散射双微分微观散射截面为

$$\sigma_\mathrm{s}^{(\mathrm{e})}(\nu' \to \nu, \mu_\mathrm{L}) = \frac{1}{2} r_\mathrm{e}^2 \frac{1+\mu_\mathrm{L}^2}{[1+\alpha(1-\mu_\mathrm{L})]^2} \left\{ 1 + \frac{\alpha^2(1-\mu_\mathrm{L})^2}{(1+\mu_\mathrm{L}^2)[1+\alpha(1-\mu_\mathrm{L})]} \right\} \tag{9.4.27}$$

其中，$r_\mathrm{e} = e^2/m_\mathrm{e}c^2 \approx 2.82\mathrm{fm}$ 为电子经典半径，$\alpha = h\nu'/m_\mathrm{e}c^2$ 为入射光子无量纲能量，其中散射光子能量（频率）必须满足以下限制条件

$$h\nu = \frac{h\nu'}{1+\alpha(1-\mu_{\mathrm{L}})} \tag{9.4.28}$$

注意到高温等离子体辐射发射的光子能量在keV量级，属低能光子，其无量纲能量$\alpha = h\nu'/m_{\mathrm{e}}c^2 \ll 1$，由式（9.4.28）可知，散射光子的频率基本不变。也就是说，低能光子的Compton散射趋于相干散射，双微分微观散射截面（9.4.27）过渡到汤姆孙（Thomson）散射双微分微观散射截面

$$\sigma_{\mathrm{s}}^{(\mathrm{e})}(\nu' \to \nu, \mu_{\mathrm{L}}) = \frac{3}{16\pi}\sigma_{\mathrm{Th}}\left(1+\mu_{\mathrm{L}}^2\right)\delta(\nu - \nu') \tag{9.4.29}$$

其中，Thomson微观散射截面为

$$\sigma_{\mathrm{Th}} = \frac{8\pi}{3}r_{\mathrm{e}}^2 = 0.6652(\mathrm{b})$$

式（9.4.29）两边乘以电子数密度$\rho n^{(\mathrm{e})}$，得电子对低能光子的Thomson散射的宏观转移截面

$$\mu_{\mathrm{s}}(\nu' \to \nu, \mu_{\mathrm{L}}) = \rho n^{(\mathrm{e})}\frac{3}{16\pi}\sigma_{\mathrm{Th}}(1+\mu_{\mathrm{L}}^2)\delta(\nu - \nu') \tag{9.4.30}$$

将式（9.4.30）代入辐射输运方程（9.4.18）右端，简化散射项，得辐射输运方程

$$\frac{1}{c}\frac{\partial I_\nu}{\partial t} + \boldsymbol{\Omega}\cdot\nabla I_\nu(r, \boldsymbol{\Omega}, t) = \mu_{\mathrm{a}}'(B_\nu - I_\nu) - \mu_{\mathrm{Th}}I_\nu + \frac{3\mu_{\mathrm{Th}}}{16\pi}\int_{4\pi}\mathrm{d}\boldsymbol{\Omega}'(1+\mu_{\mathrm{L}}^2)I_\nu(\boldsymbol{\Omega}') \tag{9.4.31}$$

其中，$\mu_{\mathrm{Th}} = \rho n^{(\mathrm{e})}\sigma_{\mathrm{Th}}$为Thomson宏观散射截面。

如果辐射强度各向同性，注意到积分

$$\int_{4\pi}\mathrm{d}\boldsymbol{\Omega}'(1+\mu_{\mathrm{L}}^2) = \frac{16\pi}{3} \tag{9.4.32}$$

则从式（9.4.31）可以看出，自由电子对低能光子的Thomson散射对辐射输运没有贡献。这就是等离子体中低能光子输运不考虑光子散射的原因。

9.4.3 辐射输运方程的近似解

要得到辐射光强$I_\nu(\boldsymbol{r}, \boldsymbol{\Omega}, t)$，必须求解辐射输运方程（9.4.31）。求解时假设物质的光辐射参数μ_{a}'、μ_{Th}已知。得到辐射光强$I_\nu(\boldsymbol{r}, \boldsymbol{\Omega}, t)$的目的是，为辐射流体力学方程组提供所需的辐射场物理量。

待求函数$I_\nu(\boldsymbol{r}, \boldsymbol{\Omega}, t)$有7个自变量（3个位置坐标，2个运动方向，1个时间），要得到方程的解析解基本不可能，只能求近似解或求数值解。求解前一般要先对自变量做近似处理。处理方向变量$\boldsymbol{\Omega}$的办法有扩散近似、球谐函数展开和离散纵标法；处理光子频率变量ν的办法有多群方法和灰体近似；处理时空变量一般采用离散差分方法。

1. 对方向变量 $\boldsymbol{\Omega}$ 的处理（P-1近似，扩散近似）

光厚介质（即吸收系数大的介质）中，辐射场各向异性弱，可将辐射强度按方向变量作球谐函数展开，只取前两项，得

$$I_\nu(r,\boldsymbol{\Omega},t)=\frac{1}{4\pi}I_\nu^{(0)}(\boldsymbol{r},t)+\frac{3}{4\pi}\boldsymbol{\Omega}\cdot\boldsymbol{I}_\nu^{(1)}(\boldsymbol{r},t) \tag{9.4.33}$$

其中两个展开系数与辐射谱能量密度、辐射谱能量通量有关

$$\begin{cases} I_\nu^{(0)}(\boldsymbol{r},t)=\int \mathrm{d}\boldsymbol{\Omega} I_\nu(\boldsymbol{r},\boldsymbol{\Omega},t)\equiv cE_\nu(\boldsymbol{r},t) \\ \boldsymbol{I}_\nu^{(1)}(\boldsymbol{r},t)=\int \mathrm{d}\boldsymbol{\Omega}\boldsymbol{\Omega} I_\nu(\boldsymbol{r},\boldsymbol{\Omega},t)\equiv F_\nu(\boldsymbol{r},t) \end{cases} \tag{9.4.34}$$

其中用到部分角度积分公式

$$\int_{4\pi}\mathrm{d}\Omega=4\pi,\quad \int_{4\pi}\boldsymbol{\Omega}\mathrm{d}\Omega=0,\quad \int_{4\pi}\boldsymbol{\Omega\Omega}\mathrm{d}\Omega=\frac{4\pi}{3}\boldsymbol{I},\quad \int_{4\pi}\boldsymbol{\Omega\Omega\Omega}\mathrm{d}\Omega=0$$

$$\int_{4\pi}\boldsymbol{\Omega}\cdot\boldsymbol{A}\mathrm{d}\Omega=0,\quad \int_{4\pi}\boldsymbol{\Omega}\left(\boldsymbol{\Omega}\cdot\boldsymbol{A}\right)\mathrm{d}\Omega=\frac{4\pi}{3}\boldsymbol{A},\quad \int_{4\pi}(\boldsymbol{\Omega}\cdot\boldsymbol{A})(\boldsymbol{\Omega}\cdot\boldsymbol{B})\mathrm{d}\Omega=\frac{4\pi}{3}\boldsymbol{A}\cdot\boldsymbol{B}$$

用式（9.4.33）中的辐射光强算出的辐射谱动量通量为

$$\boldsymbol{P}_\nu\equiv\frac{1}{c}\int(\boldsymbol{\Omega\Omega})I_\nu\mathrm{d}\Omega=\frac{1}{3}E_\nu\boldsymbol{I} \tag{9.4.35}$$

可见，若能得到式（9.4.34）中两个展开系数 E_ν、$\boldsymbol{F}_\nu$，那么辐射流体力学方程组所需的辐射量就得到了，因为

$$E_\mathrm{r}^0=\int_0^\infty \mathrm{d}\nu E_\nu(\boldsymbol{r},t),\quad \boldsymbol{F}_\mathrm{r}^0=\int_0^\infty \mathrm{d}\nu \boldsymbol{F}_\nu(\boldsymbol{r},t),\quad p_\mathrm{r}^0=\frac{1}{3}E_\mathrm{r}^0 \tag{9.4.36}$$

辐射场能量谱密度和动量谱密度 E_ν、$\boldsymbol{F}_\nu$ 满足的守恒方程组可通过将辐射输运方程（9.4.31）两边分别乘以 1 和 $\boldsymbol{\Omega}$ 后，再对角度积分得到，结果是

$$\begin{cases} \dfrac{\partial E_\nu}{\partial t}+\nabla\cdot\boldsymbol{F}_\nu=\mu_\mathrm{a}'\left[4\pi B_\nu(T)-cE_\nu\right] \\ \dfrac{\partial(\boldsymbol{F}_\nu/c^2)}{\partial t}+\dfrac{1}{3}\nabla E_\nu=-c\mu_\mathrm{tr}(\boldsymbol{F}_\nu/c^2) \end{cases} \tag{9.4.37}$$

其中，$\mu_\mathrm{tr}\equiv\mu_\mathrm{a}'+\mu_\mathrm{Th}$ 为等效吸收系数和 Thomson 散射系数之和。方程组（9.4.37）称为辐射输运方程（9.4.31）的 P-1 近似（扩散近似），只要辐射强度的形式为式（9.4.33），则 P-1 近似（9.4.37）就与辐射输运方程（9.4.31）等价。解方程组（9.4.37）可以得到 E_ν、$\boldsymbol{F}_\nu$，进而由式（9.4.36）给出所需的辐射量。

数值求解 P-1 近似方程组（9.4.37）时，除非时间步长特别小，否则 $(1/c^2)\partial\boldsymbol{F}_\nu/\partial t$ 项会引起计算格式的不稳定，可通过引入限流因子 g 而略去此项，此时有

$$\boldsymbol{F}_\nu=-gD_\nu\nabla E_\nu \tag{9.4.38}$$

其中扩散系数为

$$D_\nu = \frac{c}{3\mu_{\rm tr}} \tag{9.4.39}$$

可见，光子能量由能量密度高的地方往能量密度低的地方迁移。严格来讲，辐射扩散的数学处理只有在光学厚的介质中才适用，此时吸收系数很大，扩散系数 D_ν 小，辐射谱能流 $\boldsymbol{F}_\nu$ 不大，此时就不需要限流因子 g。否则，当吸收系数很小（扩散系数 D_ν 很大）时，辐射谱能流 $\boldsymbol{F}_\nu$ 很大，可能会出现非物理的超流现象，即由扩散方程 $\boldsymbol{F}_\nu = -D_\nu \nabla E_\nu$ 算得的辐射谱能流 $\boldsymbol{F}_\nu$ 数值可能大于能通量的最大允许值 cE_ν，此时就需要限流因子 g 来调节辐射谱能流 $\boldsymbol{F}_\nu$。限流因子 g 可取为

$$g = \left[1 + D_\nu \frac{|\nabla E_\nu|}{cE_\nu}\right]^{-1} = \begin{cases} 1 & (D_\nu << 1) \\ \dfrac{cE_\nu}{D_\nu |\nabla E_\nu|} & (D_\nu >> 1) \end{cases}$$

只在光学薄（扩散系数 D_ν 很大）时，辐射谱能流 $\boldsymbol{F}_\nu$ 需要限流因子 g 来限流，使其不超过物理容许值 cE_ν。辐射能流

$$\boldsymbol{F}_{\rm r}(\boldsymbol{r},t) = -g\frac{4}{3}\lambda_{\rm R} acT^3 \nabla T(\boldsymbol{r},t)$$

灰色限流因子 g（与光子频率无关）可取为

$$g = \left[1 + \frac{\lambda_{\rm R}}{3}\frac{|\nabla(aT^4)|}{aT^4}\right]^{-1} = \left[1 + \frac{4\lambda_{\rm R}}{3}\frac{|\nabla T|}{T}\right]^{-1} = \begin{cases} 1 & (\lambda_{\rm R} << 1) \\ \dfrac{3T}{4\lambda_{\rm R}|\nabla T|} & (\lambda_{\rm R} >> 1) \end{cases}$$

光薄时的最大辐射能流为 $|\boldsymbol{F}_{\rm r}| = cE_{\rm r}$，不会超过其物理容许值 $cE_{\rm r}$。

略去式（9.4.37）第二个方程左边第一项，则扩散近似方程（9.4.37）变为

$$\begin{cases} \dfrac{\partial E_\nu}{\partial t} + \nabla \cdot \boldsymbol{F}_\nu = \mu_{\rm a}'\left[4\pi B_\nu(T) - cE_\nu\right] \\ \boldsymbol{F}_\nu = -gD_\nu \nabla E_\nu \end{cases} \tag{9.4.40}$$

其中式（9.4.40）第一个方程右边第一项 $4\pi\mu_{\rm a}' B_\nu(T)$ 表示物质的自发辐射功率密度，是辐射光源项。

2. 平衡扩散近似

扩散近似方程（9.4.40）第一式可改写成

$$\frac{1}{c\mu_{\rm a}'}\frac{\partial E_\nu}{\partial t} + \frac{1}{c\mu_{\rm a}'}\nabla \cdot \boldsymbol{F}_\nu = \frac{4\pi}{c}B_\nu(T) - E_\nu \tag{9.4.41}$$

当吸收系数 $\mu_{\rm a}'$ 很大时，光子走一个平均自由程 $1/\mu_{\rm a}'$ 所需要的时间 $1/(c\mu_{\rm a}')$ 就很短，在这个短时间内能量密度 E_ν 的变化量就很小，则式（9.4.41）左边第一项可以忽略。另外，如果吸收系数 $\mu_{\rm a}'$ 很大，则一个光子自由程 $1/\mu_{\rm a}'$ 就很短，在这个短距离内能流

的改变量不显著，式（9.4.41）左边第二项也可以忽略。也就是说，当介质吸收系数 μ_{a}' 很大时（光学厚介质），E_ν、$\boldsymbol{F}_\nu$ 对时空的依赖关系都很弱，近似处在平衡状态，此时式（9.4.41）的左边近似为0，从而可得方程组（9.4.40）平衡扩散近似解

$$\begin{cases} E_\nu = \dfrac{4\pi}{c} B_\nu(T) \\ \boldsymbol{F}_\nu = -\dfrac{4\pi g}{3\mu_{\mathrm{tr}}} \nabla B_\nu(T) \end{cases} \tag{9.4.42}$$

其中，$B_\nu(T)$ 为黑体辐射强度，其表达式由式（9.4.21）给出。再强调一下，平衡扩散近似解仅在光厚介质内成立，要求介质对光辐射的等效线性吸收系数 μ_{a}' 很大。

利用积分公式

$$\int_0^\infty \mathrm{d}x \frac{x^3}{\mathrm{e}^x - 1} = \frac{\pi^4}{15}, \qquad \int_0^\infty \mathrm{d}\nu B_\nu(T) = \frac{ac}{4\pi} T^4 \tag{9.4.43}$$

式（9.4.42）对频率积分，可得辐射能量密度和辐射能流

$$\begin{cases} E_{\mathrm{r}}^0(\boldsymbol{r},t) = aT^4(\boldsymbol{r},t) \\ \boldsymbol{F}_{\mathrm{r}}^0(\boldsymbol{r},t) = -g\dfrac{c}{3}\lambda_{\mathrm{R}} \nabla(aT^4) \end{cases} \tag{9.4.44}$$

而辐射压强

$$p_{\mathrm{r}}^0 = \frac{1}{3}\int \mathrm{d}\nu E_\nu(\boldsymbol{r},t) = \frac{1}{3} aT^4 \tag{9.4.45}$$

其中系数

$$a = \frac{8\pi^5 k_{\mathrm{B}}{}^4}{15h^3c^3} = 7.56\times 10^{-3}\left[\frac{10^{12}\,\mathrm{erg}}{(10^6\,\mathrm{K})^4\,\mathrm{cm}^3}\right] \tag{9.4.46}$$

而

$$\lambda_{\mathrm{R}} = \frac{\displaystyle\int_0^\infty \mathrm{d}\nu \frac{1}{\mu_{\mathrm{tr}}(\nu)} \frac{\partial B_\nu(T)}{\partial T}}{\displaystyle\int_0^\infty \mathrm{d}\nu \frac{\partial B_\nu(T)}{\partial T}} = \frac{15}{4\pi^4}\int_0^\infty \mathrm{d}x \frac{1}{\mu_{\mathrm{tr}}(x)} \frac{x^4\,\mathrm{e}^x}{(\mathrm{e}^x - 1)^2} \tag{9.4.47}$$

为光子在介质中的 Rosseland 平均自由程，它与介质的密度、温度有关。其中 $\mu_{\mathrm{tr}} \equiv \mu_{\mathrm{a}}' + \mu_{\mathrm{Th}}$，$\mu_{\mathrm{Th}} = \rho n^{(\mathrm{e})} \sigma_{\mathrm{Th}}$。

辐射能流公式常写为介质温度梯度的形式

$$\boldsymbol{F}_r^0(\boldsymbol{r},t) = -\kappa \nabla T \tag{9.4.48}$$

其中系数

$$\kappa(\rho,T) = g\frac{4}{3}\lambda_{\mathrm{R}} acT^3 \tag{9.4.49}$$

可见，当物质处在局域热力学平衡态时，光厚介质中的三个辐射量完全由物质局

域温度 T 和光辐射在介质中的Rosseland平均自由程 $\lambda_R(\rho,T)$ 决定，此时不需要再去求解辐射输运方程了。$\lambda_R(\rho,T)$ 与介质的温度、密度 (ρ,T) 有关，介质的 (ρ,T) 时空分布必须通过求解RHD方程组才能得出。

9.4.4 辐射输运方程的积分形式

1. 非定态情况

不考虑光子散射时，介质中的非定态辐射输运方程为

$$\frac{1}{c}\frac{\partial I_\nu}{\partial t}+\boldsymbol{\Omega}\cdot\nabla I_\nu(\boldsymbol{r},\boldsymbol{\Omega},t)=\mu_a'(B_\nu-I_\nu) \tag{9.4.50}$$

因为不考虑光子的散射而只考虑光子的吸收，所以光子的频率和方向不变，只是辐射光强随时空变化。

如图9.6所示，在时空点 $(\boldsymbol{r}_s,t_s)$ 处有一群频率为 ν 并沿 $\boldsymbol{\Omega}$ 方向运动的光子，它们的辐射光强为 $I_\nu(\boldsymbol{r}_s,\boldsymbol{\Omega},t_s)$，我们要问，这群频率方向为 $(\nu,\boldsymbol{\Omega})$ 的光子输运到 $(\boldsymbol{r},t)$ 处，辐射光强 $I_\nu(\boldsymbol{r},\boldsymbol{\Omega},t)$ 是多少？

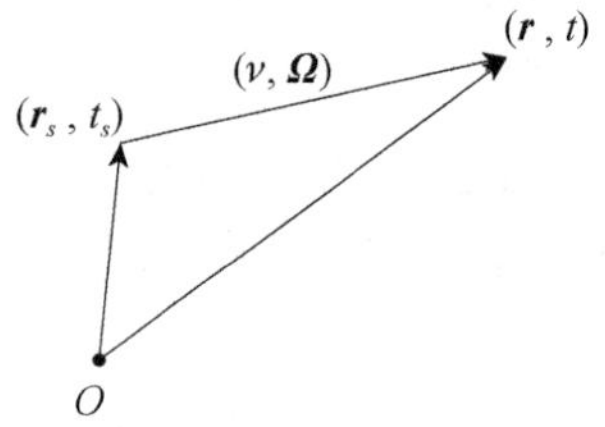

图9.6　在时空点 $(\boldsymbol{r}_s,t_s)$ 处有一群频率为 ν 并沿 $\boldsymbol{\Omega}$ 方向运动的光子，辐射光强为 $I_\nu(\boldsymbol{r}_s,\boldsymbol{\Omega},t_s)$，求 $(\boldsymbol{r},t)$ 处的光强 $I_\nu(\boldsymbol{r},\boldsymbol{\Omega},t)$

为求 $I_\nu(\boldsymbol{r},\boldsymbol{\Omega},t)$，如图9.7所示，我们先考虑时空点 $(\boldsymbol{r}',t')$ 处、频率方向为 $(\nu,\boldsymbol{\Omega})$ 的光子的辐射强度 $I_\nu(\boldsymbol{r}',\boldsymbol{\Omega},t')$ 满足的方程。

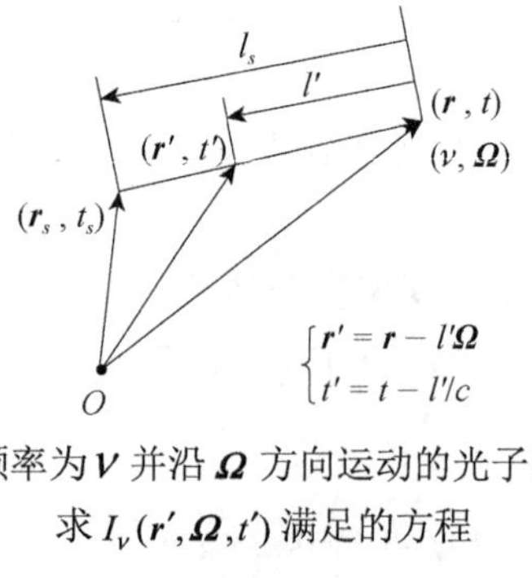

图9.7　在时空点 $(\boldsymbol{r}',t')$ 处频率为 ν 并沿 $\boldsymbol{\Omega}$ 方向运动的光子的辐射光强为 $I_\nu(\boldsymbol{r}',\boldsymbol{\Omega},t')$，求 $I_\nu(\boldsymbol{r}',\boldsymbol{\Omega},t')$ 满足的方程

因为 $(\boldsymbol{r}',t')$ 处辐射光强 $I_\nu(\boldsymbol{r}',\boldsymbol{\Omega},t')$ 沿 $\boldsymbol{\Omega}$ 方向的方向导数为

$$\frac{\mathrm{d}I_\nu(\boldsymbol{r}',\boldsymbol{\Omega},t')}{\mathrm{d}l'}=\frac{\partial I_\nu}{\partial t'}\frac{\mathrm{d}t'}{\mathrm{d}l'}+\frac{\partial I_\nu}{\partial \boldsymbol{r}'}\cdot\frac{\mathrm{d}\boldsymbol{r}'}{\mathrm{d}l'} \tag{9.4.51}$$

注意到

$$\begin{cases}\boldsymbol{r}'=\boldsymbol{r}-l'\boldsymbol{\Omega}, \\ t'=t-l'/c,\end{cases}\quad \frac{\mathrm{d}t'}{\mathrm{d}l'}=-\frac{1}{c},\quad \frac{\mathrm{d}\boldsymbol{r}'}{\mathrm{d}l'}=-\boldsymbol{\Omega} \tag{9.4.52}$$

故式（9.4.51）变为

$$\frac{\mathrm{d}I_\nu(\boldsymbol{r}',\boldsymbol{\Omega},t')}{\mathrm{d}l'}=-\frac{1}{c}\frac{\partial I_\nu}{\partial t'}-\boldsymbol{\Omega}\cdot\nabla_{\boldsymbol{r}'}I_\nu$$

或

$$\frac{1}{c}\frac{\partial I_\nu}{\partial t'}+\boldsymbol{\Omega}\cdot\nabla_{\boldsymbol{r}'}I_\nu(\boldsymbol{r}',\boldsymbol{\Omega},t')=-\frac{\mathrm{d}I_\nu}{\mathrm{d}l'} \tag{9.4.53}$$

则辐射光强 $I_\nu(\boldsymbol{r}',\boldsymbol{\Omega},t')$ 满足的辐射输运方程（9.4.50）改写为

$$-\frac{\mathrm{d}I_\nu}{\mathrm{d}l'}+\mu_\mathrm{a}'I_\nu(\boldsymbol{r}',\boldsymbol{\Omega},t')=\mu_\mathrm{a}'B_\nu(\boldsymbol{r}',t') \tag{9.4.54}$$

其中，$\boldsymbol{r}'=\boldsymbol{r}-l'\boldsymbol{\Omega},\ t'=t-l'/c$。方程（9.4.54）两边乘指数积分因子 $\exp\left(-\int_0^{l'}\mu_\mathrm{a}'(\boldsymbol{r}-l''\boldsymbol{\Omega})\mathrm{d}l''\right)$，可得

$$\begin{aligned}&-\frac{\mathrm{d}I_\nu}{\mathrm{d}l'}\mathrm{e}^{-\int_0^{l'}\mu_\mathrm{a}'(\boldsymbol{r}-l''\boldsymbol{\Omega})\mathrm{d}l''}+\mu_\mathrm{a}'(\boldsymbol{r}')I_\nu(\boldsymbol{r}',\boldsymbol{\Omega},t')\mathrm{e}^{-\int_0^{l'}\mu_\mathrm{a}'(\boldsymbol{r}-l''\boldsymbol{\Omega})\mathrm{d}l''}\\&=\mu_\mathrm{a}'B_\nu(\boldsymbol{r}',t')\mathrm{e}^{-\int_0^{l'}\mu_\mathrm{a}'(\boldsymbol{r}-l''\boldsymbol{\Omega})\mathrm{d}l''}\end{aligned} \tag{9.4.55}$$

注意到左边第二项中

$$\mu_\mathrm{a}'(\boldsymbol{r}-l'\boldsymbol{\Omega})\mathrm{e}^{-\int_0^{l'}\mu_\mathrm{a}'(\boldsymbol{r}-l''\boldsymbol{\Omega})\mathrm{d}l''}=-\frac{\mathrm{d}}{\mathrm{d}l'}\mathrm{e}^{-\int_0^{l'}\mu_\mathrm{a}'(\boldsymbol{r}-l''\boldsymbol{\Omega})\mathrm{d}l''}$$

则方程（9.4.55）左边两项可合写成

$$-\frac{\mathrm{d}}{\mathrm{d}l'}\left[I_\nu\,\mathrm{e}^{-\int_0^{l'}\mu_\mathrm{a}'(\boldsymbol{r}-l''\boldsymbol{\Omega})\mathrm{d}l''}\right]$$

从而方程（9.4.55）变成

$$\frac{\mathrm{d}}{\mathrm{d}l'}\left[I_\nu(\boldsymbol{r}',\boldsymbol{\Omega},t')\mathrm{e}^{-\int_0^{l'}\mu_\mathrm{a}'(\boldsymbol{r}-l''\boldsymbol{\Omega})\mathrm{d}l''}\right]=-\mu_\mathrm{a}'B_\nu(\boldsymbol{r}',t')\mathrm{e}^{-\int_0^{l'}\mu_\mathrm{a}'(\boldsymbol{r}-l''\boldsymbol{\Omega})\mathrm{d}l''} \tag{9.4.56}$$

方程两边对变量 l' 从 0 到 $l_s=|\boldsymbol{r}-\boldsymbol{r}_s|$ 作积分 $\int_0^{l_s}\mathrm{d}l'$，得方程（9.4.54）的解为

$$I_\nu(\boldsymbol{r},\boldsymbol{\Omega},t)=I_\nu(\boldsymbol{r}_s,\boldsymbol{\Omega},t_s)\mathrm{e}^{-\int_0^{l_s}\mu_\mathrm{a}'(\boldsymbol{r}-l'\boldsymbol{\Omega})\mathrm{d}l'}+\int_0^{l_s}\left[\mu_\mathrm{a}'B_\nu(\boldsymbol{r}',t')\mathrm{e}^{-\int_0^{l'}\mu_\mathrm{a}'(\boldsymbol{r}-l''\boldsymbol{\Omega})\mathrm{d}l''}\right]\mathrm{d}l' \tag{9.4.57}$$

其中用到 $\boldsymbol{r}_s=\boldsymbol{r}-l_s\boldsymbol{\Omega},\ t_s=t-l_s/c$。式（9.4.57）就是辐射输运方程（9.4.50）的积分形式。

从积分形式的辐射输运方程（9.4.57）可以看出，t 时刻 $\boldsymbol{r}$ 处频率方向 $(\nu,\boldsymbol{\Omega})$ 状态光子的辐射光强 $I_\nu(\boldsymbol{r},\boldsymbol{\Omega},t)$ 由直射贡献和自发辐射累计贡献两项构成，直射贡献是 t_s 时刻 $\boldsymbol{r}_s$ 处的光强 $I_\nu(\boldsymbol{r}_s,\boldsymbol{\Omega},t_s)$ 乘以 $\boldsymbol{r}_s\to\boldsymbol{r}$ 的指数衰减因子的贡献；自发辐射累计贡献是所有以前时刻 $t'=t-l'/c$ 和以前位置 $\boldsymbol{r}'=\boldsymbol{r}-l'\boldsymbol{\Omega}/c$ 处的自发辐射强度 $\mu_{\rm a}'B_\nu(\boldsymbol{r}',t')$ 乘以 $\boldsymbol{r}'\to\boldsymbol{r}$ 的指数衰减因子的累计贡献。累计是指从起点 $(\boldsymbol{r}_s,t_s)$ 到终点 $(\boldsymbol{r},t)$ 的贡献之和。

2. 定态情况

不考虑散射时的定态辐射输运方程为

$$\boldsymbol{\Omega}\cdot\nabla I_\nu(\boldsymbol{r},\boldsymbol{\Omega})+\mu_{\rm a}'I_\nu=\mu_{\rm a}'B_\nu \tag{9.4.58}$$

与式（9.4.50）相比，少了时间偏导数项。下面导出 $I_\nu(\boldsymbol{r}',\boldsymbol{\Omega})$ 满足的方程，其中

$$\boldsymbol{r}'=\boldsymbol{r}-l'\boldsymbol{\Omega} \tag{9.4.59}$$

注意到方向导数

$$\frac{{\rm d}I_\nu(\boldsymbol{r}',\boldsymbol{\Omega})}{{\rm d}l'}=\frac{\partial I_\nu}{\partial\boldsymbol{r}'}\cdot\frac{{\rm d}\boldsymbol{r}'}{{\rm d}l'}=-\boldsymbol{\Omega}\cdot\nabla_{r'}I_\nu \tag{9.4.60}$$

$I_\nu(\boldsymbol{r}',\boldsymbol{\Omega})$ 满足的定态辐射输运方程（9.4.58）变为

$$-\frac{{\rm d}I_\nu}{{\rm d}l'}+\mu_{\rm a}'I_\nu(\boldsymbol{r}',\boldsymbol{\Omega})=\mu_{\rm a}'B_\nu(\boldsymbol{r}') \tag{9.4.61}$$

它的形式与方程（9.4.54）完全相同，只是少了时间变量。因此，其积分形式是式（9.4.57）去掉时间变量的结果，为

$$I_\nu(\boldsymbol{r},\boldsymbol{\Omega})=I_\nu(\boldsymbol{r}_s,\boldsymbol{\Omega}){\rm e}^{-\int_0^{l_s}\mu_{\rm a}'(\boldsymbol{r}-l'\boldsymbol{\Omega}){\rm d}l'}+\int_0^{l_s}\left[\mu_{\rm a}'B_\nu(\boldsymbol{r}-l'\boldsymbol{\Omega}){\rm e}^{-\int_0^{l'}\mu_{\rm a}'(\boldsymbol{r}-l''\boldsymbol{\Omega}){\rm d}l''}\right]{\rm d}l' \tag{9.4.62}$$

将式（9.4.62）用于一维空间平面几何情况。此时空间和方向变量均只有一个，即

$$\begin{cases}\boldsymbol{r}\to x\equiv\boldsymbol{r}\cdot\boldsymbol{e}_x\\ \boldsymbol{\Omega}\to\mu\equiv\boldsymbol{\Omega}\cdot\boldsymbol{e}_x\end{cases}$$

如图9.8所示，对 $x\in[0,R]$ 的平板，x 处正向辐射光强由左边界 $x=0$ 处的光强决定，即

$$I_\nu(x,\mu>0)=I_\nu(0,\mu){\rm e}^{-\int_0^x\mu_{\rm a}'(x'){\rm d}x'/\mu}+\int_0^x\left[\mu_{\rm a}'B_\nu(x'){\rm e}^{-\int_{x'}^x\mu_{\rm a}'(x''){\rm d}x''/\mu}\right]\frac{{\rm d}x'}{\mu} \tag{9.4.63a}$$

如图9.9所示，x 处的负向辐射光强由右边界 $x=R$ 上的光强决定，即

$$I_\nu(x,\mu<0)=I_\nu(R,\mu){\rm e}^{-\int_x^R\mu_{\rm a}'(x'){\rm d}x'/|\mu|}+\int_x^R\left[\mu_{\rm a}'B_\nu(x'){\rm e}^{-\int_x^{x'}\mu_{\rm a}'(x''){\rm d}x''/|\mu|}\right]\frac{{\rm d}x'}{|\mu|} \tag{9.4.63b}$$

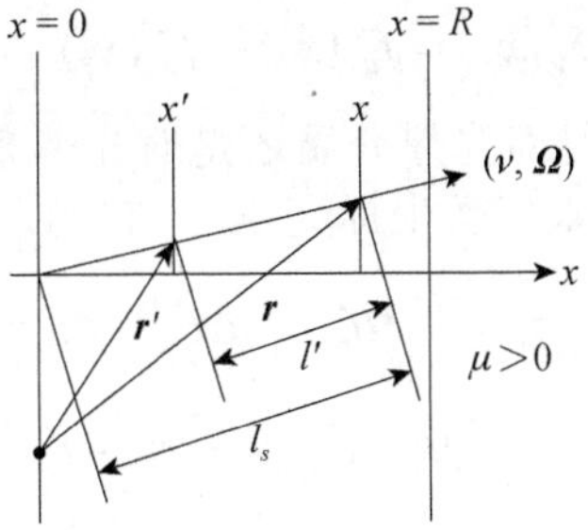

图9.8　一维空间平面几何下，x 处的正向辐射光强 $I_\nu(x,\mu>0)$ 计算示意图

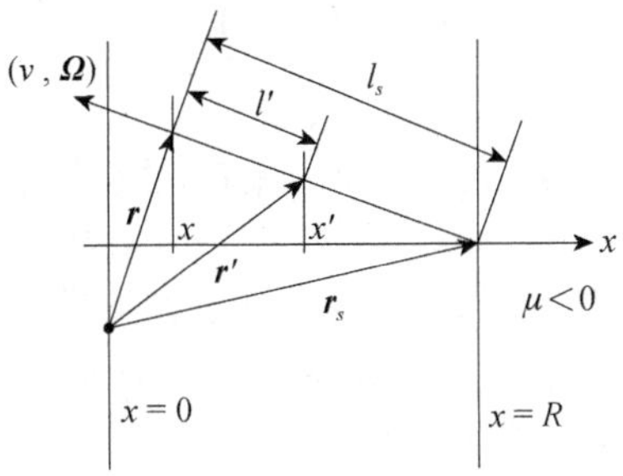

图9.9　一维空间平面几何下，x 处的负向辐射光强 $I_\nu(x,\mu<0)$ 计算示意图

根据辐射谱能流的定义

$$\boldsymbol{F}_\nu(\boldsymbol{r})=\int_{4\pi}\mathrm{d}\boldsymbol{\Omega}\boldsymbol{\Omega}I_\nu(\boldsymbol{r},\boldsymbol{\Omega}) \tag{9.4.64}$$

在一维空间平面几何下，注意到 $\boldsymbol{r}\to x,\ \boldsymbol{\Omega}\to\mu,\ \mathrm{d}\boldsymbol{\Omega}\to 2\pi\mathrm{d}\mu$，辐射谱能流 $\boldsymbol{F}_\nu(x)$ 在 x 方向的分量为

$$F_\nu(x)\equiv 2\pi\int_{-1}^{1}\mathrm{d}\mu\mu I_\nu(x,\mu)=f_\nu^{+}(x)-f_\nu^{-}(x) \tag{9.4.65}$$

其中

$$f_\nu^{+}(x)\equiv 2\pi\int_{0}^{1}\mathrm{d}\mu\mu I_\nu(x,\mu>0) \tag{9.4.66a}$$

$$f_\nu^{-}(x)\equiv 2\pi\int_{0}^{-1}\mathrm{d}\mu\mu I_\nu(x,\mu<0) \tag{9.4.66b}$$

把式（9.4.63）代入式（9.4.66），再代入式（9.4.65）即可算出辐射谱能流x方向的分量。

数值计算时，把空间区域划分为许多小网格，把公式（9.4.63a）、（9.4.63b）分别用在一个空间网格上，就可得到网格的两个边界处辐射光强的递推关系，由边界条件即可得到空间离散点 x_j 处的正负向辐射光强，进而由式（9.4.66）可得到空间离散点 x_j 处的 $f_\nu^{+}(x_j)$ 和 $f_\nu^{-}(x_j)$，最后得空间 x_j 处的净辐射（谱）能流在 x 方向的分量

$$F_\nu(x_j)=f_\nu^+(x_j)-f_\nu^-(x_j)$$

这样得出的辐射能流，不论是对光厚介质还是对光薄介质都适用。

引入无量纲光学厚度τ_ν来代替坐标变量x，它们之间的关系为

$$\mathrm{d}\tau_\nu=\mu_\mathrm{a}{}'(x)\mathrm{d}x\text{，}\quad \tau_\nu=\int_{-\infty}^{x}\mu_\mathrm{a}'(x')\mathrm{d}x'\text{，}\quad \tau_{0\nu}=\int_{-\infty}^{0}\mu_\mathrm{a}'(x')\mathrm{d}x'$$

注意到$\int_0^x\mu_\mathrm{a}{}'(x')\mathrm{d}x'=\tau_\nu-\tau_{0\nu}$，$\int_{x'}^{x}\mu_\mathrm{a}{}'(x'')\mathrm{d}x''=\tau_\nu-\tau_\nu'$，则式（9.4.63a）、（9.4.63b）分别变为

$$I_\nu(\tau_\nu,\mu>0)=I_{0\nu}(\mu)\mathrm{e}^{-\frac{\tau_\nu-\tau_{0\nu}}{\mu}}+\int_{\tau_{0\nu}}^{\tau_\nu}\frac{B_\nu(\tau_\nu')}{\mu}\mathrm{e}^{-\frac{\tau_\nu-\tau_\nu'}{\mu}}\mathrm{d}\tau_\nu' \tag{9.4.67a}$$

$$I_\nu(\tau_\nu,\mu<0)=I_{R\nu}(\mu)\mathrm{e}^{-\frac{\tau_{R\nu}-\tau_\nu}{|\mu|}}+\int_{\tau_\nu}^{\tau_{R\nu}}\frac{B_\nu(\tau_\nu')}{|\mu|}\mathrm{e}^{-\frac{\tau_\nu'-\tau_\nu}{|\mu|}}\mathrm{d}\tau_\nu' \tag{9.4.67b}$$

其中，$I_{0\nu}(\mu)=I_\nu(\tau_{0\nu},\mu>0)$，$I_{R\nu}(\mu)=I_\nu(\tau_{R\nu},\mu<0)$为边界上的入射光强。

若考虑无限大辐射场，则来自边界上的入射光强的直射贡献为0，而来自x处左侧空间的自发辐射对x处辐射强度的贡献为

$$I_\nu(\tau_\nu,\mu>0)=\int_{-\infty}^{\tau_\nu}\frac{B_\nu(\tau_\nu')}{\mu}\mathrm{e}^{-\frac{\tau_\nu-\tau_\nu'}{\mu}}\mathrm{d}\tau_\nu' \tag{9.4.68a}$$

来自x处右侧空间的自发辐射对x处辐射强度的贡献为

$$I_\nu(\tau_\nu,\mu<0)=\int_{\infty}^{\tau_\nu}\frac{B_\nu(\tau_\nu')}{\mu}\mathrm{e}^{\frac{\tau_\nu'-\tau_\nu}{\mu}}\mathrm{d}\tau_\nu' \tag{9.4.68b}$$

在一维球对称几何下，空间变量和方向变量也各均有一个

$$\boldsymbol{r}\to r,\quad \boldsymbol{\Omega}\to\mu=\boldsymbol{\Omega}\cdot\boldsymbol{e}_\mathrm{r},\quad \mathrm{d}\boldsymbol{\Omega}\to 2\pi\mathrm{d}\mu$$

在一维球对称几何下，辐射输运方程（9.4.58）的守恒形式为

$$\frac{\mu}{r^2}\frac{\partial(r^2I_\nu)}{\partial r}+\frac{1}{r}\frac{\partial[(1-\mu^2)I_\nu]}{\partial\mu}+\mu_\mathrm{a}'I_\nu(r,\mu)=\mu_\mathrm{a}'B_\nu \tag{9.4.69}$$

径向（$\boldsymbol{e}_\mathrm{r}$方向）辐射谱能流的大小为

$$F_\nu(r)\equiv 2\pi\int_{-1}^{1}\mathrm{d}\mu\mu I_\nu(r,\mu) \tag{9.4.70}$$

式（9.4.69）两边作积分$2\pi\int_{-1}^{1}\mathrm{d}\mu$，可得辐射谱能流大小$F_\nu(r)$满足的方程为

$$\frac{1}{r^2}\frac{\partial(r^2F_\nu(r))}{\partial r}+\mu_\mathrm{a}'cE_\nu(r)=4\pi\mu_\mathrm{a}'B_\nu(r) \tag{9.4.71}$$

其中

$$E_\nu(r)\equiv\frac{1}{c}\int_{-1}^{1}2\pi\mathrm{d}\mu I_\nu(r,\mu) \tag{9.4.72}$$

为辐射能量密度。

在一维平面几何下，同理可得 $\boldsymbol{e}_x$ 方向辐射（谱）能流的大小

$$F_\nu(x) \equiv 2\pi\int_{-1}^{1} \mathrm{d}\mu\mu I_\nu(x,\mu) \tag{9.4.73}$$

满足的方程为

$$\frac{\partial(F_\nu(x))}{\partial x} + \mu_{\mathrm{a}}' c E_\nu(x) = 4\pi\mu_{\mathrm{a}}' B_\nu(x) \tag{9.4.74}$$

对比式（9.4.71）和（9.4.74）可见，若做如下代换

$$F_\nu(x) \to r^2 F_\nu(r)\text{，}\quad E_\nu(x) \to r^2 E_\nu(r)\text{，}\quad B_\nu(x) \to r^2 B_\nu(r)$$

一维平几何辐射能流方程（9.4.74）就变成一维球对称几何辐射能流方程（9.4.71）。故一维平几何下辐射能流递推公式前乘以几何因子 r^2，即得一维球对称几何下辐射能流的递推公式。

参 考 文 献

王尚武，张树发，马燕云. 2013. 粒子输运问题的数值模拟. 北京：国防工业出版社.

张均，常铁强. 2004. 激光核聚变靶物理基础. 北京：国防工业出版社.

Atzeni S，Meyer-ter-Vehn J. 2008. 惯性聚变物理. 沈百飞，译. 北京：科学出版社.

Boyd T J M，Sanderson J J. 2003. The Physics of Plasmas. Cambridge: Cambridge University Press.

Chen F F. 2016. 等离子体物理导论. 林光海，译. 北京：科学出版社.

第10章 中子输运和核素燃耗

10.1 多群中子输运方程

中子与物质相互作用及其在材料中输运问题的研究，在核武器设计、核电站设计以及其他存在核能释放的装置设计中是不可缺少的重要工作。在核能的释放和核技术应用中，中子输运起着非常关键的作用。裂变反应放能计算、裂变和聚变材料的生产、核素的燃耗，都依赖于中子输运计算。

例如，核燃料 ^{235}U、^{239}Pu 的裂变放能要依靠中子诱导的链式裂变反应

$$n + {}^{235}U \to {}^{236}U^{*} \longrightarrow X + Y + (2\sim 3){}_0^1n \tag{10.1.1}$$

$$n + {}^{239}Pu \to {}^{240}Pu^{*} \longrightarrow X + Y + (2\sim 3){}_0^1n \tag{10.1.2}$$

裂变中子数目产生率越快，裂变能量的释放率越大。

另外，新核素的生产依赖中子与某些材料的核反应。例如，中子与 ^{6}Li 核的反应可生成重要的核聚变燃料氚（^{3}H）

$$n + {}_3^6Li \longrightarrow {}_2^4He + {}_1^3H \tag{10.1.3}$$

聚变能释放主要依赖氘氚聚变反应，归根到底也要依靠中子。^{239}Pu 的生产也依赖中子核反应

$$n + {}^{238}U \to {}_{92}^{239}U \xrightarrow{\beta-} {}_{93}^{239}Np \xrightarrow{\beta-} {}_{94}^{239}Pu \tag{10.1.4}$$

^{239}Pu 是重要的核武器燃料。

再者，中子与核素的核反应可使核素消亡（核的燃耗）。例如，中子与氘核（${}_1^2H$）的反应可使 ${}_1^2H$ 核消亡

$$n + {}_1^2H \longrightarrow {}_1^1H + 2n - 2.22\text{MeV} \tag{10.1.5}$$

核反应（10.1.1）中中子与 ^{235}U 的反应可使 ^{235}U 核消亡，式（10.1.3）中中子与 ${}_3^6Li$ 的反应可使 ${}_3^6Li$ 核消亡等。

本章介绍中子在介质中输运的数值计算。中子输运理论研究中子在介质中运动时采用统计的方法，因为中子与介质原子核的相互作用是一种随机过程。先把大量中子按它们的能量和运动方向分类，用 $n(\boldsymbol{r},E,\boldsymbol{\Omega},t)\mathrm{d}E\mathrm{d}\boldsymbol{\Omega}$ 表示 t 时刻空间 $\boldsymbol{r}$ 处单位体积内、能量在 $E \to E+\mathrm{d}E$ 间隔内、方向在 $\boldsymbol{\Omega} \to \boldsymbol{\Omega}+\mathrm{d}\boldsymbol{\Omega}$ 立体角范围的中子

数期望值。建立中子角密度 $n(\boldsymbol{r},E,\boldsymbol{\Omega},t)$ 或中子角通量 $\phi\equiv vn$ 满足的中子输运方程，然后进行数值求解，得到中子密度随时空变化的规律后，可以得到我们感兴趣的物理量，如反应堆放能功率密度的空间分布、中子有效增殖因子、核武器爆炸当量、核材料生产率和产额、核素的燃耗情况等。

建立中子输运方程，必须弄清楚中子与介质原子核的相互作用的规律。中子在介质中运动的过程中，会同介质原子核发生碰撞，或导致能量降低方向改变，或被吸收，或发生其他核反应。中子经过多次碰撞后也可能逸出系统。中子在介质内的运动和碰撞是一种随机过程，中子在何时何地与核发生碰撞，发生碰撞的类型、碰撞后出射粒子的能量和运动方向都服从统计规律，遵循一定的概率分布。这种统计规律我们用核反应截面、次级中子的能量方向分布函数来做数学描述。另外，中子在介质中输运时，需要考虑介质性质的变化，一要考虑介质高速运动的影响，二要考虑介质密度和介质核素成分变化的影响，即需考虑核素的燃耗问题。

中子角通量 $\phi(\boldsymbol{r},E,\boldsymbol{\Omega},t)$ 表示单位时间内通过 $\boldsymbol{r}$ 处垂直于 $\boldsymbol{\Omega}$ 的单位面积（能量在 E 附近单位能量间隔内、运动方向在 $\boldsymbol{\Omega}$ 附近单位立体角内）的中子数。中子角通量是一个标量，它满足的中子输运方程为

$$\frac{1}{v}\frac{\partial\phi}{\partial t}+\boldsymbol{\Omega}\cdot\nabla\phi+\Sigma_{\mathrm{t}}(\boldsymbol{r},E)\phi(\boldsymbol{r},E,\boldsymbol{\Omega},t)=Q_{\mathrm{s}}+Q_{\mathrm{f}}+q \tag{10.1.6}$$

其中，右侧 Q_{s} 是散射中子源、Q_{f} 是裂变中子源，$q(\boldsymbol{r},E,\boldsymbol{\Omega},t)$ 为独立的中子外源项。中子与介质原子核相互作用的宏观总截面为

$$\Sigma_{\mathrm{t}}(\boldsymbol{r},E)=\rho(\boldsymbol{r})\sum_{i}n_i\sigma_{\mathrm{t}}^i(E) \tag{10.1.7}$$

这里，$\rho(\boldsymbol{r})$ 为介质质量密度，n_i 为单位质量介质中所含核素 i 的数目（由核素燃耗方程决定）；$\sigma_{\mathrm{t}}^i(E)$ 为能量为 E 的中子与一个核素 i 相互作用的微观总截面。

散射中子源项为

$$Q_{\mathrm{s}}(\boldsymbol{r},E,\boldsymbol{\Omega},t)=\iint\Sigma_{\mathrm{s}}(\boldsymbol{r},E'\to E,\boldsymbol{\Omega}'\cdot\boldsymbol{\Omega})\phi(\boldsymbol{r},E',\boldsymbol{\Omega}',t)\mathrm{d}\Omega'\mathrm{d}E' \tag{10.1.8}$$

其中

$$\Sigma_{\mathrm{s}}(\boldsymbol{r},E'\to E,\boldsymbol{\Omega}'\cdot\boldsymbol{\Omega})=\rho(\boldsymbol{r})\sum_{i}\sum_{x}n_i\sigma_x^i(E')f_x^i(E'\to E,\boldsymbol{\Omega}'\cdot\boldsymbol{\Omega}) \tag{10.1.9}$$

为散射宏观转移截面。求和下标 i 表示核素类型，x 表示反应类型（不包括裂变）。$\sigma_x^i(E')$ 为中子与核素 i 发生 x 型反应的微观截面，$f_x^i(E'\to E,\boldsymbol{\Omega}'\cdot\boldsymbol{\Omega})$ 为中子与核素 i 发生 x 型反应出射中子的能量方向分布。这两者是中子与核反应的基本参数，国际上有核数据库。

裂变中子源项为

$$Q_{\mathrm{f}}(\boldsymbol{r},E,\boldsymbol{\Omega},t)=\iint\Sigma_{\mathrm{f}}(\boldsymbol{r},E'\to E,\boldsymbol{\Omega}'\cdot\boldsymbol{\Omega})\phi(\boldsymbol{r},E',\boldsymbol{\Omega}',t)\mathrm{d}\Omega'\mathrm{d}E'$$

其中

$$\Sigma_{\mathrm{f}}(\boldsymbol{r},E'\to E,\boldsymbol{\Omega}'\cdot\boldsymbol{\Omega})=\rho(\boldsymbol{r})\sum_i n_i\sigma_{\mathrm{f}}^i(E')\overline{\nu}_{\mathrm{f}}^i(E')f_{\mathrm{f}}^i(E'\to E,\boldsymbol{\Omega}'\cdot\boldsymbol{\Omega})$$

为裂变宏观转移截面，求和下标i表示核素类型。$\sigma_{\mathrm{f}}^i(E')$为核素$i$裂变反应微观截面，$\overline{\nu}_{\mathrm{f}}^i(E')$为核素$i$裂变次级中子的平均数，$f_{\mathrm{f}}^i(E'\to E,\boldsymbol{\Omega}'\cdot\boldsymbol{\Omega})$为中子与核素$i$发生裂变反应产生的裂变中子的能量方向分布。一般假设裂变中子在实验室坐标系各向同性发射，裂变中子能谱与入射中子能量无关，故

$$f_{\mathrm{f}}^i(E'\to E,\boldsymbol{\Omega}'\cdot\boldsymbol{\Omega})=\frac{1}{4\pi}\chi_{\mathrm{f}}^i(E)$$

这里$\chi_{\mathrm{f}}^i(E)$为核素i的裂变中子能谱。整理得裂变中子源项为

$$Q_{\mathrm{f}}(\boldsymbol{r},E,\boldsymbol{\Omega},t)=\rho(\boldsymbol{r})\sum_i n_i\chi_{\mathrm{f}}^i(E)\int\sigma_{\mathrm{f}}^i(E')\overline{\nu}_{\mathrm{f}}^i(E')\Phi(\boldsymbol{r},E',t)\mathrm{d}E' \tag{10.1.10}$$

其中，$\sigma_{\mathrm{f}}^i(E')$、$\overline{\nu}_{\mathrm{f}}^i(E')$、$\chi_{\mathrm{f}}^i(E)$这些核裂变反应基本参数，国际上有核数据库可以提供。而

$$\Phi(\boldsymbol{r},E',t)=\frac{1}{4\pi}\int\phi(\boldsymbol{r},\boldsymbol{\Omega}',E',t)\mathrm{d}\Omega' \tag{10.1.11}$$

称为角度积分中子通量。

散射中子（不包括裂变中子）出射方向的各向异性问题增加了数值求解中子输运方程的复杂性。为了近似处理散射各向异性的问题，我们采用改进输运近似，所得到的中子输运方程形式上与散射各向同性情况下的方程相同，但在总截面和散射源上进行了修正。改进输运近似下的中子输运方程（10.1.6）变成

$$\frac{1}{v}\frac{\partial\phi}{\partial t}+\boldsymbol{\Omega}\cdot\nabla\phi+\Sigma_{\mathrm{tr}}(\boldsymbol{r},E)\phi(\boldsymbol{r},E,\boldsymbol{\Omega},t)=Q_{\mathrm{str}}+Q_{\mathrm{f}}+q \tag{10.1.12}$$

其中，总截面（10.1.7）修正为输运截面

$$\Sigma_{\mathrm{tr}}(\boldsymbol{r},E)=\rho(\boldsymbol{r})\sum_i n_i\left[\sigma_t^i(E)-\sum_{k=0}\sigma_k^i(E')\overline{\mu}_k^i(E')\right] \tag{10.1.13}$$

这里对k求和是指将靶核激发到第k个分立能级的散射类型求和，k=0指弹性散射，$\sigma_k^i(E')$表示将靶核激发到第k个分立能级的散射截面，$\overline{\mu}_k^i(E')=\int\mathrm{d}E\int\mathrm{d}\Omega'\mu_L f_k^i(E'\to E,\mu_L)$为实验室坐标系下中子与核素$i$发射分立能级$k$散射的散射角余弦$\mu_L=\cos\theta_L$平均值，$f_k^i(E'\to E,\boldsymbol{\Omega}'\cdot\boldsymbol{\Omega})=f_k^i(E'\to E,\mu_L)$为中子与核素$i$发生分立能级$k$散射时散射中子的能量方向分布。

散射源式（10.1.8）、（10.1.9）修正为

$$Q_{\mathrm{str}}(\boldsymbol{r},E,t)=\int\Sigma_{\mathrm{str}}(\boldsymbol{r},E'\to E)\,\Phi(\boldsymbol{r},E',t)\mathrm{d}E' \tag{10.1.14}$$

其中输运总转移截面

$$\Sigma_{\text{str}}(\boldsymbol{r},E'\to E)\equiv\Sigma_{\text{s}}(\boldsymbol{r},E')f_0(E'\to E)-\Sigma_{\text{s}}(\boldsymbol{r},E')\bar{\mu}_0(E')\delta(E'-E) \tag{10.1.15}$$

式（10.1.15）右边第一项为

$$\Sigma_{\text{s}}(\boldsymbol{r},E')f_0(E'\to E)=\rho\sum_i n_i\left[\begin{aligned}&\sigma_{in}^i(E')f_{in}^i(E'\to E)+2\sigma_{2n}^i(E')f_{2n}^i(E'\to E)\\&+3\sigma_{3n}^i(E')f_{3n}^i(E'\to E)\\&+\sum_{k=0}\sigma_k^i(E')\int \mathrm{d}\Omega' f_k^i(E'\to E,\mu_L)\end{aligned}\right] \tag{10.1.16}$$

式（10.1.15）右边第二项中

$$\Sigma_{\text{s}}(\boldsymbol{r},E')\bar{\mu}_0(E')=\rho(\boldsymbol{r})\sum_i n_i\sum_{k=0}\sigma_k^i(E')\bar{\mu}_k^i(E') \tag{10.1.17}$$

改进输运近似下的中子输运方程（10.1.12）中涉及的核参数 $\Sigma_{\text{tr}}(\boldsymbol{r},E)$（10.1.13），$\Sigma_{\text{str}}(\boldsymbol{r},E'\to E)$（10.1.15），需要从基本核数据库出发进行细致的研究才能得到，这是一项重要的工作。解中子输运方程（10.1.12）求中子角通量 $\phi(\boldsymbol{r},E,\boldsymbol{\Omega},t)$ 时，假设中子与介质原子核相互作用的核参数是已知的。

鉴于角通量 $\phi(\boldsymbol{r},E,\boldsymbol{\Omega},t)$ 的自变量多，要得到输运方程的解析解非常困难，甚至不可能。一般只能得到角通量 $\phi(\boldsymbol{r},E,\boldsymbol{\Omega},t)$ 的数值解。求方程的数值解首先要对自变量 $(\boldsymbol{r},E,\boldsymbol{\Omega},t)$ 离散化。对中子能量变量 E 的离散化就是把中子能量 E 进行多群化处理，把能量连续的中子输运方程化为一系列单能（群）非定常中子输运方程组，再联立求解。第 g 群中子角通量 $\phi_g(\boldsymbol{r},\boldsymbol{\Omega},t)$（$g=1,2,\cdots,G$）满足的齐次非定常多群中子输运方程（齐次指独立的中子外源 $q=0$）为

$$\frac{1}{v_g}\frac{\partial\phi_g}{\partial t}+\boldsymbol{\Omega}\cdot\nabla\phi_g+\Sigma_{\text{tr}}^g(\boldsymbol{r})\phi_g(\boldsymbol{r},\boldsymbol{\Omega},t)=\chi_{\text{fg}}\sum_{g'=1}^{G}(\bar{\nu}\Sigma_{\text{f}})_{g'}\Phi_{g'}(\boldsymbol{r},t)+\sum_{g'=1}^{G}\Sigma_{\text{str}}^{g'\to g}(\boldsymbol{r})\Phi_{g'}(\boldsymbol{r},t) \tag{10.1.18}$$

其中，$1/v_g$、$\Sigma_{\text{tr}}^g(\boldsymbol{r})$、$\chi_{\text{fg}}$、$(\bar{\nu}\Sigma_{\text{f}})_{g'}$、$\Sigma_{\text{str}}^{g'\to g}(\boldsymbol{r})$ 称为群截面（群常数）。如何获得中子群常数是数值求解中子输运方程首先要解决的一个重要问题。

数值求解群中子角通量 $\phi_g(\boldsymbol{r},\boldsymbol{\Omega},t)$，自变量需要进一步离散化。对时间变量 t 的离散化一般采用有限差分方法处理。如图 10.1 所示，用一系列时间离散点 $t_{1/2},t_{3/2},t_{5/2},\cdots,t_{n-1/2},t_{n+1/2},\cdots$ 把连续时间变量 $t\in[0,\infty)$ 离散化。方程中待求函数群中子角通量在 t_n 时刻的时间导数值用有限差分来代替，即

$$\left.\frac{\partial\phi_g}{\partial t}\right|_{t_n}=\frac{\phi_g(\boldsymbol{r},\boldsymbol{\Omega},t_{n+1/2})-\phi_g(\boldsymbol{r},\boldsymbol{\Omega},t_{n-1/2})}{t_{n+1/2}-t_{n-1/2}}$$

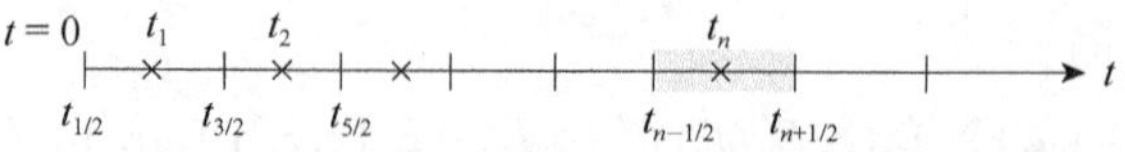

图 10.1 用一系列时间离散点把时间变量离散化

$\phi_g(\boldsymbol{r},\boldsymbol{\Omega},t_n)\equiv\phi_g^n(\boldsymbol{r},\boldsymbol{\Omega})$ 的另外两个自变量要继续离散化为$(\boldsymbol{r}_i,\boldsymbol{\Omega}_m)$，才能求得第 g 群角通量在所有离散自变量处的离散值 $\phi_g(\boldsymbol{r}_i,\boldsymbol{\Omega}_m,t_n)\equiv\phi_g^n(\boldsymbol{r}_i,\boldsymbol{\Omega}_m)$。数值求解 $\phi_g^n(\boldsymbol{r}_i,\boldsymbol{\Omega}_m)$是逐群进行的。对固定的某个能群$g$，在一个时间步长$[t_{n-1/2},t_{n+1/2}]$内，需要对所有离散空间和离散方向网格$(\boldsymbol{r}_i,\boldsymbol{\Omega}_m)$进行扫描。扫描计算过程的复杂程度取决于是空间一维问题还是空间多维问题。空间一维问题只有一个空间坐标变量和一个方向变量，空间二维问题有两个空间坐标变量和两个方向变量，空间三维问题有三个空间坐标变量和两个方向变量。

在一维平板几何（或一维球对称几何）下，表示中子位置$\boldsymbol{r}$ 的坐标退化为1个，即x（或r），表示中子运动方向$\boldsymbol{\Omega}$的方向变量也只需1个，即$\mu=\boldsymbol{\Omega}\cdot\boldsymbol{e}_x$（或$\mu=\boldsymbol{\Omega}\cdot\boldsymbol{e}_r$），$t_n$时刻第$g$群角通量$\phi_g(\boldsymbol{r},\boldsymbol{\Omega},t_n)\equiv\phi_g^n(\boldsymbol{r},\boldsymbol{\Omega})$就变成了$\phi_g^n(x,\mu)$，中子角通量的方向积分可用求和表示，在$S_N$方法中，用一组$N$个离散值$\{\mu_m\}$和相应的求积权重$\{w_m\}$ $(m=1,2,\cdots,N)$高精度地把以下角度积分

$$\iint\phi_g^n(\boldsymbol{r},\boldsymbol{\Omega})\mathrm{d}\Omega=\int_{-1}^{1}\mathrm{d}\mu\int_0^{2\pi}\mathrm{d}\omega\phi_g^n(x,\mu)=2\pi\int_{-1}^{1}\mathrm{d}\mu\phi_g^n(x,\mu)\tag{10.1.19}$$

用求和表示为

$$2\pi\int_{-1}^{1}\mathrm{d}\mu\phi_g^n(x,\mu)\approx2\pi\sum_{m=1}^{N}w_m\phi_g^n(x,\mu_m)\tag{10.1.20}$$

这样一组离散值$\{\mu_m,w_m\}$ $(m=1,2,\cdots,N)$称为求积集，实际应用中常采用高斯求积集$\{\mu_m,w_m\}$。一般的被积函数$f(\mu)$的积分用高斯求积集的求和来代替，代数精确度可达到$2N-1$，

$$\int_{-1}^{1}\mathrm{d}\mu f(\mu)=\sum_{m=1}^{N}w_m f(\mu_m)+E_N\tag{10.1.21}$$

代数精确度为$2N-1$的意思是，假若被积函数$f(\mu)$是自变量μ的多项式，只要这个多项式不超过μ的$2N-1$阶，那么式（10.1.21）中的截断误差$E_N=0$，即右侧的求和值与原积分值完全相等。

一般情况下，中子的运动方向$\boldsymbol{\Omega}$要用两个独立参数(μ,ω)表示。方向立体角元为$\mathrm{d}\Omega=\mathrm{d}\mu\mathrm{d}\omega$，此时角度积分通量（10.1.19）变为

$$\iint_{4\pi}\phi_g^n(\boldsymbol{r},\boldsymbol{\Omega})\mathrm{d}\Omega=\int_{-1}^{1}\mathrm{d}\mu\int_0^{2\pi}\mathrm{d}\omega\phi_g^n(\boldsymbol{r},\mu,\omega)\approx\sum_{m=1}^{M}p_m\phi_g(\boldsymbol{r},\hat{\Omega}_m)\tag{10.1.22}$$

其中，$\hat{\Omega}_m=(\mu_m,\omega_m)$为方向离散点，$p_m$为方向离散点$\hat{\Omega}_m=(\mu_m,\omega_m)$对应的求积权重，称为“点权重”。这与一维（平面对称和球对称）几何下的情形有很大的不

同。如何取方向离散点 $\hat{\Omega}_m=(\mu_m,\omega_m)$ 和对应离散点的求积权重 p_m？这是数值求解中子输运方程的又一重要问题，在相关参考文献上对这个问题有详细讨论，限于篇幅就不在此讨论了。

10.2　一维中子输运方程的数值解

在输运近似下，对中子能量 E 采用多群化处理，可得第 g 群中子角通量 $\phi_g(\boldsymbol{r},\boldsymbol{\Omega},t)$ 满足的非定常多群中子输运方程

$$\begin{aligned}&\frac{1}{v_g}\frac{\partial\phi_g}{\partial t}+\boldsymbol{\Omega}\cdot\nabla\phi_g+\Sigma_{\mathrm{tr}}^g(\boldsymbol{r})\phi_g(\boldsymbol{r},\boldsymbol{\Omega},t)\\&=\chi_{\mathrm{fg}}\sum_{g'=1}^{G}(\overline{\nu}\Sigma_{\mathrm{f}})_{g'}\Phi_{g'}(\boldsymbol{r},t)+\sum_{g'=1}^{G}\Sigma_{\mathrm{str}}^{g'\to g}(\boldsymbol{r})\Phi_{g'}(\boldsymbol{r},t)+s_g(\boldsymbol{r},\boldsymbol{\Omega},t)\end{aligned}\tag{10.2.1}$$

其中，式（10.2.1）右边三项分别是裂变中子源、散射中子源和独立的外加中子源，而

$$\Phi_g(\boldsymbol{r},t)=\frac{1}{4\pi}\iint_{4\pi}\phi_g(\boldsymbol{r},\boldsymbol{\Omega},t)\mathrm{d}\Omega\tag{10.2.2}$$

称为角度积分通量。式（10.2.1）含有 G 个群方程，求解这些方程时，一般从最高能群开始一群一群来求解，以得出各群中子角通量 $\phi_g(\boldsymbol{r},\boldsymbol{\Omega},t)$。

在求解第 g 群中子输运方程（10.2.1）时，先把第 g 群群内的散射中子源 $\Sigma_{\mathrm{str}}^{g\to g}(\boldsymbol{r})\Phi_g(\boldsymbol{r},t)$ 从右侧的散射中子源中单独分离出来，变为

$$\frac{1}{v_g}\frac{\partial\phi_g}{\partial t}+\boldsymbol{\Omega}\cdot\nabla\phi_g+\Sigma_{\mathrm{tr}}^g(\boldsymbol{r})\phi_g(\boldsymbol{r},\boldsymbol{\Omega},t)=\Sigma_{\mathrm{str}}^{g\to g}(\boldsymbol{r})\Phi_g(\boldsymbol{r},t)+s_g'(\boldsymbol{r},\boldsymbol{\Omega},t)\tag{10.2.3}$$

其中

$$s_g'(\boldsymbol{r},\boldsymbol{\Omega},t)=\chi_{\mathrm{fg}}\sum_{g'=1}^{G}(\overline{\nu}\Sigma_{\mathrm{f}})_{g'}\Phi_{g'}(\boldsymbol{r},t)+\sum_{g'\neq g}\Sigma_{\mathrm{str}}^{g'\to g}(\boldsymbol{r})\Phi_{g'}(\boldsymbol{r},t)+s_g(\boldsymbol{r},\boldsymbol{\Omega},t)\tag{10.2.4}$$

为群外散射源+裂变源+外源。G 个单群方程（10.2.3）可用源迭代法一群一群地逐群数值求解。

数值求解非定常多群中子输运方程（10.2.3）时，要把角通量 $\phi_g(\boldsymbol{r},\boldsymbol{\Omega},t)$ 的所有自变量 $(\boldsymbol{r},\boldsymbol{\Omega},t)$ 都离散化。如图 10.1 所示，用一系列时间离散点 $t_{1/2},t_{3/2},t_{5/2},\cdots,t_{n-1/2},t_{n+1/2},\cdots$ 把连续的时间变量 $t\in[0,\infty)$ 离散化。第 n 个时间段的长度为 $\Delta t_n=t_{n+1/2}-t_{n-1/2}$，时间段的中点为 t_n $(n=1,2,3,\cdots)$。对待求量的时间导数用有限差分来代替，则在 $t=t_n$ 时刻，中子输运方程（10.2.3）变为

$$\frac{1}{v_g}\frac{\phi_g^{n+1/2}-\phi_g^{n-1/2}}{\Delta t_n}+\boldsymbol{\Omega}\cdot\nabla\phi_g^n+\Sigma_{\mathrm{tr}}^g(\boldsymbol{r})\phi_g^n(\boldsymbol{r},\boldsymbol{\Omega})=\Sigma_{\mathrm{str}}^{g\to g}(\boldsymbol{r})\Phi_g^n(\boldsymbol{r})+s_g'^n(\boldsymbol{r},\boldsymbol{\Omega}) \tag{10.2.5}$$

其中，$\phi_g^n(\boldsymbol{r},\boldsymbol{\Omega})\equiv\phi_g(\boldsymbol{r},\boldsymbol{\Omega},t_n)$。方程（10.2.5）中含有第$n$个时间段$[t_{n+1/2},t_{n-1/2}]$内3个不同时刻的角通量值$\phi_g^{n-1/2}$、$\phi_g^n$和$\phi_g^{n+1/2}$，还差两个方程，采用菱形关系

$$\phi_g^n=\frac{1}{2}(\phi_g^{n+1/2}+\phi_g^{n-1/2}) \tag{10.2.6}$$

代入式（10.2.5），可得联系$\phi_g^n\sim\phi_g^{n-1/2}$的方程

$$\begin{aligned}&\boldsymbol{\Omega}\cdot\nabla\phi_g^n+\left(\frac{2}{v_g\Delta t_n}+\Sigma_{\mathrm{tr}}^g(\boldsymbol{r})\right)\phi_g^n(\boldsymbol{r},\boldsymbol{\Omega})\\&=\frac{2}{v_g\Delta t_n}\phi_g^{n-1/2}+\Sigma_{\mathrm{str}}^{g\to g}(\boldsymbol{r})\Phi_g^n(\boldsymbol{r})+s_g'^n(\boldsymbol{r},\boldsymbol{\Omega})\end{aligned} \tag{10.2.7}$$

再加上一个初始条件就可以定解了。可见，通过对时间变量的离散化，非定常中子输运方程（10.2.3）在每个时间段内就变成定态中子输运方程了。所谓定态方程，是指在一个固定的时间步长内，方程中没有随时间变化的物理量。每个时间步长内都有一个这样的定态方程，这些定态方程的结构完全相同，求解方法也完全一致。从初始条件$\phi_g^{n-1/2}$出发，定态方程（10.2.7）可通过源迭代方法求解出t_n时刻的角通量$\phi_g^n(\boldsymbol{r},\boldsymbol{\Omega})$。对固定的时间步，待所有群的$\phi_g^n(\boldsymbol{r},\boldsymbol{\Omega})$都计算完之后，再由菱形关系（10.2.6）得到$t_{n+1/2}$时刻各群的角通量$\phi_g^{n+1/2}(\boldsymbol{r},\boldsymbol{\Omega})$。

如何计算t_n时刻的角通量$\phi_g^n(\boldsymbol{r},\boldsymbol{\Omega})$就成了问题的关键。$\phi_g^n(\boldsymbol{r},\boldsymbol{\Omega})$是自变量$(\boldsymbol{r},\boldsymbol{\Omega})$的函数，数值求解式（10.2.7）要继续把自变量$(\boldsymbol{r},\boldsymbol{\Omega})$离散为$(\boldsymbol{r}_i,\boldsymbol{\Omega}_m)$，以便求得第$g$群角通量离散值$\phi_g(\boldsymbol{r}_i,\boldsymbol{\Omega}_m,t_n)$。

为了具体讨论对自变量$(\boldsymbol{r},\boldsymbol{\Omega})$的离散方法。下面仅考虑以下定态单群方程的数值解

$$\boldsymbol{\Omega}\cdot\nabla\phi_g+\Sigma_{\mathrm{tr}}^g\phi_g(\boldsymbol{r},\boldsymbol{\Omega})=\Sigma_{\mathrm{str}}^{g\to g}(\boldsymbol{r})\Phi_g(\boldsymbol{r})+s_g'(\boldsymbol{r},\boldsymbol{\Omega}) \tag{10.2.8}$$

其中

$$\Phi_g(\boldsymbol{r})=\frac{1}{4\pi}\iint_{4\pi}\phi_g(\boldsymbol{r},\boldsymbol{\Omega})\mathrm{d}\Omega \tag{10.2.9}$$

为角度积分通量。

$$s_g'(\boldsymbol{r},\boldsymbol{\Omega})=\chi_{\mathrm{fg}}\sum_{g'=1}^{G}(\overline{\nu}\Sigma_{\mathrm{f}})_{g'}\Phi_{g'}(\boldsymbol{r})+\sum_{g'\neq g}\Sigma_{\mathrm{str}}^{g'\to g}(\boldsymbol{r})\Phi_{g'}(\boldsymbol{r})+s_g(\boldsymbol{r},\boldsymbol{\Omega}) \tag{10.2.10}$$

为等效中子源项，包括裂变源、群外散射源和外源。为领会数值求解的具体思路，下面讨论两个空间一维问题，重点讨论对自变量$(\boldsymbol{r},\boldsymbol{\Omega})$的离散方法和空间角度网格扫描技术。

10.2.1　一维平板几何问题

中子输运问题的空间维数由所求系统的几何形状和结构来决定。如图 10.2 所示，在一维平板对称几何下，中子位置坐标 $\boldsymbol{r}$ 只有一个分量 x，中子运动方向 $\boldsymbol{\Omega}$ 的参数也只有一个 $\mu=\boldsymbol{\Omega}\cdot\boldsymbol{e}_x$，因此中子角通量 $\phi_g(\boldsymbol{r},\boldsymbol{\Omega})=\phi_g(x,\mu)$，运动方向的立体角元为 $\mathrm{d}\Omega=\mathrm{d}\mu\mathrm{d}\omega$，角度积分中子通量（10.2.9）变为

$$\Phi_g(x)=\frac{1}{2}\int_{-1}^{1}\phi_g(x,\mu)\mathrm{d}\mu \tag{10.2.11}$$

流射项 $\boldsymbol{\Omega}\cdot\nabla\phi_g(\boldsymbol{r},\boldsymbol{\Omega})=\mu\partial\phi_g/\partial x$，定态单群方程（10.2.8）变为

$$\mu\frac{\partial\phi_g}{\partial x}+\Sigma_{\mathrm{tr}}^{g}(x)\phi_g(x,\mu)=\Sigma_{\mathrm{str}}^{g\to g}(x)\Phi_g(x)+s_g'(x,\mu) \tag{10.2.12}$$

其中，等效中子源（10.2.10）变为

$$s_g'(x,\mu)=\chi_{\mathrm{fg}}\sum_{g'=1}^{G}(\overline{\nu}\Sigma_{\mathrm{f}})_{g'}\Phi_{g'}(x)+\sum_{g'\neq g}\Sigma_{\mathrm{str}}^{g'\to g}(x)\,\Phi_{g'}(x)+s_g(x,\mu) \tag{10.2.13}$$

式（10.2.12）的定解条件（边界条件）取右边界的入射角通量已知，即

$$\phi_g(a,\mu)=f(\mu)\quad(\mu<0) \tag{10.2.14}$$

取左边界为反射边界条件，即

$$\phi_g(0,\mu>0)=\phi_g(0,\mu<0) \tag{10.2.15}$$

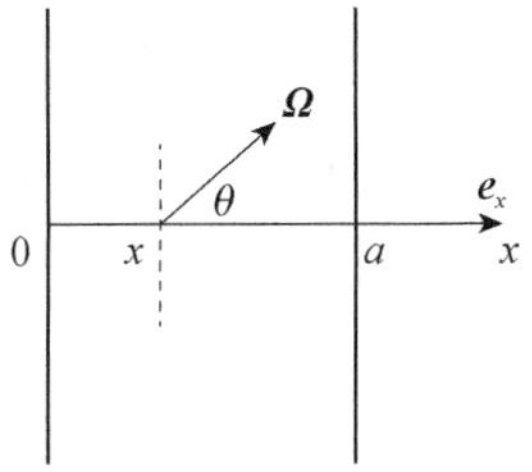

图 10.2　一维平板对称几何下，中子位置和运动方向坐标均只有一个

用 S_N 方法求定态单群输运方程（10.2.12）中 $\phi_g(x,\mu)$ 的数值解，必须对自变量 (x,μ) 离散化。求解过程分以下几个步骤。

第一步：把空间坐标 x 和角度变量 μ 离散化。

如图 10.3 所示，将空间坐标 $x\in[0,a]$ 离散化为 I 个网格，其中，第 i 个空间网格 $[x_{i-1/2},x_{i+1/2}]$ 中点的坐标为 x_i，网格的长度为 $\Delta x_i\equiv x_{i+1/2}-x_{i-1/2}\ (i=1,2,\cdots,I)$。

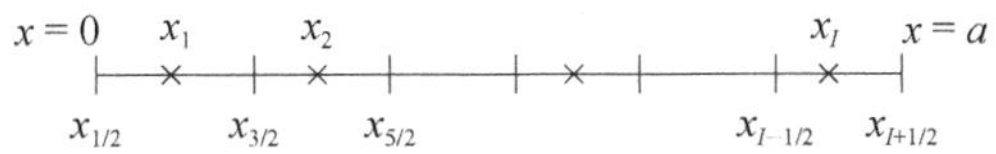

图 10.3　空间坐标 $x\in[0,a]$ 离散化为 I 个网格

如图10.4所示，把方向变量$\mu \in [-1,1]$离散化为N个区间（S_N方法的由来），其中第n个角度网格$[\mu_{n-1/2}, \mu_{n+1/2}]$中点为$\mu_n$，网格长度为$\Delta\mu_n \equiv \mu_{n+1/2} - \mu_{n-1/2}$ $(n=1,2,\cdots,N)$。角度离散时要求N个角度网格的中点值$\{\mu_n\}$和网格长度值$\{\Delta\mu_n\}$分别与高斯求积集$\{\mu_n, w_n\}$相等，即$\Delta\mu_n = w_n$。

利用高斯求积集$\{\mu_n, w_n\}$，角度积分中子通量（10.2.11）右侧的积分可化为对离散方向求和

$$\Phi_g(x) = \frac{1}{2}\sum_{n=1}^{N} w_n \phi_g(x, \mu_n) \tag{10.2.16}$$

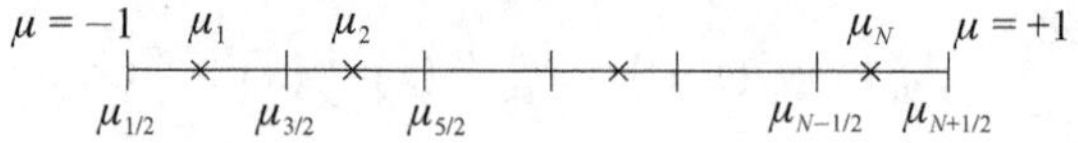

图10.4 方向变量$\mu \in [-1,1]$离散化为N个区间

第二步：单群中子输运方程化成离散差分方程。

将单群输运方程（10.2.12）在相空间网格作下列积分

$$\int_{x_{i-1/2}}^{x_{i+1/2}} \mathrm{d}x \int_{\mu_{n-1/2}}^{\mu_{n+1/2}} \mathrm{d}\mu(\ )$$

可得差分方程

$$\mu_n w_n (\phi_{g,n}^{i+1/2} - \phi_{g,n}^{i-1/2}) + \Sigma_{\mathrm{tr},i}^{g} \phi_{g,n}^{i} \Delta x_i w_n = \Delta x_i w_n \Sigma_{\mathrm{str},i}^{g\to g} \Phi_g^i + s_{g,n}^{\prime i} \Delta x_i w_n \tag{10.2.17}$$

其中角通量离散值

$$\phi_{g,n}^{i\pm1/2} \equiv \phi_g(x_{i\pm1/2}, \mu_n), \qquad s_{g,n}^{\prime i} = s_g'(x_i, \mu_n)$$

式（10.2.17）两边同除相空间体积$\Delta x_i w_n$，可得单群中子输运方程（10.2.12）的离散差分方程

$$\mu_n \frac{\phi_{g,n}^{i+1/2} - \phi_{g,n}^{i-1/2}}{\Delta x_i} + \Sigma_{\mathrm{tr},i}^{g} \phi_{g,n}^{i} = \Sigma_{\mathrm{str},i}^{g\to g} \Phi_g^i + s_{g,n}^{\prime i} \tag{10.2.18}$$

其中，$i=1,2,\cdots,I$，$n=1,2,\cdots,N$。等效源项（10.2.13）变为

$$s_{g,n}^{\prime i} = \chi_{\mathrm{fg}} \sum_{g'=1}^{G} (\overline{\nu}\Sigma_{\mathrm{f}})_{g'} \Phi_{g'}^{i} + \sum_{g'\neq g}^{G} \Sigma_{\mathrm{str}}^{g'\to g}(x_i)\, \Phi_{g'}^{i} + s_{g,n}^{i} \tag{10.2.19}$$

角度积分中子通量的离散值为

$$\Phi_g^i = \frac{1}{2}\sum_{n=1}^{N} w_n \phi_{g,n}^{i} \tag{10.2.20}$$

对固定的中子能群g，当离散差分方程（10.2.18）右侧源项已知时，它就是方向变量取离散值μ_n时，一个空间网格$[x_{i-1/2}, x_{i+1/2}]$内3个未知角通量$\phi_{g,n}^{i\pm1/2}, \phi_{g,n}^{i}$间的关系式，要定解必须提供另外两个方程，一个由菱形格式

$$\phi_{g,n}^{i}=\frac{\phi_{g,n}^{i+1/2}+\phi_{g,n}^{i-1/2}}{2} \tag{10.2.21}$$

提供，另一个则由空间边界条件提供。这样，3个未知量满足3个方程，就可以定解了。

第三步：将边界条件的离散化。

坐标 $x=a$ 处的入射边界条件（10.2.14）可以离散为

$$\phi_{g,n}^{I+1/2}=f(\mu_n)\quad (n=1,2,\cdots,N/2) \tag{10.2.22}$$

坐标 $x=0$ 处的反射边界条件（10.2.15）可以离散为

$$\phi_{g,n}^{1/2}=\phi_{g,N+1-n}^{1/2}\quad (n=N/2+1,\cdots,N-1,N) \tag{10.2.23}$$

第四步：求解离散角通量 $\phi_n^i\equiv\phi(x_i,\mu_n)$ 的格式。

令第 g 群的总中子源 $q_{g,n}^{i}$ 为群内散射源、群外散射源、裂变源和外中子源四项之和，即

$$q_{g,n}^{i}=\varSigma_{\mathrm{str},i}^{g\to g}\varPhi_g^i+\chi_{\mathrm{fg}}\sum_{g'=1}^{G}(\bar{\nu}\varSigma_{\mathrm{f}})_{g'}\varPhi_{g'}^{i}+\sum_{g'\neq g}^{G}\varSigma_{\mathrm{str}}^{g'\to g}(x_i)\varPhi_{g'}^{i}+s_{g,n}^{i} \tag{10.2.24}$$

则差分方程（10.2.18）变为

$$\mu_n\frac{\phi_{g,n}^{i+1/2}-\phi_{g,n}^{i-1/2}}{\Delta x_i}+\varSigma_{\mathrm{tr},i}^{g}\phi_{g,n}^{i}=q_{g,n}^{i} \tag{10.2.25}$$

当 $\mu_n>0$ 时，用菱形格式（10.2.21）消去 $\phi_{g,n}^{i+1/2}$，代入式（10.2.25）可得 $\phi_{g,n}^{i}\sim\phi_{g,n}^{i-1/2}$ 之间的关系

$$\phi_{g,n}^{i}=\frac{2\mu_n}{\varSigma_{\mathrm{tr},i}^{g}\Delta x_i+2\mu_n}\phi_{g,n}^{i-1/2}+\frac{\Delta x_i}{\varSigma_{\mathrm{tr},i}^{g}\Delta x_i+2\mu_n}q_{g,n}^{i}\quad（当\ \mu_n>0\ 时） \tag{10.2.26}$$

当 $\mu_n<0$ 时，用菱形格式（10.2.21）消去 $\phi_{g,n}^{i-1/2}$，代入式（10.2.25）可得 $\phi_{g,n}^{i}\sim\phi_{g,n}^{i+1/2}$ 之间的关系

$$\phi_{g,n}^{i}=\frac{-2\mu_n}{\varSigma_{\mathrm{tr},i}^{g}\Delta x_i-2\mu_n}\phi_{g,n}^{i+1/2}+\frac{\Delta x_i}{\varSigma_{\mathrm{tr},i}^{g}\Delta x_i-2\mu_n}q_{g,n}^{i}\quad（当\ \mu_n<0\ 时） \tag{10.2.27}$$

之所以要对 $\mu_n>0$ 和 $\mu_n<0$ 的情况采用两个不同的递推格式，是为了保证 $\phi_{g,n}^{i\mp1/2}$ 前的系数小于1，这样在递推过程中，数值误差会被缩小而不是放大。换句话说，为了保证数值计算的稳定性，对空间网格的扫描方向应该与中子飞行方向一致，如图10.5所示。

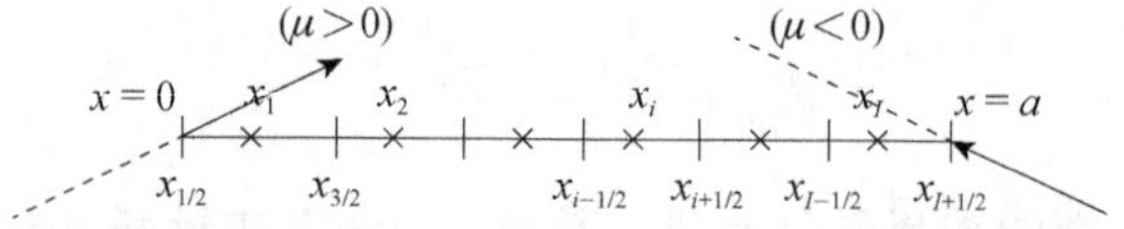

图10.5 为保证数值计算的稳定性，对空间网格扫描的方向要与中子飞行方向一致

具体地说，当 $\mu_n>0$ 时，要用空间网格左侧 $x_{i-1/2}$ 处的角通量 $\phi_{g,n}^{i-1/2}$ 计算网格中点 x_i 处的角通量 $\phi_{g,n}^{i}$，对空间网格从左到右进行扫描，方向与中子飞行方向相同；当 $\mu_n<0$ 时，则用空间网格右侧 $x_{i+1/2}$ 处的角通量 $\phi_{g,n}^{i+1/2}$ 计算网格中点 x_i 处的角通量 $\phi_{g,n}^{i}$，对空间网格从右到左进行扫描，方向与中子飞行方向也相同。分析表明，对空间网格扫描的方向与中子飞行方向一致，计算误差在传递过程中将会越来越小。

第五步：源迭代的求解步骤。

以 S_4 方法为例来说明。所谓 S_4 方法，是指角度变量 $\mu\in[-1,1]$ 离散成4个网格，图10.6画出了 S_4 方法中采用的空间-角度网格。其中角度方向有4个网格，角度网格中点值分别为 μ_1、μ_2、μ_3、μ_4，它们在 $\mu=0$ 两边对称分布，其中两个 $\{\mu_1,\mu_2\}<0$，另外两个 $\{\mu_3,\mu_4\}>0$。

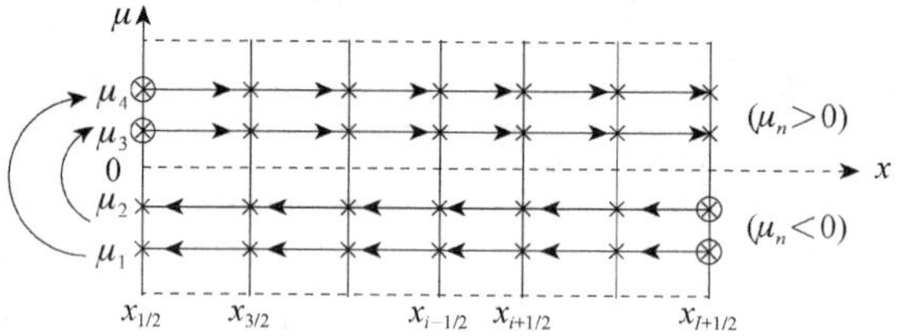

图10.6 S_4 方法中采用的空间-角度网格，其中角度方向有4个网格

对固定能群 g，用源迭代方法求相空间网格中点处中子角通量 $\phi_{g,n}^{i}=\phi_g(x_i,\mu_n)$ 的步骤如下。

（1）设角度积分中子角通量的迭代初值 Φ_g^i。

（2）由式（10.2.24）得出能群 g 的总中子源 $q_{g,n}^{i}$，其中外加独立中子源已知。

（3）对 $\mu_n<0$，从右边界条件出发，交替使用递推格式（10.2.27）和菱形格式（10.2.21），逐个求出 $\mu_n<0$ 时各个相空间网格中点处的中子角通量 $\phi_{g,n}^{i}$。

（4）利用左边界的反射条件（10.2.23），由刚求出的 $\phi_g(0,\mu_n<0)$，求 $\mu_n>0$ 时左边界处的 $\phi_g(0,\mu_n>0)$。

（5）对 $\mu_n>0$，从左边界的 $\phi_g(0,\mu_n>0)$ 出发，交替使用递推格式（10.2.26）和菱形格式（10.2.21），逐个求出 $\mu_n>0$ 时各个相空间网格中点处 $\phi_{g,n}^{i}$。

（6）按式（10.2.20）计算新角度积分角通量 Φ_g^i，判断 Φ_g^i 收敛否？若收敛，则转到下一群，返回（1）继续下一群的源迭代；若不收敛，返回（2）更改能群g的总源，继续本群的源迭代直到本群的Φ_g^i收敛为止。

第六步：负通量的处理。

当$\mu_n<0$时，使用递推格式（10.2.27）求空间网格中心角通量$\phi_{g,n}^i=\phi_g(x_i,\mu_n)$，再用菱形格式外推网格边界的角通量$\phi_{g,n}^{i-1/2}$时，有可能出现$\phi_{g,n}^{i-1/2}<0$的情况，出现负通量的条件为

$$\phi_{g,n}^{i-1/2}=2\phi_{g,n}^i-\phi_{g,n}^{i+1/2}<0 \tag{10.2.28}$$

将$\phi_{g,n}^i$的计算公式（10.2.27）代入，得

$$\phi_{g,n}^{i-1/2}=\frac{1-\Sigma_{\mathrm{tr},i}^g\Delta x_i/2|\mu_n|}{1+\Sigma_{\mathrm{tr},i}^g\Delta x_i/2|\mu_n|}\phi_{g,n}^{i+1/2}+\frac{\Delta x_i/|\mu_n|}{1+\Sigma_{\mathrm{tr},i}^g\Delta x_i/2|\mu_n|}q_{g,n}^i \tag{10.2.29}$$

可见，外推时不出现负通量的条件是

$$1-\Sigma_{\mathrm{tr},i}^g\Delta x_i/2|\mu_n|>0 \tag{10.2.30}$$

此条件对空间网格大小提出的要求是

$$\Delta x_i<\frac{2|\mu_n|}{\Sigma_{\mathrm{tr},i}^g} \tag{10.2.31}$$

此要求在$\mu_n\to 0$或$\Sigma_{\mathrm{tr},i}^g\gg 1$时（中子相互作用截面很大的区域）可能很难满足，除非空间网格长度$\Delta x_i\to 0$。如果外推出负通量$\phi_{g,n}^{i-1/2}<0$，一般的处理办法是“遇负置0”，即若外推出的中子角通量$\phi_{g,n}^{i-1/2}<0$，就令$\phi_{g,n}^{i-1/2}=0$。

另外，从式（10.2.29）也可看出，当$\mu_n<0$时，沿着中子运动方向计算角通量，即从外到内递推$\phi_{g,n}^{i+1/2}\to\phi_{g,n}^{i-1/2}$，随着空间网格扫描过程的推进，网格边界上角通量$\phi_{g,n}^{I+1/2}$的可能误差会变得越来越小，这是因为$\phi_{g,n}^{i+1/2}$前面的系数小于1。反之，如果逆中子运动方向计算角通量，随着空间网格扫描过程的推进，误差则会越来越大。换句话说，沿着中子运动方向进行空间网格扫描，是保证数值计算稳定的内在需要。

10.2.2　一维球对称几何问题

如图 10.7 所示，在一维球对称几何下，描述中子位置的坐标$\boldsymbol{r}$只需一个分量r，表示粒子运动方向$\boldsymbol{\Omega}$的参数也只需一个$\mu=\boldsymbol{\Omega}\cdot\boldsymbol{e}_r=\cos\theta$。因此群中子角通量为$\phi_g(\boldsymbol{r},\boldsymbol{\Omega})=\phi_g(r,\mu)$。

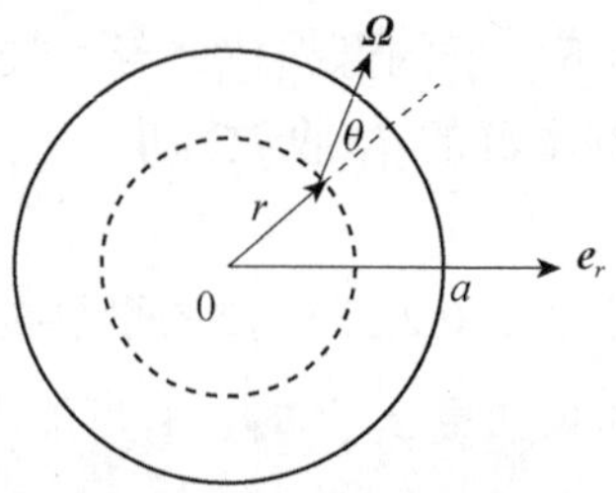

图10.7　一维球对称几何，空间-角度坐标各一个，分别为(r,μ)，半径为a，$r\in[0,a]$

在一维球对称几何下，守恒形式的中子流射项为

$$\boldsymbol{\Omega}\cdot\nabla\phi_g=\frac{\mu}{r^2}\frac{\partial(r^2\phi_g)}{\partial r}+\frac{1}{r}\frac{\partial[(1-\mu^2)\phi_g]}{\partial\mu}$$

运动方向的立体角元为$\mathrm{d}\Omega=\mathrm{d}\mu\mathrm{d}\omega$，角度积分中子通量为

$$\Phi_g(r)=\frac{1}{2}\int_{-1}^{1}\phi_g(r,\mu)\mathrm{d}\mu \tag{10.2.32}$$

第g群中子角通量$\phi_g(r,\mu)$满足的定态单群中子输运方程（10.2.8）变为

$$\frac{\mu}{r^2}\frac{\partial(r^2\phi_g)}{\partial r}+\frac{1}{r}\frac{\partial[(1-\mu^2)\phi_g]}{\partial\mu}+\Sigma_{\mathrm{tr}}^{g}(r)\phi_g(r,\mu)=\Sigma_{\mathrm{str}}^{g\to g}(r)\Phi_g(r)+s_g'(r,\mu) \tag{10.2.33}$$

其中等效源（10.2.10）（裂变源、群外散射源和外中子源）变为

$$s_g'(r,\mu)=\chi_{\mathrm{fg}}\sum_{g'=1}^{G}(\bar{\nu}\Sigma_{\mathrm{f}})_{g'}\Phi_{g'}(r)+\sum_{g'\neq g}\Sigma_{\mathrm{str}}^{g'\to g}(r)\,\Phi_{g'}(r)+s_g(r,\mu) \tag{10.2.34}$$

方程（10.2.33）的定解条件（边界条件）取

$$\phi_g(a,\mu)=0\quad(\mu<0)\text{（外真空边界）} \tag{10.2.35}$$

$$\phi_g(0,\mu>0)=\phi_g\quad(0,\mu<0)\quad\text{（中心反射边界）} \tag{10.2.36}$$

为求定态单群中子输运方程（10.2.33）的数值解，必须对待求函数$\phi_g(r,\mu)$的自变量(r,μ)进行离散化，求解过程如下。

1. S_N方法求解单群输运方程的离散差分格式

如图10.8所示，把空间坐标$r\in[0,a]$离散化为K个区间。其中第k个空间网格为$[r_{k-1/2},r_{k+1/2}]$，网格中点坐标为$r_k\ (k=1,2,\cdots,K)$。

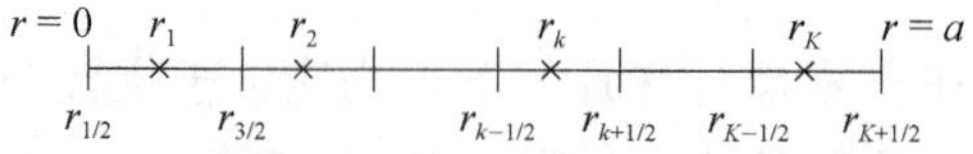

图10.8　空间坐标$r\in[0,a]$离散化为K个区间，第k个空间网格为$[r_{k-1/2},r_{k+1/2}]$，网格中点坐标为$r_k(k=1,2,\cdots,K)$

如图10.9所示，把方向变量$\mu \in [-1,1]$离散化为N个区间（$\boldsymbol{S}_N$方法），其中第n个角度网格为$[\mu_{n-1/2},\mu_{n+1/2}]$，网格中点为$\mu_n\ (n=1,2,\cdots,N)$。角度离散时，要求$N$个角度网格中点值$\mu_n$和网格长度$\Delta\mu_n \equiv \mu_{n+1/2}-\mu_{n-1/2}$分别与高斯求积集$\{\mu_n, w_n\}$相等，即$\Delta\mu_n = w_n > 0\ (n=1,2,\cdots,N)$，其中$\mu_n<0\ (n=1,2,\cdots,N/2)$，$\mu_n>0\ (n=N/2+1, N/2+2,\cdots,N)$，$N$个离散值$\{\mu_n\}$在$\mu=0$两侧对称地分布。

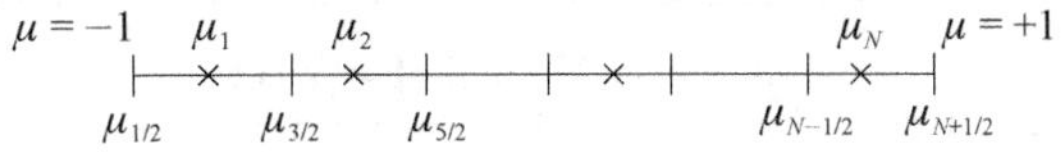

图10.9　方向变量$\mu\in[-1,1]$离散化为N个区间（$\boldsymbol{S}_N$方法）

坐标变量r和方向变量μ的离散化形成了$K\times N$个相空间网格$\Delta r_k \times \Delta\mu_n$，如图10.10所示。

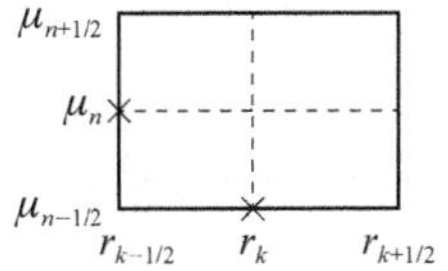

图10.10　相空间网格$\Delta r_k \times \Delta\mu_n$

为建立单群输运方程（10.2.33）在相空间网格$\Delta r_k\times\Delta\mu_n$内的守恒离散差分格式，将方程两边作积分

$$4\pi\int_{r_{k-1/2}}^{r_{k+1/2}} r^2\mathrm{d}r\int_{\mu_{n-1/2}}^{\mu_{n+1/2}}\mathrm{d}\mu(\ )$$

就可得到输运方程的离散差分方程

$$\frac{\mu_n[A_{k+1/2}\phi_{g,n}^{k+1/2}-A_{k-1/2}\phi_{g,n}^{k-1/2}]}{V_k}+\frac{(A_{k+1/2}-A_{k-1/2})}{V_k} \cdot\frac{\left[\alpha_{n+1/2}\phi_{g,n+1/2}^{k}-\alpha_{n-1/2}\phi_{g,n-1/2}^{k}\right]}{w_n}+\Sigma_{tr,g}^{k}\phi_{g,n}^{k}=q_{g,n}^{k} \tag{10.2.37}$$

其中

$$V_k=\frac{4\pi}{3}\left(r_{k+1/2}^3-r_{k-1/2}^3\right),\quad A_{k\pm1/2}=4\pi r_{k\pm1/2}^2,\quad w_n=\Delta\mu_n=\mu_{n+1/2}-\mu_{n-1/2}$$

$$\alpha_{n\pm1/2}\equiv(1-\mu_{n\pm1/2}^2)/2$$

一个相空间网格$\Delta r_k\times\Delta\mu_n$内，方程（10.2.37）含有五个角通量，即

$$\phi_{g,n}^{k\pm1/2}\equiv\phi_g(r_{k\pm1/2},\mu_n),\quad \phi_{g,n\pm1/2}^{k}\equiv\phi_g(r_k,\mu_{n\pm1/2}),\quad \phi_{g,n}^{k}\equiv\phi_g(r_k,\mu_n)$$

右侧$q_{g,n}^k\equiv q_g(r_k,\mu_n)$为能群$g$的总中子源（散射+裂变+外独立中子源）

$$q_{g,n}^{k}=\Sigma_{\mathrm{str},k}^{g\to g}\varPhi_g^k+\chi_{\mathrm{fg}}\sum_{g'=1}^{G}(\overline{\nu}\Sigma_{\mathrm{f}})_{g'}\varPhi_{g'}^{k}+\sum_{g'\neq g}^{G}\Sigma_{\mathrm{str}}^{g'\to g}(r_k)\varPhi_{g'}^{k}+s_{g,n}^{k} \tag{10.2.38}$$

角度积分通量（10.2.32）可化为对离散方向的求和

$$\Phi_g^k \equiv \Phi_g(r_k) = \frac{1}{2}\sum_{n=1}^{N} w_n \phi_{g,n}^k \tag{10.2.39}$$

2. $\boldsymbol{\alpha}_{n\pm1/2}$ **的求法**

考虑无限大介质中中子角通量等于常数的情况，此时中子流射项

$$\boldsymbol{\Omega}\cdot\nabla\phi_g = \frac{\mu}{r^2}\frac{\partial(r^2\phi_g)}{\partial r} + \frac{1}{r}\frac{\partial[(1-\mu^2)\phi_g]}{\partial\mu} = 0$$

仿照得到离散方程（10.2.37）的方法，将该方程在相空间网格 $\Delta\mu_n\times\Delta r_k$ 作积分，可得与式（10.2.37）左侧两项类似的离散差分格式为

$$\frac{\mu_n[A_{k+1/2}\phi_{g,n}^{k+1/2} - A_{k-1/2}\phi_{g,n}^{k-1/2}]}{V_k} + \frac{A_{k+1/2} - A_{k-1/2}}{V_k}\frac{\left[\alpha_{n+1/2}\phi_{g,n+1/2}^k - \alpha_{n-1/2}\phi_{g,n-1/2}^k\right]}{w_n} = 0$$

因为中子角通量 $\phi_{g,n\pm1/2}^k$ 为常数，两边同除以常数，就求得 $\alpha_{n+1/2}$ 的递推关系

$$\alpha_{n+1/2} = \alpha_{n-1/2} - \mu_n w_n \quad (n=1,2,\cdots,N) \tag{10.2.40}$$

其中 $\{\mu_n, w_n\}$ 为高斯求积集。由 $\alpha_{1/2}=0$，可递推求出另外 N 个 $\alpha_{n+1/2}$ $(n=1,2,\cdots,N)$。其中

$$\alpha_{N+1/2} = -\sum_{n-1}^{N}\mu_n w_n = -\int_{-1}^{1}\mu\mathrm{d}\mu = 0 \tag{10.2.41}$$

3. **离散差分方程的定解条件**

对固定能群 g，离散差分方程（10.2.37）是一个相空间网格 $\Delta\mu_n\times\Delta r_k$ 内 5 个未知量 $\phi_{g,n}^{k\pm1/2}$ 、$\phi_{g,n\pm1/2}^k$ 和 $\phi_{g,n}^k$ 满足的方程，要定解，还缺 4 个方程。两个菱形格式提供两个方程

$$\phi_{g,n}^k = \frac{1}{2}(\phi_{g,n+1/2}^k + \phi_{g,n-1/2}^k) \tag{10.2.42}$$

$$\phi_{g,n}^k = \frac{1}{2}(\phi_{g,n}^{k+1/2} + \phi_{g,n}^{k-1/2}) \tag{10.2.43}$$

r 方向的边界条件和 μ 方向的边界条件各提供一个方程。例如，$r=a$ 处的外真空边界条件（10.2.35）离散为

$$\phi_{g,n}^{K+1/2} = \phi_g(r=a,\mu_n) = 0 \quad (n=1,2,\cdots,N/2) \tag{10.2.44}$$

中心 $r=0$ 处的反射边界条件（10.2.36）离散为

$$\phi_{g,n}^{1/2} = \phi_{g,N+1-n}^{1/2} \qquad (n=N/2+1\to N) \tag{10.2.45}$$

另外，μ 方向的边界 $\mu=-1$ 处的角通量 $\phi_{g,1/2}^k = \phi_g(r_k,\mu=-1)$ $(k=1,2,\cdots,K)$ 也要提供，这需要求解 $\mu=-1$ 时的输运方程（10.2.33）才能得出，即需要数值求解以下方程

$$-\frac{\partial\phi_g}{\partial r}+\Sigma_{\mathrm{tr}}^g(r)\phi_g(r,-1)=q_g(r,-1) \tag{10.2.46}$$

把空间坐标 $r\in[0,a]$ 离散化为 K 个空间网格，在网格 $[r_{k-1/2},r_{k+1/2}]$ 内 $(k=1,2,\cdots,K)$，用差分代替微分，可得离散差分方程

$$-\frac{(\phi_{g,1/2}^{k+1/2}-\phi_{g,1/2}^{k-1/2})}{\Delta r_k}+\Sigma_{\mathrm{tr},k}^g\phi_{g,1/2}^k=q_{g,1/2}^k \tag{10.2.47}$$

一个网格内有三个未知量，利用菱形关系

$$\phi_{g,1/2}^{k-1/2}=2\phi_{g,1/2}^k-\phi_{g,1/2}^{k+1/2} \tag{10.2.48}$$

和外边界条件，方程可定解。式（10.2.48）代入式（10.2.47）消去 $\phi_{g,1/2}^{k-1/2}$，可得计算网格中点角通量 $\phi_{g,1/2}^k$ 的递推格式

$$\phi_{g,1/2}^k=\frac{2}{2+\Sigma_{\mathrm{tr},k}^g\Delta r_k}\phi_{g,1/2}^{k+1/2}+\frac{\Delta r_k}{2+\Sigma_{\mathrm{tr},k}^g\Delta r_k}q_{g,1/2}^k \tag{10.2.49}$$

源迭代时，源 $q_{g,1/2}^k$ 是已知的，由外边界条件 $\phi_{g,1/2}^{K+1/2}$，交替使用式（10.2.48）和式（10.2.49），便可求出 $\phi_{g,1/2}^k=\phi_g(r_k,\mu=-1)\ \ (k=1,2,\cdots,K)$，它们就是所需的 $\mu=-1$ 处的边界条件。

仔细观察发现，递推求解公式（10.2.49）与一维平板几何情况下 $\mu_n<0$ 时求空间网格 $[x_{i-1/2},x_{i+1/2}]$ 中点角通量 $\phi_{g,n}^i$ 的递推公式（10.2.27）完全相同。

4. 离散差分方程的解法

下面讨论离散差分方程（10.2.37）的解法。该方程是一个相空间网格 $\Delta\mu_n\times\Delta r_k$ 内 5 个未知量 $\phi_{g,n}^{k\pm1/2}$、$\phi_{g,n\pm1/2}^k$、$\phi_{g,n}^k$ 满足的关系式，加上 r 方向的边界条件和 μ 方向的边界条件，要定解还需两个方程。因此必须用两个菱形格式。

r 方向上的菱形格式为

$$\phi_n^k=(\phi_n^{k-1/2}+\phi_n^{k+1/2})/2 \tag{10.2.50}$$

μ 方向上的菱形格式为

$$\phi_n^k=(\phi_{n+1/2}^k+\phi_{n-1/2}^k)/2 \tag{10.2.51}$$

如图 10.11 所示，一个相空间网格 $\Delta\mu_n\times\Delta r_k$ 内 5 个未知角通量满足 1 个差分方程（10.2.37），通过以上两个菱形关系，利用两个边界条件，就可以定解了。

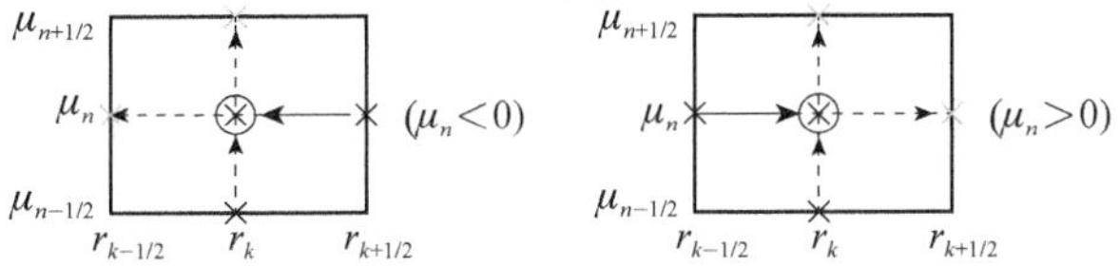

图 10.11　一个相空间网 $\Delta\mu_n\times\Delta r_k$ 内 5 个未知角通量满足 1 个差分方程，通过两个菱形关系和两个边界条件，可以定解。计算网格中心角通量 ϕ_n^k 的扫描格式与中子飞行方向有关

各个相空间网格 $\Delta\mu_n \times \Delta r_k$ 内的离散角通量计算是通过网格扫描实现的。扫描格式的导出要考虑中子的飞行方向，目的是让空间网格的扫描方向与中子的飞行方向一致，以保证数值计算的稳定（避免误差放大）。当 $\mu_n < 0$ 时，要利用 $\mu = -1$ 处的边界条件 $\phi_{g,1/2}^k$ 和 $r = a$ 的边界条件 $\phi_{g,n}^{K+1/2}$；当 $\mu_n > 0$ 时，则要利用 $r = 0$ 的边界条件 $\phi_{g,n}^{1/2}$。

当 $\mu_n < 0$ 时，利用 r 方向上的菱形格式消去 $\phi_n^{k-1/2}$（以下将能群下标 g 省去），用 μ 方向上的菱形格式消去 $\phi_{n+1/2}^k$，得扫描计算递推格式—— ϕ_n^k 与 $\phi_n^{k+1/2}$ 和 $\phi_{n-1/2}^k$ 的关系式

$$\left[\frac{2A_{k-1/2}|\mu_n|}{V_k} + \frac{2\alpha_{n+1/2}(A_{k+1/2} - A_{k-1/2})}{V_k w_n} + \Sigma_{\text{tr},g}^k\right]\phi_n^k = \frac{(A_{k+1/2} + A_{k-1/2})|\mu_n|}{V_k}\phi_n^{k+1/2}$$
$$+\frac{(\alpha_{n+1/2} + \alpha_{n-1/2})(A_{k+1/2} - A_{k-1/2})}{V_k w_n}\phi_{n-1/2}^k + q_n^k \qquad (\mu_n < 0) \tag{10.2.52}$$

利用 $\mu = -1$ 处的边界条件 $\phi_{g,1/2}^k$ 和 $r = a$ 的边界条件 $\phi_{g,n}^{K+1/2}$，对所有空间角度网格扫描，即可得出 $\mu_n < 0$ 时所有网格中心的角通量 ϕ_n^k。

当 $\mu_n > 0$ 时利用 r 方向上的菱形格式消去 $\phi_n^{k+1/2}$，同样用 μ 方向上的菱形格式消去 $\phi_{n+1/2}^k$，得扫描计算递推格式—— ϕ_n^k 与 $\phi_n^{k-1/2}$ 和 $\phi_{n-1/2}^k$ 的关系式

$$\left[\frac{2A_{k+1/2}\mu_n}{V_k} + \frac{2\alpha_{n+1/2}(A_{k+1/2} - A_{k-1/2})}{V_k w_n} + \Sigma_{\text{tr},g}^k\right]\phi_n^k = \frac{(A_{k+1/2} + A_{k-1/2})\mu_n}{V_k}\phi_n^{k-1/2}$$
$$+\frac{(\alpha_{n+1/2} + \alpha_{n-1/2})(A_{k+1/2} - A_{k-1/2})}{V_k w_n}\phi_{n-1/2}^k + q_n^k \qquad (\mu_n > 0) \tag{10.2.53}$$

$r = 0$ 的边界条件 $\phi_{g,n}^{1/2}$，对所有空间角度网格扫描，即可得出 $\mu_n > 0$ 时所有网格中心的角通量 ϕ_n^k。

将 $2\alpha_{n+1/2}$ 写成 $2\alpha_{n+1/2} = \alpha_{n+1/2} + \alpha_{n-1/2} + \alpha_{n+1/2} - \alpha_{n-1/2}$，利用 $\alpha_{n+1/2}$ 的递推关系（10.2.40），即 $\alpha_{n+1/2} - \alpha_{n-1/2} = -\mu_n w_n$，可把式（10.2.52）和式（10.2.53）左边 ϕ_n^k 前的系数改写成

$$\frac{2A_{k-1/2}|\mu_n|}{V_k} + \frac{2\alpha_{n+1/2}(A_{k+1/2} - A_{k-1/2})}{V_k w_n}$$
$$= \frac{(A_{k-1/2} + A_{k+1/2})|\mu_n|}{V_k} + \frac{(\alpha_{n+1/2} + \alpha_{n-1/2})(A_{k+1/2} - A_{k-1/2})}{V_k w_n} \qquad (\mu_n < 0)$$

$$\frac{2A_{k+1/2}\mu_n}{V_k} + \frac{2\alpha_{n+1/2}(A_{k+1/2} - A_{k-1/2})}{V_k w_n}$$
$$= \frac{(A_{k+1/2} + A_{k-1/2})\mu_n}{V_k} + \frac{(\alpha_{n+1/2} + \alpha_{n-1/2})(A_{k+1/2} - A_{k-1/2})}{V_k w_n} \qquad (\mu_n > 0)$$

令

$$\begin{cases} C_{kn} = \dfrac{(A_{k-1/2} + A_{k+1/2})|\mu_n|}{V_k} \\ D_{kn} = \dfrac{(\alpha_{n+1/2} + \alpha_{n-1/2})(A_{k+1/2} - A_{k-1/2})}{V_k w_n} \end{cases} \tag{10.2.54}$$

最终得相空间网格 $\Delta\mu_n \times \Delta r_k$ 中点角通量 ϕ_n^k 的递推计算公式

$$\begin{cases} (C_{kn} + D_{kn} + \Sigma_{\mathrm{tr},g}^k)\phi_n^k = C_{kn}\phi_n^{k+1/2} + D_{kn}\phi_{n-1/2}^k + q_n^k & (\mu_n < 0) \\ (C_{kn} + D_{kn} + \Sigma_{\mathrm{tr},g}^k)\phi_n^k = C_{kn}\phi_n^{k-1/2} + D_{kn}\phi_{n-1/2}^k + q_n^k & (\mu_n > 0) \end{cases} \tag{10.2.55}$$

从 $r = a$ 和 $\mu = -1$ 处的两个边界条件出发，利用 $\mu_n < 0$ 时的式（10.2.55），求出相空间网格 $\Delta\mu_n \times \Delta r_k$ 中点角通量 ϕ_n^k 后，利用菱形格式（10.2.50）、（10.2.51）外推相空间网格 $\Delta\mu_n \times \Delta r_k$ 的另外两个角通量。再从 $r = 0$ 处的边界条件出发，利用 $\mu_n > 0$ 时的式（10.2.55），求出相空间网格 $\Delta\mu_n \times \Delta r_k$ 中点角通量 ϕ_n^k 后，利用菱形格式（10.2.50）、（10.2.51）外推相空间网格 $\Delta\mu_n \times \Delta r_k$ 的另外两个角通量。通过对所有相空间网格的扫描计算，每个相空间网格内的5个未知量 $\phi_{g,n}^{k\pm1/2}$ 、$\phi_{g,n\pm1/2}^k$ 和 $\phi_{g,n}^k$ 都可以求出，但我们只需要所有网格中心的中子角通量值 ϕ_n^k 。

5. 离散差分方程的源迭代求解步骤

源迭代法求相空间网格中点角通量 ϕ_n^k 的步骤如下。

（1）设角度积分角通量 $\Phi_{g'}^k$ 的迭代初值 $(g' = 1,2,\cdots,G, k = 1,2,\cdots,K)$ 。

（2）对固定能群 g，用式（10.2.38）求中子的总源项 $q_{g,n}^k$ 。

（3）解 $\mu = -1$ 时的输运方程，求 $\mu = -1$ 处的边界条件 $\phi_{g,1/2}^k (k = 1,2,\cdots,K)$ 。交替使用式（10.2.48）和式（10.2.49），由外边界条件 $\phi_{g,1/2}^{K+1/2}$ ，求 K 个空间网格 $[r_{k-1/2}, r_{k+1/2}]$ 中点处的角通量 $\phi_{g,1/2}^k$ $(k = 1,2,\cdots,K)$ 。

（4）解 $\mu_n < 0$ 时的输运方程（10.2.55），利用外边界条件，交替使用式（10.2.55）和菱形外推格式，求出 $\mu_n < 0$ 时所有相空间网格中点角通量 ϕ_n^k 。

（5）利用球心处的边界条件，求出 $\mu_n > 0$ 时 $r = 0$ 处的角通量 $\phi_n^{1/2}$ 。

（6）利用 $r = 0$ 处的角通量 $\phi_n^{1/2}$ 的边界条件，解 $\mu_n > 0$ 时的输运方程（10.2.55），交替使用式（10.2.55）和菱形外推格式，求出 $\mu_n > 0$ 时所有相空间网格中点角通量 ϕ_n^k 。

（7）用式（10.2.39）计算本群各空间网格中点角度积分通量新值 $\Phi_g^k (k = 1,2,\cdots,K)$ ，判断其收敛情况。若不收敛，把新值 $\Phi_g^k (k = 1,2,\cdots,K)$ 当老值，能群 g 不变，返回（2），更新源项再继续本群源迭代。如果收敛，增加能群 $g = g+1$，返回（2），计算下一能群。

（8）所有能群的$\Phi_g^k(k=1,2,\cdots,K)$都收敛后，就可以计算感兴趣的物理量了。

6. 负中子角通量的处理

负角通量的处理原则是“遇负置零”，但这样做时要注意保持计算格式的中子数的守恒性。例如，当$\mu_n>0$时，用菱形格式$\phi_{n+1/2}^k=2\phi_n^k-\phi_{n-1/2}^k$和$\phi_n^{k+1/2}=2\phi_n^k-\phi_n^{k-1/2}$代入离散差分方程（10.2.37）中，消去$\phi_{n+1/2}^k$和$\phi_n^{k+1/2}$，得相空间网格中点角通量$\phi_n^k$的计算公式（10.2.53），即

$$\left[\frac{2A_{k+1/2}\mu_n}{V_k}+\frac{2\alpha_{n+1/2}(A_{k+1/2}-A_{k-1/2})}{V_k w_n}+\Sigma_{\mathrm{tr},g}^k\right]\phi_n^k=\frac{(A_{k+1/2}+A_{k-1/2})\mu_n}{V_k}\phi_n^{k-1/2}$$
$$+\frac{(\alpha_{n+1/2}+\alpha_{n-1/2})(A_{k+1/2}-A_{k-1/2})}{V_k w_n}\phi_{n-1/2}^k+q_n^k\qquad(\mu_n>0)$$

先用此式计算出ϕ_n^k，然后外推$\phi_{n+1/2}^k=2\phi_n^k-\phi_{n-1/2}^k$和$\phi_n^{k+1/2}=2\phi_n^k-\phi_n^{k-1/2}$，这样外推得到的角通量可能出现负值。出现负值的情形有以下三种。

（1）若$\phi_{n+1/2}^k\geqslant 0,\ \phi_n^{k+1/2}<0$，此时令$\phi_n^{k+1/2}=0$（遇负置零），并将$\phi_{n+1/2}^k=2\phi_n^k-\phi_{n-1/2}^k$，$\phi_n^{k+1/2}=0$代入离散差分方程（10.2.37）中，消去$\phi_{n+1/2}^k$和$\phi_n^{k+1/2}$，重新得到网格中点角通量$\phi_n^k$的计算公式为

$$\begin{aligned}&\left[\frac{2\alpha_{n+1/2}(A_{k+1/2}-A_{k-1/2})}{w_n V_k}+\Sigma_{\mathrm{tr},g}^k\right]\phi_n^k=\frac{\mu_n A_{k-1/2}}{V_k}\phi_n^{k-1/2}\\&\quad+\frac{(\alpha_{n+1/2}+\alpha_{n-1/2})(A_{k+1/2}-A_{k-1/2})}{w_n V_k}\phi_{n-1/2}^k+q_n^k\qquad(\mu_n>0)\end{aligned}\tag{10.2.56}$$

再用菱形格式外推。

（2）若$\phi_{n+1/2}^k<0,\ \phi_n^{k+1/2}\geqslant 0$，此时令$\phi_{n+1/2}^k=0$（遇负置零），并将$\phi_{n+1/2}^k=0$，$\phi_n^{k+1/2}=2\phi_n^k-\phi_n^{k-1/2}$代入离散差分方程（10.2.37）中，消去$\phi_{n+1/2}^k$和$\phi_n^{k+1/2}$，重新得网格中点角通量$\phi_n^k$的计算公式为

$$\begin{aligned}&\left[\frac{2\mu_n A_{k+1/2}}{V_k}+\Sigma_{\mathrm{tr},g}^k\right]\phi_n^k\\&=\frac{(A_{k+1/2}+A_{k-1/2})\mu_n}{V_k}\phi_n^{k-1/2}+\frac{\alpha_{n-1/2}(A_{k+1/2}-A_{k-1/2})}{V_k w_n}\phi_{n-1/2}^k+q_n^k\qquad(\mu_n>0)\end{aligned}\tag{10.2.57}$$

再用菱形格式外推。

（3）$\phi_{n+1/2}^k<0,\ \phi_n^{k+1/2}<0$，此时令$\phi_{n+1/2}^k=0,\ \phi_n^{k+1/2}=0$（遇负置零），并将$\phi_{n+1/2}^k=0$，$\phi_n^{k+1/2}=0$代入离散差分方程（10.2.37）中，消去$\phi_{n+1/2}^k$和$\phi_n^{k+1/2}$，重新得网格中点角通量$\phi_n^k$的计算公式为

$$\Sigma_{\mathrm{tr},g}^{k}\phi_{n}^{k}=\frac{\mu_{n}A_{k-1/2}}{V_{k}}\phi_{n}^{k-1/2}+\frac{\alpha_{n-1/2}(A_{k+1/2}-A_{k-1/2})}{V_{k}w_{n}}\phi_{n-1/2}^{k}+q_{n}^{k}\qquad(\mu_{n}>0)\tag{10.2.58}$$

再用菱形格式外推。

10.2.3 裸铀球中子有效增殖因子的数值计算

下面介绍采用S_4方法计算裸铀球中子有效增殖因子k_{eff}的数值计算方法，即在给定的铀球半径R时，数值求解本征值问题

$$\begin{aligned}&\frac{\mu}{r^{2}}\frac{\partial(r^{2}\phi_{g})}{\partial r}+\frac{1}{r}\frac{\partial[(1-\mu^{2})\phi_{g}]}{\partial\mu}+\Sigma_{\mathrm{tr}}^{g}\phi_{g}(r,\mu)\\&=\sum_{g'=1}^{G}\Sigma_{\mathrm{str}}^{g'\to g}\Phi_{g'}(r)+\frac{\chi_{\mathrm{fg}}}{k_{\mathrm{eff}}}\sum_{g'=1}^{G}(\bar{\nu}\Sigma_{\mathrm{f}})_{g'}\Phi_{g'}(r)\end{aligned}\tag{10.2.59}$$

得出中子有效增殖因子k_{eff}和各能群的角通量$\phi_{g}(r,\mu)$。其中

$$\Phi_{g'}(r)=\frac{1}{2}\int_{-1}^{1}\mathrm{d}\mu'\phi_{g'}(r,\mu')\tag{10.2.60}$$

为角度积分中子通量。已知条件为：①铀球（混合物）中含有两种同位素，其中^{235}U和^{238}U的重量百分比分别为93.8%和6.2%。混合物的质量密度为$\rho=18.75\mathrm{g/cm^{3}}$；②裸铀球外边界为真空边界；③核素^{235}U和^{238}U的6群中子参数$\sigma_{\mathrm{tr},g}^{i},(\bar{\nu}\sigma)_{\mathrm{f},g}^{i},\sigma_{i,\mathrm{str}}^{g'\to g}$和裂变中子能谱$\chi_{\mathrm{f},g}^{i}$已知，由此可得出中子输运的宏观群参数

$$\begin{cases}\Sigma_{\mathrm{tr}}^{g}=\sum\limits_{i}N_{i}(\boldsymbol{r})\sigma_{\mathrm{tr},g}^{i}\\\Sigma_{\mathrm{str}}^{g'\to g}=\sum\limits_{i}N_{i}(\boldsymbol{r})\sigma_{i,\mathrm{str}}^{g'\to g}\\\chi_{\mathrm{fg}}(\bar{\nu}\Sigma_{\mathrm{f}})_{g'}=\sum\limits_{i}\chi_{\mathrm{f},g}^{i}N_{i}(\boldsymbol{r})(\bar{\nu}\sigma)_{\mathrm{f},g'}^{i}\end{cases}\tag{10.2.61}$$

其中，求和是对核素i进行的。核素^{235}U和^{238}U的数密度N_i可由质量密度ρ、核素的重量百分比w_i以及核数的摩尔质量A_i得出，即

$$N_{i}=\frac{\rho w_{i}N_{\mathrm{A}}}{A_{i}}\qquad(N_{\mathrm{A}}\text{为阿伏伽德罗常量})\tag{10.2.62}$$

当数值求解本征值问题（10.2.59）时，先将坐标角度空间（相空间）变量(r,μ)离散化为(r_k,μ_n)，把方程化为离散角通量$\phi_{g,n}^{k}\equiv\phi_{g}(r_{k},\mu_{n})$满足的差分方程，得到角通量$\phi_{n}^{k}$的计算公式（10.2.55）（省去了群下标$g$），即

$$\begin{cases}(C_{kn}+D_{kn}+\Sigma_{\mathrm{tr},g}^{k})\phi_{n}^{k}=C_{kn}\phi_{n}^{k+1/2}+D_{kn}\phi_{n-1/2}^{k}+q_{n}^{k}\quad(\mu_{n}<0)\\(C_{kn}+D_{kn}+\Sigma_{\mathrm{tr},g}^{k})\phi_{n}^{k}=C_{kn}\phi_{n}^{k-1/2}+D_{kn}\phi_{n-1/2}^{k}+q_{n}^{k}\quad(\mu_{n}>0)\end{cases}\tag{10.2.63}$$

其中右侧的中子源项由式（10.2.38）给出，即

$$q_{g,n}^{k}=\Sigma_{\text{str},k}^{g\to g}\Phi_{g}^{k}+\sum_{g'=g+1}^{G}\Sigma_{\text{str}}^{g'\to g}(r_k)\Phi_{g'}^{k}+\frac{\chi_{\text{fg}}}{k_{\text{eff}}}\sum_{g'=1}^{G}(\overline{\nu}\Sigma_{\text{f}})_{g'}\Phi_{g'}^{k} \tag{10.2.64}$$

中子源分为群内散射源、群外散射源和裂变源三项（最高能群为G）

$$Q_{\text{s},g}^{(内)}=\Sigma_{\text{str},k}^{g\to g}\Phi_{g}^{k}，\quad Q_{\text{s},g}^{(外)}=\sum_{g'=g+1}^{G}\Sigma_{\text{str}}^{g'\to g}(r_k)\Phi_{g}^{k}，\quad \frac{Q_{\text{f},g}}{k_{\text{eff}}}=\frac{\chi_{\text{fg}}}{k_{\text{eff}}}\sum_{g'=1}^{G}(\overline{\nu}\Sigma_{\text{f}})_{g'}\Phi_{g'}^{k} \tag{10.2.65}$$

其中角度积分中子通量用求和代替

$$\Phi_{g}^{k}=\frac{1}{2}\sum_{n=1}^{N}w_n\phi_{g,n}^{k} \tag{10.2.66}$$

差分方程（10.2.63）可采用源迭代方法求解，求解从最高能群G开始，一群一群进行。第g群的中子源为

$$q_{g,\text{n}}^{k}=Q_{\text{s},g}^{(内)}+Q_{\text{s},g}^{(外)}+\frac{1}{k_{\text{eff}}}Q_{\text{f},g} \tag{10.2.67}$$

对固定的能群g，源迭代分为内迭代和外迭代。内迭代是指只改变群内散射源$Q_{\text{s},g}^{(内)}=\Sigma_{\text{str}}^{g\to g}\Phi_{g}^{k}$的迭代过程（群外散射源和裂变源固定）。外迭代是指改变裂变源$Q_{\text{f},g}$（和k_{eff}值）的迭代过程。注意，从最高能群G开始计算时，群外散射源$Q_{\text{s},g}^{(外)}$始终是已知的（迭代时不需改变）。

求中子有效增殖因子k_{eff}的内外迭代步骤如下。

（1）适当选取角度积分角通量的迭代初值 $\Phi_{g'}^{k(0)}(g'=1,2,\cdots,G,k=1,2,\cdots,K)$和中子有效增殖因子的初值$k_{\text{eff}}^{(0)}=1$，使$\Phi_{g'}^{k(0)}$满足以下条件

$$\sum_{g'=1}^{G}\int \mathrm{d}\boldsymbol{r}(\overline{\nu}\Sigma_{\text{f}})_{g'}\Phi_{g'}^{(0)}(\boldsymbol{r})=1 \tag{10.2.68}$$

（2）构造源项

$$q_{g,\text{n}}^{k(0)}=Q_{\text{s},g}^{(0)(内)}+Q_{\text{s},g}^{(0)(外)}+\frac{1}{k_{\text{eff}}^{(0)}}Q_{\text{f},g}^{(0)} \tag{10.2.69}$$

（3）对给定能群g，先解$\mu=-1$时的离散中子输运方程，得出边界$\mu=-1$处角通量值的边界条件。交替使用式（10.2.48）和式（10.2.49），由外边界条件$\phi_{g,1/2}^{K+1/2}$，求出K个空间网格$[r_{k-1/2},r_{k+1/2}]$中点处的角通量值$\phi_{g,1/2}^{k}\ (k=1,2,\cdots,K)$。

（4）解$\mu_n<0$时的输运方程（10.2.55），利用外边界条件，交替使用式（10.2.55）和菱形外推格式，求出$\mu_n<0$时所有相空间网格中点角通量ϕ_n^k。

（5）利用球心处的边界条件，求出$\mu_n>0$时$r=0$处的角通量$\phi_n^{1/2}$。

（6）利用$r=0$处的角通量$\phi_n^{1/2}$的边界条件，解$\mu_n>0$时的输运方程（10.2.55），

交替使用式（10.2.55）和菱形外推格式，求出 $\mu_n > 0$ 时所有相空间网格中点角通量 ϕ_n^k。

（7）用式（10.2.39）计算本能群 g 各空间网格中点的角度积分通量新值 $\Phi_g^{k(1)}(k=1,2,\cdots,K)$，判断其收敛情况。若收敛，本群内迭代完成，进行下一能群，$g=g+1$，返回（3），继续算下一群（此时群外散射源 $Q_{\mathrm{s},g}^{(0)(外)}$ 已知）；若不收敛，就把新值赋给老值 $\Phi_g^{k(1)} \to \Phi_g^{k(0)}$，能群 g 不变，更新群内散射源 $Q_{\mathrm{s},g}^{(0)(内)}=\Sigma_{\mathrm{str},k}^{g\to g}\Phi_g^{k(0)}$（裂变源不变），返回（3），继续内迭代，直到 $\Phi_g^{k(1)}$ 收敛为止。

（8）当所有能群的内迭代都收敛后，用各群的角度积分通量新值 $\Phi_g^{k(1)}$ $(k=1,2,\cdots,K)$ 计算新的中子有效增殖因子

$$k_{\mathrm{eff}}^{(1)}=\sum_{g'=1}^{G}\int \mathrm{d}\boldsymbol{r}(\overline{\nu}\Sigma_f)_{g'}\Phi_{g'}^{(1)}(\boldsymbol{r})$$

如果 $k_{\mathrm{eff}}^{(1)}$ 收敛，则计算停止；否则，把新值赋给老值 $\Phi_{g'}^{k(1)} \to \Phi_{g'}^{k(0)}$; $k_{\mathrm{eff}}^{(1)} \to k_{\mathrm{eff}}^{(0)}$，更新三个中子源

$$Q_{\mathrm{f},g}^{(0)}=\chi_{\mathrm{fg}}\sum_{g'=1}^{G}(\overline{\nu}\Sigma_{\mathrm{f}})_{g'}\Phi_{g'}^{k(0)}, \qquad Q_{\mathrm{s},g}^{(0)(内)}=\Sigma_{\mathrm{str},k}^{g\to g}\Phi_g^{k(0)}$$

$$Q_{\mathrm{s},g}^{(0)(外)}=\sum_{g'=g+1}^{G}\Sigma_{\mathrm{str}}^{g'\to g}(r_k)\Phi_g^{k(0)}$$

返回（2）继续外迭代，直到 $k_{\mathrm{eff}}^{(1)}$ 收敛。

10.3 运动介质中的中子输运问题

10.3.1 考虑介质运动时的中子输运方程

前面我们详细介绍了中子角通量 $\phi(\boldsymbol{r},E,\boldsymbol{\Omega},t)$ 满足的中子输运方程的建立和求解，讨论时未考虑背景介质的运动，即认为介质在实验室是静止的，中子的能量方向变量 $(E,\boldsymbol{\Omega})$ 为实验室测得的中子能量和运动方向。我们要问，考虑介质运动时，中子在运动介质中输运时的中子输运方程会变成什么形式？

考虑 t 时刻处在实验室坐标系（简称 L 系）下空间点 $\boldsymbol{R}$ 处（Euler 坐标）的某个流体元，该流体元的宏观流速为 $\boldsymbol{u}(\boldsymbol{R},t)$，质量密度为 $\rho(\boldsymbol{R},t)$，质量为 Δm，体积为 $\Delta m/\rho(\boldsymbol{R},t)$。$L$ 系下中子的速度为 $\boldsymbol{v}$（有速度分布），中子的相空间分布密度为 $n(\boldsymbol{R},\boldsymbol{v},t)$。

在随流体元一起运动的坐标系（称为流体静止坐标系）观察，则中子的速度为 $\boldsymbol{v}_{\mathrm{r}}=\boldsymbol{v}-\boldsymbol{u}(\boldsymbol{R},t)$，相空间密度为 $n(\boldsymbol{R},\boldsymbol{v}_{\mathrm{r}},t)$，流体元内一群相对速度处在 $\boldsymbol{v}_{\mathrm{r}}$ 附近单

位速度间隔的中子数目为$(\Delta m/\rho)n(\boldsymbol{R},\boldsymbol{v}_{\mathrm{r}},t)$。因为中子与物质相互作用，流体元内有中子产生也有中子消亡，或者能量方向状态发生改变，根据中子数守恒，可得下列中子守恒方程

$$\frac{\mathrm{d}}{\mathrm{d}t}\left(\frac{\Delta m}{\rho}n\right)+\oplus+\frac{\Delta m}{\rho}\Sigma_t v_{\mathrm{r}} n=\frac{\Delta m}{\rho}Q(\boldsymbol{R},\boldsymbol{v}_{\mathrm{r}},t) \tag{10.3.1}$$

其中，左边第一项为流体元内中子数目的增加率，$\mathrm{d}(\ )/\mathrm{d}t$ 为随体时间微商，是随流体运动的观察者看到的物理量时间变化率。左边第二项$\oplus$为通过流体元边界净流射的中子损失率，左边第三项为流体元内中子与介质原子核相互作用的损失率。右边为流体元内三种中子源（散射、裂变、外源）导致的中子产生率。

$Q(\boldsymbol{R},\boldsymbol{v}_{\mathrm{r}},t)=Q_{\mathrm{s}}+Q_{\mathrm{f}}+s$ 为单位时间（散射、裂变、外源）三种中子源在 $\boldsymbol{R}$ 处单位体积内产生的 $\boldsymbol{v}_{\mathrm{r}}$ 附近单位速度间隔的中子。其中散射和裂变源的表达式分别为

$$\begin{cases}Q_{\mathrm{s}}(\boldsymbol{R},\boldsymbol{v}_{\mathrm{r}},t)=\int \Sigma_{\mathrm{s}}(\boldsymbol{v}_{\mathrm{r}}'\to\boldsymbol{v}_{\mathrm{r}})v_{\mathrm{r}}'n(\boldsymbol{R},\boldsymbol{v}_{\mathrm{r}}',t)\mathrm{d}\boldsymbol{v}_{\mathrm{r}}'\\ Q_{\mathrm{f}}(\boldsymbol{R},\boldsymbol{v}_{\mathrm{r}},t)=\dfrac{\chi(v_{\mathrm{r}})}{4\pi}\int \bar{\nu}_{\mathrm{f}}(\boldsymbol{v}_{\mathrm{r}}')\Sigma_{\mathrm{f}}(\boldsymbol{R},v_{\mathrm{r}}')v_{\mathrm{r}}'n(\boldsymbol{R},\boldsymbol{v}_{\mathrm{r}}',t)\mathrm{d}\boldsymbol{v}_{\mathrm{r}}'\end{cases} \tag{10.3.2}$$

注意，在计算中子与流体元中的原子核相互作用（核反应）概率时，不是用的中子的绝对速度$\boldsymbol{v}$，而是用的中子相对流体元的相对速度$\boldsymbol{v}_{\mathrm{r}}$。

可以证明：左边第二项$\oplus$（单位时间通过流体元边界净流射出去的中子数）的表达式为

$$\oplus=\frac{\Delta m}{\rho}\nabla\cdot(n\boldsymbol{v}_{\mathrm{r}}) \tag{10.3.3}$$

【证明】流体静止坐标系的观察者看到的中子流密度为$\boldsymbol{j}_{\mathrm{r}}=n\boldsymbol{v}_{\mathrm{r}}$，则单位时间通过流体元边界上一个有向面积元 $\mathrm{d}\boldsymbol{S}$ 从流体元净流射出去的中子数为$\boldsymbol{j}_{\mathrm{r}}\cdot\mathrm{d}\boldsymbol{S}$，单位时间通过流体元边界净流射出去的中子数则为

$$\oplus=\int_S \boldsymbol{j}_{\mathrm{r}}\cdot\mathrm{d}\boldsymbol{S}=\int_{\Delta V}(\nabla\cdot\boldsymbol{j}_{\mathrm{r}})\cdot\mathrm{d}V=\frac{\Delta m}{\rho}\nabla\cdot(n\boldsymbol{v}_{\mathrm{r}}) \qquad \text{（证毕）}$$

将式（10.3.3）代入式（10.3.1），考虑到流体元运动过程中质量Δm守恒，得运动介质中的中子输运方程为

$$\rho\frac{\mathrm{d}}{\mathrm{d}t}\left(\frac{n}{\rho}\right)+\nabla\cdot(n\boldsymbol{v}_{\mathrm{r}})+\Sigma_t(\boldsymbol{R},\boldsymbol{v}_{\mathrm{r}})v_{\mathrm{r}}n(\boldsymbol{R},\boldsymbol{v}_{\mathrm{r}},t)=Q(\boldsymbol{R},\boldsymbol{v}_{\mathrm{r}},t) \tag{10.3.4}$$

式（10.3.4）就是考虑介质运动后的中子输运方程。其特点是，①用随流体元运动的观察者测量的中子速度$\boldsymbol{v}_{\mathrm{r}}=\boldsymbol{v}-\boldsymbol{u}(\boldsymbol{R},t)$来描述中子的运动（能量方向）状态，并用这个相对速度$\boldsymbol{v}_{\mathrm{r}}$对中子进行分群，中子的速度为$\boldsymbol{v}_{\mathrm{r}}$的相空间密度为$n(\boldsymbol{R},\boldsymbol{v}_{\mathrm{r}},t)$；②从式（10.3.2）、（10.3.4）可以看出，计算中子与流体元中的原子核相互作用

（核反应）概率时，不是用的中子的绝对速度$\boldsymbol{v}$，而是用的中子相对流体元的相对速度$\boldsymbol{v}_{\mathrm{r}}$。

把中子角密度$n(\boldsymbol{R},\boldsymbol{v}_{\mathrm{r}},t)$换成中子角通量$\phi(\boldsymbol{R},\boldsymbol{v}_{\mathrm{r}},t)=v_{\mathrm{r}}n(\boldsymbol{R},\boldsymbol{v}_{\mathrm{r}},t)$，再把中子相对速度变量$\boldsymbol{v}_{\mathrm{r}}$换成中子动能和运动方向，即$\boldsymbol{v}_{\mathrm{r}}\to(E_{\mathrm{r}},\boldsymbol{\Omega}_{\mathrm{r}})$，其中$E_{\mathrm{r}}=\frac{1}{2}mv_{\mathrm{r}}^2$，$\boldsymbol{\Omega}_{\mathrm{r}}=\boldsymbol{v}_{\mathrm{r}}/v_{\mathrm{r}}$。则式（10.3.4）变成中子角通量$\phi(\boldsymbol{R},\boldsymbol{v}_{\mathrm{r}},t)$满足的中子输运方程

$$\rho\frac{\mathrm{d}}{\mathrm{d}t}\left(\frac{\phi}{\rho v_{\mathrm{r}}}\right)+\nabla\cdot(\phi\boldsymbol{\Omega}_{\mathrm{r}})+\Sigma_t(\boldsymbol{R},E_{\mathrm{r}})\phi(\boldsymbol{R},E_{\mathrm{r}},\boldsymbol{\Omega}_{\mathrm{r}},t)=Q(\boldsymbol{R},E_{\mathrm{r}},\boldsymbol{\Omega}_{\mathrm{r}},t)\qquad(10.3.5)$$

右侧的中子源有三项，即$Q\equiv Q_{\mathrm{s}}+Q_{\mathrm{f}}+s$，其中散射和裂变源（10.3.2）变为

$$\begin{cases}Q_{\mathrm{s}}(\boldsymbol{R},E_{\mathrm{r}},\boldsymbol{\Omega}_{\mathrm{r}},t)=\iint\Sigma_{\mathrm{s}}(E'_{\mathrm{r}},\boldsymbol{\Omega}'_{\mathrm{r}}\to E_{\mathrm{r}},\boldsymbol{\Omega}_{\mathrm{r}}|\boldsymbol{R})\phi(\boldsymbol{R},E'_{\mathrm{r}},\boldsymbol{\Omega}'_{\mathrm{r}},t)\mathrm{d}\Omega'_{\mathrm{r}}\mathrm{d}E'_{\mathrm{r}}\\ Q_{\mathrm{f}}(\boldsymbol{R},E_{\mathrm{r}},\boldsymbol{\Omega}_{\mathrm{r}},t)=\dfrac{1}{4\pi}\chi(E_{\mathrm{r}})\iint\bar{v}_{\mathrm{f}}(E'_{\mathrm{r}})\Sigma_{\mathrm{f}}(\boldsymbol{R},E'_{\mathrm{r}})\phi(\boldsymbol{R},E'_{\mathrm{r}},\boldsymbol{\Omega}'_{\mathrm{r}},t)\mathrm{d}\Omega'_{\mathrm{r}}\mathrm{d}E'_{\mathrm{r}}\end{cases}\qquad(10.3.6)$$

用简单输运近似处理散射的各向异性，方程（10.3.5）可以变成输运近似方程，再把方程多群化，可得第g群中子角通量

$$\phi_g(\boldsymbol{R},\boldsymbol{\Omega}_{\mathrm{r}},t)=\int_g\phi(\boldsymbol{R},E_{\mathrm{r}},\boldsymbol{\Omega}_{\mathrm{r}},t)\mathrm{d}E_{\mathrm{r}}$$

满足的多群中子输运方程

$$\rho\frac{\mathrm{d}}{\mathrm{d}t}\left(\frac{\phi_g}{\rho v_g}\right)+\nabla\cdot(\phi_g\boldsymbol{\Omega}_{\mathrm{r}})+\Sigma_{\mathrm{tr}}^g(\boldsymbol{R})\phi_g(\boldsymbol{R},\boldsymbol{\Omega}_{\mathrm{r}},t)=Q_{\mathrm{s}g}+Q_{\mathrm{f}g}+s_g\qquad(10.3.7)$$

其中，第g群的散射源和裂变源分别为

$$\begin{cases}Q_{\mathrm{s}g}(\boldsymbol{R},t)=\sum\limits_{g'=1}^{G}\Sigma_{\mathrm{str}}^{g'\to g}\Phi_{g'}(\boldsymbol{R},t)\\ Q_{\mathrm{f}g}(\boldsymbol{R},t)=\chi_g\sum\limits_{g'=1}^{G}(\boldsymbol{v}\Sigma_{\mathrm{f}})_{g'}\Phi_{g'}(\boldsymbol{R},t)\\ \Phi_{g'}(\boldsymbol{R},t)=\dfrac{1}{4\pi}\displaystyle\int\phi_{g'}(\boldsymbol{R},\boldsymbol{\Omega}'_{\mathrm{r}},t)\mathrm{d}\Omega'_{\mathrm{r}}\end{cases}\qquad(10.3.8)$$

注意，式（10.3.7）是 Euler 观点下运动介质中的中子多群输运方程，此处中子角通的自变量$\boldsymbol{R}$为 Euler 坐标（实验室空间坐标），它标识流体元在实空间的位置，随体时间导数为

$$\frac{\mathrm{d}}{\mathrm{d}t}(\ )=\frac{\partial}{\partial t}(\ )+\boldsymbol{u}\cdot\nabla_{\boldsymbol{R}}(\ )$$

$\boldsymbol{u}(\boldsymbol{R},t)$为实验室坐标系下流体元的宏观流速。

10.3.2　中子输运方程的 Lagrange 形式

将 Euler 观点下的方程转换成 Lagrange 观点下的方程，方法和步骤如下。

（1）把物理量的旧自变量$(\boldsymbol{R},t)$（Euler变量）换成新自变量$(\boldsymbol{r},\tau)$（Lagrange变量），新旧自变量的变换关系为

$$\begin{cases}\partial\boldsymbol{R}/\partial\tau=\boldsymbol{u}(\boldsymbol{r},\tau),\\ t(\boldsymbol{r},\tau)=\tau,\end{cases}\text{初始条件为}\ \boldsymbol{R}(\boldsymbol{r},\tau=0)=\boldsymbol{r}$$

其中，$\boldsymbol{u}(\boldsymbol{r},\tau)$为流体元$\boldsymbol{r}$在$\tau$时刻的速度，$\boldsymbol{R}(\boldsymbol{r},\tau)$为流体元$\boldsymbol{r}$在$\tau$时刻的位矢。因为自变量变化$(\boldsymbol{R},t)\to(\boldsymbol{r},\tau)$，中子角通量也变化$\phi_g(\boldsymbol{R},\boldsymbol{\Omega}_{\mathrm{r}},t)\to\phi_g(\boldsymbol{r},\boldsymbol{\Omega}_{\mathrm{r}},\tau)$。

（2）把随体时间微商$\mathrm{d}(\ )/\mathrm{d}t$换成对变量$\tau$的偏导数$\partial(\ )/\partial\tau$。

（3）质量守恒方程变形为$\rho(\boldsymbol{r},\tau)\mathrm{d}\boldsymbol{R}(\boldsymbol{r},\tau)=\rho(\boldsymbol{r},0)\mathrm{d}\boldsymbol{R}(\boldsymbol{r},0)$，即$\rho\mathrm{d}\boldsymbol{R}=\rho_0(\boldsymbol{r})\mathrm{d}\boldsymbol{r}$。

（4）增加一个流体质点（流体元）的运动流线方程$\partial\boldsymbol{R}/\partial\tau=\boldsymbol{u}$，初始条件为$\boldsymbol{R}(\boldsymbol{r},\tau=0)=\boldsymbol{r}$。

通过以上步骤，可得中子输运方程（10.3.7）的Lagrange形式为

$$\rho\frac{\partial}{\partial\tau}\left(\frac{\phi_g}{\rho v_g}\right)+\nabla\cdot(\phi_g\boldsymbol{\Omega}_{\mathrm{r}})+\Sigma_{\mathrm{tr}}^g(\boldsymbol{r})\phi_g(\boldsymbol{r},\boldsymbol{\Omega}_{\mathrm{r}},\tau)=Q_{\mathrm{s}g}+Q_{\mathrm{f}g}+s_g \tag{10.3.9}$$

其中，第g群散射源和裂变源为

$$\begin{cases}Q_{\mathrm{s}g}(\boldsymbol{r},\tau)=\sum\limits_{g'=1}^{G}\Sigma_{\mathrm{str}}^{g'\to g}\boldsymbol{\Phi}_{g'}(\boldsymbol{r},\tau)\\ Q_{\mathrm{f}g}(\boldsymbol{r},\tau)=\chi_g\sum\limits_{g'=1}^{G}(\nu\Sigma_{\mathrm{f}})_{g'}\boldsymbol{\Phi}_{g'}(\boldsymbol{r},\tau)\\ \boldsymbol{\Phi}_{g'}(\boldsymbol{r},\tau)=\dfrac{1}{4\pi}\int\phi_{g'}(\boldsymbol{r},\boldsymbol{\Omega}_{\mathrm{r}}',\tau)\mathrm{d}\Omega_{\mathrm{r}}'\end{cases} \tag{10.3.10}$$

注意式（10.3.9）中的散度$\nabla\cdot(\phi_g\boldsymbol{\Omega}_{\mathrm{r}})$项是在Euler变量$\boldsymbol{R}$空间求的。在三维球坐标下，Euler空间坐标为$\boldsymbol{R}\to(R,\Theta,\Phi)$，中子流射项$\nabla\cdot(\phi_g\boldsymbol{\Omega}_{\mathrm{r}})$的守恒形式为

$$\begin{aligned}\nabla_R\cdot(\phi_g\boldsymbol{\Omega}_{\mathrm{r}})=&\frac{\mu}{R^2}\frac{\partial(R^2\phi_g)}{\partial R}+\frac{1}{R\sin\Theta}\left(\frac{\partial(\eta\sin\Theta\phi_g)}{\partial\Theta}+\frac{\partial(\xi\phi_g)}{\partial\Phi}\right)\\&+\frac{1}{R}\left(\frac{\partial[(1-\mu^2)\phi_g]}{\partial\mu}-\frac{\partial(\xi\cot\Theta\phi_g)}{\partial\omega}\right)\end{aligned} \tag{10.3.11}$$

其中的中子角通量

$$\phi_g(\boldsymbol{r},\boldsymbol{\Omega}_{\mathrm{r}},\tau)\to\phi_g(r,\theta,\varphi,\mu,\omega,\tau)$$

(μ,ω)为描述中子运动方向$\boldsymbol{\Omega}_{\mathrm{r}}$的两个独立变量，$(r,\theta,\varphi)$为Lagrange空间位置坐标。三个方向余弦由两个独立变量(μ,ω)决定

$$\begin{cases}\mu=\boldsymbol{\Omega}_{\mathrm{r}}\cdot\boldsymbol{e}_R\\ \eta=\boldsymbol{\Omega}_{\mathrm{r}}\cdot\boldsymbol{e}_\Theta=\sqrt{1-\mu^2}\cos\omega\\ \xi=\boldsymbol{\Omega}_{\mathrm{r}}\cdot\boldsymbol{e}_\Phi=\sqrt{1-\mu^2}\sin\omega\end{cases}\tag{10.3.12}$$

在一维球对称几何下，Euler空间坐标 $\boldsymbol{R}\to R$，Lagrange空间坐标 $\boldsymbol{r}\to r$，方向 $\boldsymbol{\Omega}_{\mathrm{r}}\to\mu$，它们均只有一个变量，中子角通量 $\phi_g(\boldsymbol{r},\boldsymbol{\Omega}_{\mathrm{r}},\tau)\to\phi_g(r,\mu,\tau)$，中子流射项 $\nabla\cdot(\phi_g\boldsymbol{\Omega}_{\mathrm{r}})$ 的守恒形式（10.3.11）由5项变为以下两项

$$\nabla_{\boldsymbol{R}}\cdot(\phi_g\boldsymbol{\Omega}_{\mathrm{r}})=\frac{\mu}{R^2}\frac{\partial(R^2\phi_g)}{\partial R}+\frac{1}{R}\frac{\partial[(1-\mu^2)\phi_g]}{\partial\mu}\tag{10.3.13}$$

因为 $\phi_g(r,\mu,\tau)$ 的自变量为 (r,μ,τ)，对 R 的偏导数要化为对 r 的偏导数。三维Lagrange形式的中子输运方程（10.3.9）和（10.3.10）变为

$$\rho\frac{\partial}{\partial\tau}\left(\frac{\phi_g}{\rho v_g}\right)+\frac{\mu}{R^2}\frac{\partial(R^2\phi_g)}{\partial R}+\frac{1}{R}\frac{\partial[(1-\mu^2)\phi_g]}{\partial\mu}+\Sigma_{\mathrm{tr}}^g(r)\phi_g(r,\mu,\tau)=Q_g\tag{10.3.14}$$

右侧中子源

$$\begin{cases}Q_g(r,\tau)=\displaystyle\sum_{g'=1}^{G}\Sigma_{\mathrm{str}}^{g'\to g}(r)\Phi_{g'}(r,\tau)+\chi_g\sum_{g'=1}^{G}(\bar{\nu}\Sigma_{\mathrm{f}})_{g'}(r)\Phi_{g'}(r,\tau)+s_g(r,\mu,\tau)\\ \Phi_{g'}(r,\tau)=\dfrac{1}{2}\displaystyle\int\phi_{g'}(r,\mu,\tau)\mathrm{d}\mu\end{cases}\tag{10.3.15}$$

在中子输运方程（10.3.14）中，未知量除了中子角通量 $\phi_g(r,\mu,\tau)$ 外，还夹有流体介质的质量密度 $\rho(r,\tau)$ 和流体质团的位置 $R(r,\tau)$，因此中子输运方程（10.3.14）必须和辐射流体力学方程组（9.2.11）耦合求解。辐射流体力学方程组有质团流线方程

$$\frac{\partial R(r,\tau)}{\partial\tau}=u(r,\tau)\tag{10.3.16}$$

质量守恒方程

$$\rho R^2\mathrm{d}R=\rho_0r^2\mathrm{d}r\quad\text{或}\quad\frac{\partial R(r,\tau)}{\partial r}=\frac{\rho_0r^2}{\rho R^2}\tag{10.3.17}$$

动量守恒方程

$$\frac{\partial u(r,\tau)}{\partial\tau}=-\frac{R^2}{\rho_0r^2}\frac{\partial}{\partial r}\left(p_m^0+\frac{1}{3}aT^4+q\right)\tag{10.3.18}$$

能量守恒方程（介质温度方程）

$$\left(c_v+\frac{4aT^3}{\rho}\right)\frac{\partial T(r,\tau)}{\partial \tau}=-\left[T\left(\frac{\partial p_m^0}{\partial T}\right)_\rho+\frac{4}{3}aT^4+q\right]\frac{\partial}{\partial \tau}\left(\frac{1}{\rho}\right)-\frac{1}{\rho_0 r^2}\frac{\partial}{\partial r}(R^2F_r^0)+w \tag{10.3.19}$$

利用质量守恒方程（10.3.17），可把中子输运方程（10.3.14）对R的偏导数换成对r的偏导数，变为

$$\frac{\partial}{\partial \tau}\left(\frac{\phi_g}{\rho v_g}\right)+\frac{\mu}{\rho_0 r^2}\frac{\partial(R^2\phi_g)}{\partial r}+\frac{1}{\rho R}\frac{\partial[(1-\mu^2)\phi_g]}{\partial \mu}+\frac{1}{\rho}\Sigma_{\text{tr}}^g(r)\phi_g(r,\mu,\tau)=\frac{1}{\rho}Q_g \tag{10.3.20}$$

4个辐射流体力学方程组加上中子输运方程总共5个方程，待求量也正好5个，即$\phi_g(r,\mu,\tau)$、$\rho(r,\tau)$、$R(r,\tau)$、$u(r,\tau)$、$T(r,\tau)$，利用初始条件和边界条件就可以定解了。辐射流体力学方程组的数值解法前面我们已经讨论过，下面只重点讨论中子输运方程（10.3.20）的数值解法。

10.3.3 Lagrange形式中子输运方程的数值解法

中子输运方程（10.3.20）含有待求函数——角通量$\phi_g(r,\mu,\tau)$对时间变量τ、空间变量r以及角度变量μ的偏导数，故需提供初始条件$\phi_g(r,\mu,\tau)\big|_{\tau=0}$，$r$和$\mu$方向的边界条件。$r$方向边界条件可取外边界真空条件（中子只出不进）和球心反射边界条件，即

$$\begin{cases}\phi_g(r_I,\mu,\tau)=0 & (\mu\leqslant 0)\\ \phi_g(0,\mu,\tau)=\phi_g(0,-\mu,\tau) & (\mu>0)\end{cases} \tag{10.3.21}$$

μ方向的边界条件$\phi_g(r,\mu,\tau)\big|_{\mu=-1}$要通过解$\mu=-1$时中子角通量$\phi_g(r,\mu=-1,\tau)$满足的中子输运方程（10.3.20）给出，即

$$\frac{\partial}{\partial \tau}\left(\frac{\phi_g}{\rho v_g}\right)-\frac{1}{\rho_0 r^2}\frac{\partial(R^2\phi_g)}{\partial r}+\frac{2\phi_g}{\rho R}+\frac{1}{\rho}\Sigma_{\text{tr}}^g(r)\phi_g(r,-1,\tau)=\frac{1}{\rho}Q_g \tag{10.3.22}$$

中子输运方程（10.3.20）的数值解法分以下几步。

第一步：将自变量(r,μ,τ)离散化。

如图10.12所示，把空间坐标$r\in[0,a]$离散化为I个区间。其中第i个空间网格为$[r_i,r_{i-1}]$，网格中点为$r_{i-1/2}$ $(i=1,2,\cdots,I)$。把方向变量$\mu\in[-1,1]$离散化为N个区间（S_N方法），其中第j个角度网格为$[\mu_{j-1/2},\mu_{j+1/2}]$，网格中点为$\mu_j$ $(j=1,2,\cdots,N)$，$\{\mu_j,w_j\}$ $(j=1,2,\cdots,N)$为高斯求积集。式中w_j为高斯求积系数，求积结点μ_j是N阶

勒让德多项式 $P_N(\mu)$ 的零点，也就是方向变量 $\mu\in[-1,1]$ 的离散点。用一系列时间离散点 $\tau_{1/2},\tau_{3/2},\tau_{5/2},\cdots,\tau_{k-1/2},\tau_{k+1/2},\cdots$ 把连续时间变量 $\tau\in[0,\infty)$ 离散化，其中第 k 个时间段为 $[\tau_{k-1/2},\tau_{k+1/2}]$，网格中点为 τ_k $(k=1,2,\cdots,\infty)$。

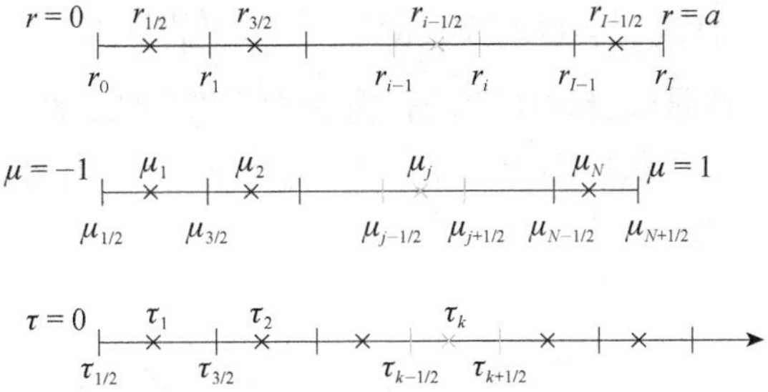

图 10.12　空间坐标 $r\in[0,a]$ 离散化为 I 个区间，方向变量 $\mu\in[-1,1]$ 离散化为 N 个区间（S_N 方法）。用一系列时间离散点 $\tau_{k-1/2}$ 把连续时间变量离散化

对于 S_4 法，N=4，高斯求积集为

$$\begin{cases}\mu_1=-\mu_4=-0.86114, & \mu_2=-\mu_3=-0.33998\\ w_1=w_4=0.34785, & w_2=w_3=0.65215\end{cases}$$

$\mu_{j+1/2}$ 由 $\mu_{j+1/2}-\mu_{j-1/2}=w_j$（$\mu_{1/2}=-1,\mu_{N+1/2}=1$）确定。

第二步：将中子输运方程离散化。

如图 10.13 所示，在时间空间角度计算网格 $\Delta_{ijk}=[r_i-r_{i-1}]\times[\mu_{j+1/2}-\mu_{j-1/2}]\times[\tau_{k+1/2}-\tau_{k-1/2}]$ 内对中子输运方程（10.3.20）作积分

$$4\pi\int_{\tau_{k-1/2}}^{\tau_{k+1/2}}\mathrm{d}\tau\int_{r_{i-1}}^{r_i}\rho_0 r^2\mathrm{d}r\int_{\mu_{j-1/2}}^{\mu_{j+1/2}}\mathrm{d}\mu$$

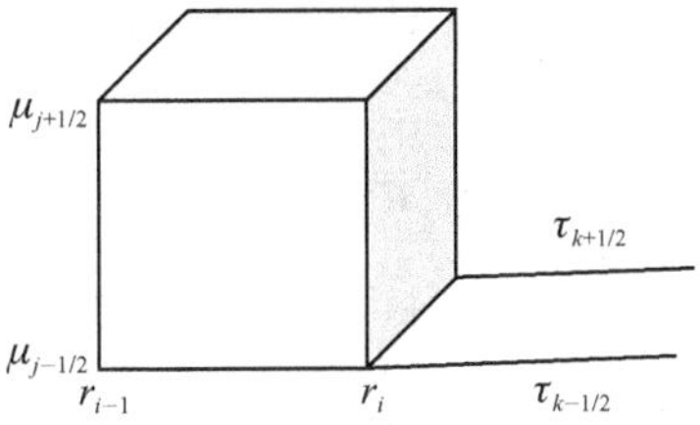

图 10.13　时间空间角度计算网格

式（10.3.20）左边第一项为

$$I=\frac{w_j}{v_g}\left(\frac{\phi_{g,i-1/2,j}^{k+1/2}}{\rho_{i-1/2}^{k+1/2}}-\frac{\phi_{g,i-1/2,j}^{k-1/2}}{\rho_{i-1/2}^{k-1/2}}\right)\Delta m_{i-1/2}=\frac{w_j}{v_g}\left(\phi_{g,i-1/2,j}^{k+1/2}V_{i-1/2}^{k+1/2}-\phi_{g,i-1/2,j}^{k-1/2}V_{i-1/2}^{k-1/2}\right)$$

它是时间段 $\Delta\tau_k=[\tau_{k+1/2}-\tau_{k-1/2}]$ 相空间网格 $\Delta_{ij}=[r_i-r_{i-1}]\times[\mu_{j+1/2}-\mu_{j-1/2}]$ 内中子数目的增加。其中

$$\begin{cases}\phi_{g,i-1/2,j}^{k\pm1/2}=\phi_g(r_{i-1/2},\mu_j,\tau_{k\pm1/2})\\ \rho_{i-1/2}^{k\pm1/2}=\rho(r_{i-1/2},\tau_{k\pm1/2})\\ \Delta m_{i-1/2}=(4\pi/3)\rho_{0,i-1/2}(r_i^3-r_{i-1}^3)\\ V_{i-1/2}^{k+1/2}=(4\pi/3)\left((R_i^{k+1/2})^3-(R_{i-1}^{k+1/2})^3\right)\end{cases}\qquad(10.3.23)$$

这里网格体积 $V_{i-1/2}^{k+1/2}$ 是通过流体质团的位置 $R_i^{k+1/2}$ 算出的，而 $R_i^{k+1/2}$ 通过解辐射流体力学方程组得到。由质量守恒得 $\rho_{i-1/2}^{k+1/2}V_{i-1/2}^{k+1/2}=\Delta m_{i-1/2}$，由网格体积 $V_{i-1/2}^{k+1/2}$ 便可得网格内的质量密度 $\rho_{i-1/2}^{k+1/2}$。

式（10.3.20）左边第二项为

$$II=w_j\mu_j\Delta\tau_k(A_i^k\phi_{g,i,j}^k-A_{i-1}^k\phi_{g,i-1,j}^k)$$

它表示时间段 $\Delta\tau_k$ 内通过 r 边界 $[r_i,r_{i-1}]$ 净流出相空间网格 Δ_{ij} 的中子。其中

$$A_i^k=4\pi(R_i^k)^2,\qquad A_{i-1}^k=4\pi(R_{i-1}^k)^2,\qquad R_i^k=R(r_i,\tau_k)\qquad(10.3.24)$$

为网格 r 边界 R_i^k 的表面积。$R_i^k=(R_i^{k+1/2}+R_i^{k-1/2})/2$。

式（10.3.20）左边第三项为

$$III=\Delta\tau_k(A_i^k-A_{i-1}^k)(\alpha_{j+1/2}\phi_{g,i-1/2,j+1/2}^k-\alpha_{j-1/2}\phi_{g,i-1/2,j-1/2}^k)$$

它表示时间段 $\Delta\tau_k$ 内通过角度变量 μ 的边界 $[\mu_{j+1/2},\mu_{j-1/2}]$ 净流出相空间网格 Δ_{ij} 的中子。其中 $\alpha_{j\pm1/2}\equiv(1-\mu_{j\pm1/2}^2)/2$ 待定。

式（10.3.20）左边第四项为

$$IV=w_j\Delta\tau_kV_{i-1/2}^k\Sigma_{\mathrm{tr},i-1/2}^g\phi_{g,i-1/2,j}^k$$

表示时间段 $\Delta\tau_k$ 内相空间网格 Δ_{ij} 内中子与物质相互作用消失的中子。其中 τ_k 时刻第 i 个空间网格的体积为 $V_{i-1/2}^k=(4\pi/3)\left((R_i^k)^3-(R_{i-1}^k)^3\right)$。

式（10.3.20）右边源项为

$$V=w_j\Delta\tau_kV_{i-1/2}^kQ_{g,i-1/2,j}^k$$

表示时间段 $\Delta\tau_k$ 内相空间网格 Δ_{ij} 内散射、裂变和外源产生的中子。

集成以上各项，得中子输运方程（10.3.20）的 S_N 离散差分形式

$$\begin{aligned}&\frac{\phi_{g,i-1/2,j}^{k+1/2}V_{i-1/2}^{k+1/2}-\phi_{g,i-1/2,j}^{k-1/2}V_{i-1/2}^{k-1/2}}{v_g\Delta\tau_k}+\mu_j(A_i^k\phi_{g,i,j}^k-A_{i-1}^k\phi_{g,i-1,j}^k)\\&+V_{i-1/2}^k\Sigma_{\mathrm{tr},i-1/2}^g\phi_{g,i-1/2,j}^k+\frac{(A_i^k-A_{i-1}^k)(\alpha_{j+1/2}\phi_{g,i-1/2,j+1/2}^k-\alpha_{j-1/2}\phi_{g,i-1/2,j-1/2}^k)}{w_j}\\&=V_{i-1/2}^kQ_{g,i-1/2,j}^k\end{aligned}\qquad(10.3.25)$$

其中 $\alpha_{j\pm1/2}$ 的递推公式为

$$\alpha_{j+1/2}=\alpha_{j-1/2}-\mu_j w_j \qquad (j=1,2,\cdots,N;\alpha_{1/2}=0) \tag{10.3.26}$$

第三步：离散差分方程（10.3.25）的解法。

省去离散中子角通量 $\phi_{g,i-1/2,j}^{k}$ 的群下标 g、时间中点 τ_k 的上标 k、空间网格中点 $r_{i-1/2}$ 下标 $(i-1/2)$、角度网格中点 μ_j 的下标 j，即把所有表示时间、空间、角度网格中点的标号都省去，而把网格边界的标号保留，即简记

$$\phi_{g,i-1/2,j}^{k} \Leftrightarrow \phi，\quad \phi_{g,i-1/2,j}^{k\pm1/2} \Leftrightarrow \phi^{k\pm1/2}，\quad \phi_{g,i-1/2,j\pm1/2}^{k} \Leftrightarrow \phi_{j\pm1/2}$$

则离散差分输运方程（10.3.25）变为

$$\begin{aligned}&\left(\phi^{k+1/2}V^{k+1/2}-\phi^{k-1/2}V^{k-1/2}\right)/(v_g\Delta\tau_k)+\mu_j\left(A_i\phi_i-A_{i-1}\phi_{i-1}\right)+V\Sigma_{\mathrm{tr}}^{g}\phi\\&+\left(A_i-A_{i-1}\right)\left(\alpha_{j+1/2}\phi_{j+1/2}-\alpha_{j-1/2}\phi_{j-1/2}\right)/w_j=VQ\end{aligned} \tag{10.3.27}$$

这个方程含有7个待求量 $\phi^{k\pm1/2}$、ϕ_i、ϕ_{i-1}、$\phi_{j\pm1/2}$、ϕ，它们分别是一个时间空间角度计算网格 Δ_{ijk} 内三对边界上的角通量 $(\phi_i，\phi_{i-1})$、$(\phi_{j-1/2},\phi_{j+1/2})$、$(\phi^{k-1/2},\phi^{k+1/2})$ 和网格中点的角通量 ϕ，1个方程含有7个待求量，因此还需要增加6个方程才能定解。这 6 个方程是 $\tau=0$ 时刻的初始条件 $\phi^{k-1/2}(k=1)$，$\mu=-1$ 处的边界条件 $\phi_{j-1/2}(j=1)$，r 边界条件 $\phi_i\ (i=I)$（或者 $\phi_{i-1}(i=1)$）加上以下3个菱形格式

$$\begin{cases}\phi^{k+1/2}+\phi^{k-1/2}=2\phi\\ \phi_i+\phi_{i-1}=2\phi\\ \phi_{j+1/2}+\phi_{j-1/2}=2\phi\end{cases} \tag{10.3.28}$$

求解（10.3.27）的目的，就是对一个固定的时间步 $\Delta\tau_k=[\tau_{k-1/2},\tau_{k+1/2}]$，利用初始条件 $\phi^{k-1/2}$（仅第一个时间步需要）和边界条件，计算出所有相空间网格 $\Delta_{ij}=[r_i-r_{i-1}]\times[\mu_{j+1/2}-\mu_{j-1/2}]$ 中点处 $\tau_{k+1/2}$ 时刻的角通量 $\phi^{k+1/2}$。方法是先通过式（10.3.27）由 $\tau_{k-1/2}$ 时刻的角通量 $\phi^{k-1/2}$ 计算相空间网格中点处 τ_k 时刻的角通量 ϕ，再用菱形格式（10.3.28）外推出 $\tau_{k+1/2}$ 时刻的角通量 $\phi^{k+1/2}$。

τ_k 时刻相空间网格中点角通量 ϕ 的计算格式，与中子的运动方向有关。

当 $\mu_j<0$ 时，要用菱形格式（10.3.28）在式（10.3.27）消去 $\phi^{k+1/2}$、ϕ_{i-1}、$\phi_{j+1/2}$，得出 ϕ 与 $\phi^{k-1/2}$（初始条件）、ϕ_i（$r=a$ 处边界条件）、$\phi_{j-1/2}$（$\mu=-1$ 处边界条件）的关系式

$$\begin{aligned}&\left[\frac{2V^{k+1/2}}{v_g\Delta\tau_k V}-\frac{\mu_j(A_i+A_{i-1})}{V}+\frac{(A_i-A_{i-1})(\alpha_{j+1/2}+\alpha_{j-1/2})}{w_jV}+\Sigma_{\mathrm{tr}}^{g}\right]\phi=\frac{V^{k+1/2}+V^{k-1/2}}{v_g\Delta\tau_k V}\phi^{k-1/2}\\&-\frac{\mu_j(A_i+A_{i-1})}{V}\phi_i+\frac{(A_i-A_{i-1})(\alpha_{j+1/2}+\alpha_{j-1/2})}{w_jV}\phi_{j-1/2}+Q\end{aligned} \tag{10.3.29a}$$

其中，使用了式（10.3.26），即 $\alpha_{j+1/2}=\alpha_{j-1/2}-\mu_j w_j$。

当 $\mu_j>0$ 时，要用菱形格式（10.3.28）在式（10.3.27）消去 $\phi^{k+1/2}$、ϕ_i、$\phi_{j+1/2}$，得出 ϕ 与 $\phi^{k-1/2}$（初始条件）、ϕ_{i-1}（$r=0$ 处边界条件）、$\phi_{j-1/2}$（$\mu=-1$ 处边界条件）的关系式

$$\left(\frac{2V^{k+1/2}}{v_g\Delta\tau_k V}+\frac{\mu_j(A_i+A_{i-1})}{V}+\frac{(A_i-A_{i-1})(\alpha_{j+1/2}+\alpha_{j-1/2})}{Vw_j}+\Sigma_{\text{tr}}^g\right)\phi=\frac{(V^{k+1/2}+V^{k-1/2})}{v_g\Delta\tau_k V}\phi^{k-1/2}$$
$$+\frac{\mu_j(A_i+A_{i-1})}{V}\phi_{i-1}+\frac{(A_i-A_{i-1})(\alpha_{j+1/2}+\alpha_{j-1/2})}{Vw_j}\phi_{j-1/2}+Q \tag{10.3.29b}$$

以上两个式子，结构相同，差别在$(-\mu_j,+\mu_j)$和 r 方向的角通量$(\phi_i,\ \phi_{i-1})$，可统一写成一个公式

$$\left[\frac{2V^{k+1/2}}{v_g\Delta\tau_k V}+\frac{|\mu_j|(A_i+A_{i-1})}{V}+\frac{(A_i-A_{i-1})(\alpha_{j+1/2}+\alpha_{j-1/2})}{w_jV}+\Sigma_{\text{tr}}^g\right]\phi$$
$$=\frac{(V^{k+1/2}+V^{k-1/2})}{v_g\Delta\tau_k V}\phi^{k-1/2}+\frac{|\mu_j|(A_i+A_{i-1})}{V}\phi_{i'} \tag{10.3.30}$$
$$+\frac{\left(A_i-A_{i-1}\right)(\alpha_{j+1/2}+\alpha_{j-1/2})}{w_jV}\phi_{j-1/2}+Q$$

其中下标

$$i'=\begin{cases} i & (\mu_j<0) \\ i-1 & (\mu_j>0) \end{cases} \tag{10.3.31}$$

为 r 方向网格的起点标号。

$$\begin{cases} V^{k\pm1/2}\equiv V_{i-1/2}^{k\pm1/2}=(4\pi/3)\left((R_i^{k\pm1/2})^3-(R_{i-1}^{k\pm1/2})^3\right) \\ V\equiv V_{i-1/2}^k=(4\pi/3)\left((R_i^k)^3-(R_{i-1}^k)^3\right) \\ A_i\equiv A_i^k=4\pi(R_i^k)^2 \\ A_{i-1}\equiv A_{i-1}^k=4\pi(R_{i-1}^k)^2 \end{cases}$$

其中，$R_i^{k+1/2}=R(r_i,\tau_{k+1/2})$为质团在实验室空间的位置，要通过求解流体力学方程组才能得到$R_i^{k+1/2}=R_i^{k-1/2}+u_i^k\Delta\tau_k$，其中$u_i^k$则要解动量守恒方程（运动方程）才能得到。

对固定的时间步 $\Delta\tau_k=[\tau_{k-1/2},\tau_{k+1/2}]$，由公式（10.3.30）结合外推公式（10.3.28），由中子角通量的初值和两个边界值出发，通过对相空间网格 $\Delta_{ij}=[r_i-r_{i-1}]\times[\mu_{j+1/2}-\mu_{j-1/2}]$ 的扫描，就可求出时间网格中点 τ_k 处所有相空间网

格中心的角通量离散值 $\phi=\phi_{g,i-1/2,j}^{k}$。计算要采用源迭代方法进行群内外迭代。当各群中子角通量 $\phi=\phi_{g,i-1/2,j}^{k}$ 迭代收敛后，再外推时间步 $\Delta\tau_k=[\tau_{k-1/2},\tau_{k+1/2}]$ 的终点值 $\phi^{k+1/2}$。

第四步：$\mu=-1$ 处边界条件 $\phi_{j-1/2}\ (j=1)$ 的计算。

$\phi_{j-1/2}\ (j=1)$ 可通过解 $\mu=-1$ 时角通量 $\phi_g(r,\mu=-1,\tau)$ 满足的多群中子输运方程（10.3.22）得到。方程（10.3.22）为

$$\frac{\partial}{\partial\tau}\left(\frac{\phi_g}{\rho v_g}\right)-\frac{1}{\rho_0 r^2}\frac{\partial(R^2\phi_g)}{\partial r}+\frac{2\phi_g}{\rho R}+\frac{1}{\rho}\Sigma_{\mathrm{tr}}^{g}(r)\phi_g(r,-1,\tau)=\frac{1}{\rho}Q_g$$

仿照前面的做法，把时空坐标离散化，再对 $\mu=-1$ 时的多群中子输运方程（10.3.22）两边在网格 $\varDelta_{ik}=[r_{i-1},r_i]\times[\tau_{k-1/2},\tau_{k+1/2}]$ 上作积分

$$4\pi\int_{\tau_{k-1/2}}^{\tau_{k+1/2}}\mathrm{d}\tau\int_{r_{i-1}}^{r_i}\rho_0 r^2\mathrm{d}r$$

省去离散中子角通量的群下标 g、时间中点 τ_k 的上标 k、空间网格中点 $r_{i-1/2}$ 的下标 $(i-1/2)$，即令 $\phi_g(r_{i-1/2},\mu=-1,\tau_k)=\phi_{g,i-1/2,1/2}^{k}=\phi_{1/2}$，可得

$$\begin{aligned}&\frac{\phi_{1/2}^{k+1/2}V^{k+1/2}-\phi_{1/2}^{k-1/2}V^{k-1/2}}{v_g\Delta\tau_k}-(A_i\phi_{i,1/2}-A_{i-1}\phi_{i-1,1/2})+(A_i-A_{i-1})\phi_{1/2}\\&+V\Sigma_{\mathrm{tr}}^{g}\phi_{1/2}=VQ\end{aligned}\tag{10.3.32}$$

这是一个时间-空间网格 $\varDelta_{ik}=[r_{i-1},r_i]\times[\tau_{k-1/2},\tau_{k+1/2}]$ 内 5 个离散点上角通量 $\phi_{1/2}^{k\pm1/2}$、$\phi_{i,1/2}$、$\phi_{i-1,1/2}$、$\phi_{1/2}$ 的关系式，利用两个菱形格式

$$\begin{cases}\phi_{1/2}^{k+1/2}+\phi_{1/2}^{k-1/2}=2\phi_{1/2}\\ \phi_{i,1/2}+\phi_{i-1,1/2}=2\phi_{1/2}\end{cases}\tag{10.3.33}$$

和 $r=a$ 处的入射边界条件，即可定解。因为 $\mu=-1<0$，把两个菱形格式（10.3.33）代入式（10.3.32），消去 $\phi_{1/2}^{k+1/2}$、$\phi_{i-1,1/2}$，得网格中点角通量 $\phi_{1/2}$ 的计算格式为

$$\begin{aligned}&\left[\frac{2V^{k+1/2}}{v_g\Delta\tau_k V}+\frac{(A_i+A_{i-1})}{V}+\Sigma_{\mathrm{tr}}^{g}\right]\phi_{1/2}=\frac{V^{k+1/2}+V^{k-1/2}}{v_g\Delta\tau_k V}\phi_{1/2}^{k-1/2}\\&+\frac{A_i+A_{i-1}}{V}\phi_{i,1/2}+Q\end{aligned}\tag{10.3.34}$$

对固定时间步（k 固定），利用式（10.3.34）和菱形格式（10.3.33），从初值 $\phi_{1/2}^{k-1/2}(k=1)$ 和空间网格右边界值 $\phi_{i,1/2}(i=I)$ 出发，可计算出所有时空网格的中心值 $\phi_{1/2}=\phi_{g,i-1/2,1/2}^{k}$，它们就是角通量在角度 $\mu=-1$ 处的边界条件 $\phi_g(r_{i-1/2},\mu=-1,\tau_k)$。注意，对每一个时间步 $\Delta\tau_k=[\tau_{k-1/2},\tau_{k+1/2}]$，都要计算一次角度 $\mu=-1$ 方向的边界条件 $\phi_{1/2}=\phi_g(r_{i-1/2},\mu=-1,\tau_k)$。

将（10.3.34）式与 $\mu_j<0$ 时 ϕ 的计算格式（10.3.29a）对比发现，只需在 $\mu_j<0$ 时求网格中点角通量 ϕ 的递推格式（10.3.30）中，将 $\phi_{j-1/2}$ 前的系数取为0，就可用于 $\mu=-1$ 的情况。因此，式（10.3.34）可统一使用式（10.3.30）。

第五步：源迭代方法求解时间、空间、角度网格中心角通量 $\phi=\phi_{g,i-1/2,j}^{k}$ 的步骤。

求解角通量 $\phi=\phi_{g,i-1/2,j}^{k}$ 的公式统一采用公式（10.3.30），公式右边的中子源 $Q=Q_{g,i-1/2,j}^{k}$ 由式（10.3.15）给出，其离散形式为

$$\begin{cases} Q_{g,i-1/2,j}^{k}=\sum\limits_{g'=1}^{G}\Sigma_{\text{str}}^{g'\to g}(r_{i-1/2})\boldsymbol{\Phi}_{g',i-1/2}^{k}+\chi_g\sum\limits_{g'=1}^{G}(\overline{\nu}\Sigma_f)_{g'}(r_{i-1/2})\boldsymbol{\Phi}_{g',i-1/2}^{k}+s_{g,i-1/2,j}^{k} \\ \boldsymbol{\Phi}_{g',i-1/2}^{k}=\dfrac{1}{2}\sum\limits_{j=1}^{N}w_j\phi_{g',i-1/2,j}^{k} \end{cases} \tag{10.3.35}$$

将散射源分成群内散射源 $Q_{\text{s(in)}}$ 和群外散射源 $Q_{\text{s(out)}}$ 两部分，则中子源有以下四项

$$Q=Q_{\text{s(in)}}+Q_{\text{s(out)}}+Q_{\text{f}}+s \tag{10.3.36a}$$

其中

$$\begin{cases} Q_{\text{s(in)}}=\Sigma_{\text{str}}^{g\to g}(r_{i-1/2})\boldsymbol{\Phi}_{g,i-1/2}^{k} \\ Q_{\text{s(out)}}=\sum\limits_{g'=g+1}^{G}\Sigma_{\text{str}}^{g'\to g}(r_{i-1/2})\boldsymbol{\Phi}_{g',i-1/2}^{k} \\ Q_{\text{f}}=\chi_g\sum\limits_{g'=1}^{G}(\overline{\nu}\Sigma_{\text{f}})_{g'}(r_{i-1/2})\boldsymbol{\Phi}_{g',i-1/2}^{k} \end{cases} \tag{10.3.36b}$$

鉴于散射源和裂变源 Q_{f} 与待求量 $\phi=\phi_{g,i-1/2,j}^{k}$ 有关，用（10.3.30）式求角通量 ϕ 只能采用源迭代方法。其中内迭代只改变群内散射源 $Q_{\text{s(in)}}$ 而不改变裂变源 Q_{f}（从最高能群开始，群外散射源 $Q_{\text{s(out)}}$ 是已知的）。

迭代求解时段 $\Delta\tau_k=[\tau_{k-1/2},\tau_{k+1/2}]$ 中点角通量 $\phi=\phi_{g,i-1/2,j}^{k}$ 的计算步骤如下。

（1）对固定的时间步 k（从初始时刻开始，对 k 一步步往前推进）。假设待求量 $\phi=\phi_{g,i-1/2,j}^{k}$ 的一个迭代值，即假设中子源项的迭代初值 $Q^{(0)}=Q_{g,i-1/2,j}^{k(0)}$。

（2）（开始外迭代）选定一个能群 g（从最高能群开始，对中子能群 g 做循环）。

（3）（开始内迭代）计算角通量在角度边界 $\mu=-1$ 处的边界条件 $\phi_g(r_{i-1/2},\mu=-1,\tau_k)$。在计算公式（10.3.30）中，取 $\mu_j=-1$ 和 $\alpha_{j+1/2}+\alpha_{j-1/2}=0$，从 $r=a$ 处角通量的入射边界条件 $\phi_{i,1/2}(i=I)$ 和初始条件 $\phi_{1/2}^{k-1/2}(k=1)$（对第一个时间步用初始条件，从第二个时间步起，取前一步时间方向的菱形外推值）出发，对空间离散点 $i=I\to 1$ 循环，计算网格中心值 $\phi\triangleq\phi_{1/2}$，再利用菱形格式外推空间网格的左边界值 $\phi_{i-1}=2\phi-\phi_i$。一直算到球心 $r=0$ 处，计算出所有空间网格中心的角通量值 $\phi_g(r_{i-1/2},\mu=-1,\tau_k)$，即角通量在角度 $\mu=-1$ 处的边界条件。

（4）对角度离散方向 $\mu_j<0$（$j=1\to N/2$），采用计算公式（10.3.30），从 $r=a$ 处角通量的入射边界条件 $\phi_i\ (i=I)$ 和初始条件 $\phi^{k-1/2}(k=1)$ 出发，对 $i=I\to 1$ 循环，计算相空间网格中心值 $\phi=\phi_{g,i-1/2,j}^{k}$，再利用菱形格式外推网格端点值 $\phi_{i-1}=2\phi-\phi_i$，$\phi_{j+1/2}=2\phi-\phi_{j-1/2}$，一直算到球心 $r=0$ 处，算出 $\mu_j<0$ 时所有空间角度网格中心的角通量值 $\phi=\phi_g(r_{i-1/2},\mu_j,\tau_k)$。

（5）利用球心反射条件，得出球心 $r=0$ 处 $\mu_j>0$（$j=N/2+1\to N/2$）时角通量边界值 $\phi_{i'=0}=\phi(r=0,\mu_j>0,\tau_k)$。

（6）对角度离散方向 $\mu_j>0$（$j=N/2+1\to N/2$），采用式（10.3.30），从 $r=0$ 处的边界条件 $\phi_{i'}\ (i'=0)$ 和初始条件 $\phi^{k-1/2}(k=1)$ 出发，对 $i=1\to I$ 循环，计算相空间网格中心处角通量值 $\phi=\phi_{g,i-1/2,j}^{k}$，再利用菱形格式外推 $\phi_i=2\phi-\phi_{i-1}$，$\phi_{j+1/2}=2\phi-\phi_{j-1/2}$。一直算到右边界 $r=a$ 处，算出 $\mu_j>0$ 时所有空间角度网格中心的角通量值 $\phi=\phi_g(r_{i-1/2},\mu_j,\tau_k)$。

（7）判断给定时刻、固定能群 g 的角通量计算值 $\phi=\phi_{g,i-1/2,j}^{k}$ 是否收敛。若收敛，就回到（2）计算下一能群。若不收敛，就更新群内散射源 $Q_{s(in)}$（即更新中子源项中的部分值），回到（3），继续群内迭代过程。

（8）待所有 G 群都算完后，则更新全部源项，并判断源项是否收敛。若源不收敛，返回（2），从 g=1 群开始，继续源迭代，直到中子源项收敛。

（9）待源收敛后，本时间步 k 的计算就宣告完成。此时，可外推时间步尾的角通量 $\phi^{k+1/2}=2\phi-\phi^{k-1/2}$，作为下一时间步的初值，返回（1）计算下一时间步 $k+1$。

附录　负通量的处理与收敛条件

中子输运差分方程（10.3.30）可为

$$\phi=C_{00}Q+C_{10}\phi^{k-1/2}+C_{20}\phi_{i'}+C_{30}\phi_{j-1/2}$$

其中

$$\begin{cases} C_1=\dfrac{2V^{k+1/2}}{v_g\Delta\tau_k V}, \quad C_1'=\dfrac{(V^{k+1/2}+V^{k-1/2})}{v_g\Delta\tau_k V}=\dfrac{2}{v_g\Delta\tau_k} \\ C_2=\dfrac{|\mu_j|(A_i+A_{i-1})}{V}, \quad C_3=\dfrac{(A_i-A_{i-1})(\alpha_{j+1/2}+\alpha_{j-1/2})}{w_j V} \quad (j=1/2,\ C_3=0) \end{cases}$$

而

$$\begin{cases} C_{00}=1/\left(C_1+C_2+C_3+\Sigma_{\mathrm{tr}}^{g}\right) \\ C_{10}=C_1'\cdot C_{00} \\ C_{20}=C_2\cdot C_{00} \\ C_{30}=C_3\cdot C_{00} \end{cases}$$

系数 C_1、C_2、C_3、C_{00} 全部为正。因为除球心附近几个网格外，一般有 $C_2 \gg C_3$，故用菱形公式由 $\phi_{i'}$（始）计算 $\phi_{i''}$（终）时，近似有

$$\begin{aligned}\phi_{i''} &= 2\phi - \phi_{i'} = 2C_{00}Q + 2C_{10}\phi^{k-1/2} + \left(2C_{20}-1\right)\phi_{i'} + 2C_{30}\phi_{j-1/2} \\ &\approx \left(2C_{10}+2C_{20}-1\right)\overline{\phi} + 2C_{00}Q\end{aligned}$$

这里已取 $\overline{\phi} = \phi_{i'} \approx \phi^{k-1/2}$。注意到 $C_1 \approx C_1'$，则 $\overline{\phi}$ 前的系数为

$$2C_{10} + 2C_{20} - 1 \approx \frac{C_1 + C_2 - \Sigma_{\mathrm{tr}}^g}{C_1 + C_2 + \Sigma_{\mathrm{tr}}^g}$$

若上式中对时间步长和空间步长提出以下要求

$$C_2 \approx \frac{2\left|\mu_j\right|}{\Delta r_i} > \Sigma_{\mathrm{tr}}^g, \qquad C_1 \approx \frac{2}{\Delta t \cdot v_g} > \Sigma_{\mathrm{tr}}^g$$

则 $\overline{\phi}$ 前的系数大于0，此时计算 $\phi_{i''}$（终）时不会出现负通量。上式对时间步长和空间步长的要求为

$$\Delta r < \min_{g,j}\frac{2\left|\mu_j\right|}{\Sigma_{\mathrm{tr}}^g}, \qquad \Delta t < \min_{\{g\}}\frac{2}{v_g \Sigma_{\mathrm{tr}}^g}$$

对 S_4 方法，$\min\limits_{\{j\}}\left|\mu_j\right| = 0.34$，有

$$\Delta r < \min_{\{g\}}\frac{2}{3}\ell_{\mathrm{tr}}^g, \qquad \Delta t < \min_{\{g\}}\frac{2\ell_{\mathrm{tr}}^g}{v_g}$$

为第 g 群中子在介质中的平均迁移自由程。

负通量的出现将导致计算的不稳定，有时为避免出现这种情况，最简单的方法是遇负置零。更仔细一点的处理应在出现负通量时，将相应的菱形公式以零代替它，重新推导差分格式。

10.3.4 中子增殖系统时间常数和有效增殖因子的计算

所谓中子增殖系统是指含有裂变燃料的系统，因为在一定条件下系统中的核裂变中子数会越来越多，即中子会增殖。中子增殖系统时间常数 λ 和有效增殖因子 k_{eff} 是反映系统特性的两个重要的特征常数，它们与时间有关，可以通过解中子输运方程得到。

将中子输运方程（10.3.20）

$$\frac{\partial}{\partial\tau}\left(\frac{\phi_g}{\rho v_g}\right) + \frac{\mu}{\rho_0 r^2}\frac{\partial(R^2\phi_g)}{\partial r} + \frac{1}{\rho R}\frac{\partial[(1-\mu^2)\phi_g]}{\partial\mu} + \frac{1}{\rho}\Sigma_{\mathrm{tr}}^g(r)\phi_g(r,\mu,\tau) = \frac{1}{\rho}Q_g$$

乘介质质量密度后在空间、能量、方向全域做积分

$$\iiint \rho \mathrm{d}\boldsymbol{R}\mathrm{d}E\mathrm{d}\Omega(\ ) = \sum_g \sum_i 4\pi\int_{r_{i-1}}^{r_i} \rho_0 r^2 \mathrm{d}r\, 2\pi\int_{-1}^{+1}\mathrm{d}\mu(\ )$$

则中子输运方程左边第一项

$$\mathrm{I} = \frac{\partial}{\partial \tau} N(\tau) \tag{10.3.37}$$

为τ时刻系统内中子总数$N(\tau)$的时间变化率。$N(\tau)$的计算公式为

$$N(\tau) = \sum_g \sum_i V_{i-1/2}\, 4\pi \boldsymbol{\Phi}_g(r_{i-1/2},\tau) / v_g \tag{10.3.38}$$

其中

$$\boldsymbol{\Phi}_g(r_{i-1/2},\tau) = \frac{1}{2}\int_{-1}^{+1} \phi_g(r_{i-1/2},\mu,\tau)\mathrm{d}\mu$$

为τ时刻第i个空间网格的角度积分中子通量。

$$V_{i-1/2}(\tau) = 4\pi\int_{R_{i-1}}^{R_i} R^2 \mathrm{d}R = 4\pi\left(R_i^3(\tau) - R_{i-1}^3(\tau)\right)/3$$

为τ时刻第i个空间网格的体积。

中子输运方程左边第二项

$$\mathrm{II} = N_J(\tau) = A_I(\tau)\sum_g 2\pi\int_{-1}^{+1}\mathrm{d}\mu\mu\phi_g(r_I,\mu,\tau) \tag{10.3.39}$$

为τ时刻单位时间从系统的外边界$R_I(\tau) = R(r_I,\tau)$处净流出去的中子数，其中$A_I(\tau) = 4\pi R_I^2(\tau)$为$\tau$时刻系统外表面的球面积。注意到第$g$群中子流密度$\boldsymbol{J}_g = \int_{4\pi}\phi_g \boldsymbol{\Omega}\mathrm{d}\Omega$的径向分量为

$$J_g(r,\tau) = 2\pi\int_{-1}^{1}\phi_g(r,\mu,\tau)\mu\mathrm{d}\mu$$

故式（10.3.39）变为

$$\mathrm{II} = N_J(\tau) = A_I(\tau)\sum_{g=1}^{G} J_g(r_I,\tau) \tag{10.3.40}$$

其中系统的外边界处第g群中子流密度的径向分量为

$$J_g(r_I,\tau) = 2\pi\sum_{j=1}^{N}\phi_g(r_I,\mu_j,\tau)\mu_j w_j \tag{10.3.41}$$

中子输运方程左边第三项$\mathrm{III} = 0$为τ时刻单位时间从μ的两个边界$\mu = \pm 1$处净流出去系统的中子数。

中子输运方程左边第四项

$$\text{IV} = 4\pi\sum_{g=1}^{G}\sum_{i}\Sigma_{\text{tr},i-1/2}^{g}V_{i-1/2}\boldsymbol{\Phi}_{g,i-1/2}(\tau) \tag{10.3.42}$$

为τ时刻单位时间参与核反应（包括散射）的中子数。注意，参加核反应的中子并不一定被吸收，因为散射也是核反应，中子并不消失，只是能量状态发生了改变。

中子输运方程右边为中子源项，表示τ时刻单位时间三种中子源产生的总中子数

$$\text{V} = N_{\text{s}}(\tau) + N_{\text{f}}(\tau) + q(\tau) \tag{10.3.43}$$

其中散射、裂变和外源分别为

$$\begin{cases} N_{\text{s}}(\tau) = 4\pi\sum_{i}V_{i-1/2}\sum_{g=1}^{G}\sum_{g'=1}^{g}\Sigma_{\text{str},i-1/2}^{g'\to g}\boldsymbol{\Phi}_{g',i-1/2}(\tau) \\ N_{\text{f}}(\tau) = 4\pi\sum_{i}V_{i-1/2}\sum_{g'=1}^{G}(\overline{\nu}\Sigma_{\text{f}})_{g',i-1/2}\boldsymbol{\Phi}_{g',i-1/2}(\tau) \\ q(\tau) = 4\pi\sum_{i}V_{i-1/2}\sum_{g=1}^{G}S_{g,i-1/2}(\tau) \end{cases} \tag{10.3.44}$$

而$S_g(r,\tau)=\dfrac{1}{2}\int_{-1}^{+1}\mathrm{d}\mu s_g(r,\mu,\tau)$为对角度积分后的中子外源。

集成以上各项得$\text{I}+\text{II}+\text{III}+\text{IV}=\text{V}$，它就是$\tau$时刻的中子数守恒方程。从式（10.3.42）IV 中将（10.3.43）中的散射源$N_{\text{s}}(\tau)$减去，可得τ时刻中子的纯吸收率

$$N_{\text{a}}(\tau) = 4\pi\sum_{i}V_{i-1/2}\sum_{g'=1}^{G}\left(\Sigma_{\text{tr},i-1/2}^{g'} - \sum_{g=1}^{G}\Sigma_{\text{str},i-1/2}^{g'\to g}\right)\boldsymbol{\Phi}_{g',i-1/2}(\tau) \tag{10.3.45}$$

它是中子核反应率减去单位时间内由于散射反应和（n,2n）反应产生的次级中子数（参加核反应的中子并不一定被吸收，因为有次级中子发射）。则τ时刻的中子数守恒方程为

$$\frac{\partial}{\partial\tau}N(\tau) + N_{\text{J}}(\tau) + N_{\text{a}}(\tau) = N_{\text{f}}(\tau) + q(\tau) \tag{10.3.46}$$

方程（10.3.45）的物理意义明确，即τ时刻系统中裂变中子和外源中子的产生率，减去系统边界中子泄漏率，再减去系统内中子吸收率，等于系统内的中子数目的增长率。

仔细观察发现，方程中的各项$N(\tau)$、$N_{\text{J}}(\tau)$、$N_{\text{a}}(\tau)$、$N_{\text{f}}(\tau)$都可以用τ时刻的离散角通量$\phi_g(r_{i-1/2},\mu_j,\tau)$计算出来。通过求解多群中子输运方程（10.3.20），可以得出τ_k时刻的中子角通量$\phi_{g,i-1/2,j}^{k}=\phi_g(r_{i-1/2},\mu_j,\tau_k)$，和角度积分中子通量

$$\boldsymbol{\Phi}_{g,i-1/2}^{k} = \frac{1}{2}\int_{-1}^{+1}\phi_g(r_{i-1/2},\mu,\tau_k)\mathrm{d}\mu = \frac{1}{2}\sum_{j=1}^{N}w_j\phi_{g,i-1/2,j}^{k} \tag{10.3.47}$$

则 τ_k 时刻的 $N_{\mathrm{J}}(\tau_k)$、$N_{\mathrm{f}}(\tau_k)$、$N_{\mathrm{a}}(\tau_k)$ 就可以分别通过式（10.3.39）、（10.3.44）和（10.3.45）计算出来，即

$$\begin{cases} N_{\mathrm{J}}(\tau_k)=2\pi A_I(\tau_k)\sum_{g=1}^{G}\sum_{j=1}^{N}\mu_j w_j \phi_{g,I,j}^{k} \\ N_{\mathrm{f}}(\tau_k)=4\pi\sum_i V_{i-1/2}\sum_{g'=1}^{G}(\overline{\nu}\Sigma_{\mathrm{f}})_{g',i-1/2}\Phi_{g',i-1/2}^{k} \\ N_{\mathrm{a}}(\tau_k)=4\pi\sum_i V_{i-1/2}\sum_{g'=1}^{G}\left(\Sigma_{\mathrm{tr},i-1/2}^{g'}-\sum_{g=1}^{G}\Sigma_{\mathrm{str},i-1/2}^{g'\to g}\right)\Phi_{g',i-1/2}^{k} \end{cases} \tag{10.3.48}$$

利用这些量，可以计算系统在 τ_k 时刻的时间常数 λ 和中子有效增殖因子 k_{eff}。

τ 时刻的 k_{eff} 的定义为

$$k_{\mathrm{eff}}=\frac{N_{\mathrm{f}}(\tau)}{N_{\mathrm{J}}(\tau)+N_{\mathrm{a}}(\tau)} \tag{10.3.49}$$

其中，分子 $N_{\mathrm{f}}(\tau)$ 为增殖系统中裂变中子的产生率，分母为增殖系统边界的中子泄漏率 $N_J(\tau)$ 与增殖系统对中子的纯吸收率 $N_{\mathrm{a}}(\tau)$ 之和。也可以说，k_{eff} 是中子增殖系统内中子出生率与中子死亡率之比。定义系统中“中子不泄漏概率 p_{L}”为

$$p_{\mathrm{L}}=\frac{N_{\mathrm{a}}(\tau)}{N_{\mathrm{J}}(\tau)+N_{\mathrm{a}}(\tau)} \tag{10.3.50}$$

则有

$$k_{\mathrm{eff}}=\frac{N_{\mathrm{f}}(\tau)}{N_{\mathrm{a}}(\tau)}p_{\mathrm{L}} \tag{10.3.51}$$

再定义 τ 时刻中子的平均寿命 ℓ

$$\ell=\frac{N(\tau)}{N_{\mathrm{J}}(\tau)+N_{\mathrm{a}}(\tau)} \tag{10.3.52}$$

其中，分子为 τ 时刻的现有的中子数，分母为边界中子泄漏率与中子纯吸收率之和。也就是说，中子平均寿命 ℓ 是系统内一个中子自产生到（因泄漏和吸收）死亡为止，在系统中存在的平均时间间隔，即每代时间。而中子有效平均寿命 ℓ^* 的定义为

$$\ell^*=\frac{N(\tau)}{N_{\mathrm{f}}(\tau)}=\frac{\ell}{k_{\mathrm{eff}}} \tag{10.3.53}$$

其中，分子为 τ 时刻的现有的中子数，分母为裂变中子产生率。中子有效平均寿命的含义是，系统内一个中子自产生到（因诱发核裂变）死亡为止，在系统中存在的平均时间间隔。

根据以上 k_{eff} 和 ℓ 的定义式，中子数守恒方程（10.3.46）可写为

$$\frac{\partial N(\tau)}{\partial \tau}=\lambda_{\text{f}} N(\tau)+q(\tau) \tag{10.3.54}$$

其中

$$\lambda_{\text{f}}(\tau)\equiv\frac{k_{\text{eff}}-1}{\ell} \tag{10.3.55}$$

称为裂变增殖时间常数。将 k_{eff} 和 ℓ 的定义式代入式（10.3.55），得

$$\lambda_{\text{f}}=\frac{N_{\text{f}}(\tau)-N_{\text{J}}(\tau)-N_{\text{a}}(\tau)}{N(\tau)} \tag{10.3.56}$$

上式分子为 τ 时刻单位时间内系统产生并滞留在系统内的裂变增殖中子，而分母为 τ 时刻系统内现有的中子数，故 λ_{f} 表示一个中子单位时间产生裂变增殖的概率。

前面定义的四个量 k_{eff}、ℓ、ℓ^*、λ_{f} 满足（10.3.53）和（10.3.55）两个方程，因此只有两个独立量，实际应用中，取得最多的两个独立量是 (k_{eff},ℓ) 或 $(\lambda_{\text{f}},\ell^*)$。独立量取 (k_{eff},ℓ) 时，另外两个为

$$\lambda_{\text{f}}\equiv\frac{k_{\text{eff}}-1}{\ell},\quad \ell^*=\frac{\ell}{k_{\text{eff}}} \tag{10.3.57}$$

独立量取 $(\lambda_{\text{f}},\ell^*)$ 时，另外两个为

$$k_{\text{eff}}=\frac{1}{1-\lambda_{\text{f}}\ell^*},\quad \ell=\frac{\ell^*}{1-\lambda_{\text{f}}\ell^*} \tag{10.3.58}$$

数值求解非定常中子数守恒方程（10.3.54），可以求出 τ_k 时刻裂变增殖时间常数 $\lambda_{\text{f}}^k=\lambda_{\text{f}}(\tau_k)$ 和 $\ell^{*k}=\ell^*(\tau_k)$。方法是，在时间步 $[\tau_{k-1/2},\tau_{k+1/2}]$ 内，将微分方程（10.3.54）化成差分方程

$$\frac{N^{k+1/2}-N^{k-1/2}}{\Delta\tau_k}=\lambda_{\text{f}}^k\frac{N^{k+1/2}+N^{k-1/2}}{2}+q^k$$

可得

$$\lambda_{\text{f}}^k=\frac{2}{N^{k+1/2}+N^{k-1/2}}\left(\frac{N^{k+1/2}-N^{k-1/2}}{\Delta\tau_k}-q^k\right) \tag{10.3.59}$$

其中，$N^{k\pm1/2}=N(\tau_{k\pm1/2})$ 由式（10.3.38）给出，即

$$N^{k\pm1/2}=4\pi\sum_g\sum_i V_{i-1/2}^{k\pm1/2}\boldsymbol{\Phi}_{g,i-1/2}^{k\pm1/2}/v_g \tag{10.3.60}$$

而角度积分通量 $\boldsymbol{\Phi}_{g,i-1/2}^{k\pm1/2}$ 由式（10.3.47）给出，即

$$\boldsymbol{\Phi}_{g,i-1/2}^{k\pm1/2}=\frac{1}{2}\sum_{j=1}^{N}w_j\phi_{g,i-1/2,j}^{k\pm1/2} \tag{10.3.61}$$

注意 λ_{f} 与时间有关，每个时间步内有一个值。而 τ_k 时刻中子有效平均寿命可由式（10.3.53）得到，即

$$\ell^{*k} = \frac{N(\tau_k)}{N_{\mathrm{f}}(\tau_k)} \tag{10.3.62}$$

其中分子和分母分别由式（10.3.38）和（10.3.48）给出，即

$$\begin{cases} N(\tau_k) = 4\pi\sum_{g}\sum_{i} V_{i-1/2}^{k}\Phi_{g,i-1/2}^{k} / v_g \\ N_{\mathrm{f}}(\tau_k) = 4\pi\sum_{i} V_{i-1/2}^{k}\sum_{g=1}^{G}(\nu\Sigma_{\mathrm{f}})_{g,i-1/2}\Phi_{g,i-1/2}^{k} \end{cases} \tag{10.3.63}$$

结论是，通过解中子输运方程，得出角通量的离散值 $\phi_{g,i-1/2,j}^{k\pm1/2}$ 后，可求得 $\lambda_{\mathrm{f}}^{k} = \lambda_{\mathrm{f}}(\tau_k)$ 和 $\ell^{*k} = \ell^{*}(\tau_k)$，进而由式（10.3.58）求得中子有效增殖因子 $k_{\mathrm{eff}}^{k} = k_{\mathrm{eff}}(\tau_k)$ 和中子的平均寿命 $\ell^{k} = \ell(\tau_k)$。

时间常数 λ_{f} 表示一个中子单位时间在系统内产生裂变增殖的概率。从式（10.3.54）可以看出，$\lambda_{\mathrm{f}}N$ 为系统内裂变中子的增殖速率，λ_{f} 越大，系统内裂变中子的增长速率越高，在很短的时间内就可以产生大量的中子。这对提高裂变放能率很重要，因为重核裂变需要中子来诱发。对裂变核武器（原子弹）来说，系统的时间常数 λ_{f} 越大越好。

裂变系统的反应周期 T 定义为 λ_{f} 的倒数，即

$$T = \frac{1}{\lambda_{\mathrm{f}}} = \frac{\ell^{*}}{1-1/k_{\mathrm{eff}}} \tag{10.3.64}$$

对裂变核武器，反应周期 T 越短越好，这样就可在短时间内（μs 量级）完成许多代中子的核裂变增殖过程。这就要求 k_{eff} 越大，中子有效寿命 ℓ^{*} 越短。根据 k_{eff} 和 ℓ^{*} 的表达式（10.3.51）和（10.3.52）可知，采取的办法是，用浓缩度高、裂变截面大的核材料，减少材料对中子的吸收率，提高不泄漏概率 p_{L}（中子反射层）。

外中子源为0时，方程（10.3.54）的解为

$$N(t)=N_0\,\mathrm{e}^{\int_0^t \lambda_{\mathrm{f}}(\tau)\mathrm{d}\tau}$$

$k_{\mathrm{eff}}>1$ 即 $\lambda_{\mathrm{f}}>0$ 时，τ 时刻的中子数 $N(\tau)$ 随时间 τ 指数增加，k_{eff} 越大，增加越快，系统处在超临界状态； $k_{\mathrm{eff}}=1$ 即 $\lambda_{\mathrm{f}}=0$ 时，$N(\tau)$ 与时间 τ 无关，保持初值不变，系统处在超界状态；$k_{\mathrm{eff}}<1$ 即 $\lambda_{\mathrm{f}}<0$ 时，$N(\tau)$ 随 τ 指数衰减，系统处在次超界状态。裂变核武器要处在高超临界状态。裂变核电站则要处在超临界状态（不能超临界太多，但也不能长时间处在次临界，这就需要用控制棒来调节中子数目）。

附录　时间常数 λ_{f} 的计算

t 时刻裂变增殖系统内中子总数 $N(t)$ 的增长率方程为

$$\frac{\mathrm{d}N(t)}{\mathrm{d}t}=\lambda_{\mathrm{f}}N(t)+q$$

时间常数 λ_{f} 表示一个中子单位时间在系统内产生裂变增殖的概率，它是时间的函数。λ_{f} 为常数时，常微分方程在初始条件 $N(t=0)=N_0$ 下的解析解为

$$N(t)=N_0\mathrm{e}^{\lambda_{\mathrm{f}}t}+\frac{q}{\lambda_{\mathrm{f}}}\left(\mathrm{e}^{\lambda_{\mathrm{f}}t}-1\right)$$

虽然 λ_{f} 在时间全域不为常数，但在 $\Delta t=t_k-t_{k-1}$ 时间间隔内，λ_{f} 可视为常数，该常数满足方程

$$N^k=N^{k-1}\mathrm{e}^{\lambda_{\mathrm{f}}\Delta t}+\frac{q}{\lambda_{\mathrm{f}}}\left(\mathrm{e}^{\lambda_{\mathrm{f}}\Delta t}-1\right)$$

可见，需用求解超越方程的数值方法，才能求得 $\Delta t=t_k-t_{k-1}$ 时间间隔内裂变增殖时间常数 λ_{f}。

当 $\Delta t\to 0$ 时，利用泰勒级数展开 $\mathrm{e}^x\approx 1+x,(x\to 0)$，则有

$$N^k=N^{k-1}\left(1+\lambda_{\mathrm{f}}\Delta t\right)+q\Delta t$$

即 $\Delta t=t_k-t_{k-1}$ 时间间隔内的裂变增殖时间常数为

$$\lambda_{\mathrm{f}}=\frac{N^k-N^{k-1}-q\Delta t}{N^{k-1}\Delta t}$$

更简单地，可用差分方程代替中子总数增长率方程

$$\frac{N^k-N^{k-1}}{\Delta t}=\lambda_{\mathrm{f}}\frac{N^k+N^{k-1}}{2}+q$$

也可求得 $\Delta t=t_k-t_{k-1}$ 时间间隔内裂变增殖时间常数

$$\lambda_{\mathrm{f}}=\frac{2\left(N^k-N^{k-1}-q\Delta t\right)}{\Delta t\left(N^k+N^{k-1}\right)}$$

对于有聚变反应的中子增殖系统，更能反映系统内总中子数变化规律的是系统的时间常数 λ——系统内总中子数的变化指数

$$\frac{\mathrm{d}N(t)}{\mathrm{d}t}=\lambda N(t)$$

所以 $\Delta t=t_k-t_{k-1}$ 时间间隔内时间常数 λ 的算式为

$$\lambda=\frac{1}{\Delta t}\ln\frac{N^k}{N^{k-1}}$$

或采用无外源 q 时常微分方程的差分格式

$$\lambda=\frac{2\left(N^k-N^{k-1}\right)}{\Delta t\left(N^k+N^{k-1}\right)}$$

10.3.5 裂变聚变系统爆炸当量的计算

核武器是依靠重核裂变和轻核聚变释放能量的。核爆炸放能指核反应系统释放出的总能量，包括不在当地沉积的快中子的能量。若把核裂变和聚变放能折合成一定质量的TNT炸药爆炸所放出的能量，这个炸药质量就是核爆炸的当量，用若干吨TNT表示。

1. 核裂变放能（裂变当量）

中子诱发重核发生一次裂变的平均放能为

$$Q_{\mathrm{f}} \approx 200\mathrm{MeV} = 3.2044\times10^{-16}(10^{12}\,\mathrm{erg}) \tag{10.3.65}$$

前面我们算出了τ时刻单位时间r处单位体积内发生的中子裂变反应数为

$$4\pi\sum_{g}\Sigma_g^f(r)\Phi_g(r,\tau)$$

其中角度积分中子通量

$$\Phi_g(r,\tau)=\frac{1}{2}\int_{-1}^{1}\phi_g(r,\mu,\tau)\mathrm{d}\mu$$

那么单位时间单位质量的介质内的裂变放能为

$$w_{\mathrm{f}} = 4\pi Q_{\mathrm{f}}\sum_{g}\Sigma_g^f(r)\Phi_g(r,\tau)/\rho \tag{10.3.66}$$

对时间和介质质量积分，可得$0\to\tau$时间间隔内的总裂变放能为

$$W_{\mathrm{f}}(\tau)=Q_{\mathrm{f}}\int_0^{\tau}\mathrm{d}\tau 4\pi\int_0^a\rho_0 r^2\mathrm{d}r 4\pi\sum_{g}\Sigma_g^f(r)\frac{\Phi_g(r,\tau)}{\rho} \tag{10.3.67}$$

利用质量守恒方程，即$4\pi\rho_0 r^2\mathrm{d}r = 4\pi\rho R^2\mathrm{d}R$，上式对时空离散后，可得

$$W_{\mathrm{f}}(\tau)=4\pi Q_{\mathrm{f}}\sum_{k}\Delta\tau_k\sum_{i}V_{i-1/2}^k\sum_{g}\Sigma_g^f\Phi_{g,i-1/2}^k \tag{10.3.68}$$

数值求解中子输运方程，解出τ_k时刻角通量离散值$\phi_{g,i-1/2,j}^k$，进而可得角度积分通量$\Phi_{g,i-1/2}^k$，解RHD方程可得出τ_k时刻空间网格体积$V_{i-1/2}^k=(4\pi/3)\left((R_i^k)^3-(R_{i-1}^k)^3\right)$，解燃耗方程求$\tau_k$时刻裂变核的数密度（求宏观裂变截面需要），则$0\to t$时间间隔内的核裂变爆炸当量就可以通过式（10.3.68）求出了。TNT炸药的比放能为4.185×10^{10}erg/g，10^{12}erg能量就相当于2.39×10^{-5}t TNT炸药的放能。

2. 核聚变放能（聚变当量）

计算轻核聚变放能主要考虑以下四种反应

$$\begin{cases} \mathrm{D+D} \longrightarrow \mathrm{T+p} \quad \cdots\cdots\cdots \langle\sigma v\rangle_{22\mathrm{p}}, Q_{22\mathrm{p}} \\ \mathrm{D+D} \longrightarrow {}^3\mathrm{He+n} \cdots\cdots\cdots\cdots \langle\sigma v\rangle_{22\mathrm{n}}, Q_{22\mathrm{n}} \\ \mathrm{D+T} \longrightarrow {}^4\mathrm{He+n} \cdots\cdots\cdots\cdots \langle\sigma v\rangle_{23\mathrm{n}}, Q_{23\mathrm{n}} \\ \mathrm{D+{}^3He} \longrightarrow {}^4\mathrm{He+p} \cdots\cdots\cdots \langle\sigma v\rangle_{23\mathrm{p}}, Q_{23\mathrm{p}} \end{cases} \tag{10.3.69}$$

聚变反应方程后面的$\langle\sigma v\rangle_x$为x类型的聚变反应率参数，它是介质温度$T(r,\tau)$的函数。Q_x为x类型的一次聚变反应放能。根据这些数据，可算出单位时间单位质量介质内的聚变放能

$$\begin{aligned} w_{\mathrm{T}}(r,\tau) = n_2\rho\Big[& Q_{23\mathrm{n}} n_3 \langle\sigma v\rangle_{23\mathrm{n}} + \frac{1}{2} Q_{22\mathrm{p}} n_2 \langle\sigma v\rangle_{22\mathrm{p}} \\ & + \frac{1}{2} Q_{22\mathrm{n}} n_2 \langle\sigma v\rangle_{22\mathrm{n}} + Q_{23\mathrm{p}} n_{\mathrm{e}3} \langle\sigma v\rangle_{23\mathrm{p}} \Big] \end{aligned} \tag{10.3.70}$$

其中，$\rho(r,\tau)$为介质质量密度，$n_i(r,\tau)$为单位质量介质所含的核素i的数目（由核素燃耗方程给出）。

在$0\to\tau$时间间隔内系统聚变总放能为

$$W_{\mathrm{T}}(\tau) = \int_0^t \mathrm{d}\tau 4\pi \int_0^a \rho_0 r^2 \mathrm{d}r w_{\mathrm{T}} \tag{10.3.71}$$

利用质量守恒方程，即$4\pi\rho_0 r^2\mathrm{d}r = 4\pi\rho R^2\mathrm{d}R$，上式对时空离散后，可得

$$W_T(\tau) = \sum_k \Delta\tau_k \sum_i V_{i-1/2}^k \rho_{i-1/2}^k w_{T,i-1/2}^k \tag{10.3.72}$$

从式（10.3.70）可知，单位时间单位质量介质内聚变放能$w_{\mathrm{T}}(r_{i-1/2},\tau_k)$取决于介质质量密度$\rho(r_{i-1/2},\tau_k)$、介质温度$T(r_{i-1/2},\tau_k)$以及单位质量介质内所含核素$i$的数目$n_i(r_{i-1/2},\tau_k)$。解 RHD 方程可得出$\tau_k$时刻空间网格体积$V_{i-1/2}^k = (4\pi/3)\left((R_i^k)^3 - (R_{i-1}^k)^3\right)$，质量密度$\rho(r_{i-1/2},\tau_k)$和介质温度$T(r_{i-1/2},\tau_k)$，解核素燃耗方程可求得$\tau_k$时刻$n_i(r_{i-1/2},\tau_k)$。

$0\to\tau$时间间隔内核爆炸系统的总放能为

$$W(\tau) = W_{\mathrm{f}}(\tau) + W_{\mathrm{T}}(\tau) \tag{10.3.73}$$

τ_k时刻单位时间内系统释放的能量（核爆炸系统的放能率）为

$$\dot{W}(\tau_k) = \frac{W(\tau_k) - W(\tau_{k-1})}{\Delta\tau_{k-1/2}} \tag{10.3.74}$$

3. 核反应放能的能量沉积

求解辐射流体力学方程组时，能量守恒方程中需要τ时刻单位时间在单位质量介质中的能量沉积w，这个能量沉积包括由核反应释放并沉积在当地的能量。核反应释放并沉积在当地的能量与核反应放能的概念不同，这是因为核反应产生的中

性粒子可能会把部分能量带离当地。

核反应释放并沉积在当地的能量包括聚变能量沉积 w'_{T}（不包括能量为14MeV的DT聚变反应产生的快中子）、裂变能量沉积 w'_{f} 以及中子与核碰撞转移给反冲核的能量沉积 w'_{n}，即

$$w = w'_{\mathrm{T}} + w'_{\mathrm{f}} + w'_{\mathrm{n}} \tag{10.3.75}$$

其中，τ 时刻单位时间在单位质量的介质中的聚变能量沉积为

$$\begin{aligned} w'_T = n_2\rho\Big[&\frac{1}{5}Q_{23\mathrm{n}}n_3\langle\sigma v\rangle_{23\mathrm{n}} + \frac{1}{2}Q_{22\mathrm{p}}n_2\langle\sigma v\rangle_{22\mathrm{p}} \\ &+\frac{1}{8}Q_{22\mathrm{n}}n_2\langle\sigma v\rangle_{22\mathrm{n}} + Q_{23\mathrm{p}}n_{e3}\langle\sigma v\rangle_{23\mathrm{p}}\Big] \end{aligned} \tag{10.3.76}$$

其中，因子1/5 和 1/8是扣除了聚变中子的能量沉积。要说明的是， D+T聚变反应率参数 $\langle\sigma v\rangle_{23\mathrm{n}}$ 是T处在热平衡态下的统计平均值，但系统中氚核是由中子与 ^{6}Li的核反应产生的，它们有单一的速度分布，处于非热平衡状态。对这种快T引起的DT 聚变反应，在聚变反应率参数 $\langle\sigma v\rangle_{23\mathrm{n}}$ 中要乘一因子 $\eta(1<\eta<1.1)$，可取 $\eta=1.03$，而T的动能对聚变产物动能的影响则忽略不计。

由裂变释放和由中子与介质原子核碰撞释放的能量沉积率，可利用ENDL核数据库中给出的中子每次碰撞的平均能量沉积数据

$$E_L^g = \sum_{i=1}^{N}\sigma_i^g E_L^g(i)\sigma_i^g \quad (i\text{为反应种类}) \tag{10.3.77}$$

来计算，则 τ 时刻单位时间在单位质量的介质中裂变和中子碰撞导致的能量沉积为

$$w'_{\mathrm{f}} + w'_{\mathrm{n}} = 4\pi\sum_g E_L^g \Sigma_g^t(r)\Phi_g(r,\tau)/\rho \tag{10.3.78}$$

4. 核素燃耗计算

核素燃耗计算的目的就是计算系统中的核燃料消耗了多少，还剩余多少。数值求解核素燃耗方程，可得出 τ_k 时刻第 i 个空间网格内单位质量介质所含核素 j 的数目 $n_j(r_{i-1/2},\tau_k)$，则 τ_k 时刻核系统内核素 j 的总质量为

$$M_j(\tau_k) = m_j\sum_i \rho(r_{i-1/2},\tau_k)n_j(r_{i-1/2},\tau_k)V_{i-1/2}(\tau_k) \tag{10.3.79}$$

其中，m_j 为一个核素 j 的质量，$\rho(r_{i-1/2},\tau_k)V_{i-1/2}(\tau_k)$ 为 τ_k 时刻网格内的介质质量（为守恒量）。

如果初始时刻存在第 j 种核素（如 ^{6}Li），其初始质量为 $M_j(0)$，那么 $0\to\tau_k$ 时间间隔内核系统内由于核反应消耗的核素 j 质量为 $M_j(0)-M_j(\tau_k)$，$0\to\tau_k$ 时间间隔内核素 j 的燃耗率为

$$f_j(\tau_k)=\frac{M_j(0)-M_j(\tau_k)}{M_j(0)} \tag{10.3.80}$$

如果初始时刻不存在核素j（如氚核），核素j要由核反应产生，则$0\to\tau_k$时间间隔内核素j的燃耗率为

$$f_j(\tau_k)=\frac{M_p(\tau_k)-M_j(\tau_k)}{M_p(\tau_k)} \tag{10.3.81}$$

其中，$M_p(\tau_k)$为$0\to\tau_k$时间段系统内核反应产生出的核素j的质量，它可通过燃耗方程求出。例如，氚核（T）一般没有天然存在，聚变装置中生产T的四个核反应为

$$\begin{cases} \mathrm{n}+{}_3^6\mathrm{Li}\longrightarrow{}_2^4\mathrm{He}+\mathrm{T}+4.78\mathrm{MeV}\ldots\ldots\ldots\ldots\sigma_{\mathrm{cg}}^{(6)} \\ \mathrm{n}+{}_3^7\mathrm{Li}\longrightarrow{}_2^4\mathrm{He}+\mathrm{T}+\mathrm{n}'-2.47\mathrm{MeV}\ldots\ldots\ldots\ldots\sigma_{\mathrm{ing}}^{(7)} \\ \mathrm{n}+{}_2^3\mathrm{He}\longrightarrow\mathrm{T}+\mathrm{p}+0.764\mathrm{MeV}\ldots\ldots\ldots\ldots\sigma_{\mathrm{cg}}^{(e3)} \\ \mathrm{D}+\mathrm{D}\longrightarrow\mathrm{T}+\mathrm{p}\ldots\ldots\ldots\ldots\langle\sigma v\rangle_{22\mathrm{p}} \end{cases} \tag{10.3.82}$$

反应方程式虚线后面是中子核反应微观群截面$\sigma_{\mathrm{cg}}^{(6)}$、$\sigma_{\mathrm{ing}}^{(7)}$、$\sigma_{\mathrm{cg}}^{(e3)}$或聚变反应率参数$\langle\sigma v\rangle_{22\mathrm{p}}$（它是等离子体温度的函数）。因为初始时刻核素T不存在，即$n_3(r,\tau=0)=0$，而τ时刻单位质量介质内核素T数目$n_3(r,\tau)$的时间增长率方程为

$$\frac{\mathrm{d}n_3}{\mathrm{d}t}=n_6\sum_{g=1}^{G}\sigma_{\mathrm{cg}}^{(6)}\phi_g+n_7\sum_{g=1}^{G}\sigma_{\mathrm{ing}}^{(7)}\phi_g+n_{\mathrm{e3}}\sum_{g=1}^{G}\sigma_{\mathrm{cg}}^{(e3)}\phi_g+\rho n_2^2\langle\sigma v\rangle_{22\mathrm{p}} \tag{10.3.83}$$

其中n_6、n_7、n_{e3}、n_2分别为τ时刻单位质量介质内所含核素$^6\mathrm{Li}$、$^7\mathrm{Li}$、$^3\mathrm{He}$、$^2\mathrm{H}$的数目（它们都有自己的时间增长率方程——核素燃耗方程），ϕ_g为第g群中子角通量（由中子输运方程解出）。

数值求解（10.3.83），解出τ_k时刻空间$r_{i-1/2}$处的$n_{3,i-1/2}^k=n_3(r_{i-1/2},t_k)$，它就是$0\to\tau_k$时间间隔内在$r_{i-1/2}$处单位质量介质内产生的总氚核数，$0\to\tau_k$时间段内系统产生出的总氚核质量由式（10.3.79）给出，为

$$M_p(\tau_k)=m_3\sum_i\rho_{i-1/2}^k n_{3,i-1/2}^k V_{i-1/2}^k \tag{10.3.84}$$

其中，m_3为一个核素T（氚）的质量。如果在四个产氚核反应（10.3.82）的基础上加上耗氚的核反应，在式（10.3.83）中考虑耗氚的核反应导致的氚核素损失项，就得τ时刻单位质量介质内氚的现存数$n_3(r,\tau)$满足的核素燃耗方程，解此方程得$n_{3,i-1/2}^k=n_3(r_{i-1/2},t_k)$，再利用式（10.3.84）可算出现存的T质量$M_3(\tau_k)$，由式（10.3.81）可以算出系统中T的燃耗率。

10.4　核素燃耗方程

t 时刻空间坐标 $\boldsymbol{R}$ 处单位质量介质所含的核素 i 的数目 $n_i(\boldsymbol{R},t)$ 在很多场合都需要，其中 $(\boldsymbol{R},t)$ 为 Euler 坐标。例如，解第 g 群中子角通量 $\phi_g(\boldsymbol{R},\boldsymbol{\Omega},t)$ $(g=1,2,\cdots,G-1,G)$ 满足的多群中子输运方程

$$\frac{1}{v_g}\frac{\partial\phi_g}{\partial t}+\boldsymbol{\Omega}\cdot\nabla\phi_g+\Sigma_{\text{tr}}^{g}\phi_g(\boldsymbol{R},\boldsymbol{\Omega},t)=\sum_{g'=1}^{G}\Sigma_{\text{str}}^{g'\to g}\Phi_{g'}(\boldsymbol{R},t)+s_g(\boldsymbol{R},\boldsymbol{\Omega},t) \tag{10.4.1}$$

时，需要中子在介质中的多群截面——宏观群截面和群间转移截面

$$\begin{cases}\Sigma_{\text{tr}}^{g}(\boldsymbol{R},t)=\rho(\boldsymbol{R},t)\sum_i n_i\sigma_{i,\text{tr}}^{g}\\ \Sigma_{\text{str}}^{g'\to g}(\boldsymbol{R},t)=\rho(\boldsymbol{R},t)\sum_i n_i\sigma_{i,\text{str}}^{g'\to g}\end{cases} \tag{10.4.2}$$

其中，$\sigma_{i,\text{tr}}^{g}$ 为中子与核素 i 相互作用的微观群截面，$\sigma_{i,\text{str}}^{g'\to g}$ 为群间转移截面（$\sigma_{i,\text{tr}}^{g}$、$\sigma_{i,\text{str}}^{g'\to g}$ 也分别称为中子与核素 i 相互作用的微观群常数）。要得到宏观群截面和群间转移截面，就需要介质的质量密度 $\rho(\boldsymbol{R},t)$ 和单位质量介质中核素 i 的数目 $n_i(\boldsymbol{R},t)$，它们在核反应系统中是随时间变化的，其中质量密度 $\rho(\boldsymbol{R},t)$ 由 RHD 方程组决定，由核素燃耗方程决定。

单位质量介质中核素 i 的数目 $n_i(\boldsymbol{R},t)$ 不仅在数值求解中子输运方程时需要，在计算核爆炸当量和核素燃耗率时也需要。

10.4.1　核素燃耗方程的建立

所谓核素燃耗方程，就是指 $n_i(\boldsymbol{R},t)$ 满足的微分方程，这是因为在核反应系统中，核素 i 既可通过一些核反应产生，也可通过一些核反应被消耗，$n_i(\boldsymbol{R},t)$ 的时间变化率满足的方程形式如何呢？

设 $n_i(\boldsymbol{R},t)$ 为 t 时刻在实验室坐标空间 $\boldsymbol{R}$ 处单位质量流体介质中所含核素 i 的数目，$q_i(\boldsymbol{R},t)$ 为 t 时刻单位时间空间 $\boldsymbol{R}$ 处单位质量流体介质中产生的核素 i 数目（核素产生源），$h_i(\boldsymbol{R},t)$ 为 t 时刻单位时间空间 $\boldsymbol{R}$ 处单位质量流体介质中消耗的核素 i 数目（核素消失壑），则在 Euler 观点下，t 时刻空间 $\boldsymbol{R}$ 处任意一个固定体积元 ΔV（不是流体元）中，单位质量流体介质中所含核素 i 的数目 $n_i(\boldsymbol{R},t)$ 满足的守恒方程为

$$\frac{\partial}{\partial t}\int_{\Delta V}\rho n_i\mathrm{d}V+\int_S(\rho n_i\boldsymbol{u})\cdot\mathrm{d}\boldsymbol{S}=\int_{\Delta V}\rho q_i\mathrm{d}V-\int_{\Delta V}\rho h_i\mathrm{d}V \tag{10.4.3}$$

其中 $\rho(\boldsymbol{R},t)$ 为流体介质的质量密度，$\boldsymbol{u}(\boldsymbol{R},t)$ 为流体介质的宏观流速。将式（10.4.3）中的面积分化为体积分，注意空间固定体积元 ΔV的任意性，时间偏导数

与体积分的顺序可交换，可得 $n_i(\boldsymbol{R},t)$ 满足的微分方程

$$\frac{\partial(\rho n_i)}{\partial t}+\nabla\cdot(\rho n_i\boldsymbol{u})=\rho q_i-\rho h_i \tag{10.4.4}$$

注意到

$$\begin{cases}\dfrac{\partial(\rho n_i)}{\partial t}=\rho\dfrac{\partial n_i}{\partial t}+n_i\dfrac{\partial\rho}{\partial t}\\ \nabla\cdot(\rho n_i\boldsymbol{u})=n_i\nabla\cdot(\rho\boldsymbol{u})+\rho\boldsymbol{u}\cdot\nabla n_i\end{cases}$$

利用质量守恒方程

$$\frac{\partial\rho}{\partial t}+\nabla\cdot(\rho\boldsymbol{u})=0 \tag{10.4.5}$$

式（10.4.4）可变为随体时间微商形式

$$\frac{\mathrm{d}n_i(\boldsymbol{R},t)}{\mathrm{d}t}=q_i(\boldsymbol{R},t)-h_i(\boldsymbol{R},t) \tag{10.4.6}$$

其中随体时间微商为

$$\frac{\mathrm{d}(\ )}{\mathrm{d}t}=\frac{\partial(\ )_i}{\partial t}+\boldsymbol{u}\cdot\nabla(\ ) \tag{10.4.7}$$

式（10.4.6）就是Euler观点下的核素燃耗方程，自变量为Euler变量 $(\boldsymbol{R},t)$ ，方程中不含流体的质量密度 $\rho(\boldsymbol{R},t)$ 和流体介质的宏观流速 $\boldsymbol{u}(\boldsymbol{R},t)$ 。下面导出方程中核素 i 的源和壑的表达式。

如图10.14所示，一个核反应系统中，核素 i 数目的变化源于以下4种因素：①中子与核素 i 发生核反应被消耗，设反应微观截面为 $\sigma_a^i(E)$ ；②中子与核素 j 发生核反应产生核素 i ，设反应微观截面为 $\sigma_a^{j\to i}(E)$ ；③核素 i 与核素 k 聚变反应被消耗，设聚变反应率参数为 $\langle\sigma v\rangle_{ik}$ ；④核素 j 与核素 k 聚变反应产生核素 i ，设聚变反应率参数为 $\langle\sigma v\rangle_{jk}$ 。即

$$(i)=-(n,i)+(n+j\longrightarrow i)-(i,k)+(j+k\longrightarrow i) \tag{10.4.8}$$

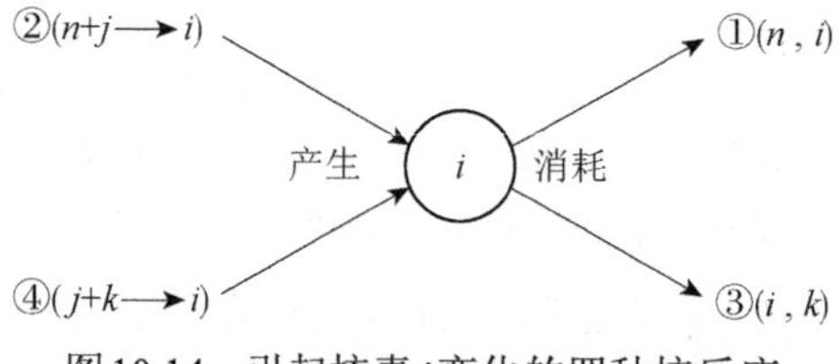

图10.14　引起核素 i 变化的四种核反应

通过中子核反应①和聚变反应③消耗核素 i 的壑为

$$h_i(\boldsymbol{R},t)=\int\mathrm{d}E\sigma_a^i(E)n_i\phi(\boldsymbol{R},E,t)+\sum_k\frac{n_in_k}{1+\delta_{ik}}\rho\langle\sigma v\rangle_{ik} \tag{10.4.9}$$

其中，$\phi(\boldsymbol{R},E,t)$ 为中子通量，$\delta_{ij}=1\ (j=i)$；$\delta_{ij}=0\ (j\neq i)$。通过中子核反应②和聚变反应④产生核素 i 的源为

$$q_i(\boldsymbol{R},t)=\sum_j\int \mathrm{d}E\sigma_a^{j\to i}(E)n_j\phi(\boldsymbol{R},E,t)+\frac{1}{2}\sum_{j,k}n_jn_k\rho\langle\sigma v\rangle_{jk} \tag{10.4.10}$$

式（10.4.10）最后一项的因子1/2，是考虑对核素 j 与核素 k 的求和重复算了一次。数值求解中子输运方程时，把中子按能量分群，对中子能量 E 的积分化成对中子能群求和，故式（10.4.9）和（10.4.10）变为

$$\begin{cases} h_i(\boldsymbol{R},t)=\sum\limits_{g=1}^{G}n_i\sigma_{ag}^{i}\phi_g(\boldsymbol{R},t)+\rho n_i\sum\limits_k\dfrac{n_k}{1+\delta_{ik}}\langle\sigma v\rangle_{ik} \\ q_i(\boldsymbol{R},t)=\sum\limits_{g=1}^{G}\sum\limits_j\sigma_{ag}^{j\to i}n_j\phi_g(\boldsymbol{R},t)+\dfrac{1}{2}\rho\sum\limits_{j,k}n_jn_k\langle\sigma v\rangle_{jk} \end{cases} \tag{10.4.11}$$

可见，计算核素 i 的源和壑的关键是，把产生核素 i 的中子核反应（n, j）和聚变反应（j, k）全部找出来，把消耗核素 i 的中子核反应（n, i）和聚变反应（i, k）也全部找出来，并提供所需的中子核反应微观截面 $\sigma_{ag}^{j\to i}$、σ_{ag}^{i} 和聚变反应率参数 $\langle\sigma v\rangle_{jk}$、$\langle\sigma v\rangle_{ik}$，它们是等离子体介质温度 $T(\boldsymbol{R},t)$ 的函数。还需要中子群通量

$$\phi_g(\boldsymbol{R},t)=\int\phi_g(\boldsymbol{R},\boldsymbol{\Omega},t)\mathrm{d}\Omega=4\pi\Phi_g(\boldsymbol{R},t) \tag{10.4.12}$$

和介质的质量密度 $\rho(\boldsymbol{R},t)$。$\rho(\boldsymbol{R},t)$ 和温度 $T(\boldsymbol{R},t)$ 由辐射流体力学方程组提供，中子群通量 $\phi_g(\boldsymbol{R},t)$ 由运动介质中的中子输运方程提供。因此，辐射流体力学方程组、中子输运方程、核素燃耗方程组必须联立求解。

式（10.4.6）和（10.4.11）构成完备的核素燃耗方程组。一般来说，系统中感兴趣的核素种类有多少，方程组的个数就有多少个。

例题 10.1　氢弹所用核材料是LiD，其中有D核、^{6}Li和^{7}Li核。主要的放能反应是聚变反应D+T⟶^{4}He+n。系统中涉及的所有核反应有两类，第一类是8个中子核反应，第二类是4个轻核聚变反应。8个中子核反应及其微观截面为

$$\mathrm{n+D\longrightarrow p+2n-2.22MeV}\cdots\cdots\cdots\cdots\ \sigma_{\mathrm{2n}}^{(2)}$$

$$\mathrm{n+{}_2^3He\longrightarrow T+p+0.764MeV}\cdots\cdots\cdots\cdots\ \sigma_{\mathrm{c}}^{(e3)}$$

$$\mathrm{n+{}_3^6Li\longrightarrow{}_2^4He+D+n'-1.48MeV}\cdots\cdots\cdots\cdots\ \sigma_{\mathrm{in}}^{(6)}$$

$$\mathrm{n+{}_3^6Li\longrightarrow{}_2^4He+T+4.78MeV}\cdots\cdots\cdots\cdots\ \sigma_{\mathrm{c}}^{(6)}$$

$$\mathrm{n+{}_3^6Li\longrightarrow{}_2^4He+p+2n-3.70MeV}\cdots\cdots\cdots\cdots\ \sigma_{\mathrm{2n}}^{(6)}$$

$$\mathrm{n+{}_3^7Li\longrightarrow{}_3^6Li+2n-7.25MeV}\cdots\cdots\cdots\cdots\ \sigma_{\mathrm{2n}}^{(7)}$$

$$\mathrm{n+{}_3^7Li\longrightarrow{}_2^4He+D+2n-8.72MeV}\cdots\cdots\cdots\cdots\ \sigma_{\mathrm{c}}^{(7)}$$

$$\mathrm{n+{}_3^7Li\longrightarrow{}_2^4He+T+n'-2.47MeV}\cdots\cdots\cdots\cdots\ \sigma_{\mathrm{in}}^{(7)}$$

4个聚变反应及其聚变反应率参数为

$$D+D \longrightarrow T+p \cdots\cdots\cdots\cdots \langle\sigma v\rangle_{22p}$$

$$D+D \longrightarrow {}^3He+n \cdots\cdots\cdots\cdots \langle\sigma v\rangle_{22n}$$

$$D+T \longrightarrow {}^4He+n \cdots\cdots\cdots\cdots \langle\sigma v\rangle_{23n}$$

$$D+{}^3He \longrightarrow {}^4He+p \cdots\cdots\cdots\cdots \langle\sigma v\rangle_{23p}$$

也就是说，系统中感兴趣的核素种类有7个，涉及H、D、T、^{3}He、^{4}He、^{6}Li、^{7}Li七种核素的燃耗问题。根据式（10.4.11）把这七种核素的源和壑的表达式写出来，就可得到每种核素的燃耗方程。

1. 核素H的燃耗方程（有源无壑）

产生H的源 $q_i(\boldsymbol{R},t)$ 包括3个中子核反应和2个聚变反应，而消耗H的壑 $h_1(\boldsymbol{R},t)=0$ 。根据式（10.4.11），可写出

$$q_1(\boldsymbol{R},t)=n_2\sum_{g=1}^{G}\sigma_{2ng}^{(2)}\phi_g+n_{e3}\sum_{g=1}^{G}\sigma_{cg}^{(e3)}\phi_g+n_6\sum_{g=1}^{G}\sigma_{2ng}^{(6)}\phi_g \\ +\rho n_2n_2\langle\sigma v\rangle_{22p}+\rho n_2n_{e3}\langle\sigma v\rangle_{23p} \tag{10.4.13a}$$

核素H的燃耗方程为

$$\frac{dn_1(\boldsymbol{R},t)}{dt}=q_1(\boldsymbol{R},t) \tag{10.4.13b}$$

因消耗H的壑为0，系统中核素H的数目会累计很多。注意，这是Euler观点下的核素燃耗方程，因为自变量为Euler变量 $(\boldsymbol{R},t)$ 。

2. 核素D的燃耗方程（有源有壑）

产生D的源 $q_i(\boldsymbol{R},t)$ 包括2个中子核反应，而消耗D的壑 $h_i(\boldsymbol{R},t)$ 包括1个中子核反应和4个聚变反应。根据式（10.4.11），可写出

$$\begin{cases} q_2(\boldsymbol{R},t)=n_6\sum_{g=1}^{G}\sigma_{ing}^{(6)}\phi_g+n_7\sum_{g=1}^{G}\sigma_{cg}^{(7)}\phi_g & (10.4.14a) \\ h_2(\boldsymbol{R},t)=n_2\sum_{g=1}^{G}\sigma_{2ng}^{(2)}\phi_g+\dfrac{1}{2}\rho n_2^2\left(\langle\sigma v\rangle_{22p}+\langle\sigma v\rangle_{22n}\right)+\rho n_2n_3\langle\sigma v\rangle_{23n}+\rho n_2n_{e3}\langle\sigma v\rangle_{23p} \end{cases}$$

核素D的燃耗方程为

$$\frac{dn_2(\boldsymbol{R},t)}{dt}=q_2(\boldsymbol{R},t)-h_2(\boldsymbol{R},t) \tag{10.4.14b}$$

3. 核素T的燃耗方程（有源有壑）

产生T的源 $q_i(\boldsymbol{R},t)$ 包括3个中子核反应和1个聚变反应，而消耗T的壑 $h_i(\boldsymbol{R},t)$

包括1个聚变反应。根据式（10.4.11），可写出

$$\begin{cases} q_3(\boldsymbol{R},t) = n_{e3}\sum_{g=1}^{G}\sigma_{cg}^{(e3)}\phi_g + n_6\sum_{g=1}^{G}\sigma_{cg}^{(6)}\phi_g + n_7\sum_{g=1}^{G}\sigma_{ing}^{(7)}\phi_g + \rho n_2^2\langle\sigma v\rangle_{22p} \\ h_3(\boldsymbol{R},t) = \rho n_2 n_3\langle\sigma v\rangle_{23n} \end{cases} \tag{10.4.15a}$$

核素T的燃耗方程为

$$\frac{dn_3(\boldsymbol{R},t)}{dt} = q_3(\boldsymbol{R},t) - h_3(\boldsymbol{R},t) \tag{10.4.15b}$$

4. 核素^{3}He的燃耗方程（有源有壑）

产生^{3}He的源$q_i(\boldsymbol{R},t)$包括1个聚变反应，而消耗^{3}He的壑$h_i(\boldsymbol{R},t)$包括1个中子核反应和1个聚变反应。根据式（10.4.11），可写出核素^{3}He的燃耗方程为

$$\frac{dn_{e3}}{dt} = \rho n_2^2\langle\sigma v\rangle_{22n} - n_{e3}\sum_{g=1}^{G}\sigma_{cg}^{(e3)}\phi_g - \rho n_2 n_{e3}\langle\sigma v\rangle_{23p} \tag{10.4.16}$$

5. 核素^{4}He的燃耗方程（有源无壑）

产生^{4}He的源$q_i(\boldsymbol{R},t)$包括5个中子核反应和2个聚变反应，而消耗^{4}He的壑$h_4(\boldsymbol{R},t)=0$。根据式（10.4.11），可写出

$$\begin{aligned} q_4(\boldsymbol{R},t) = {} & n_6\sum_{g=1}^{G}(\sigma_{cg}^{(6)} + \sigma_{ing}^{(6)} + \sigma_{2ng}^{(6)})\phi_g + n_7\sum_{g=1}^{G}(\sigma_{cg}^{(7)} + \sigma_{ing}^{(7)})\phi_g + \\ & + \rho n_2 n_3\langle\sigma v\rangle_{23n} + \rho n_2 n_{e3}\langle\sigma v\rangle_{23p} \end{aligned} \tag{10.4.17a}$$

核素^{4}He的燃耗方程为

$$\frac{dn_4(\boldsymbol{R},t)}{dt} = q_4(\boldsymbol{R},t) \tag{10.4.17b}$$

因消耗^{4}He的壑为0，系统中核素^{4}He的数目会累计很多。

6. 核素^{6}Li的燃耗方程（有源有壑）

产生^{6}Li的源$q_i(\boldsymbol{R},t)$包括1个中子核反应，而消耗^{6}Li的壑$h_i(\boldsymbol{R},t)$包括3个中子核反应。根据式（10.4.11），可写出核素^{6}Li的燃耗方程为

$$\frac{dn_6(\boldsymbol{R},t)}{dt} = n_7\sum_{g=1}^{G}\sigma_{2ng}^{(7)}\phi_g - n_6\sum_{g=1}^{G}(\sigma_{ing}^{(6)} + \sigma_{cg}^{(6)} + \sigma_{2ng}^{(6)})\phi_g \tag{10.4.18}$$

7. 核素^{7}Li的燃耗方程（无源有壑）

产生^{7}Li的源$q_i(\boldsymbol{R},t)=0$，而消耗^{7}Li的壑$h_i(\boldsymbol{R},t)$包括3个中子核反应。根据式（10.4.11），可写出核素^{7}Li的燃耗方程为

$$\frac{\mathrm{d}n_7(\boldsymbol{R},t)}{\mathrm{d}t}=-n_7\sum_{g=1}^{G}(\sigma_{2\mathrm{ng}}^{(7)}+\sigma_{\mathrm{cg}}^{(7)}+\sigma_{\mathrm{ing}}^{(7)})\phi_g \qquad (10.4.19)$$

因产生^{7}Li的源为0，系统中核素^{7}Li的数目会越来越少。

10.4.2 核素燃耗方程的数值解

上面我们建立了单位质量介质中所含H、D、T、^{3}He、^{4}He、^{6}Li、^{7}Li七种核素数目$n_i(\boldsymbol{R},t)$满足的燃耗方程组。七个未知量满足七个微分方程，利用初始条件，就可以定解。

因为7个方程之间相互耦合，7个物理量之间有紧密联系，根据它们之间的联系，可得出七个未知量的最佳求解先后顺序是^{7}Li、^{6}Li、^{3}He、^{2}H、^{3}H的燃耗方程（^{1}H，^{4}He方程可以不必解）。方程组只能数值求解。

为了与辐射流体力学方程组的求解相一致，在数值求解核素燃耗方程之前，先把Euler观点下的核素燃耗方程变成Lagrange观点下的燃耗方程，方法是先把核素数目$n_i(\boldsymbol{R},t)$等物理量的自变量$(\boldsymbol{R},t)$换成Lagrange变量$(\boldsymbol{r},\tau)$，再把随体时间微商$\mathrm{d}(\ )/\mathrm{d}t$换成对时间$\tau$的偏导数$\partial(\ )/\partial\tau$即可。

1. ^{7}Li的燃耗方程的离散化

利用前面介绍的方法，把Euler观点下^{7}Li的燃耗方程（10.4.19）变成Lagrange观点下的方程

$$\frac{\partial n_7(\boldsymbol{r},\tau)}{\partial\tau}=-n_7\sum_{g=1}^{G}(\sigma_{2\mathrm{ng}}^{(7)}+\sigma_{\mathrm{cg}}^{(7)}+\sigma_{\mathrm{ing}}^{(7)})\phi_g(\boldsymbol{r},\tau) \qquad (10.4.20)$$

在一维球对称几何下，空间变量只有径向分量，即$\boldsymbol{r}\to r$。把时空变量离散化为时空网格$\varDelta_{ik}=[r_{i-1},r_i]\times[\tau_{k-1},\tau_k]$，将燃耗方程（10.4.20）在时空网格$\varDelta_{ik}=[r_{i-1},r_i]\times[\tau_{k-1},\tau_k]$上做积分

$$\int_{\varDelta_{ik}}\mathrm{d}\boldsymbol{r}\mathrm{d}\tau(\ )=4\pi\int_{r_{i-1}}^{r_i}r^2\mathrm{d}r\int_{\tau_{k-1}}^{\tau_k}\mathrm{d}\tau(\ )$$

可得差分方程

$$(n_{7,i-1/2}^{k}-n_{7,i-1/2}^{k-1})=-\sum_{g=1}^{G}(\sigma_{\mathrm{cg}}^{(7)}+\sigma_{\mathrm{ing}}^{(7)}+\sigma_{2\mathrm{ng}}^{(7)})\phi_{g,i-1/2}^{k-1/2}n_{7,i-1/2}^{k-1/2}\Delta\tau_k \qquad (10.4.21)$$

其中，$n_{7,i-1/2}^{k}=n_7(r_{i-1/2},\tau_k)$，$\phi_{g,i-1/2}^{k-1/2}=\phi_g(r_{i-1/2},\tau_{k-1/2})$。式（10.4.21）含有三个时刻的待求量，除了利用初始条件外，还要补充一个方程，即采用时间菱形格式

$$n_{7,i-1/2}^{k-1/2}=\frac{n_{7,i-1/2}^{k}+n_{7,i-1/2}^{k-1}}{2} \qquad (10.4.22)$$

可得离散方程的中心差分格式（指燃耗方程在时空网格中心取值的离散格式）为

$$n_{7,i-1/2}^{k}=\frac{2-\Delta t_k\sum\limits_{g=1}^{G}(\sigma_{\mathrm{cg}}^{(7)}+\sigma_{\mathrm{ing}}^{(7)}+\sigma_{\mathrm{2ng}}^{(7)})\phi_{g,i-1/2}^{k-1/2}}{2+\Delta t_k\sum\limits_{g=1}^{G}(\sigma_{\mathrm{cg}}^{(7)}+\sigma_{\mathrm{ing}}^{(7)}+\sigma_{\mathrm{2ng}}^{(7)})\phi_{g,i-1/2}^{k-1/2}}n_{7,i-1/2}^{k-1} \tag{10.4.23}$$

根据每个空间网格内待求函数 $n_7(r,\tau)$ 的初始条件 $n_{7,i-1/2}^{k-1}$，就可求出每个空间网格内时间步末的 $n_{7,i-1/2}^{k}$。利用菱形格式（10.4.22），可得时间网格中点值 $n_{7,i-1/2}^{k-1/2}$。

2. ^{6}Li 燃耗方程的离散化

把 Euler 观点下 ^{6}Li 的燃耗方程（10.4.18）变成 Lagrange 观点下的方程

$$\frac{\partial n_6(\boldsymbol{r},\tau)}{\partial\tau}=n_7\sum_{g=1}^{G}\sigma_{\mathrm{2ng}}^{(7)}\phi_g(\boldsymbol{r},\tau)-n_6\sum_{g=1}^{G}(\sigma_{\mathrm{ing}}^{(6)}+\sigma_{\mathrm{cg}}^{(6)}+\sigma_{\mathrm{2ng}}^{(6)})\phi_g(\boldsymbol{r},\tau) \tag{10.4.24}$$

在一维球对称几何下，把时空变量离散化为时空网格 $\Delta_{ik}=[r_{i-1},r_i]\times[\tau_{k-1},\tau_k]$，仿照前面做法，在时空网格上对式（10.4.24）做积分，可得差分方程

$$n_{6,i-1/2}^{k}-n_{6,i-1/2}^{k-1}=\sum_{g=1}^{G}\sigma_{\mathrm{2ng}}^{(7)}\phi_{g,i-1/2}^{k-1/2}n_{7,i-1/2}^{k-1/2}\Delta\tau_k-\sum_{g=1}^{G}(\sigma_{\mathrm{cg}}^{(6)}+\sigma_{\mathrm{ing}}^{(6)}+\sigma_{\mathrm{2ng}}^{(6)})\phi_{g,i-1/2}^{k-1/2}n_{6,i-1/2}^{k-1/2}\Delta\tau_k$$

右边第一项与 $n_{7,i-1/2}^{k-1/2}$ 有关（前面已解出，已知），式（10.4.24）含有三个时刻的待求量，除了利用初始条件外，还要补充一个方程，即对 $n_{6,i-1/2}^{k-1/2}$ 采用时间菱形格式

$$n_{6,i-1/2}^{k-1/2}=\frac{n_{6,i-1/2}^{k}+n_{6,i-1/2}^{k-1}}{2} \tag{10.4.25}$$

可得离散方程的中心差分格式

$$n_{6,i-1/2}^{k}=\frac{2\Delta\tau_k\sum\limits_{g=1}^{G}\sigma_{\mathrm{2ng}}^{(7)}\phi_{g,i-1/2}^{k-1/2}n_{7,i-1/2}^{k-1/2}+[2-\Delta\tau_k\sum\limits_{g=1}^{G}(\sigma_{\mathrm{cg}}^{(6)}+\sigma_{\mathrm{ing}}^{(6)}+\sigma_{\mathrm{2ng}}^{(6)})\phi_{g,i-1/2}^{k-1/2}]n_{6,i-1/2}^{k-1}}{2+\Delta\tau_k\sum\limits_{g=1}^{G}(\sigma_{\mathrm{cg}}^{(6)}+\sigma_{\mathrm{ing}}^{(6)}+\sigma_{\mathrm{2ng}}^{(6)})\phi_{g,i-1/2}^{k-1/2}} \tag{10.4.26}$$

根据每个空间网格内 $n_6(r,\tau)$ 的初始条件 $n_{6,i-1/2}^{k-1}$，利用式（10.4.25）和（10.4.26）就可求出每个空间网格内时间步末的 $n_{6,i-1/2}^{k}$ 和时间网格中点值 $n_{6,i-1/2}^{k-1/2}$。

3. ^{3}He 燃耗方程的离散化

把 Euler 观点下 ^{3}He 的燃耗方程（10.4.16）变成 Lagrange 观点下的方程

$$\frac{\partial n_{\mathrm{e3}}(\boldsymbol{r},\tau)}{\partial\tau}=\rho n_2^2\langle\sigma v\rangle_{22\mathrm{n}}-n_{\mathrm{e3}}\sum_{g=1}^{G}\sigma_{\mathrm{cg}}^{(\mathrm{e3})}\phi_g(\boldsymbol{r},\tau)-\rho n_2 n_{\mathrm{e3}}\langle\sigma v\rangle_{23\mathrm{p}} \tag{10.4.27}$$

在一维球对称几何下，把时空变量离散化为时空网格 $\Delta_{ik}=[r_{i-1},r_i]\times[\tau_{k-1},\tau_k]$，并在

时空网格上对式（10.4.24）做积分，可得

$$n_{e3}^{k}=\frac{\left(2-\Delta\tau_k\sum_{g=1}^{G}\sigma_{cg}^{(e3)}\phi_g\right)n_{e3}^{k-1}+\rho n_2^{k-1}\Delta\tau_k\left(n_2^{k-1}\langle\sigma v\rangle_{22n}-n_{e3}^{k-1}\langle\sigma v\rangle_{23p}\right)}{2+\Delta\tau_k\sum_{g=1}^{G}\sigma_{cg}^{(e3)}\phi_g+\rho n_2^{k-1}\langle\sigma v\rangle_{23p}\Delta\tau_k} \tag{10.4.28}$$

物理量未标出上下标的，取时间和空间网格中心的值。其中D核的数密度$n_2(r,\tau)$作为未知量，取时间步起始时刻τ_{k-1}处的值。根据每个空间网格内$n_{e3}(r,\tau)$的初始条件$n_{e3,i-1/2}^{k-1}$，利用式（10.4.28）就可求出每个空间网格内时间步末的$n_{e3,i-1/2}^{k}$，再用菱形格式求时间网格中点值$n_{e3,i-1/2}^{k-1/2}$。

4. ^{2}H燃耗方程的离散化

把Euler观点下^{2}H的燃耗方程（10.4.14）变成Lagrange观点下的方程

$$\frac{\partial n_2(\boldsymbol{r},\tau)}{\partial\tau}=q_2(\boldsymbol{r},\tau)-h_2(\boldsymbol{r},\tau) \tag{10.4.29a}$$

其中

$$\begin{cases} q_2=n_6\sum_{g=1}^{G}\sigma_{ing}^{(6)}\phi_g(\boldsymbol{r},\tau)+n_7\sum_{g=1}^{G}\sigma_{cg}^{(7)}\phi_g \\ h_2=n_2\sum_{g=1}^{G}\sigma_{2ng}^{(2)}\phi_g+\dfrac{1}{2}\rho n_2^2\left(\langle\sigma v\rangle_{22p}+\langle\sigma v\rangle_{22n}\right)+\rho n_2 n_3\langle\sigma v\rangle_{23n}+\rho n_2 n_{e3}\langle\sigma v\rangle_{23p} \end{cases} \tag{10.4.29b}$$

在一维球对称几何下，把时、空变量离散化为时空网格$\varDelta_{ik}=[r_{i-1},r_i]\times[\tau_{k-1},\tau_k]$。在时空网格中点$(r_{i-1/2},\tau_{k-1/2})$处，用时间差分代替时间微分，即

$$\left.\frac{\partial n_2(r,\tau)}{\partial\tau}\right|_{(r_{i-1/2},\tau_{k-1/2})}=\frac{n_2(r_{i-1/2},\tau_k)-n_2(r_{i-1/2},\tau_{k-1})}{\tau_k-\tau_{k-1}}=\frac{n_{2,i-1/2}^{k}-n_{2,i-1/2}^{k-1}}{\Delta\tau_k}$$

在源和壑中，n_6、n_7、n_{e3}取时空网格中点$(r_{i-1/2},\tau_{k-1/2})$处的值$n_{6,i-1/2}^{k-1/2}$、$n_{7,i-1/2}^{k-1/2}$、$n_{e3,i-1/2}^{k-1/2}$（前面已算出，已知），因为T核的数密度$n_3(r,\tau)$未知，取时间步起始时刻τ_{k-1}处的值$n_{3,i-1/2}^{k-1}$，待求量$n_2(r,\tau)$也取时空网格中点$(r_{i-1/2},\tau_{k-1/2})$处的值$n_{2,i-1/2}^{k-1/2}$，则离散方程中含有三个时刻的待求量，除了利用初始条件外，还要补充一个方程，即对$n_{2,i-1/2}^{k-1/2}$采用时间菱形格式

$$n_{2,i-1/2}^{k-1/2}=\frac{n_{2,i-1/2}^{k}+n_{2,i-1/2}^{k-1}}{2} \tag{10.4.30}$$

可得离散方程的中心差分格式

$$n_2^k=\frac{1}{C}(An_2^{k-1}+B) \tag{10.4.31}$$

其中

$$\begin{cases} A = 2 - \Delta\tau_k \left(\sum_{g=1}^{G} \sigma_{2\text{ng}}^{(2)} \phi_g + \rho n_2^{k-1} (\langle \sigma v \rangle_{22\text{p}} + \langle \sigma v \rangle_{22\text{n}}) + \rho n_3^{k-1} \langle \sigma v \rangle_{23\text{n}} + \rho n_{\text{e}3}^{k-1/2} \langle \sigma v \rangle_{23\text{p}} \right) \\ B = 2\Delta\tau_k \left(n_6^{k-1/2} \sum_{g=1}^{G} \sigma_{\text{ing}}^{(6)} \phi_g + n_7^{k-1/2} \sum_{g=1}^{G} \sigma_{\text{cg}}^{(7)} \phi_g \right) \\ C = 2 + \Delta\tau_k \left(\sum_{g=1}^{G} \sigma_{2\text{ng}}^{(2)} \phi_g + \rho n_2^{k-1} \left(\langle \sigma v \rangle_{22\text{p}} + \langle \sigma v \rangle_{22\text{n}} \right) + \rho n_3^{k-1} \langle \sigma v \rangle_{23\text{n}} + \rho n_{\text{e}3}^{k-1/2} \langle \sigma v \rangle_{23\text{p}} \right) \end{cases}$$

未标出上下标的物理量，取空间时间网格中点 $(r_{i-1/2}, \tau_{k-1/2})$ 处的值。

5. ^{3}H 的燃耗方程的离散化

把 Euler 观点下 ^{3}H 的燃耗方程（10.4.15）变成 Lagrange 观点下的燃耗方程

$$\frac{\partial n_3(\boldsymbol{r}, \tau)}{\partial \tau} = q_3(\boldsymbol{r}, \tau) - h_3(\boldsymbol{r}, \tau) \tag{10.4.32a}$$

其中

$$\begin{cases} h_3 = \rho n_2 n_3 \langle \sigma v \rangle_{23\text{n}} \\ q_3 = n_{\text{e}3} \sum_{g=1}^{G} \sigma_{\text{cg}}^{(\text{e}3)} \phi_g + n_6 \sum_{g=1}^{G} \sigma_{\text{cg}}^{(6)} \phi_g + n_7 \sum_{g=1}^{G} \sigma_{\text{ing}}^{(7)} \phi_g + \rho n_2^2 \langle \sigma v \rangle_{22\text{p}} \end{cases} \tag{10.4.32b}$$

在一维球对称几何下，把时、空变量离散化为时空网格 $\varDelta_{ik} = [r_{i-1}, r_i] \times [\tau_{k-1}, \tau_k]$。在时空网格中点 $(r_{i-1/2}, \tau_{k-1/2})$ 处，用时间差分代替时间微分，即

$$\left. \frac{\partial n_3(r, \tau)}{\partial \tau} \right|_{(r_{i-1/2}, \tau_{k-1/2})} = \frac{n_{3,i-1/2}^{k} - n_{3,i-1/2}^{k-1}}{\Delta\tau_k} \tag{10.4.33}$$

在 ^{3}H 的产生源 q_3 和消耗壑 h_3 的公式（10.4.32b）中，n_2、n_6、n_7、n_{e3} 取时空网格中点 $(r_{i-1/2}, \tau_{k-1/2})$ 处的值 $n_{2,i-1/2}^{k-1/2}$（前面已算出，已知），待求量 $n_3(r, \tau)$ 也取时空网格中点 $(r_{i-1/2}, \tau_{k-1/2})$ 处的值 $n_{3,i-1/2}^{k-1/2}$，则离散方程中含有三个时刻的待求量，除了利用初始条件外，还要补充一个方程，即对 $n_{3,i-1/2}^{k-1/2}$ 采用时间菱形格式

$$n_{3,i-1/2}^{k-1/2} = \frac{n_{3,i-1/2}^{k} + n_{3,i-1/2}^{k-1}}{2} \tag{10.4.34}$$

可得离散方程的中心差分格式

$$n_3^k = \frac{1}{C} (A n_3^{k-1} + B) \tag{10.4.35}$$

其中物理量未标出上下标的，取空间时间网格的中心值。而

$$\begin{cases} A = 2 - \rho n_2^{k-1/2} \Delta\tau_k \left\langle \sigma v \right\rangle_{23\mathrm{n}} \\ C = 2 + \rho n_2^{k-1/2} \Delta\tau_k \left\langle \sigma v \right\rangle_{23\mathrm{n}} \\ B = 2\Delta\tau_k \left[n_{\mathrm{e}3}^{k-1/2} \sum_{g=1}^{G} \sigma_{\mathrm{cg}}^{(\mathrm{e}3)} \phi_g + n_6^{k-1/2} \sum_{g=1}^{G} \sigma_{\mathrm{cg}}^{(6)} \phi_g \right. \\ \qquad \left. + n_7^{k-1/2} \sum_{g=1}^{G} \sigma_{\mathrm{ing}}^{(7)} \phi_g + \rho n_2^{k-1/2} n_2^{k-1/2} \left\langle \sigma v \right\rangle_{22\mathrm{p}} \right] \end{cases} \tag{10.4.36}$$

其中，$n_{6,i-1/2}^{k-1/2}$、$n_{7,i-1/2}^{k-1/2}$、$n_{\mathrm{e}3,i-1/2}^{k-1/2}$、$n_{2,i-1/2}^{k-1/2}$已知。

在式（10.4.32b）中可见，核素T的壑$h_3(\boldsymbol{r},\tau)$只有D+T聚变反应，其聚变反应率参数为$\left\langle \sigma v \right\rangle_{23\mathrm{n}}$。如果在（10.4.36）中取D+T聚变的截面$\left\langle \sigma v \right\rangle_{23\mathrm{n}}=0$（即去除烧T的聚变反应），则T核的累计越来越多，取$\left\langle \sigma v \right\rangle_{23\mathrm{n}}=0$时，由式（10.4.35）算出$n_3^k \equiv n_{3,i-1/2}^k$，则$\rho n_{3,i-1/2}^k$就是$0 \to \tau_k$时间段内第$i$个空间网格单位体积内产生的总氚核数。否则，$\rho n_{3,i-1/2}^k$就是$\tau_k$时刻第$i$个空间网格单位体积内现存的氚核数目。$\tau_k$时刻，系统内现有的核素T的总质量为

$$M_{\mathrm{T}}(\tau_k) = m_{\mathrm{T}} \sum_i \rho_{i-1/2}(\tau_k) n_{3,i-1/2}(\tau_k) V_{i-1/2}(\tau_k) \tag{10.4.37}$$

其中，m_{T}是一个T核的质量。取$\left\langle \sigma v \right\rangle_{23\mathrm{n}}=0$时，$A=C=2$，由式（10.4.35）算出$n_3^k \equiv n_{3,i-1/2}^k$，则$0 \to \tau_k$时间段系统内产生核素T的总质量为

$$M_{\mathrm{P}}(\tau_k) = m_{\mathrm{T}} \sum_i \rho_{i-1/2}(\tau_k) n_{3,i-1/2}(\tau_k) V_{i-1/2}(\tau_k) \tag{10.4.38}$$

虽然式（10.4.38）与（10.4.37）右边完全相同，但这里的$n_{3,i-1/2}(\tau_k)$是取$\left\langle \sigma v \right\rangle_{23n}=0$（不考虑T的消耗）时即取（$A=C=2$）由式（10.4.35）计算出的结果$n_3^k \equiv n_{3,i-1/2}^k$。

τ_k时刻核素T的燃耗率为

$$f_{\mathrm{T}}(\tau_k) = \frac{M_{\mathrm{p}}(\tau) - M_{\mathrm{T}}(\tau_k)}{M_{\mathrm{p}}(\tau_k)} \tag{10.4.39}$$

附录　可裂变核素$^{(i)}$X的燃耗方程

$$\mathrm{n} + {}^{(i-1)}\mathrm{X} \longrightarrow {}^{(i)}\mathrm{X} \cdots\cdots\cdots\cdots \sigma_{\mathrm{c}}^{(i-1)}$$

$$\mathrm{n} + {}^{(i+1)}\mathrm{X} \longrightarrow {}^{(i)}\mathrm{X}+2\mathrm{n} \cdots\cdots\cdots\cdots \sigma_{2\mathrm{n}}^{(i+1)}$$

$$\mathrm{n} + {}^{(i)}\mathrm{X} \longrightarrow {}^{(i-1)}\mathrm{X}+2\mathrm{n} \cdots\cdots\cdots\cdots \sigma_{\mathrm{a}}^{(i)}$$

$$\mathrm{n} + {}^{(i)}\mathrm{X} \longrightarrow Z_1 + Z_2 \cdots\cdots\cdots\cdots \sigma_{\mathrm{f}}^{(i)}$$

单位质量材料中所含核素 $^{(i)}\mathrm{X}$ 的核数目 n_i 满足的燃耗方程为

$$\frac{\mathrm{d}n_{i-1}}{\mathrm{d}t}=\sum_{g=1}^{G}\phi_g\left(n_i\sigma_{\mathrm{ag}}^{(i)}-n_{i-1}\sigma_{\mathrm{cg}}^{(i-1)}\right)$$

$$\frac{\mathrm{d}n_i}{\mathrm{d}t}=\sum_{g=1}^{G}\phi_g\left(n_{i-1}\sigma_{\mathrm{cg}}^{(i-1)}-n_i\sigma_{\mathrm{ag}}^{(i)}+n_{i+1}\sigma_{2\mathrm{ng}}^{(i+1)}-n_i\sigma_{\mathrm{fg}}^{(i)}\right)$$

$$\frac{\mathrm{d}n_{i+1}}{\mathrm{d}t}=-\sum_{g=1}^{G}\phi_g n_{i+1}\sigma_{2\mathrm{ng}}^{(i+1)}$$

式中，ϕ_g 为第 g 群中子角通量，σ_g 为第 g 群中子微观群截面。在一维球对称几何下，把时、空变量离散化为时空网格 $\varDelta_{ik}=[r_{i-1},r_i]\times[\tau_{k-1},\tau_k]$，$n_i$ 满足燃耗方程的差分格式

$$n_i^k=\frac{\left(2-\Delta t^k\sum_g\left(\sigma_{\mathrm{ag}}^{(i)}+\sigma_{\mathrm{fg}}^{(i)}\right)\phi_g\right)n_i^{k-1}+\left(n_{i-1}^k+n_{i-1}^{k-1}\right)\Delta t^k\sum_g\sigma_{\mathrm{cg}}^{(i-1)}\phi_g+2\Delta t^k n_{i+1}^{k-1}\sum_g\sigma_{2\mathrm{ng}}^{(i+1)}\phi_g}{2+\Delta t^k\sum_g\left(\sigma_{\mathrm{ag}}^{(i)}+\sigma_{\mathrm{fg}}^{(i)}\right)\phi_g}$$

其中物理量未标出上下标的，取空间时间网格的中心值。

10.4.3　α 粒子的能量沉积对等离子体的自加热

这里的 α 粒子是 DT 聚变反应的产物，α 粒子是 ^{4}He 原子核，它是带有两个正电荷的带电粒子，其初始能量为 3.52MeV。当聚变点火燃烧时，α 粒子能量沉积加热是维持聚变反应区燃烧温度的重要因素。

α 粒子产生后，首先与等离子体中的电子碰撞，自身减速将能量用于加热电子。被加热的电子再与 D、T 核（离子）碰撞，将能量部分转移给 D、T 核，从而提高离子的温度。在高温条件下，DT 聚变反应的速率会大大提高。这种将 α 粒子能量沉积给离子加热的过程，称为 α 自加热。

DT 聚变 α 粒子加热等离子体，使点燃的 DT 热斑达到自持聚变反应放能状态，热斑会向外膨胀，在热斑周围的致密壳层引起热波。在此过程中，释放出的聚变能可达 MJ 量级，远超内爆驱动源供给 DT 的热运动能量和动能（几十 kJ），这就实现了能量增益。

1. D、T 的燃耗方程

在 DT 聚变靶丸中，DT 聚变反应的截面远大于其他聚变反应（如 DD 聚变），故我们仅考虑 $\mathrm{D}+\mathrm{T}\longrightarrow \mathrm{n}+{}^4\mathrm{He}$ 聚变反应。假设聚变靶丸中的 D、T 核数目是等摩尔混合，由于没有产生 D（T）核的源，故单位质量介质中的 D 核数目 $n_{\mathrm{D}}(\boldsymbol{R},t)$ 的时间演化满足以下燃耗方程

$$\frac{\mathrm{d}n_{\mathrm{D}}}{\mathrm{d}t}=-\rho\langle\sigma v\rangle_{23\mathrm{n}}n_{\mathrm{D}}n_{\mathrm{T}} \tag{10.4.40}$$

其中，$n_{\mathrm{T}}(\boldsymbol{R},t)$ 为单位质量介质中的T核数目，$\rho(\boldsymbol{R},t)$ 为介质的质量密度，$\langle\sigma v\rangle_{23\mathrm{n}}$ 为DT聚变反应速率。单位体积内D核数目（D核数密度）ρn_{D} 满足的方程为

$$\frac{\mathrm{d}(\rho n_{\mathrm{D}})}{\mathrm{d}t}=-\rho n_{\mathrm{D}}\nabla\cdot\boldsymbol{u}-\rho^{2}\langle\sigma v\rangle_{23\mathrm{n}}n_{\mathrm{D}}n_{\mathrm{T}} \tag{10.4.41}$$

利用质量守恒方程 $\mathrm{d}\rho/\mathrm{d}t+\rho\nabla\cdot\boldsymbol{u}=0$，式（10.4.41）可以过渡到式（10.4.40）。

在局域热动平衡下，DT聚变反应速率 $\langle\sigma v\rangle_{23\mathrm{n}}$ 只与温度 T（keV）有关，可拟合为以下公式

$$\langle\sigma v\rangle_{23\mathrm{n}}=C_{1}\zeta^{-5/6}\xi^{2}\,\mathrm{e}^{-3\zeta^{1/3}\xi} \tag{10.4.42}$$

其中两个无量纲量为

$$\begin{cases}\zeta=1-\dfrac{C_{2}T+C_{4}T^{2}+C_{6}T^{3}}{1+C_{3}T+C_{5}T^{2}+C_{7}T^{3}}\\ \xi=C_{0}/T^{1/3}\end{cases} \tag{10.4.43}$$

8个系数为

$$\begin{cases}C_{0}=6.6610\mathrm{keV}^{1/3}, & C_{1}=643.41\times10^{-16}\mathrm{cm}^{3}/\mathrm{s}\\ C_{2}=15.136\times10^{-3}\mathrm{keV}^{-1}, & C_{3}=75.189\times10^{-3}\mathrm{keV}^{-1}\\ C_{4}=4.6064\times10^{-3}\mathrm{keV}^{-2}, & C_{5}=13.500\times10^{-3}\mathrm{keV}^{-2}\\ C_{6}=-0.10675\times10^{-3}\mathrm{keV}^{-3}, & C_{7}=0.01366\times10^{-3}\mathrm{keV}^{-3}\end{cases} \tag{10.4.44}$$

2. α粒子能量输运方程（扩散方程）

核聚变反应 $\mathrm{D}+\mathrm{T}\longrightarrow\mathrm{n}+{}^{4}\mathrm{He}$ 产生的中子能量为14.1MeV，α粒子能量为3.52MeV。因为中子不带电，所以假定中子直接逃离出系统而没有发生其他作用，不对系统加热产生贡献。

动能为3.52MeV的α粒子为超热离子，α粒子的能量密度 E（单位体积介质中所含的α粒子能量）满足能量守恒方程

$$\rho\frac{\mathrm{d}}{\mathrm{d}t}\left(\frac{E}{\rho}\right)+\nabla\cdot\boldsymbol{S}+p\nabla\cdot\boldsymbol{u}=\rho w \tag{10.4.45a}$$

其中，方程左侧的 $\rho(\boldsymbol{R},t)$ 为介质的质量密度，$\boldsymbol{S}$ 为α粒子的能流矢量（不为0，因α粒子按速度不是麦克斯韦平衡分布），$p(\boldsymbol{R},t)$ 为α粒子的压强，满足状态方程 $p=(2/3)E$，$\boldsymbol{u}(\boldsymbol{R},t)$ 为流体的宏观流速。右侧 ρw 为单位体积的能量产生率和消失率

$$\rho w=Q-\frac{E}{\tau^{\alpha}} \tag{10.4.45b}$$

其中，Q为产生α粒子能量的聚变功率密度，E/τ^{α}为α粒子能量转移给等离子体的功率密度（能量损失项，α粒子损失的这个能量在电子和离子两种成分中分配），τ^{α}为α粒子与等离子体碰撞的弛豫时间。利用质量守恒方程

$$\rho\frac{\mathrm{d}}{\mathrm{d}t}\left(\frac{1}{\rho}\right)-\nabla\cdot\boldsymbol{u}=0 \tag{10.4.45c}$$

式（10.4.45a）变为

$$\rho\left[\frac{\mathrm{d}}{\mathrm{d}t}\left(\frac{E}{\rho}\right)+p\frac{\mathrm{d}}{\mathrm{d}t}\left(\frac{1}{\rho}\right)\right]=-\nabla\cdot\boldsymbol{S}-\frac{E}{\tau^{\alpha}}+Q \tag{10.4.46}$$

其中，α粒子能源项Q的表达式为

$$Q=\varepsilon_0\left\langle\sigma v\right\rangle_{23\mathrm{n}}\rho^2 n_{\mathrm{D}}n_{\mathrm{T}}\quad(\varepsilon_0=3.52\mathrm{MeV}) \tag{10.4.47}$$

它与单位质量介质中的D核和T核数目$n_{\mathrm{D}}(\boldsymbol{R},t)$与$n_{\mathrm{T}}(\boldsymbol{R},t)$有关，$n_{\mathrm{D}}=n_{\mathrm{T}}$。

α粒子能流矢量采用扩散能流

$$\boldsymbol{S}=-\kappa\nabla E \tag{10.4.48a}$$

其中κ为扩散系数

$$\kappa=\frac{v_0^2\tau^{\alpha\mathrm{e}}}{9}\left[1+2\frac{Z_{\alpha}}{A_{\alpha}}\left(\frac{T_{\mathrm{e}}}{59.2\mathrm{keV}}\right)^{3/2}\right]^{-1} \tag{10.4.48b}$$

这里，$v_0=1.297\times10^9\mathrm{cm/s}$为α粒子初始速率，$Z_{\alpha}=2$、$A_{\alpha}=4$为α粒子核电荷数和质量数，$T_{\mathrm{e}}(\mathrm{keV})$为电子流体温度，$\tau^{\alpha\mathrm{e}}$为α粒子与电子e成分的碰撞弛豫时间

$$\tau^{\alpha\mathrm{e}}=\frac{3}{16}\sqrt{\frac{2}{\pi}}\frac{A_{\alpha}m_pT_{\mathrm{e}}^{3/2}}{\lg\varLambda_{\alpha\mathrm{e}}(Z_{\alpha}e^2)^2n_{\mathrm{e}}\sqrt{m_{\mathrm{e}}}} \tag{10.4.49}$$

其中，$\lg\varLambda_{\alpha\mathrm{e}}$为α粒子与电子e碰撞的库仑对数，可取

$$\lg\varLambda_{\alpha\mathrm{e}}=\max\left\{2,\min\left(23.46-\ln\frac{\sqrt{n_{\mathrm{e}}}}{T_{\mathrm{e}}^{3/2}},25.26-\ln\frac{\sqrt{n_{\mathrm{e}}}}{T_{\mathrm{e}}}\right)\right\} \tag{10.4.50}$$

在式（10.4.50）中，电子数密度n_{e}的单位取cm^{-3}，电子温度T_{e}的单位取eV。

取α粒子的最大能流值为$S_{\max}=\frac{1}{3}v_0E$，考虑到由公式（10.4.48a）算出的α能流绝对值S有可能超过$S_{\max}$，为保证

$$S\leqslant S_{\max}=\frac{1}{3}v_0E \tag{10.4.51}$$

把扩散系数κ修正为限流扩散系数$\hat{\kappa}$，用$\hat{\kappa}$代替扩散系数κ来计算扩散能流，即

$$\begin{cases}\boldsymbol{S}=-\hat{\kappa}\nabla E\\ \hat{\kappa}=\dfrac{\kappa S_{\max}}{S_{\max}+\kappa|\nabla E|}\end{cases} \tag{10.4.52}$$

则在能量密度梯度$|\nabla E|$很大的情况下，式（10.4.52）算出的α能流绝对值S也不会超过$S_{\max}$。在$|\nabla E|$很小的情况下，扩散系数没有修正，即$\hat{\kappa}=\kappa$。

α粒子能量转移给等离子体的功率密度E/τ^{α}会在电子和离子两种成分中分配，交给电子成分的份额为

$$\phi = 33\text{keV}/(33\text{keV}+T_{\rm e}) \tag{10.4.53}$$

其余份额$(1-\phi)$交给离子成分，即

$$\frac{E}{\tau^{\alpha}}=\frac{\phi E}{\tau^{\alpha}}(\text{电子})+\frac{(1-\phi)E}{\tau^{\alpha}}(\text{离子}) \tag{10.4.54}$$

其中，τ^{α}为α粒子在等离子体碰撞的弛豫时间，它与α粒子与电子的碰撞弛豫时间$\tau^{\alpha e}$的关系为

$$\tau^{\alpha}=\phi\tau^{\alpha e} \tag{10.4.55}$$

其中，$\tau^{\alpha e}$由式（10.4.49）给出。考虑到电子流体的温度只有几个keV，α粒子能量交给电子成分的份额ϕ占比很大。

3. D和T燃耗方程和α粒子能量密度E扩散方程的数值解

Euler 观点下，单位质量介质中所含的D核数目$n_{\rm D}(\boldsymbol{R},t)$随时间的演化满足核素燃耗方程（10.4.40），α粒子满足的能量守恒方程为（10.4.46），其中α粒子能源Q取决于$n_{\rm D}$和$n_{\rm T}$ $(n_{\rm D}=n_{\rm T})$（参见（10.4.47）式），故两个方程要联立求解

$$\begin{cases}\dfrac{\mathrm{d}n_{\rm D}}{\mathrm{d}t}=-\rho\langle\sigma v\rangle_{23\rm n}n_{\rm D}n_{\rm T}\\ \rho\left[\dfrac{\mathrm{d}}{\mathrm{d}t}\left(\dfrac{E}{\rho}\right)+p\dfrac{\mathrm{d}}{\mathrm{d}t}\left(\dfrac{1}{\rho}\right)\right]=-\nabla\cdot\boldsymbol{S}-\dfrac{E}{\tau^{\alpha}}+\varepsilon_0\langle\sigma v\rangle_{23\rm n}\rho^2 n_{\rm D}n_{\rm T}\end{cases} \tag{10.4.56}$$

因为介质质量密度$\rho(\boldsymbol{R},t)$由流体力学方程组决定，压强状态方程$p=(2/3)E$，两个未知量$(n_{\rm D},E)$，两个方程，在给定初始条件下，可以定解。

引入t时刻核素D的份额$f(\boldsymbol{R},t)$来代替$n_{\rm D}(\boldsymbol{R},t)$，

$$f(\boldsymbol{R},t)=\frac{n_{\rm D}(\boldsymbol{R},t)}{n_{\rm D0}(\boldsymbol{R})+n_{\rm T0}(\boldsymbol{R})} \tag{10.4.57}$$

其中，分母为$t=0$时刻单位质量介质中所含的D核和T核数目的和

$$n_{\rm D0}(\boldsymbol{R})+n_{\rm T0}(\boldsymbol{R})=\frac{N_{\rm D0}+N_{\rm T0}}{\rho_0}=\frac{2\rho_0/5m_{\rm p}}{\rho_0}=\frac{2}{5m_{\rm p}} \tag{10.4.58}$$

故

$$f(\boldsymbol{R},t)=\frac{n_{\rm D}(\boldsymbol{R},t)}{2/5m_{\rm p}}\quad\left(f(\boldsymbol{R},t=0)=1/2\right) \tag{10.4.59}$$

可见$f(\boldsymbol{R},t)$和$n_{\rm D}(\boldsymbol{R},t)$两者只差一个常数项。将式（10.4.59）代入式（10.4.56）得

两个未知量(f,E)满足的方程组为

$$\begin{cases}\dfrac{\mathrm{d}}{\mathrm{d}t}\left(\dfrac{1}{f}\right)=\dfrac{2}{5m_{\mathrm{p}}}\rho\langle\sigma v\rangle_{23\mathrm{n}}\\ \rho\left[\dfrac{\mathrm{d}}{\mathrm{d}t}\left(\dfrac{E}{\rho}\right)+p\dfrac{\mathrm{d}}{\mathrm{d}t}\left(\dfrac{1}{\rho}\right)\right]=-\nabla\cdot\boldsymbol{S}-\dfrac{E}{\tau^{\alpha}}-\varepsilon_0\left(\dfrac{2}{5m_{\mathrm{p}}}\right)\rho\dfrac{\mathrm{d}f}{\mathrm{d}t}\end{cases}\tag{10.4.60}$$

把 Euler 自变量$(\boldsymbol{R},t)$换成 Lagrange 变量$(\boldsymbol{r},\tau)$，将随体微商换成对τ的偏导数，可得Lagrange观点下$f(\boldsymbol{r},\tau),E(\boldsymbol{r},\tau)$满足的方程组

$$\begin{cases}\dfrac{\partial}{\partial\tau}\left(\dfrac{1}{f}\right)=\dfrac{2}{5m_{\mathrm{p}}}\rho\langle\sigma v\rangle_{23\mathrm{n}}\\ \dfrac{\partial E}{\partial\tau}+\dfrac{5E}{3}\rho\dfrac{\partial}{\partial\tau}\left(\dfrac{1}{\rho}\right)=-\nabla\cdot\boldsymbol{S}-\dfrac{E}{\tau^{\alpha}}-\varepsilon_0\left(\dfrac{2}{5m_{\mathrm{p}}}\right)\rho\dfrac{\partial f}{\partial\tau}\end{cases}\tag{10.4.61}$$

下面考虑有D和T的燃耗时，α粒子能量输运问题的数值解。首先将时空变量离散化，时空网格的中点坐标分别为$(\boldsymbol{r}_j,\tau_n)$ $(j=1,2,\cdots,J;\ n=1,2,\cdots)$，待求函数$f(\boldsymbol{r},\tau)$、$E(\boldsymbol{r},\tau)$在时空网格的离散为$f_j^n=f(\boldsymbol{r}_j,\tau_n)$、$E_j^n=E(\boldsymbol{r}_j,\tau_n)$，再将式（10.4.61）两边在时空网格内积分

$$\int_{\tau_{n-1/2}}^{\tau_{n+1/2}}\mathrm{d}\tau\int_{V_j}\mathrm{d}\boldsymbol{r}(\ )$$

可得差分格式

$$\begin{cases}\dfrac{1}{f_j^{n+1/2}}-\dfrac{1}{f_j^{n-1/2}}=\dfrac{2\rho_j^n\langle\sigma v\rangle_{23\mathrm{n}}\Delta\tau_n}{5m_{\mathrm{p}}}\\ E_j^{n+1/2}-E_j^{n-1/2}+\dfrac{5}{3}\rho_j^nE_j^n\left(\dfrac{1}{\rho_j^{n+1/2}}-\dfrac{1}{\rho_j^{n-1/2}}\right)\\ =-\dfrac{\Delta\tau_n}{V_j}\displaystyle\int_{A_j}\boldsymbol{S}^n\cdot\mathrm{d}\boldsymbol{A}-\dfrac{E_j^n\Delta\tau_n}{\tau^{\alpha}}-\dfrac{2\varepsilon_0\rho_j^n}{5m_{\mathrm{p}}}\left(f_j^{n+1/2}-f_j^{n-1/2}\right)\end{cases}\tag{10.4.62}$$

其中，$\Delta\tau_n\equiv\tau_{n+1/2}-\tau_{n-1/2}$为时间网格长度，没有标出上下标的物理量，取时空网格中点处的离散值。

$$\int_{A_j}\mathrm{d}\boldsymbol{A}\cdot\boldsymbol{S}^n=A_{j+1/2}^nS_{j+1/2}^n-A_{j-1/2}^nS_{j-1/2}^n\tag{10.4.63}$$

为τ_n时刻通过空间网格边界$\boldsymbol{r}_{j\pm1/2}$的净流出空间网格j的能量净损失率。空间网格边界上的扩散能流$S_{j\pm1/2}^n=S(r_{j\pm1/2},\tau_n)$按式（10.4.52）计算。

由α粒子能量密度$E(\boldsymbol{r},\tau)$和核素燃耗份额$f(\boldsymbol{r},\tau)$的初始条件$E_j^{1/2}$和$f_j^{1/2}=1/2$，

加上$E(\boldsymbol{r},\tau)$的时间菱形格式

$$E_j^n=\frac{1}{2}\left(E_j^{n+1/2}+E_j^{n-1/2}\right) \tag{10.4.64}$$

即可差分方程组（10.4.62）求出时空网格中点处α粒子能量密度值$E_j^n=E(\boldsymbol{r}_j,\tau_n)$，进一步可得$\tau_n$时刻在空间网格$\boldsymbol{r}_j$内α粒子交给等离子体中（D和T）离子的功率密度为

$$\left(P^{\alpha\to \mathrm{i}}\right)_j^n=\frac{(1-\phi)E_j^n}{\tau^{\alpha}} \tag{10.4.65}$$

乘上空间网格体积V_j（由Lagrange坐标决定，与时间无关），可得α粒子τ_n时刻单位时间在空间网格j沉积给电子和离子的能量分别为

$$\begin{cases} Q_j^{\alpha\to \mathrm{e}}=\dfrac{\phi_j^n E_j^n V_j}{(\tau^{\alpha})_j^n} \\ Q_j^{\alpha\to \mathrm{i}}=\dfrac{(1-\phi_j^n)E_j^n V_j}{(\tau^{\alpha})_j^n} \end{cases} \tag{10.4.66}$$

这就是核聚变反应产生的α粒子的能量沉积对等离子体中电子和离子成分的自加热功率。

参 考 文 献

贝尔 G I, 格拉斯登 S. 1979. 核反应堆理论. 北京：原子能出版社.

常铁强. 1991. 激光等离子体相互作用与激光聚变. 长沙：湖南科技出版社.

黄祖洽. 1987. 输运理论. 北京：科学出版社.

杜书华. 1989. 输运问题的计算机模拟. 长沙：湖南科技出版社.

王尚武，张树发，马燕云. 2013. 粒子输运问题的数值模拟. 北京：国防工业出版社.

张家泰. 1999. 激光等离子体相互作用物理与模拟. 郑州：河南科技出版社.

张均，常铁强. 2004. 激光核聚变靶物理基础. 北京：国防工业出版社.

Duderstadt J J, Martin W R. Transport Theory. New York: John Wiley & Sons，Inc.，1979.

Duderstadt J J, Moses G A. Inertial Confinement Fusion. New York: John Wiley & Sons, Inc., 1982.

Kruer W L. The Physics of Laser Plasma Interactions. Boston: Addison-Wesley Pub. Company, Inc., 1988.

Pomraning G C. 1973. The Equations of Radiation Hydrodynamics. London: Pergamon Press.